Michael Heidecker

Wertorientiertes Human Capital Management

GABLER EDITION WISSENSCHAFT

Geleitwort

Eines der wichtigsten Ziele für Firmen, die nach dem Wirtschaftlichkeitsprinzip arbeiten, ist es, ihren Unternehmenswert nachhaltig zu erhöhen. Dadurch erlangen sie die Möglichkeit, neue Investitionen zu tätigen und ihren Anteilseignern hohe Renditen zu bescheren. Klassische Ansätze, wie das Shareholder Value Management oder das Wertmanagement, zeigen eine Vielzahl an Hebeln auf, wie Unternehmen ihren Wert steigern können. Erstaunlicherweise bleibt dabei jedoch ein ganz elementarer Faktor weitgehend unbeachtet: die Mitarbeiter.

Woher kommt dieses Phänomen, wo doch in keinem Geschäftsbericht und keiner Bilanzpressekonferenz vergessen wird, gerade den Mitarbeitern für ihre ausgezeichnete Leistung und ihren außerordentlichen Beitrag zum Unternehmenserfolg zu danken? Die Ursachen hierfür sind vielschichtig. Doch mag eine wesentliche Rolle spielen, dass der Wertbeitrag des Humankapitals bislang nur schwer quantifiziert werden konnte und daher nur von wenigen Unternehmen adäquat gemessen wird. Exakt nachvollziehbare Rentabilitätsrechnungen spielen aber in vielen Führungsetagen eine wichtige Rolle, obwohl auch die Profitabilität von Sach- und Finanzinvestitionen nur bedingt im voraus kalkuliert werden kann.

Genau an diesem Punkt setzt die Dissertation von Herrn Heidecker an. Denn sie verfolgt das Ziel, einen quantitativen „Business Case" für den „Faktor Mensch" zu erbringen und damit das Personal und dessen Management noch stärker in den Fokus der Top-Manager bei der Suche nach Erfolgsfaktoren und nachhaltigen Wettbewerbsvorteilen zu bringen. Die drei zentralen Fragen der Arbeit lauten daher: Um wie viel kann ein am Unternehmenswert ausgerichtetes Human Capital Management den Unternehmenserfolg steigern? Was sind die wichtigsten Werthebel der Personalarbeit? Und wie kann ein „Wertorientiertes Human Capital Management" in die Praxis umgesetzt werden?

Hierzu geht Herr Heidecker zunächst auf die wissenschaftlichen Grundlagen des Human Capital Managements und des Wertmanagements ein. Anschließend verbindet er beide Disziplinen auf theoretischer Ebene zu einem neuen Ansatz, dem „Wertorientierten Human Capital Management". Um die Validität seiner Theorie zu untermauern, operationalisiert er sie in einem Modell, das er in einer umfangreichen Befragung deutscher Unternehmen empirisch überprüft.

Basierend auf statistischen Analysen und einer Vielzahl von Interviews mit Praxisexperten gelingt es Herrn Heidecker, die drei genannten Leitfragen in einer bislang weder in diesem Umfang noch mit einer derartigen quantitativen Untermauerung veröffentlichten Art und Weise zu beantworten. Damit hat Herr Heidecker sowohl für die Wissenschaft im Rahmen des Human Capital Managements einen wichtigen Beitrag geleistet als auch für viele Praktiker. Denn die von ihm verwendeten Kennzahlen zur Messung des Wertbeitrages des

Humankapitals sind universell einsetzbar und lassen einen Vergleich mit allen anderen Investitionen eines Unternehmens zu.

Besonders interessant ist hierbei, wie groß der Beitrag des Personals und der Personalarbeit zum Unternehmenserfolg sein kann, und wie umfangreich das Instrumentarium ist, mit dem das Humankapital gesteuert werden kann. Entgegen den Erwartungen liegt das größte Wertschaffungspotenzial dabei nicht im originären Personalprozess von der Rekrutierung bis zum Outplacement, sondern in den Rahmenbedingungen der Personalarbeit, wie der allgemeinen Wertschätzung der Belegschaft durch das Top-Management, dem Führungsstil und der Unternehmenskultur. Dies macht deutlich: Personalarbeit ist bei weitem keine Aufgabe, die allein der Personalabteilung zukommen sollte. Im Gegenteil: Ein erfolgreiches Human Capital Management bedarf der umfangreichen Unterstützung der gesamten Geschäftsleitung und der entsprechenden Führungskräfte in den Bereichen darunter. Ohne dies bliebe jede Personalarbeit weit hinter ihren Möglichkeiten zurück.

Im Ergebnis stellt die Dissertation von Herrn Heidecker einen wichtigen Schritt auf dem Weg dar, Personal nicht primär unter Kosten-, sondern unter *Investitions*gesichtspunkten zu betrachten und ihm deshalb mehr Aufmerksamkeit zukommen zu lassen als bisher. Darüber hinaus enthält die vorliegende Arbeit eine einfach nachvollziehbare und mit Praktikern entwickelte Methodik, wie ein „Wertorientiertes Human Capital Management" von der Theorie in die Praxis umgesetzt werden kann – eine ebenso große Herausforderung des heutigen Personalmanagements. Vor diesem Hintergrund wünsche ich der Dissertation, dass sich ihre Erkenntnisse sowohl in der Wissenschaft als auch in der Praxis weit verbreiten mögen.

Prof. Dr. Michel E. Domsch

Vorwort

Warum verbringen Arbeitgeber und Arbeitnehmer in vielen Firmen mehr Zeit damit, sich gegenseitig auszukontern, als miteinander gegen den Wettbewerb anzutreten? Und warum wird in weiten Teilen der Wirtschaft im Hinblick auf das Personal zuerst auf die Kosten geschaut und nicht auf seinen Nutzen? Beides ist schwer zu erklären. Denn eigentlich müsste es im Interesse sowohl des Managements als auch der Belegschaft sein, dass ihr Unternehmen profitabel operiert. Auch erscheint es einleuchtend, einem Mitarbeiter ein hohes Gehalt zu bezahlen, wenn er einen hohen Beitrag zum Firmenerfolg leistet. Während meiner Praxis als Management Berater habe ich diese Widersprüche mit vielen Praktikern diskutiert und häufig ähnliche Antworten bekommen: „Das eine ist Theorie, das andere die Praxis". Oder: „Natürlich sind uns die Mitarbeiter viel wert. Aber solange ich nicht genau weiß, wie viel ich für einen Euro zurückbekomme, den ich in die Belegschaft investiere, versuche ich zumindest die Kosten im Griff zu behalten."

Vor diesem Hintergrund wollte ich versuchen, die Prinzipien des Finanzmanagements auf das Humankapital anzuwenden, um seinen Wert in einer Form und mit den Kennzahlen darzustellen, die den Entscheidungsträgern in Unternehmen bereits bekannt sind. Denn wenn es gelänge zu quantifizieren, welchen Beitrag die Mitarbeiter zum Unternehmenserfolg erbringen, dann müssten auch Themen wie Vergütung, Sozialleistungen oder Incentives leichter zu regeln sein, die ansonsten immer wieder zu innerbetrieblichen Auseinandersetzungen führen.

Die Basis der Arbeit stellte der *Workonomics*™-Ansatz dar, den Kollegen bei der *Boston Consulting Group*, wie Felix Barber, Stephan Dertnig, Dr. Jutta Franke, Dr. Gunther Schwarz, Dr. Rainer Strack, Ulrich Villis u.a. entwickelt hatten. Mit ihm war das Kennzahlensystem geboren, mit dem der Beitrag des „Faktors Mensch" zum Unternehmenswert gemessen werden konnte. Darauf aufbauend entstand das Ziel, im Rahmen der Dissertation die theoretischen Grundlagen für ein „Wertorientiertes Human Capital Management" zu schaffen, den quantitativen Business Case für das Personal zu erbringen und konkrete Handlungsvorschläge zu erarbeiten, wie man diese Erkenntnisse möglichst pragmatisch in die Praxis umsetzen kann.

Im Ergebnis ist daraus eines meiner interessantesten und aufregendsten Projekte geworden, das auf seinem längeren Weg durch viele Höhen, aber auch einige Tiefen ging. Ohne die Hilfsbereitschaft und Unterstützung einer Vielzahl von Menschen wäre die Arbeit sicherlich nicht in dieser Form zustande gekommen.

Hier möchte ich an erster Stelle meiner Frau Sofia danken, die während der gesamten Promotionszeit mit viel Liebe und Geduld an meiner Seite gestanden hat und mir gerade in schwierigen Zeiten die Motivation zum Weitermachen gegeben hat. Ebenso möchte ich meinen Eltern dafür danken, dass sie mir die Voraussetzungen geschaffen haben, diese Arbeit überhaupt zu schreiben und sich viel Zeit genommen haben, Fragen zu diskutieren und den Text Korrektur zu lesen. Zugleich gilt mein Dank den vielen Freunden, die mir inhaltliche Anregungen gegeben, aber auch dafür gesorgt haben, neben der Wissenschaft nicht die sonstigen Freuden des Lebens zu vergessen.

In fachlicher Hinsicht danke ich sehr herzlich meinem akademischen Lehrer, Herrn Prof. Dr. Michel E. Domsch, vom Institut für Personalwesen und Internationales Management an der Universität der Bundeswehr Hamburg. Er hat nicht nur mit seinen wertvollen Denkanstößen zum Erfolg der Arbeit beigetragen, sondern auch mit der durch Vertrauen, Teamgeist und konstruktiv-kritischen Diskurs geprägten Kultur, die er an seinem Lehrstuhl geschaffen hat. Ebenfalls danken möchte ich Herrn Prof. Dr. Michael Gaitanides für das Zweitgutachten und Frau Prof. Dr. Claudia Fantapié Altobelli für die Abnahme der mündlichen Prüfung als Drittprüferin.

Obwohl ich nicht am Institut gearbeitet habe, hat mir dort das gesamte Team mit Rat und Tat zur Seite gestanden und mir den notwendigen Rückhalt gegeben. Daher mein Dank vor allem an Dr. Maike Andresen, Erika Blum, Annett Cascorbi, Ines Jahn, Dr. Martina Harms, Dr. Désirée Ladwig, Dr. Uta Lieberum und Dr. Ariane Ostermann.

Weiterhin danke ich meinen Kollegen bei der *Boston Consulting Group*, die mir als wichtige Gesprächspartner gedient und mich bei der „Logistik" der Arbeit unterstützt haben: Dr. Gunther Schwarz als Ideengeber und Sponsor, Dr. Hans-Paul Bürkner und Dr. Andreas Poensgen für die Freistellung, Kerstin Biernath für die Datenbankrecherchen, Wolfgang Ronstadt für die Hilfe bei Fragebogendruck und -mailing, Sonja Bersch und Sylvia Böhme für die Grafikproduktion sowie der deutschen Partnergruppe für die Hilfe, Unternehmen für die empirische Studie zu „akquirieren".

Schließlich geht mein Dank an die vielen Firmen, die ihre Zeit in die Beantwortung meines Fragebogens investiert und mir später für Experteninterviews zur Verfügung gestanden haben. Ganz besonders seien Herr Dr. Ulrich Leitner und Herr Jürgen Czajor von der *DaimlerChrysler AG* sowie Herr Fritz Schuller von der *Hewlett-Packard GmbH Deutschland* genannt, die wertvolle Sparringspartner bei der Konzeption des Fragebogens waren.

Michael Heidecker

Inhaltsübersicht

Inhaltsverzeichnis

Abbildungsverzeichnis

Abkürzungsverzeichnis

ACP	Average Cost per Person
Afa	Absetzung für Abnutzung (Abschreibung)
AG	Aktiengesellschaft
Aufl.	Auflage
AVE	Added Value on Equity
BCF	Bruttocashflow
Bd.	Band
BF	Basis-Faktor (Basis-Werttreiber)
BIB	Bruttoinvestitionsbasis
bzw.	beziehungsweise
ca.	circa
CAGR	Compound Annual Growth Rate
CAPM	Capital Asset Pricing Model
CBT	Computer Based Training
CFROGI	Cashflow Return on Gross Investment
CFROI	Cashflow Return on Investment
CREPID	Cascio-Ramos Estimate of Performance in Dollars
CVA	Cash Value Added
d.h.	das heißt
DCF	Discounted Cashflow
Diss.	Dissertation
ed.	Edition (Auflage)
EFQM	European Foundation for Quality Management
EK	Eigenkapital
et al.	et alii (und andere Autoren)
etc.	et cetera
EVA	Economic Value Added
evtl.	eventuell
f.	folgende (Seite)
FCF	Free Cashflow
F & E	Fertigung und Entwicklung
ff.	fortfolgende (Seiten)
FK	Fremdkapital
G + V	Gewinn- und Verlustrechnung
GBP	Englische Pfund
ggf.	gegebenenfalls
H.	Heft
HC	Human Capital
HCM	Human Capital Management

HCVI	Human Capital Valuation Index
HPWS	High Performance Work Sytems
HR	Human Resource(s)
HRA	Human Resource Accounting
HRM	Human Resource Management
Hrsg.	Herausgeber
IPO	Initial Public Offering
IRR	Internal Rate of Return
IT	Informationstechnologie
Jg.	Jahrgang
JÜ	Jahresüberschuss
KGV	Kurs-Gewinn-Verhältnis
kum.	kumuliert
LISREL	Linear Structural Relations System
M & A	Mergers and Acquisitions
NCF	Nachhaltiger Cashflow
NOPAT	Net Operating Profit After Tax
NPV	Net Present Value
Nr.	Nummer
o.ä.	oder ähnlich
o.N.	Ohne Namensangabe
o.O.	Ohne Ortsangabe
PEM	Personaleinsatzmanagement
PF	Prozess-Faktor
ROA	Return on Assets
ROE	Return in Equity
ROS	Return on Sales
RROE	Real Return on Equity
RTSR	Relative Total Shareholder Return
s.	Siehe
S.	Seite(n)
s.o.	siehe oben
s.u.	siehe unten
SAM	Systems Alignment Map
SHRM	Strategic Human Resource Management
TBR	Total Business Return
TRS	Total Reward System
TSR	Total Shareholder Return
u.	und
u.a.	und andere, unter anderem
u.U.	unter Umständen
u.v.m.	und vieles mehr

USD	Amerikanische Dollar (USA)
usw.	und so weiter
v.a.	vor allem
VAP	Value Added per Person
vgl.	vergleiche
Vol.	Volume (Band)
vs.	versus
WACC	Weighted Average Cost of Capital
WHCM	Wertorientiertes Human Capital Management
z.B.	zum Beispiel

Symbolverzeichnis

α	Reliabilitätsparameter (Cronbach's Alpha)
a	Ausgleichsfaktor für Risiken. Oder: y-Achsenabschnitt
ACP	Average Cost per Person
Afa	Absetzung für Abnutzung (Abschreibung)
β	Beta-Faktor
b	Steigung
BCF	Brutto Cashflow
BIB	Bruttoinvestitionsbasis
CFROGI	Cashflow Return on Gross Investment
CFROI	Cashflow Return on Investment
Cov (x, y)	Kovarianz der Variablen x und y
CVA	Cash Value Added
Δ	Delta (Veränderung)
EK	Eigenkapital
EVA	Economic Value Added
FCF_t^{Entity}	Free Cashflow in der Periode t (auf Gesamtkapitalbasis)
FCF_t^{Equity}	Free Cashflow in der Periode t (auf Eigenkapitalbasis)
GB	Gewicht der Bedeutung
GF	Geschäftsfeld
GK	Gesamtkapital
GZ	Gewicht der Zeit
h	hora (Stunde)
i	Spezifischer Diskontfaktor für eine Person (bei der Wertermittlung)
I_τ^*	Geschätzte Vergütung eines Mitarbeiters bis zur Pensionierung
IK_t	Investiertes Kapital in Periode t
JÜ	Jahresüberschuss
K(e)	Eigenkapitalkostensatz
KK	Kapitalkosten
kum.	kumuliert
MC	Materialkosten
n	Anzahl (Stichprobengröße)
NCF	Nachhaltiger Cashflow
NOPAT	Net Operating Profit After Taxes
ÖA	Ökonomische Abschreibungen
p	(Irrtums-)Wahrscheinlichkeit
P	Anzahl Mitarbeiter
PC	Personalkosten
r	Korrelationskoeffizient r

Rf	Risikofreier Kapitalkostensatz
RG	Relatives Gewicht
Rm	Return des Gesamtmarktes
ROE	Return on Equity
ROI	Return on Investment
ROI_{U-t}	Return on Investment in Periode t (für Unternehmen)
ROI_{W-t}	Return on Investment in Periode t (für die Wirtschaft)
ROS	Return on Sales
RTSR	Relative Total Shareholder Return (relative Aktienrendite)
SER	Summe der erfassten Einzelratings
SGE	Strategische Geschäftseinheit
Σ	Summe
s_x	Standardabweichung der Variablen x
s_y	Standardabweichung der Variablen y
T	Pensionierungsalter
t	Zeit/Zeitperiode
τ	Lebensalter eines Mitarbeiters zum Betrachtungszeitpunkt
TDM	Tausend D-Mark
TSR	Total Shareholder Return (Aktienrendite)
U	Umsatz
V_τ^*	Human Capital-Wert eines Mitarbeiters im Alter τ
VA	Value Added
VAP	Value Added per Person
WACC	Weighted Average Cost of Capital
x_i	Unabhängige Variable
$\bar{x}$	Mittelwert der Variablen x
$\hat{y}_i$	Schätzwert für eine abhängige Variable
$\bar{y}$	Mittelwert der Variablen y
#	Anzahl
$\varnothing$	Durchschnitt

Though your balance-sheet's a model of
what balance-sheets should be,
Typed and ruled with great precision
in a type that all can see;
Though the grouping of the assets is
commendable and clear,
And the details which are given more
than usually appear;
Though investments have been valued
at the sale price of the day,
And the auditors' certificate shows
everything O.K.;
One asset is omitted – and its worth
I want to know,
The asset is the value of the men who
run the show.[1]

Sir Matthew Webster Jenkinson

Teil A: Einführung

„ ... [T]he value of the men who run the show", wie es Sir Webster Jenkinson in seinem Gedicht umschreibt, ist das Kernstück dieser Dissertation, deren Ziel es ist, zwei unterschiedliche Disziplinen der Betriebswirtschaft, das Human Capital Management (HCM) und das Wertmanagement, auf theoretischer und empirischer Ebene miteinander zu verbinden. Als Ergebnis wird ein *Wertorientiertes* Human Capital Management (WHCM) entstehen, das Antworten auf einige elementare Fragen des Managements liefert, die bislang noch unzureichend geklärt sind. Zum Beispiel: Wie hoch ist der Wert der Mitarbeiter eines Unternehmens? Wie kann man diesen Wert messen? Wie kann man ihn beeinflussen und mit welchen Hilfsmitteln? Bevor auf diese und andere Fragen im weiteren Verlauf der Arbeit näher eingegangen wird, stellt der folgende Einführungsteil zunächst die wichtigsten Grundlagen dafür bereit.

In Kapitel A.1 wird die Ausgangssituation des Forschungsprojektes beschrieben, wobei zunächst auf die Bedeutung des Themas eingegangen wird. Denn warum sollte es sich gerade

---

[1] *Bowman, A.* (1938), S. 399, zitiert nach *Flamholtz, E.* (1974), S. 17.

in der heutigen Zeit lohnen – wo Aktienkurse steigen, wenn Mitarbeiter entlassen werden[2] – sich intensiver mit dem „Faktor Mensch"[3] und seinem Wert auseinander zu setzen? Dazu werden einige Fakten präsentiert, die zeigen, was für eine große Hebelwirkung das *aktive* Management des Human Capitals zur Steigerung des Unternehmenswertes besitzen kann – im Gegensatz zu seinem schrittweisen Abbau. Der Einstieg in das Thema folgt anschließend mit einem kurzen Überblick zum Stand des Wertorientierten Human Capital Managements in Wissenschaft und Praxis. Die weiteren Kapitel befassen sich dann mit der Dissertation als solcher: Kapitel A.2 geht auf die Ziele der Forschungsarbeit ein, die sowohl inhaltlicher als auch methodischer Natur sind. Kapitel A.3 erläutert die verwendeten Quellen und beschreibt den Gang der Arbeit, wodurch die methodischen Grundlagen der Dissertation vermittelt werden. Ein gemeinsames Verständnis der wichtigsten Begriffe dieser Arbeit wird schließlich durch die Definitionen in Kapitel A.4 sichergestellt.

1 Ausgangssituation: Human Capital Management und Wertmanagement – eine notwendige Verknüpfung zweier Disziplinen

Wenn sinkende Mitarbeiterzahlen mit steigenden Aktienkursen verbunden sind (s.o.), scheint die Schlussfolgerung nahe liegend: Mitarbeiter sind ein enormer Kostenfaktor, den es möglichst schnell durch effizientere Geschäftsprozesse zu minimieren gilt, um den Gewinn und damit den Wert für die Anteilseigner zu erhöhen. *Hamel* und *Prahalad* nennen diese Art der Effizienzsteigerung auch „*nenner*orientierte Umstrukturierung". Ihr Ziel: mit geringerem Ressourceneinsatz gleich bleibende Ergebnisse zu erwirtschaften. Dadurch wird der Nenner etwaiger Produktivitätskennzahlen (z.B. investiertes Kapital oder Mitarbeiterzahl) verringert und die ausgewiesene Produktivität erhöht.[4] Wenn Unternehmen ihre Effizienz jedoch *nur* auf diesem Wege erhöhen, ohne gleichzeitig auch ihre Ressourcen effektiver zu nutzen – wie z.B. durch Innovation oder Optimierung des Produkt- und Dienstleistungsangebotes – ist die einhergehende Profitabilitätssteigerung in einem ständig anspruchsvoller werdenden Marktumfeld nicht von langer Dauer. Denn andere Wettbewerber bauen ihre qualitativen Wettbewerbsvorteile immer weiter aus und gewinnen dadurch an Marktanteilen. Der damit verbundene eigene Absatzrückgang lässt jedoch die vorherigen Profitabilitätsschwierigkeiten oft sehr schnell wieder aufkeimen und einen erneuten Ressourcenabbau notwendig erscheinen. Dieser Prozess wiederholt sich dann in den nennerorientierten Unternehmen u.U. so lange, bis die Anteilseigner ihre Geduld verlieren und ein neues Management einsetzen, das nunmehr den *Zähler* der Produktivität (z.B. Ertrag, Cashflow oder Reingewinn) zu erhöhen vermag.

---

[2]   Der Aktienkurs von *Unilever* stieg Mitte Februar 2000 innerhalb weniger Stunden um mehr als 8% an, nachdem der Konzernchef in der Presse tief greifende Einschnitte verkündet hatte: 10% Stellenabbau, das sind ca. 25.000 Mitarbeiter, und Schließung von 100 der 380 Fabriken (vgl. *Nölting, A.* (2000), S. 2).
[3]   Vgl. *Strack, R./Franke, J./Dertnig, S.* (2000), S. 283.
[4]   Vgl. *Hamel, G./Prahalad, C.K.* (1995), S. 244f.

IMMATERIELLE GÜTER BESTIMMEN ZUNEHMEND DEN MARKTWERT VON UNTERNEHMEN

Marktwert der Unternehmen in Prozent ihres Buchwertes

Industrie		Dienstleistungen		Software und Bio-Tech	
DuPont	326%	WPP	896%	Oracle	1,459%
Boeing	274%	711 Japan	795%	Microsoft	1,428%
Motorola	263%	Carrefour	501%	Amgen	699%
Amoco	210%	Home Depot	351%	Biogen	522%
Goodyear	202%	EDS	325%	Computer Ass.	461%
Alu. Co. of Am.	202%	Marriott Intern.	322%	Genentech	341%
Caterpillar	188%	CSC	285%	Sybase	322%
Deere & Co.	175%	McDonalds	263%	Chiron	280%
General Motors	117%	Walmart	225%	Novell	196%
Int'l Paper	115%	Disney	209%	Genzyme	142%
Ø	207%	Ø	417%	Ø	585%

Neue Industrien sind zumeist "People industries"
• Wissen, Verkauf und Service stehen im Vordergrund

Quelle: Worldscope 1996, Boston Consulting Group-Datenbank

Abbildung 1: Verhältnis der Unternehmensmarkt- und -buchwerte in verschiedenen Branchen

Welche herausragende Rolle das Human Capital Management bei der „Zähleroptimierung" spielen kann, wird in dieser Arbeit später noch sehr eingehend behandelt. Die folgenden quantitativen und qualitativen Anhaltspunkte mögen dem Leser jedoch vorab schon einmal zur Motivation dienen, sich über diese Stelle hinaus noch weiter mit dem Faktor Mensch zu beschäftigen.

Vergleicht man z.B. das Verhältnis von Markt- zu Buchwert vieler großer und innovativer Unternehmen, dann stellt man fest: Der Marktwert übersteigt den Buchwert – der vorwiegend die „greifbaren" Vermögensgegenstände eines Unternehmens („Tangible Assets") widerspiegelt – häufig um ein Vielfaches (siehe Abbildung 1).

Bewertet der Markt ein Unternehmen deutlich über diesem Wert, ist das auf dessen „nicht-greifbare" Vermögensgegenstände („Intangible Assets") zurückzuführen. Ein wesentliches „Intangible Asset" verkörpern hierbei die Mitarbeiter. Wie wichtig sie für den Erfolg oder Misserfolg eines Unternehmens sein können, zeigt u.a. eine Studie der *Boston Consulting Group*, in der nachgewiesen wurde, wie unterschiedlich die „Gewinner" und „Verlierer" verschiedener Branchen mit ihren Mitarbeitern umgingen und diese förderten (Abbildung 2).[5]

---

[5] Siehe *Wetzker, K./Strüven, P./Bilmes, L.J.* (1998), S. 88. Anmerkung: Das Kriterium für „Branchengewinner" bzw. Branchenverlierer" ist hier die durchschnittliche Aktienrendite von 1989-1995. Zur Definition und Beschreibung der Aktienrendite siehe ausführlich Kapitel B.2.2.

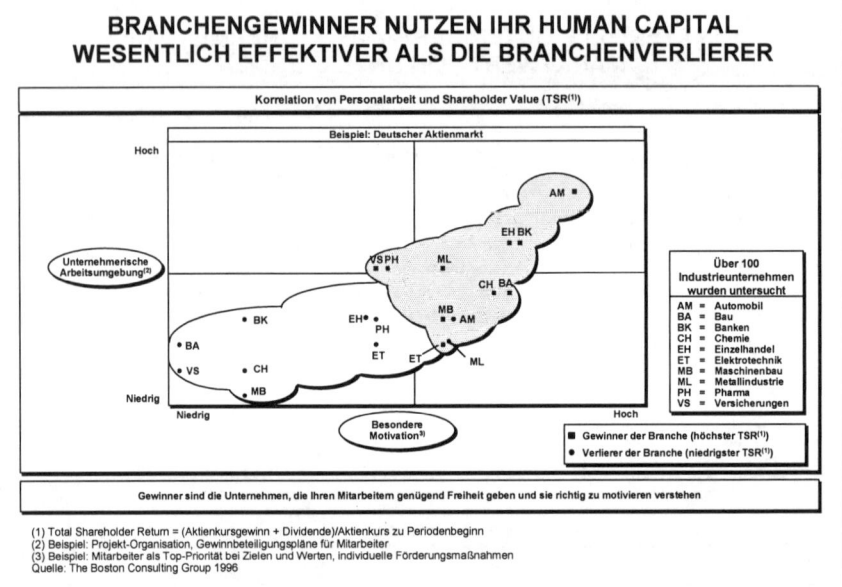

BRANCHENGEWINNER NUTZEN IHR HUMAN CAPITAL WESENTLICH EFFEKTIVER ALS DIE BRANCHENVERLIERER

Abbildung 2: Wertschaffung und Qualität der Personalarbeit bei Branchengewinnern und -verlierern

Die jeweiligen Branchengewinner nutzten dabei ihr Human Capital wesentlich effektiver als die Branchenverlierer. Das bedeutet im Einzelnen, sie schenkten der Qualifikation und Motivation ihrer Mitarbeiter wesentlich höhere Aufmerksamkeit (Mitarbeiterfokus)[6] und räumten ihren Angestellten mehr Handlungsmöglichkeiten ein, die Unternehmensziele zu erreichen (Intrapreneurship)[7]. Auf die Kausalrichtung – d.h. ob erfolgreiche Unternehmen ihr Human Capital besser einsetzen oder Unternehmen erst durch den besseren Einsatz ihres Human Capitals erfolgreicher werden – wird in Kapitel C.2.2.2 noch ausführlich eingegangen.

Neben den quantitativen Analysen lassen sich aber auch qualitative Trends erkennen, die für die zunehmende Bedeutung des Faktors Mensch im Wettlauf um hohe Renditen sprechen. Während zwar viele Unternehmen in einigen Bereichen Personal abbauen, steigen jedoch die Investitionen in Mitarbeiter in anderen umso beträchtlicher. Der am Arbeitsmarkt immer erbitterter und aufwendiger geführte Kampf um talentierte Mitarbeiter ist nur ein Beispiel

---

[6]   Der *Mitarbeiterfokus* wurde in der Studie gemessen durch einen Index aus den Faktoren: „Mitarbeiter-Training und Weiterbildung", „Loyalität des Arbeitgebers", „Mitarbeiter als Subjekte der Unternehmens-philosophie" und „Allgemeine Regeln der Personalpolitik".

[7]   *Intrapreneurship* wurde in der Studie gemessen durch einen Index aus den Faktoren: „Arbeitsflexibilität", „Projektorganisation", „Anpassungsfähigkeit der Mitarbeiter" und „Incentivesysteme".

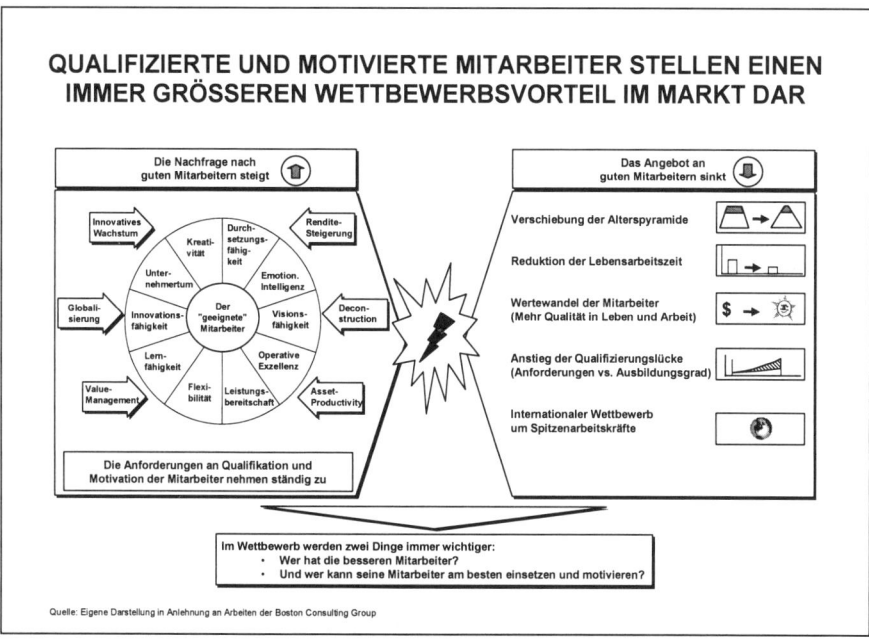

QUALIFIZIERTE UND MOTIVIERTE MITARBEITER STELLEN EINEN IMMER GRÖSSEREN WETTBEWERBSVORTEIL IM MARKT DAR

Abbildung 3: Missverhältnis von Angebot und Nachfrage nach qualifizierten Mitarbeitern

dafür.[8] Dabei sind es nicht nur die Unternehmen der „New Economy", die fast ausschließlich von den Ideen ihrer Mitarbeiter leben,[9] sondern auch große Unternehmen, die immer tiefer in ihr Portemonnaie greifen, um Top-Mitarbeiter für sich zu gewinnen oder sie in ihrem Unternehmen zu halten. Ungefähr eine Milliarde US-Dollar bezahlte z.b. die amerikanische Bank *CS Boston*, um ein Team aus 100 Investmentbankern von ihren Konkurrenten abzuwerben.[10] Und das war kein Einzelfall in dieser Branche.

Leichter verstehen kann man derartig hohe Personalinvestitionen, wenn man sich einmal vor Augen hält, was von Mitarbeitern heutzutage alles verlangt wird (siehe Abbildung 3): Kreativität, Durchsetzungsfähigkeit, Lernfähigkeit, Unternehmertum usw. Das bedeutet, qualifizierte und motivierte Mitarbeiter stellen häufig einen ganz entscheidenden Wettbewerbsvorteil für ein Unternehmen dar.[11] Quantitative Studien und qualitative Fallbeispiele legen die Aussage nahe: Sein Geschäft *richtig* zu betreiben ist oft wichtiger, als das „richtige" Geschäft zu betreiben.[12] „Sein Geschäft richtig zu betreiben" bedeutet aber auch, die richtigen

---

[8] Vgl. zum „Krieg um Talente" *Rust, H.* (2000), S. 241-261); *Chambers, E.G. et. al.* (1998) oder *Axelrod, E. L./Handfield-Jones, H./Welsh, T.A.* (2001).

[9] *Nölting, A.* (2000), S. 4.

[10] *Schwarz, G.* (1999), S. 2.

[11] Siehe ausführlich dazu Kapitel B.3.2.2.3.

[12] Vgl. *Pfeffer, J.* (1998), S. XVI.

Mitarbeiter zu beschäftigen und diese richtig zu fördern. Denn außergewöhnliche Leistungen gehen in der Regel auch auf außergewöhnliche Menschen zurück, wie die nachstehenden Fälle beweisen: Die japanische Firma *NEC* konnte sich beispielsweise mit ihren großen Telefonvermittlungen nur deshalb so stark in den USA behaupten, weil ein lokaler US-Manager, *Howard Gottlieb*, nahezu besessen davon war, die dazu erforderlichen Software-veränderungen in der Tokioter Zentrale durchzusetzen. Auch wäre *Procter & Gamble* mit seinem Produkt Vicks-Vaporub in Indien wahrscheinlich weitaus weniger erfolgreich gewesen, wenn sie nicht einen so ausgezeichneten indischen Manager in den eigenen Reihen gehabt hätten, wie *Gurcharan Das*. Und die international verzweigte Flüssigkeitskristallent-wicklung von *Hoffmann-La Roche*, mit der das Unternehmen bis heute außerordentlich viel Geld verdient hat, war ebenfalls nachhaltig von zwei Personen geprägt: den beiden Forschern *Schadt* und *Helfrich*.[13]

Fasst man das bislang Gesagte zusammen, ergibt sich ein Bild mit zwei unterschiedlichen Hälften, die nicht so richtig zueinander passen wollen: Einerseits reagieren die Kapitalmärkte, zumindest kurzfristig, positiv auf den Abbau von Mitarbeitern. Andererseits liegen empirische Indizien vor, die im Gegensatz dazu auf eine hohe Bedeutung der Mitarbeiter für den Unter-nehmenserfolg hindeuten. Einer der wesentlichen Erklärungsgründe für dieses scheinbare Paradoxon mag in den „Kommunikationsschwierigkeiten" liegen, die zwischen den externen Kapitalmarkt- und den unternehmensinternen „Human Capital-Spezialisten" bestehen. In den ökonomischen Modellen, mit denen die Finanzanalysten den Wert eines Unternehmens durch Abschätzung seiner zukünftigen Cashflows bestimmen[14], wird der *Nutzen* des Human Capitals im Gegensatz zu seinen Kosten bislang noch viel zu wenig berücksichtigt – obwohl erste Ansätze dazu bereits vorhanden sind (s.u.).[15] Gleichzeitig haben die Personalfachleute in den Unternehmen zwar häufig ein ziemlich gutes Gespür dafür, welchen Beitrag die Beleg-schaft zum Erfolg ihres Unternehmens leistet. Doch können sie dieses „Gefühl" zumeist nur unzureichend anhand quantitativer Daten belegen, die wiederum von den externen Analysten für eine adäquate Unternehmensbewertung benötigt würden. Die Tatsache, dass sich Finanz- und Personalfachleute bis heute aufgrund verschiedener Ausbildungshintergründe, Arbeits-umgebungen, Erfahrungen, Zielvorgaben und Analysemethoden oft noch in sehr unterschied-lichen Gedankenwelten bewegen, ist eine Hauptursache für dieses Kommunikationsproblem. Die Folge: Zum einen wird der „Wert" des Human Capitals aufgrund des Informationsdefizits extern häufig unterschätzt. Zum anderen wird das Human Capital aber auch firmenintern zu wenig nach den Erfolgsmaßstäben gesteuert, die extern im Blickpunkt stehen, wodurch es in vielen Unternehmen im Vergleich zum Finanzkapital noch relativ uneffektiv genutzt und gesteuert wird.

---

[13] Vgl. *Pierer, H. v./ Oetinger, B. v.* (1997), S. 83.
[14] Zur ausführlichen Darstellung der Discounted Cashflow-Methode siehe u.a. *Rappaport, A.* (1986), S. 50-77 und (1998), S. 24-32; *Copeland, T./Koller, T. Murrin, J.* (1995), S. 83ff.; *Drukarczyk, J.* (1995), S. 329ff.; *Knorren, N.* (1998), S. 37-66; *Riedl, J.P.* (2000), S. S. 226-232.
[15] Vgl. hierzu auch Kapitel B.3.4.

IN DER ZEITSCHRIFT "PERSONALFÜHRUNG" 1997 NUR EIN PROZENT DER BEITRÄGE ZUM PERSONALCONTROLLING

Themenbereiche der Zeitschrift "Personalführung" 1987-1997 in %			
Themen	1987-1991	1992-1996	1997
Personalentwicklung	14	21	20
Personalführung	17	14	15
Personalkosten	10	6	12
EDV im Personaleinsatz	8	2	12
Personaleinsatz	12	13	9
Personalmarketing	3	9	7
Sonstiges	8	4	6
Internationales Personalmanagement	5	9	5
Wissensmanagement und TQM	–	8	4
Personalorganisation	–	3	3
Arbeitsrecht	16	1	3
Personalfreisetzung	1	4	1
Personalbeschaffung	2	3	1
Personalcontrolling	2	2	1
Personalbedarf	2	1	1

Quelle: In Anlehnung an Scholz, C. (2000), S. 35

Abbildung 4: Themen der Zeitschrift Personalführung

Wie aber wird dieses Problem von Wissenschaftlern und Praktikern bislang adressiert? Welche Aufmerksamkeit besitzt der Faktor Mensch als Treiber des Unternehmenserfolges? Ein kurzer Überblick soll an dieser Stelle ausreichen, bevor diese Fragen ausführlich in den Teilen B und C dieser Arbeit untersucht werden.

Zunächst zur *Wissenschaft*: In der deutschen Literatur hat sich die (unternehmens-)wertorientierte Sicht des Personalmanagements bislang noch nicht durchsetzen können. Als ein Zeichen dafür mögen die Themenbereiche dienen, die in der Zeitschrift „Personalführung" von 1987-1997 behandelt wurden (siehe Abbildung 4)[16]. Dort beschäftigten sich 1997 lediglich 1% der Beiträge mit dem Personalcontrolling. Der Anteil an Artikeln zum *wertorientierten* Personalcontrolling lag wahrscheinlich noch deutlich darunter, und dieses Bild dürfte sich bis heute nicht besonders verändert haben.

Im angloamerikanischen Raum wird das Thema „Human Resource Management und Firmenerfolg[17]" dagegen spätestens seit dem Erscheinen des Buches „*The Schuster Report – The Proven Connection Between People and Profits*"[18] im Jahre 1986 sehr ernsthaft in der Wissenschaft untersucht. Entsprechende Sonderausgaben renommierter Fachzeitschriften, wie

---

[16] Vgl. *Scholz, C.* (2000), S. 35.
[17] Unter „Firmenerfolg" wird hier nicht nur die Steigerung des Unternehmenswertes verstanden, sondern auch anderer Erfolgsparameter, wie Gewinn, Fehler- oder Fluktuationsquote.
[18] *Schuster, F.E.* (1986).

Academy of Management Journal, Journal of Accounting & Economics oder *Strategic Management Journal* Ende der 90er Jahre sind nur ein Beweis hierfür.[19] Untermauert wird diese Forschung durch mehrere empirische Studien, die speziell zu diesem Thema durchgeführt wurden.[20] Über die Gründe, warum das Interesse am wert- bzw. erfolgsorientierten Human Capital Management in Deutschland bislang deutlich geringer als in den USA ausgeprägt war, kann man nur spekulieren. Unterschiedliche Einstellungen zu Mitarbeitern, zum Unternehmenserfolg, aber auch zur pragmatischen Überwindung wissenschaftsmethodischer Schwierigkeiten mögen hier u.a. eine Rolle gespielt haben.[21] Die explizite Verbindung des aus dem Shareholder Value Management entstandenen *Wertmanagements* und dem Human Resource- bzw. Human Capital Management auf theoretischer und empirischer Ebene hat es aber auch in den USA bislang noch nicht gegeben.[22] Erste Ansätze dazu sind erst langsam im Entstehen.[23]

Und wie sieht es in der *Praxis* bei den Unternehmen aus? In einer internationalen Umfrage, über den Beitrag des Personalmanagements zum Unternehmenserfolg, schätzten immerhin 86% der Befragten die Personalmanagement-Funktion als äußerst erfolgskritisch ein.[24] Das scheint zunächst ein sehr vielversprechendes Ergebnis zu sein, aber wenn es tatsächlich daran geht, das Zepter in die Hand zu nehmen und dieser Erkenntnis konkrete Maßnahmen folgen zu lassen, sieht das Bild schon wesentlich düsterer aus. *Pfeffer* beschreibt diese Situation sehr treffend mit seiner „1/8-Regel"[25]: Maximal die Hälfte der verantwortlichen Manager glauben tatsächlich an die Beziehung zwischen Human Resource Management und dem Firmenerfolg. Von dieser Hälfte nimmt wiederum die Hälfte nur eine einzige organisatorische Veränderung vor, um die Personalarbeit effektiver zu gestalten. Sie vergessen dabei jedoch: Effektives HR-Management erfordert einen umfassenden und systematischen Ansatz und keine Einzelmaßnahmen.[26] Von der verbleibenden Hälfte, die einen systematischen Ansatz gewählt hat, verfolgt erneut nur die Hälfte diesen Verbesserungsprozess lange genug, bis der Aufwand auch seine finanziellen Früchte trägt. In Zahlen ausgedrückt: $0,5 \times 0,5 \times 0,5 = 1/8$; Also, nur 1/8 aller Firmen erzielen tatsächlich nachhaltige finanzielle Vorteile aus ihrem Human Capital und 7/8 scheitern. Obwohl diese Rechnung auf keiner wissenschaftlichen Untersuchung basiert, deckt sich diese Grundaussage mit Analysen, die im Laufe der Arbeit noch vorgestellt werden. Als Ursache für die schlechten Umsetzungsquoten sieht *Pfeffer* vor allem das Kurzfristdenken der Manager. Externe Kapitalmärkte und interne Controllingsysteme lassen

---

[19] Vgl. *Becker, B.E./Huselid, M.A.* (1998a), S. 54.
[20] Siehe ausführlich hierzu Kapitel B.3.2.2.2.
[21] Quelle: Experteninterviews.
[22] Ausführlicher hierzu siehe auch Kapitel B.3.1.
[23] Ein Beispiel ist die empirische Studie der Unternehmensberatung *Watson Wyatt*: The Human Capital Index™ - Linking Human Capital and Shareholder Value (2000). Zu deren Kritik siehe u.a. Kapitel B.4.3.
[24] Vgl. *Scholz, C. (2000)*, S. 69. Die Befragung fand im Rahmen des seit 1993 laufenden Global Performance Project (GPP) der Universität des Saarlandes statt. Die Datenerhebung umfasste 11 Länder, darunter Österreich, die Schweiz, Deutschland, Spanien, Frankreich und die USA. Die Ergebnisse wurden aus 242 Tiefeninterviews in den jeweiligen Unternehmen gewonnen (siehe *Scholz, C.* (2000), S. 40).
[25] Vgl. *Pfeffer, J.* (1998) S. 29.
[26] Ausführlich hierzu Kapitel C.2.3.6.2.

viele Manager häufig nicht weiter als bis zum nächsten Quartalsergebnis denken – doch Investitionen in das Human Capital benötigen eine längere Zeit, um ergebniswirksam zu werden.[27] Fehlendes Langfristdenken ist, wie später noch gezeigt wird, nur eine von mehreren Hürden, die das Human Capital Management zu überwinden hat. Es unterstreicht aber vor allem erneut die Notwendigkeit, die Gedankenwelten der Finanzanalysten, Unternehmenslenker und Personalverantwortlichen stärker miteinander zu verbinden. Denn nur so können die Erfolgspotenziale realisiert werden, die – häufig noch völlig unentdeckt – in der Belegschaft verborgen sind.

Die „1/8-Regel" von *Pfeffer* resultiert aus Beobachtungen des US-amerikanischen Marktes. In Deutschland dürfte diese Quote hingegen noch deutlich niedriger liegen.[28] Schaut man sich die Wettbewerbsfähigkeit Deutschlands im internationalen Vergleich an, springen einem die Defizite sehr schnell ins Auge, die dafür mit verantwortlich sein könnten. Während sich die Wettbewerbsfähigkeit Deutschlands insgesamt von 1993-1999 vom fünften auf den neunten Platz verschlechtert hat, nachdem es von 1997-1998 sogar den 14. Platz belegte, ist die Platzierung in wichtigen Teilbereichen noch wesentlich alarmierender:[29]

- *Effizientes Shareholder Value Management:* **Platz 18, direkt hinter Südafrika und Spanien.**

- *Unternehmergeist:* **Platz 32, direkt hinter Mexiko und den Philippinen.**

- *Kundenorientierung:* **Platz 29, direkt hinter China und Luxemburg.**

- *Flexibilität und Anpassungsfähigkeit der Mitarbeiter:* **Platz 44, direkt hinter Slowenien und Indonesien.**

Dem erfolgsorientierten bzw. wertorientierten Personalmanagement aus diesem „Umsetzungsnotstand" herauszuhelfen ist daher ein dringendes Gebot der Stunde – vor allem in Deutschland, wenn es seine internationale Wettbewerbsfähigkeit wieder zurückerlangen möchte.

Als Fazit dieses kurzen Überblickes kann Folgendes festgehalten werden: Die Brücke zwischen Kapitalmarkt- und Personalorientierung ist noch sehr schmal und brüchig. Das gilt für die Wissenschaft, aber noch viel stärker für die betriebliche Praxis. Erste Versuche, die beiden Denkrichtungen miteinander zu verknüpfen, gibt es. So beziehen Finanzanalysten beispielsweise zunehmend (aber immer noch nicht ausreichend) auch „weiche" Indikatoren in

---

[27] Vgl. Kapitel C.2.2.2.
[28] Quellen: *The Boston Consulting Group*, Experteninterviews. Ausführlicher dazu siehe Kapitel B.1.2 und B.3.4.
[29] Quelle: World Competitiveness Yearbook 1999, vgl. *International Institute for Management Development, IMD (1999)*.

**FINANZANALYSTEN BEWERTEN UNTERNEHMEN ZUNEHMEND
AUCH NACH PERSONALBEZOGENEN KRITERIEN**
Top 10 nicht-finanzielle Bewertungskriterien amerikanischer Finanzanalysten

Rang	Bewertungskriterien	Personalbezug	
		Direkt	Indirekt
1.	Umsetzung der Geschäftsstrategie		X
2.	Glaubwürdigkeit des Managements	X	
3.	Qualität der Geschäftsstrategie		X
4.	Innovation		X
5.	Fähigkeit, talentierte Leute anzuziehen bzw. im Unternehmen zu halten	X	
6.	Marktanteil		(X)
7.	Expertise des Managements	X	
8.	Ausrichtung der Vergütung an den Interessen der Shareholder	X	
9.	Führende Rolle in der Forschung		X
10.	Qualität der Geschäftsprozesse		(X)

Quelle: Studie von Low, J./Siesfield, T. (1998). In Anlehnung an die Darstellung in Becker, B. E./Huselid, M. A./Ulrich, D. (2001), S. 9

Abbildung 5: Die Top 10 nicht-finanziellen Kriterien amerikanischer Finanzanalysten zur Unternehmensbewertung

ihre Unternehmensbewertungen ein, von denen wiederum mehr als die Hälfte direkt oder indirekt personalbezogen sind (siehe Abbildung 5).[30]

Was aber bislang fehlt, ist, das Human Capital Management und das Wertmanagement auf theoretischer und empirisch-praktischer Ebene systematisch miteinander zu verbinden und diesen Zusammenhang anschließend im Bewusstsein der Verantwortlichen in den Unternehmen zu verankern. Ein häufig genanntes Argument gegen die Integration dieser beiden Disziplinen ist die Schwierigkeit, das Human Capital zu messen und damit genaue Aussagen über seinen Wertbeitrag treffen zu können.[31] Doch ist dies wirklich ein schlagkräftiges Argument? Sicherlich kann man das Human Capital nicht mit naturwissenschaftlicher Genauigkeit bewerten, aber muss man das überhaupt?[32] Traditionelle Investitionsrechnungen beinhalten ebenfalls Unsicherheitsfaktoren, wie den Diskontierungssatz[33] oder die Annahmen über die zukünftigen Cashflows. Und das gilt für alle Kalkulationen, die Prognosen enthalten.[34] Ein Manager benötigt aber auch keine naturwissenschaftlich genaue Bewertung

---

[30] Siehe *Becker, B.E./Huselid, M.A./Ulrich, D.* (2001), S. 8f. Die Ergebnisse stammen aus einer Befragung von Finanzanalysten und Portfolio-Managern. Ausführlich siehe *Low J./Siesfield T.* (1998).
[31] Experteninterviews.
[32] *Fitz-enz, J.* (1995), S. 20f.
[33] Ausführlich hierzu beispielsweise *Riedl, J.B.* (2000), S. 179ff.
[34] Vgl. *Brockhoff, K. (1977)*, S. 16-20.

seiner Human Resources, denn in der Praxis befindet er sich in einem „nicht-trivialen" System – mit den Worten der Systemtheorie gesprochen. Das bedeutet: Das System „Unternehmen", in dem er operiert, basiert nur zu einem sehr geringen Teil auf linearen Input-Output-Beziehungen. Der Rest ist ein komplexes Wirkungsgeflecht, in dem eine Vielzahl von Faktoren in nicht-linearer Weise miteinander in wechselseitiger Beziehung stehen und trotz hierarchischer Führung ein intensives „Eigenleben" führen. Steuern lässt sich ein solches System in der Regel nur mittelbar, indem seine Rahmenbedingungen gezielt verändert werden, auf die es dann selber wieder reagiert; wie diese Reaktion aussieht, kann aber vorab nicht genau vorhergesagt werden.[35] Angesichts dieser Unsicherheiten reicht es daher oft schon völlig aus, die richtigen Größenordnungen, die wichtigsten Wirkungsketten und die wesentlichen Trends in Bezug auf das Human Capital zu bestimmen. Das dieses sehr wohl möglich ist, wird im weiteren Verlauf noch ausführlich gezeigt und führt direkt zu den Zielen dieser Arbeit.

2 Zielsetzung der Arbeit

Im Rahmen dieser Forschungsarbeit werden mehrere Ziele verfolgt, die sowohl inhaltliche als auch methodische Aspekte betreffen. Über allem steht jedoch ein Leitgedanke: Den „Business Case"[36] für das Human Capital zu entwickeln und damit die Aufmerksamkeit der Wirtschaft vor allem auf die *Nutzen*seite der Mitarbeiter zu lenken. Denn oft wird das Human Capital heute noch zu einseitig auf seinen (hohen) Gesamtkostenanteil reduziert und damit der qualitative und quantitative Erfolgsaspekt dieser *Investition* weitgehend ausgeblendet. Aus diesem Bestreben gehen auch die verschiedenen Einzelziele dieser Arbeit hervor:

Inhaltlich sollen an erster Stelle das Human Capital Management und das Wertmanagement miteinander verbunden werden, mit dem Ergebnis eines „*Wertorientierten* Human Capital Managements" (WHCM). Dazu gehört, erstens ein theoretisches Fundament für das WHCM zu schaffen und zweitens, dieses anschließend durch empirische Untersuchungen zu legitimieren.

Im Einzelnen heißt das:

- Die Theorie des Wertmanagements auf das Human Capital Management (HCM) anzuwenden.

- Einen positiven Zusammenhang zwischen der Güte des Human Capital Managements und der Veränderung des Unternehmenswertes nachzuweisen.

---

[35] Vgl. *Ulrich, H./Probst, G.* (1991), S. 58ff; zusätzlich Untermauerung durch Experteninterview. Ausführlicher zur Systemtheorie vgl. beispielsweise *Bertalanffy, L. v.* (1951), *Luhmann, N.* (1993), *Luhmann, N.* (1989), *Maturana, R./Varela F.* (1982) und (1987), *Foerster, H. v.* (1981). Zur Systemtheorie in der Betriebswirtschaft vgl. u.a. *Gomez, P.* (1981), *Gomez, P./Probst, G.* (o.J.), *Knyphausen, D. zu* (1988), *Ulrich, H./Probst, G.* (1984).
[36] Sinngemäß vielleicht als „ökonomische Rechtfertigung" zu übersetzen.

• Die Werttreiber – das sind Faktoren, die den Unternehmenswert beeinflussen – des WHCM zu identifizieren und möglichst auch quantitativ hinsichtlich ihrer Hebelwirkung zu bewerten.

• Empirische Daten für den deutschen Markt zu generieren, um damit die Übertragbarkeit der Ergebnisse aus früheren Studien mit ähnlichem Forschungsschwerpunkt zu überprüfen, weil sich diese nahezu ausschließlich nur auf den angloamerikanischen Raum bezogen haben.

• Die Konsequenzen der Ergebnisse zu den vorherigen Punkten für Wissenschaft und Praxis darzustellen.

• Und letztlich, einen verständlichen und gangbaren Weg zu beschreiben, wie das WHCM am Ende in der Praxis umgesetzt werden kann – mit der Hoffnung, aus der „1/8-Regel" von *Pfeffer* (s.o.) vielleicht eine „7/8-Regel" werden zu lassen.

Um diese inhaltlichen Ziele zu erreichen, müssen aber auch einige der bislang im Wert- bzw. Human Capital Management verwendeten *Theorien* und *Methoden* weiter entwickelt werden. Daher wird in dieser Arbeit ferner angestrebt:

• Ein geeignetes Kennzahlensystem für das WHCM zu entwickeln, das aus der Logik des Wertmanagements hervorgeht, jedoch speziell auf die Bedürfnisse des Human Capitals zugeschnitten ist.

• Die Bewertungs- und Messmethodik des Human Capitals zu verbessern.

• Und die Architektur[37] des Human Capitals auf breiterer Basis als bisher zu untersuchen, um die verschiedenen Werthebel (z.B. Training, Incentives, Führungsstil etc.) untereinander auch gewichten zu können.[38]

Aus diesen Maßgaben leiten sich weitere Teilziele ab, auf die an späterer Stelle in den jeweiligen Kapiteln noch näher eingegangen wird.

Nachdem dieser Abschnitt grob skizziert hat, welche Zielsetzungen in dieser Arbeit verfolgt werden, geht das nächste Kapitel auf die Methodik ein, mit der diese Ziele erreicht werden sollen.

---

[37] Siehe Kapitel B.3.3.2.
[38] Zur Erklärung: Bislang wurden entweder nur die klassischen Bereiche des HCM, wie Rekrutierung, Training etc. auf ihre Wertschöpfungskraft hin untersucht. Wertschätzung der Mitarbeiter, Unternehmenskultur, Führungsstil, um nur ein paar Beispiele zu nennen, wurden dagegen nicht oder nur teilweise mitbetrachtet, obwohl sie auch mögliche Werthebel darstellen. Die letztgenannten Faktoren wurden zwar ebenfalls schon in empirischen Studien untersucht, aber diese stellten nur auf den Zusammenhang zwischen einem dieser Faktoren und dem Unternehmenserfolg ab (siehe dazu Kapitel B.4.4.2.8). Eine integrierte Gesamtschau aller (großen) potenziellen Werthebel fehlt aber bislang.

3 Methodik der Arbeit

Dieser Gliederungspunkt enthält die beiden folgenden Themenbereiche:

- Einen Überblick der Arbeitsmethodik und Quellen (mit entsprechender Begründung)
- Sowie den Gang der Arbeit und eine Beschreibung der zu Grunde liegenden Systematik.

Arbeitsmethodik und Quellen

In dieser Dissertation wurden die beiden grundlegenden Forschungsansätze der Sekundär-(Desk Research) und Primäranalyse (Field Research) miteinander verbunden.[39] Den Ausgangspunkt bildete hierbei eine fundierte Analyse der wichtigsten Literaturquellen und Studien zum Thema „Human Resource Management"/„Human Capital Management"/ „Personalmanagement" etc. sowohl allgemein als auch im Zusammenhang mit dem Unternehmenserfolg. Die Zielsetzung: Stärken und Schwächen bisheriger Theorien zur erfolgsorientierten Personalarbeit zu identifizieren und zu überprüfen, inwieweit diese Denkansätze von der Unternehmenspraxis angenommen wurden. Der vorwiegende Teil der Quellen stammte dabei aus dem US-amerikanischen Raum. Begleitet wurden die Analysen durch Interviews mit Experten auf diesem Gebiet in Deutschland und Amerika. Dazu gehörten Wirtschaftsprofessoren, Personalverantwortliche in Unternehmen sowie Fachspezialisten der Unternehmensberatung *The Boston Consulting Group (BCG)*.

Im nächsten Schritt wurde die Theorie des Wertmanagements anhand von Literaturquellen und Experteninterviews darauf hin untersucht, ob sie grundsätzlich mit dem Human Capital Management zu vereinen wäre. Die Idee zu einer möglichen Verbindung dieser beiden Disziplinen ging dabei von einem neuen Kennzahlensystem (Workonomics™) der *Boston Consulting Group* aus, mit dem das Human Capital (unternehmens-)wertorientiert gesteuert werden kann[40] und das bereits seitens der Unternehmenspraxis auf sehr positive Resonanz gestoßen ist.

Nachdem der theoretische Ansatz für ein „Wertorientiertes Human Capital Management" konzipiert war, wurde das zu Grunde liegende Modell durch eine empirische Untersuchung statistisch getestet. Damit war der Wunsch verbunden, eine möglichst stichhaltige und objektive Begründung für die Anwendbarkeit des Wertorientierten Human Capital Managements zu erarbeiten. Denn viele Unternehmen zeigten sich in der Vergangenheit noch relativ skeptisch gegenüber diesem Thema (s.o.).

---

[39] Detailliert zur Primäranalyse im Human Resource Management vgl. *Schmitt, N.W./Klimowski, R.J.* (1991), S. 1-402. Zur Sekundäranalyse vgl. ebenda S. 403-429 und zu deren Möglichkeiten und Grenzen siehe auch *Kromrey, H.* (1986), S. 322f.

[40] Vgl. *Strack, R./ Franke, J./Dertnig, S.* (2000). Ausführlich dazu siehe Kapitel B.3.3.1.2.

Neben der Theorie und Statistik, wurde das WHCM-Konzept zusätzlich noch auf eine dritte Säule gestellt – das „Praktikerwissen". Und zwar wurden die theoretischen und statistischen Forschungsergebnisse in weiteren Interviews mit Praxisexperten verifiziert, verändert, erweitert oder eingeschränkt.[41] Denn nur durch diese „Drei-Säulen-Methodik" schien es möglich zu sein, die Akzeptanz des Human Capitals als wichtigen Erfolgsfaktor eines Unternehmens nachhaltig zu erhöhen.[42]

Systematik und Gang der Arbeit

Bevor der Gang dieser Arbeit näher beschrieben wird, soll zunächst ein Blick auf das gewünschte Endergebnis geworfen werden, denn von dort aus lässt sich die Systematik der Gliederung und des Vorgehens leichter verstehen: Am Ende der Arbeit soll eine Theorie des Wertorientierten Human Capital Management stehen, die so umfassend und nachvollziehbar begründet ist, dass sie sowohl die Gütekriterien der Wissenschaftler als auch die der Praktiker zu erfüllen vermag. Entsprechende „Werkzeuge" und eine „Gebrauchsanleitung", wie diese Theorie in die Unternehmenspraxis integriert und dort umgesetzt werden kann, bilden dabei ebenfalls einen wichtigen Bestandteil dieser Arbeit.

Von seiner Systematik her basiert dieses Forschungsprojekt daher auf einer Vorgehensweise, die sechs wesentliche Schritte umfasst:

1. Theoretische Grundlagen schaffen.

2. Theorie und deren Kernhypothesen empirisch prüfen.

3. Theorie und Empirie in Einklang bringen.

4. Implikationen der empirisch unterlegten Theorie bestimmen.

5. Instrumentarium für die praktische Umsetzung entwickeln.

6. Aus den Grenzen der neuen Theorie einen Ausblick für die weitere Forschung geben.

Diese Systematik gibt den Weg vor, der in der Folge beschritten wird. Wie die konkreten Inhalte der Arbeit aufgebaut sind, zeigt die Abbildung 6.

Insgesamt gliedert sich diese Dissertation in fünf Hauptteile von A bis E. In der Einführung (Teil A) werden die Bedeutung des Themas, die Zielsetzung sowie die verwendeten Methoden und Begriffe erläutert, um dem Leser eine Grundorientierung in der Themenwelt dieses Forschungsprojektes zu vermitteln.

---

[41] Ausführlich hierzu siehe Kapitel C.1.5.
[42] Zur Notwendigkeit, theoretische Modelle durch empirische Studien zu verifizieren, siehe auch *Popper, K.R.* (1984), S. 7f.

STRUKTUR DER DISSERTATION

Teil A	Einführung	
Bedeutung des Themas (A.1)	Zielsetzung der Arbeit (A.2)	Methodik und Begriffe (A.3-4)

Teil B	Bezugsrahmen des Wertorientierten Human Capital Managements (WHCM)		
Human Capital Management (B.1)			
Theorie (B.1.1)	Praxis (B.1.2)	Bewertung (B.1.2)	
+			
Wertmanagement (B.2)			
Theorie (B.2.1 – 2.2)	Praxis (B.2.3)	Bewertung (B.2.4)	
≈			
Wertorientiertes Human Capital Management (B.3)			
Vorformen (B.3.2)	Theorie (B.3.1, B.3.3)	Praxis (B.3.4)	Bewertung (B.3.5)
Modellbildung: Zusammenhang WHCM und Unternehmenswert (B.4)			
Modellstruktur (B.4.1 – 4.2)	Variablen (B.4.3 – 4.5)	Bewertung (B.4.6)	

Teil C	Empirische Überprüfung des WHCM-Modells		
Studiendesign (C.1)			
Ziele und Struktur (C.1.1)	Kernhypothesen (C.1.2)	Vorgehen (C.1.3 – C.1.5)	
Studienergebnisse (C.2)			
Modelltest (C.2.1)	Ergebnisse (C.2.2 – 2.4)	Kontextbezug (C.2.5)	Zwischen-fazit (C.2.6)
Bedeutung der Ergebnisse (C.3)			
Bedeutung für die Wissenschaft (C.3.1)	Bedeutung für die Praxis (C.3.2)		

Teil D	Integration und Umsetzung des WHCM in der betrieblichen Praxis	
Verschiedene Methoden und Instrumente (D.1 – 2)		

Teil E	Schlussbetrachtung	
Ergebnisse und Grenzen (E.1)	Ausblick (E.2 – 3)	Fazit (E.4)

Abbildung 6: Struktur- und Inhaltsübersicht der Dissertation

Teil B schafft das Fundament für die Theorie des WHCM. Dazu werden zunächst die beiden Bausteine, das Human Capital Management (B.1) und das Wertmanagement (B.2), aus wissenschaftlicher und unternehmenspraktischer Praxis dargestellt. Die Synthese beider Disziplinen führt schließlich zum WHCM (B.3), mit seinen Vorformen, seiner Theorie und seinem bisherigen Erfolg in der Praxis. In Abschnitt B.4 wird die Theorie des WHCM dann in Form eines Modells operationalisiert, damit sie in Teil C empirisch überprüft werden kann.

Im empirischen Teil wird zunächst das Studiendesign mit seinen Zielen, Hypothesen und dem operativen Vorgehen beschrieben (C.1) Ein Test des Modells, die Vorstellung und Interpretation der empirischen Ergebnisse sowie deren Gültigkeit in Abhängigkeit von verschiedenen Kontexten (wie Branche oder Kulturraum) sind Elemente des Abschnittes C.2. Auf die Bedeutung der Ergebnisse für die Wissenschaft und Praxis wird im Punkt C.3 eingegangen.

Den Weg zur praktischen Umsetzung des WHCM beschreibt der Teil D, in dem verschiedene Methoden und Instrumente vorgestellt werden, wie das WHCM angewendet und in die übrigen Geschäftsabläufe eines Unternehmens integriert werden kann.

Teil E fasst noch einmal zusammen, was diese Arbeit insgesamt leisten konnte (E.1) und leitet aus ihren Grenzen einen Ausblick des WHCM für Wissenschaftler (E.2) und Praktiker (E.3) ab. Den Abschluss bildet schließlich ein persönliches Fazit des Autors (E.4).

4 Begriffsklärungen

Einige wichtige Begriffe, wie z.B. Human Capital Management oder Wertmanagement, wurden bislang verwendet, ohne sie vorher definiert zu haben. Dieser Umstand wurde bewusst in Kauf genommen, denn die Definition bestimmter Begriffe lässt sich oft leichter verstehen, wenn man bereits den Kontext kennt, in dem sie später gebraucht werden.

Folgende Begriffe sollen hier für den weiteren Verlauf dieser Arbeit näher bestimmt werden: „Unternehmen", „Mitarbeiter"/„Fachkräfte"/„Führungskräfte", „Personalbereich bzw. Personalabteilung", „Personalarbeit", „Human Resource Management (HRM)", „Human Capital Management", „Wertmanagement" und „Wertorientiertes Human Capital Management". Alle weiteren Definitionen folgen später in ihrem jeweiligen Kontext.

„Unternehmen"

Im täglichen Sprachgebrauch werden die Begriffe „Unternehmen", „Unternehmung", „Betrieb", „Firma", „Geschäft", um nur einige zu nennen, häufig synonym gebraucht.[43] Weil die genaue Differenzierung der genannten Begriffe zumindest im theoretischen Teil keine größere Bedeutung hat, ist als „Sammelbegriff" zumeist vom „Unternehmen" die Rede. Die anderen Begriffe können damit gleich bedeutend verstanden werden.

Für die Unternehmensbefragung im empirischen Teil der Arbeit war jedoch eine genauere Definition notwendig. Dort wurden unter einem „Unternehmen" alle Teile von Konzernen[44]/ Betrieben verstanden, deren

- Mitarbeiter/innen zum größten Teil in Deutschland arbeiten und

- dabei im direkten oder indirekten Einflussbereich der Personalarbeit (s.u.) der Konzern-/Betriebszentrale stehen.

Eigenständige Konzernteile oder Tochtergesellschaften mit autonomer Personalarbeit fallen nicht darunter. Diese Abgrenzung war notwendig, um das Beobachtungsfeld gerade bei großen Konzernen möglichst eindeutig zu bestimmen.

---

[43] In der Wissenschaft sehen einige Vertreter den „Betrieb" als Oberbegriff der Unternehmungen, andere die Unternehmung als Oberbegriff der Betriebe. Ursprünglich wurde der Begriff „Unternehmen" durch die Gesetzgebung (Unternehmenssteuergesetzt) geprägt, um einen Betrieb als juristischen Gegenstand zu definieren. Gleiches gilt für den Begriff „Firma", welcher zunächst die juristische Bezeichnung für den Namen einer Unternehmung/Betrieb etc. darstellte (vgl. *Wöhe, G.* (1990), S. 12f.).

[44] Bei den befragten Unternehmen handelte es sich ausschließlich um in Deutschland börsennotierte Gesellschaften mit mehr als 500 Mitarbeitern (ausführlich siehe Kapitel C.2.1.1).

„Mitarbeiter"/„Fachkräfte"/„Führungskräfte"[45]

Unter *Mitarbeitern* und *Mitarbeiterinnen* wird der Oberbegriff für alle Personen verstanden, die bei einem Unternehmen angestellt sind. Zur Vereinfachung wird in der Folge jedoch nur noch der Begriff „Mitarbeiter" verwendet, wobei hiermit selbstverständlich die männliche *und* weibliche Belegschaft bezeichnet wird. Als Synonym für die „Mitarbeiter" wird auch häufiger der Ausdruck „Personal" verwendet.

Als *„Fachkräfte"* werden alle Mitarbeiter eines Unternehmens bezeichnet,

* die Gehaltsempfänger sind (im Gegensatz zu Lohnempfängern auf Stundenbasis)

* die voll in die Unternehmensprozesse eingebunden sind (d.h. keine Aushilfskräfte oder Auszubildende) und

* die einer Tätigkeit mit erforderlicher Fachqualifikation nachgehen (im Gegensatz zu ungelernten Kräften ohne spezielle Berufsausbildung).

Unter *„Führungskräften"* werden Fachkräfte verstanden, die Ergebnisverantwortung für ihren Tätigkeitsbereich besitzen (auf ihrer Ebene) und fachliche oder disziplinarische Vorgesetzte mindestens eines weiteren Mitarbeiters (ohne Aushilfskräfte und Auszubildende) sind.

„Personalbereich" bzw. „Personalabteilung"[46]

„Personalbereich" und „Personalabteilung" werden synonym verwendet. Unter beiden Begriffen werden alle organisatorischen Einheiten eines Unternehmens verstanden, die sich primär mit den internen Personalangelegenheiten (z.B. Personaladministration, Rekrutierung, Training, Personalentwicklung etc.) beschäftigen. Angegliederte Personaldienstleistungen, wie z.B. ein Reisbüro, fallen nicht darunter.

„Personalarbeit"[47]

Mit „Personalarbeit" werden die personalbezogenen Aktivitäten des *gesamten* Unternehmens bezeichnet. Darunter fallen zusätzlich zu den Tätigkeiten des Personalbereiches Aufgaben wie Personalführung oder Mitarbeitermotivation, die auch von Mitarbeitern *außerhalb* der Personalabteilung wahrgenommen werden können.

„Human Resource Management" (HRM)

Die deutschsprachige Übersetzung des HRM ist das „Personalmanagement". Während die Begriffswelt auch bezüglich des HRM bzw. „Personalmanagement" umgangssprachlich sehr variiert, soll hier darunter ein aktiver und integrierter Teil des Managementprozesses verstanden werden, dessen inhaltlichen Kern die Personalarbeit darstellt. Im Gegensatz zum

---

[45] Diese Definitionen stammen aus der empirischen Studie dieser Arbeit und wurden im Rahmen von Pre-Tests überprüft. Das Gleiche gilt für die Definitionen des „Personalbereiches" bzw. der „Personalabteilung" und der „Personalarbeit".

[46] Siehe Fußnote 45.

[47] Siehe Fußnote 45.

„Personnel Management", oder auf Deutsch: Personalverwaltung/Personalwirtschaft, steht im HRM der *Management-* und nicht der Verwaltungsaspekt im Vordergrund.[48]

„Human Capital Management" (HCM)

In der Wissenschaft hat sich der Begriff „Human Capital Management" bislang noch nicht klar vom Human Resource Management abgegrenzt. Von Human *Capital* wird anstatt von Human *Resources* jedoch zumeist dann gesprochen, wenn der (allgemeine) Wert der Mitarbeiter für das Unternehmen besonders betont werden soll – ähnlich dem Wert des Finanzkapitals.[49] Unter „Wert" wird in diesem Zusammenhang jedoch nicht nur ausschließlich der direkte finanzielle Beitrag der Mitarbeiter zum Unternehmenswert verstanden, sondern auch der allgemeine Nutzen, den sie für ihr Unternehmen stiften, wie z.b. in Form geringerer Ausschussquoten oder höherer Produktivität.

Die deutsche Übersetzung für „Human Capital" lautet „Humanvermögen". Allerdings wird dieser Begriff häufig mit der Humanvermögensrechnung in Verbindung gebracht, wodurch er leicht in eine Richtung deuten könnte, die inhaltlich nicht ganz den Charakter des HCM trifft. Denn die Humanvermögensrechnung berücksichtigt zwar explizit den (allgemeinen) Wert der Mitarbeiter, zielt jedoch in erster Linie darauf ab, diesen Wert *buchhalterisch* abzubilden. Die Managementansätze, mit denen der Wert erhöht werden kann, sind dabei eher zweitrangig.[50] Ein weiterer Grund, den englischen/amerikanischen Ausdruck zu verwenden ist: Die wichtigsten wissenschaftlichen Arbeiten, die anstatt der Kosten den Nutzen der Mitarbeiter in den Vordergrund stellen, stammen aus dem angloamerikanischen Raum,[51] weshalb die dahinter stehende „Philosophie" auch stärker im Begriff „Human Capital Management" mitschwingt, als in ihrer deutschen Übersetzung. Weil die Unternehmenswertorientierung eine der wesentlichen Maximen dieser Arbeit darstellt, soll daher nachstehend hauptsächlich der Begriff „Human *Capital* Management"[52] verwendet werden, wobei unter „Management" die Tätigkeiten der Unternehmensführung[53] verstanden werden, wie Ziele setzen, planen, entscheiden, realisieren, kontrollieren und kommunizieren.

„Wertmanagement"

Mit „Wertmanagement" wird eine Unternehmensführung bezeichnet, die primär darauf ausgerichtet ist, den (Unternehmens-)Wert eines Unternehmens nachhaltig zu steigern.[54] Vereinfacht soll das Wertmanagement eine Antwort auf die Frage geben, wie ein Gesamt-

---

[48] Vgl. *Scholz, C.* (2000), S. 1
[49] Vgl. beispielsweise *Becker, B.E./ Huselid, M.A./Ulrich, D.* (2001), S. 11.
[50] Vgl. zur Humanvermögensrechnung beispielsweise *Schmidt, H.* (1982a) oder kürzer: das Kapitel B.3.2.1.4.
[51] Siehe Kapitel B.3.2.
[52] Der Ausdruck Human Resource Management wird nur dort verwendet, wo die zu Grunde liegende Literatur explizit mit diesem Begriff arbeitet.
[53] Vgl. *Schubert, U.* (1972), S. 43f.
[54] In Anlehnung an *Lewis, T.G.* (1994), S. 262 und 265. Ausführlich zum Wertmanagement, der Kennzeichnung des Unternehmenswertes sowie der Abgrenzung zum Shareholder Value Ansatz siehe Kapitel B.2.

unternehmen langfristig einen höheren Wert[55] generieren kann, als die Summe seiner Teilgeschäfte. Gelänge ihm dieses nämlich nicht, wäre der Zusammenschluss seiner Geschäftsbereiche – streng ökonomisch betrachtet – auch nicht mehr gerechtfertigt. Die wichtigsten Elemente des Wertmanagements sind Methoden zur Profitabilitätsmessung und Unternehmensbewertung sowie der Einsatz von Werttreibermodellen.[56]

„Wertorientiertes Human Capital Management" (WHCM)

Das „Wertorientierte Human Capital Management" ist eine Zusammenführung des Human Capital Managements und des Wertmanagements.[57] Der Unterschied zum „einfachen" HCM ist hierbei[58]: Die Personalarbeit wird im Sinne des Wertmanagements *explizit* daran ausgerichtet, den *Unternehmenswert* zu steigern, was nicht nur Auswirkungen auf die verwendeten Kennzahlensysteme und Analysemethoden hat, sondern auch auf die Prioritäten und Vorgehensweisen in der Personalarbeit und damit letztlich auf ihre Effektivität.[59]

Mit diesen Begriffsdefinitionen endet der Teil A, weshalb noch einmal die drei wichtigsten Punkte hervorgehoben werden sollen, die bis hierher vermittelt wurden:

1. Die hohe Bedeutung eines Wertorientierten Human Capital Managements für die betriebswirtschaftliche Wissenschaft und Praxis.

2. Die Ziele der Arbeit, die von dem Wunsch getragen werden, den „Business Case" (s.o.) für das *Human* Capital im Unternehmen zu erbringen.

3. Die systematischen und methodischen Grundlagen der Dissertation, die eine Symbiose aus theoretischer und empirischer Forschung anstreben, um später einen möglichst validen Ansatz für das WHCM zu erhalten.

Auf diesem Fundament baut der nächste Teil auf, in dem Schritt für Schritt der theoretische und praktische Bezugsrahmen entwickelt wird, der schließlich zu einem Wertorientierten Human Capital Management führt.

---

[55] Zur genaueren Definition des Begriffes „Wert" siehe Kapitel B.2.1.

[56] Vgl. *Lewis, T.G.* (1994) insgesamt und zur Begriffsdefinition S. 262 sowie S. 265.

[57] Es gibt zwar Vertreter, die das Human Capital Management streng aus Sicht des Unternehmenswertes betrachten (vgl. beispielsweise *Watson Wyatt* (2000a)), doch hat sich dieser Fokus bislang in der Literatur noch nicht allgemeiner durchsetzen können. Daher wurde hier das Human Capital Management explizit um die Eigenschaft „wertorientiert" ergänzt. Das Adjektiv „wertorientiert" mit „unternehmenswertorientiert" gleichzusetzen, ist dagegen in der Literatur bereits akzeptiert (vgl. beispielsweise *Lewis, T.G.* (1994) oder *Knorren, N.* (1998)). Das Gleiche gilt für die englischen/amerikanischen Begriffe „Value Based Management" oder „Value Management".

[58] Hinweis: Anstatt von einem Unterschied, könnte man auch von einer besonderen Betonung der Unternehmenswertorientierung sprechen. Zu welchen unterschiedlichen Geschäftsergebnissen beide Denkansätze bei gleicher Ausgangslage kommen können, zeigt u.a. das Kapitel C.2.

[59] Ausführlich hierzu siehe Kapitel C.2.3.1.

Teil B: Entwicklung des Bezugsrahmens für das WHCM

Am Ende des Teils B wird ein theoretisches Modell stehen, mit dem die Theorie des Wertorientierten Human Capital Managements operationalisiert und empirisch überprüft werden kann. Der Weg dorthin führt zunächst über die Grundlagen des Human Capital Managements (B.1) und des Wertmanagements (B.2). Ein Zwischenfazit wird zeigen: Beide Disziplinen benötigen einander und können sich harmonisch ergänzen. Aus der Verknüpfung dieser Konzepte entsteht dann das *Wertorientierte* Human Capital Management.[1] In Kapitel B.3 wird dabei zunächst die Theorie des WHCM entwickelt und dargestellt, wie sich ähnliche Ansätze bislang in der Praxis bewährt haben. Dieses Kapitel bildet gleichzeitig die Basis für das theoretische WHCM-Modell, das anschließend unter Punkt B.4 hergeleitet wird.

1 Erste Disziplin: Human Capital Management (HCM)

In Kapitel B.1.1 wird das HCM als erstes aus der Wissenschaftsperspektive beleuchtet. Wie sich das HCM dagegen in der Praxis entwickelt hat und vor welchen Herausforderungen es dort steht, beschreibt Kapitel B.1.2. Zusammenfassend bewertet wird der Status quo des HCM schließlich in Kapitel B.1.3.

1.1 Das Human Capital Management aus der Wissenschaftsperspektive[2]

Für das spätere Verständnis des Wertorientierten Human Capital Managements ist dieses Kapitel besonders relevant, denn hier wird bereits ein Großteil seines theoretischen Fundamentes erarbeitet und gleichzeitig ein Überblick seiner potenziellen Werttreiber gegeben, wie z.B. Trainingsmaßnahmen oder Incentivesysteme. Die empirische Validierung dieser Werttreiber erfolgt dann später in Teil C.

Konkret wird in diesem Kapitel auf die folgenden Aspekte des Human Capital Managements eingegangen: Wesen, Einflussfaktoren, Rollen und Träger sowie seine wesentlichen Aufgabenbereiche.

---

[1] Inhaltlich kann man das WHCM auch als eine besondere Ausprägung des Human Capital Managements verstehen und damit als seine Teilmenge. Aus didaktischen Gründen wurden jedoch HCM und WHCM voneinander getrennt, um deren Bindeglied, das Wertmanagement, ausführlicher und an der richtigen Stelle darstellen zu können.

[2] Wissenschaftsperspektive bedeutet: Es werden vor allem theoretische Aspekte behandelt. Aufgrund der Praxisnähe des Themas werden aber auch immer wieder Themen und Erfahrungen aus dem betrieblichen Alltag eingeflochten.

1.1.1 Wesen des Human Capital Managements[3]

Ist das HCM aus der laufenden Praxis entstanden und später durch die Wissenschaft theoretisch aufgearbeitet worden? Oder umgekehrt: Ist das HCM ein akademisch abgeleitetes Modell der Beschäftigungsverhältnisse, das im Laufe der Zeit von der Praxis angenommen wurde?

Ist das HCM im Wesentlichen eine Methode, die *vor*schreibt, wie Beschäftigungsverhältnisse im Unternehmen zu gestalten sind? Oder: Ist das HCM ein Ansatz, der sehr präzise *be*schreibt, wie sich Beschäftigungsverhältnisse in verschiedenen Kontexten tatsächlich entwickeln?[4]

Weil diese und andere elementare Fragen zum HCM bislang in der Wissenschaft nicht geklärt sind – und wahrscheinlich auch kaum abschließend geklärt werden – ist es schwer möglich, „die" zentralen Charakteristika des HCM zu benennen. Darüber hinaus ist der Begriff mit vielen Interpretationen und Erwartungen überlastet, die empirisch nicht belegt sind. Deshalb wird das HCM an dieser Stelle stattdessen indirekt über sein „Umfeld" sowie seine wesentlichen Elemente beschrieben.

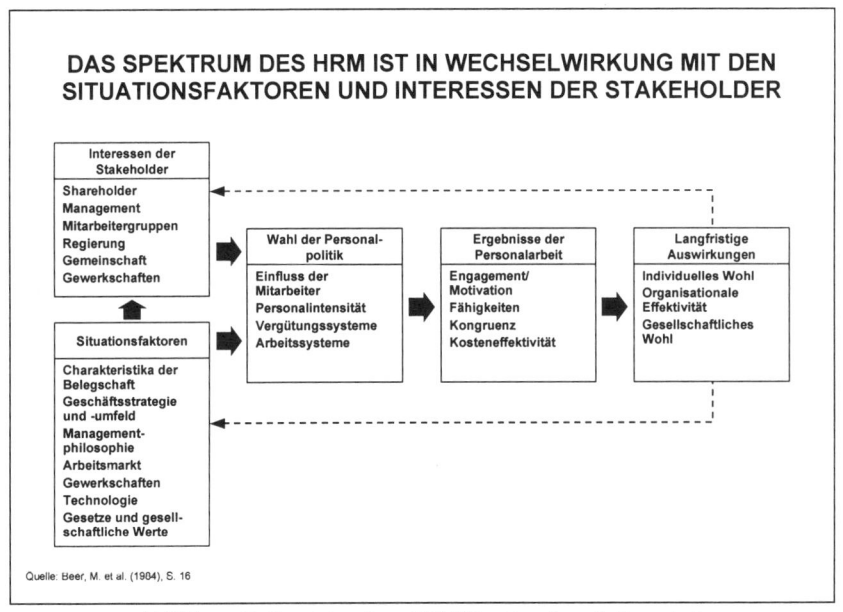

Abbildung 7: Bausteine des „HRM Territory" nach Beer et al.

---

[3] In der US-amerikanischen Literatur werden synonym auch die Begriffe Human Resource Management (HRM) oder Strategic Human Resource Management verwendet.

[4] Vgl. *Beardwell, I., Holden, L.* (1997), S. 12.

„The Map of the HRM Territory" nennen *Beer et al.* ihr Modell zum HRM/HCM und seinem Kontext. Dort veranschaulichen sie (siehe Abbildung 7): Unter dem Einfluss situativer Faktoren, wie Geschäftsstrategie oder Managementphilosophie, wird das HCM primär durch die Interessen seiner Stakeholder (z.B. Anteilseigner, Mitarbeiter, Staat etc.) bestimmt. Diese gilt es in die Strategie des HCM einfließen zu lassen und mit verschiedenen Praktiken und Instrumenten zu verwirklichen. Langfristiges Ergebnis sind dabei das Wohl der Mitarbeiter, eine effektive Organisation und das gesellschaftliche Gemeinwohl.[5]

Noch greifbarer wird das HCM, wenn man seine wesentlichen Elemente betrachtet, die in *Schuler's* 5-P-Modell sehr prägnant zusammenfasst sind (siehe Abbildung 8).[6] In diesem Modell werden fünf Bausteine identifiziert, mit denen das HCM auf die strategischen Anforderungen des Unternehmens reagieren kann: **P**hilosophie, Richtlinien (**P**olicies), **P**rogramme, **P**raktiken und **P**rozesse. Wichtig für das Verständnis dieses Modells ist dabei: Die fünf „**P**'s", wirken alle *zusammen* und nicht separat, wie es häufig in der Literatur dargestellt wird.

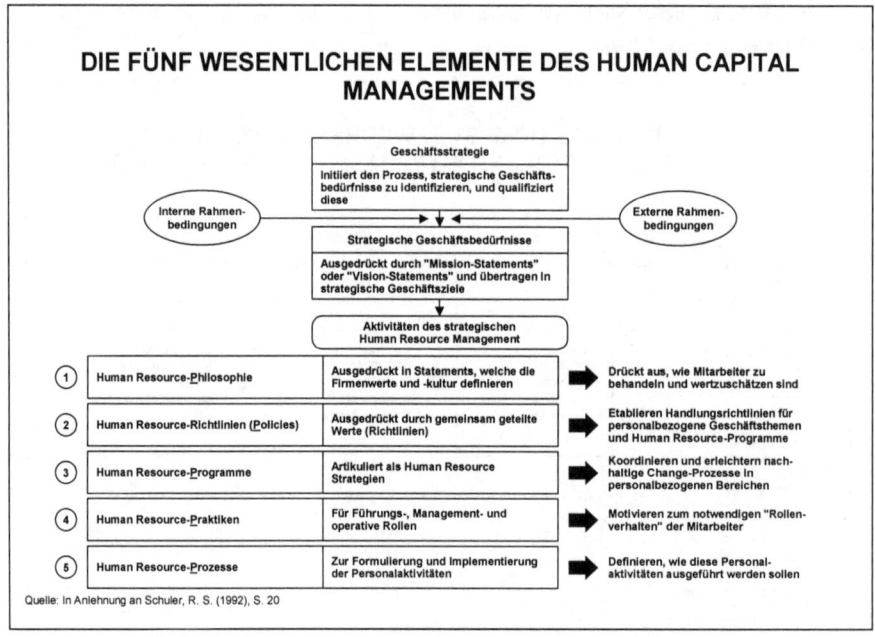

Abbildung 8: Die Elemente des HCM: Das 5-P-Modell von Schuler

---

[5]   Vgl. *Beer, M. et al.* (1984), S. 16. Zur Kritik und Weiterentwicklung vgl. u.a. *Guest, D.* (1987, 1989a+b, 1990) oder *Hendry, C./Pettigrew, A.* (1986, 1990).

[6]   *Schuler, R.S.* (1992), S. 18-32. Diese Quelle gilt auch für die folgenden Absätze zu den Bausteinen des 5-P-Modells.

Vor diesem Hintergrund lässt sich das Wesen des Human Capital Managements vielleicht wie folgt charakterisieren als:

- Ein strategischer Managementansatz, der versucht, das Human Capital optimal im Sinne der Unternehmensziele zu nutzen

- Mit einem Zielsystem, das sich aus den Interessen und Bedürfnissen seiner Stakeholder ableitet, wie Kapitaleigner, Management oder Mitarbeitergruppen.

- Und einem in sich konsistenten Aktionsrahmen, der alle wesentlichen personalbezogenen Aspekte im Unternehmen abdeckt – von der Mitgestaltung der Unternehmenskultur bis hin zur Betreuung und Entwicklung einzelner Mitarbeiter.

Inhaltlich muss das HCM sehr flexibel und dynamisch gestaltet werden, denn es unterliegt vielen äußeren Einflussfaktoren, die im nächsten Kapitel kurz erläutert werden.

1.1.2 Einflussfaktoren des Human Capital Managements

Das Human Capital Management steht im Spannungsfeld verschiedener Kräfte, die einerseits auf das HCM einwirken, aber auch von ihm beeinflusst werden können. *Scholz* identifiziert in diesem Zusammenhang fünf wesentliche Faktoren:[7]

- Die Dynamik der Märkte (Güter-, Dienstleistungs-, Kapital- und Arbeitsmärkte).

- Die Dynamik des technischen Fortschritts.

- Die Dynamik des organisatorischen Wandels.

- Die Dynamik der gesellschaftlichen Werte.

- Sowie die Dynamik der Internationalisierung und Globalisierung.

Welche Auswirkungen haben diese Faktoren jedoch auf das HCM? Kurz zusammengefasst lassen sich dazu die folgenden Implikationen nennen[8]:

- Die *Marktdynamik* fordert vom HCM stärkere Marktorientierung, höhere Effizienz und mehr Flexibilität.

- Die *Technologiedynamik* fordert vom HCM, die Mitarbeiter laufend auf diesem Gebiet weiter zu qualifizieren sowie die Personalarbeit kontinuierlich durch geeignete technische Hilfsmittel zu optimieren.

- Die *Organisationsdynamik* fordert vom HCM, aktiver an Organisationsveränderungen teilzuhaben und die Mitarbeiter auf die Arbeit in den neuen Strukturen vorzubereiten.

---

[7] Vgl. *Scholz, C.* (2000), S. 7-31.
[8] Siehe dazu auch Kapitel C.2.3.5.

- Die *Wertedynamik* fordert vom HCM, auf die veränderten Werte der eigenen Mitarbeiter einzugehen und bei der Personalbeschaffung auf die neuen Erfolgsfaktoren des Arbeitsmarktes zu reagieren.[9]

- Die *Globalisierung* fordert schließlich vom HCM, das bereits zu den anderen Faktoren Gesagte im internationalen Kontext zu realisieren. Dabei muss es zusätzlich sowohl die regionalen Eigenheiten berücksichtigen als auch für ein ausreichendes sprachliches und kulturelles Verständnis zwischen den Vertretern der verschiedenen Markträume sorgen.[10]

Welche konkreten Maßnahmen getroffen werden können, um auf die genannten Veränderungen des HCM-Umfeldes zu reagieren, wird später noch in Teil C eingegangen.

1.1.3 Rollen und Träger des Human Capital Managements

Nachdem in den vorigen Kapiteln die inhaltlichen und theoretischen Grundlangen des HCM behandelt wurden, stellt sich jetzt die Frage, welche Rolle(n) das HCM eigentlich im Geschäftsprozess einnimmt und wer seine ausführenden Organe sind.

Rollen

Am leichtesten lassen sich die Rollen des Human Capital Managements in den Geschäftsprozessen festlegen, wenn man sich zunächst vergegenwärtigt, welche Ergebnisse vom ihm erwartet werden. *Ulrich* nennt in diesem Zusammenhang vier Hauptergebnisse (deliverables) des HCM:[11]

- Die Unternehmensstrategie umsetzen.

- Eine effiziente Infrastruktur schaffen.

- Das Commitment und die Fähigkeiten der Mitarbeiter erhöhen.

- Und die Organisation erneuern.

Aus diesen Deliverables leitet *Ulrich* vier wesentliche Rollen des HCM ab, die er entlang der beiden Dimensionen „Operativer vs. strategischer Fokus" und „Prozesse vs. Menschen" gliedert (Abbildung 9):

- Strategischer Partner (Strategic Partner)

- Change Agent

- Mitarbeitercoach (Employee Champion)

- Und Administrations-Experte (Administrative Expert).

---

[9]   Siehe Kapitel C.2.3.3.1 und C.2.3.4.2.
[10] Siehe Kapitel C.2.5.3.
[11] Vgl. *Ulrich, D.* (1996), S. 23-51. Anders vgl. *Marr, R./Göhre, O.* (1997), S. 386 f.

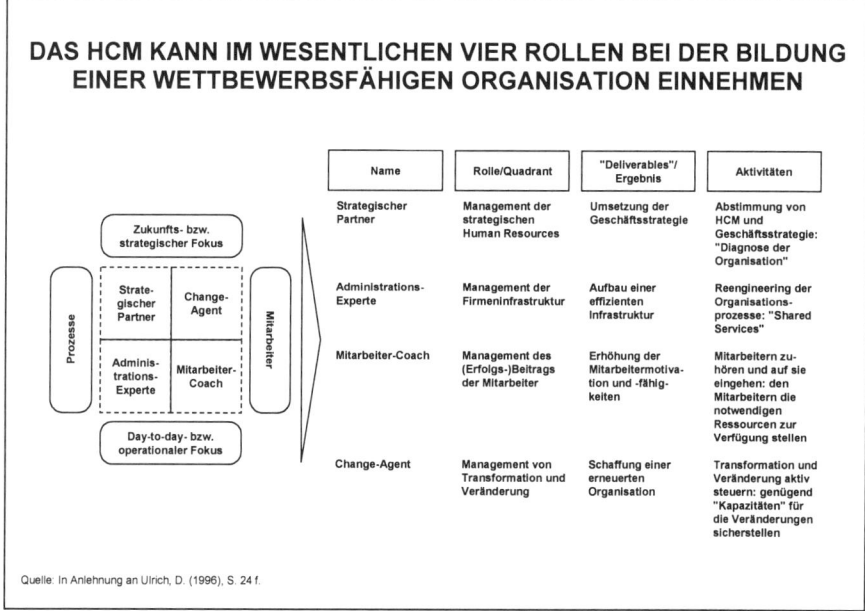

Abbildung 9: *Die Rollen des Human Capital Managements in der Organisation nach Ulrich*

Die genannte Reihenfolge der Rollen entspricht auch der Wichtigkeit, wie sie ihnen seitens der Praktiker beigemessen wird.[12]

Welche „Deliverables" und Kernaktivitäten mit den einzelnen Rollen verbunden sind, ist in Abbildung 9 noch einmal systematisch zusammengefasst.

Träger

Die Verantwortung und Ausführung des HCM lasten nicht nur auf der Schulter eines einzigen Unternehmensbereiches, sondern werden von einer Partnerschaft aus Linien-Managern, Personalbereich und den übrigen Mitarbeitern getragen[13].

Während das „Kompetenz-Zentrum" für das Human Capital zwar im Personalbereich des Unternehmens liegt, bedarf dieser bei vielen Maßnahmen jedoch zusätzlich noch der Information und operativen Umsetzung durch die Linien-Manager vor Ort in den einzelnen Abteilungen. Auch haben die Mitarbeiter selber einen Beitrag zum Erfolg der Personalarbeit

---

[12] Vgl. *Wunderer, R./Arx, S. v./Jaritz, A.* (1998b), S. 278-283. Frage: Rangieren Sie bitte die nachfolgenden Rollen des Personalmanagements nach ihrer Wichtigkeit (1 = am wichtigsten).

[13] Vgl. *Schuler, R. S.* (1998), S. 18-20.

zu leisten, indem sie einen gewissen Grad an Eigenverantwortung für ihre persönliche Ausbildung und Karriere übernehmen sowie die allgemeinen HR-Ziele akzeptieren und die daraus resultierenden Maßnahmen zulassen. Externe Berater können darüber hinaus helfen, neue Konzepte zu erstellen und diese umzusetzen. Mit Hilfe technischer Unterstüztung kann schließlich noch die interne Kommunikation verbessert und den HR-Verantwortlichen bei der Personalplanung und -administration geholfen werden.

Zur wichtigen Frage nach der *Ergebnis*verantwortung für das HCM gibt es verschiedene Auffassungen. *Ulrich* sieht z.B. die Verantwortung für das Erreichen der HR-Ziele ausschließlich in den Händen des Personalbereiches – lediglich Teile der Umsetzung sollten, wie oben beschrieben, an andere Träger des HCM delegiert werden. Das Argument: Eindeutige Zuordnung der Verantwortung führt zu besseren Ergebnissen. In der Praxis scheint sich jedoch eine andere Meinung durchzusetzen, nämlich die Verantwortung für das HCM zwischen Linien- und Personalmanagement aufzuteilen, weil die Linien-Manager am Ende diejenigen sind, die ihre Mitarbeiter führen und nicht die HR-Manager.[14]

Aufgrund dieser unterschiedlichen Standpunkte in der Literatur, wird die Frage nach der Verantwortung für das HCM im empirischen Teil dieser Arbeit noch einmal explizit aufgegriffen und untersucht, ob der Grad, in dem die Führungskräfte selber Verantwortung für das Erreichen der Personalziele übernehmen, einen signifikanten Einfluss auf den Unternehmenserfolg hat.[15]

Mit der Darstellung seiner Rollen und Träger sind die Grundlagen des HCM abgeschlossen. Im nächsten Kapitel kann daher begonnen werden, es jetzt mit etwas mehr Leben zu füllen, indem detaillierter auf seine konkreten Aufgaben und Tätigkeiten eingegangen wird.

1.1.4 Die Aktionsfelder des Human Capital Managements

Das 5-P-Modell von *Schuler* in Kapitel B.1.1.1 hat bereits den Aktions*rahmen* des HCM skizziert. In diesem Kapitel wird die Betrachtung jedoch noch um eine Stufe verfeinert und auf seine einzelnen Aktions*felder* eingegangen. Als Systematik für das Kapitel wurde eine Prozesssicht gewählt – von der Planung über die Durchführung bis zur Kontrolle (siehe Abbildung 10). Unternehmenskultur und Führungsstil sind zwar keine Prozessschritte, werden aber dennoch mitbetrachtet, denn auch die Rahmenbedingungen des HCM-Prozesses spielen eine wichtige Rolle, die personalbezogenen Ziele eines Unternehmens zu erreichen.

Aufgrund der großen inhaltlichen Bandbreite, können die Aktionsfelder nur überblicksweise beschrieben werden. Die Darstellungstiefe orientiert sich dabei an zwei Maximen: Erstens,

---

[14] Vgl. *Schuler, R.S.* (1998), S. 20.
[15] Siehe Kapitel C.2.3.5.1.

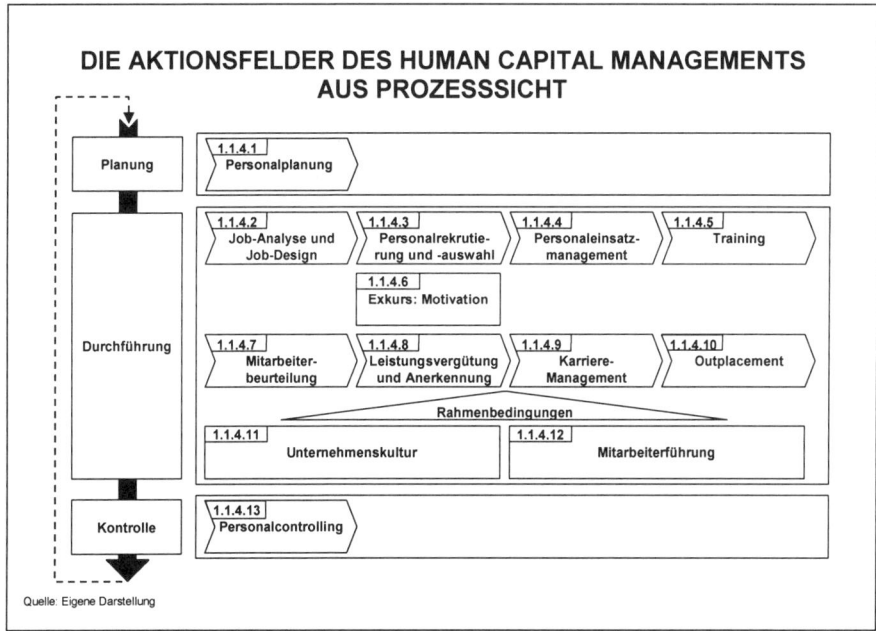

Abbildung 10: *Die Aktionsfelder des Human Capital Managements*

die Logik und das Potenzial jedes Aktionsfeldes darzustellen, wie es zum Unternehmens-
erfolg beitragen kann. Und zweitens, die Fragestellungen zu formulieren, die aus Sicht des
Wertorientierten Human Capital Managements besonders relevant und in der Literatur noch
nicht ausreichend behandelt worden sind, mit dem Ziel, sie später im empirischen Teil der
Arbeit zu beantworten. Sofern sinnvoll und möglich, wird jedes Unterkapitel dabei nach zwei
Gesichtspunkten strukturiert:

- Erstens das Wesen: Definition, Ziele, Bedeutung

- Und zweitens weiterführende Fragen für den empirischen Teil der Arbeit.

1.1.4.1 Personalplanung

Wesen

Die Personalplanung ist der Teil des HCM-Prozesses, in dem Ideen generiert sowie Entscheidungen vorbereitet und getroffen werden, wie das zukünftige HCM gestaltet werden sollte,
um die strategischen Ziele des Unternehmens zu erreichen.[16] Dabei werden mögliche Hand-
lungsalternativen gedanklich durchgespielt und (theoretisch) diejenige ausgewählt, welche die

---

[16] Vgl. *Henze, J.* (1981), S. 60f.; zur strategischen Ausrichtung siehe u.a. *Ulrich, D.* (1992), S. 75.

beste Kombination aus „Beitrag zur Zielerreichung" und „Realisierungschance" verspricht.[17] Während in der Literatur unter dem Begriff Personalplanung häufig nur die „Personal-*bedarfs*planung" gefasst wird, wurde hier bewusst eine breitere Definition gewählt, in der die Personalplanung als personalbezogener Teil der gesamten Geschäftsplanung ausgewiesen wird, um damit ihren Beitrag zum Erreichen der strategischen Ziele besonders zu betonen.[18] Inhaltlich kann unter der Personalplanung sowohl ihr Prozess als auch ihr Ergebnis verstanden werden: das verabschiedete Maßnahmenbündel.[19]

Erfahrungen aus der Geschäftspraxis haben gezeigt: Kurzfristige Improvisation und ein durch Ad-hoc-Entscheidungen geprägtes Handeln haben in der Regel keinen *dauerhaften* Erfolg. Zielgerichtete Aktivitäten bedürfen daher zumeist eines *planmäßigen* Vorgehens, mit dem auch der langfristige Erfolg sichergestellt werden kann.[20]

Der Personalplanung fallen in diesem Zusammenhang vor allem zwei Aufgaben zu:[21]

1. Unsicherheiten zu reduzieren, wie sich interne und externe Einflussfaktoren[22] auf das HCM auswirken könnten und

2. Einen langfristig wirksamen Katalog von Personalmaßnahmen aufzustellen, der auf die Umsetzung der Human Capital-Strategie abzielt.

Als Ausgangspunkt des Personalprozesses kommt der Personalplanung eine ganz besondere Bedeutung zu, denn in ihr werden wichtige Weichenstellungen vorgenommen, die nachhaltig über den Fortlauf des HCM entscheiden. Und derartige Grundsatzentscheidungen im Nachhinein wieder zu korrigieren ist häufig nicht oder nur mit hohem Zeit und Ressourcenaufwand möglich.

Weiterführende Fragen[23]

1. Wie wichtig ist die Verknüpfung von Geschäfts- und Personalplanung für den Unternehmenserfolg?

2. Welche Methoden bzw. Instrumente sind für die Personalplanung besonders geeignet?

---

[17] Quelle: *The Boston Consulting Group.*
[18] Zu den Anknüpfungspunkten zwischen HCM und Unternehmensstrategie siehe u.a. *Dyer, L.* (1992), S. 49.
[19] Vgl. *Ivancevich, J.M.* (1998), S. 145.
[20] Vgl. *Bisani, F.* (1995), S. 169.
[21] Vgl. *Bühner, R.* (1994), S. 55.
[22] Vgl. dazu auch Kapitel C.2.3.6.
[23] Beantwortung der Fragen in Kapitel C.2.3.6.1.

1.1.4.2 Job-Analyse und Job-Design

Wesen

Die Job-Analyse ist ein zielgerichteter und systematischer Prozess, in dem Informationen über alle relevanten arbeitsbezogenen Aspekte eines Jobs gesammelt werden. Das zentrale Ergebnis einer Job-Analyse ist das Job-Design (oder die Stellenbeschreibung), eine schriftliche Zusammenfassung der wesentlichen Merkmale eines Jobs, mit dem seine Rolle und Funktion in der Organisation definiert werden.[24]

Oberziel der Job-Analyse ist es, die Stellenbeschreibung zu erstellen und damit den Job „greifbar" zu machen für die Planung, Durchführung und Kontrolle der HCM-Aktivitäten. Aus Prozesssicht geben Job-Analyse und Job-Design u.a. wertvolle Informationen über Zielsetzungen, erforderliche Fähigkeiten und Zeitumfang von Jobs, die später als Grundlage für weitere Prozessschritte des HCM dienen. Aus Mitarbeitersicht sind Job-Analyse und Job-Design vor allem für die Motivation wichtig und zur Überprüfung, ob die Anforderungen an die Mitarbeiter überhaupt von ihnen zu bewältigen sind.[25]

Weiterführende Fragen[26]

1. Welche Rolle spielen weiche Kriterien, wie Team- oder Führungsfähigkeit, bei Job-Analyse und Job-Design?

2. Welche Priorität haben die Interessen der Mitarbeiter im Vergleich zu den Anforderungen des Unternehmens?

3. Wie wichtig ist es, das Job-Design strategisch auszurichten?

1.1.4.3 Personalrekrutierung und -auswahl

Wesen

Unter Personal*rekrutierung* werden die organisatorischen Aktivitäten verstanden, mit denen a) die Anzahl, Art und Qualität der Stellenbewerber eines Unternehmens beeinflusst wird und b) die Chancen erhöht werden, dass die ausgewählten Kandidaten die unterbreiteten Angebote auch annehmen.[27] Die Personal*auswahl* ist dagegen der Prozess, in dem die Organisation aus

---

[24] Vgl. *Ivancevich, J.M.* (1998), S. 168f.
[25] Vgl. *O'Doherty, D.* (1997), S. 169-172. Ausführlicher in *Hackman, J.R./Lawler, E.E.* (1971), S. 259-286 oder *Hackman, J.R./Oldhan, G.R.* (1976), S. 250-279. Zum Thema Motivation siehe auch Kapitel B.1.1.4.6.
[26] Beantwortung der Fragen in Kapitel C.2.3.3.2.
[27] Vgl. *Ivancevich, J.M.* (1998), S. 201.

einer Anzahl von Bewerbern diejenigen auswählt, welche die Auswahlkriterien am besten erfüllen.[28]

Zielsetzung der Personalrekrutierung und -auswahl ist es, die Kandidaten auf dem externen oder internen Arbeitsmarkt zu finden, die im Vergleich zu ihrem „Preis" den höchsten Nutzen für das Unternehmen erbringen. Die Bedeutung der Personalrekrutierung zeigt sich u.a. daran, dass qualifizierte Arbeitskräfte – trotz Arbeitslosigkeit – noch immer eine große Mangelware darstellen, wie eine Studie des *Ifo-Institutes* aus dem Jahre 2001 ergab: In Deutschland konnten fast 30% der Unternehmen nicht alle ihre offenen Stellen besetzen.[29] Das bedeutet: Wer sich am Arbeitsmarkt nicht ausreichend engagiert, der findet nicht genügend qualifizierte Arbeitskräfte und muss daher oft seine Geschäftsaussichten um diese Lücke reduzieren.

Weiterführende Fragen[30]

1. Wie effektiv sind die zur Auswahl stehenden Rekrutierungskanäle?

2. Wie wichtig ist eine gute Positionierung auf dem Rekrutierungsmarkt (Cost/Benefit) – differenziert nach den verschiedenen Bewerbergruppen (Führungskräfte, Fachkräfte etc.)?

3. Welche Kriterien sind für qualifizierte Job-Bewerber am ausschlaggebendsten, um sich für ein Unternehmen zu entscheiden?

4. Welchen Einfluss hat die Verwendung von strukturierten Personalauswahlverfahren auf den Unternehmenserfolg?

1.1.4.4   Personaleinsatzmanagement

Wesen

Das Personaleinsatzmanagement (PEM) ist eine Teilaufgabe des Human Capital Managements, in der die Mitarbeiter und Stellen eines Unternehmens unter Berücksichtigung der Arbeitssituation, Arbeitsabläufe und Mitarbeitersituation zusammengeführt werden.[31] Die Zielsetzung des Personaleinsatzmanagements ist es, die Mitarbeiter so effektiv im Unternehmen einzusetzen, dass ihr Gesamtleistungspotenzial unter den in Kapitel B.1.1.2 genannten Rahmenbedingungen langfristig optimal ausgeschöpft werden kann.[32] Die Bedeutung des PEM wird besonders deutlich, wenn man sich vor Augen hält, welchen Schaden eine

---

[28] Vgl. ebenda S. 711.
[29] Vgl. *Losse, B./Wettach, S.* (2001), S. 18-25.
[30] Beantwortung der Fragen in Kapitel C.2.3.3.1.
[31] Ähnlich, jedoch ohne explizite Nennung der Mitarbeitersituation, siehe *Scholz. C.* (2000), S. 575.
[32] Ebenda S. 650-661.

Stellenfehlbesetzung verursachen kann (siehe auch Kapitel B.2.3.3.1). Hierbei fallen vor allem die Opportunitätskosten ins Gewicht, die dadurch entstehen, dass aus der Menge der für eine Stelle verfügbaren Mitarbeiter nicht derjenige ausgewählt wird, der auch am besten für den Job qualifiziert ist. Auf der anderen Seite spielt auch der Motivationsaspekt eine wichtige Rolle: Mitarbeiter, die eine Arbeit verrichten, deren Inhalte und Anforderungsprofil zu wenig ihren Bedürfnissen und Wünschen entsprechen, werden mit der Zeit unzufrieden. Und das kann irgendwann zur inneren und dann auch zur formalen Kündigung führen, wodurch dem Unternehmen langfristig wertvolle Ressourcen verloren gehen.

Weiterführende Fragen[33]

1. Welche Bedeutung hat eine bedarfsgerechte Personalallokation für den Unternehmenserfolg?

2. Nach welchen Kriterien sollte der Personaleinsatz vorgenommen werden und welche Bedeutung spielen in diesem Zusammenhang die Wünsche der Mitarbeiter?

3. Wie wichtig ist es, das PEM zukunftsorientiert auszurichten?

4. Welche Verfahren/Hilfsmittel eignen sich besonders für ein effektives PEM?

1.1.4.5 Training

Wesen

Unter „Training" soll hier jeder geplante Versuch verstanden werden, die derzeitige und zukünftige Leistungsfähigkeit der Mitarbeiter durch Zunahme ihrer Fähigkeiten (fachlich, methodisch, sozial und persönlich) zu erhöhen.[34] In der Literatur wird hierfür auch oft der Begriff „Personalentwicklung" verwendet. Allerdings wird das „Karrieremanagement" (s.u.) in manchen Fällen ebenfalls dazugezählt. Der Übersichtlichkeit halber werden hier jedoch Training und Karrieremanagement separat behandelt.

Trainingsmaßnahmen verfolgen ein Oberziel: Die aktuelle und prognostizierte Lücke zwischen den strategischen Anforderungen an die Mitarbeiter und ihren Fähigkeiten zu schließen.[35] Dabei gibt es zwei Betrachtungsebenen: Zum einen die top-down aus der Unter-

---

[33] Beantwortung der Fragen in Kapital C.2.3.3.2.

[34] Vgl. Holden, L. (1997a), S. 379; *Bühner R.* (1994), S. 123; *Schuler, R.S.* (1998), S. 371. Im deutschsprachigen Raum wird alternativ auch der Begriff „Aus- und Weiterbildung" benutzt.

[35] In Anlehnung an *Scholz, C.* (2000), S. 505; *Schuler, R.S.* (1998), S. 371.
    Hinweis: In der Regel ist im Zusammenhang mit Trainingsmaßnahmen nur von den Fähigkeiten der Mitarbeiter die Rede. Weil Trainings jedoch auch die Motivation der Mitarbeiter beeinflussen können, müsste richtigerweise auch von der Schließung eventueller „Motivationslücken" gesprochen werden.

nehmensstrategie abgeleiteten „Organisationsziele" und zum anderen die „Individualziele", die sich aus einer Bottom-up-Sicht der Bedürfnisse und Fähigkeiten der Mitarbeiter ergeben.[36]

Vergegenwärtigt man sich die steigenden Anforderungen, die heutzutage an Mitarbeiter gestellt werden (siehe z.b. Abbildung 3), dann versteht man, wie wichtig eine qualifizierte Aus- und Weiterbildung der Belegschaft für ein Unternehmen ist. Hinzu kommt: Die Anforderungen sind nicht konstant, sondern verändern sich im Zeitablauf – und das mit zunehmender Geschwindigkeit.[37]

Weiterführende Fragen[38]

1. Wie wichtig ist eine gute Aus- und Weiterbildung der Mitarbeiter für den Unternehmenserfolg?

2. Wie wichtig ist es, den Erfolg von Trainingsmaßnahmen systematisch zu messen?

3. Was sind geeignete Indikatoren und Methoden, um den Erfolg von Trainingsmaßnahmen zu bewerten?

1.1.4.6   Exkurs: Motivation

In den Prozessschritten des HCM, die bislang besprochen wurden, standen vor allem die Fähigkeiten der Mitarbeiter im Blickpunkt. Die Fähigkeiten eines Menschen sind jedoch nur eine Voraussetzung für das Erbringen der geforderten Leistung, denn nur in Verbindung mit der entsprechenden Motivation, kommen sie auch voll zum Tragen.[39]

Weil die in der Prozesskette folgenden Schritte – Leistungsbeurteilung und Anerkennung/ Entlohnung – stärker auf die Motivation der Mitarbeiter abzielen, soll an dieser Stelle kurz auf einige relevante Erkenntnisse der Motivationstheorie eingegangen werden.

Wesen

Unter Motivation wird in der Folge verstanden: Die Mobilisierung von (menschlicher) Energie und ihre Ausrichtung auf ein Ziel.[40] So kurz diese Definition auch ist, so komplex ist ihre theoretische Fundierung, wie die Vielzahl an bestehenden Motivationstheorien beweist.

---

[36] Vgl. *Bühner, R.* (1994), S. 123.
[37] Quelle: Experteninterviews.
[38] Beantwortung der Fragen in Kapitel C.2.3.3.3.
[39] Vgl. *Schmale H.* (1995), S. 225.
[40] Vgl. ebenda, S. 226.

Mathematisch ließe sich die Leistung eines Mitarbeiters sehr vereinfacht durch die Gleichung definieren:[41]

$$Mitarbeiterleistung = Mitarbeiterfähigkeiten \times Motivation$$

Aus der *multiplikativen* Verknüpfung der beiden Faktoren ist sehr leicht ersichtlich, wie wichtig die Motivation für das Arbeitsergebnis ist. Denn erreicht das Motivationsniveau erst einmal den Nullpunkt, dann erbringt der Mitarbeiter überhaupt keine Leistung mehr – egal, was er theoretisch zu leisten im Stande wäre. Auch die Personalfachleute in den Unternehmen haben diesen Umstand erkannt, wie eine empirische Studie belegt, die in Zusammenarbeit mit dem *Manager Magazin* durchgeführt wurde. Ihr zufolge stellt die Mitarbeitermotivation die größte Herausforderung des HCM in der Praxis dar.[42] Die Studie stammt zwar aus dem Jahre 1991, das Ergebnis hinsichtlich der Motivation dürfte sich jedoch bis heute nicht bedeutend verändert haben.[43]

Motivationstheorie

Die Motivationstheorien lassen sich grundsätzlich in drei Gruppen einteilen: *Inhalts*theorien, *Prozess*theorien und *Aktions*theorien. Um den Rahmen der Arbeit nicht zu sprengen, wird hier jedoch nur auf die wesentlichen Erkenntnisse dieser Theorien für das Human Capital Management eingegangen, die sich in den folgenden Punkten zusammenfassen lassen:

Zentrale Erkenntnis der Inhaltstheorien: Nicht alles, was die Unzufriedenheit von Mitarbeitern beseitigt, führt auch zu ihrer Motivation und damit Leistungssteigerung. *Herzberg* unterscheidet z.B. in Motivatoren[44], die eine tatsächliche Leistungssteigerung bewirken können und Hygienefaktoren, die lediglich Unzufriedenheit beseitigen, jedoch zu keiner zusätzlichen Leistungssteigerung führen.

Zentrale Erkenntnis der Prozesstheorien:[45] Die Motivation der Mitarbeiter formt sich durch einen komplexen Rückkopplungsprozess zwischen mehreren Faktoren. Das bedeutet, es

---

[41] In Anlehnung an *Becker, B.E./Huselid, M.A./Ulrich, D.* (2001), S. 141, jedoch an dieser Stelle um den Aspekt der strategischen Ausrichtung gekürzt.

[42] Vgl. *Scholz, C.* (2000), S. 36f. Quelle: PRISMA-Studie 1991, Datenerhebung mittels Fragebogen, n = 53.

[43] Quelle: Experteninterviews.

[44] Motivation wird nach *Herzberg* erreicht, wenn Leistung als Folge des eigenen Einsatzes wahrgenommen wird; die persönliche Leistung anerkannt wird; die Möglichkeit besteht, individuelle Verantwortung zu übernehmen und/oder organisatorisch die Möglichkeit zum Aufstieg gegeben wird. Hygienefaktoren sind hingegen Aspekte wie Gehalt, zwischenmenschliche Beziehungen (zu Vorgesetzten, Kollegen und Untergebenen), fachliche Kompetenz, Statusfragen, allgemeine Unternehmenspolitik, Qualität der Arbeitsbedingungen und/oder Arbeitsplatzsicherheit (vgl. *Herzberg, F.* (1966, 1968) oder zusammenfassend z.B. *Schmale, H.* (1995), S. 236-246).

[45] Vgl. z.B. das Rückkopplungsmodell von *Porter* und *Lawler* (*Porter, L.W./Lawler, E.E.* (1968) oder zusammenfassend *Scholz, C.* (2000), S. 900f.).

eröffnet sich für die Personal- und Linienverantwortlichen eine Vielzahl von Einflussmöglichkeiten auf die Motivation der Mitarbeiter, allerdings existieren dabei keine Patentrezepte, denn die Motivationsstruktur jedes Menschen ist unterschiedlich.

Zentrale Erkenntnisse der Aktionstheorien:[46]

- Motivationsquellen sind zumeist wichtiger als die konkreten Motive von Individuen.

- Entscheidungsprozesse von Mitarbeitern können von außen positiv beeinflusst werden,
  wenn deren persönliche Bedürfnisse und Präferenzen berücksichtigt werden.

- Ein wichtiger Hebel zur wirkungsvollen Motivationsförderung ist, die Art und Weise
  zu beeinflussen, wie ein Mitarbeiter seine eigenen Arbeitsergebnisse begründet –
  typbedingte Unterschiede sind hierbei jedoch unbedingt zu berücksichtigen

1.1.4.7 Mitarbeiterbeurteilung

Nach dem kurzen Ausflug in die Theorien der Motivationsforschung, wird der rote Faden des
HCM-Prozesses wieder aufgenommen und ein Thema behandelt, für das die zuvor gewonne-
nen Erkenntnisse zur Motivation von Mitarbeitern besonders wichtig sind, nämlich die
Mitarbeiterbeurteilung.

Wesen

Die Mitarbeiterbeurteilung verkörpert eine formale und strukturierte Bewertung der arbeitsbezogenen Leistung eines oder mehrerer Mitarbeiter anhand vorher gesetzter Kriterien und
Standards.[47] Wesentliche Ziele der Mitarbeiterbeurteilung sind: die Leistung eines
Mitarbeiters „explizit" zu erfassen, seine Stärken und Schwächen zu identifizieren, dem
Mitarbeiter eine Rückmeldung über die von der Organisation wahrgenommene Leistung zu
geben, ihn zu motivieren sowie den Handlungsbedarf zu erkennen, wie mitarbeiter- oder
organisationsseitige Probleme beseitigt werden können.

Für das *Unternehmen* kann die Mitarbeiterbeurteilung ein wichtiges Managementinstrument
darstellen, denn sie hat Bedeutung für eine Vielzahl unterschiedlicher Aspekte, wie z.B. das
Erfassen der Mitarbeiterfähigkeitsprofile, das HCM-Controlling und die Ausgestaltung der
Anreizsysteme und Vergütung der Mitarbeiter.[48] Aus Sicht eines *Mitarbeiters* hat die Beurteilung seiner Leistung vor allem Auswirkungen auf seine Vergütung (direkt durch eventuelle
leistungsabhängige Entlohnung, indirekt durch veränderte Karrierechancen), seine Karriere-

---

[46] Vgl. ausführlich z.B. *Comelli, G./Rosenstiel, L. v.* (1995) oder *Heckhausen, H.* (1989) und zusammenfassend
z.B. *Scholz, C.* (2000), S. 903-922.
[47] Angelehnt an *Dessler, G.* (1997), S. 342 und *Schuler, R.S.* (1998), S. 416.
[48] Vgl. *Ivancevich, J.M.* (1998), S. 263f.; *Cascio, W.F.* (1995), S. 275f. Ausführlicher wird auf die Bedeutung
der Mitarbeiterbeurteilung noch im Kapitel C.2.3.4.1 eingegangen.

und Förderungsplanung, seine Zufriedenheit und Motivation und seine nächste (implizite oder explizite) Zielvereinbarung. Mitarbeiterbeurteilungen werden jedoch nicht nur positiv, sondern auch kritisch betrachtet, weil viele Faktoren das Beurteilungsergebnis verfälschen können und damit die Gefahr besteht, den Mitarbeitern Unrecht anzutun.[49]

Weiterführende Fragen[50]

1. Wie wichtig sind regelmäßige und formale Zielvereinbarungen zu Beginn einer Beurteilungsperiode für den Unternehmenserfolg?

2. Wie wichtig sind regelmäßige und formale Mitarbeiterbeurteilungen für den Unternehmenserfolg?

3. Welche Beurteilungsformen (bezüglich der Prozessbeteiligten) sind besonders effektiv?

4. Sind weitere Feedbackmöglichkeiten neben der Mitarbeiterbeurteilung erforderlich und wenn ja, welche?

1.1.4.8 Leistungsvergütung und Anerkennung

Wie Abbildung 11 zeigt, gibt es eine Vielzahl an Möglichkeiten, die Leistung der Mitarbeiter zu honorieren. Ihre Gesamtheit wird im HCM auch als „Total Reward System" (TRS) bezeichnet.

Wesen

Der Leitgedanke des TRS ist es, die erbrachte Arbeitsleistung eines Mitarbeiters möglichst gerecht und in einer für den Leistungserbringer akzeptierbaren Art und Weise anzuerkennen. Dabei sind die folgenden Fragen zu berücksichtigen: Welche Arbeitsleistung? Was bedeutet fair? Und auf welche Art und Weise soll die Anerkennung erfolgen?[51]

Die Frage nach der erbrachten Arbeitsleistung wird weitgehend durch das Job-Design (siehe Kapitel B.1.1.4.2) und die Leistungsbeurteilung (siehe Kapitel B.1.1.4.7) abgedeckt. Was die Fairness anbelangt, so sollte auf einen Zustand hingearbeitet werden, in dem beide Seiten, Arbeitgeber und Arbeitnehmer, im gleichen Maße von der erbrachten Arbeitsleistung profitieren – natürlich unter Berücksichtigung der eingesetzten Mittel und des zu tragenden

---

[49] Beispiele: Subjektivität und fehlende Qualifikation der Beurteiler oder unzureichende Berücksichtigung externer Faktoren. Ausführlich zu möglichen Kritikpunkten siehe z.B. *Roberts, I.* (1997), S. 582f.
[50] Beantwortung der Fragen in Kapitel C.2.3.4.1.
[51] Angelehnt an *Scholz, C.* (2000), S. 734 und Experteninterviews.

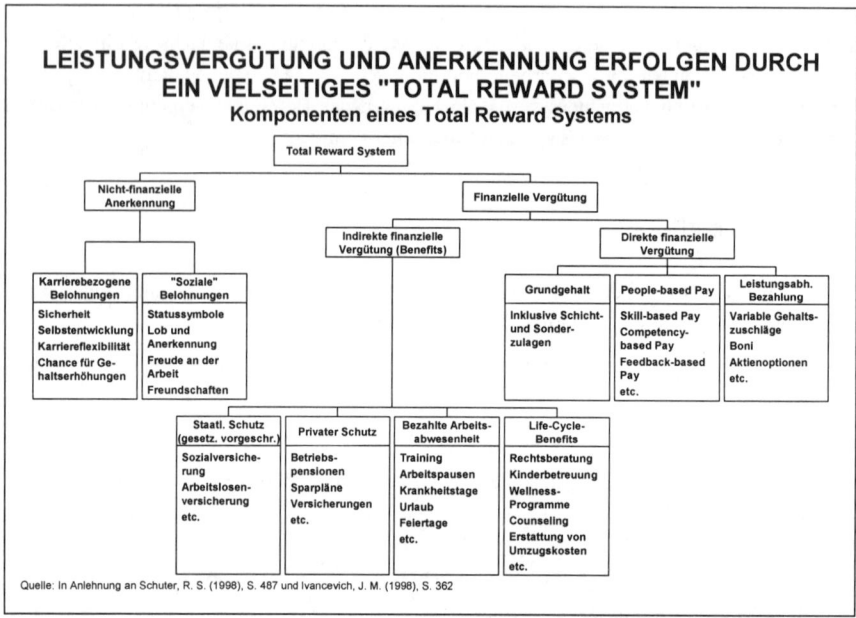

LEISTUNGSVERGÜTUNG UND ANERKENNUNG ERFOLGEN DURCH EIN VIELSEITIGES "TOTAL REWARD SYSTEM"
Komponenten eines Total Reward Systems

Total Reward System

Nicht-finanzielle Anerkennung

Finanzielle Vergütung

Indirekte finanzielle Vergütung (Benefits)

Direkte finanzielle Vergütung

Karrierebezogene Belohnungen	"Soziale" Belohnungen			Grundgehalt	People-based Pay	Leistungsabh. Bezahlung
Sicherheit	Statussymbole			Inklusive Schicht- und Sonder- zulagen	Skill-based Pay	Variable Gehalts- zuschläge
Selbstentwicklung	Lob und Anerkennung				Competency- based Pay	Boni
Karriereflexibilität	Freude an der Arbeit				Feedback-based Pay	Aktienoptionen
Chance für Ge- haltserhöhungen	Freundschaften				etc.	etc.

Staatl. Schutz (gesetz. vorgeschr.)	Privater Schutz	Bezahlte Arbeits- abwesenheit	Life-Cycle- Benefits
Sozialversiche- rung	Betriebs- pensionen	Training	Rechtsberatung
Arbeitslosen- versicherung	Sparpläne	Arbeitspausen	Kinderbetreuung
etc.	Versicherungen	Krankheitstage	Wellness- Programme
	etc.	Urlaub	Counseling
		Feiertage	Erstattung von
		etc.	Umzugskosten
			etc.

Quelle: In Anlehnung an Schuter, R. S. (1998), S. 487 und Ivancevich, J. M. (1998), S. 362

Abbildung 11: Das Total Reward System nach Schuler

Risikos. Dahinter steht die Erkenntnis: *„You can't simply, get results' too often while leaving a pile of dead bodies behind you"*, wie es ein Senior Executive der amerikanischen Firma *Quantum Corporation* einmal formulierte.[52] Die dritte Frage – nach der richtigen Art und Weise der Leistungsanerkennung – wird im empirischen Teil der Arbeit beantwortet werden (siehe Kapitel C.2.3.4.2).

Was die Bedeutung des TRS anbelangt, so stellt es einen der wichtigsten, für manche sogar *den* zentralen Punkt, in der Arbeitgeber-Arbeitnehmer-Beziehung dar.[53] Neben der formalen Komponente, der vertraglich festgelegten Vergütung der Arbeitnehmerleistung, spielt in diesem Zusammenhang auch der *motivatorische* Aspekt eine wichtige Rolle, wie die Ausführungen zur Motivationstheorie in Kapitel B.1.1.4.6 gezeigt haben. Angesichts der komplexen menschlichen Motivationsstrukturen ist dabei nicht nur der reine Arbeitslohn entscheidend, sondern häufig wird auch die gezeigte Anerkennung als Indikator dafür herangezogen, welche Bedeutung ein Mitarbeiter bzw. die Mitarbeiter insgesamt für das Unternehmen haben. Denn nicht umsonst gilt das Total Reward System als ein besonders tragender Pfeiler der Unternehmenskultur.[54]

---

[52] Vgl. *Becker, B.E./Huselid, M.A./Ulrich, D.* (2001), S. 32.
[53] Vgl. *Roberts, I.* (1997), S. 550.
[54] Vgl. *Pfeffer, J.* (1998), S. 218f. Zur Unternehmenskultur siehe Kapitel B.1.1.4.11 und C.2.3.8.1.

Die heterogenen Bedürfnis- und Motivationsstrukturen der Menschen stellen zugleich hohe Anforderungen an die Personal- und Linienverantwortlichen, denn für jeden Mitarbeiter muss der richtige „Anreiz-Mix" innerhalb des TRS gefunden werden. Aber gerade weil es sehr schwer ist, diese Aufgabe zufrieden stellend zu lösen, kann sich das TRS auch zu einem wichtigen Wettbewerbsvorteil entwickeln. Und schließlich darf eines nicht übersehen werden: Die personalbezogenen Kosten, die zum großen Teil aus der finanziellen Vergütung bestehen, stellen in vielen Unternehmen einen sehr großen Kostenblock dar, der häufig sogar die kapitalbezogenen Kosten übersteigt – mit steigender Tendenz.[55] Das bedeutet, mit dem TRS ist zugleich eine hohe Verantwortung verbunden, den Kosten einen angemessenen öko-nomischen Nutzen gegenüberzustellen und damit gleichzeitig einen weiteren zentralen Mosaikstein in den „Business Case" des Human Capitals einzufügen.

Weiterführende Fragen[56]

1. Wie wichtig ist die Wettbewerbsfähigkeit der Gehälter eines Unternehmens?

2. Wie relevant sind *variable* Gehaltsbestandteile für den Unternehmenserfolg?

3. Welche Mitarbeitergruppen sollten variable Gehaltsbestandteile bekommen und in welcher Höhe?

4. Worauf sollte bei den Bemessungskriterien der variablen Vergütung geachtet werden?

5. Welche Arten von Incentives sind *neben* dem Gehalt besonders wirkungsvoll?

6. Durch welche Incentives lassen sich wichtige Leistungsträger, so genannte „High Potentials" und „Stars", am besten an das eigene Unternehmen binden?

1.1.4.9   Karrieremanagement

Bis hierhin wurde dargestellt, wie Mitarbeiter ausgesucht, eingesetzt, trainiert, beurteilt und entlohnt werden können, wobei jeweils von einem bestimmten Job ausgegangen wurde, den sie gerade innehaben. Das Karrieremanagement verfügt dagegen über einen breiteren Betrach-tungshorizont, denn es beschäftigt sich jobübergreifend mit der Entwicklung der Mitarbeiter im *gesamten* Unternehmen/Konzern.

Wesen

Häufig wird „Karriere" sehr eng und wertend definiert als:

„ *... a succession of related jobs, arranged in a hierarchy of prestige, through which persons move in an ordered, predictable sequence. "*[57]

---

[55] Vgl. *Strack, R./Franke, J./Dertnig, S.* (2000), S. 284. Ausführlicher siehe Kapitel B.3.3.1.2.
[56] Beantwortung der Fragen in Kapitel C.2.3.4.2.
[57] *Wilensky, H.* (1960), S. 554; zitiert nach *Collin, A.* (1997), S. 314.

Treffender ist dagegen eine neutralere Definition, die neben der objektiven auch die subjektive Seite der Karriere berücksichtigt:

„ ... [A] *career consists, objectively, of a series of status and clearly defined offices ... subjectively, a career is the moving perspective in which the person sees his [sic] life as a whole and interprets the meaning of his various attributes, actions and the things which happen to him.* "[58]

Karriere*management* ist somit die aktive Planung und Ausgestaltung von Karrieren durch die Mitarbeiter selber und die verantwortlichen Stellen in der Organisation.[59]

Die Zielsetzung des Karrieremanagements ist es, die Bedürfnisse der Organisation möglichst weitgehend mit den Karrierewünschen der Mitarbeiter zu verbinden. Das Unternehmen verfolgt dabei die Absicht, die Mitarbeiter möglichst optimal unter Berücksichtigung der aktuellen und strategischen Anforderungen einzusetzen (s.o.). Die Karriere mit den eigenen Bedürfnissen, Fähigkeiten und Präferenzen zu verbinden, ist dagegen das Hauptanliegen der Mitarbeiter.[60]

Ein effektives Karrieremanagement wird für Unternehmen aus zwei Gründen immer wichtiger. Einerseits muss *marktseitig* durch die Karriereplanung auf zunehmende Anforderungen an Wissen, Fähigkeiten und Flexibilität des Personals reagiert werden. Und andererseits sind *mitarbeiterseitig* neue Bedürfnisse zu berücksichtigen, wie z.B. die Wünsche nach Auslandskarrieren oder besonderen Karrieremodellen für „Dual-Career-Couples"[61]. Der bereits angesprochene Fachkräftemangel und die daraus resultierende höhere Verhandlungsmacht qualifizierter Mitarbeiter üben dabei noch einen zusätzlichen Druck auf die Unternehmen aus, ein attraktives und effektives Karrieremanagement anzubieten.

Weiterführende Fragen[62]

1. Wie wichtig sind Karriere- und Förderpläne für den Unternehmenserfolg?

2. Wie wichtig ist Karrieremanagement im Vergleich zur externen Rekrutierung – also „Internal-" vs. „External Sourcing"?

3. Wie streng werden Karriereleitlinien in der Praxis eingehalten und zu welchen Konsequenzen kann das führen?

4. Wie wichtig ist ein spezielles Talentmanagement für den Unternehmenserfolg und welche Formen sind dabei besonders effektiv?

---

[58] *Hughes, E.C.* (1937), S. 409-410; zitiert nach *Collin, A.* (1997), S. 314.
[59] Angelehnt an *Cascio, W.F.* (1995), S. 310.
[60] Vgl. *Ivancevich, J.M.* (1998), S. 485.
[61] Vgl. u.a. *Domsch, M.E./Krüger-Basener, M.* (1995), S. 527-538.
[62] Beantwortung der Fragen (außer Frage 5) in Kapitel C.2.3.3.4.

5. Auf welche Kriterien legen „High Potentials" besonderen Wert bzw. welche Perspektiven muss man ihnen geben, damit sie im Unternehmen bleiben und nicht kündigen? (Antwort in Kapitel C.2.3.4.2 unter dem Thema „Vergütung und Anerkennung")

6. Wie wichtig sind Coachingangebote für Mitarbeiter zur Begleitung ihrer Karriere?

1.1.4.10 Outplacement

Wesen

Das Outplacement ist ein Teilbereich des Themengebietes „Personalfreisetzung", denn es stellt eine besondere Form dar, Aufhebungsverträge zu gestalten. Definiert wird das Outplacement als aktive Unterstützung ausscheidender Mitarbeiter beim Stellenwechsel entweder durch das Unternehmen oder einen beauftragten Outplacement-Berater.[63] Auf die anderen Aspekte der Personalfreisetzung soll an dieser Stelle nicht weiter eingegangen werden, da sie – außer den rechtlichen Aspekten – relativ wenig Möglichkeiten für das HCM bieten, besonderen Nutzen für das Unternehmen zu schaffen.[64]

Die Ziele des Outplacements sind sowohl ökonomischer als auch sozialer bzw. unternehmenskultureller Natur. Aus *ökonomischer* Sicht wird mit dem Outplacement die Absicht verfolgt, sich im gegenseitigen Frieden von Mitarbeitern zu trennen und dadurch teure Arbeitsprozesse zu vermeiden. Aus *sozialer* und damit auch unternehmenskultureller Sicht ist man hingegen bemüht, dem Mitarbeiter eine „Trennung ohne Scherben" zu ermöglichen und gleichzeitig den verbleibenden Kollegen zu signalisieren, dass man auch im Falle einer Trennung fair mit der Belegschaft umgeht.

Weiterführende Fragen[65]

1. Wie konsequent gehen Unternehmen mit solchen Mitarbeitern um, die dauerhaft ihre Leistungsanforderungen nicht erfüllen. Und welche Maßnahmen werden dabei <u>vor</u> einer drohenden Personalfreisetzung ergriffen?

2. Welche Auswirkungen hat ein *konsequentes* Handeln in diesem Zusammenhang auf den Erfolg eines Unternehmens?

---

[63] Vgl. *Bühner, R.* (1994), S. 114. oder auch *Scholz, C.* (2000), S. 550-553.
[64] Zur Personalfreisetzung allgemein siehe u.a. *Bühner, R.* (1994), S. 111-122 oder *Scholz, C.* (2000), S. 546-560.
[65] Beantwortung der Fragen in Kapitel C.2.3.3.5.

1.1.4.11 Unternehmenskultur

Mit der Unternehmenskultur wird nunmehr das Feld der Rahmenbedingungen betrachtet, in denen sich die Mitarbeiter bewegen und die zu ihrer Leistungsfähigkeit und Motivation beitragen. Natürlich bestehen die Rahmenbedingungen in der Praxis nicht nur aus der Unternehmenskultur und dem Führungsstil, der im nächsten Kapitel erörtert wird. Jedoch stellen diese beiden Faktoren zwei sehr gewichtige Aspekte dar, die auch vom HCM direkt oder indirekt beeinflusst werden können.[66]

Wesen

Versucht man den vielschichtigen und komplexen Begriff der Unternehmenskultur in eine Definition zu zwängen, kann man darunter vielleicht das implizite Bewusstsein eines Unternehmens verstehen, das sich aus dem Verhalten der Unternehmensmitglieder ergibt und das im Gegenzug das Verhalten der Individuen beeinflusst.[67]

Kultur hat es in Unternehmen zwar schon immer gegeben. Doch neu ist die intensive Diskussion[68] darüber und die veränderte Perspektive, mit der auf die Unternehmenskultur geschaut wird: Demnach *besitzt* ein Unternehmen weniger eine Kultur (Variablen-Ansatz), sondern es *ist* seinem Wesen nach eine Kultur (Perspektive-Ansatz). Die Unternehmenskultur verkümmert damit nicht mehr zum reinen Erscheinungsbild nach innen und außen (wie z.B. in der Corporate Identity), sondern entfaltet sich zu einem zentralen Hebel der Unternehmenskonzeption.[69] In diesem Zusammenhang schreibt *P. Ulrich* der Unternehmenskultur mehrere positive Effekte zu, denn sie kann u.a. Identität begründen, Sinn und Motivation vermitteln, Konsens stiften, Orientierung und Koordination ermöglichen und Lernpotenziale eröffnen.[70]

Demgegenüber stehen aber auch einige Gefahren. So neigen Unternehmenskulturen oft zu der Tendenz, sich abzuschotten und emotionale Barrieren aufzubauen. Dadurch können wichtige (externe) Trends entweder leicht übersehen oder sogar bewusst ignoriert werden. Hinzu kommt: Unternehmenskulturen sind nicht einfach zu ändern. Sofern sie nicht bereits Innovation und Wandel postulieren, können sie daher schnell zu einer Bleikugel werden, die das Unternehmen im Wettlauf um die Zukunft stark bremsen.[71]

---

[66] Eine weitere Rahmenbedingung, auf die aus Platzgründen nicht explizit eingegangen werden kann, ist z.B. der Arbeitsschutz. Arbeitsschutzmaßnahmen bergen häufig hohe Nutzenpotenziale für das Unternehmen in sich, ihre größten Optimierungshebel liegen jedoch eher auf technischer oder rechtlicher Ebene und damit nicht im Zentrum des HCM (ausführlicher vgl. z.B. *Cascio, W.F.* (1995), S. 534-565).

[67] In Anlehung an *Scholz, C.* (2000), S. 779. Anders auch in *Bögel, R.* (1995), S. 665f. oder *Marré, R.* (1996), S. 3f.

[68] In den 80er Jahren vor allem durch die Publikation von *Peters* und *Waterman Jr.* ausgelöst: In Search of Excellence – Lessons from America's Best-Run Companies; vgl. *Peters, T.J./Waterman Jr., R.H.* (1982).

[69] Vgl. *Bögel, R.* (1995) S. 665f. oder ausführlicher in *Pettigrew, A.M.* (1979).

[70] Vgl. *Ulrich, P.* (1984), S. 312f.

[71] Vgl. *Scholz, C.* (2000), S. 783; *Hamel, G./Prahalad, C.K.* (1995).

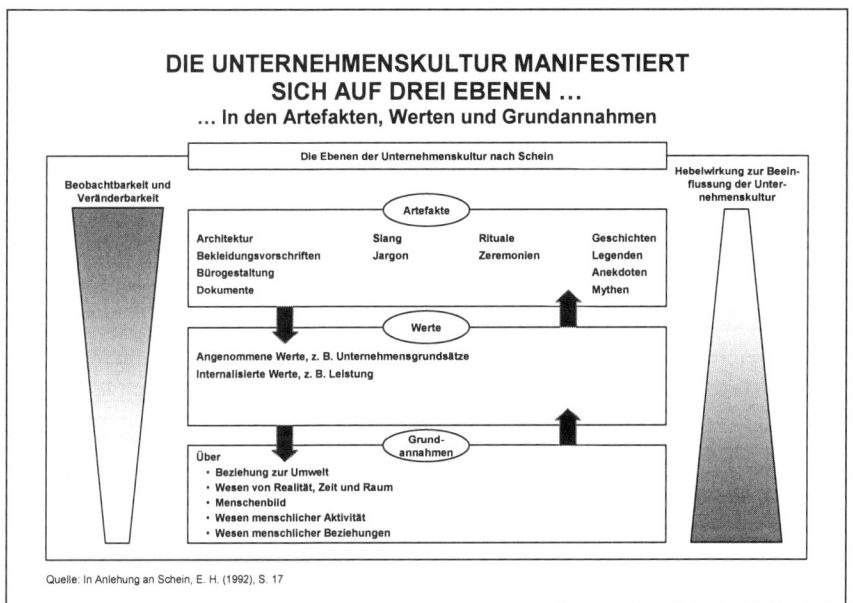

Abbildung 12: *Die drei Ebenen der Unternehmenskultur*

Charakteristik und Handhabung in der Praxis

Weil die Unternehmenskultur im Laufe der Arbeit noch eine sehr wichtige Rolle bekommen wird, soll im Folgenden kurz darauf eingegangen werden, wie sie entsteht und wie sie diagnostiziert, beurteilt und umgesetzt bzw. beeinflusst werden kann.

Entstehung

Wie bereits in der Definition angeklungen, entsteht eine Unternehmenskultur nach dem Dualitätsprinzip. Auf der einen Seite geht sie aus dem laufenden Verhalten der Individuen im Unternehmen hervor. Auf der anderen Seite ist die Unternehmenskultur aber auch selber eine „Inputgröße" in diesem Prozess. Denn sie ist es, die wiederum maßgeblich das Verhalten der Organisationsmitglieder in Form einer „kollektiven Programmierung" beeinflusst.[72]

Die konkrete Entstehung der Unternehmenskultur erklärt *Schein* als das Zusammenspiel von drei Kulturschichten: den Artefakten, Werten und Grundannahmen. (siehe Abbildung 12).[73]

---

[72] Vgl. *Scholz, C.* (2000), S. 799 sowie *Hofstede, G.* (1980), S. 1168-1182.
[73] Vgl. *Scholz, C.* (2000), S. 790f. Ausführlich siehe *Schein, E.* (1992). Aufbauend auf *Schein* siehe *Hatch, M.J.* (1993 und 1997). Anders vgl. *Gagliardi, P.* (1996). Zu Kulturtypologien vgl. u.a. *Ansoff, H.I.* (1979) oder *Deal, T.E./Kennedy, A.A.* (1982 und 1999).

Diagnose und Beurteilung

Wenn ein Unternehmen seine Kultur gezielt beeinflussen möchte, muss es sie zunächst erst einmal wie ein Arzt diagnostizieren. Die erste Voraussetzung ist dafür, ihre möglichen *Symptome* zu kennen. *Pümpin et al.* teilen die Symptome der Unternehmenskultur in drei Gruppen: Kernfaktoren (z.B. Fähigkeitsprofile der Führungskräfte, Kommunikationsstil, Konventionen) Managementfaktoren (z.B. Strategien, Strukturen, Führungssysteme) und Umfeldfaktoren (z.B. wirtschaftliche, technologische und kulturelle Rahmenbedingungen).[74]

Als *Diagnoseinstrumente* eignen sich u.a. Einzelgespräche, die Beobachtung von Sitzungen, Fragebögen, Firmenrundgänge oder die Analyse von Dokumenten. Um die genannten Symptome auch bewerten zu können, bedarf es vorher festgelegter Kriterien. *Pümpin et al.* schlagen hierzu fünf *Kriterien* vor: Prägungen, Grundorientierung, Konsistenz, Überein-stimmung mit dem Management-Instrumentarium und Flexibilität.[75]

Umsetzung bzw. Beeinflussung der Unternehmenskultur

Die Unternehmenskultur kann in zweierlei Art und Weise umgesetzt bzw. beeinflusst werden: Erstens, indem die Unternehmenskultur gezielt auf die Personalführung einwirkt und zweitens, indem die Personalführung aktiv die Kultur des Unternehmens beeinflusst.

Im ersten Fall der „Personalführung durch Kultur" gilt die Unternehmenskultur als zentrale Lenkungsinstanz. Elemente der vorhandenen Kultur werden dabei gezielt als Hilfsmittel zur Verhaltenssteuerung eingesetzt. Eine wichtige Voraussetzung dafür ist jedoch, die verhaltens-prägenden Aspekte der Unternehmenskultur, die sich in ungeschriebenen und unausgespro-chenen Regeln manifestieren, zu dechiffrieren, sie zu erkennen, zu verstehen und sie dann zu nutzen. Die Personalführung braucht hierbei auch nicht mehr schriftlich oder „bewusst" zu erfolgen, denn allein durch die Unternehmenskultur wird festgelegt, wie üblicherweise geführt werden sollte – unabhängig davon, ob es in jedem Einzelfall zieladäquat ist oder nicht.[76] Im zweiten Fall, „Unternehmenskultur durch Personalführung", versuchen die Führungskräfte dagegen selber, aktiv und gezielt Kultursignale zu setzen (z.B. durch eine sehr offene Kommunikation mit den Mitarbeitern). Dabei gilt es allerdings stets zu beachten: Grundsätzlich können Kultursignale durch fast alle Aktionen der Personalführung gesendet werden – beabsichtigt oder unbeabsichtigt, positiv oder negativ. Bevor ein Signal jedoch zu einer Veränderung führt, muß es zunächst von den Individuen akzeptiert werden. Und das ist nicht immer und überall der Fall. Dafür sind die Charaktere der Mensche einfach zu

---

[74] Vgl. *Pümpin, C./Kobi, J.-M./Wüthrich, H.A.* (1985), S. 12f.
[75] Vgl. ebenda, S. 30.
[76] Vgl. *Scholz, C.* (2000), S. 816-821.

verschieden. Daher wird man eine Kultur auch nie so präzise steuern können wie eine Maschine, sondern immer nur bestimmte Richtungen vorgeben können.[77]

Wie kann eine Unternehmenskultur aber nun konkret beeinflusst werden? In der Regel wird hierfür im ersten Schritt zunächst ihre aktuelle Ausprägung (in der oben beschriebenen Art und Weise) diagnostiziert und beurteilt. Im zweiten Schritt stehen dann drei grundlegende Stoßrichtungen zur Verfügung: Erstens die Pflege, zweitens die Verstärkung und drittens die Änderung der bisherigen Kultur – insgesamt oder nur in Teilaspekten. In Abbildung 13 sind verschiedene *Instrumente* dargestellt, mit denen die Unternehmenskultur beeinflusst werden kann. Dabei soll mit den direkten Instrumenten vorwiegend der *physische* Wandel unterstützt werden und mit den indirekten eher der *mentalitätsbezogene*. Für das Erreichen der Gestaltungsziele sind jedoch in der Regel immer beide Arten von Instrumenten einzusetzen.

Zum Abschluss sei noch auf einen wichtigen Punkt hingewiesen: Nicht alle Facetten der Unternehmenskultur sind gleich einfach zu verändern. Dabei gilt normalerweise die folgende Daumenregel: Je „sichtbarer" die Symptome der Unternehmenskultur sind, desto leichter sind sie zu verändern. Aber desto größer ist auch die Gefahr, nur an der Oberfläche zu kratzen und ihre tieferen Wurzeln unangetastet zu lassen – und umgekehrt.[78] Einer der größten Hebel zur Veränderung der Unternehmenskultur ist schließlich die kompetente und vorbildliche Führung durch das Top-Management, wie die Beispiele von *Jack Welch* bei *General Electric*, *David Kearns* bei *Xerox* oder *Bill Hewlett* und *Dave Packard* in ihrem gleichnamigen Unternehmen nachdrücklich bewiesen haben.[79] Das ist auch einer der Gründe, warum das Thema Führungsstil und Führungskultur im nächsten Kapitel noch ausführlicher behandelt wird.

Weiterführende Fragen[80]

1. Welchen Einfluss hat die Kultur eines Unternehmens auf seinen finanziellen Erfolg?

2. Wodurch zeichnen sich die Kulturen erfolgreicher Unternehmen aus?

3. Wie groß sind in den Kulturen erfolgreicher Unternehmen die Konflikte zwischen den Interessen der Geschäftsleitung und denen der Mitarbeiter?

---

[77] Vgl. ebenda, S. 821-824.
[78] Vgl. *Kotter, J.P./Heskett, J.L.* (1992), S.5
[79] Vgl. ebenda, S. 58-67 und S. 83-93.
[80] Beantwortung der Fragen in Kapitel C.2.3.8.1.

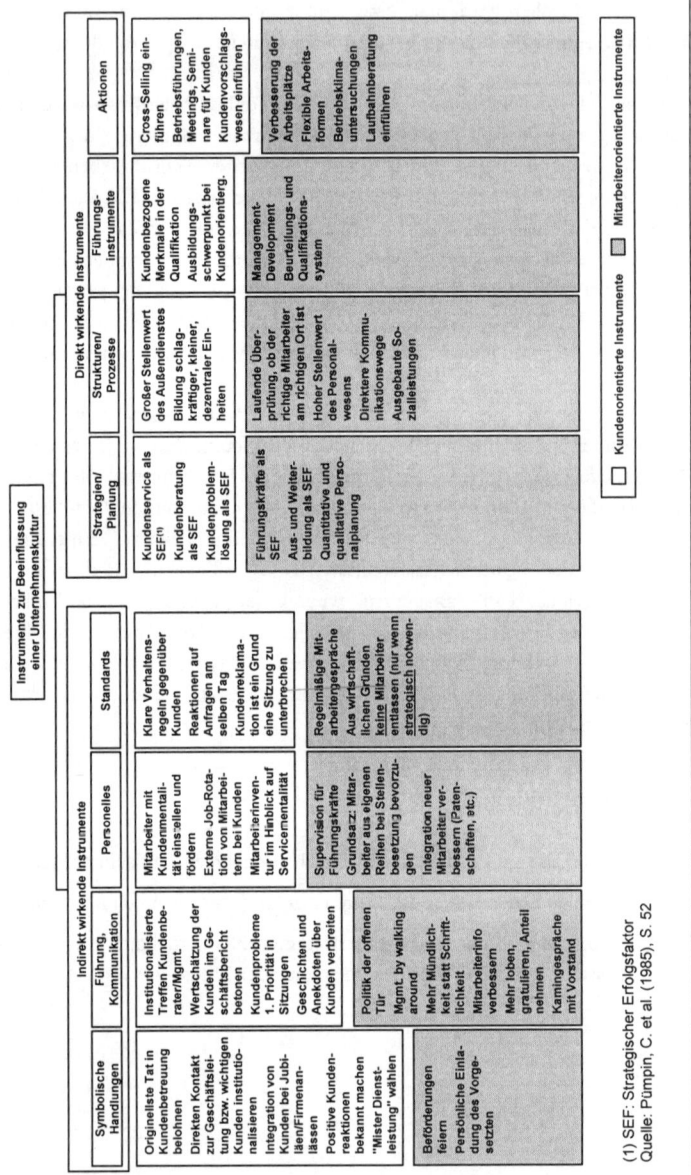

Abbildung 13: Instrumente zur Veränderung der Unternehmenskultur

1.1.4.12 Mitarbeiterführung

Wesen

Allgemein kann *Führung* als „zielbezogene Einflussnahme" verstanden werden. Im betrieblichen Kontext soll der Geführte hierbei in der Regel dazu bewegt werden, bestimmte Ziele zu erreichen, die sich zumeist aus den Oberzielen des Unternehmens ableiten.[81] Grundsätzlich kann diese Führung entweder durch Strukturen oder durch Menschen erfolgen. Weil die strukturelle Führung jedoch schon indirekt in mehreren vorangegangenen Kapiteln behandelt wurde, z.b. im Zusammenhang mit der Mitarbeiterbeurteilung oder der Unternehmenskultur, wird an dieser Stelle lediglich auf die Führung durch Menschen eingegangen.

Das Zielsystem der Führung leitet sich, sofern man es rational und idealtypisch betrachtet, direkt aus der Strategie und den daraus resultierenden Vorgaben für das Unternehmen ab. Darunter fällt u.a. Ziele zu setzen und zu priorisieren, wichtige Entscheidungen zu treffen, die Leistungsfähigkeit und Motivation der unterstellten Mitarbeiter aufrecht zu erhalten und zu fördern sowie übergreifend: das Erreichen der Unternehmensziele sicherzustellen und zu kontrollieren. In der Praxis spielen aber auch andere, mitarbeiter-*individuelle* Faktoren bei der Zielfestlegung eine Rolle. So kann die Führung auch dazu genutzt werden, eigene Partikularinteressen durchzusetzen oder die eigene Machposition auszubauen. Auf dieses Phänomen, das in der Literatur auch unter dem Begriff „Mikropolitik" bekannt ist, soll hier jedoch aus Platzgründen nicht weiter eingegangen werden.[82]

Wie wichtig das Thema Mitarbeiterführung grundsätzlich ist, klang bereits an mehreren Stellen dieser Arbeit an. Ob es die Spitzenkräfte sind, die ganze Unternehmen auf neuen Kurs bringen oder eine Führungskraft im mittleren Management, die es schafft, ihre Mitarbeiter so zu fördern und zu motivieren, dass sie ihre volle Leistungsfähigkeit erreichen – die Hebelwirkung der Führung auf die Leistungskraft des Unternehmens scheint allgemein sehr groß zu sein.

Theoretische Grundlagen

Zur Mitarbeiterführung liegen eine Vielzahl empirischer Untersuchungen vor, insbesondere zum Teilaspekt der Spitzenführungskräfte. Aber eine in sich geschlossene Führungstheorie fehlt bislang; ebenso eindeutige Aussagen darüber, was erfolgreiche Führung ausmacht und

---

[81] Vgl. *Rosenstiel, L. v.* (1995), S. 4 sowie *Rosenstiel, L. v. /Molt, W. /Rüttinger, B.* (1988).
[82] Vgl. *Neuberger, O.* (1995), S. 36. Zur Mikropolitik siehe ausführlich z.B. *Küpper, W./Ortmann, G.* (1982), *Neuberger, O.* (1995) oder *Bone-Winkel, M.* (1997).

wie sie erreicht werden kann.[83] Die Verschiedenheit der Menschen und Kontexte in den Unternehmen ist wahrscheinlich einer der Gründe dafür. Patentrezepte gibt es somit nicht, sondern nur Beispiele, wie Führung in bestimmten Situationen erfolgreich bzw. nicht erfolgreich gewesen ist und woran das im Einzelfall gelegen haben kann. Daher werden in diesem Kapitel nur die wichtigsten Grunderkenntnisse und Problematiken im Zusammenhang mit der Führung vorgestellt. Darauf aufbauend wird das Thema dann im Laufe der Arbeit immer wieder in Verbindung mit anderen Inhalten aufgegriffen und anhand konkreter Situationen diskutiert.

Nachstehend wird nun auf die beiden unterschiedlichen Betrachtungsebenen der Führung eingegangen: die Führungseigenschaften und -stile sowie das Führungsverhalten.

Führungseigenschaften und Führungsstil

Wenn Führung durch Menschen erfolgt, gibt es dann auch bestimmte menschliche *Eigenschaften*, die eine Voraussetzung für eine erfolgreiche Führung darstellen? Empirisch wurde bereits eine Vielzahl an Persönlichkeitsmerkmalen identifiziert, die mit dem Führungserfolg korrelieren. Dazu gehören: Befähigung, Leistung, Verantwortlichkeit, Teilnahme (z.B. Aktivität und Kooperationsbereitschaft) sowie der Status (sozioökonomische Position, Popularität).[84] Diese Ergebnisse sind allerdings mit großer Vorsicht zu genießen, denn die Korrelationen sind im Mittel erstens gering und zweitens in manchen Fällen sehr hohen Schwankungsbreiten unterworfen. Die Korrelation zwischen der Eigenschaft „Intelligenz" und dem Führungserfolg variiert in einer Gruppe von 15 Untersuchungen beispielsweise zwischen $r = + 0,90$ bis $r = - 0,14$. Das heißt, in der Realität lassen sich die Führungseigenschaften schlecht generalisieren. Daher sollten die genannten Merkmale auch nur als grober Anhaltspunkt verstanden werden.

Ähnlich wie die Eigenschaftstheorie, geht auch die Führungsstilforschung von stabilen Persönlichkeitszügen aus, die den Führungserfolg bestimmen.[85] Der „Führungsstil" wird dabei als

„ ... das Ergebnis einer bestimmten Grundeinstellung [charakterisiert], die sich aus einer bestimmten Philosophie der Unternehmensführung sowie der Grundeinstellung zum Menschen ableitet. "[86]

Damit kann er auch als ein einheitliches und situationsunabhängiges Verhaltensmuster bezeichnet werden.

---

[83] Vgl. *Bisani, F.* (1995), S. 626-634 oder mit Meta-Analyse empirischer Studien *Seidel, E./Jung, R.H./Redel, W.* (1988), S. 135-146). Eine Übersicht der wichtigsten empirischen Studien zum Thema Spitzenführungskräfte siehe *Schrader, S.* (1995), S. 328-392.

[84] Vgl. *Rosenstiel, L. v.* (1995), S. 7-8. Ausführlicher siehe *Neuberger, O.* (1976) und *Wunderer, R./Grunwald, W.* (1980).

[85] Vgl. *Rosenstiel, L. v.* (1995), S. 9.

[86] *Bisani, F.* (1995), S. 561.

In den bisherigen empirischen Arbeiten wird häufig zwischen dem „autoritären" und dem „kooperativen" Führungsstil unterschieden. Was deren Wirkungskraft auf die Leistung und Einstellungen der Geführten anbelangt, lässt sich hingegen meta-analytisch keine eindeutige Vergleichsaussage treffen, da die Studienergebnisse mal den einen mal den anderen Führungsstil favorisieren. In Bezug auf die Einstellung der Mitarbeiter mag der kooperative Führungsstil vielleicht etwas effektiver sein. Grundsätzlich hängt es aber auch hier von der Situation und den jeweiligen Personen ab, welcher Stil zielführender ist. Hinzu kommt: Eine Führungskraft ist ohnehin selten *ausschließlich* autoritär oder kooperativ, sondern wird zumeist eine Kombination aus Beidem praktizieren, wobei vielleicht eine der beiden Stilrichtungen etwas stärker zum Tragen kommt.[87]

Führungsverhalten

Das *Verhalten* von Führungskräften zu beobachten, zu beschreiben und seine Auswirkungen auf bestimmte Erfolgskriterien zu messen, kommt den tatsächlichen Gegebenheiten im Unternehmen schon etwas näher, als die Forschung nach Führungseigenschaften oder Führungsstilen. Besonders intensiv wurde diese Methodik in den als Meilenstein der Führungsforschung geltenden *Ohio-Studien* angewendet,[88] in denen von der Annahme ausgegangen wurde, die *Geführten* könnten am besten Auskunft über das Verhalten ihrer Vorgesetzten geben – besser noch als andere Vorgesetzte, Kollegen oder Experten.[89]

Aufbauend auf den Ergebnissen der *Ohio-Studien* und ergänzt durch weitere Untersuchungen im deutschsprachigen Raum[90], konnten mittels faktoranalytischer Verfahren drei voneinander unabhängige Verhaltensdimensionen identifiziert werden: Die Mitarbeiterorientierung („Consideration"; Ohio-Studien), die Aufgabenorientierung („Initiating Structure"; Ohio-Studien) und die Partizipationsorientierung (Deutsche Studien).

Auf Basis dieser Dimensionen wurden später verschiedene Führungsmodelle entwickelt, die jeweils für eine bestimmte Handlungsmaxime stehen, z.B.:

- *Management by Delegation*: Führungskräfte sollten möglichst viel Verantwortung und operatives Geschäft hierarchisch nach unten delegieren.

- *Management by Exception*: Führungskräfte sollten sich auf das Management von besonderen Fällen bzw. Ausnahmen (Exceptions) konzentrieren und das Regelgeschäft samt der dazugehörigen Verantwortung ihren Mitarbeitern überlassen.

- *Management by Objectives*: Führungskräfte sollten ihre Mitarbeiter in erster Linie durch Ziele führen und ihnen den Weg dorthin weitgehend offen lassen. Die Ziele

---

[87] Vgl. *Rosenstiel, L. v.* (1995), S. 8f.
[88] Vgl. *Fleishman, E.A.* (1973).
[89] Vgl. *Rosenstiel, L. v.* (1995), S. 11-24.
[90] Vgl. *Fittkau-Garthe, H.* (1971).

können dabei entweder vorgegeben (autoritär), gemeinsam vereinbart (kooperativ) oder nur als Anhaltspunkte ohne verpflichtenden Charakter aufgestellt werden.

Das Problem dieser Ansätze ist jedoch: Auch bei ihnen ist die Wirkungskraft der drei dahinterliegenden Dimensionen auf die Parameter „Leistung" und „Zufriedenheit" nicht eindeutig empirisch belegt. Die wahrscheinlichste Begründung dafür: Es gibt einfach nicht „das" optimale Führungsverhalten, sondern es sollte zusätzlich immer noch die jeweilige Führungs*situation* berücksichtigt werden. Dieser Forderung kommt die Gruppe der „Kontingenztheorien"[91] nach, in denen die Faktoren „Person" und „Situation" miteinander verknüpft werden und im Ergebnis jeweils ein *situationsspezifisches* Verhalten postuliert wird.

Die existierende Bandbreite an Führungsmodellen ist sehr groß.[92] Sie alle in diesem Kapitel zu besprechen, würde den Rahmen der Arbeit sprengen. Zusammenfassend lassen sich jedoch die wesentlichen Gemeinsamkeiten dieser Modelle nennen: In der Regel wollen sie eine Führungskraft in die Lage versetzen, die eigene Führungssituation zu analysieren, sie zu verstehen und gegebenenfalls zielorientiert zu verändern. Dazu werden *be*schreibende oder *vor*schreibende Aussagen zur Individualführung gemacht. Problematisch ist dabei jedoch: Den meisten deskriptiven Untersuchungen fehlen die notwendigen Handlungsempfehlungen. Und wenn Handlungsempfehlungen gegeben werden, dann fehlt diesen wiederum der empirische Effektivitätsnachweis.

Bis hierhin lässt sich also festhalten: Das Führungsverhalten ist personen- und situationsabhängig und kann die Leistung der Mitarbeiter wahrscheinlich sehr tiefgreifend beeinflussen. Allerdings kann die bisherige Forschung keine eindeutigen Aussagen darüber treffen, wie dieses Verhalten in bestimmten Situationen aussehen sollte – es können lediglich verschiedene Handlungs*tendenzen* aufgezeigt werden. Weitere empirische Erkenntnisse zur Führung folgen in Teil C dieser Arbeit.

Weiterführende Fragen[93]

1. Welchen Einfluss hat die Art der Personalführung auf den Unternehmenserfolg?

2. Durch welche Eigenschaften zeichnet sich ein erfolgreicher Führungsstil aus?

---

[91]   Zum Beispiel: *Fiedler, F.E.* (1967), *Reddin, W.J.* (1967 und 1981), *House, R.J.* (1971), *Vroom, V.H./Yetton, P.W.* (1973), *Neuberger, O.* (1976) oder *Hersey, P./Blanchard, K.H.* (1977).
[92]   Vgl. z.B. die Übersicht von *Bisani, F.* (1995), S. 842.
[93]   Beantwortung der Fragen in Kapitel C.2.3.8.2.

1.1.4.13 Personalcontrolling

Nach der Personalplanung und den verschiedenen Prozessschritten der Durchführung, schließt sich nun der Regelkreis des Human Capital Managements mit dem Personal*controlling*. In der Literatur existiert eine Vielzahl von Ansätzen zum Personalcontrolling und damit auch viele unterschiedliche Definitionen.[94] Hier soll Personalcontrolling in Anlehnung an *Wunderer* und *Jaritz* verstanden werden

> „ ... *als planungs- und kontrollgestütztes, integratives Evaluationsdenken und -rechnen zur Abschätzung von Entscheidungen zum Personalmanagement, insbesondere zu deren ökonomischen und sozialen Folgen.* "[95]

Demnach wird das Personalcontrolling – im Sinne des Controllings der Personal*arbeit* – als Steuerungsinstrument charakterisiert, mit dem Ziel, eine optimale Wertschöpfung durch das Human Capital zu erreichen.[96]

In der Philosophie des Personalcontrollings steht der Mensch und seine Arbeit als eigentliche Quelle der Wertschöpfung im Mittelpunkt der Betrachtung. Dabei sind Humanpotenzial, Leistungsverhalten und Leistungsergebnisse die drei Aspekte, auf die sich das Personalcontrolling am stärksten konzentriert. Seine Maßnahmen wirken dabei auf zwei unterschiedlichen Ebenen: Zum einen hat das Personalcontrolling einen *normativen* Einfluss auf das Unternehmen durch das Setzen von Zielen und das Kontrollieren der Ergebnisse. Zum anderen hat es aber auch eine *systembildende* Wirkung, denn seine Aktivitäten beeinflussen auch das Verhalten des Personals. Daher kann es gleichzeitig dafür genutzt werden, die Mitarbeiter zu koordinieren, sie (indirekt) zu steuern, aber auch gezielten Einfluss auf ihre Zufriedenheit und Motivation zu nehmen.[97]

Das Ziel, eine möglichst hohe Wertschöpfung durch das Human Capital zu erreichen, kann mit Hilfe des Personalcontrollings auf drei Ebenen realisiert werden, und zwar durch:

- Das *Effektivitäts*controlling: Bewertung des Erfolgsbeitrags des HCM.

- Das *Effizienz*controlling: Bewertung des effizienten Ressourceneinsatzes des HCM.

- Und das *Kosten*-Controlling: Bewertung der Budgeteinhaltung im HCM (sofern sich Ziele und Planung nicht geändert haben).

---

[94] Siehe *Wunderer, R./Jaritz, A.* (1999), S. 11 für eine Gegenüberstellung der verschiedenen Ansätze und ihrer Entwicklung.

[95] Ebenda, S. 13.

[96] Vgl. *Wunderer, R.* (1989), S. 243ff. sowie *Wunderer, R.* (1992), *Wunderer, R./Schlagenhaufer, P.* (1992) oder *Küpper, H.-U.* (1990), S. 522ff.

[97] Die Betrachtung der verhaltensbezogenen Aspekte des Personalcontrollings gehen auf das Forschungsfeld mit der Bezeichnung „Behavioral Accounting" zurück. Dieser Begriff wurde von *Bruns, W.J./DeCoster, D.T.* (1969) in ihrem Sammelband „Accounting and Its Behavioral Implications" eingeführt und wurde dort wie folgt definiert: „*Behavioral accounting considers the impact of the process of measuring and reporting on people and organizations, which is an addition to the technical problems of carrying out those processes which are traditionally the focus of accounting.* " (Ebenda, S. 3, zitiert nach *Haunschild, A.* (1998), S. 157).

DIE EVALUATION IST EIN ZENTRALER BESTANDTEIL DES PERSONALCONTROLLINGS

Quelle: Wunderer, R./Jaritz, A. (1999), S. 14

Abbildung 14: Überblick des Personalcontrolling-Systems

Abbildung 14 gibt einen Überblick über das System des Personalcontrollings. Analyse, Planung, Steuerung/Regelung und Kontrolle sind dabei die wesentlichen Prozessschritte, denen es folgt. Die verschiedenen Methoden, Instrumente und Maßnahmen werden später im Zusammenhang mit dem WHCM erläutert, denn das Personalcontrolling und die Art wie es genutzt wird, stellen eines der Kernelemente des WHCM dar.

Weiterführende Fragen[98]

1. Welcher Bedarf besteht für ein Personalcontrolling?

2. Welche Kennzahlen sind geeignet, um den Erfolg der Personalarbeit zu messen?

3. Wie wichtig ist die Befragung der internen Kunden?

4. Wie wichtig ist die allgemeine Befragung der Mitarbeiter?

5. Wie wichtig ist die Befragung der externen Kunden?

6. Welchen Erfolgsbeitrag leistet das Personalcontrolling insgesamt?

7. Wie wichtig ist die strategische Ausrichtung der Personalarbeit für den Unternehmenserfolg?

---

[98] Beantwortung der Fragen in Kapitel C.2.3.7.

8. Wie wichtig ist die Abstimmung (Alignment) der Personalarbeit für den Unternehmens-
    erfolg a) mit den Kernkompetenzen und Geschäftsprozessen des Unternehmens und b)
    zwischen den einzelnen Teilbereichen des HCM?

1.2 Das Human Capital Management aus der Praxisperspektive

In Kapitel B.1.1 wurde das HCM aus wissenschaftlicher Sicht beschrieben, wobei Aufschluss
gegeben wurde über Wesen, Einflussfaktoren, Träger und Rollen sowie die Aktionsfelder des
HCM. In diesem Abschnitt wird nun aus der *Praxis*perspektive den drei folgenden Fragen
nachgegangen: Erstens, wie hat sich das HCM in der Praxis entwickelt? Zweitens, gibt es im
HCM eine Lücke zwischen Theorie und Praxis? Und drittens, wenn es eine Lücke gibt,
wodurch lässt sie sich erklären?

Zunächst zur *Situation des HCM in Deutschland.* In der Praxis kann eine sehr große
qualitative und quantitative Bandbreite in Bezug auf das HCM beobachtet werden.
Pauschalurteile greifen daher zu kurz. Aus diesem Grund wird in den folgenden Ausführungen so weit wie möglich auf empirische Daten zurückgegriffen, um den Status quo des
HCM möglichst aussagekräftig beschreiben zu können

Seit den 70/80er Jahren hat die Bedeutung des HCM immer mehr zugenommen (siehe
Abbildung 15). Praktiker machen als Hauptgründe für diese Entwicklung zum einen die
Erkenntnis verantwortlich, dass zufriedene Mitarbeiter mehr leisten und zum anderen, dass
die fachlichen Anforderungen an die Mitarbeiter technik- bzw. technologiebedingt gestiegen
sind.[99] Insgesamt wird in der großen Mehrheit der deutschen Unternehmen (85%) die
Meinung geäußert, das Personalmanagement trage zum Erfolg des Unternehmens bei. Auf
internationaler Ebene wird dieser Aussage in ähnlicher Form mit durchschnittlich 86%
zugestimmt.[100]

Als besonders wichtige Aufgaben*felder* des HCM werden von Personalverantwortlichen in
Deutschland am häufigsten genannt:[101]

> **1. Personaleinstellung, -einsatz und -betreuung (67%)**
>
> **2. Fort- und Weiterbildung (56%)**
>
> **3. Arbeitsrecht (36%).**

---

[99] Vgl. zusammenfassend *Femppel, K.* (2000), sowie zusätzlich *Bisani, F.* (1976), S. 98 und *Töpfer, A./
Poersch, M.* (1989), S. 25.
[100] Vgl. *Scholz, C.* (2000), S. 69; Quelle: GPP-Studie; Frage nach dem Beitrag des Personalmanagements zum
Unternehmenserfolg.
[101] Vgl. *Femppel, K.* (2000), S. 123 und 203. Datenerhebung mittels Fragebogen, n = 55; Frage nach Zuständig-
keitsbereichen des „Leiters" Personal, die als besonders wichtig erachtet werden.

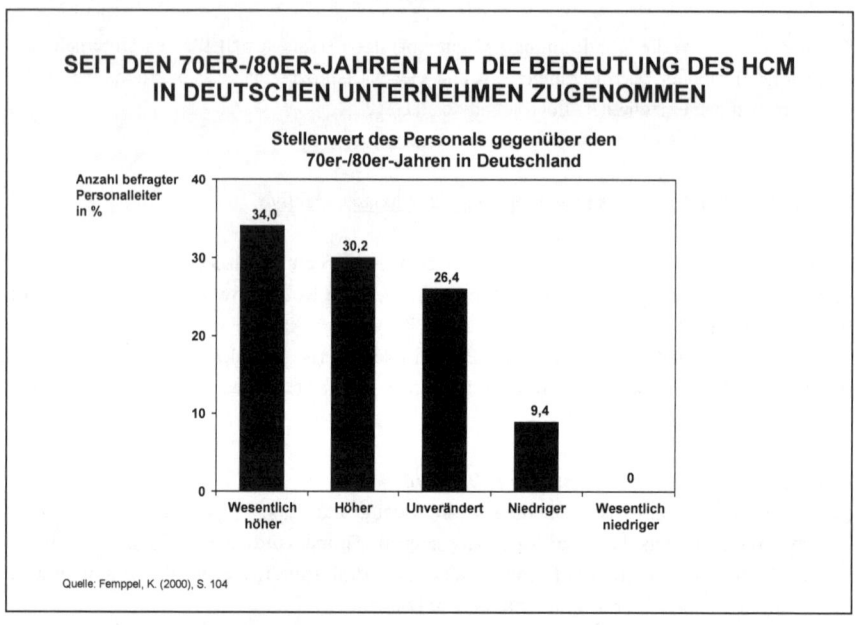

SEIT DEN 70ER-/80ER-JAHREN HAT DIE BEDEUTUNG DES HCM IN DEUTSCHEN UNTERNEHMEN ZUGENOMMEN

Abbildung 15: Empirische Ergebnisse zur Bedeutung des HCM in der Praxis

Hierbei fällt besonders positiv auf: Die Mitarbeiter und ihre Fähigkeiten rücken immer stärker in den Vordergrund des HCM, während die Administration im Gegensatz zu den Anfängen der Personalarbeit immer mehr an Bedeutung verliert (Allgemeine Verwaltung: 5%).

Ein ähnliches Bild ergibt sich, wenn man eine Ebene tiefer geht und Praktiker danach fragt, welche *Maßnahmen* des Personalmanagements sie für das Erzielen von Wettbewerbsvorteilen am wichtigsten einschätzen. Die häufigsten Antworten:[102]

> 1. **Kontinuierliches Training und Weiterbildung (87%)**
>
> 2. **Früherkennung von „High Potentials" (87%)**
>
> 3. **Flexibilität der Mitarbeiter (83%)**
>
> 4. **Belohnung der Mitarbeiter f. Geschäftserfolg u. Produktivität (80%)**
>
> 5. **Betonung von Managemententwicklung u. Fähigkeitstraining (78%).**

Betrachtet man die Anzahl und den Umfang der genutzten Personalmanagement*programme*, so schneiden deutsche Unternehmen im internationalen Vergleich gut ab (siehe Abbildung 16). Vor allem Angebote, wie flexible Arbeitszeiten, Teilzeitarbeit oder Coaching scheinen besonders positiv auf die Motivation der Mitarbeiter zu wirken.

---

[102] Vgl. *Scholz, C.* (2000), S. 68; Quelle: GPP-Studie. Diese Ergebnisse werden auch durch die Cranfield-Studie bestätigt (vgl. *Weber, W./Kabst, R.* (1995), S. 15).

**DEUTSCHE UNTERNEHMEN BIETEN IM INTERNATIONALEN VERGLEICH
BESONDERS VIELE PERSONALMANAGEMENTPROGRAMME AN**
Verwendung ausgewählter Personalmanagementprogramme im internationalen Vergleich

Personalmanagementprogramme (Angaben in % der Antworten)[1]	Länder			
	D	F	USA	Internat. Ø
Teilzeitarbeit	98	94	50	72
Interne Seminare	98	48	67	81
Flexible Arbeitszeit	92	74	50	69
Befristete Verträge	88	91	–	57
Trainee-Programme	80	85	67	70
Job-Rotation	73	29	42	54
Qualitätszirkel	69	15	27	42
Coaching	67	39	75	54
Computer-Based-Training	61	50	83	52
Individuelle Unterstützungssysteme	60	18	36	38
Planspiele	59	26	25	36
Job-Sharing	49	15	30	26
Gruppe für selbststrukturiertes Lernen	24	12	25	15
Sabbatical	24	21	50	20
Doppel-Karriere-System für Paare	2	3	17	3

(1) Mehrfachantworten möglich
Quelle: GPP-Studie, vgl. Scholz, C. (2000), S. 617

Abbildung 16: Empirische Ergebnisse zur Nutzung von Personalmanagementprogrammen

Daher erstaunt es auch nicht, dass sich in Deutschland 80% der Mitarbeiter zurückblickend wieder bei ihrem Unternehmen bewerben würden.[103] Weitere Faktoren, die zur hohen Arbeitszufriedenheit in Deutschland beitragen, könnten die international überdurchschnittlich hohen freiwilligen Sozial-leistungen[104] sein sowie die immer noch relativ hohe Arbeitsplatzsicherheit.[105]

Als die fünf wichtigsten *Herausforderungen* des Personalmanagements in der Zukunft werden seitens der deutschen Unternehmen gesehen:[106]

1. **Mitarbeitermotivation**

2. **Führungskräftenachwuchs**

3. **Unternehmenskultur**

4. **Unternehmensimage**

5. **Wertewandel bei den Mitarbeitern.**

---

[103] Vgl. *Scholz, C.* (2000), S. 810; Quelle: GPP-Studie, Frage nach dem Prozentsatz der Mitarbeiter, die sich wieder beim befragten Unternehmen bewerben würden.

[104] Vgl. ebenda S. 760.

[105] Personalfreisetzung (1994) bei 1% in Deutschland, USA z.B. 3%. Entlassung nur bei 14% der Grund für Ausscheiden aus dem Betrieb (international 18%); andere Gründe sind z.B. eigene Kündigung (D: 24%) oder regulärer Ruhestand (20%). Vgl. ebenda S. 547.

[106] Vgl. *Scholz, C.* (2000), S. 36. Quelle: Prisma-Studie.

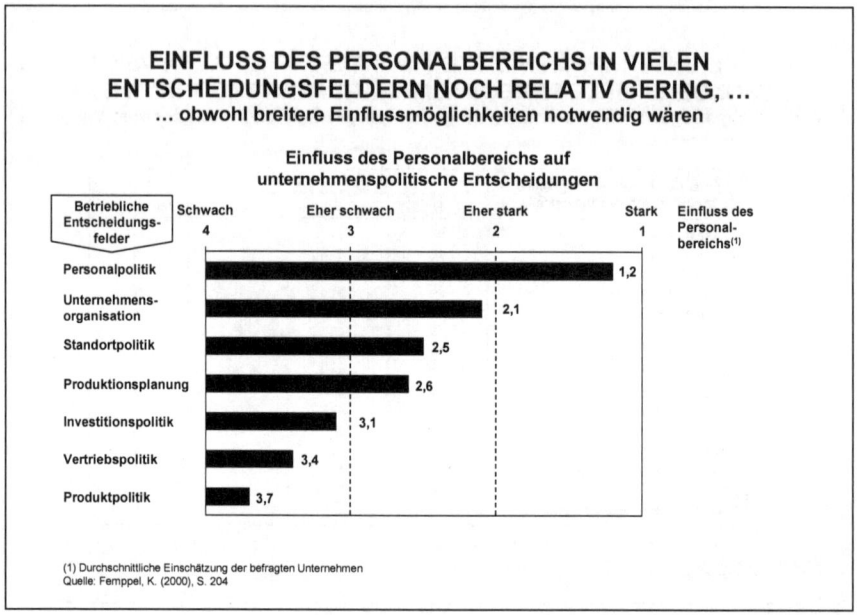

Abbildung 17: *Empirische Ergebnisse zu den Einflussmöglichkeiten des Personalbereiches*

Wie sind nun alle diese Ergebnisse einzuschätzen? Geht es dem Personalwesen in Deutschland tatsächlich gut, und hat es seine wichtigsten Hebel zur Steigerung des Unternehmenserfolges wirklich schon ausreichend ausgenutzt? Vieles spricht dagegen:

1. Warum verfügt nicht einmal die Hälfte (44%) der deutschen Unternehmen über eine detailliert formulierte Personalstrategie, wie es für andere Geschäftsbereiche ganz selbstverständlich ist?[107]

2. Warum ist der Personalleiter in fast zwei drittel (64%) der deutschen Firmen nicht in der Geschäftsleitung vertreten?[108]

3. Warum ist der Stellenwert der Personalarbeit trotz der gestiegenen Anforderungen in über 40% der deutschen Unternehmen im Vergleich zu den 70/80er Jahren zurückgegangen?[109]

4. Warum hat die Personalabteilung nur schwachen Einfluss auf Entscheidungen außerhalb ihres Bereiches, obwohl z.B. die Produkt- oder Vertriebspolitik nachhaltig vom Human Capital bestimmt werden (siehe Abbildung 17)?

---

[107] Der internationale Durchschnitt liegt in dieser Studie bei 59%; vgl. *Scholz, C.* (2000), S. 90. Quelle: GPP-Studie; Frage nach der Existenz einer detailliert formulierten Personalstrategie.

[108] Vgl. *Femppel, K.* (2000), S. 202.

[109] Ebenda, S. 202.

5. Warum werden unter den wichtigsten Aktivitäten der Personalarbeit nicht auch die strategische Ausrichtung und Wertschaffung genannt? Und warum erkennt nur eine Minderheit der Personalleiter die besondere Bedeutung von Aufgabenfeldern an, wie Vorschlagswesen (4%), interne Information (8%), Aufbauorganisation (15%) oder leitende Angestellte (26%), obwohl sie in der Regel dafür zuständig sind?

Dieses sind nur einige Fragen, die schwer zu beantworten wären, wenn sich der „Patient" Human Capital Management in Deutschland der besten Gesundheit erfreute. Aus der „Prisma-Studie", in der die Qualität des Personalmanagements in Deutschland untersucht wurde, lässt sich bereits erkennen, welche Defizite dort noch verborgen sind (Abbildung 18). Geht man von einer Maximalpunktzahl des in dieser Studie verwendeten Qualitätsindexes von 100 Punkten je Kategorie aus, so lag das Gesamtniveau über alle (untersuchten) Felder des Personalmanagements relativ niedrig bei 42-70 Punkte. Besonderer Nachholbedarf zeigte sich dabei vor allem im Rahmen der Personalbedarfsbestimmung (43 Punkte), der Personal-führung (44 Punkte) sowie dem Personaleinsatz (49 Punkte). Differenziert man die Ergebnisse nach Branchen, so schnitt die Automobilindustrie mit 741 von 1000 möglichen Punkten (10 x 100) am besten und die Elektroindustrie mit 470 Punkten am schlechtesten ab.

Neben den empirischen Studien, wird das Human Capital Management der deutschen Unternehmen aber auch scharf in qualitativer Form von Seiten der Wissenschaft kritisiert:[110]

- *Ackermann* sieht die Schere immer weiter aufgehen zwischen den Anforderungen an das Personalmanagement und seiner Leistungsfähigkeit.[111]

- *Althauser* wirft dem Personalwesen vor, nicht über eine operative, kurzfristig denkende, reagierende und eher personalverwaltende Haltung hinausgekommen zu sein. Außerdem werde die Personalarbeit nur selten strategisch als integrativer Teil der Unternehmenspolitik und -strategie betrieben.[112]

- *Knebel* bedauert: Der kooperative Führungsstil wird nicht weiter umgesetzt, Personalpolitik und Personalentwicklung erhalten in wirtschaftlich schwierigen Zeiten einen neuen Stellenwert, d.h. Kostenmanagement und Stellenabbau stehen nunmehr im Vordergrund und die weichen Faktoren der Führung treten zurück.[113]

- *Metz* vermutet die Personalabteilungen in einer „Profilierungskrise" hinsichtlich Status, Einfluss, Infrastrukturausstattung und Aufgabenstellung. Damit habe ihre wahre Situation wenig gemein mit der in personalwirtschaftlichen Veröffent-lichungen dargestellten (vermeintlichen) „Sonnenseite".[114]

---

[110] Vgl. zusammenfassend *Femppel, K. (2000)*, S. 38f.
[111] Vgl. *Ackermann, K.F.* (1992), S. 244.
[112] Vgl. *Althauser, U.* (1989), S. 268.
[113] Vgl. *Knebel, H.* (1993), S. 371.
[114] Vgl. *Metz, T.* (1995), S. 13.

BRANCHENSPEZIFISCHE QUALITÄTSUNTERSCHIEDE IN DEN PERSONALFUNKTIONEN ZU BEOBACHTEN
Qualität der Personalarbeit nach Branchen und Größenklassen[1]

	Gesamt-index	Personal-bestands-analyse	Personal-bedarfs-analyse	Personal-beschaffung	Personal-entwicklung	Personal-freisetzung	Personal-einsatz	Personal-führung	Personal-kosten-mgmt.	Personal-info.mgmt.	Sonstige Personal-funktionen
Automobilindustrie	741	70	88	72	85	77	67	54	81	88	60
Unternehmens-beratungen	623	72	37	72	66	67	70	47	71	60	60
EDV-Industrie	622	60	39	68	70	63	57	66	70	72	57
Metall verarbeitende Industrie	550	51	57	35	54	77	65	21	73	77	39
Sonstige Dienstleistungsunternehmen	533	60	27	58	64	47	50	45	70	62	48
Sonstige Unternehmen	499	50	40	51	57	46	44	44	69	56	42
Banken und Versicherungen	488	49	45	43	50	52	47	43	64	67	28
Maschinenbau	483	42	40	43	51	58	36	44	73	61	35
Elektroindustrie	470	40	46	28	59	64	35	34	71	62	32
Kleine Unternehmen	567	61	28	64	66	54	55	51	69	59	59
Mittlere Unternehmen	451	46	42	30	47	57	38	37	70	59	25
Große Unternehmen	550	50	56	49	62	60	51	42	70	72	37
Alle	534	53	43	50	59	58	49	44	70	65	42

(1) Ausgedrückt durch den Prisma-Index. Anmerkung: Maximalpunktzahl 100 Indexpunkte je Kategorie und damit 1.000 Indexpunkte insgesamt. Punktevergabe mit Hilfe eines Scoring-Verfahrens.
Quelle: Prisma-Studie 1991, vgl. Scholz. C. (2000), S. 38 (korrigierte Fassung)

Abbildung 18: *Empirische Ergebnisse zur Qualität des Personalmanagements nach Branchen und Größenklassen*

- *Scholz* erachtet die Personalarbeit in vielen Unternehmen gegenwärtig im Umbruch, mit unterschiedlichen Ausbauständen, aber häufig immer noch auf unteren Entwicklungsstufen. Zugleich habe das Personalressort häufig fehlende Entscheidungsmacht, ein diffuses Image und aus dem Erfolgsfaktor werde der Kostenverursacher „Personal".[115]

- *Sprenger* beklagt: Der Personalchef führt nur noch die Vorgaben des Finanzchefs aus. Der „Kostenvernichtungsscharfsinn" regiert die Unternehmenspolitik und wird zum Lean-Management „umgelogen", und die Personalabteilung hat oft kaum noch eine gestaltende Aufgabe.[116]

International sieht die Situation des HCM in den Unternehmen ähnlich aus. Die Probleme sind zwar landesspezifisch unterschiedlich stark ausgeprägt, aber insgesamt klafft auch dort eine große Lücke zwischen Theorie und Praxis.[117] Das HCM einzelner Länder zu bewerten, ist an dieser Stelle nicht möglich. Es ist jedoch sicherlich nicht falsch, wenn man den anglo-amerikanischen Unternehmen in vielerlei Hinsicht eine Führungsrolle im HCM beimisst. Dafür spricht zum einen die starke Position der Amerikaner in der Forschung des HCM und zum anderen die Vorreiterrolle, die viele amerikanische Unternehmen bei der Implementierung neuer Personalpraktiken einnehmen.[118]

Angesichts der in der Literatur bereits vielfältig existierenden Ansätze, wie das HCM im Idealzustand aussehen sollte (siehe Kapitel B.1.1), verwundert die scheinbar große Diskrepanz zwischen den Postulaten der Wissenschaft und der tatsächlich vorherrschenden Praxis in den Unternehmen. Was sind aber die Gründe dafür?

Im Einzelfall ist der „Ursachenmix" immer unterschiedlich. Dennoch lassen sich einige Fundamentalgründe ausmachen, die als Erklärung dienen können. In seiner 1/8-Regel hat *Pfeffer*, wie bereits in Kapitel A.1 ausgeführt, drei Gründe genannt: Erstens, fehlender Glaube an den *Erfolgs*faktor „Mensch". Zweitens, Konzentration auf Einzelmaßnahmen anstatt einer *System*optimierung. Und drittens, ein zu frühes Nachlassen des Innovations- und Implementierungsprozesses im HCM. Ähnlich sieht *Femppel* das wesentliche Handicap des HCM in dessen fehlender Akzeptanz in der Praxis. Dabei führt er dieses Akzeptanzdefizit vor allem auf vier funktionsimmanente Ursachen zurück:[119]

1. *Interne und externe Sachzwänge*: Wie kaum eine andere Funktion im Unternehmen ist das HCM externen Vorgaben unterworfen. Gerade in Deutschland bestimmen Gesellschaft, Politik, Tarifparteien und der Arbeitsmarkt maßgeblich seine

---

[115] Vgl. *Scholz, C.* (1995a), S. 5.
[116] Vgl. *Sprenger, R.K.* (1994), S. 400f.
[117] Vgl. die bereits zitierten Auszüge aus dem GPP-Projekt in *Scholz, C.* (2000) oder die Ergebnisse der Cranfield-Studie in *Weber, W./Kabst, R.* (1995).
[118] Vergleiche den Ursprung der wichtigsten wissenschaftlichen Theorien in dieser Arbeit sowie die Herkunft der hier als beispielhaft genannten Unternehmen.
[119] Vgl. *Femppel, K.* (2000), S. 178-182.

Handlungsspielräume und -grenzen. Betriebsvereinbarungen, Beschäftigungssitua-
tion und Budgetvorgaben sind dagegen die internen Leitplanken, die den Radius des
HCM einschränken.[120]

2. *Interne Rollenkonflikte*: In seiner Querschnittsfunktion muss das HCM vielen
   Kundengruppen gleichzeitig dienen: der Unternehmenleitung, den Führungskräften,
   dem Betriebsrat und den übrigen Mitarbeitern. Weil jede dieser Gruppen unterschiedliche Interessen hegt, steht das HCM in einem hoch geladenen Spannungsfeld,
   in dem es nicht möglich zu sein scheint, alle Parteien gleichzeitig zufrieden zu
   stellen.

3. *Das Stigma des Personalleiters*: Neben den inhaltlichen Problemen eröffnen sich
   auch häufig zwischenmenschliche Probleme für das HCM. So kann der Personalleiter leicht in den folgenden Teufelskreis geraten: Aus Misstrauen über den
   tatsächlichen Nutzen des Personalbereiches für den Unternehmenserfolg binden ihn
   die anderen Fachabteilungen nicht enger in ihre Arbeit ein. Seine Entscheidungen
   muss der Personalleiter daher häufig ad hoc und ohne nähere Kenntnis der betrieblichen Zusammenhänge treffen. Das wirkt sich wiederum auf die Qualität und
   Ergebnisse seiner Entscheidungen aus und verstärkt damit weiter das Misstrauen
   seiner Linien-Kollegen.

4. *Mangelnder Erfolgsnachweis*: Dem HCM wird häufig vorgeworfen, es unterlasse
   Kosten-Nutzen-Erwägungen und weise daher seinen ökonomischen Wert nicht
   genügend nach. Hierbei wird oft darauf hingewiesen, so auch von *Femppel*, der
   Erfolg des Personalwesens sei sowohl indirekt als auch direkt nicht oder nur in sehr
   begrenztem Umfang messbar. Die richtigen Wirkungszusammenhänge zwischen
   HCM und Unternehmenserfolg zu erkennen und gleichzeitig mögliche Zeitverzögerungen zu berücksichtigen, werden dabei als Hauptprobleme genannt.

Von allen genannten Ursachen scheint die letzte, der fehlende Kosten-Nutzen-Nachweis, am
schwersten zu wiegen. Doch ist dies wirklich eine unüberwindbare Hürde? Eine zentrale
Hypothese dieser Arbeit lautet: Nein, diese Hürde *kann* bewältigt werden. Es bedarf vielleicht
nur einer etwas anderen Sichtweise und den dazu passenden Methoden und Fähigkeiten.
Diese Hypothese auch zu beweisen, ist eine wesentliche Aufgabe der empirischen
Untersuchung in Teil C. Getragen wird sie bis hierher jedoch unter anderem von drei
Beobachtungen:

1. *Fehlender Wille und fehlende Fachkenntnis* können aussagekräftige Kosten-Nutzen-
   Betrachtungen im HCM verhindern. Selbst in Bereichen, die als wichtig eingeschätzt
   werden, wird häufig keine oder keine adäquate Erfolgsmessung durchgeführt –
   obwohl es mit relativ einfachen Mitteln möglich wäre. Ein Beispiel: Das Gebiet
   „Training" wird, wie bereits weiter oben dargestellt, als eines der wichtigsten

---

[120] Vgl. *Paschek, P.* (1988), S. 278.

Themen der Personalarbeit angesehen. Dennoch ermitteln gemäß der *Cranfield-Studie* je nach Branche 39-66% der Unternehmen den Trainingserfolg überhaupt nicht.[121] Und bei den Firmen, die den Trainingserfolg messen, werden zumeist Messmethoden mit geringer Validität eingesetzt, wie z.b. die subjektive Einschätzung des Trainings durch die Teilnehmer.[122] Andere leistungsorientiertere Verfahren, wie z.b. der Leistungsvergleich des Mitarbeiters vor und nach dem Training oder eine Veränderung der Mitarbeiterbewertung in den trainierten Gebieten, werden hingegen nur selten verwendet, obwohl sie praktisch relativ leicht zu realisieren wären.[123]

2. *Falsche Perspektiven und Methoden* können zu finanziellen Entscheidungen gegen das Human Capital führen. Ein Beispiel: Investitionen in Mitarbeiter werden buchhalterisch anders erfasst, als Investitionen in Sachgüter, wodurch eindeutig falsche Signale für das Management gesetzt werden. Eine Maschine, die zu € 10 Mio. angeschafft und über ihre Nutzungsdauer von zehn oder mehr Jahren abgeschrieben wird, geht im ersten Jahr nur mit einem Bruchteil ihres Anschaffungspreises in die Kostenrechnung ein. Bei Personalinvestitionen in gleicher Höhe werden dagegen die vollen € 10 Mio. im Anschaffungsjahr berücksichtigt, weil die Rechnungslegungsvorschriften es nicht erlauben, diese Ausgaben zu aktivieren und auf Folgejahre zu verteilen.[124] Kurzfristig denkende Manager oder Manager, die unter Druck stehen, entscheiden sich daher oft lieber für eine Investition in das Sach- als in das Humankapital – auch wenn die Investitionshöhe (in diesem Beispiel) faktisch gesehen gleich ist.[125]

3. Die von *Sprenger* beklagte Situation, der Personalchef folge häufig nur noch den Vorgaben des Finanzchefs (s.o.), wird oft noch durch ein *fehlendes gegenseitiges Verständnis* verschärft. Der eine denkt – vereinfacht ausgedrückt – in Zahlen und Renditen, der andere in Menschen und Bedürfnissen. Fast zwangsläufig muss es daher zu Konflikten kommen. Erst wenn beide eine gemeinsame Sprache sprechen, können sie auch *mit*einander arbeiten und dadurch den höchsten Nutzen aus dem Human Capital im Sinne des Gesamtunternehmens ziehen.

Diese drei Beobachtungen verdeutlichen: Die hoch erscheinenden Hürden können in vielen Fällen entweder umgangen oder durch entsprechende Methoden zur Erfolgsmessung des Human Capitals überwunden werden. Zudem gibt es bereits mehrere Firmen, die über ein erfolgreiches HCM verfügen und gleichzeitig auch ökonomisch erfolgreich tätig sind: Dazu gehören u.a.: *Hewlett-Packard* mit seinem bekannten „HP-Way" für das HCM.[126] *Sears* mit

---

[121] Vgl. *Weber, W./ Kabst, R.* (1995), S. 29. Ergebnisse nach Branchen: Keine Messung des Trainingserfolges: Dienstleistungen (39%), Produzierendes Gewerbe (49%), Öffentlicher Sektor (66%), „Andere" (44%).
[122] Vgl. *Scholz, C.* (2000), S. 545. Quelle: GPP-Projekt; Frage nach dem Einsatz von Maßnahmen zur Evaluation der Effektivität von Trainings.
[123] Vgl. auch Kapitel C.2.3.3.3.
[124] Ohne Berücksichtigung von „„Personal"-Investitionen in Sachgüter (z.B. Computer Hard- oder Software).
[125] Vgl. *Becker, B.E./Huselid, M.A./Ulrich, D.* (2001), S. 11.
[126] Vgl. *Kotter, J.P./Heskett, J.L.* (1992), S. 58-68.

seiner HR-Maxime "A Compelling Place to Work" und dem dazugehörigen Messsystem.[127] Oder *Beiersdorf* mit seinem Bekenntnis und dessen praktischer Umsetzung in der Personalentwicklung[128]: *„Die Mitarbeiter sind wichtigster Teil unseres Unternehmens. Ihre Fähigkeiten und Leistungen bestimmen den Erfolg unseres Unternehmens."*

Das Fazit lautet daher bis zu diesem Punkt: Es gibt bereits gute und wirkungsvolle theoretische Ansätze für das HCM in der Wissenschaft sowie praktische Beispiele, wie diese auch erfolgreich umgesetzt werden können. Damit das HCM aber in der Breite der Unternehmenspraxis akzeptiert wird, muss es sowohl inhaltlich als auch methodisch auf die Betrachtungsebene seiner internen Kunden und der wichtigsten Entscheidungsträger im Unternehmen gehoben werden. Das bedeutet konkret, wenn sich ein Unternehmen beispielsweise nach dem Prinzip der Unternehmenswertsteigerung ausrichtet, muss auch das HCM dieser Maxime folgen und seine Strategie, Methodik und Aktivitäten auf dieses Ziel hin ausrichten. Denn erst so wird es die Bedürfnisse seiner internen Kunden voll befriedigen können und damit auch die ihm gebührende Akzeptanz im Unternehmen finden.

Die Wertsteigerung wurde hier bewusst als Beispiel für eine Zielsetzung der Unternehmensführung gewählt, denn sie spiegelt schon seit mehreren Jahren das dominierende Leitprinzip vieler namhafter Unternehmen wider. Aus diesem Grund gibt die Wertorientierung auch den Entwicklungspfad für das HCM in dieser Arbeit vor, das am Ende in ein *„Wertorientiertes* Human Capital Management" (WHCM) transformiert werden wird.

2   Zweite Disziplin: Wertmanagement

Das Fazit des vorherigen Kapitels hat deutlich gemacht: Das heutige HCM sollte verändert werden, und zwar in einer Form, die ihm eine höhere Akzeptanz in der Unternehmenspraxis verschafft. Am ehesten kann das HCM diese Akzeptanz gewinnen, wenn es den Entscheidungsträgern einen hohen Nutzen verspricht. Die Chance, den Unternehmenswert nachhaltig zu erhöhen, stellt so einen Nutzen dar, sowohl für das Top-Management als auch für ein Unternehmen. Denn dadurch wird die Wettbewerbsposition eines Unternehmens langfristig gestärkt und damit auch die Stellung seiner Führungskräfte. In diesem Kapitel wird daher das notwendige Hintergrundwissen zum Wertmanagement vermittelt, um damit das HCM später zum WHCM erweitern zu können.

Zur Struktur: In Kapitel B.2.1 wird zunächst das Konzept des Wertmanagements vorgestellt und die dahinter stehende Theorie. Methodik und Instrumente sind Inhalt des Kapitels B.2.2. Nach diesen eher theoretischen Ausführungen wird die Anwendung des Wertmanagements in der betrieblichen Praxis untersucht (B.2.3). Eine abschließende Würdigung des Wertmanagements aus Sicht des HCM folgt in Kapitel B.2.4.

---

[127] Vgl. *Rucci, A.J., Kirn, S.P./Quinn, R.T.* (1998), S. 82-97. Siehe auch Kapitel C.2.2.2.
[128] Vgl. *Lange, A.* (1989), S. 169-200. Hier besonders S. 171.

Obwohl die Ausführungen zum Wertmanagement aus Platzgründen inhaltlich nicht sehr tief gehen können, werden dennoch alle aus Sicht des WHCM wichtigen Aspekte behandelt. Das heißt, am Ende dieses Abschnitts soll ein Verständnis dafür geschaffen worden sein, was die Leitidee des Wertmanagements ist, nach welcher Logik es sich richtet, mit welchen Methoden und Instrumenten es arbeitet und – besonders wichtig – warum es sich eignet, mit dem HCM verbunden zu werden.

2.1 Konzept, theoretische Grundlagen und Bedeutung des Wertmanagements

In diesem Kapitel werden zunächst das grundsätzliche Konzept und die Logik des Wertmanagements vorgestellt. Anschließend folgt eine theoretische Fundierung dieses Ansatzes sowie eine Begründung dafür, warum das Wertmanagement hohe Aktualität besitzt und zu einem zentralen Baustein der heutigen Managementphilosophie geworden ist.

Konzept

Unter Wertmanagement wird eine Unternehmensführung verstanden, die darauf ausgerichtet ist, den Wert des Unternehmens zu steigern.[129] Was aber ist der Unternehmenswert? Vereinfacht ausgedrückt spiegelt der Unternehmenswert die in Geldeinheiten ausgedrückten Erwartungen der tatsächlichen und potenziellen Anteilseigner eines Unternehmens wider hinsichtlich dessen zukünftiger Erträge.[130] Die Erwartungen werden dabei vor allem durch zwei Faktoren geprägt: erstens durch die Einschätzung der wirtschaftlichen Rahmensituation und zweitens durch die Fähigkeit des Unternehmens, in diesem Umfeld Erträge zu erzielen. Daraus folgt: Der Wert ist eine *subjektiv* wahrgenommene Größe, die sich im Zeitablauf ändern kann.

Darüber hinaus kann weiter differenziert werden in den „Eigenkapital-" und den „Gesamtkapitalwert"[131], die jeweils entweder als Markt- oder als Fundamentalwert errechnet werden können. Für das Wertmanagement ist dabei der Eigenkapitalwert, auch Shareholder Value oder Netto-Unternehmungswert genannt, ausschlaggebend.

„Er stellt eine Residualgröße dar, die sich nach Erfüllung der expliziten, vertraglich geregelten Ansprüche aller neben den Eigenkapitalgebern bestehenden Stakeholder ergibt, also nach Bezahlung z.B. der vertraglich fixierten Löhne und Gehälter, der Fremdkapital-Zinsen und -Tilgungsansprüche, der eingekauften Materialien und Maschinen, sowie der Steuern und Abgaben."[132]

---

[129] In Anlehnung an *Lewis, T.G.* (1994), S. 262 und 265.

[130] Vgl. *Wöhe, G.* (1990), S. 1036; *Lewis, T.G.* (1994), S. 28.

[131] Zum Eigenkapitalwert s.u. Der Gesamtkapitalwert setzt sich aus dem Eigenkapitalwert und dem Fremdkapitalwert zusammen. Eine Ausführliche Darstellung zu den verschiedenen Unternehmenswertarten findet sich u.a. in *Riedl, J.P.* (2000), S. 140f. oder *Nicklas, M.* (1998), S. 165.

[132] *Riedl, J.P.* (2000), S. 140. Das Wort „Residualgröße" ist im Originaltext fett gedruckt, die Worte „nach" und „expliziten" kursiv. Ähnlich auch *Hardtmann, G.* (1996), S. 108. Zum Begriff „Netto-Unternehmungswert" vgl. z.B. *Volkart, R.* (1997a), S. 106.

Es kann also bis hierhin festgehalten werden: Das Herzstück des Wertmanagements besteht darin, die Steigerung des Eigenkapitalwertes zum zentralen Führungsgrundsatz des Managements zu erheben.[133]

Der Ursprung des Wertmanagements liegt im Shareholder Value-Ansatz[134], der sich Ende der 80er Jahre in den USA etabliert hat und dort einerseits viel gefeiert, aber inhaltlich auch häufig reduziert und fehlinterpretiert wird. Dabei sehen die Kritiker in dem Shareholder Value-Ansatz vor allem ein Instrumentarium, mit dem der Aktienkurs eines Unternehmens rasch und wirksam in die Höhe getrieben werden kann. Zumeist emotional geleitet, wird das Konzept häufig auch interpretiert als einseitige Fokussierung des Managements auf die Shareholder *zu Lasten* anderer Interessengruppen (Stakeholder).[135] Als Beweis wird dafür oft die große Übernahmewelle in den 80er und 90er Jahre herangezogen, in der primär die Aktienkurse der übernehmenden Unternehmen gesteigert werden sollten und gleichzeitig viele Mitarbeiter ihre Arbeitsplätze verloren. Als Alternative schlagen die Kritiker den so genannten „*Stakeholder* Value-Ansatz" vor, dessen namentliches Ziel es ist, im gleichen Maße die Ansprüche *aller* Interessengruppen zu berücksichtigen. Stakeholder können hierbei sein: Eigen- und Fremdkapitalgeber, Mitarbeiter, Kunden, Lieferanten, der Staat oder die Öffentlichkeit/ Gesellschaft.[136]

Wie berechtigt ist nun diese Kritik? Ein Blick auf die Logik des Shareholder Value-Ansatzes mag hier weiterhelfen.[137] Die Kernaufgabe des Managements wird häufig darin gesehen, die Interessen der Stakeholder zu befriedigen und auszubalancieren. Oder, wie *Treynor* es formuliert: Die langfristige Existenz eines Unternehmens hängt von den finanziellen Beziehungen zu seinen Interessengruppen ab. Mitarbeiter wollen wettbewerbsfähige Gehälter. Kunden wollen hochwertige Produkte zu günstigen Preisen. Lieferanten und Gläubiger haben finanzielle Forderungen, die erfüllt werden müssen. Die Eigenkapitalgeber erwarten hohe Ausschüttungen und einen steigenden Wert ihrer Anteile."[138] Befriedigt ein Unternehmen diese finanziellen Bedürfnisse nicht ausreichend, verliert es an Lebenskraft, denn die Mitarbeiter, Kunden und Lieferanten entziehen der Firma ansonsten einfach ihre Unterstützung.

---

[133] Vgl. *Lewis, T.G.* (1994), S. 17.

[134] Der Begriff Shareholder Value wurde in den USA insbesondere durch die Publikationen von *Rappaport* bekannt; vgl. z.B. *Rappaport, A.* (1981, 1986, 1999). Die Idee, moderne Ansätze der Kapitalmarkttheorie mit Konzepten der Unternehmensführung zu verbinden, gehen jedoch vor allem auf *Fruhan, W.E.* (1979) zurück (vgl. auch *Knorren, N.* (1998), S. 1).

[135] Vgl. u.a. *Lewis, T.G.* (1994), S. 10.

[136] Der Begriff „Stakeholder" ist eine Verallgemeinerung des Begriffes „Stockholder". Er geht, wenn auch in etwas anderer Form, auf Arbeiten des *Stanford Research Institute* aus dem Jahre 1963 zurück, in denen die Ziele verschiedener Interessengruppen im Rahmen der Unternehmensplanung erfasst werden sollten; vgl. *Freemann, R.E.* (1983) S. 32f.; *Kreikebaum, H.* (1998), S. 146. Die Begriffe Bezugs-, Interessen- oder Anspruchsgruppen werden häufig synonym verwendet; vgl. *Riedl, J.P.* (2000), S. 129. Zum Stakeholder Value Ansatz siehe ausführlicher *Freemann, R.E.* (1983), *Freeman, R.E./Reed, D.L.* (1983), *Spremann, K.* (1993), *Janisch, M.* (1993) oder *Donaldson, T./Preston, L.E.* (1995).

[137] In Anlehnung an *Rappaport, A.* (1986), S. 11-13.

[138] Vgl. *Treynor, J.L.* (1981), zitiert nach *Rappaport, A.* (1986), S. 12.

Die zentrale Aufgabe eines Unternehmens ist daher, ausreichend Cashflow[139] aus seinem operativen Geschäft zu generieren. Dies gilt nicht nur, weil dadurch direkt neue Mittel in das Unternehmen fließen, sondern weil dadurch auch die Chancen verbessert werden, günstig zusätzliche Mittel vom Kapitalmarkt einzuwerben. Das erklärt sich wie folgt: Eigen- und Fremdkapital sind die beiden grundlegenden Alternativen, über die sich ein Unternehmen am Kapitalmarkt finanzieren kann. Wie viel und zu welchem Preis ein Unternehmen Fremdkapital aufnehmen kann, hängt von der Erwartung ab, wie viel Cash das Unternehmen in der Zukunft erwirtschaften wird. Denn ein Geldgeber bestimmt normalerweise Kreditvolumen und -preis nach der Gewinn- und Risikowahrscheinlichkeit eines Geschäftes. Weil die Fähigkeit, Cash zu generieren, maßgeblich die Preise (Kurse) der Unternehmensanteile beeinflusst,[140] hat sie gleichzeitig auch Auswirkungen auf die Eigenkapitalfinanzierung: Möchte ein Unternehmen eine bestimmte Summe über Eigenkapitalmittel finanzieren, muss es umso *mehr* neue Anteile ausgeben, je *niedriger* der am Markt zu realisierende Preis für einen seiner Anteile ist. Das Problem ist jedoch: Je mehr neue Anteile ausgegeben werden, desto stärker wird das bereits vorhandene Eigenkapital „verwässert", weil damit auch der Einfluss der bisherigen Anteilseigner sinkt. Dieser „Machtverlust", sofern er von den bisherigen Shareholdern als ungerechtfertigt empfunden wird, kann dazu führen, dass dem Management schrittweise das Vertrauen entzogen und sein Handlungsspielraum begrenzt wird, um einen derartigen Vorfall in der Zukunft zu vermeiden. Eine Situation, die für kein Management und kein Unternehmen wünschenswert ist.

Nach diesen Ausführungen wird also deutlich: Der Shareholder Value- und der Stakeholder Value-Ansatz sind kein notwendiger Gegensatz, sondern im Gegenteil, sie bedingen einander. Denn Wert für die Anteilseigner zu schaffen, bedeutet auch, die finanziellen Mittel zu haben, um die übrigen Stakeholder zu befriedigen. Inwieweit diese Mittel dann tatsächlich für die anderen Interessengruppen verwendet werden, ist nicht Inhalt des Shareholder Value-Ansatzes, sondern hängt von der jeweiligen Einstellung des *Managements* ab. Was nun die Kritik an den Unternehmensübernahmen anbelangt, ist nach der gerade skizzierten Logik nicht die Shareholder Value Orientierung Schuld am Unternehmensaufkauf, sondern in den meisten Fällen gerade deren Fehlen. Nur ein Unternehmen, das den Wert für seine Anteilseigner nicht genügend steigern kann, läuft auch Gefahr, von diesen verkauft zu werden.[141] Dabei werden die zunehmende Transparenz und Mobilität der Kapitalmärkte diesen „Erfolgsdruck" in der Zukunft noch deutlich weiter erhöhen.

Gerechtfertigt ist hingegen die Kritik, die Wertschaffung nicht zu kurzfristig zu betrachten und nur an das nächste Quartalsergebnis zu denken. Doch handelt es sich hierbei nicht um eine typische Charakteristik des Shareholder Value-Ansatzes, sondern um eine Art und Weise, wie er in bestimmten Fällen praktiziert wird. Zudem scheint das „Kurzfristdenken"

---

[139] Zu einer möglichen Definition des Cashflows siehe Kapitel B.2.2.
[140] Vgl. die Definition des Unternehmenswertes zu Beginn des Kapitels.
[141] Vgl. *Stelter, D. et al.* (2001a), S. 3.

eine grundsätzliche Krankheit zu sein, von der viele Managementetagen befallen sind, egal, ob sie dem Shareholder Value-Ansatz folgen oder nicht.[142] Welche Auswirkungen die Unternehmenswertorientierung auf die Beschäftigungspraxis hat, wird später noch eingehender in Kapitel B.2.4 behandelt.

In Deutschland wurde dem wertorientierten Management durch das 1987 erlassene Bilanz-richtliniengesetz der Weg geebnet, das von deutschen Kapitalgesellschaften vor allem eine transparentere Rechnungslegung gegenüber den Anlegern verlangte. Dadurch wurde zum einen die „Barometerfunktion" der Börse erhöht und gleichzeitig erleichtert, die Wertmanage-mentmethodik an die deutschen Verhältnisse anzupassen.[143]

Inhaltlich besteht das Grundprinzip der Wertorientierung für ein Unternehmen darin, selber Wettbewerbsvorteile auf der Basis seiner Kernfähigkeiten aufzubauen und nicht nur durch Zu- oder Verkauf von Aktiva das Geschäftsportfolio umzugestalten. Dazu gehört u.a., Qualität und Kundendienst zu verbessern, unnötige Managementebenen abzubauen, strategi-sche Allianzen einzugehen, gezielt neue Geschäftsfelder zu suchen und zu entwickeln und das alles unter der Maxime: Mehr mit weniger Mitteln zu erreichen.

Seit Veröffentlichung von *Rappaports* Buch „Creating Sharholder Value" im Jahre 1986 hat sich in Europa schon einiges und im angloamerikanischen Raum sehr viel geändert. Während damals noch eine gewisse Skepsis gegenüber der Wertorientierung herrschte, haben heute (in den USA)

„ ... *nahezu alle Vorstände und Aufsichtsräte die Idee der Maximierung von Shareholder Value übernommen.*" Außerdem wurde „*[v]or den 90er Jahren .. Shareholder Value in erster Linie als diskontiertes Cash-flow-Modell zur Bewertung von Investitionsausgaben und zur Bepreisung von Akquisitionen angewandt. Heute integrieren Unternehmen den Shareholder Value als Maßstab in die Planung und Bewertung der gesamten Performance ihrer Geschäfte.*"[144]

Das „Total Value Management" der *Boston Consulting Group* (siehe Abbildung 19) stellt z.B. einen derartig integrierten Ansatz dar. In ihm wird der gesamte Unternehmenskreislauf aus wertorientierter Perspektive betrachtet: vom Setzen der Ziele über das Entscheiden, das Messen der Wertschaffung bis hin zum Incentivieren der erbrachten Leistung.[145]

---

[142] Quelle: Experteninterviews
[143] Vgl. *Lewis, T.G.* (1994), S. 17.
[144] Vgl. *Rappaport, A.* (1998), S. XI.
[145] Quelle: *The Boston Consulting Group.* Ausführlich siehe *Lewis, T.G.* (1994).

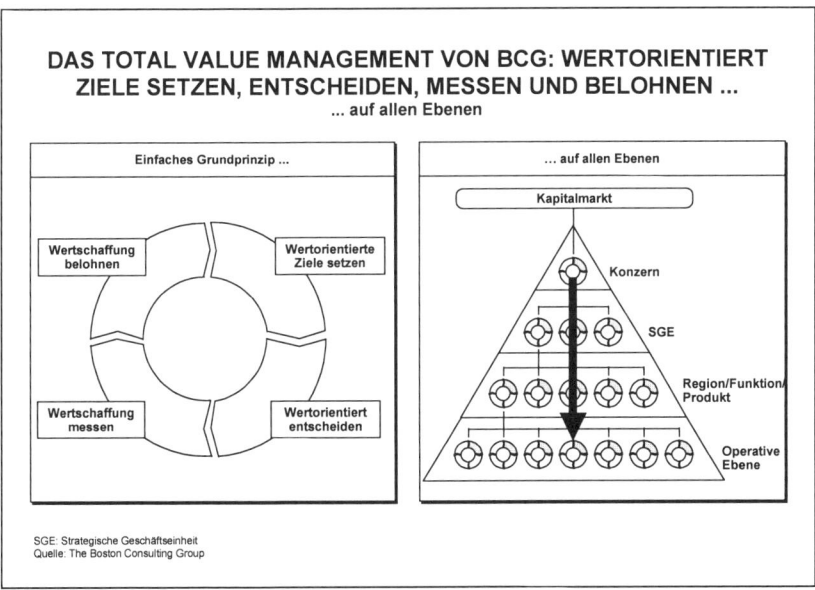

Abbildung 19: *Der Total Value Management-Ansatz der Boston Consulting Group*

Theoretische Grundlagen

Nach der begrifflichen und inhaltlichen Bestimmung des Wertmanagements ist jetzt der Frage nachzugehen, ob und ggf. durch welche bestehenden Theorien sich dieser Ansatz begründen lässt. Dazu müssen in erster Linie zwei Fragen beantwortet werden: Erstens, durch welche Theorie lässt sich die *Unternehmenswertorientierung* erfassen. Und zweitens, mit welcher Theorie kann das *Handeln der Führungskräfte* begründet werden, dieses Ziel tatsächlich auch zu verfolgen.

Zur *Begründung der Unternehmenswertorientierung* kann vor allem die Neoklassische Finanzierungstheorie herangezogen werden, die sich in die betriebswirtschaftliche Kapitaltheorie (Investitionstheorie und Theorie der Unternehmensfinanzierung) und die neoklassische Kapital(markt)theorie untergliedert. Versteht man unter dem Unternehmenswert vereinfacht den (externen) Marktpreis für die Summe aller von einem Unternehmen (intern) getätigten Investitionen abzüglich sämtlicher Schuldposten[146], dann begründet die Investitionstheorie, wie *vorteilhaft* einzelne Investitionen für eine Firma sind und die Neoklassische Kapital-

---

[146] Hierbei sind nicht nur Investitionen in materielle, sondern auch in immaterielle Werte gemeint, wie z.B. die Mitarbeiter.

markttheorie, welcher *Preis* sich für dieses „Investitionsbündel" am Kapitalmarkt einstellen müsste.[147]

Eine wesentliche Annahme dieser beiden Theorien ist der Investor als rational handelndes Individuum, der seinen Nutzen – ausgedrückt durch den Zustrom an Konsumeinkommen – im Zeitablauf maximieren möchte.[148] Dieses Ziel erreicht er unter anderem, indem er in Unternehmen investiert. Von „seinem" Unternehmen erwartet er aber nicht nur einen Einkommensstrom, der im Zeitablauf maximal ist, sondern auch hinsichtlich der Zusammensetzung (z.b. Anzahl der Einkommensquellen), zeitlichen Struktur und Unsicherheit (Risiko) mit seinen persönlichen Präferenzen übereinstimmt. Da es für ein Unternehmen unmöglich ist, die unterschiedlichen Bedürfnisstrukturen aller Investoren gleichzeitig zu befriedigen, wird als alternatives, operationalisierbares und von allen Unternehmenseigentümern akzeptiertes Oberziel die Maximierung des Marktwertes des Unternehmens (bzw. des Eigenkapitals) angenommen. Der Marktwert wird in diesem Zusammenhang als die aktuelle Bewertung des Unternehmens am Kapitalmarkt durch die aus Angebot und Nachfrage entstehenden Preisbildungsgesetze verstanden. Das Ziel der Marktwertmaximierung gilt hierbei nicht nur für börsennotierte Unternehmen, sondern für alle Unternehmen. Einzige Voraussetzung: Die Zahlungsansprüche an ein Unternehmen können zur Zahlungsstromtransformation gekauft oder verkauft werden. Für nicht börslich gehandelte Unternehmen ist das zwar schwerer, aber dennoch prinzipiell möglich, wenn man die gegebenenfalls höheren Transaktionskosten in Kauf nimmt.[149]

Die Unternehmensführung sollte sich jedoch nicht ausschließlich am Marktwert, sondern vor allem am fundamentalen Unternehmenswert ausrichten. Hierunter wird der innere oder „tatsächliche" Wert verstanden, der die reale wirtschaftliche Situation des Unternehmens wiedergibt. Er ist unabhängig vom Kapitalmarkt und stellt den hypothetischen Marktwert dar, der sich aus den diskontierten zukünftigen Rückflüssen des Unternehmens ergibt. Die Fundamentalwertorientierung steht jedoch nicht im Gegensatz zur Marktwertmaximierung der Investoren, denn idealerweise sollten diese beiden Werte übereinstimmen. Der Fundamentalwert ist lediglich für das Management der genauere Indikator – wenn auch schwerer zu ermitteln.[150]

Als Nächstes stellt sich aber die Frage: Warum sollte die Unternehmensleitung, sofern man eine Trennung von Eigentum und Management annimmt, das Ziel der Markt- bzw. Funda-

---

[147] Vgl. *Riedl, J.B.* (2000), S. 94-101, *Rudolph, B.* (1979), S. 1035-1038. Ähnlich *Perridon, L./Steiner, M.* (1991), S. 15-22; *Pape, U.* (1997), S. 77f.; *Breid, V.* (1994), 54-57.

[148] Weitere Annahmen sind u.a.: Im Zeitablauf stabile Präferenzen des Individuums, marktgerechte Konkurrenz der Anlagemöglichkeiten, symmetrische Informationen sowie Arbitragefreiheit und Gleichgewicht auf den Kapitalmärkten. Dagegen wird nicht oder nicht immer angenommen, die Marktteilnehmer hätten immer vollständige Information und die Transaktionen am Kapitalmarkt wären kostenfrei (vgl. u.a. *Wilhelm, J.* (1991), S.174ff. und (1983), S. 520-523 sowie *Richter, F.* (1996), S. 12f.

[149] Vgl. *Riedl, J.B.* (2000), S. 95f.

[150] Ebenda S. 144-149..

mentalwertmaximierung überhaupt realisieren wollen? Sie könnte ja anstatt der Ziele der Eigentümer auch ihre eigenen Ziele verfolgen. Eine Begründung hierfür bietet die Neue Institutionenökonomie zum einen in Form der Agency-Theorie und zum anderen durch die Theorie der Verfügungsrechte.

In der *Agency-Theorie* werden Auftragsbeziehungen zwischen dem Auftrag*geber* (Principal) und dem Auftrag*nehmer* (Agent) analysiert, erklärt und gestaltet. Unterstellt werden dabei Zielkonflikte und Informationsasymmetrien zwischen beiden Parteien, die zu zwei Hauptproblemen führen: Erstens handelt der Agent eigennutzenorientiert und daher nicht immer im Sinne des Auftraggebers. Und zweitens besitzt der Agent mehr Informationen über sein eigenes Verhalten und seine Entscheidungen als der Auftraggeber. Weil vor diesem Hintergrund die Gefahr besteht, der Agent könnte ohne das Wissen seines Auftraggebers gegen dessen Ziele handeln (Moral Hazard), untersucht die Agency-Theorie, mit welchen Instrumenten der Auftraggeber seinen Agenten möglichst kostengünstig dazu veranlassen kann, in seinem (des Prinzipalen) Interesse zu handeln.[151]

Überträgt man die Erkenntnisse der Agency-Theorie auf die Beziehung zwischen Eigentümern und Geschäftsleitung, so haben die Anteilseigner vor allem drei Instrumente, mit denen sie potenzielle Konflikte mit dem Management verringern können: wertorientierte Informations-, Kontroll- und Anreizsysteme. Durch die Informations- und Kontrollsysteme soll dem Management erschwert werden, gegen die Interessen der Eigentümer zu handeln, da mögliche Verstöße nur schwer geheim gehalten werden können. Mit dem Anreizsystem wird dagegen versucht, die Geschäftsleitung „von sich aus" zu motivieren, den Unternehmenswert zu steigern und damit nicht nur die Interessen der Anteilseigner zu erfüllen, sondern auch die eigenen. Mit anderen Worten: die Zielsysteme der Eigner und des Managements sollten prinzipiell möglichst kongruent gestaltet werden.[152]

Weitere Mechanismen der Unternehmens- bzw. Managementkontrolle leiten sich aus der Theorie der Verfügungsrechte (Property Rights Theory) ab. Hierbei sind die beiden wesentlichsten:[153]

- *Der Kapitalmarkt*: Der Kapitalmarkt kann „disziplinierend" auf das Management wirken, da eine Zuwiderhandlung gegen den Willen der Anteilseigner eine unzureichende Unternehmenswertentwicklung nach sich ziehen kann.[154] Dieses verstärkt jedoch die Gefahr – insbesondere bei börsennotierten Unternehmen – der

---

[151] Vgl. z.B. *Jensen, M.C./Meckling, W.H.* (1976), S. 308f.; *Picot, A.* (1991), S. 150; *Elschen, R.* (1991), S. 209f.; *Kah, A.* (1994), S. 3f.; *Küpper, H.-U.* (1997), S. 45f.; *Gedenk, K.* (1998), S. 23f.; *Müller, C.* (1995), S. 61; *Isele, S.* (1991), S. 7f.; *Sjurts, I.* (1995), S. 33.

[152] Vgl. z.B. *Elschen, R.* (1991), S. 201f.; *Spremann, K.* (1991), S. 635f. (1994), S. 308f.; *Günther, T.* (1994), S. 48f. Zur Gestaltung von Incentivesystemen und ihrer Wirksamkeit siehe Kapitel C.2.3.4.2.

[153] Vgl. *Riedl, J.B.* (2000), S. 103-105.

[154] Z.B., weil die Geschäftsleitung durch die ständige Auseinandersetzung mit den Anteilseignern in ihrer Handlungsfähigkeit eingeschränkt wird.

(feindlichen) Übernahme, wodurch in der Regel auch die Posten des Managements gefährdet sind.[155] Ein weiterer Disziplinierungsmechanismus des Kapitalmarktes liegt in der bereits geschilderten Schwierigkeit, sich zu refinanzieren, wenn der Unternehmenswert nicht ausreichend gesteigert wird – verbunden mit der Begrenzung des Handlungsspielraumes für das Management.

- *Der (Arbeits-)Markt für Manager*: Auf dem Arbeitsmarkt für Manager konkurrieren Führungskräfte um Leitungspositionen in Unternehmen. Kann ein Managementteam die Erwartungen seiner Anteilseigner nicht zufrieden stellend erfüllen, läuft es Gefahr, durch ein anderes Führungsteam ausgetauscht zu werden.[156]

Auch wenn die Prozesse in der Praxis zumeist viel komplexer ablaufen, als hier beschrieben, so werden doch die wichtigsten Prinzipien des Wertmanagements durch die Neoklassische Finanzierungstheorie und die Neue Institutionenökonomie in einer Form abgedeckt, die es zulässt, von einer theoretischen Fundierung des Wertmanagements zu sprechen. Deutlicher werden seine theoretischen Ursprünge jedoch noch, wenn später die einzelnen Methoden und Instrumente des Wertmanagements vorgestellt werden.

Bedeutung

Nach den Ausführungen zur Konzeption und theoretischen Fundierung des Wertmanagements bleibt schließlich noch zu klären, a) warum dieses Thema überhaupt aktuell geworden ist und b) warum die Wertorientierung auch in der Zukunft eines der zentralen Leitprinzipien für Unternehmen darstellen wird – sowohl für die Gesamtorganisation als auch für deren Einzelbereiche, wie z.B. das Human Capital Management.

Riedl nennt vier wesentliche Gründe, weshalb die Wertorientierung für Unternehmen gerade heutzutage besonders aktuell und notwendig erscheint:[157]

1. *Die Entwicklung auf den Kapitalmärkten*:

   - Der globale *Wettbewerb* um Kapital hat *zugenommen* und damit die disziplinierende Wirkung (s.o.) des Kapitalmarktes auf das Management, sich am Willen der Anteilseigner auszurichten – wenn es weiterhin eine Kapitalbeschaffung zu akzeptablen Konditionen sicherstellen möchte.[158]

   - Die *Struktur der Eigentümer* hat sich *verändert*. Ebenso wie auf den internationalen Kapitalmärkten ist auch in Deutschland die Bedeutung institutioneller und

---

[155] Vgl. z.B. *Fama, E.F.* (1980), S. 295.
[156] Vgl. *Jensen, M.C./Ruback, R.S.* (1983), S. 6.
[157] Vgl. *Riedl, J.B.* (2000), S. 105-121.
[158] Vgl. z.B. *Hahn, D.* (1998), S. 567 oder *Sierke, B.R.* (1998), S. 69f.

internationaler Investoren gestiegen.[159] Gründe sind u.a. die zunehmende
Vernetzung der internationalen Kapitalmärkte auf regulatorischer aber auch auf
technischer Ebene sowie das gestiegene Volumen des durch institutionelle
Anleger verwalteten Vermögens[160] (u.a. durch die gestiegene Nachfrage nach
Investmentfonds[161]). Die Folge ist ein höherer Druck auf die Unternehmens-
leitungen, Wert zu schaffen, weil die Institutionellen: a) wesentlich professio-
neller Anlageentscheidungen treffen können als Kleinaktionäre, b) in der Regel
„objektiver" anhand von Renditeüberlegungen entscheiden, denn die Fonds-
manager stehen ihrerseits unter hohem Erfolgsdruck und permanenter Kontrolle
und c) ihr Einfluss auf die Unternehmenspolitik größer ist, weil sie die Stimm-
rechte von vielen Einzelaktionären bündeln können. [162]

- *Bei* vielen *Investoren* hat sich ein *Sinneswandel vollzogen.* Nicht nur Groß-,
  sondern auch Kleinaktionäre richten ihre Anlageentscheidungen rendite-
  orientierter aus. Dafür gibt es mehrere Ursachen: Durch die Globalisierung ist
  die Anzahl der Anlagealternativen stark gewachsen und damit auch die
  „Verhandlungsmacht" der Anleger, höhere Renditen zu fordern. Weiterhin
  nimmt der Einfluss von speziellen Finanzanalysten und Rating-Agenturen zu,
  wie *Moody's* oder *Standard & Poor's,* die insbesondere die privaten Anleger in
  Richtung einer stärkeren Renditeorientierung sensibilisieren.[163] Eine Vielzahl
  von entsprechenden Fachzeitschriften und „Börsenseminaren" schlägt in die
  gleiche Kerbe. Ein anderer Grund ist die veränderte Investitionsmentalität der
  „neuen" Generation von Kapitaleignern. Im Vergleich zur Gründergeneration
  der Nachkriegszeit sind Unternehmen für sie eher „austauschbare" Investitions-
  alternativen und dementsprechend höher fallen auch ihre Renditeansprüche
  aus.[164]

- Seit Ende der 80er Jahre *steigt die Anzahl der Unternehmensfusionen* und
  Akquisitionen ständig – auch in Deutschland. Richtet sich ein Unternehmen in
  diesem Umfeld nicht streng genug nach dem Prinzip der Wertschaffung aus, und
  kann es seine Wertlücken[165] nicht rechzeitig genug schließen, läuft es Gefahr,

---

[159] Beispiel VEBA AG: Lag der Anteil institutioneller Anleger 1986 noch bei 47,6%, stieg er auf 78,1% im
Jahre 1994. Der Anteil ausländischer Investoren wuchs im Zeitraum von 1993-1994 von 33,5% auf 43,5%,
vgl. *Lauk, K.J.* (1996), S. 166.

[160] Allein im Zeitraum von 1990-1995 stieg das Volumen des von institutionellen Anlegern in Deutschland
verwalteten Vermögens von USD 599 auf 1.132 Mrd. Das entspricht einem CAGR (Compound Annual
Growth Rate) von 13,6% (vgl. *Knorren, N.* (1998), S. 6). In anderen Ländern der EU sind ähnliche
Entwicklungen zu beobachten (vgl. *Price Waterhouse* (1998), S. 3).

[161] Vgl. *Rumpf, B.-M.* (1994), S. 83-85.

[162] D.h. zum Beispiel, sie haben mehr Informationen, mehr Fachwissen und bessere Analyseinstrumente als
viele Kleinanleger. Quelle: Experteninterviews.

[163] Vgl. z.B. *Günther, T.* (1997), S. 61.

[164] Vgl. z.B. *Knorren, N.* (1998), S. 7.

[165] Ist hier als Differenz zwischen der von Anteilseignern erwarteten und der tatsächlich erzielten
Wertsteigerung zu verstehen.

übernommen zu werden.[166] Gründe für die „M & A[167]-Welle" sind u.a.: die zunehmende Bedeutung der Kapitalmärkte und die steigende Anzahl an Börsennotierungen (nicht nur am Neuen Markt), die Globalisierung der Kapitalmärkte sowie der verschärfte Wettbewerb auf den Güter- und Dienstleistungsmärkten mit dem Druck, neue Wettbewerbsvorteile zu generieren bzw. bestehende zu verteidigen.

2. *Die Mängel traditioneller finanzwirtschaftlicher Erfolgskenngrößen:*[168]

- Keine Berücksichtigung des Zeitwertes des Geldes[169]

- Mangelnde Berücksichtigung von Risiken[170]

- Einperioden- und Kurzfristorientierung[171]

- Mangelnde Eignung als Vergleichs- und Kapitalallokationsmaßstäbe[172]

- Mangelnde Berücksichtigung der Kosten des Eigenkapitals[173]

- Gestaltbarkeit von Ansatz- und Bewertungsspielräumen[174]

---

[166] Vgl. z.B. *Rumpf, B.-M.* (1994), S. 65-67 (mit diversen M & A-Statistiken).

[167] M & A: Mergers and Acquisition.

[168] Eine ausführlichere Gegenüberstellung traditioneller und wertorientierter Erfolgskenngrößen findet sich in Kapitel B.2.2.

[169] Ein Zahlungsstrom, der in der Zukunft anfällt, ist weniger wert als ein heutiger, z.b. aus Gründen wie Inflation, Risiko oder zwischenzeitlichen Anlagemöglichkeiten; vgl. u.a. *Günther, T.* (1997), S. 55f.

[170] Investitionsrisiken, wie operatives oder finanzielles Risiko, die von den Kapitalgebern getragen werden müssen, berücksichtigen traditionelle Erfolgsmessgrößen nicht oder nur unzureichend; vgl. u.a. *Bühner, R.* (1990), S. 19f; *Günther, T.* (1997), S. 55.

[171] Traditionelle Erfolgsmessgrößen beziehen sich nur auf eine Zeitperiode. Für den Investor sind jedoch alle Zahlungsströme relevant, insbesondere die zukünftigen; vgl. z.B. *Bischoff, J.* (1994), S. 19-21.

[172] Insbesondere traditionelle Rentabilitätsgrößen (z.B. Umsatzrendite) stellen keine aussagekräftigen Vergleichsmaßstäbe zwischen einzelnen Perioden, Unternehmen oder Teileinheiten innerhalb von Unternehmen dar, denn sie enthalten „Verzerrungen" u.a. durch die Altersstruktur (v.a. des Anlagevermögens), die Kapitalintensität, die Wachstumsintensität sowie die Nutzung buchhalterischer Gestaltungsspielräume. Vgl. ausführlicher z.B. *Günther, T.* (1997), S. 56; *Lewis, T.G./Lehmann, S.* (1992), S. 1 und S. 8.; *Solomon, E.* (1982), S. 280-289; *Herter, R.N.* (1994), S. 33f. oder *Davis, E./Kay, J.* (1990), S. 3.

[173] Profitabilitätsgrößen des externen bzw. gesetzlichen Rechnungswesens berücksichtigen nur Aufwendungen für die Nutzung des Fremdkapitals (zu Buchwerten) sowie alle nicht-kapitalbezogenen, im Unternehmen eingesetzten Ressourcen. Die zumeist sehr erheblichen Kosten für das Eigenkapital werden dagegen nicht berücksichtigt (vgl. *Riedl, J.B.* (2000), S. 113). Für traditionelle Rentabilitätsgrößen, wie z.B. den Return on Equity (RoE), gilt das Gleiche (vgl. auch *Stewart, G.B.* (1990), S. 3).

[174] Die herkömmlichen, aus dem externen Rechnungswesen abgeleiteten Erfolgskenngrößen bieten eine Vielzahl von Wahlrechten, was die anzusetzenden Vermögensgegenstände und deren Bewertung anbelangt. Dadurch kann die Erfolgsmessung bei gleicher Ausgangssituation zu sehr unterschiedlichen Ergebnisse führen. Beispiele für Wahlrechte: Wahl der Abschreibungsmethode, Festsetzung außerordentlicher Abschreibungen und Wertberichtigungen, Bildung und Auflösung von Rückstellungen, Wahl des so genannten Verbrauchsfolgeverfahrens (Lifo, Fifo etc.), Periodenabgrenzung, Goodwillbehandlung u.v.m. (vgl. u.a. *Knorren, N.* (1998), S. 11f.)

- Anreiz zur unprofitablen Gewinnthesaurierung[175]
- Sowie geringe Korrelation mit der Wertentwicklung am Kapitalmarkt.[176]

3. *Quantifizierungsbedarf des strategischen Managements:*

Durch die Unternehmenswertorientierung können jetzt auch Faktoren des strategischen Managements *quantitativ* bewertet werden, die bislang nur qualitativ und nicht-monetär erfasst wurden, wie Marktanteile, Qualitätsniveaus oder Markenimages. Denn eine Aufgabe des Wertmanagements liegt darin, Strategien monetär zu bewerten und strategische Entscheidungen durch monetäre Kriterien zu untermauern (Value-based Planning). Damit wird dem Wunsch vieler Manager nachgekommen, das unternehmerische Handeln auf eine breitere quantitative Basis zu stellen. Erfolgspotenziale, Erfolgsfaktoren und Kernkompetenzen werden dadurch leichter mess- und somit kontrollierbarer, was in der Praxis oft sehr maßgeblich zum Unternehmenserfolg beiträgt.[177]

4. *Trend zur Dezentralisierung von Führungsstrukturen:*

Vor allem in großen Unternehmen nimmt der Trend zu dezentralen Strukturen zu. Für die Unternehmensleitung bzw. die Holding ergibt sich daraus ein steigender Bedarf, die Leistung der verschiedenen Unternehmensteile zu bewerten, um darauf aufbauend den Erfolg des Gesamtunternehmens steuern zu können. Das Wertmanagement leistet hierbei wirkungsvolle Unterstützung, denn es überträgt die externe Marktsituation auf den innerbetrieblichen Kosmos. Unternehmensteile werden dabei als Anlagealternativen verstanden, die nur dann gehalten werden, wenn sie das Gesamtergebnis des Anlegers (bzw. des Gesamtunternehmens) auch nachhaltig erhöhen. Abhängigkeiten zwischen einzelnen Geschäftsbereichen gilt es hierbei natürlich immer zu berücksichtigen.[178]

---

[175] Traditionelle Profitabilitätsgrößen geben Anreize, möglichst wenig an die Eigentümer (z.B. in Form von Dividenden) auszuschütten und in das Unternehmen zu reinvestieren, denn so können die Gewinne in der Folgeperiode erhöht werden. Anders ist dieses z.B. bei einer Free-Cashflow-Betrachtung, bei der die Investitionen abgezogen werden. Geringe Ausschüttungen sind immer dann für den Anteilseigner schädlich, wenn die mit den einbehaltenen Gewinnen erzielte Rendite unter den Kosten des Eigenkapitals liegt, da auf diese Weise netto Wert vernichtet wird (vgl. z.B. *Raster, M.* (1995), S. 26.f.; *Elschen, R.* (1991), S. 215 sowie die Ausführungen weiter unten.

[176] Das Gütekriterium für eine Erfolgsmessgröße ist aus Sicht des Eigentümers zumeist die Korrelation mit der Wertentwicklung auf dem Kapitalmarkt. Traditionelle Erfolgsmessgrößen weisen jedoch nur eine sehr geringe Korrelation mit der Wertentwicklung am Kapitalmarkt auf. Vgl. z.B. für den deutschen Kapitalmarkt die empirischen Untersuchungen von *Black, A./Wright, P./Bachman, J.E.* (1998), S. 43f. oder *Baden, K.* (1992). Für die europäischen Kapitalmärkte siehe z.B. *SGZ-Bank* (1998), S. 14f. und für den US-amerikanischen Kapitalmarkt z.B. die Untersuchungen von *Lewis, T.G.* (1995), S. 46-48.

[177] Vgl. z.B. *Günther, T.* (1997), S.61f. oder *Knorren, N.* (1998), S. 17f.

[178] Vgl. z.B. *Herter, R.N.* (1994), S. 1f. und S. 30f. oder *Lewis, T.G.* (1995), S. 18.

Zusammenfassend kann also festgehalten werden: Das Wertmanagement begründet sich durch eine Vielzahl von Faktoren, die entweder auf die Marktsituation, die Gegebenheiten innerhalb des Unternehmens oder bestehende Qualitätsdefizite bisheriger Managementansätze zurückzuführen sind. Weiterhin lässt die Art der Faktoren darauf schließen, dass die Bedeutung des Wertmanagements in der Zukunft noch weiter zunehmen wird und es sich langfristig fast kein gewinnmaximierendes Unternehmen mehr leisten kann, den Erfolgsmaßstab „Unternehmenswert" nicht zu berücksichtigen.

Auf welche Methoden und Instrumente das Wertmanagement dabei zurückgreift, wird im nächsten Kapitel beschrieben.

2.2 Methodik und Instrumente des Wertmanagements

Die vier Unterpunkte dieses Kapitels sind aus einer „Top-down"-Sicht gegliedert. Zunächst werden die grundsätzlichen Dimensionen des Wertmanagements vorgestellt (2.1.1). Danach wird die oberste Kenngröße des Wertmanagements – die Aktienrendite – erläutert und theoretisch begründet (2.2.2). Die drei großen Wert*hebel*, mit denen die Aktienrendite beeinflusst werden kann, sind Gegenstand des dritten (2.2.3) und ihre operative Aufgliederung in Wert*treiber* Inhalt des vierten Unterpunktes (2.2.4).

2.2.1 Dimensionen des Wertmanagements

Die Methodik des Wertmanagements basiert auf einer einfachen Frage: Wie kann ein Unternehmen sicherstellen, dass es als Ganzes mehr Wert schafft, als es seine einzelnen Geschäfte alleine schaffen würden? Oder anders ausgedrückt: Wie kann es ein Unternehmen erreichen, dass seine Geschäfte im Kontext des Gesamtunternehmens mehr wert sind, als jeweils im Besitz eines anderen Eigentümers?[179]

Diese Frage enthält zwei Lösungsebenen: das Management der Konzernstrategie bzw. der Vision und das Management des finanziellen Wertes. Es gibt zwar Unternehmen, die ihren Erfolg hauptsächlich auf der einen oder der anderen Ebene erzielen, letztlich kann man sie jedoch nicht voneinander trennen. Und daher sollten diese beiden Ebenen nach Möglichkeit auch immer zusammen betrachtet werden.

Ausgangspunkt des Wertmanagements ist, zunächst die bestehenden Geschäftsfelder eines Unternehmens entlang der beiden genannten Dimensionen (Strategie und Beitrag zum Unternehmenswert) zu evaluieren. Zur Visualisierung kann dafür beispielsweise mit einer Matrix bzw. einem Portfolio gearbeitet werden, in das man die einzelnen Geschäftsfelder

---

[179] Vgl. *Lewis, T.G.* (1994), S. 23f. Ebenso wie der nachfolgende Absatz.

einträgt. Dadurch entstehen verschiedene strategische Segmente mit jeweils unterschiedlichen Normstrategien, die einen Anhaltspunkt dafür geben, ob ein Geschäftsfeld z.b. weiter ausgebaut werden sollte oder aber, sofern kein Quantensprung im Portfolio möglich erscheint, abzustoßen ist.[180]

Im Rahmen dieses Kapitels wird vor allem die finanzielle Dimension des Wertmanagements betrachtet, während der strategische Aspekt später im Zusammenhang mit den Aktivitäten des HCM bzw. WHCM näher erläutert wird.

2.2.2 Die Aktienrendite als zentrale Kennzahl

Zu Beginn des Abschnitts B.2.1 wurde bereits erwähnt: Der Unternehmenswert ist eine *subjektive* Größe, die sich aus den Erwartungen der Investoren hinsichtlich der zukünftigen[181] Erträge des Unternehmens ableitet. Für das Wertmanagement muss jedoch auch ein *objektiver* Maßstab für diesen Wert gefunden werden, um eine allgemein akzeptierte Zielgröße formulieren zu können. Im Wertmanagement dient die Aktienrendite bzw. die relative Aktienrendite als *die* zentrale und „objektive" Kennzahl für die Wertschaffung.

Berechnet wird die Aktienrendite (engl. Total Shareholder Return = TSR) nach der Formel:[182]

$$Aktienrendite\ (TSR)\ =\ (Dividende + Kursgewinn) / Anschaffungskurs$$

Die absolute Höhe der Aktienrendite ist jedoch für das Wertmanagement häufig noch nicht aussagekräftig genug, denn ihr fehlt die Referenzgröße. Aus diesem Grund wird oft die „Relative Aktienrendite" als zentrale Kennzahl gewählt. Dies ist eine Aktienrendite, die relativ zu einem Vergleichsmaßstab – in der Regel einem Aktienindex – gemessen wird.

Die relative Aktienrendite (engl. Relative Shareholder Return = RTSR) berechnet sich in der Periode *t* nach der Formel:

$$RTSR_t = \frac{1 + Unternehmens\text{-}TSR_t}{1 + Marktindex\text{-}TSR_t} - 1$$

---

[180] Vgl. *Lewis, T.G.* (1994), S. 24. Eine ausführliche Gegenüberstellung und Bewertung verschiedener Matrix-Darstellungen findet sich in *Knorren, N.* (1998), S. 92-99. Die Bewertung erfolgt anhand der Kriterien: Eignung der Plangrößen, Abbildung der Wertsteigerung, Eignung der Cash-Größen und Gesamteignung. Die hier dargestellte Vision-Wertsteigerungsmatrix schneidet dort zusammen mit der Ist-Spread-Planwertschaffungs-Matrix von *Lewis, T.G.* (1994), S. 135 und der Unternehmenswertorientierten Performance-Matrix von *Günther, T.* (1997), S. 371 am besten ab.

[181] Der Zeitraum hängt hierbei vom Anlagehorizont der Anleger ab.

[182] Vgl. *Stelter, D. et al.* (2001a), S. 26-29. Sehr ausführlich auch in *Riedl, J.B.* (2000), S. 266-271 oder *Lewis, T.G.* (1994), S. 32-34.

Der zu Grunde gelegte Marktindex kann je nach Zusammenhang (bzw. gewünschter Vergleichbarkeit) gewählt werden. Zur Verfügung stehen dafür u.a. nationale oder internationale Indices sowie verschiedene Branchenindices.

Vom Charakter her ist die (relative) Aktienrendite eine periodenübergreifende und kapitalmarktbasierte Kenngröße. Die perioden*übergreifende* Betrachtung ist hierbei besonders wichtig, weil die Anteilseigner – und damit auch das Management – letztlich nicht nur die Rendite eines Jahres interessiert, sondern auch die Ertragschancen in der Zukunft, die sich im Kurs bzw. der Kursveränderung der Aktie widerspiegeln. Aus theoretischer Sicht wäre es zwar besser, sich am tatsächlichen Wert – dem Fundamentalwert – auszurichten. Es sprechen aber drei *praktische* Gründe dafür, warum als oberste Kennzahl dennoch die Aktienrendite verwendet werden sollte: *Erstens* stellt die Aktienrendite den tatsächlich realisierbaren Ertrag für einen Anleger dar, egal, ob er sich nach dem hypothetischen Wert des Unternehmens richtet oder nicht. *Zweitens* ist der Fundamentalwert für einen Investor, der keinen Zugang zu unternehmensinternen Finanzdaten hat, nur sehr schwer zu ermitteln. Und *drittens* besteht eine hohe Korrelation zwischen der Aktienrendite und den unternehmensinternen Finanzkennzahlen, sofern sie wertorientiert sind.[183]

Ist die (relative) Aktienrendite jedoch die einzig sinnvolle Kennzahl für das Wertmanagement? Nein, denn mit ihr können z.B. keine Unternehmen bewertet werden, die nicht an der Börse notiert sind. Außerdem kann die Aktienrendite Schwankungen am Kapitalmarkt unterworfen sein, die ein verzerrtes Bild der Wertschaffung wiedergeben. Hinzu kommt: Die Aktienrendite verkörpert die Wertschaffung des *gesamten* Unternehmens. Für das Management ist jedoch häufig ein viel detaillierterer Blick notwendig: auf einzelne Geschäftsbereiche bis hinunter zu den Werttreibern.[184] Daher sollte die Aktienrendite im Zusammenhang mit weiteren Kennzahlen – und zwar unternehmens*internen* – betrachtet werden. Das bedeutet, das Konzept der Aktienrendite muss dazu direkt oder indirekt auf nicht-börsennotierte Unternehmen(sbereiche) übertragen werden.

Die Berechnung der *internen* Aktienrendite (= interner TSR) oder der internen Wertrendite auf Gesamtkapitalbasis[185] (= interner Total Business Return = TBR) sind zwei Möglichkeiten, wie das TSR-Konzept *direkt* im genannten Sinne transformiert werden kann. Für die interne Aktienrendite sind dafür das Unternehmen bzw. die betrachteten Unternehmensbereiche jeweils zu Beginn und am Ende der gewählten Betrachtungsperiode zu bewerten. Das geschieht, indem die erwarteten Free Cashflows[186] zukünftiger Perioden jeweils auf den

[183] Siehe weiter unten.
[184] Vgl. *Stelter, D. et al.* (2001a), S. 29-33. Zur Erläuterung der Werttreiber (Faktoren, die den Unternehmenswert beeinflussen), siehe auch Kapitel B.3.3.2.3.
[185] Die Berechnung des TBR ist insbesondere dann sinnvoll bzw. erforderlich, wenn die Kapitalstruktur der Untersuchungseinheit (Unternehmen oder Unternehmensbereich) nicht genau ermittelt werden kann.
[186] Das sind die an die Eigenkapitalgeber ausschüttbaren (freien) Cashflows (FCF^{Equity}), also Cashflows *nach* Abzug aller Investitionen sowie aller durch die Fremdfinanzierung verursachten Zahlungen (Zinsen, Netto- (Fortsetzung nächste Seite)

Ausgangszeitpunkt abdiskontiert und summiert werden.[187] Der Gewinn ergibt sich dann aus der Differenz des Eigenkapitalwertes am Ende und zu Beginn der Periode. Als „Eingesetztes Kapital" wird der zu Periodenbeginn ermittelte Eigenkapitalwert angesetzt.

Für den internen TBR erfolgt die Berechnung ähnlich, denn er ist das Äquivalent zum internen TSR, jedoch auf Basis des *Gesamt*kapitals. Daher wird auch anstatt des Eigenkapitalwertes der Gesamtkapitalwert ermittelt. Außerdem werden zusätzlich zu den Free Cashflows für die Anteilseigner auch die Free Cashflows für die Fremdkapitalgeber[188] berücksichtigt, die zusammen den Free Cashflow^{Entity} ergeben.[189] Die Formeln für den internen TSR und den internen TBR in der Periode t lauten demnach:

$$Interner\ TSR_t = \frac{FCF_t^{Equity} + \left(interner\ EK - Wert_t - interner\ EK - Wert_{t-1}\right)}{Interner\ EK - Wert_{t-1}}$$

$$Interner\ TBR_t = \frac{FCF_t^{Entity} + \left(interner\ GK - Wert_t - interner\ GK - Wert_{t-1}\right)}{Interner\ GK - Wert_{t-1}}$$

Abkürzungen: FCF$_t$ = Free Cashflow in der Periode t; EK = Eigenkapital; GK = Gesamtkapital

Der *mehrperiodische* interne TSR (und TBR), der besonders für strategische Fragestellungen relevant ist, kann analog zur mehrperiodischen *externen* Aktienrendite als interner Zinsfuß ermittelt werden.

In der Praxis werden statt der internen Aktienrendite häufig auch einfachere und pragmatischere Bewertungsverfahren gewählt. Diese beruhen z.B. auf Ist- anstatt auf Planzahlen und/oder nutzen Übergewinngrößen (z.B. den EVA oder CVA)[190] bzw. Kennzahlen, die in Übergewinngrößen umgerechnet werden können. Die Bandbreite der zur Verfügung stehenden Kennzahlen ist dabei sehr groß. Sie wird daher weiter unten noch einmal ausführlicher vorgestellt und bewertet.

2.2.3 Werthebel und Maßnahmen zur Wertsteigerung

Das Wertmanagement konzentriert sich auf drei zentrale Ansatzpunkte, auch Wert*hebel* genannt, mit denen die Aktienrendite beeinflusst werden kann:[191] Profitabilität, Wachstum und Ausschüttungspolitik.

Fremdkapital-Tilgung etc.). Eine Übersicht noch weiterer Definitionen von Free Cashflows findet sich in *Günther, T.* (1997), S. 113-116.

[187] Z.B. mit Hilfe der Discounted Cashflow Methode (DCF-Methode). Siehe hierzu auch weiter unten.

[188] Das sind Cashflows *nach* Investitionen, jedoch *vor* allen Zahlungen, die auf die Fremdfinanzierung zurückzuführen sind.

[189] Vgl. *Stelter, D./Riedl, J.B./Plaschke, F.J.* (2001), S. 29-34.

[190] Übergewinn wird hier verstanden als der Gewinn nach Abzug der Eigenkapitalkosten, wie zum Beispiel im „Economic Value Added" (EVA) oder „Cash Value Added" (CVA). Ausführlicher zu diesen Kennzahlen siehe weiter unten in diesem Kapitel.

[191] Vgl. für diesen und den nachstehenden Absatz *Lewis, T.G.* (1994), S. 36.

Aus diesen drei Werthebeln leiten sich vier Stoßrichtungen für das Wertmanagement ab, die im Folgenden kurz erläutert werden:

- Das Management der „richtigen" Rentabilität.
- Das Wachstum ausschließlich in wertschaffenden Bereichen.
- Die Ermittlung und das Management der Kapitalkosten
- Sowie die Quantifizierung der Planwertschaffung.

Management der „richtigen" Rentabilität[192]

In der Praxis existiert ein bunter Strauß an Rentabilitätskennzahlen, der es dem Nutzer nicht immer leicht macht, die richtige Messgröße für seine Bedürfnisse auszuwählen. Aber welche Messgröße ist nun die Richtige?

Abbildung 20[193] gibt einen Überblick der gebräuchlichsten Renditekennzahlen. Die Anordnung folgt dabei nach den Kriterien: cashmäßige (= geldnahe) Messung der Geldrückflüsse

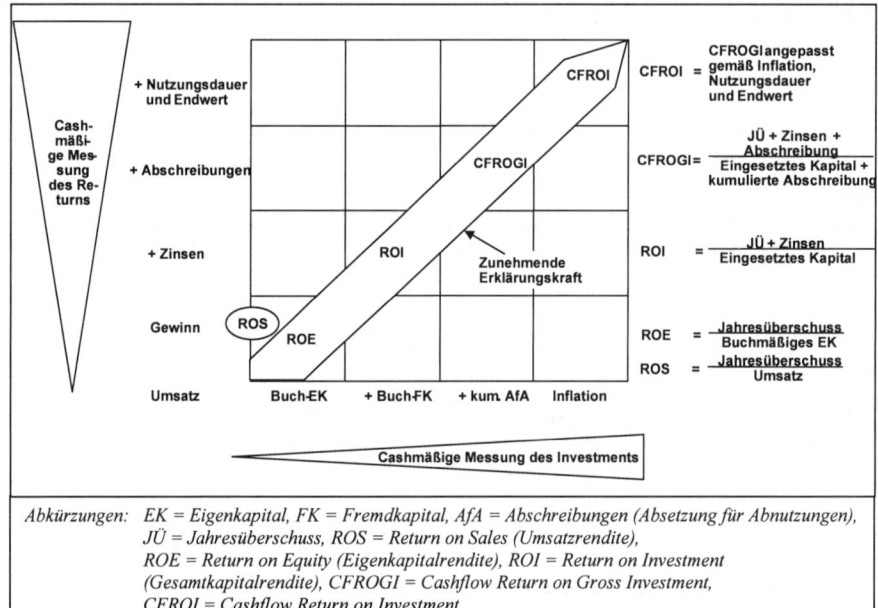

Abbildung 20: Gegenüberstellung und Bewertung von Rentabilitätskennzahlen (I)

---

[192] Vgl. *Lewis, T.G.* (1994), S. 38-40
[193] Vgl. *Stelter, D./Plaschke, F.J.* (2001), S. 12.

Anforderung	ROS	ROE	ROI	CFROGI	CFROI
Keine buchhalterischen Verzerrungen	Verzerrung durch: Abschreibungen, Rückstellungen, Leverage-Effekt[194]	Verzerrung durch: Abschreibungen, Rückstellungen, Anlagenalter, Leverage-Effekt	Verzerrung durch: Abschreibungen, Anlagenalter	✓	✓
Ausschalten der Inflation	✓	Nein, da historische Anschaffungskosten als Basis der Kapitalgröße			✓
Grundsatz des "Going-concern"	Keine Beziehung zum Investment	Buchwertorientiert, keine Berücksichtigung zukünftiger Ersatzinvestitionen, keine Berücksichtigung der von den Kapitalgebern geforderten Mindestverzinsung		Keine Berücksichtigung der geforderten Mindestverzinsung	✓
Berücksichtigung der wirtschaftl. Nutzungsdauer der Anlagen	Keine Beziehung zum Investment	Nein		Nein	✓
Vergleichbarkeit mit • anderen Bereichen • Neuinvestitionen	Schlechte Vergleichbarkeit aufgrund der aufgeführten Verzerrungen				✓
Statistische Korrelation mit dem Unternehmenswert	Nicht signifikant				✓

✓ = erfüllt

Abbildung 21: Gegenüberstellung und Bewertung von Rentabilitätskennzahlen (II)

(Returns) auf der y-Achse, cashmäßige Messung der Investitionen (Investments) auf der x-Achse sowie Erklärungskraft der Kennzahl auf der Diagonalen, gemessen durch ihre Korrelation mit der Bewertung des Unternehmens am Aktienmarkt.

Der CFROI hat in dieser Gegenüberstellung deshalb die höchste Erklärungskraft[195], weil er die in Abbildung 21[196] aufgeführten Anforderungen an Renditekennzahlen am besten erfüllt.[197] Umgekehrt bedeutet das, unter bestimmten Umständen führen die anderen (traditionelleren) Kennzahlen zu falschen Ergebnissen und sind daher in komplexeren Situationen als Zwischenzielgrößen nicht geeignet.

---

[194] Verzerrungen bei Änderung der Abschreibungs- oder Rückstellungspolitik. Leverage-Effekt: Erhöhung der Eigenkapitalrentabilität durch Fremdfinanzierung von Investitionen, deren Gesamtkapitalrentabilität über dem Fremdkapitalzins liegt (vgl. *Wöhe, G.* (1990), S. 811).

[195] Sofern es sich um kapitalintensive und komplexere Geschäfte handelt.

[196] Vgl. *Stelter, D./Plaschke, F.J.* (2001), S. 13.

[197] Vgl. *Stelter, D./Plaschke, F.J.* (2001), S. 13.

Was ist aber der CFROI und wie kann er genau berechnet werden? Definiert ist der CFROI *„ ... als der nachhaltige Brutto-Cash Flow, den ein Unternehmen bzw. Geschäft innerhalb einer Periode (eines Jahres) relativ zum investierten Kapital – in Gestalt der sog. Bruttoinvestitionsbasis – erwirtschaftet.* "[198]

Die Formel hierzu lautet:

$$CFROI = \frac{Bruttocashflow - \ddot{O}konomische\ Abschreibung}{Bruttoinvestitionsbasis}$$

Der Bruttocashflow stellt im CFROI den tatsächlich realisierten operativen Geldfluss auf Gesamtkapitalbasis dar – an Stelle des traditionellen buchhalterischen Jahresüberschusses – und errechnet sich nach der Formel:[199]

> Bereinigter Jahresüberschuss (d.h. ohne außerordentl. u. aperiod. Elemente)
> – Beteiligungsergebnis und Zinserträge (steuerbereinigt)
> + Zinsaufwand
> + Abschreibungen
> + Zuführungen zu den zu verzinsenden (langfristigen) Rückstellungen
> --
> = Bruttocashflow (BCF)

Die Bruttoinvestitionsbasis enthält dagegen das gesamte durchschnittliche Kapital, das im Zeitraum der Betrachtung in das Unternehmen bzw. Geschäft investiert wurde. Allerdings werden die unverzinslichen Verbindlichkeiten vorher noch abgezogen. Die Berechnung erfolgt nach der Formel:

> Nettoumlaufvermögen (= Umlaufvermögen[200] – unverzinsl. Verbindlichkeiten)
> + Anlagevermögen (ohne Beteiligungen)
> + kumulierte Abschreibungen auf das Anlagevermögen
> + Inflationsanpassung des Anlagevermögens zum heutigen Geldwert
> --
> = Bruttoinvestitionsbasis (BIB)

---

[198] Vgl. *Stelter, D./Plaschke, F.J.* (2001), S. 15. Hinweis: Der CFROI kann auch als interner Zinsfuß (Internal Rate of Return = IRR) berechnet werden, ist als solcher aber schwerer zu verstehen und zu kommunizieren. Daher wird hier nur auf die algebraische Form eingegangen. IRR-CFROI und algebraischer CFROI sind *identisch*, wenn der IRR-CFROI dem Kalkulationszinsfuß (Weighted Average Cost of Capital, WACC) entspricht. Weicht der IRR-CFROI vom WACC ab, so unterscheiden sich algebraischer und IRR-CFROI. Der Unterschied ist dabei umso geringer, je weniger IRR-CFROI und WACC differieren; vgl. ebenda, S. 15.

[199] In Anlehnung an ebenda S. 16-18. Gilt auch für die Definition der Ökonomischen Abschreibung.

[200] Ohne verzinsliche liquide Mittel.

„Die Ökonomische Abschreibung ist derjenige Betrag, der – über die gesamte tatsächliche Anlagen-Nutzungsdauer – jährlich verzinslich zurückgelegt werden muss, damit das in abschreibbare Anlagen investierte Kapital zurückverdient werden kann." Die Ökonomische Abschreibung lässt sich nach der Formel berechnen:

$$\text{Ökonomische Abbschreibung} = \frac{WACC}{(1+WACC)^n - 1} \times \text{Abschreibbare Aktiva}$$

WACC = Gewichtete Gesamtkapitalkosten; n = Ökonomische Nutzungsdauer des Anlagenmixes

Wie der CFROI im Detail kalkuliert werden kann, wird im Zusammenhang mit der empirischen Studie dieser Arbeit in Kapitel C.1.4 noch genauer erläutert. Als Fazit für die Rentabilitätsberechnung ist jedoch vor allem die Erkenntnis wichtig: Die Wahl einer Renditekennzahl sollte sich in erster Linie am Charakter des zu beurteilenden Geschäftes orientieren. Und für deren Auswahl mag die „Faustregel" helfen: Die ausgewählte Messgröße sollte so einfach wie möglich und nur so kompliziert wie nötig sein.[201]

Wachstum nur in wertschaffenden Bereichen

Neben der Rentabilität ist das Wachstum der zweite wichtige Werthebel, wobei unter Wachstum in diesem Zusammenhang die Erhöhung der Bruttoinvestitionsbasis verstanden wird – also Investitionen. Wachstum muss jedoch nicht immer gleich mit einer positiven Wertsteigerung verbunden sein. Denn Wachstum erhöht nur dann den Unternehmenswert, wenn es durch Geschäfte erfolgt, deren Rentabilität *über* den Kapitalkosten liegt. Sollte das nicht der Fall sein, würde das Wachstum genau das Gegenteil bewirken, nämlich Wert-*vernichtung*.[202] Zu beachten ist allerdings der Betrachtungshorizont. So kann es aus strategischen Überlegungen heraus durchaus sinnvoll sein, in einem Bereich zu wachsen, der heute noch Cashflows generiert, die deutlich unter den Kapitalkosten liegen – nämlich dann, wenn die Summe aller über die gesamte Laufzeit der Investition erwarteten Cashflows die Messlatte der Kapitalkosten übersteigt. Besonders bei Projekten mit hohen Anfangsinvestitionen ist dies sehr häufig der Fall, wie z.B. bei der Entwicklung von neuen Produkten. Jedoch sollte nach jeder Periode eine genaue Rentabilitäts- und Plausibilitätskontrolle durchgeführt werden, um sicherzustellen, dass die Investitionen tatsächlich irgendwann mehr als die Kapitalkosten einspielen und dieser Zeitpunkt nicht immer weiter in die Zukunft verschoben wird – das so genannte Hockey-Stick-Phänomen[203].

---

[201] Vgl. *Stelter, D./Plaschke, F.J.* (2001), S. 11-14.
[202] Vgl. *Lewis, T.G.* (1994), S. 73-80.
[203] „Hockey-Stick", weil die Kurve mit der Trendumkehr einem Hockey-Schläger gleicht.

Ermittlung und Management der Kapitalkosten

Aus Sicht des Wertmanagements spielen die Kapitalkosten[204] aus zweifacher Sicht eine wichtige Rolle: Zum einen gibt die Differenz (Spread) zwischen Rentabilität und Kapitalkosten wieder, ob das Unternehmen Wert schafft oder nicht. Zum anderen sind die Kapitalkosten (bzw. der Kapitalkostensatz) der Diskontsatz, mit dem zukünftige Cashflows abgezinst werden, um den Unternehmenswert zu ermitteln. Da die Kapitalkosten in der Regeln nicht durch das Human Capital Management gesteuert werden, soll auf ihre Berechnung und Beeinflussung an dieser Stelle nicht weiter eingegangen werden.

Zusammenführung von Rentabilität, Wachstum und Kapitalkosten:
Übergewinn als beste Approximation der Wertschaffung

Bis hierhin wurden die drei Werthebel Rentabilität, Wachstum und Kapitalkosten vorgestellt, die, jeder auf seine Art und Weise, zum Unternehmenserfolg beitragen können. Zudem wurde erläutert, wie die Wertschaffung dieser Hebel aggregiert mit Hilfe der (internen) Aktienrendite gemessen werden kann. Oft fällt es jedoch schwer, diese Kennzahl exakt zu berechnen, weshalb man sich in vielen Fällen mit Näherungsgrößen behilft, die ähnlich aussagekräftig, aber deutlich einfacher zu ermitteln sind. Eine derartige Näherungsmöglichkeit, mit der sowohl die erwirtschaftete Rendite als auch die Kapitalkosten und das investierte Kapital berücksichtigt werden können, bieten die Übergewinnverfahren.[205] Hierbei bezeichnet der *Über*gewinn den Betrag, der mit dem investierten Kapital *über* die gewichteten Kapitalkosten (Weighted Average Cost of Capital = WACC) hinaus erwirtschaftet wird. Im Gegensatz zu anderen Verfahren (z.B. ROE oder ROI) werden dadurch nicht nur die Fremdkapitalkosten, sondern auch die (Opportunitäts-)Kosten des Eigenkapitals berücksichtigt. Das heißt, ein tatsächlicher Wert wird erst dann geschaffen, wenn auch die (Mindest-)Ansprüche der Kapitaleigner erwirtschaftet worden sind.[206] Berechnen lässt sich der Übergewinn auf zwei Arten, entweder direkt oder indirekt. Die dazugehörigen Formeln lauten:

Direkt: *Übergewinn = Ergebnisgröße − Kapitalkosten[207]*

Indirekt: *Übergewinn = (Kapitalrendite − Kapitalkostensatz) x Investiertes Kapital*

---

[204] Vgl. *Lewis, T.G.* (1994), S. 81. Zur Definition der Kapitalkosten siehe auch *Spremann, K.* (1991), S. 177; *Süchting, J.* (1989), S. 346; *Krause, W.* (1973), S. 155 oder *Günther, T.* (1996), S. 161. Noch ein Hinweis: Zumindest in Bezug auf das Eigenkapital geht der Begriff „Kapitalkosten" nicht mit dem traditionellen Kostenbegriff der Betriebswirtschaftslehre einher. Es handelt sich nämlich nicht um wirklich anfallende Kosten, sondern um Verzinsungsansprüche der Eigenkapitalgeber, denen nur aus Gründen der Steuerung ein Kostencharakter zugesprochen wird; vgl. *Riedl, J.B.* (2000), S. 181; *Schneider, D.* (1991), S. 438; *Freygang, W.* (1993), S. 184; *Becker, F.G.* (1990), S. 61; *Süchting, J.* (1995), S. 345.

[205] Auch als Wertbeitragsverfahren bezeichnet.

[206] Vgl. hierzu sowie den weiteren Ausführungen in diesem Abschnitt, sofern nicht anders gekennzeichnet, *Stelter, D./Riedl, J.B./Plaschke, F.J.* (2001), S. 7-16.

[207] Kapitalkosten (hier) = Kapitalkostensatz x Investiertes Kapital.

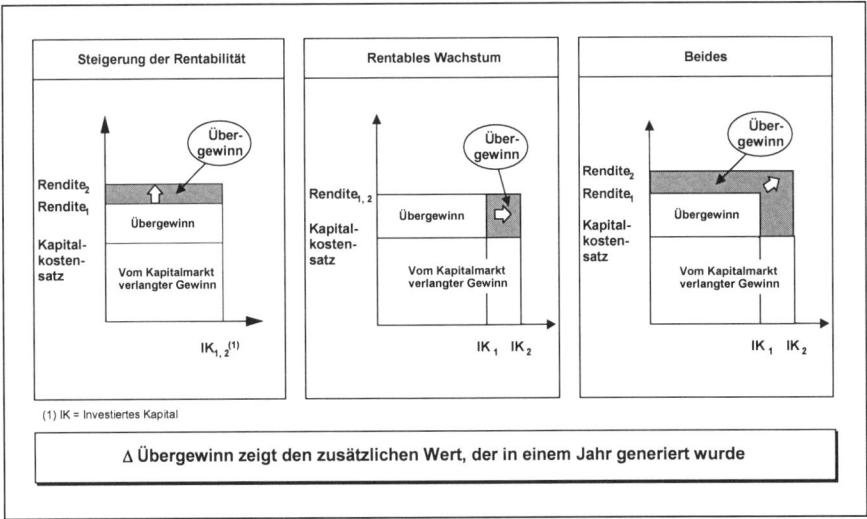

Abbildung 22: Wertsteigerung nach der Übergewinnmethodik

Dabei sind in beiden Varianten Ergebnisgrößen *vor* Fremdkapitalzinsen zu wählen, weil diese ohnehin im Rahmen der Kapitalkosten wieder abgezogen werden.

Der einfache Übergewinn hat jedoch einen Nachteil: Er gibt nur eine *statische* Sichtweise des Geschäftes wieder. Die Wertsteigerung, als oberstes finanzwirtschaftliches Ziel, ist jedoch eine dynamische Größe. Ihre zentrale Kennzahl, die Aktienrendite, enthält daher neben den gezahlten Dividenden auch die Kursdifferenzen, die im Wesentlichen auf die veränderten Erwartungen der Anleger hinsichtlich der Rentabilität und des „profitablen" Wachstums[208] des Unternehmens zurückgehen.

Die Lösung: Man betrachtet nicht den absoluten Übergewinn, sondern dessen *Veränderung* von einem Jahr auf das nächste. Denn dadurch können beide Werthebel, Rentabilität und „profitables" Wachstum, im Sinne der Übergewinnmethodik auch *dynamisch* erfasst werden, wie Abbildung 22[209] noch einmal graphisch verdeutlicht.

Der besondere Vorteil der Übergewinnmethodik gegenüber anderen Verfahren besteht darin, alle Größen zu berücksichtigen, die Einfluss auf die Wertschaffung haben: die Rendite, das investierte Kapital, die Kapitalkosten und deren dynamische Veränderung. Die beiden bekanntesten Methoden zur Berechnung des Übergewinns sind der EVA® (Economic Value

---

[208] D.h. Wachstum in Bereichen, deren Rentabilität über den Kapitalkosten liegt (s.o.).
[209] Vgl. *Stelter, D./Riedl, J.B./Plaschke, F.J.* (2001), S. 7.

Added) und der CVA (Cash Value Added). In dem von *Stern/Stewart*[210] entwickelten EVA®
wird der Übergewinn auf Basis des *Buchwertes* ermittelt. Die zu Grunde gelegte
Renditekennzahl ist der bereinigte Gewinn, bezogen auf das Buchwertkapital (Net Operating
Profit after Tax = NOPAT bzw. die Kennzahl ROI). Der Übergewinn berechnet sich demnach
gemäß der Formel:

$$EVA^{\circledR} = (Kapitalrendite^{211} - Kapitalkostensatz^{212}) \ \times \ Kapital$$

Im Gegensatz dazu stellt das von der *Boston Consulting Group* konzipierte CVA-Verfahren
eine *cashflow*-orientierte Variante der Übergewinnmethodik dar. Dabei wird anstelle des ROI
der bereits weiter oben erläuterte CFROI als Renditegröße verwendet. Als Kapitalgröße des
CVA dient die Bruttoinvestitionsbasis.[213] Damit ist der CVA in sich konsistent und –
besonders wichtig – frei von buchhalterischen Verzerrungen. Die Berechnungsformel des
CVA lautet:[214]

$$CVA = (CFROI - Kapitalkostensatz^{215}) \ \times \ Bruttoinvestitionsbasis$$

Die Veränderungskenngrößen, Δ EVA® und Δ CVA, ergeben sich jeweils aus der Differenz
der entsprechenden Periodenergebnisse.[216]

Die Gegenüberstellung der beiden Verfahren in Abbildung 23[217] zeigt deren jeweilige Stärken
und Schwächen. Während sich der EVA® besonders durch seine Einfachheit auszeichnet,
liegen die Stärken des CVA zum einen in der höheren Abbildungsgüte der Rentabilität und
zum anderen in der höheren empirischen Korrelation mit der Wertschaffung.[218]

---

[210] Das EVA®-Konzept wurde vor allem von dem Beratungsunternehmen *Stern Stewart & Co* propagiert; vgl.
Stewart, G.B. (1990). Zur Methodik siehe auch *Knorren, N.* (1998), S. 67-73; *Günther, T.* (1997), S. 233-
238; *Hachmeister, D.* (1995),150-153 sowie *Volkhart, R.* (1997b), S. 448-453.
Weiterentwicklungen bzw. ähnliche Modelle (vgl. *Knorren, N.* 1998), S. 67.) sind die „REVA-Methode"
(Refined Economic Value Added; vgl. dazu u.a. *Bacidore, J.M./Boquist, J.A. et al.* (1997), S. 14-16 oder
Young, D. (1997), S. 10.), der Ansatz des „Economic Profit" (vgl. dazu *Copeland, T./Koller, T./Murrin, J.*
(1995), S. 145-148 und *McTaggart, J./Kontes, P./Mankins, M.* (1994), S. 317-320); die Methode des
„Residual Income" (vgl. *Anthony, R.N./Dearden, J./Bedford, N.* (1984), S. 344-359 und *Weilenmann, P.*
(1993), S.353-354) bzw. des „Residualgewinns" (vgl. *Richter, F.* (1996), S. 31-32 und S. 170-178) sowie der
Ansatz des „Added Value" (vgl. *Davis, E./Flanders, S./Star, J.* (1991); *Davis, E./Kay, J.* (1990), S. 13 und
Röttger, B. (1994)).
[211] Von *Stern/Stewart* auch als *„Stewart's R"* bezeichnet, mit der Definition: „Net Operating Profit after Tax"
geteilt durch das „Investierte Kapital" (auf Buchwertbasis).
[212] Genauer: Gesamtkapitalkostensatz nach Steuern
[213] Zu Anschaffungs- und Herstellkosten.
[214] Vgl. hierzu und die folgenden Absätze *Stelter, D./Riedl, J.B./Plaschke, F.J.* (2001), S. 7-16.
[215] Genauer: WACC (Gesamtkapitalkostensatz) nach Steuern.
[216] Z.B. Δ CVA $_{t2}$ = CVA$_{t2}$ - CVA$_{t1}$.
[217] Vgl. *Stelter, D./Riedl, J.B./Plaschke, F.J.* (2001), S. 8.
[218] Vgl. auch die Vorteile des CFROI gegenüber dem ROI weiter oben im Text.

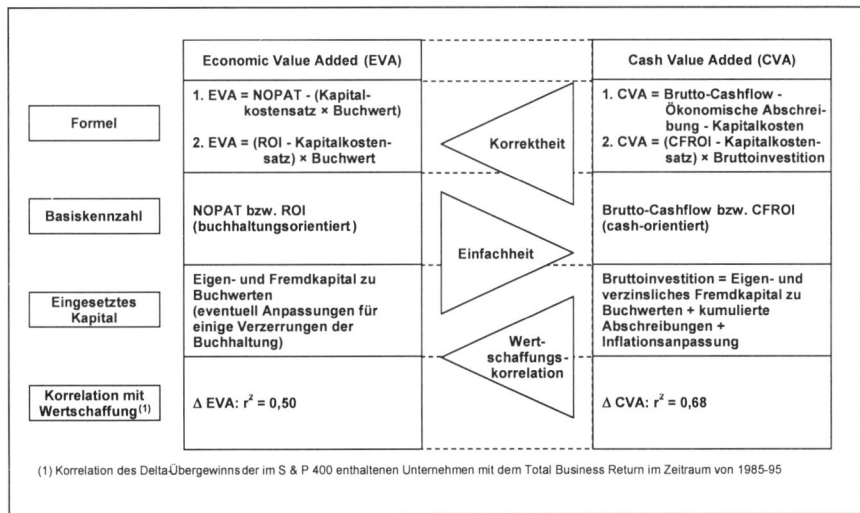

Abbildung 23: *Gegenüberstellung und Bewertung von EVA® und CVA*

Im empirischen Teil dieser Arbeit wird daher mit dem CVA bzw. einer auf die Bedürfnisse des Human Capital Managements zugeschnittenen Ableitung des CVA gerechnet.

2.2.4 Management der Werttreiber[219]

Die Kennzahlen, die weiter oben vorgestellt wurden, beziehen sich entweder auf das Unternehmen als Ganzes oder auf einzelne Unternehmensteile. Das Konzept des Wertmanagements geht jedoch noch einen Schritt weiter: Es fordert finanzielle Transparenz und Wertorientierung in allen wichtigen Prozessen und auf allen Ebenen des Unternehmens. Das können jedoch die bisher beschriebenen Steuerungsgrößen nicht immer leisten, denn sie sind relativ komplex und scheitern daher häufig an fehlenden Daten auf unteren Organisationsebenen. Deshalb eignen sie sich nur bedingt, um das Geschäft auf den operativen Ebenen zu steuern. Aber was ist die Alternative?

Auf operativer Ebene hat sich in der Praxis bewährt, die aggregierten Werthebel weiter in bereichs- und geschäftsspezifische „Haupteinflussgrößen" zu zerlegen, die so genannten (operativen) Werttreiber. Sie werden ermittelt, indem man systematisch analysiert, wie bestimmte Treiber (z.B. Bearbeitungskosten) auf die relevanten Kenngrößen eines Bereiches (z.B. Rentabilität) wirken. Bei der Zusammenstellung des Werttreiberkatalogs sollte jedoch vor allem auf zwei Dinge geachtet werden: die Praktikabilität der Werthebel (z.B. Erhebbarkeit und Interpretierbarkeit der Daten) und die Beeinflussbarkeit der Werthebel durch die

---

[219] Vgl. *Stelter, D. et al.* (2001b), S. 11-17.

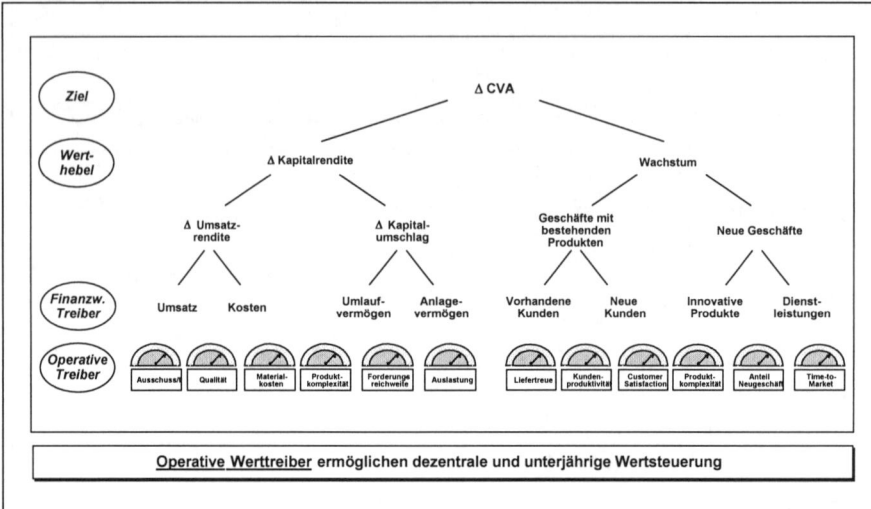

Abbildung 24: *Beispiel für einen (allgemeinen) Werttreiberbaum*[220]

Mitarbeiter. Um die Konsistenz der einzelnen Werttreiber sicherzustellen, ist bei der Werttreiberanalyse zunächst immer von der Spitzenkennzahl (z.b. dem CVA) auszugehen. Im ersten Schritt wird diese Kennzahl in ihre wichtigsten Wert*hebel* aufgespalten. Anschließend wird jeder Werthebel wieder in einzelne Wert*treiber* zerlegt, wobei die Werttreiber schrittweise immer weiter verfeinert werden können. Im Ergebnis entsteht daraus eine Art Baumdiagramm, der so genannte „Werttreiberbaum", aus dem genau abgelesen werden kann, welcher Werttreiber die Spitzenkennzahl wie beeinflusst (siehe Abbildung 24).

Mit Hilfe des Werttreiberbaumes kann sowohl vergangenheitsbezogen als auch zukunftsorientiert gearbeitet werden. Seine Vielseitigkeit macht ihn dabei zu „dem" zentralen Steuerungsinstrument des Wertmanagements. Neben der Disaggregation der Wertkennzahlen haben die Werttreiber bzw. der Werttreiberbaum aber noch weitere wichtige Funktionen für das Management:[221]

- Sie sind Grundlage für die Projektion der zukünftigen Free Cashflows.

- Sie ermöglichen – vergangenheitsorientiert – eine detaillierte Soll-Ist-Analyse zwischen geplanten und tatsächlich realisierten Cashflows. Gleichzeitig kann mit

---

[220] Vgl. *Stelter, D. et al.* (2001b), S. 12.
[221] Vgl. *Riedl, J.P.* (2000), S. 315-320; *Hachmeister, D.* (1995), S. 54 und 58f.; *Rappaport, A.* (1998), S. 129f.; *Knorren, N.* (1997), S. 205f. und (1998), S. 116-122; *Donlon, J.D./Weber, A.* (1999), S. 304-306; *Nicklas, M.* (1998), S. 188; *Roos, A./Stelter, D.* (1999), S. 304; *Lewis, T.G.* (1995), S. 64f.; *Mills, R.W./Robertson, J./Ward, T.* (1992), S. 48f. *Knorren, N./Weber, W.* (1997a), S. 31-34 und (1997b), S. 12f. sowie *Lammerskitten, M./Langenbach, W./Wertz, B.* (1997), S. 229.

ihnen auch gegenüber den Anteilseignern die Höhe des Unternehmenswertes plausibilisiert werden.

- Sie schlagen eine Brücke zwischen Entscheidungen und Handlungen des Unternehmens auf der einen Seite und dem Unternehmenswert sowie seiner Entwicklung auf der anderen Seite. Damit tragen Werttreiber wesentlich dazu bei, das Geschäft des Unternehmens besser zu verstehen.

- Durch Sensitivitätsanalysen[222] kann die Hebelwirkung einzelner Werttreiber näher bestimmt werden, wodurch der Fokus des Managements schneller auf die wesentlichen Wertstellgrößen gelenkt werden kann.

- Den finanzwirtschaftlichen Werttreibern sind häufig nicht-finanzwirtschaftliche Kenngrößen zeitlich vorgelagert. Das können z.b. die Mitarbeiterzufriedenheit, die Produktqualität oder die Kundenzufriedenheit sein. Durch ihre Eigenschaft als „Vorboten" der Wertschaffung, in der Literatur auch als „Leading Indicators" bezeichnet, eignen sie sich besonders gut für ein proaktives Wertmanagement – sofern sie gezielt gesteuert werden. Auf diesem Weg kann auch einer Hauptkritik an der finanzorientierten Unternehmensführung entgegnet werden: hauptsächlich Symptome und weniger deren Ursachen zu betrachten.

- Durch die Transparenz des Geschäftes, die mit den Werttreibern erlangt wird, können auch die Interessen und Bedürfnisse der unterschiedlichen Interessengruppen (Stakeholder) des Unternehmens leichter berücksichtigt werden.

- Und schließlich eignen sich die Werttreiber im Rahmen von Benchmarkings als Basis für externe Wettbewerbsvergleiche, und zwar nicht nur auf Unternehmensebene, sondern auch für die darunter liegenden Bereiche.[223]

Wie die Werttreibersystematik und das Wertmanagement insgesamt in der betrieblichen Praxis akzeptiert und angewendet werden, darauf geht das nächste Kapitel ein. Die Übertragung des Wertmanagements auf das HCM bzw. WHCM erfolgt dagegen etwas später in Kapitel B.3.

---

[222] D.h. ein Werttreiber wird rechnerisch in seiner Höhe verändert, um zu sehen, welche Auswirkungen das auf andere Größen hat, die von ihm beeinflusst werden; vgl. z.B. *Rappaport, A.* (1998), S. 186f.

[223] Zu Möglichkeiten und Gefahren des Benchmarking, insbesondere im Zusammenhang mit dem Human Capital Management, siehe Kapitel C.2.3.6.1.

2.3 Anwendung des Wertmanagements in der betrieblichen Praxis

Für die betriebliche Praxis hat das Wertmanagement mehrere entscheidende Vorteile, auf die zum Teil bereits eingegangen wurde. Durch eine ausreichende Wertschaffung wird z.B.:[224]

- Der Druck auf die Geschäftsleitung reduziert, *kurzfristige* Ziele zu erreichen, wodurch wichtige Freiräume für langfristige und strategische Entscheidungen geschaffen werden.

- Der Finanzierungsspielraum des Unternehmens erhöht.

- Die Gefahr von Übernahmen gesenkt.

- Qualifiziertes Personal leichter gewonnen bzw. im Unternehmen gehalten (z.B. durch attraktivere Incentives oder das Gefühl, erfolgreich zu sein).

- Sowie die (finanzielle) Basis geschaffen, auch die sozialen Verantwortungen eines Unternehmens ausreichend wahrnehmen zu können (z.B. Arbeitsplätze schaffen, Altersversorgung für die Mitarbeiter sicherstellen etc.).

Wie in Abbildung 25 ersichtlich, profitieren dabei nicht nur die Anteilseigner, sondern *alle* Interessengruppen eines Unternehmens. Vor diesem Hintergrund müsste die Philosophie des Wertmanagements auch außerhalb der USA viele Anhänger finden.

Eine Studie der Unternehmensberatung *KPMG* aus dem Jahre 1996 zeigt hingegen, welchen Nachholbedarf europäische Unternehmen noch in der Umsetzung dieses Konzeptes selbst zehn Jahre nach Erscheinen des Buches von *Rappaport* besitzen – wobei Deutschland hierbei sogar unter dem europäischen Durchschnitt liegt (vgl. Abbildung 26). Von den befragten deutschen Unternehmen gaben 26% an, wertorientiertes Management *punktuell* einzusetzen und nur 4%, es auch *umfassend* anzuwenden.[225] Eine Umfrage aus dem Herbst 1996 der Wirtschaftsprüfungsgesellschaft *Coopers & Lybrand* kam zu ähnlichen Ergebnissen:[226] Als dominante Evaluierungsmethode für Planungs-, Entscheidungs- und Kommunikations-prozesse gaben nur 34% der untersuchten deutschen Unternehmen den Shareholder Value-Ansatz an. Das Problem schien jedoch weniger seine Akzeptanz zu sein, sondern seine konkrete Umsetzung.[227]

---

[224] Vgl. *The Boston Consulting Group* (2000), S. 9.
[225] Vgl. *KPMG* (1996), S. 8-9. Stichprobe: 468 *europäische* und 70 *deutsche* Unternehmen.
[226] Vgl. *Coopers & Lybrand* (1997), S. 9. Befragung von 277 Unternehmen in Europa und Kanada. Für Deutschland n = 45; vgl. ebenda S. 6.
[227] In einer Studie von *Höfner* aus dem Jahre 1994 hielten lediglich 12,5% der befragten Unternehmen den Shareholder Value Ansatz für *ungeeignet*, während 46,3% angaben, sich noch nicht ausreichend mit dem Thema beschäftigt zu haben; vgl. *Höfner, K.* (1994), S. 32-39. Befragung: n = 128 (Unternehmen in Deutschland).

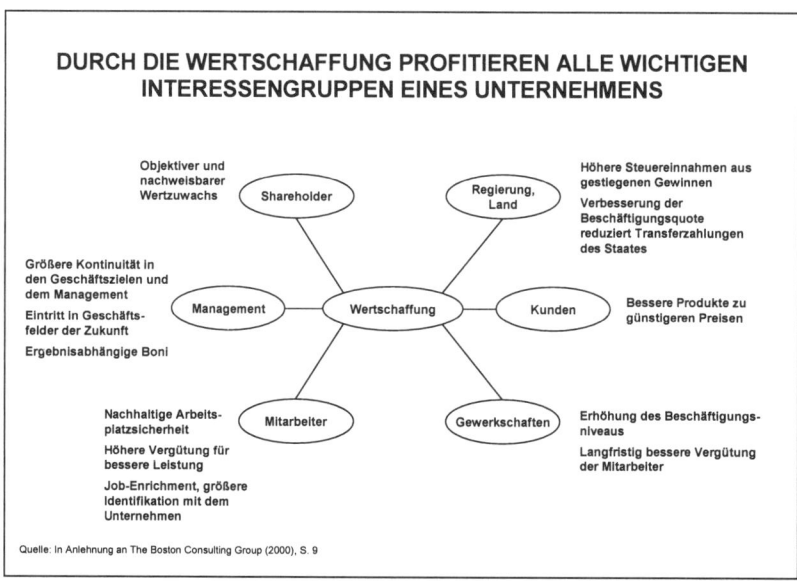

Abbildung 25: *Nutzen des Wertmanagements aus Sicht der Stakeholder*

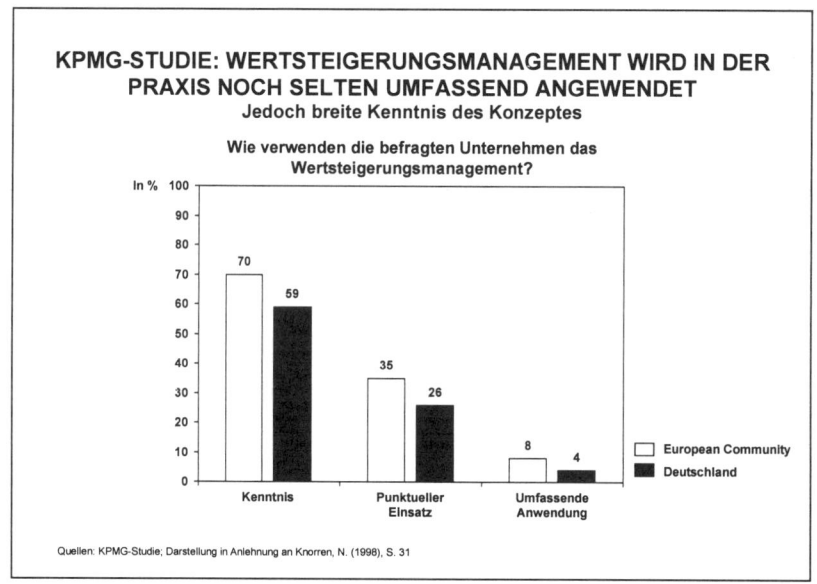

Abbildung 26: *Empirische Ergebnisse zur Anwendung des Wertmanagements in der Praxis*

Und wie groß ist der Handlungsbedarf für deutsche Unternehmen? Eine weltweite Studie der *Boston Consulting Group* aus dem Jahre 2000 ergab: Im Durchschnitt liegt die Wertschaffung[228] der 100 größten deutschen Konzerne zwar leicht über dem internationalen Durchschnitt. Aber was das Ranking der einzelnen Unternehmen anbelangt, sieht die Situation wesentlich beunruhigender aus: Unter den Top 15 Performern ist *kein* deutsches Unternehmen vertreten und unter den Top 100 ganze drei (*SAP* Platz 16, *Mannesmann* Platz 22 und *Siemens* auf Platz 97).[229] Unterstrichen wird dieses Ergebnis durch die Einschätzung deutscher institutioneller Investoren.[230] Diese erteilten 1998 den damals 30 größten deutschen Konzernen durchschnittlich nur die Schulnote 2,7 hinsichtlich der Ausrichtung des Managements am Shareholder Value. Dieses Ergebnis ist umso erstaunlicher, wenn man berücksichtigt, dass 94% der befragten Investoren aussagten, die Ausrichtung der Konzernführung am Shareholder Value sei für sie „das" zentrale Kriterium für die Investitionsentscheidung. Sicherlich ist es nicht einfach, über einen längeren Zeitraum eine höhere Wertschaffung zu generieren als der Markt[231], aber die Orientierung an der Wertschaffung müsste zumindest fest in den Köpfen des Managements verankert sein.

Über die Gründe, warum sich das Wertmanagement in der (europäischen) Praxis trotz seiner grundsätzlichen Akzeptanz und offenkundigen Notwendigkeit nicht weiter durchgesetzt hat, kann nur spekuliert werden. Vielleicht mag dahinter eine unterbewusste Abneigung vieler Menschen stehen, gemessen und bewertet zu werden. In einer Kultur, wie der deutschen, die mit Fehlern immer noch nicht richtig gelernt hat, *konstruktiv* umzugehen, sondern lieber versucht, nach „Schuldigen" zu suchen, mag diese Hemmschwelle vielleicht besonders hoch sein.[232]

Genauere Aussagen lassen sich jedoch über die möglichen *Hindernisse* treffen, die bei der Einführung und Umsetzung des Wertmanagements in der Praxis auftreten können.

---

[228] Gemessen an der durchschnittlichen Aktienrendite von 1995 bis 1999.

[229] Vgl. *The Boston Consulting Group* (2000), S. 28-31. Hinweis: Aufgrund des Börsenabschwungs seit März 2000 haben sich die einzelnen Unternehmenspositionierungen zum Teil deutlich verändert. Vor allem sind die Kurse der großen amerikanischen Technologieunternehmen sehr stark gefallen (z.B. von 3/2000 bis 9/2001 *Dell Computer* (Platz 4): ca. - 65%, *Cisco* (Platz 7): ca. - 75% und *Microsoft* (Platz 12): ca. - 50%). Was die relative Wertschaffungskraft deutscher Unternehmen im internationalen Wettbewerb anbelangt, so dürfte deren hoher Aufholbedarf nach wie vor gegeben sein, denn auch deutsche Unternehmen haben in dieser Zeit hohe Kursverluste hinnehmen müssen (z.B. von 3/2000 bis 9/2001 *SAP* (Platz 16): ca. - 45%, *Mannesmann* (Platz 22): ca. - 45% und *Siemens* (Platz 97): ca. - 55%; Quelle: *Deutsche Börse AG*, August 2001).

[230] Vgl. *Nölting, A.* (1998), S. 178. Quelle: Studie der Unternehmensberatung Price Waterhouse zusammen mit dem Zentrum für Europäische Wirtschaftsforschung und der Gesellschaft für Finanzkommunikation. Befragt wurden 75 institutionelle Investoren, wie z.B. die *Allianz, J.P. Morgan* oder *Goldman Sachs*. Gefragt wurde nach der Ausrichtung der Top 30 deutschen Unternehmen am Shareholder Value. Dabei war 1 = sehr starke Ausrichtung und 5 = schwache Ausrichtung.

[231] Quelle: Analysen der *Boston Consulting Group*.

[232] Quelle: Experteninterviews.

Heinz/Koch und *Bötzel/Schwilling* nennen in diesem Zusammenhang vor allem die folgenden Fallstricke:[233]

- Das Vorherrschen einer kurzfristigen, anstatt einer langfristigen Sichtweise.

- Die Wahl eines allgemeinen, anstatt eines unternehmensspezifischen Ansatzes (insbesondere in Bezug auf die Auswahl der Werttreiber).

- Die Nichtbeachtung von Steuern in der Cashflow-Analyse.

- Die Planung und Steuerung mit ungeeigneten Zielgrößen (s.o.).

- Ineffektive Entlohnungs- und Anreizsysteme (siehe Kapitel C.2.3.4.2).

- Traditionelle Dividendenpolitik (d.h. zu geringe Ausschüttungen mit dem Gewicht auf Konstanz, s.o.).

- Ungleiche Beachtung der verschiedenen Interessengruppen (z.B. zu hohe Konzentration auf die Anteilseigner).

- Sowie mangelnde Interaktion bei der Einführung des Wertmanagements (z.B. fehlende Einbindung der Linienorganisation und Tochterunternehmen bei der Entwicklung des eigenen Wertmanagementkonzeptes und/oder kein mit der Einführung verbundener Change-Management-Prozess).

Wie man sieht, können mit der Einführung des Wertmanagements einige Schwierigkeiten verbunden sein. Stellt man sich auf diese Themen nicht rechtzeitig ein, können zwei Dinge passieren: Entweder bleibt der Einführungsprozess bereits in der Anfangsphase aufgrund mangelnder Akzeptanz im Unternehmen stecken. Oder, man versucht mit dem bestehenden (unzureichenden) Konzept zu arbeiten, muss es aber spätestens dann ändern, wenn es beginnt, falsche Ergebnisse zu liefern – bis dahin besteht allerdings die Gefahr, Fehlentscheidungen aufgrund einer verfälschten Datenbasis zu treffen (z.B. bei der Wahl einer durch Bilanzierungsspielräume „verzerrten" Rentabilitätskennziffer). Das bedeutet, es ist besonders hohe Aufmerksamkeit auf die *Qualität* des Wertmanagementansatzes und seiner Einführung zu legen. Aus diesem Grund wird auf das Thema der Umsetzung im Zusammenhang mit dem WHCM noch einmal sehr ausführlich in Teil D eingegangen.

2.4   Bedeutung des Wertmanagements aus Sicht des HCM

Die Ausführungen der vorherigen Kapitel haben die Vorteile des Wertmanagements aus theoretischer und praktischer Sicht herausgearbeitet und verdeutlicht, welchen positiven Einfluss dieses Konzept auf die Erfolgschancen von Unternehmen heute und auch in der Zukunft haben kann. Doch welche Konsequenzen ergeben sich daraus für das Human Capital Management?

---

[233] Vgl. *Heinz, A./Koch, C.* (1997), S. 11 und *Bötzel, S./Schwilling, A.* (1998), S. 11-60.

Erstens leitet sich aus der Notwendigkeit der Unternehmen, sich stärker an ihrem Unternehmenswert zu orientieren, auch ein Handlungsbedarf für das HCM ab. Wie schon in Kapitel B.1.2 beschrieben, kann das HCM die gewünschte Akzeptanz im Unternehmen nur dann gewinnen, wenn es in der Lage ist, der Organisation einen möglichst hohen Nutzen zu erbringen. Und dieser Nutzen wird zunehmend durch die Wertschaffung gemessen. Also hat sich auch das HCM an der Wertschaffung auszurichten.

Zweitens basiert der Wertmanagementansatz auf einer Theorie, die sich grundsätzlich auf alle Unternehmensbereiche anwenden lässt, so auch auf das HCM. Das bedeutet, Wertmanagement und HCM können *grundsätzlich* miteinander verbunden werden.

Drittens enthält die Theorie des Wertmanagements aber auch einige Elemente, die aus Sicht des HCM noch einmal kritisch überprüft werden müssten. So ist beispielsweise zu fragen, ob und wie weit die *Kapital*orientierung des Wertmanagements auch auf das HCM übertragbar ist und ob es nicht aussagekräftiger wäre, die Kapitalorientierung durch eine *Mitarbeiter-*orientierung[234] zu ersetzen. Das heißt: Sowohl das HCM als auch das Wertmanagement müssen jeweils gegenseitig aneinander angepasst werden, bevor sie zu einem neuen Managementansatz verbunden werden können. Das Ergebnis wäre dann ein Human Capital Management, das nach der Logik und Systematik des Wertmanagements ausgerichtet ist, aber die besonderen Spezifika des Faktors Mensch berücksichtigt – also ein *„Wertorientiertes* Human Capital Management".

Zum Schluss dieses Kapitels soll noch kurz auf das häufig genannte Vorurteil eingegangen werden: „Wertmanagement vernichtet Arbeitsplätze und liegt daher nicht im eigentlichen Sinne der Mitarbeiter und des Human Capital Managements." Gestützt wird dieses Argument u.a. durch die häufig zu beobachtenden Kurssteigerungen, wenn Unternehmen Mitarbeiterentlassungen ankündigen (vgl. Kapitel A.1). Wie sehen die Fakten jedoch wirklich aus?

Tatsächlich scheint eher das Gegenteil der Fall zu sein. Eine Studie der Unternehmensberatung *Bain & Company* unter 288 amerikanischen Unternehmen ergab: Größere Entlassungen *schaden* dem Aktienkurs. Firmen, die während des Wirtschaftsabschwungs von 1990/1991 mehr als 15% ihrer Mitarbeiter entlassen hatten, zeigten in der drei- bis vierjährigen Periode nach der Rezession eine signifikant *schlechtere* Aktienperformance als der Marktdurchschnitt.[235]

Und Untersuchungen der *Boston Consulting Group*[236] zeigen (siehe Abbildung 27[237]): Unternehmen mit hohem Wertzuwachs schaffen im Durchschnitt sogar *mehr* Arbeitsplätze, als

---

[234] Beispiel: Bei Rentabilitätskennziffern nicht das Kapital, sondern die Anzahl der Mitarbeiter eines Unternehmens als Bezugsgröße (= Nenner) zu wählen.
[235] Vgl. *Dodge, R.* (2001); *o.N.* (2001a), S. 22.
[236] Vgl. *Stelter, D. et al.* (2001), S. 4-11.
[237] Vgl. ebenda, S. 7.

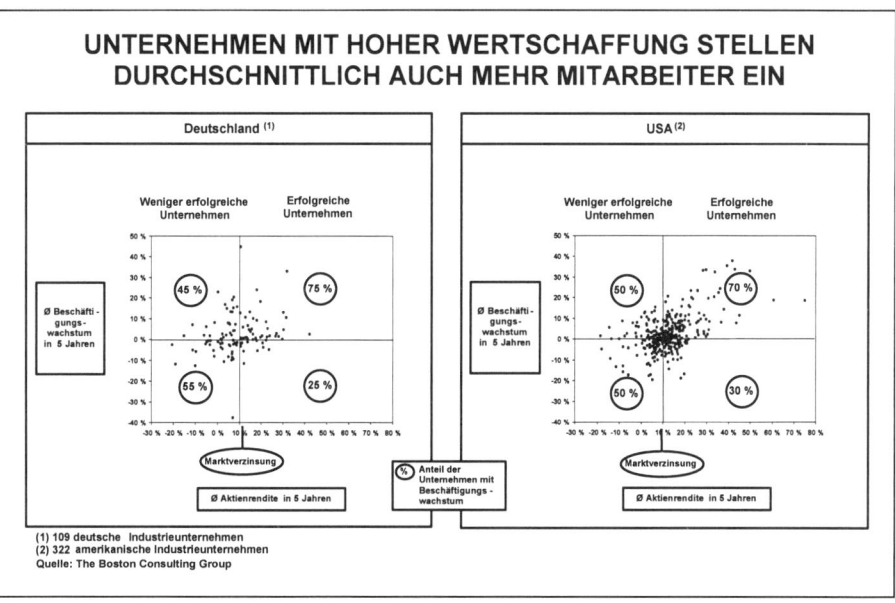

Abbildung 27: Empirische Ergebnisse zur Problematik
„Wertmanagement und Beschäftigung"

andere mit niedrigerer Wertsteigerung. Immerhin 75% der deutschen Unternehmen, die innerhalb eines Zeitraumes von 5 Jahren den Aktienindex geschlagen haben, stellten auch mehr Mitarbeiter ein. Bei den Firmen, die den Aktienindex nicht schlagen konnten, waren es dagegen nur 45%. Die gleiche Tendenz lässt sich auch für die USA feststellen. Über die dahinter stehenden Gründe gibt es zwar keine empirisch fundierten Daten. Aufgrund der Ergebnisse des vorigen Kapitels, aus denen die besondere Wachstumsorientierung der Top-Performer hervorging, lässt sich jedoch vermuten: Das „Zählermanagement" (siehe Kapitel A.1) setzt sich in Unternehmenskreisen immer weiter durch. Das heißt, erfolgreiche Firmen steigern ihren Wert in erster Linie nicht mehr durch alleinige Kostenreduktion, sondern durch Investitionen und die Erschließung neuer Märkte. Und dafür benötigen sie auch neue Arbeitskräfte.

Daraus kann nicht abgeleitet werden, die Freisetzung von Arbeitskräften sei grundsätzlich der falsche Weg, um den Wert zu steigern. Auch die wertschaffenden Unternehmen haben sich von Mitarbeitern getrennt, wie die genannten Studien beweisen. Entlassungen sollten aber, wie später noch begründet wird, immer die „Ultima Ratio", also das letzte Mittel eines Unternehmens sein. Das heißt: Entlassungen können nur dann gerechtfertigt werden, wenn für diese Mitarbeiter aus strategischer Sicht keine Einsatzmöglichkeit mehr besteht (im Gegensatz zu reinen Kostenüberlegungen) *und* die Betroffenen nicht weiterqualifiziert oder in anderen Unternehmensbereichen untergebracht werden können.

Fazit: Das Konzept des Wertmanagements ist durchaus im Sinne des HCM und kann auf dessen Belange übertragen werden. Daraus ergibt sich ein entscheidender Vorteil: Der Nutzen des Human- und des Sachkapitals kann endlich mit dem selben Maßstab gemessen werden – nämlich dem Wertbeitrag. Dabei profitiert einerseits das HCM, indem es die Möglichkeit erhält, mehr Akzeptanz im Unternehmen zu finden. Andererseits nützt es aber auch dem Gesamtunternehmen, denn mit dem „Wertorientierten Human Capital Management" kann es seine Produktionsfaktoren noch konsistenter und effektiver bewerten als bisher und dadurch seine finanziellen Ressourcen noch zielgerichteter im Unternehmen verteilen. Wie so etwas in Theorie und Praxis aussehen kann, wird in den verbleibenden Kapiteln dieser Arbeit behandelt.

3   Die Verknüpfung: Wertorientiertes Human Capital Management (WHCM)

Dass es sinnvoll, machbar und wichtig ist, die Konzepte des Human Capital- und des Wertmanagements miteinander zu verbinden, wurde in den Kapiteln B.1 und B.2 dargelegt. Welche theoretischen und praktischen Ansätze zu einer Verknüpfung dieser beiden Managementarten bereits existieren, ist Inhalt dieses Kapitels, das wie folgt aufgebaut ist: Es beginnt mit einer kurzen Darstellung der Grundzüge des WHCM (B.3.1). Danach werden zwei Vorformen des WHCM beschrieben, in denen bereits die Nutzenseite des HCM berücksichtigt wird, allerdings noch nicht in Form des Unternehmenswertes (B.3.2). Die Kernelemente des WHCM, wie Zielsystem und Werttreiber der Human Capital-Architektur, sind Inhalt des Kapitels B.3.3, gefolgt von Ausführungen zur Akzeptanz und Umsetzung bisheriger Ansätze des WHCM in der Praxis (B.3.4). Ein Zwischenfazit zum Status quo des WHCM beendet schließlich das Kapitel (B.3.5).

3.1   Das Wesen des WHCM

Das WHCM ist ein integrierter Managementansatz, der auf dem Wert- und dem Human Capital Management basiert. Diese beide Konzepte kombinieren sich dabei in folgender Art und Weise: Aus dem Wertmanagement stammt das Oberziel der langfristigen Steigerung des Unternehmenswertes sowie die Analyse- und Steuerungsmethodik in Form der Kennzahlen- und Werttreibersystematik. Die gesamte inhaltliche Seite, also die Werttreiber, werden dagegen vom HCM eingebracht. Der Zielkatalog des WHCM gliedert sich daher auch in zwei Kategorien: in wert- und personalorientierte Ziele.

Zu den *wert*orientierten Zielen des WHCM gehören u.a.

- Die Felder und Aktivitäten des WHCM zu identifizieren, die Einfluss auf den Unternehmenswert haben – auch Werttreiber des Human Capitals (HC) genannt – wie z.B. Personalauswahl, Training oder Incentives.

- Die Wirkungsweise und Stärke der HC-Werttreiber auf den Unternehmenswert zu bestimmen.

- Zielvorgaben für diese Werttreiber zu definieren und deren Einhaltung zu kontrollieren.

- Und letztlich: Den Wertbeitrag des Human Capitals langfristig zu maximieren und dabei die finanziellen Bedürfnisse der verschiedenen Interessengruppen (Stakeholder) zu berücksichtigen.

Zu den *personal*orientierten Zielen des WHCM gehört u.a.:

- Die unterschiedlichen Einflussmöglichkeiten des Managements auf die Werttreiber herauszuarbeiten, wie z.B. Auswahl unterschiedlicher Personalrekrutierungsmethoden, Veränderung der Trainingsqualität und -quantität sowie die Bestimmung des Incentiveangebotes für die Mitarbeiter.

- Festzustellen, in welcher Ausprägung die Werttreiber ihre stärkste Hebelwirkung entfalten (z.B. welche Vergütungsart für welche Mitarbeiter am besten geeignet ist).

- Die Ziele der Organisation und die Bedürfnisse der Mitarbeiter in Einklang zu bringen.

- Die einzelnen Werttreiber im Sinne der Zielvorgaben auszugestalten und zu steuern.

- Die Akzeptanz des Faktors Mensch im Gesamtunternehmen zu erhöhen, um einerseits ausreichend finanzielle Mittel für das WHCM zu erhalten und andererseits bessere Rahmenbedingungen für die Personalarbeit im Unternehmen zu schaffen (z.B. durch eine angenehme und motivierende Unternehmenskultur).

- Das WHCM eng mit den sonstigen Geschäftsprozessen zu verzahnen.

- Und übergreifend: Die Verfügbarkeit des strategisch notwendigen Human Capitals (Quantität und Qualität) im Unternehmen sicherzustellen und dabei die Mitarbeiter so zu befähigen und zu motivieren, dass sie die strategischen und finanziellen Ziele des Unternehmens sowohl erreichen können als auch wollen.

Hinsichtlich der *inhaltlichen* Konzeption des WHCM und seiner theoretischen Grundlagen wird in dieser Arbeit noch einiges Neuland betreten, da bislang, abgesehen von wenigen Ausnahmen[238], in der Literatur noch kein systematischer und etablierter Ansatz dokumentiert ist, der das Wert- und Human Capital Management konsequent und detailliert miteinander verbindet.

---

[238] Den bislang umfassendste Ansatz eines WHCM stellt das „Workonomics[TM]"-Konzept der *Boston Consulting Group* dar; vgl. u.a. *Nölting, A.* (2000), S. 4 und *Strack, R./Franke, J./Dertnig, S.* (2000), S. 283-288. Einen weiteren Beitrag, jedoch ohne detailliertere wissenschaftlich-theoretische Ausarbeitung, leistet die Studie der Unternehmensberatung *Watson Wyatt* „The Human Capital Index[TM] – Linking Human Capital and Shareholder Value (vgl. *Watson Wyatt* (2000a).

Zerlegt man das WHCM gedanklich in seine drei wichtigsten Unterthemen:

1. Tätigkeitsspektrum

2. Steuerungslogik und

3. Wertbestimmung des Human Capitals,

dann existiert zwar für Punkt 1 bereits eine theoretische Fundierung durch das HCM und für Punkt 2 eine durch das Wertmanagement (vgl. Kapitel B.2). Aber für Punkt 3, die Wertbestimmung des Human Capitals, sowie die konsequente Integration dieser drei Aspekte gibt es in der Theorie bislang noch wenig Quellen. Fasst man Punkt 3 allerdings etwas weiter und spricht statt der *Wert*bestimmung etwas allgemeiner von der *Nutzen*bestimmung, dann existieren sehr wohl einige Konzepte in der Literatur, die sowohl theoretisch als auch empirisch genügend fundiert sind, um als Basis für das WHCM zu dienen. Aus diesem Grunde sollen zunächst die beiden wichtigsten Theorien für das WHCM vorgestellt werden, das Human Resource Accounting (HRA)[239] und das Konzept der High Performance Work Systems (HPWS)[240]. Denn zum einen können sie als Vorformen und Wegbereiter des WHCM gelten, und zum anderen ist das WHCM-Konzept vor ihrem Hintergrund noch etwas leichter zu verstehen.

Auf die Bedeutung des WHCM wurde ja schon an verschiedenen Stellen dieser Arbeit hingewiesen, sowohl was die Akzeptanz der Personalarbeit anbelangt als auch die Notwendigkeit, die Produktionsfaktoren Arbeit und Kapital nach einer ähnlichen Logik zu bewerten und zu steuern. Richtig plastisch und greifbar wird der Stellenwert des WHCM jedoch erst, wenn sein Nutzen auch in Geldeinheiten ausgedrückt wird. Dazu bedarf es allerdings noch der empirischen Ergebnisse in Teil C, weshalb auf diesen Aspekt erst an späterer Stelle in Kapitel C.2 ausführlicher eingegangen wird.

3.2 Die Vorformen des WHCM

Die Sichtweise, den Menschen bzw. den Produktionsfaktor Arbeit als ökonomische *Vermögens*art zu betrachten, und damit auch seinen finanziellen Wert[241] und seine Qualität zu schätzen, wurde zuerst systematisch in der Volkswirtschaftlehre eingenommen.[242] Allerdings blieb diese Thematik auch dort ziemlich lange ausgeklammert und wurde zunächst nur von wenigen Außenseitern diskutiert.

---

[239] Vgl. u.a. *Likert, R.* (1967); *Likert, R./Seashore, S. E.* (1967); *Likert, R./ Pyle, W.C. (1971)*; *Likert, R./ Bowers, D.G.* (1973); besonders *Flamholtz, E.* (1974), auch (1971, 1972a und b) sowie Kapitel B.3.2.1.

[240] Vgl. zur Übersicht *Becker, B.E./Gerhart, B.* (1996), S. 779-801 oder *Becker, B.E./Huselid, M.A.* (1998a), S. 53-100 sowie ausführlicher in Kapitel B.3.2.2.

[241] Hier *allgemein* zu verstehen und nicht nur als „Beitrag zum Unternehmenswert".

[242] Vgl. *Schmidt, H.* (1982b), S. 7.

Ein möglicher Grund dafür:

> *„Eine innere Scheu scheint die Schriftsteller und überhaupt Alle von der Betrachtung, was der Mensch kostet, welches Kapital in ihm enthalten ist, abzuhalten. Der Mensch scheint uns zu hoch zu stehen, und wir fürchten eine Entwürdigung zu begehen, wenn wir eine solche Betrachtungsweise auf ihn anwenden. Aus dieser Scheu entspringt aber Unklarheit und Verworrenheit der Begriffe über einen der wichtigsten Punkte der Nationalökonomie, und andererseits ist es nachgewiesen, dass Freiheit und Würde des Menschen auch dann, wenn er den Gesetzen des Kapital unterworfen ist, siegreich bestehen können. "*[243]

Johann Heinrich von Thünen (1875)

Wirklich etabliert – wenn auch auf „Umwegen"[244] – hat sich die Vermögenssicht des Faktors Mensch erst durch die Neoklassische Wachstumstheorie, in der auch eine erste Quantifizierung versucht wurde.[245] In der Betriebswirtschaftlehre, der Betrachtungsebene dieser Arbeit, dauerte es dagegen noch deutlich länger bis in die 70er Jahre hinein, bis auch hier der finanzielle Nutzengedanke (im Vergleich zur reinen Kostenbetrachtung) im Zusammenhang mit dem Personal Einzug hielt. Erklären mag sich dieser Umstand u.a. auch aus der notwendigen Voraussetzung, zwei Wissenschaftsrichtungen, das Rechnungswesen[246] und die Verhaltenswissenschaften (Behavioral Sciences), miteinander zu einem integrierten Ansatz zu verbinden.[247]

Die Wurzeln des WHCM liegen vor allem in zwei theoretischen Ansätzen, dem „Human Resource Accounting" (HRA)[248] und dem Konzept der „High Performance Work Systems"

---

[243] *Thünen, J.H.* von (1875), S. 145f., zitiert nach *Voigt, F.* (1982), S. 399.

[244] Zunächst beschäftigte sich die Wachstumstheorie nur mit dem Problem, wie sich der Realkapitalbestand einer Volkswirtschaft erhöht und wie es zu Qualitätssteigerungen kommen kann. Erst nachdem in vielen Industrienationen Vollbeschäftigung von Arbeit und Kapital vorherrschten, setzte sich die Einsicht durch, Wachstum sei vor allem durch *Produktivitätssteigerung* der nur noch begrenzt vermehrbaren Ressourcen erreichbar. Dies wiederum erfordere technischen Fortschritt und die qualitative Verbesserung der vorhandenen Arbeitskräfte; vgl. *Voigt, F.S.* (1982), S. 399-401. Obwohl der technische Fortschritt eigentlich auch auf Investitionen in Mitarbeiter und Fortbildung zurückgeht, galt er in den herkömmlichen Wachstumsmodellen hingegen noch als etwas, das „kontinuierlich vom Himmel fällt" (vgl. *Ehrlicher, W.* (1964), S. 873).

[245] Vgl. u.a. *Correa, H.* (1963), *Denison, E.F.* (1964), *Bombach, G.* (1964), *Correa, H./Tinbergen, J.* (1962) sowie *Tinbergen, J. /Bos, H.C.* (1964).

[246] Heute besser als „Controlling" bezeichnet (siehe auch Kapitel B.1.1.4.13 und C.2.3.7).

[247] Vgl. *Cascio, W.F.* (1991), S. 1. Die Methoden zur Kosten- und Nutzenrechnung existieren zwar schon seit längerer Zeit (vgl. z.B. *Brogden, H.E.* (1949) und *Brogden, H.E./Taylor, E.* (1950) oder *Cronbach, L.J./Gleser, G.C.* (1965)), aber erst Mitte der 70er Jahre begannen auch die Verhaltenswissenschaftler, sich darauf zu konzentrieren, das menschliche Verhalten im Unternehmen unter finanziellen Gesichtspunkten zu messen und zu beschreiben.

[248] Vgl. u.a. *Likert, R.* (1967); *Likert, R./Seashore, S. E.* (1967); *Likert, R./ Pyle, W.C.* (1971); *Likert, R./ Bowers, D.G.* (1973); besonders *Flamholtz, E.* (1974), auch (1971, 1972a und b) sowie Kapitel B.3.2.1.

(HPWS)[249], auf die gleich noch ausführlicher eingegangen wird. Dabei schafft das HRA zunächst einmal die Grundlage, die Kosten und den finanziellen Wert des Humanvermögens zu erfassen und im Rechnungswesen zu verankern. Das Konzept der HPWS baut anschließend auf diesen Erkenntnissen auf und geht dabei noch einen Schritt weiter, indem es untersucht, welche Aktivitäten bzw. „Arbeitspraktiken" (Work Practices) notwendig sind, um das Humanvermögen möglichst erfolgreich zu nutzen.

3.2.1 Human Resource Accounting (HRA)

Das Human Resource Accounting ist, wörtlich übersetzt, eine Rechnungslegung über die Mitarbeiter als Ressource einer Organisation. Es beinhaltet dabei zum einen die Messung der Kosten, die einem Unternehmen oder einer Organisation entstehen bei Anwerbung, Auswahl, Einstellung, Ausbildung, Entwicklung und Ersatz seiner personellen Aktiva.[250] Zum anderen wird aber auch der Wert ermittelt, den die Ressource „Mensch" für das Unternehmen tatsächlich verkörpert. Die beiden Komponenten des HRA sind daher das Cost- und das Value-Accouting.[251]

Das Hauptziel des HRA ist, die Entscheidungen und das Verhalten der Human Capital Manager in einer Art zu beeinflussen, die gegenüber der Belegschaft signalisiert: Das Personal insgesamt, aber auch jeder einzelne Mitarbeiter, stellt für das Unternehmen einen wichtigen Vermögens- bzw. Kapitalbestandteil dar (das Human Capital), mit dessen Wert sehr sorgsam umgegangen werden sollte.

Besonders wesentlich an diesem Ansatz ist seine Grundeinstellung, den Mitarbeiter nicht nur unter Kosten- sondern *explizit* auch unter Nutzengesichtspunkten zu betrachten. In den USA, einem Land, in dem unternehmerische Entscheidungen früher nahezu ausschließlich aufgrund ökonomischer Größen (vor allem der Kapitalproduktivität) gefällt wurden, sollte mit dieser Sichtweise für mehr Humanität im Arbeitsleben geworben werden. Gleichzeitig wurde aber auch betont, dass Investitionen in das *Human* Capital durchaus sehr produktiv sein können und ein stärker *mitarbeiter*orientiertes Management die Leistung der Mitarbeiter dabei noch weiter erhöhen kann. Zum Beispiel wenn die Arbeitsproduktivität durch eine motivierende Personalpolitik gesteigert wird, die sowohl psychologische als auch soziologische Erkenntnisse berücksichtigt.[252] Das Human Resource Accounting wird damit zu einer Art

---

[249] Vgl. zur Übersicht *Becker, B.E./Gerhart, B.* (1996), S. 779-801 oder *Becker, B.E./Huselid, M.A.* (1998a), S. 53-100 sowie ausführlicher in Kapitel B.3.2.2.

[250] Hinweis: Die Kosten für Löhne und Gehälter werden im Rahmen den HRA nicht explizit erfasst, da sie nur „kurzfristige" Bedeutung haben und daher nicht „kapitalisiert" werden. Ähnlich wie bei einer Maschine, bei der die Betriebskosten auch nicht direkt in die Bilanz eingehen, sondern nur indirekt über die Gewinn- und Verlustrechnung erfasst werden. Auf die damit verbundenen Probleme wird an späterer Stelle noch eingegangen (vgl. *Brummet, R.L.* (1982), S. 68).

[251] Vgl. *Flamholtz, E.* (1982), S. 74 und *Schmidt, H.* (1982b), S. 12.

[252] Vgl. auch *Likert, R.* (1961, 1967, 1971 und 1973), *Lawler, E.E.* (1971 und 1982).

Informationssystem und Hilfsmittel, mit dem das betriebliche Human Capital rentabler eingesetzt werden kann.

Die erste publizierte HRA-Studie ist wahrscheinlich die Arbeit von *Hermanson*, „Accounting for Human Assets" aus dem Jahre 1964.[253] In diesem Werk entwickelte *Hermanson* die Idee, den Wert der Human Resources aus der Ertragskraft der Belegschaft eines Unternehmens abzuleiten. In seinem Messmodell berechnet er diesen Wert konkret durch die Differenz zwischen der Ertragskraft des betrachteten Unternehmens und einem vergleichbaren Industrie- oder Branchendurchschnitt.[254]

Als Nächstes folgten die sozial-psychologischen Ansätze von *Likert*[255] und *Brummet*[256], die auf Experimentalergebnisse bei der *R.G. Barry Corporation* in Ohio zurückgingen und vor allem die Individual- und nicht die Organisationsebene in den Vordergrund stellten. Einen der größten Meilensteine im HRA stellten schließlich die Arbeiten des in der Tradition von *Likert* arbeitenden *Flamholtz* dar,[257] auf dessen Ansatz gleich noch näher eingegangen wird.[258] Modernere Weiterentwicklungen des HRA finden sich darüber hinaus z.B. bei *Cascio*.[259] Obwohl das HRA seinen Durchbruch nie in der Breite der Unternehmenspraxis feiern konnte[260], liefert es doch wertvolle Grundlagen für das WHCM, insbesondere was bestimmte Messmethoden anbelangt – einen der wichtigsten und gleichzeitig schwierigsten Aspekte des WHCM. Daher werden nachstehend die einzelnen Komponenten des HRA, wie Kosten (B.3.2.1.1), Wert (B.3.2.1.2) und deren Zusammenführung (B.3.2.1.3) vorgestellt sowie die deutsche Weiterentwicklung des HRA: die Humanvermögensrechnung (B.3.2.1.4). Die Vor- und Nachteile des HRA bzw. der Humanvermögensrechnung werden zum Schluss in Unterkapitel B.3.2.1.5 gegenübergestellt und kommentiert.

3.2.1.1 Komponente I: Die Kosten der Human Resources[261]

Kosten sollen hier formal im Sinne von *Flamholtz* als (finanzielles) Opfer (Sacrifice) verstanden werden, das erbracht wird, um einen erwarteten Nutzen oder eine Leistung zu erhalten. Dabei können Kosten grundsätzlich bei der Anschaffung von materiellen als auch von immateriellen Gütern anfallen.[262] Human Resource-Kosten sind demnach (finanzielle)

---

[253] Vgl. *Hermanson, R.* (1964).
[254] Vgl. auch *Walker, J.P.* (1976), S. 15.
[255] Vgl. zur Übersicht *Likert, R./Pyle, W.C.* (1971).
[256] Vgl. zur Übersicht *Brummet, L./Flamholtz, E.G./Pyle, W.C.* (1968).
[257] Siehe vor allem *Flamholtz, E.* (1974).
[258] Vgl. *Walker, J.P.* (1976), S. 15f.
[259] Vgl. *Cascio, W.F.* (1991).
[260] Vgl. u.a. *Wunderer, R./Jaritz, A.* (1999), S. 11 und 155-164.
[261] Weil in den Texten des HRA zumeist von Human *Resources* und nicht von Human *Capital* gesprochen wird, soll dieser Begriff hier ebenfalls verwendet werden.
[262] Vgl. *Flamholtz, E.* (1974), S. 33. Hinweis: Über den Kostenbegriff herrscht in der Literatur keine volle Übereinstimmung. Die im deutschsprachigen Raum vorherrschende Definition geht auf den *wertmäßigen*
(Fortsetzung nächste Seite)

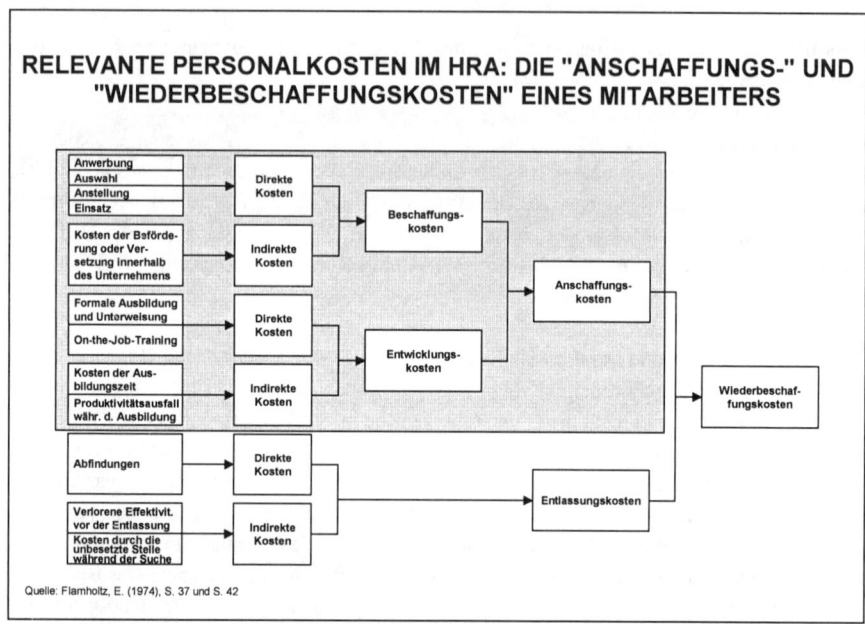

Abbildung 28: Die Bestandteile der Anschaffungs- und Wiederbeschaffungskosten
für einen Mitarbeiter

Opfer, die im Zusammenhang mit der Akquisition[263] bzw. dem Ersatz von Arbeitskräften verbunden sind,[264] wobei es sich sowohl um tatsächlich anfallende Kosten als auch um Opportunitätskosten handeln kann.

Für das HRA spielen vor allem zwei Kostenarten eine Rolle: die Anschaffungs- oder Ist-Kosten und die Wiederbeschaffungskosten.[265] Welche Kostenarten darunter fallen, zeigt die Abbildung 28.

Die Ist-Kosten spiegeln den Aufwand wider, der damit verbunden ist, das erforderliche Personal zu beschaffen und zu entwickeln – analog zu den Ist-Kosten für andere Aktiva. Zu den Ist-Kosten zählen z.B. die Kosten für die Rekrutierung, Auswahl, Anstellung, den Einsatz oder die Fortbildung von Mitarbeitern. Die Kosten können hierbei sowohl in direkter (z.B.

Kostenbegriff von *Schmalenbach* zurück, nach dem Kosten den bewerteten Verbrauch von Gütern und Dienstleistungen darstellen für die Herstellung und den Absatz betrieblicher Leistungen sowie für die Aufrechterhaltung der dafür notwendigen Kapazitäten; vgl. *Schmalenbach, E.* (1963), S. 6. Im Zusammenhang mit dem HRA ist jedoch eine weitergefasste Definition sinnvoller.

[263] Hierunter wird nicht nur der reine Rekrutierungsprozess verstanden, sondern z.B. auch die Kosten für Aus- und Weiterbildung. Nicht enthalten sind im HRA die laufen Kosten, wie z.B. Gehaltszahlungen (sic!).

[264] Ebenda, S. 35.

[265] Die Opportunitätskosten werden an dieser Stelle nicht weiter behandelt, da sie von ihrem Charakter her eher zur zweiten Komponente des HRA zählen – dem Wert der Human Resources.

Rekrutierungskosten) oder indirekter Form (z.b. Arbeitszeit des Vorgesetzten für die Ausbildung seiner Mitarbeiter) anfallen.[266]

Bei den Wiederbeschaffungskosten handelt es sich dagegen um den Aufwand, der entstünde, wenn man einen gegenwärtig beschäftigten Mitarbeiter ersetzen wollte. Darunter fallen nach *Flamholtz* z.b. Kosten für die Trennung von diesem Mitarbeiter sowie für die Rekrutierung und Ausbildung einer Ersatzperson.[267]

Weil die genannten Kosten vergleichsweise leicht aus dem Rechnungswesen zu generieren sind, wird hier auf die möglichen Verfahren zur Kostenerhebung nicht weiter eingegangen.[268] Dafür wird die weitaus schwierigere Aufgabe, den „Wert" der Human Resources zu messen, im nächsten Kapitel etwas ausführlicher behandelt.

3.2.1.2   Komponente II: Der (Brutto-)Wert der Human Resources

Vor dem Hintergrund des in Kapitel B.2 skizzierten Wertmanagements, muss der „Wert" im Zusammenhang mit dem HRA noch einmal neu definiert werden. Denn dieser Begriff wird im HRA wesentlich weiter gefasst: als jetziger „Nutzen"[269] der zukünftig zu erwartenden Leistungen. Der Wert (Value) eines Mitarbeiters für eine Organisation kann daher als der erwartete jetzige Nutzen (Present Worth) des Bündels an Leistungen interpretiert werden, den er in der Zeit erbringt, die er dem Unternehmen voraussichtlich noch zur Verfügung steht. Der Wert (Value) einer Gruppe oder der gesamten Belegschaft kann folglich analog als der erwartete Wert ihrer in der Zukunft erwarteten Leistungen für das Unternehmen definiert werden.[270] Obwohl in der Literatur nicht immer explizit zwischen Brutto- und Nettowert unterschieden wird, ist diese Differenzierung doch sehr wichtig. Denn unter dem *Brutto*-Wert wird der Wert *vor* und unter *Netto*-Wert der Wert *nach* den dazugehörigen Kosten verstanden. Die entscheidende Größe ist zwar der Netto-Wert, doch dafür muss zunächst der Wert vor Kosten ermittelt werden, und das ist die weitaus schwerere Aufgabe. Aus Vereinfachungs-gründen wird in dieser Arbeit unter dem Begriff Wert im Zusammenhang mit dem HRA immer der *Brutto-Wert* verstanden. Ist dagegen der Netto-Wert gemeint, wird dieses *explizit* angegeben.

---

[266] Vgl. *Flamholtz, E.* (1982), S. 79 oder (1974), S. 35.

[267] Vgl. *Flamholtz, E.* (1982), S. 80 oder (1974), S. 36. Anmerkung: In der Praxis fallen nur dann Trennungs-kosten an, wenn ein Mitarbeiter nicht von sich aus geht.

[268] Ausführlich zu diesem Thema siehe z.B. *Fitz-enz, J.* (1995) oder *Cascio, W.F.* (1991).

[269] Im Englischen wird hier der Begriff „Worth" gewählt, der eigentlich mit „Wert" übersetzt werden müsste, jedoch eher im Sinne „innerer Wert" oder Nutzen („Utility", „Benefit") aufgefasst wird. Der eher ökonomisch zu verstehende „Wertbegriff" wird dagegen im Englischen durch das Wort „Value" ausgedrückt. Um diese begriffliche Unterscheidung vornehmen zu können, wird das Wort „Worth" mit Nutzen übersetzt und „Value" mit Wert.

[270] Vgl. *Flamholtz, E.* (1974), S. 114.

Im Rahmen des HRA sind sowohl monetäre als auch nicht-monetäre Methoden entwickelt worden, mit denen der Wert des Human Capitals bestimmt werden kann. Dabei werden die monetären Messungen vor allem deshalb benötigt, weil die Recheneinheit „Geld" den am häufigsten genutzten gemeinsamen Nenner von Unternehmensentscheidungen darstellt. Nicht-monetäre Verfahren werden dagegen immer dann gebraucht, wenn sich monetäre Messungen weniger eignen oder gar nicht erst möglich sind.[271] Bevor auf die einzelnen Messverfahren eingegangen wird, sollen zunächst die möglichen Determinanten beleuchtet werden, die den Wert der Human Resources überhaupt beeinflussen können.

3.2.1.2.1 Determinanten des (Brutto-)Wertes

Eine wichtige Voraussetzung, um den Wert der Human Resources zu messen, ist die Determinanten zu kennen, die ihn beeinflussen können. In der Wissenschaft werden dabei Ansätze unterschieden, die den Wert von Einzelpersonen oder von Gruppen erklären.

Eines der bekanntesten Modelle für die Determinanten des Wertes einzelner *Individuen* hat *Flamholtz* entwickelt (siehe Abbildung 29). Dieses Modell enthält sowohl ökonomische, soziale als auch psychologische Faktoren und basiert auf der Annahme: Der Wert einer Person wird a) von den Eigenschaften bestimmt, die eine Person in die Organisation einbringt (z.B. Charakter, Fähigkeiten und Motivation) und b) von den Charakteristika der Organisation selber (z.B. Struktur, Belohnungssystem, Führungsstil und Rollenbeschreibungen). Hierbei ergeben die individuellen Eigenschaften des Mitarbeiters seinen „konditionellen" bzw. potenziellen Wert und die Charakteristika des Unternehmens die Wahrscheinlichkeit, mit der diese Person weiter im Unternehmen verbleibt. Aus dem Produkt beider Faktoren errechnet sich dann der erwartete realisierbare Wert des Einzelnen für das Unternehmen.[272] Durch empirische Untersuchungen konnte *Flamholtz* dieses Modell auch praktisch validieren. Die verschiedenen Pfeilarten in der Abbildung 29 geben an, welche Determinanten im Rahmen dieser Untersuchungen empirisch (hypothetisch) bestätigt wurden und welche nur als mögliche Einflussfaktoren angesehen werden können.[273]

Um das Modell von *Flamholtz* zu bewerten, ist besonders zu berücksichtigen, in welchem Kontext und mit welchem Ziel die Wertmessung erfolgen soll. Geht es darum, nur den Wert eines einzelnen Individuums zu bestimmen, z.B. im Rahmen einer Personalentscheidung, ist es grundsätzlich sinnvoll einsetzbar. Voraussetzung ist allerdings, dass sich die Leistung klar dem zu Bewertenden zuordnen lässt. In den heutigen Geschäftsprozessen ist jedoch der Regelfall, dass ein Großteil der „beobachtbaren" Leistung (z.B. Anzahl gefertigter Produkte) durch Gruppen erbracht wird und nicht durch Einzelpersonen.

---

[271] Vgl. *Flamholtz, E.* (1982), S. 82.
[272] Vgl. *Flamholtz, E.* (1974), S. 114-127 und (1982), S. 82f.
[273] Zur Messung der Determinanten und zur Berechnung des Wertes siehe ebenda, S. 155-158, zur empirischen Validierung vgl. ebenda S. 137-149.

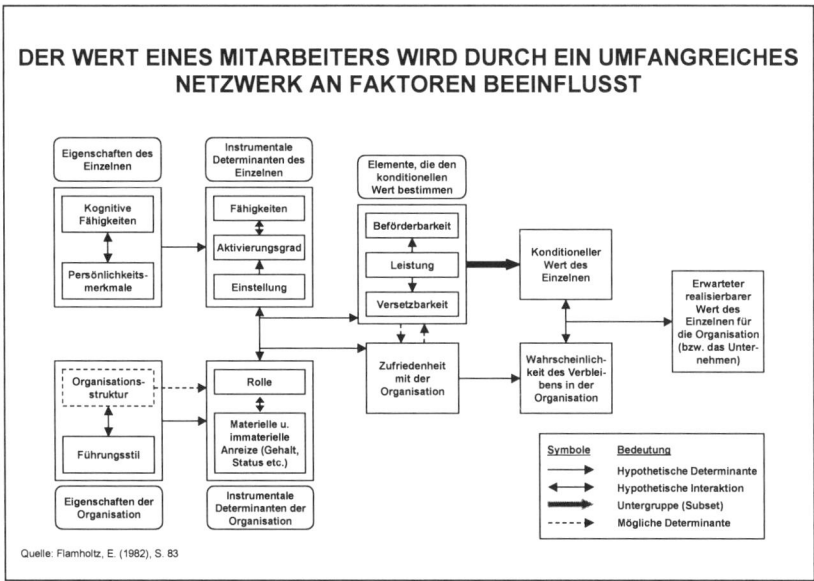

Abbildung 29: *Determinantenmodell zur Bestimmung des Wertes eines Mitarbeiters für eine Organisation*

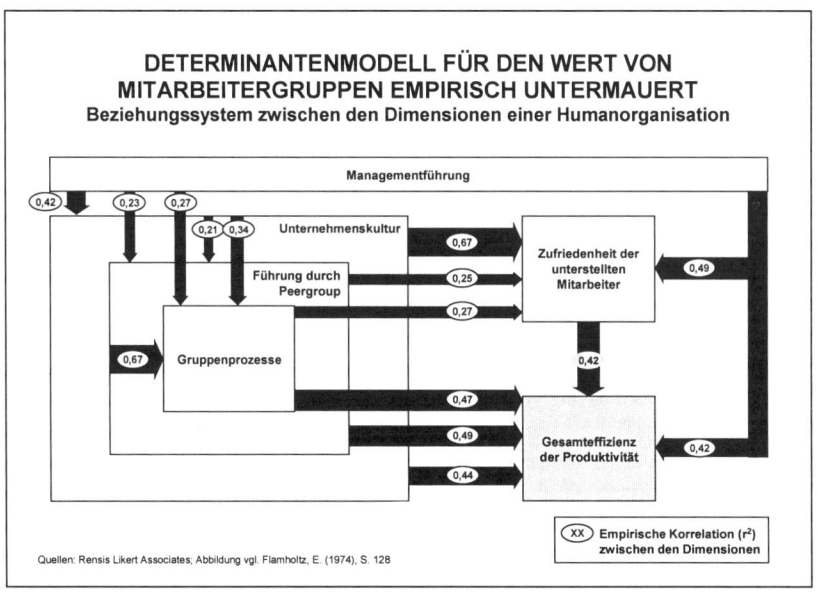

Abbildung 30: *Die Determinanten für den Wert einer Gruppe von Mitarbeitern*

Noch problematischer ist die Anwendung dieses Modells, wenn der Wert von ganzen Gruppen zu bestimmen ist. Denn aufgrund der Synergien, die sich zwischen einzelnen Individuen ergeben können, ist der Gruppenwert in der Regel ungleich der Summe der Individualwerte. Aber das wäre die einzige Möglichkeit, wie mit dem Modell von *Flamholtz* der Gruppenwert errechnet werden könnte.

Um diese Lücke zu schließen, haben *Likert* und *Bowers* ein Modell entwickelt, mit dem speziell der Wert von Gruppen[274] erklärt und ermittelt werden kann (siehe Abbildung 30).[275] Ihm zu Grunde liegen Studien von *Likert et al.* am *Institute for Social Research* der Universität Michigan, in denen Determinanten identifiziert und gemessen wurden, die zu effektiven Organisationsstrukturen und Managementstilen führen.[276] Zusammengesetzt ist dieses Modell aus drei Typen von Variablen: Kausal-, Zwischen- (intervening) und (End-)Ergebnisvariablen.[277]

Kausalvariablen: In dem Modell von *Likert* und *Bowers* werden zwei Typen von Kausal-variablen unterschieden – das Managementverhalten und die Organisationsstruktur. Zum Managementverhalten gehören Faktoren wie: Wertschätzung und Unterstützung der Mitarbei-ter, Teambuilding, Vorgabe und gemeinsame Ausrichtung auf Ziele sowie die Erleichterung der Arbeit z.b. durch Planung, Koordination und Unterstützungsinstrumente.[278] Der zweite Typ von Kausalvariablen betrifft dagegen die *strukturelle* Beziehung zwischen den verschie-denen Rollen(inhabern) in der Organisation – ausgedrückt z.b. durch die Berichtsstrukturen, die Natur der hierarchischen Strukturen und den „Fit" zwischen der formalen und der informalen Organisation.[279]

---

[274] Der Begriff "Gruppe" kann in zweierlei Hinsicht interpretiert werden. Erstens, jede *beliebige* Gruppierung von *n* Personen (mit n > 1). Und zweitens aus *soziologischer* Perspektive, wobei sich eine Gruppierung mehrerer Personen auch als „Gruppe" *fühlt*, d.h. sie teilen eine gemeinsame Gruppenidentität. Aus diesem soziologischen Blickwinkel soll der Begriff „Gruppe" in der Folge weiter verwendet werden. Allerdings ergibt sich daraus für das HRA die Konsequenz: Zwei gleich große Gruppen können einen unterschiedlichen Wert verkörpern, wenn die eine z.B. aus fünf wahllos ausgewählten Personen besteht, die gemeinsam eine Aufgabe verrichten sollen und die andere aus fünf Leuten, die schon seit vielen Jahren zusammen die gleiche Tätigkeit ausüben (vgl. *Flamholtz, E.* (1974), S. 177f.).

[275] Vgl. *Likert, R./Bowers, D.G.* (1973), S. 15-24. sowie für die zu Grunde liegenden empirischen Untersu-chungen *Likert, R.* (1961).

[276] Für die zu Grunde liegenden empirischen Untersuchungen vgl. *Likert, R.* (1961).

[277] *Kausal*variablen sind hier unabhängige Variablen, die den Grund für Organisationsentwicklungen und die daraus resultierenden Ergebnissen angeben. Die *Zwischen*variablen (Intervening Variables) reflektieren den inneren Zustand, die Gesundheit und Leistungskraft der Organisation (z.B. Loyalität, Motivation, Leistungsziele, Kommunikation oder Entscheidungsprozesse). Die *Ergebnis*variablen (End-Result Variables) stellen die abhängigen Variablen dar, in denen sich die von der Organisation erzielten Ergebnisse widerspiegeln, z.B. Produktivität, Kosten, Wachstum, Marktanteil oder Gewinn; vgl. *Flamholtz, E.* (1974), S. 128 sowie für die Modellerklärung S. 129-133.

[278] Diese Faktoren sind aus der „Vier-Faktoren-Theorie der Führung" von *Bowers* und *Seashore* abgeleitet (vgl. *Bowers, D.G./Seashore, S.E.* (1966), S. 238-263.

[279] Hinweis: Obwohl als Kausalvariable definiert, wird die Organisationsstruktur nicht als solche in der schematischen Modelldarstellung wiedergegeben.

Zwischenvariablen: Die beiden Gruppen der Kausalvariablen beeinflussen die Zwischenvariablen, die *Likert* und *Bowers* in vier Klassen einteilen:

- Gruppenprozesse (z.b. Planung, Koordination oder Kommunikation)

- Führung innerhalb der Peer Group

- Organisations-/Betriebsklima.[280]

- Zufriedenheit der unterstellten Mitarbeiter (Subordinates' Satisfactions)

Die Richtung und Beziehung zwischen den einzelnen Variablen wird durch die Pfeilrichtung in der Abbildung 30 ausgedrückt. Die Stärke der Beziehung gibt der jeweilige Korrelationskoeffizient (r^2) an.

Ergebnisvariablen: Das Endergebnis wird durch die Variable „Total Productive Efficiency" angegeben, vielleicht frei als „Gesamtproduktivität" übersetzt. Zusammengesetzt ist sie u.a. aus Komponenten wie Umsatz, Kosten und Gewinn, welche durch die Kausal- und Zwischenvariablen beeinflusst werden.

Zur Bewertung des Modells: Obwohl die Variablen und die Struktur dieses Modells auf empirischen Untersuchungen basieren, kann es noch nicht als vollständig validiert angesehen werden. Zum einen sind sicherlich nicht alle möglichen Determinanten des Gruppenwertes enthalten. Und zum anderen dürfte die Messung der einzelnen Variablen nicht immer leicht sein. Aber: Dieses Modell stellt eine sehr systematische und fundierte Grundlage möglicher Faktoren dar, die den Wert von Gruppen beeinflussen können, und wie diese untereinander wirken. Außerdem bieten die genannten Variablen wertvolle Ansatzpunkte für die Messung nicht-monetärer Faktoren. *Likert* hat sogar vorgeschlagen, die mit seinem Modell ermittelten Variablenwerte zur Prognose für die Veränderung der finanziellen Situation eines Unternehmens anzuwenden, die auf die Veränderung des Wertes seiner Human Resources zurückgeht.

Eine weitere Limitation des Modells liegt allerdings in der engen Verbindung mit *Likerts* Managementtheorie. Die Frage, wie kompatibel dieses Modell mit anderen Managementtheorien ist und ob dessen Validität auch von der Validität seiner Managementtheorie abhängt, ist wissenschaftlich bislang noch nicht belegt. Im Rahmen dieser Dissertation werden daher bestimmte Faktoren des Modells herausgegriffen und erneut empirisch im Kontext mit der Theorie des WHCM empirisch überprüft.

---

[280] Eine ausführliche Übersicht der Messgrößen, mit denen die Dimensionen der Organisation aus Mitarbeitersicht erfasst wurden, findet sich in *Likert, R./Bowers, D.G.* (1973), S. 15-24 oder *Flamholtz, E.* (1974), S. 131.

3.2.1.2.2 Nicht-monetäre Wertmessung

Obwohl „Geldeinheiten" die traditionellen Rechenparameter im Rechnungswesen darstellen, wird auch den nicht-monetären Größen eine Bedeutung beigemessen. Für das HRA haben diese nicht-monetären Indikatoren sogar einen sehr hohen Stellenwert. Erstens können sie überall dort verwendet werden, wo monetäre Messgrößen relativ unwichtig für die Entscheidungen sind (z.B. bei der Frage, ob ein bestimmter Mitarbeiter von seiner Einstellung und seinem Verhalten her noch in das Unternehmen passt oder nicht). Zweitens lassen sich nicht-monetäre Messgrößen als Ersatz für monetäre nutzen, beispielsweise, wenn der monetäre Wert von Mitarbeitern nicht genau oder nur mit großem Aufwand bestimmt werden kann, eine qualitative Rangreihung jedoch inhaltlich völlig ausreichend ist. Und drittens können nicht-monetäre Indikatoren dazu verwendet werden, um daraus später monetäre Messgrößen abzuleiten (s.u.).[281] Aus diesen Gründen ist es äußerst wichtig, auch nicht-monetäre Messverfahren zu entwickeln, die valide und zuverlässig sind.

Beispiele für nicht-monetäre Messmethoden und -instrumente sind:

- Skill-Datenbanken, in denen u.a. die Fähigkeiten und das Leistungspotenzial[282] der Mitarbeiter anhand einheitlicher Kriterien systematisch erfasst werden

- Formelle Leistungsbeurteilungen (siehe Kapitel B.1.1.4.7 und C.2.3.4.1)

- Die Messung der Einstellungen von Mitarbeitern (z.B. durch Zufriedenheitsbefragungen)[283]

- Oder die subjektive Erhebung des erwarteten Mitarbeiternutzens z.B. durch Experteninterviews.[284]

Im Rahmen des WHCM wird auf einige Methoden der nicht-monetären Wertmessung noch etwas genauer eingegangen. Das Hauptaugenmerk soll im weiteren jedoch auf den monetären Verfahren liegen, denn ihre „Überzeugungskraft" ist in der Unternehmenspraxis erfahrungsgemäß deutlich höher.[285]

---

[281] *Flamholtz, E.* (1974), S. 151f.

[282] Eine häufig genutzte Methode für dessen Erfassung ist der „Trait Approach". Hierbei werden zunächst die (Charakter)-Eigenschaften (Traits) bestimmt, die notwendig sind, um eine Arbeitsstelle erfolgreich auszufüllen. Im nächsten Schritt wird mittels Einschätzung oder psychometrischer Methoden festgestellt, wie weit ein Mitarbeiter über diese Eigenschaften verfügt und daraus sein Potenzial abgeleitet (vgl. u.a. *Flamholtz, E.* (1974), S. 154).

[283] Siehe auch Kapitel C.2.3.7.

[284] Hierbei wird der erwartete (potenzielle) Nutzen eines Mitarbeiters für das Unternehmen mit der subjektiv vom Bewertenden erwarteten Wahrscheinlichkeit multipliziert, dass dieser Nutzen tatsächlich realisiert wird. Methoden zur direkten Messung des Nutzens und der subjektiven Wahrscheinlichkeit sind z.B. Paarvergleiche oder Rating-Methoden. Eine weitere Alternative sind Skalierungsmethoden, bei denen durch Zahlenwerte der Grad des Vorhandenseins bestimmter Eigenschaften und Charakteristika ausgedrückt werden soll. 0 bedeutet dabei z.B.: „Eigenschaft nicht vorhanden" und 7 „außerordentlich stark ausgeprägt" (vgl. z.B. *Edwards, W.* (1962) oder *Galanter, E.* (1962), S. 208-220).

[285] Quelle: Experteninterviews.

3.2.1.2.3 Monetäre Wertmessung

Die Basis der monetären Wertmessung bildet ein Modell, mit dem der zukünftig erwartete Nutzen einer Ressource in Geldeinheiten bewertet werden kann. Die drei wichtigsten Parameter, die es dabei zu berücksichtigen gilt, sind:

1. Die Bewertungsperiode.
2. Der erwartete zukünftige Nutzen einer Ressource oder sein monetäres Äquivalent.
3. Der jetzige (diskontierte) Wert des erwarteten zukünftigen Nutzens bzw. des monetären Äquivalentes.

Dazu im Einzelnen: Die *Bewertungsperiode* ist der Zeitraum, in dem das Betrachtungsobjekt einen Nutzen für das Unternehmen erbringen kann bzw. soll. Bei einem Mitarbeiter ist dies z.B. die Zeit, die er voraussichtlich noch bei seinem aktuellen Arbeitgeber beschäftigt sein wird. Weil über die tatsächlich eintretende Länge dieser Zeit keine sichere Aussage getroffen werden kann, geht man von einer wahrscheinlichen Zeitdauer aus, die sich als Produkt aus der geplanten Zeitdauer und der Wahrscheinlichkeit errechnet, dass diese Periode auch eingehalten wird. Man nennt diesen Zeitraum daher auch die „Erwartete Nutzungsdauer".[286]

Der *erwartete zukünftige Nutzen* einer Ressource kann auf zwei Arten ermittelt werden: nach der Preis-Mengen- oder der Ertrags-Methode. Im Rahmen der Preis-Mengen-Methode wird der Wert einer Ressource errechnet, indem die Menge ihrer Leistung (z.B. Anzahl hergestellter Produkte) mit dem jeweiligen Stückpreis multipliziert wird. Bei der Ertragsmethode hingegen wird auf den finanziellen Zustrom abgestellt, der sich aus der Nutzung einer Ressource für das Unternehmen ergibt. Auf die Schwierigkeiten, die sich bei diesen Methoden speziell im Zusammenhang mit den Human Resources ergeben können, wird weiter unten noch eingegangen.

Der *jetzige Wert* des erwarteten zukünftigen Nutzens ist zu berechnen, weil zukünftige Erträge weniger wert sind als heutige. Das lässt sich nicht nur mit der Unsicherheit der zukünftigen Erträge begründen, sondern auch mit den Investitionsmöglichkeiten, die einem entgehen, wenn man das Geld erst zu einem späteren Zeitpunkt erhält. Diesen Wertverlust kann man rechnerisch dadurch berücksichtigen, indem man die zukünftigen Erträge mit einem Faktor auf den heutigen Tag abdiskontiert. Als Diskontfaktor wird dabei in der Regel der reziproke Zinssatz gewählt, der bei einer hypothetischen Alternativanlage (der erwarteten Erträge) zu erzielen wäre.[287]

---

[286] Vgl. *Flamholtz, E.* (1974), S. 367-372.
[287] Im Wertmanagement entspricht dieser Diskontfaktor z.B. häufig dem Kapitalkostensatz (vgl. dazu und zur Ermittlung des Diskontfaktors u.a. *Riedl, J.B.* (2000), S. 179-210).

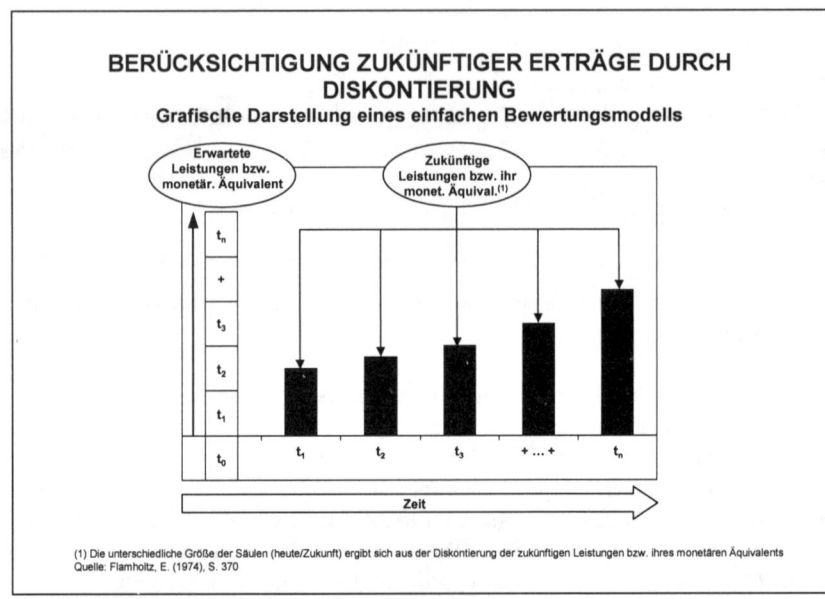

Abbildung 31: *Graphische Darstellung eines einfachen Bewertungsmodells*

Abbildung 31 veranschaulicht noch einmal, wie sich der Wert einer Ressource grundsätzlich errechnen lässt, nämlich als Summe des diskontierten monetären Nutzens der Ressourcen über die erwartete Nutzungsdauer.

In der Praxis treten bei der monetären Wertmessung immer dann Schwierigkeiten auf, wenn das, was man messen *möchte* (Bewertungsobjekt) nicht oder nur teilweise mit dem übereinstimmt, was man messen *kann* (Indikator). Im Zusammenhang mit den Human Resources ist dies sogar sehr häufig der Fall. Theoretisch kann man dabei auf vier mögliche „Zustände" der Messung treffen:

Im Optimalfall sind Bewertungsobjekt und Indikator *voll-identisch* (Zustand 1) und der Wert kann direkt gemessen werden. In der Praxis ist diese Situation jedoch nicht die Regel, sondern eher die Ausnahme. Häufiger kommen dagegen Situationen vor, in denen Bewertungsobjekt und Indikator nicht voll-identisch sind, sondern einer der folgenden Zustände vorliegt:[288]

Zustand 2: Der vollständige Indikator ist eine Teilmenge des Bewertungsobjektes (⇨ voll-teilidentische Indikatoren), z.B. das Festgehalt eines Mitarbeiters als Indikator für seine Gesamtvergütung.

---

[288] Vgl. *Wunderer, R./Jaritz, A.* (1999), S. 21f.

Zustand 3: Ein Teil des Indikators ist Teilmenge des Bewertungsobjektes (⇨ partiell-teilidentische Indikatoren), z.b. das Durchschnittseinkommen als Indikator für die Unternehmenskultur.

Zustand 4: Der Indikator ist überhaupt keine Teilmenge des Bewertungsobjektes (⇨ nicht-identische Indikatoren), und es kann vielleicht nur eine Korrelation der Faktoren gemessen werden, wie z.b. die Korrelation zwischen der Fehlerquote in der Produktion und der Mitarbeitermotivation.

Die einzige Möglichkeit, eine Wertmessung in den Fällen 2, 3 und 4 vorzunehmen, ist mit Hilfe indirekter oder statistischer Bewertungsmethoden. Nachstehend soll nun etwas detaillierter auf die Methoden zur Messung und Bewertung des monetären Wertes der Human Resources eingegangen werden: die direkten, indirekten und statistischen.

Direkte Bewertungsmethoden

Direkte Bewertungsmethoden arbeiten nach dem weiter oben vorgestellten Grundmodell. Ihr Ziel ist es, das Untersuchungsobjekt möglichst unverfälscht zu messen. Wenn das Untersuchungsobjekt z.b. eine Mitarbeitergruppe darstellt und die Bewertungsgröße den Ertrag, dann muss in dem Modell genau der Ertrag gemessen und bewertet werden, der von dieser – und nur von dieser – Mitarbeitergruppe zu verantworten ist (Herstellung des Zustands 1).[289]

In der Praxis ist dies jedoch nur selten der Fall. Entweder kann, um im Beispiel zu bleiben, der Ertrag nicht *ausschließlich* einer Mitarbeitergruppe zugerechnet werden, oder es besteht kein direkter Zusammenhang zwischen der Arbeit der Mitarbeitergruppe und dem Ertrag, wie z.B. bei Mitarbeitern der Personalabteilung, die nur interne Funktionen besitzen. Das heißt, man steht sehr oft vor einem alten Problem der Ökonomen:

> *„[W]hen we attempt to apply the theory to the valuation of specific assets, quite frequently „ ... the economist's pronouncements are not of much assistance[.] ...[T]he economist, in general, calmly assumes the existence of data that never have been available and never will be."*[290]

Wie kann man diesem Problem aber begegnen, ohne gleich ganz auf eine Messung zu verzichten? Eine Möglichkeit ist, bestimmte Annahmen über den Zusammenhang zwischen den Indikatoren und dem Bewertungsobjekt zu treffen und auf dieser Basis eine indirekte oder statistisch untermauerte Bewertung vorzunehmen.

---

[289] Ausführlich vgl. *Flamholtz, E.* (1974), S. 167-173.
[290] *Canning, J.B.* (1929), S. 197, zitiert nach *Flamholtz, E.* (1974), S. 370. Hinweis: Die ersten Anführungsstriche beziehen sich auf das Zitat von *Flamholtz*, die zweiten auf das Zitat von *Canning*.

Indirekte Messmethoden

Aufgrund der geschilderten Probleme bei der direkten Messung des monetären Erfolges, hat sich die Betriebswirtschaft sehr intensiv damit beschäftigt, andere, praktikablere Methoden zu entwickeln. Die Grundidee dieser Alternativansätze ist, den tatsächlichen Wert über Ersatzgrößen oder (statistische) Schätzungen anzunähern.[291] Wie diese Methoden für die Bewertung der Human Resources genutzt werden können, wird am Beispiel der in der Praxis am häufigsten verwendeten Rechenmodelle gezeigt, in denen der monetäre Wert durch die folgenden Indikatoren approximiert wird:

- Anschaffungskosten

- Wiederbeschaffungs- bzw. aktuelle Kosten

- Vergütung (Löhne/Gehälter plus sonstige finanzielle Vergütungen) bzw. Personalinvestitionen.

Methode der Anschaffungskosten

Was Anschaffungs- bzw. Ist-Kosten sind und welche Kostenpositionen im HRA darunter fallen, wurde bereits im vorigen Kapitel erläutert. Sie als Indikator für den Wert z.B. eines Mitarbeiters zu verwenden, hat zwei wesentliche Vorteile: Erstens, dieser Ansatz passt in die herkömmliche Logik des Rechnungswesens, die Kosten als implizites Surrogat für den Wert eines Objektes zu betrachten. Und zweitens ist es in der Regel relativ einfach möglich, diese Ist-Kosten im Unternehmen zu erheben. Der große Nachteil dieser Methode ist hingegen: Außer vielleicht am Tag der „Akquisition" besteht oft kein signifikanter Zusammenhang zwischen den Ist-Kosten der Human Resources und ihrem Wert für das Unternehmen.[292] Einer der Gründe dafür mag sein, dass gerade bei den Human Resources die „Anschaffungskosten" im Gegensatz zu Maschinen häufig einen viel geringeren Teil der Gesamtkosten ausmachen, weil der Anteil ihrer laufenden Kosten (z.B. die Vergütungszahlungen) sehr hoch ist. Die Kosten für Löhne und Gehälter werden jedoch im HRA weder auf der Kosten- noch auf der Wertseite erfasst, da ihnen keine „langfristige" Bedeutung zugemessen wird. Dadurch bleibt das HRA zwar in sich stimmig, vernachlässigt aber eine oft sehr große Kostenposition des Gesamtunternehmens. Ein weiterer Nachteil des Anschaffungskostenmodells entsteht bei der Berechnung des Netto-Wertes. Wenn sich nämlich der Wert und die Kosten entsprechen, dann ist der Netto-Wert immer gleich Null. Und damit können zumindest auf Netto-Wert-Basis keine validen Aussagen getroffen werden.[293]

---

[291] Vgl. *Flamholtz, E.* (1974), S. 371 und zur statistischen Approximation über Indikatoren u.a. *Benninghaus, H.* (1998), S. 15-17.
[292] Vgl. *Brummet, L./Pyle, W.C./Flamholtz, E.* (1969), S. 34-46 oder *Flamholtz, E.* (1974), S. 173f.
[293] In Anlehung an *Lawler, E. E.* (1982), S. 198.

Methode der Wiederbeschaffungs- oder aktuellen Kosten

Schon aufgrund ihrer Definition[294] sind die Wiederbeschaffungskosten wesentlich marktnäher als die Anschaffungskosten und damit auch näher am tatsächlichen Wert. Es gibt sogar Vertreter, wie *Chamber*, die behaupten: Die Wiederbeschaffungskosten – zumindest im vollkommenen Markt[295] – *sind* der Wert eines Gutes:

> *„The price currently ruling for producer's goods is the market's assessment of the present value of expected income flows from their use at the present level of prices, for all potential users of such goods."*[296]

Steht man vor der Entscheidung, ob eher die Anschaffungs- oder die Wiederbeschaffungskosten als Wertindikator herangezogen werden sollen, ist zunächst eine wichtige Frage zu klären: Wie verfügbar sind die Daten? Weil der direkte „An- und Verkauf" von Human Resources in der heutigen Praxis nur sehr selten vorkommt – z.B. bei Sportlern oder Top-Managern, die von einem anderen Unternehmen direkt „abgeworben" werden – existieren in der Regel keine „Marktpreise" für Mitarbeiter. Daher sind normalerweise auch keine allgemeinverbindlichen Angaben über die Wiederbeschaffungskosten von Mitarbeitern erhältlich. Man kann sie zwar nach der in Kapitel B.3.2.1.1 dargestellten Methodik errechnen, doch gehen sie dann zum Großteil wieder auf die Anschaffungskosten zurück.

Um die Validität der Wiederbeschaffungskosten als Wertindikator für die Human Resources zu testen, hat *Flamholtz* eine empirische Studie zum Wert[297] von Individuen durchgeführt und ist dabei zu den folgenden Ergebnissen gekommen:[298]

- Die Wiederbeschaffungskosten sind ein statistisch valider Indikator für den heutigen und den erwarteten Wert eines Mitarbeiters.[299] Für den potenziellen Wert lässt sich dagegen kein statistischer Nachweis erbringen.

---

[294] Die Kosten, die anfallen würden, wenn man eine Ressource heute am Markt neu beschaffen müsste.

[295] D.h. folgende Voraussetzungen sind gegeben: a) Alle Produzenten streben nach dem Gewinnmaximum und alle Konsumenten nach dem Nutzenmaximum. b) Vollständige Markttransparenz. c) Es existieren keine sachlichen oder persönlichen Präferenzen. d) Die Anpassungsgeschwindigkeit der Marktprozesse ist unendlich hoch (vgl. z.B. *Wöhe, G.* (1990), S. 644).

[296] *Chamber, R.J.* (1963), S. 29, zitiert nach *Flamholtz, E.* (1974), S. 174.

[297] Der tatsächliche Wert wurde durch Befragung der Vorgesetzten erhoben, die eine bestimmte Gruppe von Mitarbeitern in drei verschiedene Rangreihen bringen sollten: a) gemäß des *heutigen* Wertes der Mitarbeiter für das Unternehmen in ihrer jetzigen Position, b) gemäß des *potenziellen* Wertbeitrages der Mitarbeiter in den nächsten fünf Jahren und c) gemäß des *erwarteten* Wertes der Mitarbeiter, der sich aus dem aktuellen und dem potenziellen Wert (gewichtet mit der Eintrittswahrscheinlichkeit) errechnet.

[298] Vgl. *Flamholtz, E.* (1969) oder (1974), S. 198-229.

[299] Heutiger Wert: Tau = 0,69 bzw. 0,75 (bei $p < 0,01$) für Sachbearbeiter (n = 16) bzw. Verkaufspersonal (n = 15). Erwarteter Wert: Tau = 0,41 bzw. 0,68 (bei $p < 0,01$) für Sachbearbeiter (n = 16) bzw. Verkaufspersonal (n = 15). Die Wahrscheinlichkeit für den „Erwarteten Wert" wurde hierbei durch die Vorgesetzten geschätzt. Bei der Verwendung von Durchschnittswahrscheinlichkeiten (bestehend aus der Einschätzung des Individuums, des Vorgesetzten und einer Zufallsauswahl) waren die Werte etwas niedriger.

- Aber: Die Validität der Wiederbeschaffungskosten konnte nur auf ordinaler Basis bestimmt werden. D.h. es konnte nur der relative Wert der einzelnen Mitarbeiter zueinander in Form einer Rangliste validiert werden, nicht jedoch der absolute.[300]

Berücksichtigt man die Ergebnisse dieser empirischen Studie, lassen sich vor allem die folgenden Kritikpunkte am Modell der Wiederbeschaffungskosten nennen:

- Die Datenbeschaffung ist häufig nicht oder nur eingeschränkt möglich. Zum Beispiel wenn es keine Vergleichsobjekte gibt oder für die Vergleichsobjekte kein Marktpreis existiert.[301]

- Die Validität ist bislang nur eingeschränkt nachgewiesen.[302]

- Das Modell fokussiert hauptsächlich auf den Wert von Individuen. Unberücksichtigt bleiben dabei jedoch Synergien, die sich erst im Zusammenspiel mehrerer Individuen ergeben (was im Übrigen für alle kostenbasierten Verfahren gilt).

- Der große Block der Lohn- und Gehaltskosten wird – wie beim Anschaffungskosten-verfahren – nicht berücksichtigt.

Zusammenfassung: Die Wiederbeschaffungskosten sind den Anschaffungskosten als Indika-tor überlegen, sofern die Daten beschafft werden können. Jedoch sollten sie vorwiegend auf Individualbasis verwendet werden, wobei die Wiederbeschaffungskosten auch dort ein hohes Potenzial bergen, den tatsächlichen Wert der Mitarbeiter nicht vollständig wiederzugeben.[303]

Auf der Vergütung bzw. den Personalinvestitionen basierende Methoden

Den Methoden, in denen die Vergütung bzw. die Personalinvestitionen als Indikator für den Wert der Mitarbeiter verwendet werden, liegt die Annahme zu Grunde: Das Unternehmen investiert genau so viel in seine Mitarbeiter, wie es auch an Nutzen aus ihnen zieht. Drei praktische Methoden dieser Modellgattung sollen hier vorgestellt werden: Das CREPID-Schätzmodell von *Cascio/Ramos*, das NPV-Modell von *Hermanson* sowie die „Adjusted Discounted Future Wages Method" von *Lev/Schwartz*.

---

[300] Vgl. *Flamholtz, E.* (1974), S. 228f.

[301] Vgl. *Hekimian, J.C./Jones, C.H.* (1967), S. 108.

[302] Durch die genannte Studie von *Flamholtz* nur auf ordinaler Basis. Hinzu kommt der geringe Stichproben-umfang von n = 15 bzw. 16, der für eine allgemeine Validierung sehr gering ist.

[303] In der Literatur werden neben den Anschaffungs- oder Wiederbeschaffungskosten auch noch die Opportunitätskosten als möglicher Indikator genannt. Die Opportunitätskosten werden in diesem Zusammen-hang durch die Kosten ausgedrückt, die entstünden, wenn man einen Mitarbeiter in einem anderen als seinem jetzigen Job einsetzen würde. Allerdings enthält dieses Konzept einen Zirkelschluss, denn die Opportunitäts-kosten können nur dann berechnet werden, wenn man sowohl den Wert des jetzigen als auch des alternativen Jobs kennt. Diese möchte man aber gerade erst mit Hilfe der Opportunitätskosten berechnen (vgl. *Flamholtz, E.* (1974), S. 176).

Das *CREPID-Schätzmodell* (Cascio-Ramos Estimate of Performance in Dollars) wurde 1986 von *Cascio* und *Ramos* unter Beteiligung der *American Telephone and Telegraph Company* (AT&T) entwickelt und später in einem weiteren Unternehmen bei über 600 First-Level-Managern getestet.[304] Dieses Modell basiert auf zwei wesentlichen Annahmen:

- Das Vergütungsprogramm eines Unternehmens deckt sich mit den aktuellen Vergütungssätzen des Marktes für die jeweiligen Positionen.

- Der Wert eines Mitarbeiters wird am genauesten durch seinen Lohn bzw. sein Gehalt repräsentiert.

Die Vorgehensweise des CREPID-Schätzmodells gliedert sich in acht Schritte:

1. Identifikation der zentralen Aktivitäten eines Mitarbeiters.[305]

2. Bewertung der zentralen Aktivitäten nach Zeit/Häufigkeit und Wichtigkeit für das Unternehmen (z.B. auf einer Likert-Skala von 0 bis 7 mit den Polen: „sehr selten vs. sehr oft" und „keine Bedeutung vs. von höchster Bedeutung")

3. Bestimmung der relativen Gewichte jeder zentralen Aktivität nach der Formel:

   $$RG = (GZ \times GB) \div SER$$

   Abkürzungen: RG = Relatives Gewicht; GZ = Gewicht der Zeit (s. Schritt 2);
   GB = Gewicht der Bedeutung (s. Schritt 2); SER = Summe der erfassten Einzelratings. [306]

   Beispiel: $RG = (5 \times 7) \div 95 = 36,8\%$

4. Zuordnung von Dollar- bzw. Geldwerten zu den zentralen Aktivitäten durch Multiplikation des relativen Gewichtes einer Zentralaktivität (s. Schritt 3) mit dem durchschnittlichen Jahresgehalt des Mitarbeiters.

   Beispiel: $36,8\% \times USD\ 50.000 = USD\ 18.400$

5. Bewertung der Leistung des Mitarbeiters hinsichtlich jeder Zentralaktivität auf einer Skala von 0 bis 200 Punkten. Dabei ist es sinnvoll, einen Referenzwert vorzugeben, z.B. dass eine Leistung auf dem 50%-Perzentil 100 Punkten entspricht.

6. Ermittlung des Geldwertes pro Zentralaktivität durch Multiplikation der Punktezahl (vorher durch 100 geteilt) mit dem Geldwert pro Zentralaktivität.

7. Berechnung des ökonomischen Wertes für einen Mitarbeiter durch Addition der Geldwerte aller von ihm durchgeführten Zentralaktivitäten.

8. Berechnung des Mittelwertes und der Standardabweichung für die Summe aller betrachteten Mitarbeiter.

---

[304] Vgl. *Cascio, W.F./Ramos, R.A.* (1986), S. 20-28.
[305] Siehe dazu auch Kapitel B.1.1.4.2.
[306] Die Summe der erfassten Einzelratings (SER) errechnet sich nach der Formel:
$SER = (GZ_1 \times GB_1) + (GZ_2 \times GB_2) + ... + (GZ_n \times GB_n)$.

Dieses Verfahren kann noch weiter vereinfacht werden, indem auf bereits verfügbare Daten für die Werte der Leistungsbeurteilung und/oder der Job-Analyse zurückgegriffen wird. Es ergeben sich dabei in der Praxis zumeist ähnliche Resultate wie in der ursprünglich vorgeschlagenen Vorgehensweise. Lediglich die Standardabweichung der Individualwerte kann etwas niedriger liegen.[307]

Während das CREPID-Schätzmodell eine *statische* Perspektive einnimmt und den zukünftigen Wert eines Mitarbeiters außer Acht lässt, verwenden *Lev* und *Schwartz*[308] die diskontierten zukünftigen Vergütungen eines Mitarbeiters als Indikator für seinen Wert. Die hierfür verwendete Berechnungsformel lautet:[309]

$$V_\tau^* = \sum_{t=\tau}^{T} \frac{I^*(t)}{(1+i)^{t-\tau}}$$

Abkürzungen: V_τ^* = Human Capital Wert eines Mitarbeiters im Alter τ; $I^*(t)$ = Geschätzte Jahresvergütung des Mitarbeiters bis zur Pensionierung, i = spezifischer Diskontfaktor für eine Person; T = Pensionierungsalter

Noch einen Schritt weiter geht die „Adjusted Discounted Future Wages Method" von *Hermanson*. Ähnlich wie in dem Modell von *Lev* und *Schwartz* bilden auch hier die zukünftigen diskontierten Vergütungen eines Mitarbeiters den Indikator für seinen Wert.[310] Allerdings werden diese diskontierten Vergütungen zusätzlich noch mit einem „Effizienzfaktor" multipliziert. Dieser Effizienzfaktor errechnet sich aus dem Verhältnis des durchschnittlichen Return on Investment (ROI) der letzten fünf Jahre des Unternehmens zur Vergleichsgröße des Industriedurchschnitts. Dabei werden die jährlichen Verhältniszahlen jeweils mit einem Gewichtungsfaktor multipliziert.[311] Die dahinter stehende Überlegung: Rentabilitätsunterschiede innerhalb der Wirtschaft gehen primär auf die Human Resources zurück, und zwar, weil die Produktionsgüter alleine noch keine Rentabilität erbringen, sondern erst die Prozesse, die maßgeblich von den Mitarbeitern beeinflusst werden.

Die Berechnungsformel für den Effizienzfaktor lautet:

$$Effizienzfaktor = \frac{5 \times (\frac{RI_{U-0}}{RI_{W-0}}) + 4 \times (\frac{RI_{U-1}}{RI_{W-1}}) + 3 \times (\frac{RI_{U-2}}{RI_{W-2}}) + 2 \times (\frac{RI_{U-3}}{RI_{W-3}}) + (\frac{RI_{U-4}}{RI_{W-4}})}{15}$$

Abkürzungen:
RI_{U-t} = „Rate of Accounting Income on Owned Assets" des <u>U</u>nternehmens in der Periode t, mit t = 0 für das laufende Jahr, t = 1 für das vorletzte Jahr usw.

RI_{W-t} = „Average Rate of Accounting Income on Owned Assets" der gesamten <u>W</u>irtschaft in der Periode t, mit t = 0 für das laufende Jahr, t = 1 für das vorletzte Jahr usw.

---

[307] Vgl. *Edwards, J.E./Frederick, J.T./Burke, M.J.* (1988), S. 27-40.
[308] Vgl. *Lev, B./Schwartz, A.* (1971), S. 105f. oder *Flamholtz, E.* (1974), S. 213-215.
[309] In einer Weiterentwicklung haben *Lev* und *Schwartz* noch einen Faktor eingeführt, mit dem die Wahrscheinlichkeit berücksichtigt wird, dass ein Mitarbeiter vor der Pensionierung stirbt. Hier allerdings aus Gründen der Übersichtlichkeit nicht berücksichtigt.
[310] Vgl. *Hermanson, R.H.* (1964) oder *Flamholtz, E.* (1974), S. 210-212.
[311] Das laufende Jahr mit 5, das Vorjahr mit 4, das davor liegende Jahr mit 3 usw.

Wie sind diese drei vorgestellten Vergütungsmodelle nun zu bewerten? Zwei ihrer sehr offensichtlichen Vorteile sind: Der große Block der Lohn- und Gehaltskosten wird explizit berücksichtigt, und die Daten, zumindest über die Kosten der Vergütung, sind relativ einfach aus dem Rechnungswesen zu generieren. Eine wesentliche Limitation dieser Modelle liegt hingegen in der Annahme, die Vergütung sei ein aussagekräftiger Indikator für den Wert der Human Resources. Denn in der betriebswirtschaftlichen Praxis ist ein hundertprozentig leistungsorientierter Lohn eher die Ausnahme, weil Aspekte wie Tarifverträge, Alter und Stellung des Mitarbeiters den Leistungsbezug oft in starkem Maße relativieren.[312] Hinzu kommt, dass zu große Gehaltsbandbreiten auf der gleichen Hierarchieebene, selbst wenn sie durch die tatsächliche Leistung gerechtfertigt wären[313], in der Regel unternehmenspolitisch nicht durchsetzbar sind – ebenso wenig wie eine vollständig leistungsabhängige Vergütung. Außerdem wissen Unternehmen in vielen Fällen gar nicht, welchen Nutzen ihre Mitarbeiter überhaupt für die Organisation erbringen. Denn neben der „sichtbaren" Leistung, wie z.B. der Anzahl hergestellter Produkte, existieren auch viele andere „unsichtbare" Werte, wie z.B. Know-how, Kundenkontakte oder Innovationsvermögen. In der Praxis können zwar auch solche Faktoren im Gehaltssystem berücksichtigt werden (z.B. durch Skill- oder Competency-based Pay)[314], doch werden derartige Möglichkeiten bislang noch nicht in der Breite genutzt.[315] Schließlich ist noch die „Gewinnmarge" des Unternehmens zu berücksichtigen, die das Unternehmen benötigt, um seinen Unternehmenswert zu steigern, und die in der Regel bei der Vergütungsberechnung von der tatsächlichen Wertschaffung der Mitarbeiter abgezogen wird. Empirisch ist die Validität der Vergütung als Indikator für den Wert der Human Resources bislang nur auf ordinaler Basis und mit relativ geringer Stichprobengröße „bestätigt" worden – ebenso wie bei den Wiederbeschaffungskosten.[316]

Ein weiteres grundsätzliches Problem dieser Modelle ist, den Wert für Gruppen bzw. die gesamte Belegschaft zu ermitteln. Methodisch lassen sich die Individualwerte zwar ohne Schwierigkeiten addieren, es bleiben aber die Synergien, positive oder negative, zwischen den Mitarbeitern unberücksichtigt.[317] Und diese können, je nach Art und Umfang der Arbeit, durchaus einen großen Anteil an der Gesamtleistung und damit dem Gesamtwert ausmachen.[318]

---

[312] Vgl. *Cascio, W.F.* (1991), S. 220 oder *Boudreau, J.W.* (1988).

[313] Leistungsunterschiede in der selben Jobkategorie von 50% und mehr – abhängig von der Art des Jobs – sind nicht selten (Quelle: The Boston Consulting Group, Experteninterviews).

[314] Vgl. zum Skill-Based Pay u.a. *Bunning, R.L.* (1992), S. 62-64; *Ledford Jr., G.L.* (1995), S. 55-62; *Sahl, R.J.* (1993), S. 31-34. sowie *Murray, B./Gerhart, B.* (2000), S. 271-287. Zum Competency-Based Pay siehe z.B. *Cofsky, K.M.* (1993), S. 46-52.

[315] Quelle: Experteninterviews

[316] Die Korrelationen des Jahresgehaltes mit dem Wert der *jetzigen* Positionen beträgt Tau (= Assoziationsmaß für ordinalskalierte Variablen, vgl. z.B. *Bühl. A./Zöfel, P.* (2000), S. 233f.) = 0,73, mit dem *potenziellen* Wert Tau = 0,61 und mit dem *erwarteten* Wert Tau = 0,54; alle Werte mit p < 0,01 und n = 16. Die Wertermittlung erfolgte durch Rangreihung der betrachteten Mitarbeiter anhand der drei genannten Wertdimensionen (vgl. *Flamholtz, E.* (1969) oder (1974), S. 226-229).

[317] Vgl. *Flamholtz, E.* (1974), S. 177 u. 215.

[318] *Brummet, Flamholtz* und *Pyle* schlagen den „Economic Value Appoach" vor, um den ökonomischen Wert von Gruppen zu messen. Dazu werden die zukünftigen Erträge eines Unternehmens erfasst und auf den

(Fortsetzung nächste Seite)

Neben der generellen Bewertung gibt es aber auch noch einige modellspezifische Aspekte zu nennen: Ein besonderer Vorteil der *CREPID-Schätzmethode* ist beispielsweise die getrennte Gewichtung und Bewertung der verschiedenen Zentralaktivitäten eines Mitarbeiters. Im Einzelfall muss dabei entschieden werden, ob sich der mit dieser Methode verbundene zusätzliche Zeitaufwand auch lohnt. Greift man jedoch auf bereits verfügbare Daten aus Beurteilungen und Jobbeschreibungen zurück (s.o.), dürfte sich der Mehraufwand in Grenzen halten. Einen Mitarbeiter nur aus einer Momentaufnahme heraus zu beurteilen und dabei sein zukünftiges Potenzial nicht zu berücksichtigen ist dagegen ein deutlicher Nachteil der CREPID-Schätzmethode. Vor allem bei jungen Mitarbeitern, die ihr Leistungspotenzial noch nicht voll ausgeschöpft haben, dürfte der Wert hierbei oft zu niedrig angesetzt werden.

Die Modelle von *Lev/Schwartz* und *Hermanson* berücksichtigen zwar den zukünftigen Wert eines Mitarbeiters, jedoch sind damit einige methodische Probleme verbunden.[319] In beiden Modellen wird z.B. nicht der Tatsache Rechnung getragen, dass ein Mitarbeiter entweder seinen Job in der Betrachtungsperiode wechseln kann oder das Unternehmen verlässt – außer durch seinen Tod (*Lev/Schwartz*).[320] In dem Modell von *Lev/Schwartz* tritt überdies noch ein ähnliches Problem auf wie im Anschaffungskostenverfahren, nämlich dass der Netto-Wert gegen Null strebt bzw. negativ wird, wenn die relevanten Kosten abgezogen werden.[321] Zum Modell von *Hermanson* ist zudem noch festzustellen: Es gibt weder für den Betrachtungszeitraum von fünf Jahren noch für die Gewichtung der ROI-Verhältniskennzahlen mit Werten von 5 bis 1 eine theoretische Fundierung.[322] Weiterhin dürfte es sehr schwierig sein, die gesamtwirtschaftlichen Inputdaten zur Berechnung des Effizienzfaktors zu beschaffen. Und schließlich ist ganz grundsätzlich zu diesem Faktor zu fragen, warum der Effizienzvergleich mit der gesamten Wirtschaft vorgenommen wird und nicht mit besser

---

aktuellen Zeitpunkt diskontiert. Der Anteil der Human Resources an diesem Gesamtwert bemisst sich dabei an ihrem relativen Beitrag. Als Indikator für den relativen Beitrag schlagen *Brummet, Flamholtz* und *Pyle* den Anteil der Personalinvestitionen an den Gesamtinvestitionen des Unternehmens vor (vgl. *Brummet, L./Flamholtz, E./Pyle, W.C.* (1968), S. 222f.). Vorteile: U.a. einfache Handhabung und die Berücksichtigung von Synergien, da vom Gesamtwert des Unternehmens ausgegangen wird. Nachteile: Schwer auf kleinere Gruppen runterzubrechen, die keine Profit- oder Cost Center sind – insbesondere was die Abgrenzung der „Gesamten Investitionen" anbelangt. Darüber hinaus die Problematik, *Kosten* als Maßstab für die Ertragskraft anzusetzen; in diesem Modell zwar nicht in absoluten Werten, aber zumindest für die Anteilsberechnung am Gesamtertrag.

[319] Vgl. *Flamholtz, E.* (1974), S. 212 und 214f.

[320] Jobwechsel lassen sich nur dann berücksichtigen, wenn man bereits im Zeitpunkt der Betrachtung weiß, wann ein Mitarbeiter einen neuen Job innerhalb des Unternehmens antreten wird und mit welcher Vergütung.

[321] Weil im Modell von *Lev/Schwartz*, wie übrigens auch in den anderen genannten Modellen, nur vom Brutto-Wert ausgegangen wird, besteht keine Indikation dafür, mit welchen Kosten der Netto-Wert zu berechnen ist. Sollten es die Vergütungen sein, dann wäre der Netto-Nutzen gleich Null. Wären es die Anschaffungskosten, dann dürfte der Netto-Wert in der Regel leicht positiv ausfallen. Wären es die laufenden Gehaltskosten plus Anschaffungskosten, ergäbe sich ein negativer Netto-Wert. In der CREPID-Schätzung kann der Wert dagegen durch die Gewichtung deutlich über der Vergütung liegen. Das Gleiche gilt für das Modell von *Hermanson*, wenn der Effizienzfaktor einen Wert größer eins annimmt.

[322] Dabei muss berücksichtigt werden, dass *Hermanson* mit diesem Modell kein explizites Managementinstrument entwickeln wollte, sondern es „nur" für die externe Berichterstattung an Investoren vorgesehen hatte.

vergleichbaren Parametern, wie der Rentabilität der direkten Wettbewerber oder der jeweiligen Branche.

Zusammenfassend bieten die Indikatoren auf Vergütungsbasis sicherlich einige Vorteile gegenüber ihren Alternativen auf Basis der Anschaffungs- oder Wiederbeschaffungskosten – insbesondere was die Aussagekraft und gleichzeitige Verfügbarkeit der Daten anbelangt. Aufgrund der beschriebenen Mängel sollten die vergütungsbasierten Verfahren, oder eine Kombination aus ihnen[323], aber nur dann eingesetzt werden, wenn a) die genannten Mängel aufgrund der situativen Umstände nicht so sehr ins Gewicht fallen[324] und b) die Ergebnisse mit entsprechender Vorsicht interpretiert werden.

Statistische Schätzmethoden

Die statistischen Schätzmethoden werden zumeist im „Zustand 4" (s.o.) angewendet, wenn es keine Übereinstimmung von Indikator und Messobjekt gibt.[325] Die besondere Charakteristik dieser Modelle besteht darin, im Gegensatz zu den bisher vorgestellten indirekten Methoden zusätzlich die *Stärke* der gewählten Indikatoren zu berücksichtigen. Allerdings kann mit Hilfe dieser Verfahren der Wert des Human Capitals nicht direkt für eine Periode gemessen werden, sondern nur, wie sich die *Veränderung* des Indikators auf die Ergebnisgröße (den Wert) auswirkt.

Eines der ältesten Modelle, das auf einer statistischen Methodik aufbaut, ist die „Human Organizational Dimensions Method" von *Likert* und *Bowers*.[326] Abgeleitet aus ihrem Determinantenmodell des Gruppenwertes (siehe oben), schlagen *Likert* und *Bowers* die folgenden fünf Schritte vor, wie man den Wert der Human Resources monetär erfassen kann:

1. Messung der Dimensionen der „Human-Organisation" (Abbildung 30) in bestimmten Zeitperioden auf Basis nicht-monetärer Kenngrößen (z.B. Mitarbeiterzufriedenheit, Führungsstil etc.). Als Messmethode wird die Befragung von Mitarbeitern vorgeschlagen. Die Antwortmöglichkeiten sind dabei in Form von Likert-Skalen (siehe auch Kapitel C.1.3.3.1) zu formulieren, um aus den Antworten anschließend quantitative Messgrößen („Scores") ableiten zu können.

---

[323] Z.B. die Dynamisierung der CREPID-Schätzmethode durch Projektion der Geldwerte in die Zukunft und anschließende Diskontierung auf den aktuellen Zeitpunkt – ähnlich wie im Modell von *Lev/Schwartz*.

[324] Z.B. in Bereichen, in denen die Gehälter leistungsorientierter gestaltet werden können (z.B. im Verkauf oder bei Führungskräften).

[325] Begrifflich könnte man die statistischen Schätzmethoden auch den indirekten Verfahren zuordnen. Weil sich ihre Methodik jedoch deutlich von den bereits vorgestellten indirekten Messmodellen unterscheidet, wird eine eigene Kategorie für sie gewählt.

[326] Vgl. *Likert, R./Bowers, D.G.* (1973), S. 21ff. oder *Flamholtz, E.* (1974), S. 182-185.

2. Standardisierung der „Scores" mit Hilfe statistischer Methoden[327], um die unterschiedliche Spannbreite der Antwortmöglichkeiten zu berücksichtigen.

3. Kalkulation der Differenz zwischen den standardisierten „Scores" einer Messgröße in zwei verschiedenen Zeitpunkten. Diese Differenz wird auch als *„Delta"* bezeichnet und gibt die Indexveränderung einer Dimension der „Human-Organisation" wieder (z.b. Veränderung der durchschnittlichen Mitarbeiterzufriedenheit um einen Indexpunkt von „mittel" auf „hoch").

4. Berechnung der erwarteten Änderung der *Ergebnisgröße*, die sich aus der beobachteten Änderung einer bestimmten Dimension der Human-Organisation (bzw. der Zusammenfassung mehrerer Dimensionen) ergibt. Mathematisch wird hierzu das *„Delta"* einer Dimensions-Variablen (z.b. Mitarbeitermotivation) mit dem Korrelationskoeffizienten multipliziert, der sich statistisch aus dem Zusammenhang dieser Variablen mit der Endergebnis-Variablen (z.b. dem Unternehmensgewinn) ergibt. Als Ergebnis erhält man dann eine Schätzung – in standardisierten Einheiten der „Scores" – über die Höhe der Änderung der Ergebnisvariablen, die sich auf die Änderung der Dimensionsvariablen zurückführen lässt.

5. Im letzten Schritt wird das Ergebnis (in standardisierten „Score-Einheiten") in die Maßeinheit der Endergebnis-Variablen (z.b. Euro oder USD) umgerechnet.[328]

Für den Anwender hat diese Methode fünf wesentliche Vorteile:

+   Als Indikatoren können monetäre *und* nicht-monetäre Größen verwendet werden, wobei auch mit qualitativen Daten gearbeitet werden kann, sofern sie nach der Erhebung in quantitative Daten transformiert werden (z.b. mit Hilfe von Likert-Skalen). Das bedeutet, man kann leichter die tatsächlichen Determinanten des Wertes (siehe Kapitel C.2.3.1) messen und muss nicht auf Hilfsgrößen ausweichen, wie z.b. die Anschaffungskosten, die in der Regel nur begrenzte Aussagekraft besitzen.

+   Im Vergleich zu den nicht-statistischen Verfahren wird die „Qualität" des Indikators berücksichtigt: Während bei den kostenbasierten Verfahren Kosten und Wert häufig gleichgesetzt werden, erfolgt bei dem hier vorgestellten Verfahren eine „Korrektur"

---

[327] Vgl. hierzu auch Kapitel C.1.3.3.1.

[328] Beispiel: Angenommen das *"Delta"* der Mitarbeitermotivation (der Dimensionsvariablen, ausgedrückt in standardisierten „Score-Einheiten") beträgt 0,16 und der Korrelationskoeffizient mit dem Free Cashflow (Endergebnisvariable) 0,6, dann liegt die erwartete Änderung des Free Cashflows bei 0,09 (in standardisierten „Score-Einheiten"), nämlich 0,16 x 0,6. Wenn man weiß, dass z.b. eine Änderung von 0,1 ungefähr einer Änderung des Free Cashflows von € 10.000 entspricht, dann ist aufgrund der beobachteten Veränderung der Mitarbeitermotivation eine Veränderung des Free Cashflows von € 9.000 (= 0,09 ÷ 0,1 x € 10.000) zu erwarten. Beachte: *Likert* und *Bowers* gehen bei diesem letzten Umrechnungsschritt von zwei Prämissen aus: a) Man hat bereits einen Anhaltspunkt für den Zusammenhang von „Änderung in standardisierten Score-Einheiten" und der Veränderung der Endergebnisgröße (im Beispiel: die Änderung um 0,1 Scorepunkte entspricht einer Änderung von € 10.000). Und b): Auf Basis dieses Anhaltspunktes können alle anderen Änderungen in standardisierten „Score-Einheiten" *linear* berechnet werden. Zur Kritik dieser Annahmen siehe weiter unten.

durch den Korrelationskoeffizienten. Ist z.B. r = 0,6, dann wird die Veränderung des Indikators nicht zu 100% auf die Ergebnisgröße übertragen, sondern nur zu 60%. Hierdurch wird der Genauigkeitsgrad der Berechnungen deutlich erhöht.

+ Mehrere Indikatoren können miteinander verbunden werden.[329] Dadurch entsteht die Möglichkeit, die verschiedenen Determinanten des Humankapitalwertes *gleichzeitig* zu berücksichtigen und somit die Aussagekraft der Messung weiter zu steigern, denn in den wenigsten Fällen ist die Wertschaffung in der Praxis monokausal.

+ Der Humankapitalwert kann theoretisch auf jeder beliebigen Aggregationsstufe gemessen werden, vom Individuum bis zum Gesamtunternehmen, ohne dabei Synergien zwischen den Einzelpersonen zu vernachlässigen.

+ Die Datenbeschaffung kann zwar in Abhängigkeit der berücksichtigten Faktoren und der Betrachtungsebene mit einigem Aufwand verbunden sein, aber sie ist grundsätzlich möglich. Denn es muss nicht nach dem „perfekten" Indikator gesucht werden, wie z.B. der „Marktwert" von Mitarbeitern im Modell der Wiederbeschaffungskosten, weil das Verfahren mit dem Korrelationskoeffizienten über die entsprechende „Korrekturmöglichkeit" verfügt.

Neben diesen Vorteilen gibt es aber auch einige kritische Punkte, die bei der Beurteilung der Messmethode von *Likert* und *Bowers* berücksichtigt werden sollten:

− Der Zusammenhang zwischen dem Indikator und der Ergebnisgröße wird durch den Korrelationskoeffizienten gemessen. Dabei gibt der Korrelationskoeffizient an, wie stark die Beziehung zwischen zwei beobachteten Variablen ist. Aber: Er macht keine Aussage darüber, wie *groß* der Effekt ist, den die Veränderung der einen Variablen auf die andere hat. Das ist aber gerade die entscheidende Information, die für die Wertermittlung benötigt wird. Wenn also kein Anhaltspunkt vorhanden ist, dass z.B. eine Änderung der Dimensionsvariablen von 0,1 einer Cashflowänderung von € 10.000 entspricht, dann kann auch keine monetäre Wirkung berechnet werden. Zudem ist aus dem Korrelationskoeffizienten nicht die *Richtung* des Zusammenhanges zu erkennen.[330] So lassen sich beispielsweise aus einer positiven Korrelation zwischen der Mitarbeitermotivation und dem Gewinn prinzipiell zwei Schlüsse ziehen: a) Motivierte Mitarbeiter erwirtschaften mehr Gewinn *oder* b) hohe Gewinne motivieren Mitarbeiter. Für die Bestimmung des Humankapitalwertes ist es jedoch wichtig, die *Ursächlichkeit* des Zusammenhanges zu erkennen, und das ist mit dem Korrelationskoeffizienten alleine nicht möglich.

− Angenommen, es gäbe doch einen Anhaltspunkt dafür, dass z.B. eine Änderung der Dimensionsvariablen von 0,1 einer Cashflowänderung von € 10.000 entspricht. Dann

---

[329] Die Verbindung entsteht durch die Bildung eines aggregierten Indexes, der sich aus mehreren Einzelfaktoren zusammensetzt. Eine ausführliche Darstellung findet sich in Kapitel B.4.4.1.
[330] Vgl. *Flamholtz, E.* (1974), S. 184.

lässt sich daraus jedoch nicht *linear* ableiten, eine z.b. doppelt so hohe Änderung in der Dimensionsvariablen (0,2) entspräche auch einer doppelt so hohen Cashflow-änderung (€ 20.000). Denn die Werte des Korrelationskoeffizienten $|r|$ verlaufen *nicht* linear über dem Intervall $[0,1]$.[331]

–   Die statistische Methodik erlaubt nur eine Aussage über die *Veränderung* von Variablen. Das bedeutet, als Ganzes kann das Humankapital damit nicht bewertet werden.

–   Die Validität der Berechnung hängt stark von der Validität der Leistungsmessgrößen ab, die in die Modellrechnung einfließen. Eine wichtige Aufgabe besteht also darin, die richtigen Indikatoren für die Wertmessung zu finden.

–   Der Wert kann nur dort und auf den Ebenen gemessen werden, auf denen auch zuverlässige Daten über die finanzielle Leistung vorliegen.[332] Auf Betriebsebene ist das in der Regel kein Problem, auch wenn die Daten für die externe Rechnungs-legung häufig noch um Störgrößen bereinigt werden müssen.[333] Auf Abteilungs- oder Teamebene ist dieses jedoch schon schwieriger, insbesondere wenn die Untersu-chungseinheit nicht als eigenes Profit-Center[334] geführt wird.

Einer der Hauptkritikpunkte, die Effekt*größe* aus dem Zusammenhang zweier Variablen lasse sich nicht berechnen, kann durch die Verwendung anderer statistischer Verfahren behoben werden. Vor allem die Methode der Regressionsanalyse hat in dieser Hinsicht große Aufmerksamkeit in der Literatur gewonnen, denn mit ihrer Hilfe können Punktschätzungen[335] für bestimmte Effektgrößen vorgenommen werden.

„Focusing research on point estimates, the unstandardized regression coefficients, where the dependent variable is in meaningful units is essential to building a cumulative empirical literature"[336] – *"[i]t is the regression coefficients which give us the laws of science".*[337]

Allerdings hat die Regressionsanalyse ihre Akzeptanz weniger im Zusammenhang mit dem Human Resource Accounting gewonnen, sondern vor allem durch die Forschung im Bereich der High Performance Work Systems (siehe nächstes Kapitel). Mit Verweis auf den empi-rischen Teil dieser Arbeit, wo mit regressionsanalytischen Verfahren gearbeitet wird, soll daher an dieser Stelle nicht weiter auf dieses Thema eingegangen werden.

---

[331] Vgl. *Scheiper, U.* (2000), S. 188 oder zur Linearisierung durch *Fishers* „Z-Transformation" siehe *Fisher, R.A.* (1918), S. 399-433 oder *Bortz, J.* (1999), S. 209f.
[332] Vgl. *Flamholtz, E.* (1974), S. 184.
[333] Vgl. dazu auch Kapitel B.4.5.
[334] Ausführlicher zum Thema Profit-Center vgl. z.B. *Biermann, P.* (2000).
[335] Eine Punktschätzung ist *"[d]ie Schätzung von Populationsparametern durch einen einzigen Wert, der aus den beobachteten Daten ermittelt wurde."* (*Bortz, J.* (1999), S. 100).
[336] *Becker, B.E./Huselid, M.A* (1998a), S. 69.
[337] *Blalock Jr., H.M.* (1964), S. 51, zitiert nach *Becker, B.E./Huselid, M.A* (1998a), S. 69.

Welche der vorgestellten monetären Messmethoden ist nun die beste? Wählt man als Gütemaßstab die *Validität* und die *Praktikabilität* der einzelnen Methoden, lässt sich dazu Folgendes sagen:

- Die höchste Validität hat naturgemäß die direkte Messung, jedoch ist sie in der Praxis nur selten wirklich praktikabel, weshalb meistens mit Indikatoren gearbeitet werden muss.

- Hinsichtlich der Praktikabilität bieten sich insbesondere die vergütungsorientierten Verfahren an, denn ihre Inputdaten sind in der Regel bereits vorhanden. Schwierigkeiten treten jedoch bezüglich ihrer Validität auf, weil der Zusammenhang zwischen Vergütung und Wertschaffung, wie gezeigt, durch mehrere Einflussfaktoren u.U. stark beeinträchtigt werden kann. Noch stärker trifft diese Problematik auf das ebenfalls sehr „praktikable" Verfahren der Anschaffungskosten zu.

- Für alle kostenbasierten Verfahren tritt weiterhin das Problem auf, einen aussagekräftigen Netto-Wert zu errechnen, weil die Differenz zwischen (Brutto-)Wert und Kosten definitionsbedingt häufig gegen Null strebt.[338]

- Eine ausgewogene Kombination aus Validität *und* Praktikabilität bieten die statistischen Verfahren und hier vor allem die regressionsanalytischen. Der Aufwand und die notwendigen Kenntnisse sind zwar etwas höher als bei den anderen genannten Verfahren, doch wird dieser Mehraufwand oft durch eine höhere Validität der Ergebnisse belohnt – vorausgesetzt, man verwendet die „richtigen"[339] Variablen für die Berechnung.

- Generell sollten die Messmethoden immer so gewählt werden, dass sich der mit ihnen verbundene Aufwand auch durch den Nutzen rechtfertigen lässt. Geht es z.B. nur darum, aus mehreren Jobbewerbern den Richtigen zu finden, dann lohnen sich in der Regel keine umfangreichen statistischen Analysen. Ist aber die schwer wiegende Entscheidung zu treffen, ob die Rentabilität eines Unternehmens durch Kostensenkung und Entlassungen erhöht werden soll oder durch zusätzliche Investition in die Mitarbeiter, um dadurch die Erträge weiter zu erhöhen, dann dürfte dieser Mehraufwand durchaus gerechtfertigt sein.

- Auf jeden Fall ist aber zu vermeiden, mit Verfahren zu arbeiten, deren Validität so gering ist, dass ihre Ergebnisse mehr schaden als nutzen. Leider ist die „Zahlengläubigkeit" in manchen Firmen so hoch, dass quantitative Ergebnisse oft wie in Stein gemeißelt akzeptiert werden, und sich Mitarbeiter nahezu blind auf diese Zahlen berufen, ohne die Validität der Daten vorher noch einmal kritisch zu hinterfragen.[340] In einer derartigen Situationen sollte man lieber gleich auf ein Verfahren

---

[338] In Anlehnung an *Lawler*, *E.E.* (1982), S. 200.
[339] Auf die Frage, was die „richtigen" Variablen sind, wird noch im empirischen Teil dieser Arbeit eingegangen (siehe Kapital C.2.3).
[340] Quelle: Experteninterviews.

mit höherer Validität zurückgreifen, um das Risiko von Fehlentscheidungen aufgrund von Messfehlern schon von vornherein möglichst gering zu halten.

- Schließlich hängt die Wahl einer Messmethode auch von den spezifischen Umständen eines Unternehmens ab, welche Daten verfügbar sind bzw. generiert werden sollen und welches Fachwissen vorhanden ist, diese Daten entsprechend auszuwerten. *Flamholtz* unterscheidet daher fünf verschiedene HRA-Systeme, die sich danach staffeln, wie ausgereift sie in der Planung, Durchführung und Kontrolle des Human Resource Managements sind. Im System I werden die Human Resources z.b. nur durch qualitative Leistungs- und Potenzialbeurteilungen bewertet. Im System II wird dagegen schon eine Rangreihung der Mitarbeiter auf Basis ihres durch die Organisation wahrgenommen Wertes vorgenommen. In System V wird schließlich auf monetäre Messgrößen zurückgegriffen und der ökonomische Wert eines jeden Mitarbeiters quantitativ ermittelt.[341]

Nachdem bis hierhin erläutert wurde, wie die Kosten und der (Brutto-)Wert des Human Capitals ermittelt werden können, geht das nächste Kapitel auf die Zusammenführung dieser beiden Größen ein – die Berechnung des *Netto*-Wertes.

3.2.1.3 Zusammenführung: Berechnung des Netto-Wertes der Human Resources

Um den Netto-Wert der Human Resources zu berechnen, ist zunächst zu klären, welche Kosten von welchem Ertrag abgezogen werden sollen. Dabei ist die HRA-Literatur insbesondere in dem Punkt der zu berücksichtigenden Kosten nicht ganz einheitlich. Der Hauptgrund hierfür mag in der Uneinigkeit liegen, ob der Netto-Wert überhaupt betrachtet werden sollte oder nicht. Beide Möglichkeiten werden befürwortet.[342] Die wichtigste Frage hinsichtlich der Kosten ist dabei wohl, wie die Lohn- und Gehaltskosten zu behandeln sind. Einerseits werden sie kostenseitig durch das HRA nicht explizit erfasst (s.o.). Andererseits treten sie in manchen Modellen sogar als Indikator für den Brutto-Wert auf, ohne dass explizit angegeben wird, ob sie dann ausschließlich, zusammen mit den übrigen Kostenpositionen des HRA oder überhaupt nicht vom Brutto-Wert abgezogen werden sollten. Wie bereits im vorherigen Kapitel angedeutet, besteht bei allen Modellen, die den Wert auf der Basis von Kosten abschätzen, die Gefahr, einen Netto-Wert von Null auszuweisen. Aus Gründen der Konsistenz wird daher an dieser Stelle vorgeschlagen, die Lohn- und Gehaltskosten weder auf der Kosten- noch auf der Wertseite zu berücksichtigen. Oder, wenn sie als Indikator für den Wert dienen, sie dann auch auf der Kostenseite zu erfassen. Mit welchen Kosten- und Ertragspositionen im Rahmen des WHCM kalkuliert werden sollte, wird in Kapitel B.3.3.1.2 noch eingehender beschrieben.

---

[341] Vgl. *Flamholtz, E.* (1974), S. 271-281.
[342] Vgl. *Lawler, E.E.* (1982), S. 198.

Hat man den Wert und die dazugehörigen Kosten unter Berücksichtigung der obigen Punkte ermittelt, kann schließlich der Netto-Wert berechnet werden.[343] Im ersten Schritt wird dafür zunächst die Betrachtungs*dauer* festgelegt. Danach wird für jede Periode der Netto-Gewinn kalkuliert, indem die in dieser Periode erwarteten Kosten von dem korrespondierenden erwarteten Brutto-Wert abgezogen werden.[344] Anschließend wird der Diskontfaktor festgelegt und der Netto-Wert jeder Periode auf den aktuellen Zeitpunkt diskontiert. Das Ergebnis spiegelt dann den aktuellen Netto-Wert aller zukünftigen Erträge und Kosten der betrachteten Human Resources wider, den so genannten „Net Present Value" oder kurz „NPV" (vergleiche auch Abbildung 31). Verfeinern lässt sich dieses Modell noch[345], indem der Netto-Wert, der ja eigentlich nur einen „potenziellen"[346] Wert darstellt, in jeder Periode mit einer geschätzten Eintrittswahrscheinlichkeit[347] gewichtet wird, um am Ende einen „erwarteten realisierbaren" NPV zu erhalten.

Wie der Netto-Wert des Human Capitals praktisch im Unternehmenskontext berechnet werden kann, darauf wird in Kapitel B.3.3.1.2 noch ausführlicher im Zusammenhang mit der Umsetzung des WHCM eingegangen. Das nächste Kapitel beschäftigt sich hingegen mit der *deutschen* Weiterentwicklung des HRA-Ansatzes: der Humanvermögensrechnung.

3.2.1.4 Deutsche Weiterentwicklung des HRA-Konzeptes: Die Humanvermögensrechnung

Definitorisch lehnt sich die Humanvermögensrechnung eng an das HRA an, wenn sie als Instrumentarium zur Erfassung der Kosten und zur Bewertung des aktivierbaren Humankapitals bzw. betrieblichen Humanvermögens gekennzeichnet wird.[348] Dabei ist jedoch der Kostenbegriff wesentlich weiter gefasst, als im amerikanischen HRA. Und darin liegt der wesentliche Unterschied dieser beiden Konzepte.

Arbeitsorientierte Managementtechniken werden in den USA und Deutschland häufig unterschiedlich konzipiert, beurteilt und angewendet, wie z.B. ein deutsch-amerikanischer Gedankenaustausch (1974) von Wissenschaftlern und Praktikern zum HRA-Ansatz verdeutlichte. Die Leitgedanken der Wirtschafts- und Sozialordnung, allen voran die Sozialpflichtklauseln im Grundgesetz, haben hierbei in Deutschland die Mentalität und das Verhalten der Wirtschaftler tief geprägt. Dass sozialer Ausgleich unerwünschte soziale Effekte unter-

---

[343] Zur Berechnung des Net Present Value vgl. auch *Becker, B.E./Huselid, M.A./Ulrich, D.* (2001), S. 91-93.

[344] Alternativ können der Gegenwartswert der zukünftigen Kosten und der zukünftigen Brutto-Werte auch separat ermittelt werden und dann erst voneinander abgezogen werden.

[345] In Anlehung an *Flamholtz, E.* (1974), S. 170-172.

[346] Unter dem „potenziellen" Wert wird ein theoretisch realisierbarer Wert verstanden, der dann erreicht wird, wenn der Mitarbeiter noch bis zu einem bestimmten Zeitpunkt in der Zukunft (häufig bis zur Pension) im Unternehmen bzw. in der geplanten Position arbeitet (vgl. *Flamholtz, E.* (1974), S. 170-172).

[347] Mit der Wahrscheinlichkeit wird jedoch *nicht* erfasst, dass ein Mitarbeiter möglicherweise in der Zukunft zwar die geplante Arbeit ausführt, mit ihr aber nicht den geplanten Wert schafft.

[348] Vgl. *Schmidt, H.* (1982b), S. 6.

nehmerischen Handelns dämpfen kann, ist weitgehend zu einem festen Glaubensgrundsatz in der deutschen Politik, Wirtschaft und Gesellschaft geworden, was sich u.a. auch in der Konzeption der Managementtechniken bis hin zur Definition der personalbezogenen Kosten niederschlägt.[349] Vor diesem Hintergrund entstand in Deutschland der Gedanke, auch die *sozialorientierten*[350] Kosten durch die betriebliche Humanvermögensrechnung zu erfassen, um deren Sinn, Wert und Bedeutung hinsichtlich ihrer sozialen „Effizienz" genauer analysieren und berücksichtigen zu können.[351]

Weil das amerikanische HRA in diesem Punkt sehr eng definiert ist und nur den unmittelbar personalbezogenen Kosten Rechnung trägt, sollten durch die deutsche Humanvermögens-rechnung auch diejenigen Investitionen berücksichtigt werden, die zu einer menschen-gerechteren Gestaltung der Arbeit beitragen. Denn gute oder schlechte Arbeitsbedingungen sind nicht nur kostenrelevant, sondern können auch zur Arbeit motivieren, das Risiko von Arbeitsunfällen und Berufskrankheiten verringern sowie die Fluktuations-, Absentismus- und Krankheitsrate senken und damit Wert schaffen.

In den technischen Einzelheiten zur Messung der Kosten und des Wertes ähnelt die Humanvermögensrechnung dagegen sehr den bereits im HRA vorgestellten Methoden. Daher wird an dieser Stelle auch nicht weiter auf sie eingegangen. Festzuhalten bleibt allerdings der wichtige Grundgedanke der Humanvermögensrechnung, nicht nur die direkten Arbeitskosten zu berücksichtigen, sondern auch die Effekte *zusätzlicher* personalbezogener Kosten. Denn beide können, wie später noch gezeigt wird, investiven Charakter haben. Auf dieser Einsicht beruht übrigens auch das Konzept der High Performance Work Systems, das nach der abschließenden Bewertung des HRA-Ansatzes als zweite Vorstufe des WHCM vorgestellt wird.

3.2.1.5 Beurteilung des HRA und der Humanvermögensrechnung

Das Human Ressource Accounting und die Humanvermögensrechnung haben für die Weiterentwicklung des Personalwesens eine sehr große Bedeutung gehabt. Ihr wichtigster Beitrag ist dabei sicherlich darin zu sehen, neben der Kostenseite des Human Capitals auch dessen Wert für das Unternehmen explizit zu berücksichtigen und damit das Personal aus finanzwirtschaftlicher Sicht von seinem Stigma eines reinen Kostenfaktors zu befreien.

---

[349] Während die Lohnzusatzkosten in den USA 1980 nur ca. 28% der gesamten Arbeitskosten ausmachten, lag dieser Satz in Deutschland bei 43% (vgl. *Institut der deutschen Wirtschaft*, (1981)). 1992 stieg dieser Satz sogar auf Werte bis zu 49% – wie im Kreditgewerbe (vgl. *Statistisches Bundesamt* (1997), S. 345).

[350] Dazu gehören: gesetzliche Personalzusatzkosten, wie Sozialversicherungsbeiträge, Lohnfortzahlung im Krankheitsfall und Kosten als Folge des Mutterschutzgesetzes, tarifliche und weitere Personalzusatzkosten, wie „Vermögenswirksame Leistungen", Urlaubsgeld, Gratifikationen, Wohnungshilfe oder Berufsausbildung und freiwillige Sozialleistungen, wie „Betriebliche Altersversorgung", Betriebsverpflegung oder Betriebs-ausflüge und -feste.

[351] Vgl. *Schmidt, H.* (1982b), S. 12-16.

Darüber hinaus ist einer ihrer wichtigen Verdienste gewesen, die wesentlichen Determinanten des Wertes von Individuen und Gruppen identifiziert und systematisiert zu haben (s.o.).

Was die konkrete Methodik anbelangt, so wurde durch das HRA – und noch weiter gehend durch die Humanvermögensrechnung – aufgezeigt: a) welche Kostenarten im Zusammenhang mit dem Personal zu berücksichtigen sind, b) wie der bis dahin weitgehend vernachlässigte Wert des Human Capitals gemessen werden kann und c) welche Möglichkeiten bestehen, diesen Wert in den Management-Informationssystemen bzw. der externen Rechungslegung (z.B. in der Sozialbilanz)[352] der Unternehmen auszuweisen.

Neben diesen positiven Errungenschaften haften dem HRA und der Humanvermögens-rechnung aber auch einige entscheidende Nachteile an, die letztlich auch dazu geführt haben dürften, dass sich beide Ansätze bis heute nicht weiter in der Breite der betrieblichen Praxis durchsetzen konnten.[353] Ein wesentlicher Mangel bezieht sich dabei auf die Modelle zur monetären Messung des Human Capital *Wertes*. Denn die meisten der vorgeschlagenen Messverfahren sind im Wesentlichen *kosten*basiert, wodurch ein Großteil des tatsächlichen Wertes nicht berücksichtigt wird und der Netto-Wert oft gegen Null strebt (s.o.).

Ein weiterer Kritikpunkt liegt in der Betrachtungs*breite* des HRA und der Humanvermögens-rechnung, die sich vor allem mit dem Thema beschäftigen, wie das Humanvermögen im Rechnungswesen *erfasst* werden kann. Obwohl dies zweifellos ein wichtiger Aspekt ist, bleiben jedoch die noch entscheidenderen Frage offen: *Was* beeinflusst diesen Humankapital-wert? In *welcher Form*? Und wie kann er am effektivsten *optimiert* werden? Die Determi-nanten-Modelle von *Likert/Bowers* für Gruppen und von *Flamholtz* für Individuen geben zwar wichtige Hinweise auf die möglichen Einflussfaktoren, nennen aber keine Maßnahmen, wie diese Determinanten auch zu steuern sind und welche ökonomischen Effekte sich daraus ergeben können. Das sind aber für das Human Capital Management gerade die interessan-testen Aspekte: Mit welchen Mitteln kann es den Humankapitalwert steigern? Und welche Wertsteigerung ist aus bestimmten Personalaktivitäten zu erwarten? Wie diese Effekte dann später im Rechnungswesen abgebildet werden können, ist dagegen eher von zweiter Priorität.

Zusammenfassung: HRA und Humanvermögensrechnung haben zu einer wichtigen „geistigen Wende" im Personalwesen beigetragen, nämlich das Personal als Vermögen und nicht primär als Kosten zu betrachten. Die verwendete Methodik zielt jedoch in erster Linie auf die buchhalterische Erfassung des Humankapitals ab und ist daher in dieser Form für das HCM nur von zweitrangiger Bedeutung. Allerdings bieten die vorgeschlagenen Modelle zur Kosten- und Werterfassung des Human Capitals einige wertvolle Ansätze, um darauf aufbauend spezifische Messmethoden für das HCM zu entwickeln, in denen nicht nur der

---

[352] Vgl. hierzu auch *Küller, H.-D.* (1982), S. 637-656; *Conrads, M./Kloock, J.* (1982), S. 657-673 und *Dierkes, M./Hoff, A.* (1982), S. 677-720.
[353] Vgl. *Wunderer, R./Jaritz, A.* (1999), S. 11.

Wertbeitrag von Personen, sondern auch von spezifischen Personal*maßnahmen* ermittelt werden kann.

3.2.2 High Performance Work Systems (HPWS)

Während das HRA und die Humanvermögensrechnung vor allem die Perspektive des Rechnungswesens berücksichtigen, ist das Konzept der High Performance Work Systems (HPWS) wesentlich *handlungsorientierter*. Entstanden ist es mit der klaren Zielsetzung, dem Human Capital Management konkrete Empfehlungen zu geben, wie es mit seinen Mitteln den Erfolg[354] des Unternehmens am effektivsten steigern kann. Daher werden nach einer kurzen Vorstellung des Wesens und der theoretischen Fundierung der HPWS (B.3.2.2.1) auch die beiden zentralen Fragestellungen behandelt: Gibt es überhaupt einen positiven Zusammenhang zwischen bestimmten Aktivitäten des Human Capital Managements und dem Firmenerfolg (B.3.2.2.2)? Und wenn ja, welche Konsequenzen ergeben sich aus der Natur dieses Zusammenhanges für das HCM (B.3.2.2.3)? In Kapitel B.3.2.2.4 wird das HPWS-Konzept schließlich gesamthaft beurteilt und erörtert, welche weitere Forschung notwendig ist, um das HCM noch stärker in Richtung eines *Wertorientierten* Human Capital Managements auszubauen.

3.2.2.1 Wesen und theoretische Fundierung der HPWS

Wesen

Nach der „Ära" des Human Resource Accountings wurde in dem Zweig der angloamerikanischen Personalwissenschaft, der sich mit dieser Thematik beschäftigte, verstärkt nach Ansätzen geforscht, wie nun der Wert des Human Capitals durch sein aktives *Management* positiv *beeinflusst* werden könnte. In Deutschland hingegen wurde die Humanvermögensrechnung eher mechanistisch im Sinne von Kennzahlensystemen und Controllingansätzen weiterentwickelt, wobei der proaktive Handlungsbezug zum HCM – z.B. die Personalaktivitäten zu identifizieren, die einen besonderen Nutzen für das Unternehmen stiften – lange im Hintergrund stand.[355] Einer der Ersten, der einen positiven Einfluss des HCM auf den

---

[354] Der Erfolgsbegriff ist hier zunächst sehr weit gefasst. Obwohl sich der ultimative Erfolg eines Unternehmens zwar immer in monetären Messgrößen niederschlägt, greift die Theorie der HPWS auch bewusst auf nicht-monetäre Erfolgskennzahlen zurück. In frühen Ansätzen wird der direkt messbare Firmenerfolg daher z.B. durch Größen wie Fehlerrate oder Mitarbeiterfluktuation gemessen (ausführlicher hierzu siehe weiter unten).

[355] *Grünefeld* schlug 1981 vor, ein umfangreiches Kennzahlenmodell zu verwenden, mit dem detaillierte Einzelinformationen über den Personalaufwand geliefert und bestimmte Tendenzen im Periodenvergleich analysiert werden könnten; vgl. *Grünefeld, H.-G.* (1981). *Schulte* erweiterte dieses Modell später auf nahezu alle Felder des Personalmanagements (vgl. *Schulte, C.* (1989), S. 51f.). Eine ökonomische Untermauerung der Aktivitäten des HCM erfolgte jedoch erst langsam durch *Wunderer* und *Sailer* (vgl. *Wunderer, R./Sailer, M.* (1987), S. 505-509). Maßnahmenorientierte Ansätze blieben jedoch lange Zeit auf Teilbereiche beschränkt. Ein besonderes Augenmerk galt hierbei z.B. der Bestimmung des ökonomischen Nutzens von
(Fortsetzung nächste Seite)

Firmenerfolg empirisch nachweisen konnte, war *Schuster* in seinem 1986 veröffentlichten Buch „The Schuster Report – The Proven Connection Between People and Profits", das nach dem HRA einen weiteren bedeutenden Meilenstein in der Entwicklung des (W)HCM darstellte:

> *„Do you want your employees to be more productive? Pay more attention to them. A significant relationship exists between attention to employees and superior organizational performance. This is the conclusion of a research study which focused on the management practices of 1300 major firms in America."*[356]

Der Ansatz von *Schuster*, bestimmte Praktiken (Work Practices) des HCM hinsichtlich ihres Beitrages zum Erfolg des Unternehmens (High Performance) zu untersuchen, wurde später von mehreren anderen angloamerikanischen Wissenschaftlern weiterverfolgt, so dass sich in diesem Feld ein breites theoretisches und empirisches Fundament bilden konnte.[357] Obwohl diese spezielle Forschungsrichtung der Personalwissenschaft keinen einheitlichen Namen trägt, und mal als „Strategic Human Resource Management (SHRM)", „High Performance Work Practices"[358] oder „High Performance Work Systems (HPWS)" beschrieben wird, nutzt diese Arbeit zur Systematisierung die letztere Bezeichnung. Denn hierdurch wird nicht nur auf einzelne Maßnahmen (Work Practices) abgehoben, sondern auch auf deren *Interaktion* im Rahmen eines *Systems*.[359]

Personalauswahlverfahren mit Hilfe der „Utility Analysis" (vgl. z.B. *Gerpott, T.J.* (1989), S. 888-912 und (1990), S. 37-44). Ganzheitliche Personalkonzepte, die sich nach dem Unternehmenserfolg ausrichten, wurden dagegen im Vergleich zu den USA erst relativ spät in Deutschland entwickelt; vgl. z.B. *Bühner, R.* (1995, 1996 und 1997).

[356] Vgl. *Schuster, F.E.* (1986), S. ix. In dieser Studie untersuchte *Schuster* den statistischen Zusammenhang zwischen sechs Praktiken des HCM und dem Firmenerfolg – gemessen am Return on Equity (genauer: an einer Kombination aus ROE und der Veränderung des ROE zwischen 1978 und 1980). Die sechs Praktiken waren: 1) Nutzung von Assessment Centern bei der Personalauswahl, 2) Existenz flexibler Cafeteria-Systeme als Incentivesystem, 3) Nutzung produktivitätsorientierter Bonus-Pläne, 4) Verwendung zielorientierter Leistungsbeurteilungen, 5) Nutzung flexibler Arbeitszeitsysteme, 6) Organisationale Entwicklung. Zum Ergebnis ist anzumerken: Die gemessene Korrelation zwischen den genannten Praktiken ergab nur nur ein r von 0,09 (nach Korrektur um bestimmte Störgrößen ebenfalls nur r = 0,14), allerdings mit einer Irrtumswahrscheinlichkeit von p < 0,05 (mit n = 1284), also statistisch signifikant. *Schuster* erkennt zwar den geringen Korrelationswert an, verweist jedoch auf den hohen ökonomische Nutzen der HC-Praktiken, selbst bei dieser geringen Korrelation. Mit Hilfe „utility"-analytischer Methoden beziffert *Schuster* den Netto-Wert der genannten Praktiken für das durchschnittliche Unternehmen aus den Fortune 1000 auf ca. USD 1,29 Mio. pro Jahr. Für die Wissenschaft ist an dieser Stelle wohl weniger der absolute Dollar-Nutzen entscheidend gewesen, sondern die Tatsache, dass überhaupt ein finanzieller Nutzen nachgewiesen werden konnte.

[357] Vgl. z.B. *Kravets, D.J.* (1988); *Hansen, G.S./Wernerfelt, B.* (1989), S. 399-411; *Levine, D./Tyson, L.* (1990); *Ichniowski, C.* (1990); *Denison, D.* (1990); *Cutcher-Gershenfeld, J.* (1991), S. 241-260; *General Accounting Office* (1991); *Kaufman, R.* (1992), S. 311-322; *Kelley, M.* (1992); *Kruse, D.* (1993); *MacDuffie, J.P./Krafcik, J.* (1992); *MacDuffie, J.-P.* (1993); *Macy, B./Izumi, H.* (1993); *Bartel, A.* (1993); *Cooke, W.* (1993); *Holzer, H. et al.* (1993); *Ichniowski, C./Shaw, K./Prennushi, G.* (1995); *Huselid, M.A.* (1993, 1995); *Fitz-enz, J.* (1997).

[358] Diese Bezeichnung geht auf eine Meta-Studie zum Thema HC-Praktiken und Firmenerfolg des *U.S. Department of Labor* (1993) zurück.

[359] Vgl. z.B. *Huselid, M.A.* (1995), S. 640f. oder *Becker, B./Gerhart, B.* (1996), S. 782-791. Auf die Diskussion „Einzelmaßnahmen vs. Maßnahmenbündel" wird im nächsten Kapitel noch näher eingegangen sowie in Kapitel C.2.3.6.2.

Die Bedeutung des HPWS-Ansatzes liegt sowohl für die Wissenschaft als auch die Praxis vor allem in zwei Punkten: Zum einen wird nicht nur auf den Wert einzelner Individuen oder Gruppen Bezug genommen, sondern auch auf den Erfolgsbeitrag bestimmter HC-*Aktivitäten* – und damit gleichzeitig der Stellenwert des *Managements* des Human Capitals im Unternehmen aufgewertet. Zum anderen werden konkrete Ansatzpunkte identifiziert, wie der Wert des Human Capitals gesteigert und das HCM effektiver ausgerichtet werden kann.

Theoretische Fundierung

Spezielle Modelle und Methoden, mit denen sich die Effektivität des HCM beurteilt lässt, gibt es schon seit vielen Jahren. Allerdings folgen sie nicht alle der selben Typologie.[360] Die vier Grundkriterien, nach denen die bestehenden Ansätze unterschieden werden können, sind[361]: Konzept (≈ Definition der HCM-Effektivität), Annahmen (≈ die zu Grunde liegende Sichtweise auf das HCM), Domäne (≈ Fokus der HC-Aktivitäten)[362] und Prozess (≈ Umsetzungsprozess).

Ulrich charakterisiert in diesem Zusammenhang drei grundlegende Modelltheorien, nach denen sich die existierenden Ansätze anhand der genannten vier Kriterien kategorisieren und theoretisch untermauern lassen: Das „Stakeholder Model", das „Utility Model" und das „Relationship Model".[363]

Stakeholder Model

Die zentrale *Domäne* des „Stakeholder Model" ist der Personalbereich. *Konzeptionell* wird die Effektivität des HCM durch die Wahrnehmung seiner Nutzer (Kunden)[364] bestimmt. Dahinter steht die *Annahme*: Der Personalbereich arbeitet dann am effektivsten, wenn er serviceorientiert agiert und die Bedürfnisse seiner Kunden befriedigen kann. Das bedeutet: Rolle und Effektivität des Personalbereiches bestimmen sich im wesentlich dadurch, wie gut er die Bedürfnisse seiner Kunden erkennt und auf sie eingehen kann.

---

[360] Vgl. z.B. *Cascio, W.F./Silbey, V.* (1979), S. 107-118; *Cascio. W.F.* (1991); *Cascio, W.F./Ramos, R.A.* (1986), S. 20-28; *Tsui, A.* (1984), S. 47-61.

[361] Vgl. *Ulrich, D.* (1989), S. 303.

[362] Als mögliche Domänen der HPWS zählen: der Personalbereich, bestimmte HC-Praktiken sowie die Kosten und der Wert des Human Capitals. Die zusätzliche Betrachtung der Rahmenbedingungen, wie z.B. Unternehmenskultur oder Führungsstil, wird durch die HPWS nur indirekt abgedeckt. Es existieren zwar separate Studien z.B. zum Thema Unternehmenskultur und Firmenerfolg (siehe Kapitel C.4.4.2.8), aber eine ausdrückliche Integration dieser Rahmenbedingungen in das System der Work Practices findet nicht statt – diese erfolgt erst im WHCM.

[363] Vgl. hierzu und zur weiteren theoretischen Fundierung den Aufsatz von *Ulrich, D.* (1989), S. 301-313.

[364] Zu den Kunden (Stakeholdern) zählen entweder Individuen oder Interessengruppen/Abteilungen, welche die Serviceleistungen des Personalbereiches in Anspruch nehmen. Dabei können die Stakeholder sowohl innerhalb als auch außerhalb (z.B. externe Kunden, Zulieferer oder Gewerkschaften) des Unternehmens angesiedelt sein.

Der *Prozess* folgt in der Regel einer Vorgehensweise in fünf Schritten:[365]

1. Die wichtigsten Stakeholder (Interessengruppen bzw. „Kundengruppen) identifizieren.

2. Die Fragen formulieren, mit deren Hilfe die (internen) Kunden den Personalbereich beurteilen sollen.

3. Die (Beurteilungs-)Daten sammeln und auswerten.

4. Das Feedback über das Befragungsergebnis an die Stakeholder weiterleiten.

5. Ggf. Maßnahmen zur Verbesserung der Serviceleistungen einleiten.[366]

Die Stärken (+) und Schwächen (–) des „Stakeholder Model" sind u.a.:[367]

+ Es berücksichtigt eine Vielzahl von Interessengruppen.

+ Es postuliert eine gemeinschaftliche Verantwortung (der Stakeholder) für das HCM.

+ Es betont die Servicefunktion des Personalbereiches.

– Es stellt keine Verbindung zwischen der Effektivität des Personalbereiches und irgendwelchen finanziellen Erfolgsgrößen des Unternehmens her.

– Es berücksichtigt keine Kosten des Personalbereiches.

– Es erfordert einen hohen Einsatz an Zeit und Ressourcen (insbesondere bei der Datenerhebung und -auswertung).

– Es birgt die Gefahr, sich zu sehr darauf zu konzentrieren, die Aktivitäten *richtig* durchzuführen, anstatt die *richtigen* Aktivitäten anzugehen.

Insgesamt kann das „Stakeholder Model" als solide Grundlage und Datenbasis für die Bewertung des Personalbereiches angesehen werden. Für eine Gesamtbewertung des HCM reicht es jedoch unter anderem aufgrund seiner fehlenden ökonomischen Evaluation nicht aus.

Utility Model

Im „Utility Model" liegt die *Domäne* bei der Betrachtung alternativer Praktiken des HCM. Getragen wird dieser Ansatz durch die *Leitidee*: Die Effektivität des HCM hängt davon ab, in welchem Ausmaß eine bestimmte Praktik (z.B. die Nutzung von Assessment Centern zur Personalauswahl) den ökonomischen Gewinn des Unternehmens steigert – gemessen an der

---

[365] Vgl. unter der Bezeichnung „Personal Audit": z.B. *The Bureau of National Affairs* (1976); *Sheibar, P.* (1974), S. 211-217; *Kuraitis, V.P.* (1981), S. 29-34 oder unter dem Namen: „Multiple-Constituency": z.B. *Keeley, M.* (1978), S. 272-292; *Connolly, T.E./Conlon, J./Deuitsch, S.J.* (1980), S. 211-218.

[366] Dieser Schritt wird zwar nicht explizit genannt, ist aber die logische Konsequenz dieses Ansatzes.

[367] Vgl. u.a. *Heiser, R.T.* (1968), S. 180-183; *Gordon, M.E.* (1972), S. 498-504; *Odiorne, G.S.* (1972); *Sheibar, P.* (1974), S. 211-217 oder *McCaffee, R.B.* (1980), S. 56-62.

Alternative, dieses Instrumente nicht einzusetzen. Hiermit soll vor allem dem großen Anteil der personalbezogenen Kosten an den Gesamtkosten vieler Unternehmen Rechnung getragen werden.[368] Wenn man diesen Kostenblock reduzieren könnte, so lautet die *Annahme* des „Utility Model", dann würde das auch zu einer höheren Effizienz des HCM führen.[369]

Der idealtypische *Prozess* des „Utility Model" sieht wie folgt aus:

1. HC-Praktiken klar definieren (insbesondere Umfang und Abgrenzungen).[370]

2. Alle mit einer Praktik verbundenen Aktivitäten auflisten.

3. Die Kosten und den Wert für jede Aktivität ermitteln.[371]

4. Eine übergreifende Messzahl für die Effektivität des HCM entwickeln, z.B. einen HCM-Effektivitätsindex.

5. Das HCM anhand dieser Messzahl steuern.[372]

Die Stärken (+) und Schwächen (–) des „Utility Model" sind u.a.:

+   Es übersetzt die Ergebnisse des HCM in finanzielle Erfolgsgrößen.

+   Durch die finanzielle Ausrichtung erhöht es die Wahrscheinlichkeit, von den Entscheidungsträgern im Unternehmen verstanden und akzeptiert zu werden.

+   Es fördert die Unterscheidung der HC-Praktiken in Gewinn bringende und weniger Gewinn bringende.

–   Es beinhaltet die Schwierigkeit, eine akkurate Messgröße für die Effektivität des HCM zu finden.[373]

–   Es ist mit der Gefahr verbunden, möglicherweise nur einen von mehreren Aspekten der HCM-Effektivität zu messen.[374]

–   Durch die Bewertung von Einzelpraktiken werden mögliche Synergieeffekte innerhalb des HCM-Systems nicht berücksichtigt.[375]

---

[368] Zur Höhe der Personalkosten siehe ausführlich auch Kapitel B.3.3.1.2.

[369] Zur Beurteilung utility-analytischer Verfahren siehe auch *Boudreau, J.W./Berger, C.* (1985).

[370] Z.B. Assessment Center, Trainingsprogramme oder bestimmte Methoden zur Mitarbeiterbeurteilung. Ausführlich dazu siehe Kapitel C.2.3.

[371] *Cascio* und *Ramos* schätzen z.B. den Wert von Personalauswahlverfahren durch Kalkulation des Wertes, den jeder Mitarbeiter für das Unternehmen schafft, der diesem Verfahren unterzogen wurde (vgl. hierzu auch das CREPID-Modell in Kapitel B.3.2.1.2.3). Der ökonomische Wert einer bestimmten Auswahlmethode lässt sich dann im Vergleich zu alternativen Selektionsverfahren ermitteln.

[372] Dieser Schritt wird nicht explizit genannt, ist aber die logische Konsequenz dieses Ansatzes.

[373] Die zur Wertabschätzung getätigten Annahmen können unzutreffend sein. Der Wert einer Maßnahme kann sich erst zu einem viel späteren Zeitpunkt im finanziellen Ergebnis niederschlagen. Oder: Nicht-finanzielle Ergebnisse, wie Wachstum oder Innovation, können für das Management in der Betrachtungsperiode von gleich hoher Bedeutung sein wie finanzielle.

[374] Für schnell wachsende Unternehmen kann z.B. der direkte ökonomische Wert einer Praktik weniger wichtig sein, als ihre Fähigkeit, Innovation und weiteres Wachstum zu fördern – was sich ebenfalls erst später im finanziellen Erfolg bemerkbar macht.

[375] Siehe dazu auch Kapitel C.2.3.6.2.

Nimmt man die Stärken und Schwächen des „Utility Model" zusammen, ist es sicherlich geeignet, um einzelne HC-Praktiken zu evaluieren. Als Methodik zur Bestimmung des Gesamtwertes des HCM dürfte es jedoch weniger taugen. Denn es fokussiert zu sehr auf einzelne Aktivitäten und vernachlässigt dabei erstens den Systemaspekt des HCM und zweitens die Vernetzung des HCM mit den übrigen Prozessen und Aktivitäten des Unternehmens.

Relationship Model

Die wesentliche *Domäne* im „Relationship Model" sind die HC-Praktiken – ebenso wie im Utility-Ansatz. Sein *Konzept* basiert auf der Logik: Das HCM ist genau dann am effektivsten, wenn sich erstens seine Praktiken mit der Unternehmensstrategie decken, zweitens seine Praktiken zur Umsetzung der Strategie dienen oder drittens das HCM dazu beiträgt, bestehende Wettbewerbsvorteile zu verfestigen oder neue zu gewinnen.[376] Die dahinter stehende *Annahme* ist, dass HC-Praktiken dem Unternehmen helfen können, seine strategischen Pläne umzusetzen.

Das „Relationship Model" geht zwar ursprünglich aus der Literatur des strategischen Human Resource Managements hervor, die eine Vielzahl unterschiedlicher Denkrahmen vorgeschlagen hat, wie HCM und Unternehmensstrategie miteinander verbunden werden können.[377] Es bestehen aber auch Gemeinsamkeiten mit dem „Utility Model", da sich die Ergebnisgrößen alleine auf die ökonomischen Auswirkungen des HCM konzentrieren.

Der *Prozess* des „Relationship Model" richtet sich vor allem auf die Identifikation derjenigen HC-Praktiken, die einen Beitrag zur Umsetzung der Unternehmensstrategie leisten, und enthält die folgenden idealtypischen Schritte:

1. Ein Modell zur Analyse des Zusammenhanges zwischen HCM und Unternehmensstrategie entwickeln.[378]

2. Die zu analysierende(n) Organisationseinheit(en) bestimmen (z.B. Profit-Center, Geschäftszweig, Gesamtunternehmen).

3. Daten sammeln zu Strategie, HC-Praktiken und finanziellem Geschäftserfolg.

4. Den Zusammenhang zwischen Strategie, HC-Praktiken und finanziellem Erfolg messen.[379]

---

[376] Vgl. u.a. *Schuler R./MacMillan, I.* (1984), S. 241-255; *Ulrich, D.* (1986), S. 1-16.
[377] Vgl. z.B. *Tichy, N./Fombrun, C./Devanna, M.A.* (1982), S. 47-61; *Dyer, L.* (1984), S. 62-66 und (1985) oder *De Bejar, G./Milkovich, G.T.* (1986).
[378] Vgl. dazu auch die Ausführungen in Kapitel B.4 oder z.B. Ulrich, D. (1984a), S. 312.
[379] Die entsprechenden Analysen können unterschiedlich komplex gestaltet werden. Eine einfache Methode ist, die untersuchten Geschäftseinheiten aufgrund ihrer Geschäftsergebnisse in „Gewinner" und „Verlierer" einzuteilen und im nächsten Schritt zu schauen, in welchen HC-Praktiken sich diese beiden Gruppen (Fortsetzung nächste Seite)

5. Die Ergebnisse über die Zeit beobachten und dort Maßnahmen ergreifen, wo die HC-Praktiken nicht oder nur geringfügig dazu beitragen, die Geschäftsstrategie zum Erfolg zu führen.

Die wesentlichen Stärken (+) und Schwächen (–) des „Relationship Model" sind:

+   Es integriert Strategie, HC-Praktiken und Finanzdaten in einem Modell.

+   Es zeigt die Beziehung zwischen HC-Praktiken und dem entsprechenden finanziellen Erfolg auf.

+   Es kann, je nach Wahl der Indikatoren, auch Bündel von HC-Praktiken gleichzeitig untersuchen und damit Synergien berücksichtigen.[380]

+   Es verfolgt die Beziehung von HCM und Firmenerfolg über die Zeit.

–   Im Vergleich zu anderen Methoden erfordert es eine relativ große Datenmenge, die beschafft, analysiert und bewertet werden muss.

–   Die Bandbreite und Tiefe der erforderlichen Daten können die Analyse erschweren – gerade bei kleineren Betrachtungseinheiten (z.B. einer Abteilung).

–   Es müssen möglicherweise zusätzliche Faktoren herausgerechnet werden, welche die gemessene Beziehung von HCM und Unternehmenserfolg ebenfalls beeinflusst haben können (z.B. Geschäftssituation, Größe der Betrachtungseinheit etc.).[381]

Von den drei vorgestellten Modelltypen ist das „Relationship-Model" sicherlich das leistungsfähigste. Denn es basiert auf statistischen Untersuchungen, berücksichtigt den Gesamtkontext des Unternehmens und ist in der Lage, das HCM als Gesamtsystem zu betrachten. Weil es auf der anderen Seite aber auch sehr aufwendig sein kann, mit dem „Relationship Model" zu arbeiten, empfehlen sich das „Stakeholder"- und das „Utility-Model" überall dort, wo umfangreichere statistische Untersuchungen entweder nicht möglich oder aus Kosten-Nutzen-Überlegungen nicht sinnvoll sind. Aufgrund seiner Stärken wird in den weiteren Untersuchungen zum WHCM jedoch in erster Linie auf das „Relationship Model" zur theoretischen Fundierung und zur praktischen Analyse zurückgegriffen, wie später in Kapitel B.4 und Teil C noch zu erkennen sein wird.

---

voneinander unterscheiden. Anschließend ist noch die Kausalität zwischen HC-Praktiken und dem finanziellen Erfolg zu analysieren (vgl. u.a. *Schoeffler, S.* (1977); *Gale, B.T.* (1980), S. 78-86; *Woo, C.Y./Cooper, A.C.* (1981), S. 301-318). Eine anspruchsvollere Methode stellen die regressionsanalytischen Ansätze dar, bei denen der statistische Zusammenhang zwischen einzelnen HC-Praktiken und dem Geschäftserfolg gemessen wird. Allerdings ist die dazu benötigte Anzahl an Untersuchungseinheiten etwas höher (mindestens fünf (vgl. *Ulrich, D.* (1989), S. 310), aber dafür auch die Präzision der Ergebnisse (steigend mit der Anzahl der Untersuchungseinheiten). Eine anschließende Kausalitätsanalyse ist bei den regressionsanalytischen Ansätzen ebenfalls erforderlich (vgl. hierzu auch Kapitel C.2.2).

[380] Z.B. wenn den Analysen ein Index aus mehreren HC-Praktiken zu Grunde gelegt wird. Siehe dazu auch Kapitel B.4.4.1.

[381] Z.B. Größe, Wachstum, Art der Geschäftstätigkeit etc. Siehe dazu auch Kapitel B.4.5.

Auf die Ergebnisse empirischer Studien, die speziell den Zusammenhang zwischen HCM und Unternehmenserfolg untersucht haben, gehen die nächsten beiden Kapitel ein.

3.2.2.2 High Performance Work Practices und Firmenerfolg I: Nachweis des Zusammenhanges

> *„Show me the business case for the effects of management practices that put people first on organizational performance. And, by the way, don't just give me anecdotes specifically selected to make some point. Show me evidence"*[382]

Mit solchen oder ähnlichen Aussagen werden Human Capital Manager und Wissenschaftler, die sich mit diesem Thema beschäftigen, häufig konfrontiert. In diesem Kapitel wird daher der Frage nachgegangen, welche empirischen Beweise es tatsächlich dafür gibt, dass bestimmte HC-Praktiken einen positiven Einfluss auf den Firmenerfolg haben.

In der Folge des *Schuster*-Reports (s.o.) gab es eine Vielzahl weiterer Studien zu diesem Thema mit der selben Untersuchungsrichtung, jedoch den verschiedensten Messmethoden und Studiendesigns. Voneinander unterscheiden lassen sie sich u.a. durch die nachstehenden Kriterien:

- *Untersuchungsschwerpunkt*: Bezogen auf den Fokus der Studien gibt es zum einen Untersuchungen, die sich jeweils nur auf eine Branche konzentrieren[383], um die Stichprobe der Unternehmen möglichst homogen zu halten. Andere Studien greifen dagegen auf branchen*übergreifende* Unternehmensdaten zurück, damit allgemein gültigere Aussagen getroffen werden können. Die Brancheneffekte werden dabei allerdings vorher herausgefiltert.[384] Ein weiterer Unterschied liegt in der Betrachtungs*ebene* der Forschungsarbeiten. Während sich einige Studien auf bestimmte Teilbereiche innerhalb des Unternehmens konzentrieren[385], z.B. auf einzelne Produktionsabläufe, untersuchen andere das Unternehmen als Ganzes.[386] Auch hierhinter steht die kritische Abwägung zwischen den beiden Gütekriterien: „Vergleichbarkeit" vs. „Generalisierbarkeit" der Ergebnisse.[387]

- *Art und Umfang der erfassten Praktiken* (siehe weiter unten).

[382] *Pfeffer, J.* (1998), S. 31.

[383] Vgl. z.B. *MacDuffie, J.P./Krafcik, J.* (1992), S. 210-226 (⇨ Automobilindustrie); *Arthur, J.B.* (1994), S. 670-685 (⇨ „Steel Minimills") oder *Delery, J.E./Doty, D.H.* (1996), S. 802-835 (⇨ Bankensektor).

[384] Vgl. z.B. *Kravetz, D.* (1988); *Huselid, M.A.* (1995), S. 635-672, *Delaney, J.T./Huselid, M.A.* (1996) oder *Huselid, M.A./Becker, B.E.* (1998a)

[385] Vgl. u.a. *Arthur, J.B.* (1994), S. 670-685; *Ichniowski, C./Shaw, K./Prennushi, G.* (1995); *Youndt, M.A. et al.* (1996), S. 836-866.

[386] Vgl. u.a. *Huselid, M.A./Becker, B.E.* (1995, 1996, 1997); *Delaney, J.T./Lewin, D./Ichniowski, C.* (1989).

[387] Zur weiteren Diskussion dieses Punktes siehe auch Kapitel B.4.6.

- *Messgröße für den Unternehmenserfolg*: Gemeinsam ist den meisten HPWS-Studien, dass in ihnen die Effektivität des HCM bzw. bestimmter HC-Praktiken anhand ökonomischer Indikatoren gemessen wird. Diese reichen jedoch von nicht-finanziellen Größen, wie z.b. Produktivität oder Produktqualität[388] bis zu verschiedenen finanziellen Kennzahlen, wie *„Tobin's q"*[389], Return on Investment (ROI)[390] oder Gewinn.[391]

- *Art der Datenerhebung*: In dieser Hinsicht muss vor allem abgewogen werden: „Daten*menge"* und damit statistische Aussagefähigkeit vs. *Qualität* der Daten. Studien, die eher auf die statistische Aussagekraft Wert legen, erheben ihre Daten in der Regel durch Fragebögen, die mit der Post verschickt werden. Teilweise werden dabei auch noch zusätzliche Interviews mit ausgewählten Teilnehmern geführt.[392] In anderen Untersuchungen werden die Daten dagegen wesentlich detaillierter und interaktiver vor Ort in Form von Fallstudien erhoben. Dafür sind aber auch deren Stichproben in der Regel wesentlich kleiner.[393]

- *Langzeitdaten*: In den meisten Studien werden die HCM-Daten aus Praktikabilitätsgründen nur für ein Jahr erhoben. Es gibt aber auch Studien, in denen diese Daten über mehrere Jahre ausgewertet werden.[394] Der Vorteil dieser Langzeiterhebung liegt vor allem darin, auch Effekte berücksichtigen zu können, die sich erst nach einer bestimmten Zeitdauer („Time-Lag") wirksam im Geschäftserfolg niederschlagen.

Und was sind die Ergebnisse dieser Studien? Hier auf alle empirischen Untersuchungen zum Thema HCM und Unternehmenserfolg einzugehen, ist aus Platzgründen nicht möglich. Nachstehend werden jedoch einige Beispiele herausgehoben, die besonders deutlich zeigen, wie stark der Zusammenhang zwischen bestimmten High Performance Work Practices bzw. dem HPWS und dem Unternehmenserfolg sein kann.

In dieser Hinsicht ist an erster Stelle sicherlich die prämierte (branchenübergreifende) Studie von *Huselid* aus dem Jahre 1995 zu nennen. Dort hat *Huselid* die Verwendung einer Vielzahl von HC-Praktiken, die sich speziell auf die Fähigkeiten und die Motivation der Mitarbeiter beziehen, in Relation zu verschiedenen ökonomischen Outputgrößen gesetzt.[395] Dabei wurde

---

[388] Vgl. z.B. *Banker, R.D. et. al.* (1996b), S. 867-890.
[389] *„Tobin's q"* = Marktwert/Wiederbeschaffungswert der Assets (vgl. z.B. *Ichniowski, C.* (1990) oder Kapitel B.4.3).
[390] Vgl. z.B. *Denison, D.* (1990).
[391] Vgl. z.B. *Kravetz, D.* (1988).
[392] Vgl. z.B. *Huselid, M.A.* (1995), S. 635-672; *Delery, J.E./Doty, D.H.* (1996), S. 802-835 oder *Freeman, R.B./Kleiner, M.M./Ostroff, C.* (1997).
[393] Vgl. z.B. *Ichniowski, C./Shaw, K./Prennushi, G.* (1997), S. 291-313 oder *MacDuffie, J.P.* (1995), S. 197-221.
[394] Vgl. z.B. *Banker, R.D. et. al.* (1996b), S. 867-890 oder *Huselid, M.A./Rau, B.L.* (1996).
[395] Hierbei handelt es sich um eine branchenübergreifende Studie auf Firmenebene. Die verschiedenen Praktiken wurden faktoranalytisch auf zwei Indices reduziert (fähigkeitsorientierte und motivationsorientierte Praktiken) und dann regressionsanalytisch mit den genannten Outputgrößen in Beziehung gesetzt. Die Daten wurden per Fragebogen von Personalleitern höherer Ebenen erhoben. Die Stichprobengröße betrug n = 968.

u.a. statistisch signifikant nachgewiesen: Eine Verbesserung in den untersuchten Praktiken um eine Standardabweichung[396]

- Senkt die *Fluktuationsquote* eines Unternehmens durchschnittlich um 7,01%.

- Erhöht den durchschnittlichen *Umsatz* pro Mitarbeiter um USD 27.044.

- Steigert den durchschnittlichen *Marktwert* eines Unternehmens pro Mitarbeiter um USD 18.641.

- Und erhöht den durchschnittlichen *Gewinn* pro Mitarbeiter um USD 3.814.

Eine weitere branchen*übergreifende* Studie von *Welbourne* und *Andrews*[397], in der die „Überlebenschancen" von Initial Public Offerings (IPO's)[398] in den ersten fünf Jahren ihrer Börsennotierung im Zusammenhang mit dem HCM untersucht wurden, demonstriert den Zusammenhang zwischen HCM und Firmenerfolg bzw. Misserfolg ebenfalls besonders eindringlich:

- IPO's, die ihre Mitarbeiter signifikant[399] höher *wertschätzten*[400], hatten eine „Überlebenschance" von 79% in den ersten fünf Jahren, 19 Prozentpunkte höher als der Durchschnitt.

- IPO's, die ihre Mitarbeiter signifikant besser *entlohnten*[401], hatten in den ersten fünf Jahren sogar eine fast doppelt so hohe Überlebenschance (87%) wie der untersuchte Durchschnitt (45%).

Darüber hinaus wurden auch in branchen*spezifischen* Studien positive Effekte bestimmter HC-Praktiken nachgewiesen:

- *Automobilindustrie:* Gemäß einer Studie von *MacDuffie* führen flexible Produktionssysteme im Vergleich zu Massenproduktionsverfahren u.a. sowohl zu einer deutlich

---

[396] Vgl. *Huselid, M.A.* (1995), S. 654-668.
[397] Vgl. *Welbourne, T./Andrews, A.* (1996), S. 910f.
[398] Englisch: Initial Public Offering. Das sind Aktiengesellschaften, die neu an der Börse eingeführt werden.
[399] D.h. ihr Indexwert bezüglich der genannten Dimension liegt um eine Standardabweichung über dem Mittelwert der Stichprobe.
[400] Die Wertschätzung wurde durch einen Index gemessen, der fünf Dimensionen umfasst: 1) Ob das Unternehmen in seinem Mission Statement die Mitarbeiter als wichtigen Erfolgsfaktor erwähnt. 2) Ob im Unternehmensprospekt (der alle wichtigen Informationen zu einer IPO-Firma enthalten soll) Trainingsprogramme für die Mitarbeiter erwähnt werden. 3) Ob es einen expliziten Personalverantwortlichen im Unternehmen gibt. 4) Der Grad, in dem das Unternehmen mit Vollzeitbeschäftigten arbeitet im Gegensatz zu Teilzeit- oder Zeitarbeitskräften. Und 5) die Selbsteinschätzung des Unternehmens hinsichtlich seines Betriebsklimas. Untersucht wurden 136 Unternehmen aus verschiedenen Branchen (außer dem Finanzdienstleistungssektor), die 1988 am US-amerikanischen Aktienmarkt eingeführt wurden. Ungefähr die Hälfte der Firmen beschäftigte weniger als 110 Mitarbeiter, aber 20% auch mehr als 700. Alle Daten wurden aus den Angebotsprospekten entnommen.
[401] Die Art und Weise der Entlohnung wurde gemessen durch das Vorhandensein bzw. Nichtvorhandensein der folgenden Merkmale: Aktienoptionen für alle Mitarbeiter, Aktienoptionen nur für die wichtigsten Angestellten und das Management, Gewinnbeteiligungen für alle Mitarbeiter, Gewinnbeteiligung nur für wichtige Angestellte und das Management, gruppenbezogene Gewinnbeteiligungen/Incentives.

höheren *Produktivität* (+ 42,9%) als auch zu einer besseren Produkt*qualität* (47,4% weniger Defekte).[402]

- *Stahlindustrie:* Empirische Ergebnisse von *Arthur* belegen, mit „commitment-orientierten" Managementpraktiken lassen sich im Vergleich zu einem „kontroll-orientierten" Management kürzere Produktionszeiten (-34%) und geringere Ausschussraten (-63%) erzielen.[403]

- *Bekleidungsindustrie: Dunlop* und *Weil* weisen nach, dass eine modulare Arbeits-weise im Vergleich zur klassischen Trennung der Arbeitsprozesse in einzelne Ferti-gungsschritte zu einer höheren Umsatzrendite von 65% und zu einem höheren Umsatzwachstum innerhalb von fünf Jahren von 49% führen kann.[404]

- *Halbleiterproduktion:* Nach einer Studie von *Sohoni* lässt sich in diesem Sektor durch eine stärkere Beteiligung der Mitarbeiter an den Entscheidungen und Geschäftsprozessen die Fehlerquote um ca. 53% und die Produktionszeit ebenfalls um die Hälfte reduzieren.[405]

- *Dienstleistungssektor:* Mehrere Studien weisen in diesem Bereich einen positiven Zusammenhang nach zwischen Mitarbeitermotivation, Kundenservice und -zufriedenheit auf der einen und dem Unternehmensgewinn auf der anderen Seite.[406]

Fazit: Mit sehr hoher Wahrscheinlichkeit kann ein positiver Zusammenhang zwischen bestimmten HC-Praktiken und den zu Grunde gelegten Größen des Unternehmenserfolges angenommen werden. Dies wurde in einer Vielzahl von Studien nachgewiesen, die sowohl

---

[402] Vgl. *MacDuffie, J.P.* (1995). Datenerhebung vor Ort in 62 Automobilwerken in den USA. Massen-produktionssysteme: *Tayloristischer* Ansatz mit starker Kontrolle durch Supervisor, hohe Lagerbestände zur Vermeidung von Produktionsstillständen sowie häufige Qualitätskontrollen. Flexible Fertigungssysteme: Teamwork, hoher Grad an Eigenverantwortung der Mitarbeiter sowie niedrige Lagerhaltung.

[403] Vgl. *Arthur, J.B.* (1994). Untersuchung von 30 „Steel Minimills" vor Ort. Im Vergleich zum „kontroll-orientierten" Management zeichnen sich „commitment-orientierte" Führungsansätze aus durch: höhere Bezahlung, mehr Teamarbeit, höhere Qualifizierung der Mitarbeiter, dezentralisiertere Arbeit und stärkere Delegation.

[404] Vgl. *Dunlop, T.J./Weil, D.* (1996), S. 334-355. Klassischer Fertigungsrozess: Jeder Fertigungsschritt wird von einem anderen Mitarbeiter vollzogen. Dabei bekommt jeder Mitarbeiter einen Stapel halbfertiger Produktionsstücke, die er nur in dem für ihn vorgesehenen Arbeitsschritt weiterverarbeitet (Progressive Bundle System, PBS). Modulares System: Mehrere Arbeitsschritte werden einem Team zugeordnet. Jeder Mitarbeiter arbeitet zwar hauptsächlich an einem Arbeitsschritt, kann diesen jedoch in seinem Team immer wieder ändern. Die Bewertung und Incentivierung erfolgt ebenfalls verstärkt auf Teamebene. Die Arbeitseinteilung erfolgt dabei weitestgehend teamgesteuert. Größe der Stichprobe n = 121. Untersuchung auf Business-Unit-Ebene.

[405] Vgl. *Sohoni, V.* (1994), S. 128. Mitarbeiterbeteiligung wurde anhand von vier Kriterien gemessen: *Einfluss* (Grad, in dem Entscheidungen dezentralisiert waren), *Information* (Ausmaß, in dem Leistungsdaten systematisch gesammelt und an die Techniker und sonstigen Mitarbeiter weitergegeben wurden), *Wissen* (Umfang und Effektivität von Trainings- und Fortbildungsmaßnahmen – insbesondere „on the job") sowie *Vergütung* (Nutzung von leistungsabhängiger Bezahlung, Gewinnbeteiligung und Teamvergütungen). Stichprobe: n = 15.

[406] Vgl. z.B. *Schneider, B.* (1991), S. 151; *Schneider, B./Bowen, D.E.* (1985), S. 430; *Schneider, B./Parkington, J.J./Buxton, V.M.* (1980), S. 252-267; *Schmit, M.J./Allscheid, S.P.* (1995), S. 521-536; *Johnson, R.H./Ryan, A.M./Schmit, M.J.* (1994) oder *Moeller, A./Schneider, B.* (1986); S. 68-70.

branchenübergreifend als auch spezifisch auf unterschiedliche Einzelindustrien ausgelegt waren. Allerdings muss dabei zum einen die Frage nach der Art des Zusammenhanges noch eingehender beleuchtet werden und zum anderen, wie aussagekräftig die in diesen Studien verwendeten Erfolgsgrößen sind. Auf die *Art* des Zusammenhanges geht das nächste Kapitel ein. Die Aussagekraft der verwendeten *Erfolgsgrößen* greifen dagegen die Kapitel B.3.3.1.1 und C.2.3.7 noch detaillierter auf – insbesondere unter dem Aspekt der Orientierung am Unternehmenswert.

3.2.2.3 High Performance Work Practices und Firmenerfolg II: Kernfragen zur Art des Zusammenhanges

Die *Art* des Zusammenhanges zwischen bestimmten HC-Praktiken und dem Firmenerfolg zu kennen ist mindestens ebenso wichtig, wie die Tatsache, dass dieser existiert. Denn erst wenn die Natur dieser Beziehung bekannt ist, können auch die dahinter stehenden Prozesse und Wirkungsmechanismen gezielt beeinflusst werden. In diesem Kontext ergeben sich vor allem drei wichtige Fragenbereiche, auf die nachstehend detaillierter eingegangen werden soll:

1. *Welche* HC-Praktiken sind für den Unternehmenserfolg besonders wichtig?

2. Gibt es *allgemein gültige* „Best Practices", die in allen Unternehmen gleich wirksam sind, oder hängt die Wirkungskraft der HC-Praktiken eher von den unternehmens-*spezifischen* Umständen ab?

3. Nehmen die einzelnen Praktiken weitgehend *unabhängig* voneinander Einfluss auf den Unternehmenserfolg, oder sind die *Synergieeffekte* zwischen ihnen so hoch, dass auch die Qualität ihres Zusammenspiels berücksichtigt werden sollte?

Welche Praktiken sind besonders wichtig?

Aufgrund der vielen unterschiedlichen Studien zum Thema High Performance Work Practices mit ihrem jeweils eigenen Studienhintergrund und -design, ist es nicht ganz einfach, *die* Praktiken zu nennen, die den Unternehmenserfolg am positivsten beeinflussen. Die Gegen-überstellung der Ergebnisse aus fünf derartigen Studien in Abbildung 32 veranschaulicht diesen Punkt noch einmal. Dennoch lassen sich einige generische Praktiken heraus-kristallisieren, die übereinstimmend in mehreren Studien als besonders wirkungsvoll identifiziert wurden – z.T. allerdings in unterschiedlichen Ausprägungen. Dazu gehören:[407]

- Umfangreiche Maßnahmen zur Personalrekrutierung und -auswahl
- Training und Fortbildung der Mitarbeiter
- Formelle Kommunikation wichtiger Geschäftsinformationen

---

[407] Vgl. *Huselid, M.A.* (1995), S. 640.

EMPIRISCHE STUDIEN ZU ERFOLGREICHEN PERSONALPRAKTIKEN HÄUFIG MIT VERSCHIEDENEN ANALYSESCHWERPUNKTEN

Untersuchte Praktiken des Human Capital Managements	Ausgewählte Personalstudien				
	Kochan & Osterman	MacDuffie	Huselid	Cutcher-Gershenfeld	Arthur
Selbst gesteuerte Arbeitsteams	✓	✓		✓	✓
Job-Rotation	✓	✓		✓	✓
Problemlösung (in Gruppen/Qualitätszirkeln)	✓	✓			
Total Quality Management		✓			✓
Erhaltene/umgesetzte Verbesserungsvorschläge		✓			✓
Einstellungskriterien (aktueller Job vs. Lernfähigkeit)		✓			
Erfolgsabhängige Vergütung		✓	✓		
Statusbarrieren		✓	✓	✓	
Einführungstrainings			✓	✓	
Trainingsstunden p. a. nach Einführung			✓		
Informationsfluss (z. B. Newsletter)			✓		
Job-Analysen			✓		
Internal vs. External Sourcing			✓		
Meinungsumfragen			✓		
Beschwerdemanagement			✓		
Einstellungstests					
Formale Leistungsbeurteilung					
Beförderungskriterien					
Auswahlquote (bei Einstellung)					✓
Feedback auf Produktionsziele					✓
Problemlösungsmethoden					✓
Job-Design					✓
Anteil Fachkräfte in Produktion					✓
Führungsspanne					✓
Freizeitveranstaltungen					
Durchschnittliche Personalkosten					
Anteil Incentivekosten an gesamten Personalkosten					

Quelle: Becker, B. E./Gerhart, B. (1996), S. 785

Abbildung 32: *Beispiele für in der Wissenschaft bereits untersuchte High Performance Work Practices*

- Untersuchung der Mitarbeitereinstellungen (z.B. Zufriedenheit/Motivation)
- Job-Design
- Formelle Beschwerdemöglichkeiten
- Programme zur Beteiligung der Mitarbeiter an Managemententscheidungen
- Leistungsbeurteilungen
- Leistungsorientierte Vergütungs- und Incentivesysteme
- Sowie Beförderungen.

Durch einen Blick auf diese Liste der High Performance Work Practices lässt sich erkennen, dass sie nahezu den gesamten Prozess des HCM von der Rekrutierung bis hin zur Beförderung abdeckt. Aber was ist mit den Rahmenbedingungen der Personalarbeit, wie Qualifikation der Personalabteilung, Führungsstil oder Unternehmenskultur? Diese Aspekte bleiben in den meisten HPWS-Studien weitgehend unberücksichtigt. Es gibt zwar spezielle Untersuchungen zu Einzelfaktoren, z.B. zum Einfluss der Unternehmenskultur auf den Firmenerfolg. Aber *integrierte* Analysen, die sowohl den HCM-Prozess als auch die genannten Parameter berücksichtigen, fehlen bislang.[408] Schenkt man allerdings den Detailstudien Glauben und ruft sich zugleich die Variablen des Modells von *Likert* und *Bowers* zur Erklärung des Wertes von Gruppen in Erinnerung (vgl. Kapitel B.3.2.1.2.1), dann dürften die Rahmenbedingungen sehr wohl von Bedeutung für die Leistungskraft des Human Capitals sein. Die Frage ist nur: Wie ist ihre Wirkungskraft im Vergleich zu den anderen oben genannten High Performance Work Practices zu bewerten? Um eine Antwort auf diese Frage zu geben, wird sie noch einmal genauer im empirischen Teil dieser Arbeit untersucht. Dort wird auch auf die Gewichtung der verschiedenen HC-Praktiken (siehe z.B. Abbildung 32) eingegangen. Denn in diesem Punkt herrscht in der Literatur bislang ebenfalls noch keine einheitliche Meinung: Während *Arthur* z.B. der „Leistungsorientierten Vergütung" nur eine relativ geringe Bedeutung für den Unternehmenserfolg beimisst, besitzt diese Praktik hingegen für *Huselid* oder *MacDuffie* ein ganz besonders hohes Gewicht im HCM.

Die entsprechenden Ergebnisse zur Priorisierung der HC-Praktiken (Werttreiber) aus der eigenen empirischen Untersuchung finden sich in Kapitel C.2.3.1.

„Best Practices" vs. „Ressourcen-Ansatz"

Bislang wurde stillschweigend davon ausgegangen, die genannten Praktiken eigneten sich für jedes Unternehmen gleich gut, um ihr Human Capital möglichst effektiv zu nutzen. Aber ist das wirklich so? In der Literatur teilt sich die Meinung in diesem Punkt in zwei Fraktionen. In

---

[408] Eine Ausnahme bilden die Untersuchungen des *Saratoga Institute*, in denen ansatzweise auch Faktoren wie die Unternehmenskultur erfasst werden (s.u.). Eine umfangreichere Validierung derartig integrierter Studien gibt es jedoch bislang nicht.

den meisten der genannten Studien wird von der Annahme ausgegangen, die Effekte der einzelnen High Performance Work Practices seien additiv und in ihrer Wirkung ähnlich stark für jedes Unternehmen. Daher wird dieser Ansatz auch Best Practice-Ansatz[409] genannt, denn er postuliert eine gewisse Allgemeingültigkeit seiner Ergebnisse.[410]

Die Gegenposition hierzu wird in erster Linie von den Befürwortern des „Ressourcen-Ansatzes" (Resource-based View)[411] eingenommen. Diese vertreten – gestützt auf Forschungsarbeiten zur Bedeutung der Geschäftsstrategie für den Unternehmenserfolg – folgenden Standpunkt: Ein Gewinn bringendes Unternehmen zeichnet sich durch den Besitz eines oder mehrerer strategischer Wettbewerbsvorteile aus. Durch diese kann es in bestimmten Geschäftsfeldern eine Überlegenheit gegenüber seinen Wettbewerbern erlangen und dadurch höhere Erträge generieren. Damit diese Wettbewerbsvorteile jedoch auch nachhaltig bestehen bleiben, müssen sie besonders selten und/oder schwer für andere Unternehmen zu kopieren sein. Andernfalls gehen sie in relativ kurzer Zeit im Wettbewerb wieder verloren.[412]

Obwohl sich mit Hilfe der „klassischen" Einflussfaktoren für Wettbewerbsvorteile, wie Bodenschätze, Technologie oder Skalenvorteile[413] ebenfalls Wert schaffen lässt, lautet die These des Ressourcen-Ansatzes: Diese „klassischen" Faktoren sind – insbesondere im Vergleich zur komplexen Struktur des Human Capitals – relativ leicht zu imitieren und daher weniger geeignet, um *nachhaltige* Wettbewerbsvorteile aufzubauen. Das Human Capital, mit seiner Vielzahl an Facetten und der Einmaligkeit eines jeden sozialen Systems, beinhaltet dagegen ein viel höheres Potenzial, zu einem beständigen Wettbewerbsvorteil ausgebaut zu werden, da es nur sehr schwer zu kopieren ist. Und daher kann das Human Capital zu einem sehr wertvollen „Strategischen Asset" werden.[414]

Aber was genau ist so schwer am Human Capital zu kopieren? Es sind vor allem zwei Dinge, die im Englischen als *„Causal Ambiguity"* (frei: Unklarheit der Kausalzusammenhänge) und *„Path Dependency"* (frei: Abhängigkeit vom (Entwicklungs-)Pfad) bezeichnet werden. „Causal Ambiguity" drückt dabei die Schwierigkeit aus, die genauen Mechanismen zu verstehen, nach denen sich menschliches Handeln und die Interaktion in sozialen Systemen vollzieht. Um jedoch ein komplexes (soziales) System kopieren zu können, muss man zuerst verstehen, was genau seine Elemente sind und wie diese miteinander interagieren: Ist der Output der einzelnen Systemelemente zu addieren, zu multiplizieren oder wird er durch

---

[409] Vgl. u.a. *Applebaum, E./Batt, R.* (1994); *Kochan, T.A./Osterman, P.* (1994); *Pfeffer, J.* (1994) oder *Schmidt, F.L./Hunter, J.E./Pearlman, K.* (1981). S. 166-185.

[410] Vgl. *Becker, B.E./Gerhart, B.* (1996), S. 782-789 oder *Huselid, M.A.* (1995), S. 643f.

[411] Vgl. u.a. *Barney, J.B.* (1986, 1991, 1995).

[412] Zum Thema Wettbewerbsvorteile siehe ausführlich auch *Porter, M.E.* (1986), S. 19-300.

[413] Das bedeutet vor allem Stückkostendegression bei steigender Produktionsmenge, z.B. durch Mengenrabatte oder längere Produktionszyklen und dadurch geringere Anlaufkosten.

[414] Definition strategischer Assets: *"[T]he set of difficult to trade and imitate, scarce, appropriable, and specialized resources and capabilities that bestow the firm's competitive advantage."* (*Amit, R./Shoemaker, J.H.* (1993), S. 36).

komplexe nicht-lineare Funktionen verknüpft? Sind einem diese Zusammenhänge nicht bekannt, lassen sie sich auch nur schwer nachahmen – auch nicht durch besondere Techniken, wie z.b. das „Reverse Engineering".[415]

Der zweite „Kopierschutz", über den das Human Capital verfügt, ist die „Path Dependency". Hiermit wird der schrittweise Prozess bezeichnet, in dem sich das System des Human Capitals mit der Zeit weiterentwickelt. Das heißt, selbst wenn ein Unternehmen die Mechanismen des Human Capital-Systems[416] eines Konkurrenten kennen und auch über ähnliche Ressourcen (z.b. Mitarbeiter) verfügen würde, müsste es zunächst dessen Entwicklungsprozess durchlaufen, um ein ähnliches System zu erschaffen – vorausgesetzt dieses ist überhaupt möglich, woran zu zweifeln ist[417]. Selbst einzelne Mitarbeiter oder Teams von einer anderen Firmen abzuwerben ist daher noch kein Garant dafür, die Verhältnisse des anderen Unternehmens auch auf das eigene übertragen zu können.

Für die High Performance Work Practices bedeuten die Annahmen des Ressourcen-Ansatzes[418] nun Folgendes: Aus seiner impliziten Systemperspektive heraus erscheinen einzelne HC-Praktiken weitaus weniger wirkungsvoll, als ihre in den Unternehmenskontext eingebundene Gesamtheit. Erst die Kombination der Work Practices zu einem Work *System*, das auf die spezifischen Umstände des Unternehmens ausgerichtet ist, führt zur vollen Leistungsfähigkeit des Human Capitals, die größer ist, als nur die summierte Leistung seiner Einzelteile.[419] Versucht man diese Systemperspektive noch weiter aufzugliedern, so ergeben sich zwei unterschiedliche Themenkreise. Der Erste betrifft die Abstimmung der HC-Praktiken mit dem Kontext außerhalb des HCM (External Alignment), wie z.B. mit der Unternehmensstrategie. Der Zweite betrifft die „innere" Abstimmung des HCM (Internal Alignment) und die Konsistenz seiner Praktiken. Der Optimalzustand ist nach dem Ressourcen-Ansatz dann erreicht, wenn sowohl die Aktivitäten des HCM auf den Unternehmenskontext abgestimmt sind als auch seine einzelnen Praktiken so konsistent ineinander greifen, dass ein Maximum an Synergien zwischen ihnen genutzt werden kann.

---

[415] Vgl. *Becker, B.E./Gerhart, B.* (1996), S. 781f. „Reverse Engineering" bezeichnet hierbei eine Entwicklungsmethode, bei der von einem bereits existierenden Produkt ausgehend versucht wird, dieses nachzubauen.

[416] Ausführlicher zum Stichwort Human Capital-System siehe Kapitel B.3.3.2.1.

[417] Dieser Umstand bedeutet nicht, dass ein Unternehmen sein HCM nicht verbessern kann, sondern: Human Capital-Systeme lassen sich nicht komplett und in kurzer Zeit imitieren, sondern jedes Unternehmen muss seinen eigenen individuellen Entwicklungspfad im HCM beschreiten. Und das dauert eine gewisse Weile.

[418] In der Literatur wird auch die Bezeichnung „Contingency-Ansatz" verwendet, um explizit auf die Umstandsbezogenheit (Contingencies) des HCM hinzuweisen. Hier wurde jedoch die Bezeichnung „Ressourcen-Ansatz" gewählt, weil sie das theoretische Modell kennzeichnet, das die Begründung für die positiven Effekte aus einer Abstimmung des HCM mit dem Unternehmenskontext liefert.

[419] Vgl. u.a. *Amit, R./Shoemaker, J.H.* (1993), S. 33-46; *Delery, J.E./Doty, D.H.* (1996), S. 802-835; *Doty, D.H./Glick, W.H./Huber, G.P.* (1993), S. 1196-1250; *Dyer, L./Reeves, T.* (1995), S. 656-670; *Gerhart, B./Trevor, C./Graham, M.* (1996), S. 143-203; *Huselid, M.A.* (1995), S. 635-672; *Lengnick-Hall, C.A./Lengnick-Hall, M.L.* (1988), S. 454-470; *Meyer, A.D./Tsui, A.S./Hinings, C.R.* (1993), S. 1175-1195 oder *Milgrom, P./Roberts, J.* (1995), S. 179-208.

Was die Beurteilung dieser beiden Denkrichtungen anbelangt, Best Practice- und Ressourcen-Ansatz, so lässt sich aufgrund der bislang vorliegenden empirischen Ergebnisse keine *eindeutige* Aussage über die Richtigkeit der einen oder anderen Argumentation treffen. Untersuchungen z.B. von *Pfeffer* oder *Fitz-enz* lassen auf den ersten Blick zunächst den „Best Practice"-Ansatz glaubwürdiger erscheinen. Durch meta-analytische Auswertung bisheriger Studien bzw. eigene Untersuchungen und Beobachtungen haben sowohl *Pfeffer* als auch *Fitz-enz* bestimmte – ihrer Meinung nach – allgemein gültige High Performance Work Practices identifizieren können:

Die sieben „Best Practices" von *Pfeffer* sind dabei:[420]

- Beschäftigungssicherheit

- Selektive Einstellung neuer Mitarbeiter

- Selbst-organisierte Teams und dezentralisierte Entscheidungsfindung als Basisprinzipien des Organisationsdesigns

- Vergleichsweise hohe Vergütung, die zusätzlich noch von der Leistung der Organisation abhängig ist

- Umfangreiches Training

- Geringe Statusunterschiede und -barrieren z.B. durch Kleidung, Sprache, Büroausstattung oder größere Gehaltsunterschiede zwischen einzelnen Hierarchiestufen

- Sowie umfangreiche Kommunikation finanzieller und leistungsbezogener Informationen innerhalb der Organisation.

Die acht Best Practices von *Fitz-enz* sind dagegen:[421]

- Eine ausgeglichene Berücksichtigung humaner und finanzieller Werte

- Die langfristige Ausrichtung an der Kernstrategie des Unternehmens

- Eine enge Verbindung von Unternehmenskultur und Managementsystemen

---

[420] Vgl. *Pfeffer, J.* (1998), S. 64. Datenbasis: Meta-analytische Auswertung einer Vielzahl zu diesem Thema existierender Studien sowie eigene praktische Erfahrungen und Beobachtungen.

[421] Vgl. *Fitz-enz, J.* (1997), S. 14f. Datenbasis: Human-Resources-Benchmarking-Studien des *Saratoga Institute* von 1991 bis 1995. Datenerhebung mittels standardisierter Fragebögen. Stichprobengröße von n > 1.000. Die untersuchten Unternehmen stammten aus über 20 Ländern, vorwiegend den USA, aber u.a. auch aus Australien, Brasilien, Großbritannien, Kanada, Malaysia, Mexiko Singapur und Venezuela. Erfolgsparameter waren Profitabilität und Fluktuation. Einzelne Praktiken wurden in Form von quantifizierbaren Indikatoren erhoben, wie z.B. Personalkosten/Gesamtkosten, Prozentsatz freiwilliger Kündigungen, Kosten pro Neueinstellung etc. Die acht „Best Practices" wurden aus einer detaillierten Analyse der Top 5% - Unternehmen der Stichprobe generiert.
Hinweis: Es handelt sich hierbei um eine der wenigen Studien, in der auch die Rahmenbedingungen der Personalarbeit, wie z.B. die Unternehmenskultur, berücksichtigt wurden. Eine breitere Validierung dieser integrierten Ergebnisse fehlt jedoch bislang in der Literatur.

- Ein hohes Maß an Kommunikation und Informationsaustausch zwischen Management und Mitarbeitern

- Eine effektive Partnerschaft zwischen internen und externen Stakeholdern

- Die gegenseitige Unterstützung und Zusammenarbeit auf allen Ebenen

- Der Wille, innovativ zu sein und Risiken einzugehen

- Die Begeisterung für den Wettbewerb und sich niemals mit dem Status quo zufrieden zu geben.

Betrachtet man diese „Best Practices" jedoch etwas genauer und berücksichtigt dabei die entsprechenden Kommentierungen der beiden Autoren, dann stellt man zwei Dinge fest: Erstens sind diese Praktiken auf einem derart aggregierten Niveau, dass man hier eigentlich nicht mehr von „Best *Practices*" sprechen kann, sondern eher von bestimmten *Charakteristika*, die in erfolgreichen Human Capital-Systemen beobachtet wurden. Und zweitens weisen sowohl *Pfeffer* als auch *Fitz-enz* in ihren Untersuchungen deutlich auf die Notwendigkeit hin, diese Praktiken im Verbund, also als System zu betrachten, da es spürbare Interdependenzen zwischen ihnen gäbe.[422] Darüber hinaus ist eine der Best Practices von *Fitz-enz* die Ausrichtung an der Unternehmensstrategie, was neben der inneren Konsistenz auch die äußere Stimmigkeit des HCM andeutet. *Pfeffer* nennt diesen Aspekt zwar nicht ausdrücklich in seinen Best Practices, weist aber ebenfalls in der Kommentierung seiner Ergebnisse ausdrücklich darauf hin.

Das heißt, wenn man von „Best Practices" spricht, sollte gleichzeitig immer die Betrachtungsebene genannt werden, die man gerade einnimmt. Denn die empirischen Beobachtungen scheinen darauf hinzudeuten, dass es durchaus bestimmte *Charakteristika* des HCM gibt, die den Unternehmenserfolg *unabhängig* von den Rahmenbedingungen positiv beeinflussen. Auf der Ebene einzelner Praktiken ist diese Allgemeingültigkeit jedoch deutlich weniger gegeben und Aspekte wie „Innere Konsistenz des HCM" und „Abstimmung auf den jeweiligen Unternehmenskontext" nehmen an Bedeutung für den Unternehmenserfolg zu.[423]

Das Problem in der Literatur ist jedoch: Es gibt bislang nur eine äußerst begrenzte Anzahl empirischer Befunde, welche die Thesen des Ressourcen-Ansatzes im Zusammenhang mit dem ökonomischen Erfolg des HCM *quantitativ* untermauern. Hinsichtlich der „Inneren Konsistenz *(Internal Fit)*" von HC-Praktiken gibt es zumindest einige wenige Studien, die einen positiven, statistisch signifikanten Effekt konsistenter Maßnahmenbündel im Vergleich zu verschiedenen Einzelpraktiken nachweisen konnten.[424] Als Hauptgrund, warum die HC-

---

[422] Vgl. *Fitz-enz, J.* (1997), S. 13-17 sowie *Pfeffer, J.* (1998), S. 99-128.

[423] Vgl. *Becker, B.E./Gerhart, B.* (1996), S. 767.

[424] Durch die Konstruktion eines zusätzlichen Indexes, der mit der Anzahl (intensiv) genutzter HC-Praktiken eines Unternehmens steigt, konnten u.a. *Huselid* und *Huselid/Becker* positive Effekte des „Internal Fit" auf den Unternehmenserfolg nachweisen. Durch Untersuchung verschiedener Maßnahmenbündel, die von der geringen Nutzung aller untersuchten Praktiken über die verstärkte Nutzung verschiedener Kombinationen
(Fortsetzung nächste Seite)

Praktiken in der Praxis häufig *nicht* aufeinander abgestimmt sind, nennen *Becker, Huselid* und *Ulrich* das schlichte Unwissen der verantwortlichen Manager,[425] deren Fokus bislang hauptsächlich operativ und weniger strategisch bzw. systemisch geprägt war. Und das Bedenklichste hierbei ist: Der Geschäftsleitung ist es in vielen Fällen relativ gleich, ob das HCM in sich konsistent ist oder nicht, weil ohnehin nicht daran geglaubt wird, dass sich daraus negative Konsequenzen für das Unternehmen ergeben könnten. Ein zu starkes Vertrauen auf Benchmarkingergebnisse sehen *Becker, Huselid* und *Ulrich* als weitere Ursache für eine fehlende interne Abstimmung der HC-Praktiken. Denn durch Benchmarking wird das Augenmerk sehr leicht auf einzelne Bereiche bzw. Praktiken gelenkt, ohne dabei das dahinterliegende System zu verstehen. Die Benchmarkingaussage: „Der Branchen-Beste schickt seine Mitarbeiter durchschnittlich drei Wochen zu Fortbildungsmaßnahmen" ist für sich genommen noch ohne größere Aussagekraft. Auf dieser Basis ein Trainingsprogramm zu entwerfen, das spezifisch auf die Bedürfnisse des eigenen Unternehmens zugeschnitten ist, kann man erst dann, wenn z.B. auch bekannt ist, um was für Trainings es sich bei dem Benchmark-Unternehmen handelt, für welche Mitarbeiter diese ausgelegt sind und mit welchem strategischen Ziel sie angeboten werden. Wie ein Unternehmen die Konsistenz seines HCM konkret messen und bewerten kann, wird später noch in Kapitel B.3.3.2.3 im Zusammenhang mit dem WHCM erläutert.

Was die Bedeutung der externen Abstimmung *(External Fit)* anbelangt, so ist deren empirisch-quantitative Fundierung noch geringer. Die einzigen validen Ergebnisse, die einen signifikanten Zusammenhang zwischen „External Fit" und Firmenerfolg nachweisen konnten, stammen aus einer Untersuchung der Fertigungsprozesse in der Automobilindustrie. Der enge Fokus dieser Studie unterstreicht dabei zwar die Qualität ihrer Ergebnisse, stellt aber auf der anderen Seite auch die Generalisierbarkeit der Schlussfolgerungen in Frage.[426]

Wie wichtig die Diskussion „Best Practices vs. Ressourcen-Ansatz" ist, zeigt u.a. die in letzter Zeit immer häufiger geführte Debatte zum Outsourcing von HCM-Prozessen.[427] Würde man hier dem Best Practice-Ansatz folgen, müssten HCM-Prozesse ohne weiteres Zögern ausgelagert werden, wenn dadurch signifikante Kosteneinsparungen erzielt werden könnten. Träfen dagegen eher die Annahmen des Ressourcen-Ansatzes zu, wäre zusätzlich für jeden Prozess zu prüfen, ob die negativen Effekte aus dem Verlust an interner Konsistenz und durch den zusätzlichen Abstimmungsaufwand nicht höher sind, als die prognostizierten Kosten-

---

von Maßnahmen bis hin zur intensiven Nutzung aller Praktiken reichte, konnten diese Ergebnisse ebenfalls verifiziert werden; vgl. *Huselid, M.A.* (1995) sowie *Huselid, M.A./Becker, B.E.* (1995, 1996, 1997).

[425] Vgl. *Becker, B.E./Huselid, M.A./Ulrich, D.* (2001), S. 136-138.

[426] Vgl. *MacDuffie, J.P.* (1995), S. 197-221. In einer anderen Studie von *Youndt et al.*, in der vier verschiedene Fertigungsstrategien und zwei HCM-Strategien untersucht wurden, konnte die External Fit-Hypothese nur bei einer Kombination aus Fertigungs- und HCM-Strategie statistisch signifikant bestätigt werden (vgl. *Youndt, M.A. et al.* (1996), S. 295-320). In den Untersuchungen von *Huselid* (1995) und *Huselid/Becker* (1995,1996,1997) konnte der Nutzen des „External Fit" dagegen überhaupt nicht nachgewiesen werden.

[427] Ausführlicher hierzu siehe Kapitel C.2.3.5.2.

einsparungen.[428] Das heißt: Es werden nach dem Ressoucen-Ansatz nicht primär die *Kosten*effekte im Zusammenhang mit dem Outsourcing betrachtet, sondern die potenzielle Veränderung der *Wert*schaffung durch das HCM.

An dieser Stelle soll aber auch auf die möglichen Risiken hingewiesen werden, die mit der Gültigkeit des Ressourcen-Ansatzes verbunden sein können: Es besteht z.b. die Gefahr, dass fein abgestimmte High Performance Work Systems (HPWS) aufgrund ihrer hohen Komplexität und Interdependenz der „Elemente" unerwartet in sich zusammenbrechen oder schlagartig an Effizienz verlieren. Die Gründe: Entweder haben sich ihre spezifischen Rahmenbedingungen oder die Verhältnisse innerhalb des Systems (ungewollt) verändert. Ein besonders homogenes HPWS kann nämlich dazu führen, dass sich das System nur noch sehr schwer an Veränderungen des externen oder internen Unternehmensumfeldes anzupassen vermag und damit an Leistungskraft verliert.[429] Gemäß dem „Attraction-Selection-Attraction-Model" von *Schneider*[430] tendiert z.b. der Mitarbeiterstamm eines Unternehmens mit der Zeit dazu, immer homogener zu werden, weil die Mitarbeiter dazu neigen, vermehrt die Leute einzustellen, die ihren eigenen Präferenzen und Charakteristika ähneln – und dieser Prozess verstärkt sich immer weiter. In „guten" Zeiten mag diese Homogenität noch vorteilhaft sein. In turbulenteren Zeiten besteht hingegen die Gefahr, dass eine derartige Organisation zu schwerfällig wird und nicht mehr schnell genug auf neue Marktanforderungen reagieren kann, weil ihr die erforderliche Verschiedenartigkeit der Fähigkeiten und Denkmuster fehlt. Unter sich ändernden Rahmenbedingungen schlägt *Schneider* daher vor, „Flexibilität" als weitere Eigenschaft des HPWS zu fördern, damit die notwendige Adaptionsfähigkeit des Systems sichergestellt bleibt.[431]

Um die fruchtbare Diskussion „Best Practices vs. Ressourcen-Ansatz" ein Stück weiter zu bringen, wurde dieser Aspekt ebenfalls in den empirischen Teil der Arbeit im Zusammenhang mit dem WHCM aufgenommen. Die entsprechenden Ergebnisse finden sich in Kapitel C.2.3.6.

3.2.2.4 Beurteilung

Die Forschung auf dem Gebiet der High Performance Work Practices bzw. Systems hat für das Human Capital Management viele wichtige Erkenntnisse geliefert. Von größter Bedeutung ist dabei sicherlich die breite Basis empirischer Daten, mit der ein positiver Zusammenhang zwischen dem HCM und dem Firmenerfolg nachgewiesen werden konnte. Hinsichtlich der Art des Zusammenhanges wurden ebenfalls wichtige Ergebnisse erzielt.

---

[428] Vgl. *Becker, B.E./Gerhart, B.* (1996), S. 797.
[429] Vgl. u.a. *Gerhart, B./Trevor, C./Graham, M.* (1996), S. 143-203; *Orton, J.D./Weick, K.E.* (1990), S. 203-223; *Perrow, C.* (1984).
[430] Vgl. *Schneider, B.* (1987), S. 437-453; *Schneider, B./Goldstein, H.W./Smith, D.B.* (1995), S. 747-773.
[431] Vgl. *Becker, B.E./Gerhart, B.* (1996), S. 789.

Dazu gehört zum einen die Identifikation einer Vielzahl von Praktiken, mit denen das HCM zum Unternehmenserfolg beitragen kann. Zum anderen aber auch die Einsicht, dass diese Praktiken wahrscheinlich nicht völlig isoliert zu betrachten sind, sondern in Verbindung mit ihrem Unternehmenskontext bewertet werden müssen und dem Gesamtpaket an personalbezogenen Aktivitäten, die in einer Organisation zum Tragen kommen.

Neben den inhaltlichen Aspekten sind im Rahmen der empirischen Studien aber auch die methodischen Ansätze weiterentwickelt worden, insbesondere was die Messung und Bewertung des HCM anbelangt.[432] Durch einige sehr fundierte Arbeiten, wie z.B. von *Huselid* und *Huselid/Becker*[433], wurde das Messinstrumentarium des HCM auf eine neue Qualitätsebene gehoben, was sich nicht nur positiv auf die weitere Forschung in diesem Gebiet ausgewirkt hat, sondern dem HCM auch in der Praxis zu mehr Glaubwürdigkeit verholfen hat.

Vor dem Hintergrund dieser wertvollen Beiträge, die der HPWS-Ansatz für das Human Capital Management geleistet hat, darf jedoch nicht vergessen werden, dass auch er noch eine Reihe an Gesichtspunkten enthält, die es weiterzuentwickeln bzw. stärker empirisch zu untermauern gilt. *Becker* und *Huselid* merken dazu selber an:

> *„Theoretically, there is a strong foundation for the expectation that superior human capital strategies will be reflected in valued firm-level outcomes. Empirically, however, we have only begun to „peel back the onion" to gain an understanding of* the processes *through which HPWS add value, as well as to provide significant econometric evidence of the* magnitude *of such an effect."*[434]

Aus Sicht eines Wertorientierten Human Capital Managements gibt es in der bisherigen HPWS-Forschung vor allem sechs Aspekte, die noch intensiver beleuchtet werden sollten:

1. Die Maxime des WHCM lautet: Orientierung am Unternehmenswert. Im Rahmen der HPWS-Studien wird der Firmenerfolg jedoch wesentlich weiter gefasst – Senkung der Ausschussquote, kürzere Prozesszeiten, höhere Umsatzrentabilität oder Steigerung des Return on Investment (ROI) sind dabei nur einige der verwendeten Erfolgsparameter. Eine gewisse Wahrscheinlichkeit, dass diese Kennzahlen etwas mit der tatsächlichen Steigerung des Unternehmens*wertes* gemeinsam haben, ist gegeben. Die Ausführungen in Kapitel B.2.2 haben allerdings deutlich gemacht, welche Probleme mit derartigen Messgrößen verbunden sind und wie gering ihre empirische Korrelation mit der Wertschaffung für die Anteilseigner ist – ausgedrückt z.B. durch die Aktienrendite. Für die Entwicklung eines Wertorientierten Human Capital Managements ist es daher notwendig, empirische Daten zu generieren, denen eine Erfolgskenngröße zu Grunde liegt, die zum einen die Steigerung des Unternehmens-

---

[432] Vgl. hierzu auch die Kapitel B.4, C.2.3.7 und C.3.1 dieser Arbeit.
[433] Vgl. u.a. *Huselid, M.A.* (1995) und *Huselid, M.A./Becker, B.E.* (1995, 1996, 1997).
[434] *Becker, B.E./Huselid, M.A.* (1998), S. 92. Anmerkung: Die einfach gedruckten Worte „processes" und „magnitude" sind im Original *kursiv* gedruckt.

wertes berücksichtigt, zum anderen aber auch die besonderen Charakteristika des Human Capitals.[435]

2. Die bislang zum Thema HPWS durchgeführten Studien betrachten nur einen Teilausschnitt des gesamten Human Capital-Systems, nämlich den, der sich auf die direkte Interaktion zwischen Personalbereich und Mitarbeitern bezieht (s.o.). Für ein umfassendes und integriertes WHCM spielen jedoch auch diejenigen Faktoren eine Rolle, die „indirekt" bzw. durch andere Personen außerhalb der Personalabteilung auf das Human Capital wirken, wie z.B. Führungsstil, Unternehmenskultur oder Ressourcen und Qualität der Personalabteilung. Denn erst durch diese Gesamtsicht lässt sich bestimmen, welches die größten Werttreiber des WHCM sind und wie man sie am effektivsten beeinflussen kann.

3. Die HPWS-Forschung hat eine Vielzahl von Praktiken identifiziert, die positiv auf den Unternehmenserfolg wirken sollen. Ein Blick auf die Bezeichnung dieser Praktiken verrät jedoch, dass es sich hierbei häufig um sehr allgemeine Aussagen handelt, wie „Umfangreiche Rekrutierungsmaßnahen", „Nutzung von Leistungsbeurteilungen" oder „Verwendung leistungsabhängiger Incentive- und Vergütungssysteme". Außer in den Untersuchungen, die in Form von Fallstudien ausgelegt waren, fehlen daher die wichtigen Details, die für eine spätere Umsetzung in der Praxis wichtig sind. Sind z.B. alle Rekrutierungsmaßnahmen gleich wichtig? Bringen alle Typen von Leistungsbeurteilungen den gleichen Erfolg? Ist leistungsabhängige Vergütung grundsätzlich gut und wenn ja, für wen, in welcher Form und in welcher Höhe? Das bedeutet, die zukünftige Forschung sollte hier noch einen Schritt weiter gehen und versuchen, die gefundenen High Performance Work Practices zumindest so detailliert zu beschreiben, dass die Ergebnisse für die weitere praktische Arbeit nutzbar sind. Sicherlich mag die Ausgestaltung der Einzelheiten unternehmensspezifisch unterschiedlich sein. Aber einige grundsätzliche Indikationen, z.B. welche Rekrutierungskanäle erfolgreiche Firmen nutzen oder welche Incentives sie für ihre Mitarbeiter anbieten, kann durchaus sehr hilfreich sein. Die Allgemeinheit einiger Studienergebnisse mag sicherlich auch dazu beigetragen haben, dass die Resonanz auf diese Ergebnisse in der Praxis bislang noch verhaltener als erwartet geblieben ist und zu dem massiven Umsetzungsproblem geführt hat, unter dem das HCM bis heute in vielen Unternehmen leidet.

4. In eine ähnliche Richtung geht auch die Frage nach den Kausalzusammenhängen im HCM. Als *Ausgangspunkt* für das WHCM ist es zweifellos notwendig, die High Performance Work Practices zu kennen. Für die Umsetzung ist jedoch mindestens ebenso entscheidend zu wissen, wie diese Praktiken a) kausal mit dem Unternehmenserfolg zusammenhängen und b) sich untereinander beeinflussen. Denn erst durch die Kenntnis ihrer Wirkungsmechanismen kann das HC-System aktiv und

---

[435] Siehe hierzu auch die Kapitel B3.3.1.1 und B.3.3.1.2.

effektiv gesteuert werden. Allerdings macht die HPWS-Forschung in dieser Hinsicht bislang nur sehr wenig konkrete Aussagen.

5. Ein Punkt, der durch den HPWS-Ansatz ebenfalls noch unzureichend abgedeckt wird, ist die *Entwicklung* von High Performance Work Systems. In den meisten Studien wird stillschweigend davon ausgegangen, das HCM eines Unternehmens sei einfach existent und habe sich nicht mit dem Unternehmen zusammen entwickelt. Erklären kann man diesen Umstand durch das Design der meisten Untersuchungen, die entweder nur einen Zeitpunkt oder einen begrenzten Zeitraum von ca. 4-5 Jahren betrachtet haben. Eine Alternative wäre jedoch, im Rahmen von Fallstudien zumindest rückblickend die Entwicklung des HCM in verschiedenen Unternehmen nachzuvollziehen und daraus bestimmte Entwicklungsmuster abzuleiten. Unter anderem könnte dadurch auch die wichtige Frage beantwortet werden, was zuerst da war: ein erfolgreiches HCM oder der finanzielle Erfolg eines Unternehmens.

6. Als Letztes bleibt noch zu klären, inwieweit die Ergebnisse, die vorwiegend im US-amerikanischen Raum generiert wurden, auch auf andere Kulturräume und Märkte übertragen werden können und wenn ja, in welchem Umfang und vor allem mit welcher Wirkung auf den ökonomischen Erfolg. Es gibt zwar allgemeine länderübergreifende Human Capital-Studien. Diese stellen jedoch in der Regel keinen Zusammenhang zwischen den untersuchten Praktiken und dem Unternehmenserfolg her. Umgekehrt beziehen sich die HPWS-Studien nahezu ausschließlich auf ein einziges Land. Und weil die meisten der führenden Wissenschaftler auf diesem Gebiet aus dem angloamerikanischen Raum stammen bzw. dort geforscht haben, ist die Basis für internationale Vergleiche hinsichtlich der Erfolgswirksamkeit von HC-Praktiken bislang noch sehr dünn.[436]

Zusammenfassend lässt sich daher festhalten: Trotz der zuletzt genannten sechs Punkte dürfte die HPWS-Forschung maßgeblich dafür verantwortlich sein, dass man den Faktor Mensch heutzutage zumindest als potenziellen Werthebel diskutiert und in einigen Firmen sogar als solchen effektiv nutzt. Das Human Resource Accounting hat zwar hierfür den Weg geebnet, doch ist es letztlich auch deshalb in seinen Kinderschuhen stecken geblieben, weil der empirische Nachweis für den Nutzen des Human Capitals und des Human Capital *Managements* fehlte. Aus diesem Grund ist der HPWS-Ansatz auch eine zentrale Säule für das Konzept des Wertorientierten Human Capital Managements, das ja ebenfalls versucht, High Performance Work Practices bzw. Treiber zu identifizieren, die den Unternehmenserfolg steigern. Der wesentliche Unterschied besteht lediglich in der konkreten Definition des Unternehmenserfolges und der damit verbundenen Analysemethodik.

---

[436] Eine Ausnahme bilden zum Beispiel die internationalen Studien des *Saratoga Institute*, vgl. *Saratoga Institute* (1994) oder *Fitz-enz, J.* (1997).

Abbildung 33: *Die Kernelemente des Human Capital Managements*

3.3   Kernelemente des WHCM

Das Wertorientierte Human Capital Management ist ein integrierter Ansatz, der sich auf die Grundlagen des Human Capital Managements, des Wertmanagements, des Human Resource Accountings und der Theorie der High Performance Work Systems bezieht und diese weiterentwickelt. Seine drei Kernelemente sind (siehe Abbildung 33):

- Als externe Zielgröße: Der *Shareholder Value*.

- Als interne Zielgrößen: *Personalorientierte Wertschaffungskennzahlen*.

- Und als Werthebel: Die *Human Capital-Architektur*[437], die sich zusammensetzt aus der Human Capital-Funktion, dem Human Capital-System und dem strategischen Verhalten der Mitarbeiter.

Auf die externe Zielgröße, den Shareholder Value, wurde bereits ausführlich im Zusammenhang mit dem Wertmanagement eingegangen. Daher soll der Schwerpunkt dieses Kapitels auf den internen Zielgrößen (B.3.3.1) und den Werthebeln und Werttreibern der Human Capital-Architektur (B.3.3.2) liegen. In Kapitel B.3.3.3 wird diese eher theoretische Sichtweise durch

---

[437] Der Begriff „Human Capital-Architektur" wird in Anlehnung an die Bezeichnung „Human Resource Architecture" von *Becker, Huselid* und *Ulrich* verwendet (vgl. *Becker, B.E./Huselid, M.A./Ulrich, D.* (2001), S. 12-20).

einen Blick in die Praxis erweitert und beschrieben, inwieweit erste Ansätze eines WHCM bereits von der Wirtschaft akzeptiert und umgesetzt werden. Eine Bewertung des Status quo des WHCM sowie ein Zwischenfazit bis zu dieser Stelle der Arbeit folgt in Kapitel B.3.3.4.

3.3.1   Interne Zielgröße: Personalorientierte Wertkennzahlen

Im Kapitel „Wertmanagement" wurden bereits verschiedene Wertschaffungskennzahlen vorgestellt, z.B. der Economic Value Added® (EVA®) oder der Cash Value Added (CVA). Weil diese Messgrößen jedoch alle rein kapitalorientiert sind, wird zunächst auf die damit verbundene Problematik für das WHCM eingegangen (B.3.3.1.1), um anschließend eine Alternative vorzuschlagen, die sich für ein *personal*orientiertes Management besser eignet (B.3.3.1.2).

3.3.1.1   Die Problematik kapitalorientierter Wertkennzahlen für das WHCM

Die Qualität einer Kennzahl richtet sich neben ihrer Reliabilität[438] auch nach ihrer Validität. Das ist der Grad, mit dem die Messung eines Konstruktes tatsächlich das misst, was gemessen werden soll.[439] In den Ausführungen zum Wertmanagement wurde auf die Vorteile übergewinnorientierter Wertkennzahlen wie EVA® und CVA eingegangen bzw. deren Veränderungen – ΔEVA® und ΔCVA. Aber sind diese Größen auch für das WHCM geeignet? Gliedert man z.B. den CVA in seine Bestandteile auf, dann erkennt man, dass er aus verschiedenen Größen besteht, die sich alle in der einen oder anderen Form auf das (eingesetzte) Kapital des Unternehmens beziehen: Cashflow Return on *Investment* (CFROI), *Kapital*kostensatz und Brutto*investitions*basis. Für den EVA® und die anderen genannten Größen, wie Return on *Investment* oder Return on *Equity*, gilt das Gleiche. Daher werden sie auch *kapital*orientierte Kennzahlen genannt. Die dahinter stehende Logik besteht darin, denjenigen Faktor als Bezugspunkt für eine Kennzahl zu wählen, der für die eigene Geschäftsbetrachtung am wichtigsten ist. Bei Investitionen in materielle Werte ist das in der Regel das eingesetzte (Finanz-)Kapital.

Aus Sicht des WHCM ist jedoch nicht das *Finanz*kapital der erfolgskritischste Faktor, sondern das *Human* Capital, also die Mitarbeiter. Selbst aus Gesamtunternehmenssicht ist der Faktor Mensch heutzutage häufig von größerer Bedeutung als das Finanzkapital. Die Analyse in Abbildung 34 unterstreicht diesen Punkt noch einmal:[440] Bei vielen Unternehmen übersteigen die Personalkosten die kapitalbezogenen[441] Kosten um ein Mehrfaches. Und das

---

[438] Das heißt, man erhält gleiche Ergebnisse bei wiederholter Messung (vgl. u.a. *Flamholtz, E.* (1974), S. 362).
[439] Vgl. ebenda, S. 362f.
[440] Vgl. *Strack, R./Franke, J./Dertnig, S.* (2000), S. 283f.
[441] Hier definiert als ökonomische Abschreibungen plus Kapitalkosten auf die Bruttoinvestitionsbasis (vgl. *Strack, R./Franke, J./Dertnig, S.* (2000), S. 284).

Abbildung 34: *Verhältnis von personal- zu kapitalbezogenen Kosten bei Unternehmen des DAX 30*

gilt auch für *Industrie*unternehmen wie *Siemens* (5:1), *Hoechst* (4:1) oder *Mannesmann* (3:1). Bei reinen Dienstleistungsunternehmen, wie z.b. Werbeagenturen oder Unternehmensberatungen, sind diese Quoten sogar häufig noch viel höher, und kapitalbezogene Erfolgsgrößen führen hier teilweise zu ganz absurden Ergebnissen. Denn die Kapitalbasis ist bei diesen Unternehmen oft so gering, dass sich kapitalbasierte Renditekennzahlen von mehreren Hundertprozent ergeben, die nicht mehr interpretierbar sind: Ist ein ROI von 250% gut oder schlecht für eine Unternehmensberatung? Und was bedeutet es, wenn er im nächsten Jahr auf 40% sinkt? Hinzu kommt: Für viele Unternehmen sind die finanziellen Mittel aufgrund der in den letzten Jahren immer größer gewordenen Verflechtung und Liquidität der internationalen Kapitalmärkte gar nicht mehr der größte Engpassfaktor, sondern eher die Beschaffung und das Halten qualifizierter Mitarbeiter.

Fazit: Für das WHCM müssen andere Erfolgskennzahlen als im reinen Wertmanagement verwendet werden, die nicht das *Finanz*kapital, sondern das *Human* Capital in den Mittelpunkt stellen. Dabei können diese Kennzahlen nicht nur für die Personalarbeit von Bedeutung sein, sondern *ergänzend* zu den bisherigen Kennzahlen auch für das Management des gesamten Unternehmens.

EINE EINFACHE TRANSFORMATION DES CVA, DIE ZU EINER VÖLLIGEN NEUINTERPRETATION FÜHRT

$$CVA = \left[CFROI - KK \right] IK$$

Mit CVA = Cash Value Added, CFROI = Cashflow Return on Investment, KK = Kapitalkosten, IK = Investiertes Kapital (Bruttoinvestitionsbasis)

$$= BCF - \ddot{O}A - KK \cdot IK$$

Mit BCF = Bruttocashflow, ÖA = Ökonomische Abschreibung

$$= U - PC - MC - \ddot{O}A - KK \cdot IK$$

Mit U = Umsatz, PC = Personalkosten; MC = Materialkosten + sonstige Aufwendungen[2]

$$= \left[\underbrace{\frac{U - MC - \ddot{O}A - KK \cdot IK}{P}}_{\frac{VA}{P} = VAP} - \underbrace{\frac{PC}{P}}_{ACP} \right] P$$

Mit P = Anzahl Mitarbeiter

Mit VA = Value Added (Wertschöpfung)[1], VAP = Value Added per Person, ACP = Average Cost per Person

$$= \left[\frac{VA}{P} - ACP \right] P$$

$$= \left[VAP - ACP \right] P$$

(1) Wertschöfung wird i. a. definiert als Umsatz - Materialkosten. Hier ist diese Definition um den Investitionsterm -ÖA-KK*BIB ergänzt worden.
(2) Hier könnten auch weitere Terme wie Steuern, etc. aufgenommen werden
Quelle: Strack, R./Villis, U. (2001), S. 71, The Boston Consulting Group

Abbildung 35: Mathematische Ableitung des VAP aus dem CVA

3.3.1.2 Lösungsansatz: Workonomics™ – Personalorientierte Wertkennzahlen[442]

Vor dem Hintergrund, dass Human Capital Management und Wertmanagement bislang in der Literatur noch wenig (explizit) miteinander in Verbindung gebracht wurden, fehlt auch die entsprechende Basis an geeigneten Kennzahlen. In der Literatur gibt es zwar personal-bezogene Renditekennzahlen, z.B. den Umsatz oder den ROI pro Mitarbeiter, aber diese Größen sind aus Wertmanagementsicht zu wenig aussagekräftig, wie bereits weiter oben erläutert wurde. Den bislang konsistentesten Ansatz zur Entwicklung personalorientierter Wertkennzahlen stellt wohl das Ende der 90er Jahre von der *Boston Consulting Group* entwickelte Workonomics™-Konzept dar. In ihm wird durch mathematische Umformung bisheriger kapitalorientierter Größen ein neues Kennzahlensystem geschaffen, das sowohl der Logik des Wertmanagements folgt als auch als zentralen Bezugspunkt die Mitarbeiter enthält (siehe Abbildung 35).

---

[442] Vgl. *Strack, R./Franke, J./Dertnig, S.* (2000), S. 283-288, *Strack, R./Villis, U.* (2001), S. 67-76.

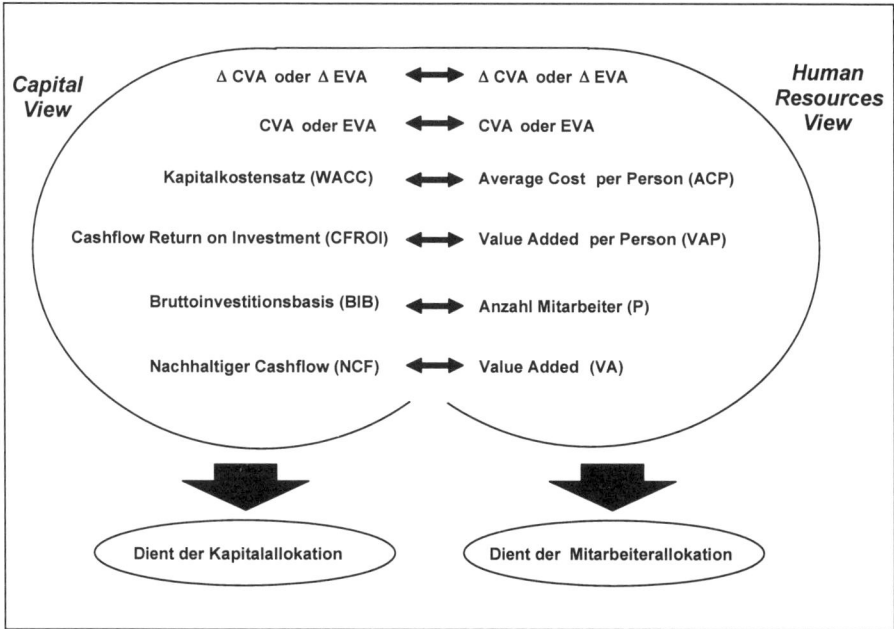

Abbildung 36: *Gegenüberstellung von Kapital- und Personallogik in der Rentabilitätsmessung*

Die wesentlichen Workonomics™-Kennzahlen sind dabei:

- Der „Value Added per Person (VAP)", das Äquivalent zum CFROI in der Kapitalperspektive, mit der Definition:

$$VAP = CVA / Anzahl\ der\ Mitarbeiter + ACP$$

- Die „Average Cost per Person (ACP)", das Äquivalent zu den Kapitalkosten.

- Sowie die „Anzahl der Mitarbeiter", das Äquivalent zur Bruttoinvestitionsbasis (BIB).

In Abbildung 36[443] werden die Kapital- und die Personalsicht nach dem Workonomics™-Konzept gegenübergestellt, wodurch der Paradigmenwechsel besonders deutlich wird: Anstatt des (Finanz-)Kapitals steht hier der Mitarbeiter im Zentrum der Aufmerksamkeit.

Der Value Added per Person (VAP) ist vor allem aus drei Gründen geeignet, als interne Zielgröße für das WHCM zu dienen:

---

[443] Vgl. *Stelter, D./Strack, R./Roos, A.* (2001), S. 5.

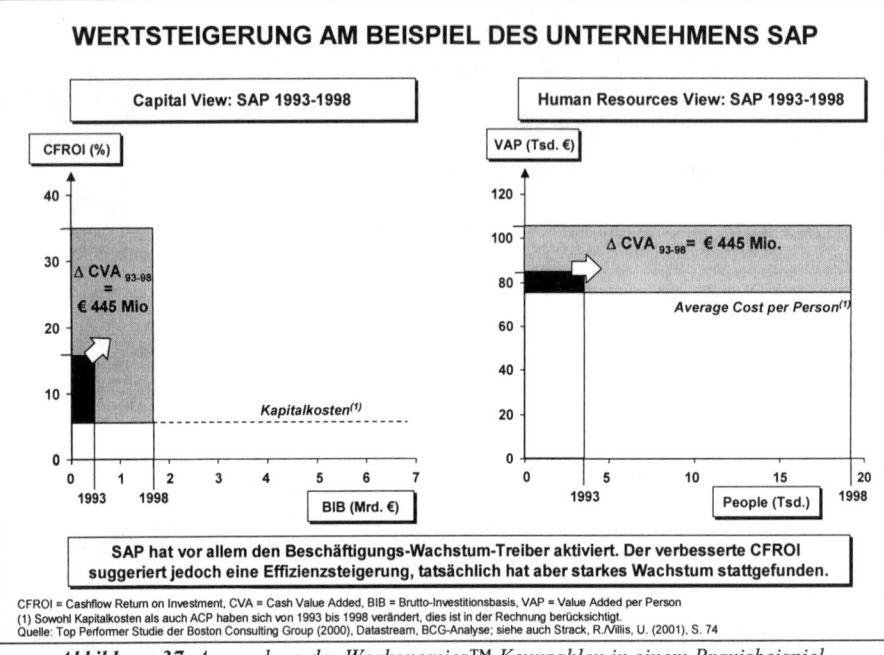

WERTSTEIGERUNG AM BEISPIEL DES UNTERNEHMENS SAP

CFROI = Cashflow Return on Investment, CVA = Cash Value Added, BIB = Brutto-Investitionsbasis, VAP = Value Added per Person
(1) Sowohl Kapitalkosten als auch ACP haben sich von 1993 bis 1998 verändert, dies ist in der Rechnung berücksichtigt.
Quelle: Top Performer Studie der Boston Consulting Group (2000), Datastream, BCG-Analyse; siehe auch Strack, R./Villis, U. (2001), S. 74

Abbildung 37: Anwendung der Workonomics™-Kennzahlen in einem Praxisbeispiel

1. Der VAP entspricht voll und ganz der Wertmanagementlogik (Steigerung des Unternehmenswertes), da er direkt aus dem CVA abgeleitet ist.

2. Der VAP ist mitarbeiter- und nicht kapitalbezogen.

3. Der VAP ist aufgrund seiner Struktur im Vergleich zu anderen personalbezogenen Kennzahlen, wie Umsatz oder Gewinn pro Mitarbeiter, wesentlich unempfindlicher gegenüber Verzerrungen – z.B. durch Outsourcing, Rationalisierung oder Gehaltskürzungen – wodurch seine Aussagekraft deutlich höher zu bewerten ist.[444]

Welche Konsequenzen die Verwendung des VAP im Vergleich zum CVA in der Praxis haben kann, zeigt die folgende Gegenüberstellung am Beispiel des Unternehmens *SAP*.

---

[444] Zur Erklärung: Im Falle von *Outsourcingmaßnahmen* sinkt die Mitarbeiterzahl (der Nenner) und Umsatz bzw. Gewinn pro Mitarbeiter steigen. Im VAP fallen jedoch gleichzeitig die Personalkosten (die zum CVA *addiert* werden), wodurch auch der Zähler reduziert wird und der VAP weitgehend unverändert bleibt. Im Falle von *Rationalisierungsmaßnahmen*, bei denen Mitarbeiter durch Maschinen ersetzt werden, ergibt sich der gleiche Effekt: Umsatz und Gewinn pro Mitarbeiter steigen sofort, während der VAP aufgrund der niedrigeren Personalkosten (die zum Gewinn addiert werden) weitgehend stabil bleibt. Im Falle von *Gehaltskürzungen* steigt ebenfalls der Gewinn pro Mitarbeiter, wohingegen der VAP erneut unverändert bleibt, da die niedrigeren Personalkosten durch den höheren CVA kompensiert werden. Der Umsatz pro Mitarbeiter bliebe hier ebenfalls konstant. Quelle: *The Boston Consulting Group*.

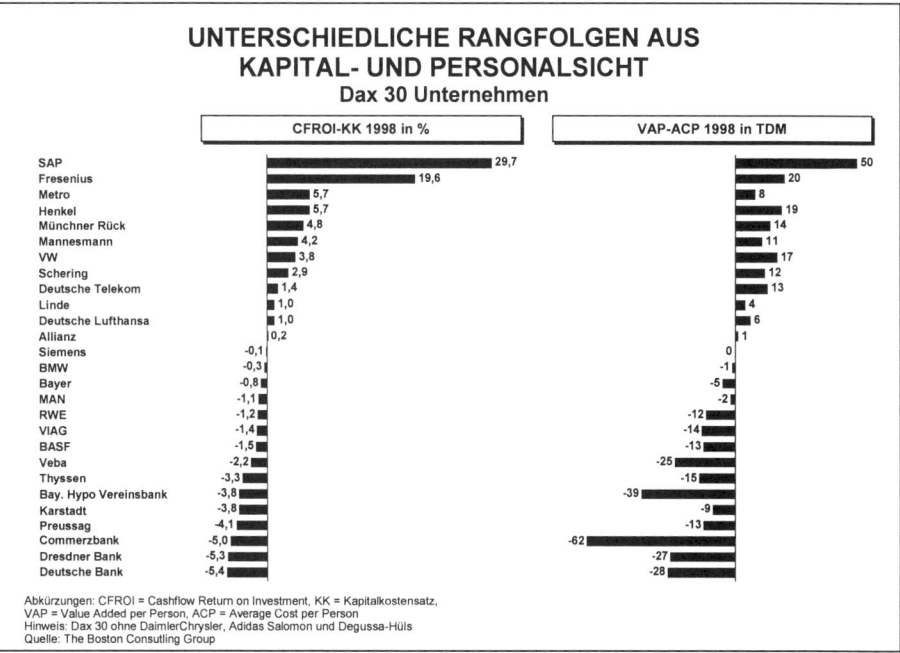

UNTERSCHIEDLICHE RANGFOLGEN AUS KAPITAL- UND PERSONALSICHT
Dax 30 Unternehmen

	CFROI-KK 1998 in %	VAP-ACP 1998 in TDM
SAP	29,7	50
Fresenius	19,6	20
Metro	5,7	8
Henkel	5,7	19
Münchner Rück	4,8	14
Mannesmann	4,2	11
VW	3,8	17
Schering	2,9	12
Deutsche Telekom	1,4	13
Linde	1,0	4
Deutsche Lufthansa	1,0	6
Allianz	0,2	1
Siemens	-0,1	0
BMW	-0,3	-1
Bayer	-0,8	-5
MAN	-1,1	-2
RWE	-1,2	-12
VIAG	-1,4	-14
BASF	-1,5	-13
Veba	-2,2	-25
Thyssen	-3,3	-15
Bay. Hypo Vereinsbank	-3,8	-39
Karstadt	-3,8	-9
Preussag	-4,1	-13
Commerzbank	-5,0	-62
Dresdner Bank	-5,3	-27
Deutsche Bank	-5,4	-28

Abkürzungen: CFROI = Cashflow Return on Investment, KK = Kapitalkostensatz,
VAP = Value Added per Person, ACP = Average Cost per Person
Hinweis: Dax 30 ohne DaimlerChrysler, Adidas Salomon und Degussa-Hüls
Quelle: The Boston Consulting Group

Abbildung 38: Vergleich kapital- und personalbezogener Wertkennzahlen bei DAX-30 Unternehmen

Analysiert man die Entwicklung von *SAP* im Zeitraum von 1993 bis 1998 mit kapital-orientierten Kennzahlen (siehe Abbildung 37), müsste man annehmen, das Unternehmen hätte seinen CVA hauptsächlich durch eine höhere *Rentabilität* seiner Geschäfte erzielt. Verwendet man aber den personalorientierten VAP, ergibt sich ein anderes Bild: Der Erfolgshebel ist nicht die gestiegene Rentabilität gewesen, sondern ein (rentables) *Wachstum* – wie der Anstieg in der Mitarbeiterzahl deutlich ausweist.

Abbildung 38 und Abbildung 39 zeigen zwei weitere Praxisbeispiele, in denen deutlich wird, wie sich durch die Verwendung personalorientierter Kennzahlen auch die rentabilitäts-bezogene Rangordnung sowohl von ganzen Unternehmen als auch einzelnen Geschäfts-einheiten (Business-Units) verändern kann. Und das kann wiederum Auswirkungen auf deren strategische Positionierung und Versorgung mit weiteren finanziellen und personellen Ressourcen haben.[445]

Aus diesen beiden Beispielen lässt sich erkennen: Obwohl die Workonomics™-Kennzahlen aus dem CVA der Kapitalsicht abgeleitet sind, können sie zum Teil deutlich *andere*

---

[445] Quelle: *The Boston Consulting Group.*

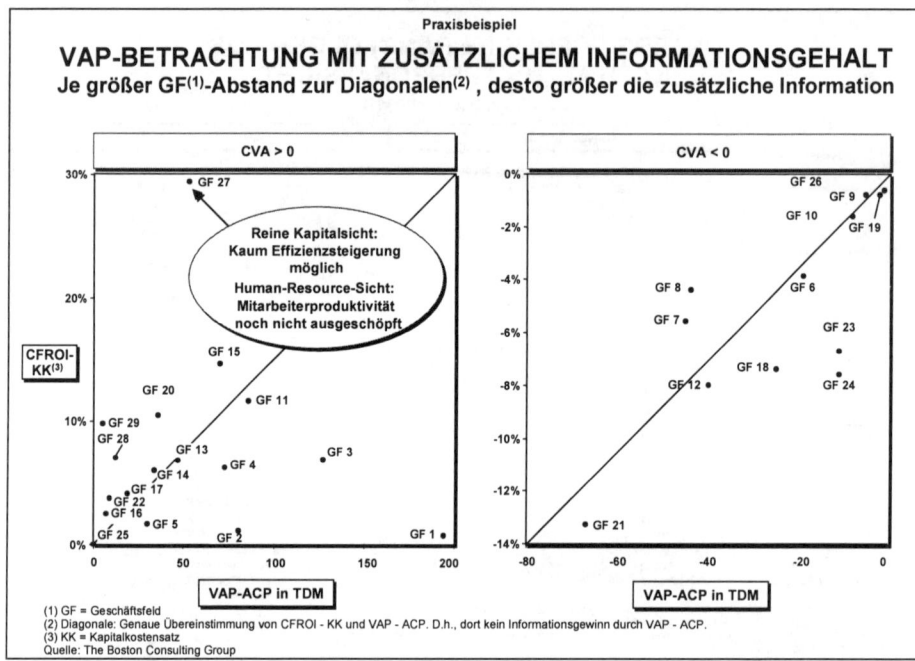

Abbildung 39: *Zusatzinformationen durch Workonomics™-Kennzahlen (Praxisbeispiel)*

Sichtweisen auf das Geschäft vermitteln. Hinzu kommt, dass sie gerade in Geschäftsbereichen und Unternehmen mit geringem Kapitaleinsatz deutlich weniger schwanken, als z.b. ein ROI oder CFROI (s.o.). Ein weiterer großer Vorteil der Workonomics™-Kennzahlen ist ihre einfache Berechnung. Denn in der Praxis ist es häufig nur sehr schwer durchzusetzen, insbesondere vom Personalbereich, neue Kennzahlen im Controlling einzuführen. VAP, ACP oder die Anzahl der Mitarbeiter sind dagegen Größen, die entweder schon in den meisten Firmen verwendet werden oder, wie im Falle des VAP, relativ einfach aus den Komponenten des CVA berechnet werden können. Das bedeutet: Der Zusatznutzen dieser Messgrößen ist im Vergleich zum zusätzlichen Berechnungsaufwand sehr hoch. Gleichzeitig führt die Ableitung aus bereits bekannten Kennzahlen – wie CVA oder Personalkosten – dazu, dass die Ergebnisse auch *außerhalb* des Personalbereiches leichter akzeptiert werden. Aus diesen Gründen werden die Workonomics™-Kennzahlen im Weiteren auch als interne Zielgrößen für das WHCM verwendet.

3.3.2 Werthebel: Die Human Capital-Architektur

In Kapitel B.3.3.2.1 wird zunächst auf die einzelnen Bausteine der Human Capital-Architektur eingegangen. Anschließend wird diese Architektur gemäß der Methodik des Wertmanagements in ein Werttreibermodell überführt (B.3.3.2.2) und in Kapitel B.3.3.2.3 näher erläutert, welche beiden grundsätzlichen Arten von Werttreibern es im WHCM gibt: die *direkten* und die *indirekten* Werttreiber.

3.3.2.1 Bausteine der Human Capital-Architektur

Wie in Abbildung 33 dargestellt, enthält die HC-Architektur drei Bausteine: die HC-Funktion, das HC-System und das strategische Verhalten der Mitarbeiter.

Die Human Capital-Funktion

Eine der wichtigsten Voraussetzungen für eine wertorientierte HC-Strategie ist eine Managementinfrastruktur, die zum einen die Unternehmensstrategie kennt und versteht, sie zum anderen aber auch umsetzen kann.[446] Wirft man einen Blick in die Vergangenheit des HCM, dann war diese Voraussetzung nicht immer gegeben. Im Gegenteil: Die Personalarbeit war eher eine Personal*verwaltung* als ein *strategisches* Personal*management*.[447] *Huselid, Jackson* und *Schuler* vertreten in diesem Punkt die Ansicht, die Effektivität des HCM[448] basiere auf zwei grundlegenden Dimensionen: erstens dem „*technischen*" HCM, wie Rekrutierung, Training oder die Administration der Gehaltszahlungen, und zweitens dem *strategischen* HCM, das alle Dienstleistungen umfasst, die zur Umsetzung der Geschäftsstrategie notwendig sind.[449]

In einer breiten empirischen Untersuchung konnten *Huselid, Jackson* und *Schuler* auch die Auswirkungen der historischen „Altlast" der Personalverwaltung auf das heutige HCM nachweisen: Während sich viele der befragten Human Capital Manager versiert in den technischen HC-Praktiken zeigten, waren ihre strategischen Qualifikationen deutlich schwächer ausgeprägt – und zwar durchschnittlich um 35%.[450] Vor allem bei der Umsetzung

---

[446] Vgl. *Becker, B.E./Huselid, M.A./Ulrich, D.* (2001), S. 12.

[447] Vgl. dazu auch Kapital C.2.3.6.1.

[448] *Huselid, Jackson* und *Schuler* verwenden statt des Begriffs „Human *Capital* Management" die Bezeichnung Human *Resource* Management.

[449] Vgl. *Huselid, M.A./Jackson, S.E./Schuler, R.S.* (1997), S. 172; *Becker, B.E./Huselid, M.A./Ulrich, D.* (2001), S. 12.

[450] Vgl. *Huselid, M.A./Jackson, S.E./Schuler, R.S.* (1997), S. 171-188. In dieser Studie wurde der Einfluss der Fähigkeiten der HR-Manager auf die Effektivität des HRM untersucht sowie der Einfluss dieser Effektivität auf den Unternehmenserfolg. Die Untersuchung wurde mittels Fragebogen durchgeführt mit einer Stichprobe von n = 293 (US-amerikanische Firmen). Neben den bereits genannten Ergebnissen zur Qualifikation der HR-Manager konnte auch ein signifikanter positiver Einfluss der HRM-Effektivität auf Produktivität, (Fortsetzung nächste Seite)

strategischer Geschäftsziele in operative Vorgaben für das HCM zeigten die Befragten besondere Defizite, obwohl gerade diese Fähigkeit besonders hoch mit den zu Grunde gelegten Erfolgsgrößen korrelierte.[451]

Ebenso wichtig wie die Fähigkeiten der HC-Funktion ist die *Rolle*, die sie innerhalb des Unternehmens einnimmt. Diese hat zwei wesentliche Aspekte. Der Erste ist ihre „Stellung" in der Gesamtorganisation. Das heißt: Für wie *wichtig* erachten eigentlich Top-Management, Linienmanager und die anderen internen Kunden die Arbeit der HC-Funktion? Eine Hypothese, die im Laufe dieser Arbeit noch empirisch untersucht wird, lautet: Der Stellenwert der HC-Funktion innerhalb Organisation ist ein wichtiger Treiber für ihren Beitrag zum Unternehmenserfolg.[452] Der zweite Aspekt, der ebenfalls im empirischen Teil dieser Arbeit untersucht wird, bezieht sich auf die *Verantwortung*, die der HC-Funktion für den Erfolg des HCM übertragen wird. Soll diese Verantwortung alleine auf den Schultern der HC-Manager liegen oder sollte sie zusätzlich auch auf alle anderen Führungskräfte verteilt werden?

Ansätze zur Beantwortung dieser und weiterer Fragen hinsichtlich der Qualifikation der HC-Manager finden sich in Kapitel C.2.3.5.2.

Das Human Capital-System

Die Gesamtheit der High Performance Work Practices,[453] die ein Unternehmen anwendet, bildet das Human Capital-System. Unter Gesamtheit wird hierbei jedoch nicht nur die Summe der einzelnen Praktiken verstanden, sondern auch ihre innere Konsistenz und Abstimmung auf den Unternehmenskontext. Punkte, auf die bereits in Kapitel B.3.2.2.3 eingegangen wurde. Aufgrund der dort genannten empirischen Untersuchungen und im Vorgriff auf weitere Ergebnisse der eigenen Studie, soll hier die Systemperspektive besonders betont werden und daher von dem Human Capital-System gesprochen werden.

Was bedeutet dieser Systemgedanke aber konkret für das WHCM, abgesehen von den finanziellen Effekten, die sich aus möglichen Synergien der einzelnen Praktiken ergeben können? Tiefer in die Systemtheorie einzusteigen, ist nicht das Ziel dieser Arbeit. Dennoch erscheint es sinnvoll, hier kurz die wichtigsten Grunderkenntnisse des Systemdenkens

---

Cashflow und Marktwert festgestellt werden. Die Fähigkeiten der HR-Manager wurden zunächst in Form von 41 Einzelpraktiken abgefragt, die später durch Faktorenanalyse auf vier Dimensionen reduziert wurden: strategische und technische Effektivität sowie geschäftsbezogene und allgemeine Managementfähigkeiten.

[451] Obwohl hier nicht die strategische Ausrichtung des HCM abgefragt wurde, sondern nur die Fähigkeit der HR-Manager zur strategischen Arbeit, sind diese Ergebnisse eine weitere Indikation für die Richtigkeit der „External Fit-Hypothese" (vgl. Kapital C.2.3.6.1), nach der die Effektivität des HCM auch von seiner Abstimmung auf den Unternehmenskontext abhängt.

[452] Vgl. dazu auch die Kapitel B.4.4.2.2 und C.2.3.2.2.

[453] Zu den einzelnen Praktiken siehe z.B. Kapitel B.4.4.2 oder die Werttreiber in Kapitel C.2.3.1.

darzustellen, die auch für das WHCM von großer Bedeutung sind – die „Laws of Systems Thinking" von *Senge*:[454]

- *Die heutigen Probleme sind Ergebnis der gestrigen „Lösungen".* Das WHCM bildet nicht nur in sich selber ein System aus verschiedenen Personen und Aktivitäten, sondern stellt gleichzeitig auch einen Bestandteil des gesamten „Unternehmenssystems" dar. Werden diese Systemabhängigkeiten nicht ausreichend berücksichtigt, kann aus den Lösungen in einem Bereich leicht ein neues Problem in einem anderen entstehen. Ein Beispiel dafür: Werden z.B. vor dem Hintergrund eines erhöhten Erfolgsdruckes die Ausgaben für aufwendige Rekrutierungsveranstaltungen gesenkt, kann zwar die Rentabilität in diesem Geschäftsbereich unmittelbar gesteigert werden. Die Quittung dafür kann jedoch sein, dass mit der Zeit immer weniger qualifizierte Jobbewerber gewonnen werden und dadurch die Produktivität des Unternehmens wieder sinkt.

- *Der einfache Weg aus einem Problem führt normalerweise wieder hinein.* Probleme sind in Systemen nur selten auf eine Ursache allein zurückzuführen. Dementsprechend schwierig gestaltet sich auch deren genaue Analyse und die Entwicklung von Lösungsansätzen. Wer hier auf einfache (monokausale) Patentrezepte zurückgreift, hat das Problem daher oft nur aufgeschoben und nicht aufgehoben. Beispiel: Auf den ersten Blick mag es durchaus angeraten erscheinen, einem demotivierten Mitarbeiter durch eine Gehaltserhöhung die „Freude" am Arbeiten zurückbringen zu wollen. Nur ist das Gehalt wirklich der einzige Faktor, der ihn motiviert? Sehr unwahrscheinlich. Das heißt, wenn man sich darüber hinaus nicht etwas intensiver mit den anderen Gründen der Unzufriedenheit des Mitarbeiters auseinander setzt, wird er nach dem Abklingen seiner ersten Freude über das höhere Gehalt wieder in den alten Gemütszustand zurückfallen. Nur hat das Unternehmen dann einen demotivierten Mitarbeiter, der obendrein auch noch teurer ist als vor der „Motivationsmaßnahme".

- *Ursache und Wirkung sind weder zeitlich noch räumlich eng miteinander in Beziehung.* Hier wird ein Aspekt angesprochen, der gerade für das WHCM sehr ausschlaggebend ist, und zwar wenn es um den Zusammenhang zwischen personalbezogenen Aktivitäten und der Wertschaffung geht. In vielen Fällen ist die Wirkung des WHCM nicht sofort im Finanzergebnis des Unternehmens sichtbar, wobei die Zeitverzögerungen zwischen Ursache(n) und Wirkung(en) unterschiedlich lang sein können. So mögen z.B. Verkaufstrainings relativ zeitnah zu höheren Umsätzen und damit potenziellen Gewinnen des Unternehmens führen. Ausgefeilte Verfahren zur Auswahl neuer Mitarbeiter dürften ihre Wirkung dagegen erst später zeigen, nämlich dann, wenn diese Mitarbeiter ihr Leistungspotenzial auch voll entfaltet haben und ihr Qualitätsunterschied zum Tragen kommt. Für das WHCM ist daher wichtig, nicht

---

nur vergangenheitsorientierte Indikatoren (Lagging Indicators) für die Leistungsmessung zu verwenden, wie z.b. Finanzkennzahlen, sondern zusätzlich auch
*zukunfts*orientierte Messgrößen (Leading Indicators), die bereits heute darüber Auskunft geben können, was wahrscheinlich in der Zukunft passieren wird. Ein Index für
die Mitarbeiterzufriedenheit könnte z.B. ein solcher Indikator sein.[455] Leider wird –
auch aufgrund des erhöhten Druckes von außen – in der Praxis häufig noch zu sehr
auf die „Lagging Indicators" geschaut, was oft zu kurzfristigen Lösungsversuchen
führt, die jedoch langfristig genau das Gegenteil bewirken. Das Thema „Umfangreiche Mitarbeiterentlassungen als Weg aus der Krise" ist nur ein Beispiel dafür, wie
die empirischen Ergebnisse aus Kapitel B.2.4 zeigen. Was das „räumliche"
Auseinanderfallen von Ursache und Wirkung anbelangt, so lautet auch hier der
Ratschlag, nicht nach der einfachsten Lösung zu suchen, weil einen der potenzielle
Rückschlag sonst schnell wieder an einer anderen Stelle treffen kann, an der man es
gar nicht erwartet hat (s.o.)

- *Die größten Hebel sind oft am wenigsten offensichtlich.* Erfahrene Systemdenker
  suchen vor allem nach den „versteckten" Lösungen für ein Problem. Denn dadurch,
  dass diese verborgenen Hebel in der Vergangenheit nicht aktiviert wurden, ist ihre
  aktuelle Wirkung umso größer. Wie verhält es sich z.B. mit dem Human Capital als
  Werthebel? In der konkreten *Praxis* schenken diesem Werthebel bislang nur die
  wenigsten Konzernlenker hohe Aufmerksamkeit. Dabei deuten die Ergebnisse aus
  der HPWS-Forschung darauf hin, dass durch den richtigen Einsatz des Human
  Capitals der Unternehmenserfolg durchaus nachhaltig gesteigert werden kann. Denn
  gerade weil die Werttreiber des HCM an der *Basis* der Geschäftsprozesse ansetzen,
  ist auch ihre (potenzielle) Hebelwirkung besonders hoch. Bei der amerikanischen
  Kaufhauskette *Sears* wurde beispielsweise eine Veränderung der Mitarbeiterzufriedenheit von nur 4% mit einer höheren Marktkapitalisierung des Unternehmens von
  fast USD 250 Mio. in Verbindung gebracht.[456]

- *Einen Elefanten in zwei Hälften zu schneiden ergibt nicht zwei kleinere Elefanten,
  sondern eine „Schweinerei".* Mit anderen Worten: Versucht man ein System in seine
  Einzelteile zu zerlegen, um jedes Element separat zu analysieren und zu beeinflussen, läuft man leicht Gefahr, das gesamte System aus dem Gleichgewicht zu
  bringen oder es zu zerstören. Viele Manager konzentrieren sich in ihrer Arbeit noch
  zu sehr auf den eigenen Bereich. Dabei erkennen sie zwar die dortigen Probleme,
  aber nicht, wie diese mit der Umgebung *außerhalb* ihres „(Sub-)Systems" zusam-

---

[455] Vgl. zu „Leading-" und „Lagging Indicators" auch *Becker, B.E./Huselid, M.A./Ulrich, D.* (2001), S. 14f., S.
31f. und S. 128f.
[456] Vgl. *Rucci, A.J./Kirn, S.P./Quinn, R.T.* (1998), S. 87. Ausführlicher zu diesem Beispiel siehe Kapitel C.2.2.2.
Aus wissenschaftlicher Sicht, und vor allem vor dem Hintergrund der Systemperspektive, erscheint diese
direkte Kausalverknüpfung von Mitarbeiterzufriedenheit und Marktkapitalisierung etwas fragwürdig, obwohl
die mathematische Herleitung wahrscheinlich korrekt ist. Nur hier stößt die Statistik an ihre Grenzen: Nicht
alles was rechenbar ist, muss auch inhaltlich stimmen. Dennoch ist die Größenordnung dieses Ergebnisses
interessant. Und das ist, was in diesem Zusammenhang wichtig ist – nicht so sehr die absolute Zahl.

menhängen. Die (unzureichende) *Interaktion* zwischen verschiedenen „Subsystemen" ist daher auch eine der häufigsten Ursachen von Friktionen innerhalb eines Gesamtsystems. Gleichzeitig stellt sie aber häufig einen viel versprechenden Ansatz dar, wie ein System optimiert werden kann.[457] Ein qualifizierter Human Capital Manager versucht deshalb immer, in seinen Analysen die Systemperspektive so weit wie möglich zu berücksichtigen und weiß, wann und wo sein Eingreifen im System des Gesamtunternehmens am effektivsten ist und welche Auswirkungen damit verbunden sind.[458]

Der Frage, wie wichtig die Systemperspektive im Rahmen des WHCM für die Wertschaffung eines Unternehmens ist, wird in Kapitel C.2.3.6.2 noch ausführlicher nachgegangen.

Strategisches Mitarbeiterverhalten

Der dritte und zentrale Baustein der Human Capital-Architektur ist das Verhalten der Mitarbeiter. Damit ist jedoch nicht irgendein Verhalten gemeint, sondern das *strategische*, das durch das WHCM gefördert werden sollte. Denn erst wenn die Mitarbeiter einen strategischen Fokus besitzen, werden sie auch ihre Fähigkeiten und Motivation in Richtung der angestrebten Geschäftsziele ausrichten. Die folgende Formel macht diesen Zusammenhang noch einmal deutlich:[459]

$$\textit{Strategische Mitarbeiterleistung} = \textit{Mitarbeiterfähigkeiten} \times \textit{Motivation} \times \textit{Strategischer Fokus}$$

Um diesen strategischen Fokus zu vermitteln, ist es wichtig, den Mitarbeitern immer wieder das Gesamtbild der Geschäftsaktivitäten, das so genannte „Big Picture", vor Augen zu führen.

Becker, *Huselid* und *Ulrich* unterscheiden hinsichtlich des strategischen Mitarbeiterverhaltens zwei grundsätzliche Kategorien. Die Erste nennen sie Kern-Verhalten (Core Behavior). Das sind die Verhaltensweisen, die sich direkt aus den vom Unternehmen definierten Kernkompetenzen ableiten und damit das Fundament des Unternehmenserfolges bilden – über alle Bereiche und Hierarchieebenen hinweg. Die zweite Kategorie ist das *situationsspezifische* Verhalten, womit die Verhaltensweisen bezeichnet werden, die an spezifischen Punkten der Organisation oder der Wertschöpfungskette besonders zur Geltung kommen, z.B. die Fähigkeit, als Verkäufer eine Hochpreispolitik am Markt gegen den Wettbewerb durchzusetzen.

---

[457] Vgl. *Senge, P.* (1990), S. 66; *Becker, B.E./Huselid, M.A./Ulrich, D.* (2001), S. 15.
[458] Zum systemischen oder ganzheitlichen Denken und Handeln im Unternehmenskontext siehe auch *Becker, H.* (1989); *Beer, S.* (1970 und 1973); *Gomez, P.* (1981); *Haidekker, A.* (1971); *Knyphausen, D. z.* (1988); *Ulrich, H.* (1970) und *besonders Ulrich, H./Probst, G.* (1991).
[459] Vgl. *Becker, B.E./Huselid, M.A./Ulrich, D.* (2001), S. 20 und S. 141.

Das Verhalten der Mitarbeiter richtig einzuschätzen und zu beeinflussen ist sehr schwer. Welche Verhaltensweisen sind wichtig? Welche unwichtig? Und wie kann man sie in die gewünschte Richtung steuern? Wichtigkeit oder Unwichtigkeit wird dabei in der Regel durch den Grad bestimmt, indem die Verhaltensweisen zur Umsetzung der Strategie beitragen. Um diese Einschätzung jedoch vornehmen zu können, sind zunächst der genaue Prozess und die Wirkungsmechanismen zu identifizieren, auf welche Art und Weise ein bestimmtes Verhalten der Mitarbeiter auch Wert für das Unternehmen schafft.[460]

Schließlich muss man sich als Human Capital Manager immer der Tatsache bewusst sein:

„ ... *that we don't affect strategic behaviors directly. They are the end-result of the larger HR architecture.*"[461]

Das bedeutet, das Verhalten der Mitarbeiter kann zumeist nicht direkt verändert werden, sondern – wenn überhaupt – nur *indirekt* über eine Neugestaltung der für sie relevanten Kontexte. Und selbst dann ist immer noch nicht klar, in welche Richtung sich ihr Verhalten genau entwickeln wird. Vergleichbar ist diese Situation vielleicht mit dem Versuch, mit einer Münze einen Stein zu treffen, der auf dem Meeresgrund liegt. Das Ziel lässt sich vielleicht erkennen und anvisieren, aber wie die Münze schließlich – abgelenkt durch den Widerstand des Wassers und die Strömung – auf den Grund sinkt, das kann nicht genau vorhergesagt werden.

Die verhaltensrelevanten Kontexte der Mitarbeiter kann das WHCM vor allem durch seine verschiedenen Praktiken beeinflussen. Daher wird sich das Werttreibermodell im nächsten Kapitel auch vorwiegend auf diese Praktiken konzentrieren, weil sie die maßgeblichen Stellgrößen darstellen, mit denen das WHCM den Wert des Human Capitals aktiv steuern kann.

3.3.2.2 Werttreibermodell der Human Capital-Architektur

Im Zusammenhang mit dem Wertmanagement wurde bereits auf die grundsätzliche Logik und Systematik von Werttreibermodellen eingegangen. Auch für das WHCM ist es sinnvoll, auf derartige Werttreibermodelle zurückzugreifen, und zwar aus drei Gründen: Erstens kann aus der Top-down-Perspektive (von der Zielgröße zu den Werttreibern) sichergestellt werden, alle Aktivitäten des WHCM auf das Oberziel der Wertsteigerung auszurichten. Zweitens kann aus der Bottom-up-Sicht (von den Werttreibern zur Zielgröße) nachvollzogen werden, welchen Einfluss einzelne Werttreiber bzw. Werttreibergruppen auf das Finanzergebnis

---

[460] Ausführlich hierzu siehe Kapitel D.1.2.
[461] *Becker, B.E./Huselid, M.A./Ulrich, D.* (2001), S. 20.

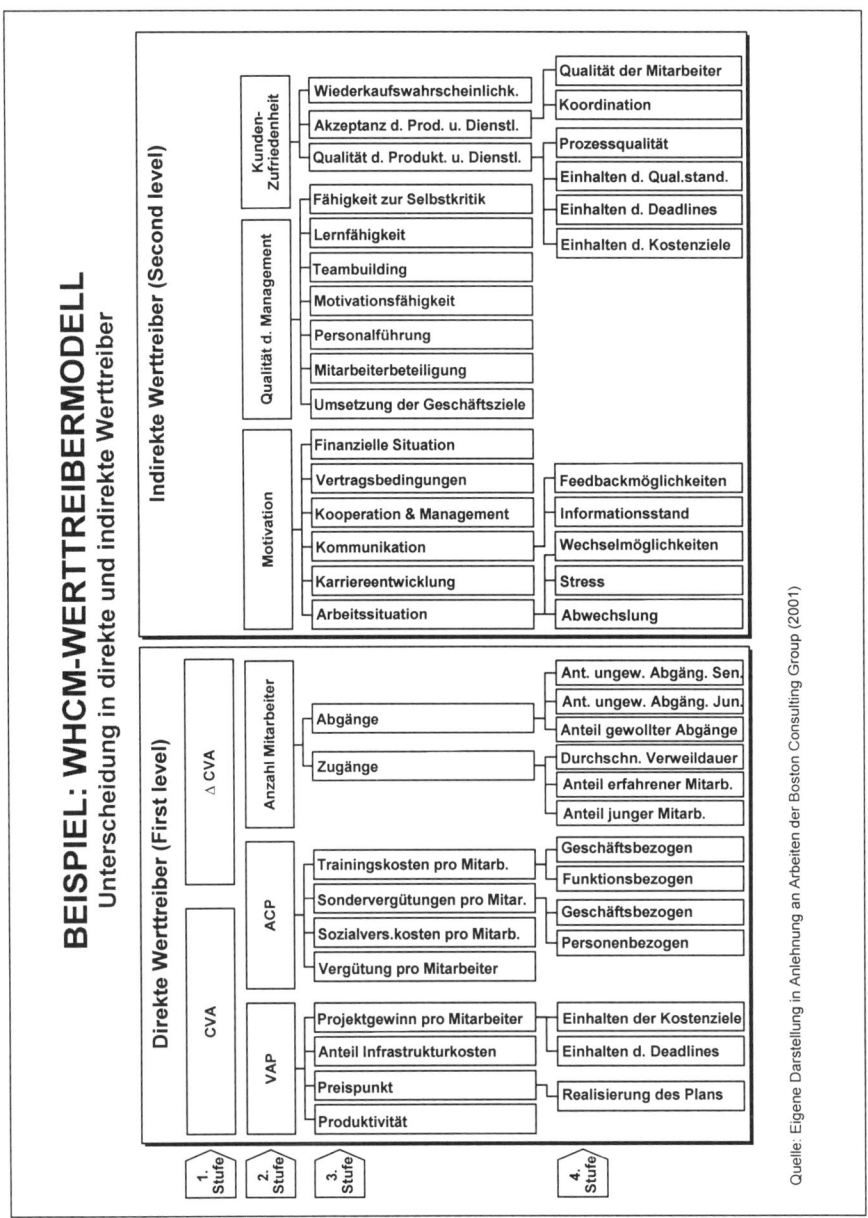

Abbildung 40: *Beispiel für einen WHCM-Werttreiberbaum*

ausüben.[462] Und drittens wird durch die Gesamtansicht des Werttreibermodells ein Überblick gegeben, welche Werttreiber im WHCM überhaupt existieren und wie sie miteinander zusammenhängen. Gerade dieser letzte Aspekt ist besonders relevant, um die Komplexität des HC-Systems transparenter werden zu lassen und damit den verantwortlichen Managern eine Vorstellung darüber zu vermitteln, welche Abhängigkeiten sie zu berücksichtigen haben, wenn sie einzelne Werttreiber verändern wollen.

Wie in Abbildung 40 zu sehen ist, gibt es jedoch ein bestimmtes Problem, die Werttreibersystematik auf das WHCM zu übertragen: Aufgrund der Natur des Human Capitals bzw. des HC-Systems sind die Verknüpfungen und Abhängigkeiten der potenziellen Werttreiber ab einer gewissen Gliederungstiefe nicht mehr *eindeutig* erklärbar. Für die Anzahl der Mitarbeiter sind auf der obersten Betrachtungsebene noch relativ einfach die Zu- und Abgänge als Werttreiber zu identifizieren. Der kausale Zusammenhang zur Veränderung der Gesamtmitarbeiterzahl ist ebenfalls direkt und daher leicht zu bestimmen. Wie sieht es aber auf den darunter liegenden Ebenen aus? Auf der vierten Stufe kann man vielleicht noch die gewollten von den ungewollten Abgängen unterscheiden. Aber was steht z.B. *hinter* einer ungewollten Kündigung eines Mitarbeiters? Spätestens an dieser Stelle lassen sich die Werttreiber nicht mehr direkt miteinander verknüpfen. Zum einen weil die Zusammenhänge nicht mehr monokausal sind und zum anderen, weil sich die Wirkungsrichtungen nicht mehr klar bestimmen lassen. So mag die Motivation beispielsweise die Anzahl freiwilliger Kündigungen beeinflussen. Aber umgekehrt können viele freiwillige Kündigungen auch die Motivation der verbleibenden Mitarbeiter verschlechtern. Aus diesem Grund werden derartige Werttreiber in der Folge auch als *indirekte* Werttreiber bezeichnet – im Gegensatz zu den *unmittelbar* messbaren Einflussfaktoren, den *direkten* Werttreibern.

Je tiefer man in die Analyse der Werttreiber einsteigt, desto mehr verwandelt sich der Werttreiber*baum* in ein Werttreiber*netzwerk*. In der praktischen Umsetzung steht man dabei vor drei größeren Herausforderungen:

1. Die *indirekten* Werttreiber zu identifizieren und zu messen.

2. Die Wirkung der indirekten auf die direkten Werttreiber bzw. die gewählten finanziellen Zielgrößen zu bestimmen (z.B. Value Added per Person).

3. Die Kausalzusammenhänge der indirekten Werttreiber untereinander und in Verbindung mit den direkten Werttreibern zu analysieren.

Aus diesem Grund wird im nächsten Kapitel noch etwas näher auf die *Analyse* und *Messung* der direkten und indirekten Werttreiber eingegangen. Ihre *inhaltliche* Seite – das heißt, welche Werttreiber konkret im Rahmen des WHCM existieren und wie stark diese wirken – ist dagegen Bestandteil des empirischen Teils der Arbeit (vgl. Kapitel C.2.3.1).

---

[462] Allerdings mit der Einschränkung, dass durch die isolierte Betrachtung einzelner Werttreiber mögliche Synergieeffekte innerhalb des HC-Systems nur unzureichend erfasst werden.

3.3.2.3 Direkte und indirekte Werttreiber des WHCM

Direkte Werttreiber

Als *direkte* Werttreiber werden hier alle Faktoren des WHCM bezeichnet, deren Wirkung auf die Zielgrößen (Aktienrendite und VAP) direkt messbar ist. Beispiele sind unter anderem Mitarbeiterzahl, Personalkosten oder Rentabilität der getätigten Geschäfte.

Aufgrund ihrer Nähe zu den Zielgrößen, sind die direkten Werttreiber in der Regel auch relativ einfach zu identifizieren und zu messen – zumindest auf aggregierter Ebene. Schwieriger wird es jedoch, wenn man versucht, diese Werttreiber auf kleinere Organisationseinheiten herunterzubrechen. Von großem Vorteil ist hierbei, wenn alle relevanten Organisationseinheiten in Form von Profit-Centern organisiert sind, so dass sowohl ihre Kosten als auch ihre Erträge klar von den anderen Organisationseinheiten abgegrenzt werden können.[463] Damit auch der Erfolg von Stabsabteilungen gemessen werden kann, die über keine externen Umsätze verfügen, ist darüber hinaus ein System interner Verrechnungspreise hilfreich.[464] Vor allem wenn diese Verrechnungspreise marktorientiert[465] festgelegt werden, kann auch für diese Bereiche ein Erfolgsbeitrag ermittelt werden, die häufig nur als „Kostenstellen" betrachtet werden – wie z.B. in vielen Unternehmen die Personalabteilung.

Indirekte Werttreiber

Alle Faktoren des WHCM, die zwar den Unternehmenswert beeinflussen können, aber deren Wirkung nicht direkt und eindeutig gemessen werden kann, werden als *indirekte* Werttreiber bezeichnet. Die Motivation oder der Qualifikationsstand der Mitarbeiter sind zwei Beispiele dafür. Beide können auf den Unternehmenserfolg wirken. Nur ist es sehr schwer, ihre genauen Kausalitäten zu bestimmen und daraus abzuleiten, wie sehr sie tatsächlich Wert schaffen. Auf der anderen Seite bilden aber gerade die indirekten Werttreiber die Hauptansatzpunkte des WHCM, wie später noch empirisch bewiesen wird. Weil sie jedoch häufig qualitativer[466] Natur sind, besteht eine Hauptaufgabe darin, geeignete Indikatoren zu finden, mit denen sich die indirekten Werttreiber auch quantitativ evaluieren lassen. Die hierbei

---

[463] Vgl. *Günther, T.* (1997), S. 101.

[464] Vgl. u.a. *Coenenberg, A.G.* (1993), S. 434ff.

[465] Vgl. *Günther, T.* (1997), S. 102. Zu den Voraussetzungen siehe *Coenenberg, A.G.* (1993), S. 135 sowie zur Empfehlung im Zusammenhang mit dem Shareholder Value vgl. *Copeland, T./Koller, T./Murrin, J.* (1991), S. 256.

[466] *Qualitativ* bedeutet, die Eigenschaften des Betrachtungsobjektes lassen sich nicht nach der Größe, sondern nur nach ihrer *Art* unterscheiden (in Anlehnung an *Benninghaus, H.* (1998), S. 12f.). Die Vorteile qualitativer Größen sind nach Miles, dass sie „reich", „voll" und „ganzheitlich" sind und meistens der Komplexität des Beobachtungsgegenstandes entsprechen können. Ihr Hauptnachteil besteht hingegen darin, dass es für sie bislang noch wenig klar formulierter Analysemethoden gibt, wie z.B. für die quantitativen Größen. Daher hängt die Güte der Ergebnisse sehr von der „Disziplin" des Untersuchenden ab u.a. die Daten sorgfältig zu erheben und sie nicht im eigenen Sinne zu verfälschen (vgl. *Miles, M.B.* (1979), S. 590-601).

auftauchenden Schwierigkeiten sind für viele Praktiker lange Zeit ein Grund dafür gewesen, derartige Analysen gar nicht erst anzustellen.[467] Daher wird auf den Punkt der Messung in diesem Kapitel etwas ausführlicher eingegangen und wie diese Ergebnisse später mit den direkten Werttreibern bzw. den Zielgrößen verbunden werden können.[468]

Messung der indirekten Werttreiber

Handelt es sich bei den indirekten Werttreibern um Faktoren, die *quantitativ* erhoben werden können, wie z.b. die Höhe der Fehlzeiten oder der Anteil an Mitarbeitern mit bestimmten Fachkenntnissen, treten in der Regel keine größeren Schwierigkeiten auf. Einzig sollte hierbei darauf geachtet werden, die Werttreiber möglichst *genau* zu definieren, um nicht „Äpfel mit Birnen" zu vergleichen: Was genau fällt z.b. unter die Begriffe „Fehlzeiten", „Krankheit", „Urlaub" oder „Fortbildung"? Wie ist der „Mitarbeiter" definiert? Gehören dazu auch Teilzeitangestellte und wenn ja, zu 100% oder nur anteilig? Und was ist mit den Auszubildenden? Für *die* richtigen Definitionen gibt es dabei keine zwingenden Vorgaben, wichtig ist lediglich, dass sie *einheitlich* angewendet werden.[469]

Für die *qualitativen* Werttreiber gibt es dagegen zwei unterschiedliche Erhebungsmethoden: Entweder die indirekte Messung durch quantitative Surrogate bzw. Indikatoren oder die direkte Messung. Auf die grundsätzliche Verwendung von Indikatoren wurde bereits im Rahmen des Human Resource Accountings eingegangen. In Verbindung mit den Werttreibern können sie nun wie folgt eingesetzt werden: Zunächst ist der eigentliche Werttreiber inhaltlich zu definieren, z.B. die Mitarbeitermotivation. Im nächsten Schritt werden dann Faktoren gesucht, die möglichst direkt und ausschließlich von diesem Werttreiber beeinflusst werden.

Die Häufigkeit der Mitarbeiterbeschwerden, die Anzahl der Krankheitstage oder die Fluktuationsquote sind z.B. drei Indikatoren, die in der Praxis häufig für die Messung der Mitarbeitermotivation genutzt werden.[470] Der Vorteil dieser drei Indikatoren ist, dass sie relativ einfach zu erheben sind. Ihr großer Nachteil: In den wenigsten Fällen erfüllen sie die Kriterien der „Direktheit" und/oder der „Ausschließlichkeit" hinreichend genug, um daraus wichtige Entscheidungen ableiten zu können. Ein Beispiel: Der Krankenstand wird sicherlich (auch) durch die Motivation der Mitarbeiter beeinflusst, insbesondere wenn man ihn noch etwas differenzierter betrachtet und auf seine Veränderung schaut oder ihn mit anderen Unternehmen der Branche vergleicht. Auf der anderen Seite können sich aber ebenso gut auch

---

[467] Quelle: Experteninterviews.
[468] Wie die indirekten Werttreiber in der Praxis operativ identifiziert werden können, wird u.a. in den Kapiteln D.1.2.3 und D.1.2.6 im Zusammenhang mit der Umsetzung des WHCM beschrieben.
[469] Quelle: Experteninterviews.
[470] Quelle: Experteninterviews.

FRAGEBOGEN FÜR DIE MITARBEITERZUFRIEDENHEIT

Anderer Faktor: _____

Selbstständigkeit in Ihrem Aufgabenbereich

Entwicklungsmöglichkeiten

Engagement Ihres Vorgesetzten für die Ziele Ihrer Abteilung

Honorierung außerordentlicher Leistung

Informationen über die Firma

Informationen für die tägliche Arbeit

Zweckmäßigkeit der Arbeitsmittel

Familienorientierung

Arbeitsbelastung Ihrer Arbeit

Vertrauensperson für persönliche Angelegenheiten

Freiheit, ganz generell Ihre Meinung sagen zu können

Mitsprachemöglichkeit bei wesentlichen Entscheidungen, die Ihre Arbeit betreffen

Zusammenarbeit mit anderen Abteilungen

Klarheit der Ziele Ihrer Abteilung

Organisation Ihrer Arbeit

Arbeitsplatzverhältnisse

Zeit, die sich ein Vorgesetzter für ein Gespräch nimmt

Gerechte Beurteilung Ihrer Arbeitsleistung

Verdienst

Aus-, Weiter- und Fortbildungsmöglichkeiten

Tätigkeit, bei der Sie Ihr Wissen und Können voll einsetzen können

Zusammenarbeit mit Ihren Vorgesetzten

Zusammenarbeit mit Ihren Kollegen/innen

Image der Firma in der Öffentlichkeit

Beschäftigungssicherheit

Sozialleistungen

Wie beurteilen Sie die folgenden Faktoren in Ihrem Unternehmen? Geben Sie bitte an, wie wichtig Ihnen diese Faktoren sind und wie zufrieden Sie mit den Faktoren in Ihrem Unternehmen sind.

Wichtigkeit: Sehr wichtig · Wichtig · Neutral · Unwichtig · Sehr unwichtig

Zufriedenheit: Sehr zufrieden · Zufrieden · Neutral · Unzufrieden · Sehr unzufrieden

Wie zufrieden sind Sie mit Ihrer Stelle insgesamt?

Was gefällt Ihnen an Ihrer Arbeit am besten?

Was gefällt Ihnen an Ihrer Arbeit am wenigsten?

Nennen Sie Verbesserungsvorschläge zu Ihrer Arbeitssituation:

Quelle: Hilb, M. (1997b), S. 196 ff.; Hilb, M. (1997a), S. 78 ff.; Darstellung nach Wunderer, R./Jaritz, A. (1999), S. 141

Abbildung 41: *Beispiel für einen Fragebogen zur Mitarbeiterzufriedenheit*

die Arbeitsbedingungen verschlechtert haben: Es werden tatsächlich mehr Mitarbeiter (wirklich) krank oder ihre Altersstruktur verändert sich und damit ihre Krankheitsanfälligkeit. Entscheidend ist daher, diese Indikatoren sehr sorgfältig auszuwählen und ihre Qualität im Zeitablauf immer wieder zu überprüfen.

Eine Alternative zu den Indikatoren ist die direkte Messung. Als Methode wird hierfür sehr oft die Befragung der Mitarbeiter gewählt – eine andere Methode wäre dagegen z.B. die Beobachtung der Mitarbeiter. Abbildung 41 zeigt, wie eine derartige Befragung im bereits angesprochenen Beispiel der Mitarbeitermotivation aussehen kann. Dabei werden die Antwortmöglichkeiten in einer Form vorgegeben, die es später ermöglicht, die Ergebnisse standardisiert zu erfassen und durch Bewertung mit bestimmten Punktzahlen in Zahlenwerte zu überführen.[471]

Detailliert auf die Messung aller denkbaren qualitativen Werttreiber einzugehen, ist an dieser Stelle nicht möglich. Allerdings sollen hier noch zwei Möglichkeiten beschrieben werden, wie die beiden potenziellen Werttreiber „Internal-" und „External Fit" des WHCM gemessen werden können, weil es hierzu bislang noch sehr wenig Veröffentlichungen in der Literatur gibt. Wie in Kapitel B.3.2.2.3 dargestellt, sind nicht nur die einzelnen Praktiken des WHCM potenzielle Werttreiber, sondern auch die Art und Weise, wie sie untereinander und mit den Rahmenbedingungen des Unternehmens harmonieren. Wie aber misst man diesen „Internal-" und „External Fit"?

Becker, Huselid und *Ulrich* schlagen hierfür zwei Messmethoden vor:[472] Entweder die etwas einfachere separate Messung dieser beiden Werttreiber oder die komplexere gleichzeitige Messung des „Total Fit" des HC-Systems. Bei *getrennten* Messung werden verschiedenen Experten im Unternehmen Matrizen vorgelegt, anhand derer sie entweder den „Internal Fit" zwischen verschiedenen HC-Praktiken bewerten sollen (siehe Abbildung 42) oder den „External Fit" zwischen HC-Praktiken und beispielweise strategischen Zielvorgaben (siehe Abbildung 43). Der Vorteil dieser Methode liegt nicht so sehr in ihrer Genauigkeit, sondern in der Einfachheit und dem Prozess, sich überhaupt über den „Fit" des HC-Systems Gedanken zu machen. Denn auf die größten Schwachstellen stößt man häufig schon beim längeren Nachdenken über diese Matrix. Das absolute Ergebnis ist dann gar nicht mehr so entscheidend.[473]

---

[471] Für eine Übersicht der verschiedenen Arten standardisierter Antwortmöglichkeiten, wie Likert-Skala, Thurstone-Skala, Ratio-Scaling, Rangreihung oder Paarvergleiche, siehe z.B. *Schmitt, N.W./Klimowski, R.J.* (1991), S. 199.
[472] Vgl. *Becker, B.E./Huselid, M.A./Ulrich, D.* (2001), S. 131-153.
[473] Vgl. ebenda. S. 143f.

DIAGNOSE DES "INTERNAL FIT" MITTELS SCORING-MATRIX
Beispiel eines Erhebungsbogens

Bitte schätzen Sie in der unten stehenden Tabelle das Ausmaß, in dem verschiedene Felder der Personalarbeit harmonisch aufeinander abgestimmt sind. Stellen Sie sich das Ausmaß der Konsistenz in der Personalarbeit dabei als ein Kontinuum von -100 bis +100 vor und vergeben Sie eine Punktzahl in dieser Bandbreite für jede unten aufgeführte Beziehung. Beispiele für die Rand- und Mittelpunkte des Kontinuums sind:

-100:	Die zwei Teilfelder arbeiten mit entgegengesetzten Zielrichtungen
0:	Die zwei Teilfelder haben nur einen geringen oder keinen Effekt aufeinander
+100:	Jedes Teilfeld unterstützt das jeweils andere. Beide sind gegenseitig konsistent
K. A.:	Ich weiß es nicht bzw. ich habe keine Meinung dazu

Teilfelder der Personalarbeit	Personal-planung	Rekrutie-rungung und Auswahl	Training und Entwicklung	Leistungs-beurt. und -anerkenng.	Vergütung	Arbeits-organisation	Kommuni-kations-systeme	Personalcontrolling	
								Kosten	Nutzen
Personalplanung	–	-30	0	-20	0	0	0	0	0
Rekrutierung und Auswahl		–	0	-10	-20	-30	0	+30	-40
Training und Entwicklung			–	0	0	0	0	+30	-10
Leistungsbeurteilung und -anerkennung				–	0	-30	-20	0	-20
Vergütung					–	-50	0	+40	0
Arbeitsorganisation (z. B. in Teams)						–	0	0	0
Kommunikations-systeme							–	0	0
Personalcontrolling								–	–

Quelle: Becker, B. E./Huselid, M. A./Ulrich, D. (2001), S. 137

Abbildung 42: Scoring-Matrix zur Ermittlung des „Internal Fit" des (W)HCM

DIAGNOSE DES "EXTERNAL FIT" MITTELS SCORING-MATRIX
Beispiel eines Erhebungsbogens

Bitte geben Sie in der unten stehenden Tabelle an, inwieweit die Leistungsziele der Personalarbeit momentan die jeweiligen strategischen Erfolgsfaktoren des Unternehmens fördern. Verteilen Sie dazu Punkte von -100 bis +100. Nicht ausgefüllte Zellen stehen für: ist kein elementares Leistungsziel für einen bestimmten Erfolgsfaktor. Beispiele für die Rand- und Mittelpunkte des Kontinuums sind:

-100:	Dieses Leistungsziel ist kontraproduktiv zur Förderung dieses Erfolgsfaktors
0:	Dieses Leistungsziel hat nur einen geringen oder keinen Effekt auf diesen Erfolgsfaktor
+100:	Dieses Leistungsziel fördert den angegebenen Erfolgsfaktor signifikant
K. A.:	Ich weiß es nicht bzw. ich habe keine Meinung dazu

Strategische Erfolgsfaktoren	Leistungsziele der Personalarbeit			
	Stabilität in der Beschäftigung von Führungskräften im F&E-Bereich	Teamorientiertes Verhalten	Strategieorientierte Leistung	Gewinnung und Beschäftigung möglichst vieler hoch talentierter Mitarbeiter
1. Verkürzung der Produkt-entwicklungszyklen	-80	-30	+30	–
2. Erhöhung der Kunden-orientierung	-20	–	-20	–
3. Erhöhung der Produktivität	–	-10	-50	-40
4. Aufbau und erfolgreiches Management von Joint Ventures	-10	-50	–	–

Quelle: Becker, B. E./Huselid, M. A./Ulrich, D. (2001), S. 140

Abbildung 43: Scoring-Matrix zur Ermittlung des „External Fit" des (W)HCM

DURCH DIE SAM-TECHNIK KANN FEHLENDE ABSTIMMUNG IM HUMAN CAPITAL-SYSTEM VISUELL VERDEUTLICHT WERDEN
Galileo-Karte eines schlecht abgestimmten Human Capital-Systems

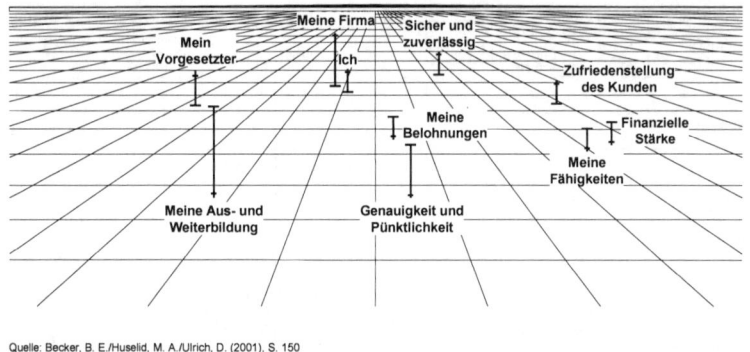

Quelle: Becker, B. E./Huselid, M. A./Ulrich, D. (2001), S. 150

Abbildung 44: *Beispiel für eine „Galileo-Karte" des „Total (W)HCM Fit"*

Eine etwas kompliziertere – aber dafür genauere – Methode ist die Messung des „Total Fit" des HC-Systems mit Hilfe einer „Systems Alignment Map (SAM)".[474] SAM ist ein Messverfahren, das auf der *Galileo-Technik* basiert, einer Variante der Multidimensionalen Skalierung.[475] Die Multidimensionale Skalierung ist, ähnlich wie die Cluster- oder Faktorenanalyse, ein Verfahren zur Reduktion von Daten. Ihr Ziel besteht darin, Objekte aufgrund wahrgenommener Ähnlichkeitsbeziehungen (siehe Abbildung 44) in einem Raum anzuordnen, der möglichst wenige Dimensionen aufweist. Diese Technik wird u.a. in der Marktforschung angewendet, um die Präferenzstruktur von Kunden hinsichtlich verschiedener Eigenschaften von Produkten zu visualisieren. Bei SAM geht es dagegen nicht um Produkteigenschaften, sondern um die Kompatibilität von HC-Praktiken und Rahmenbedingungen, die nach Durchführung des Verfahrens sowohl visuell als auch metrisch dargestellt werden kann und so ein Gesamtbild des „HC-System-Fit" ergibt.

In Abbildung 44 ist ein Beispiel für eine „Systems Alignment Map" dargestellt. Im Optimalzustand wären alle Faktoren räumlich eng beieinander. Bei diesem fiktiven Unternehmen liegen jedoch nur die „Persönlichen Fähigkeiten" und die strategischen Ziele „Kunden-

---

[474] Vgl. ebenda S. 144-152.
[475] Zur Multidemensionalen Skalierung siehe u.a. *Hammann, P./Erichson, B.* (1990), S. 279-290; *Borg, I.* (1981); *Kruskal, J.B.* (1964), S. 1-27; *Kruskal, J.B./Wish, M.* (1981) oder *Shephard, R.N.* (1972), S. 1-20. Zur Galileo-Technik, die häufig im Marketing zum Verständnis der Kundenpräferenzen eingesetzt wird, vgl. u.a. *Woelfel, J./Fink, E.* (1980); *Woelfel, J./Danes, J.E.* (1980), S. 333-364; *Woelfel, J.* (1990) oder (1995).

ERHEBUNG DES "TOTAL FIT" DES HUMAN CAPITAL SYSTEMS MITTELS SAM-MATRIX

Beispiel eines Erhebungsbogens[1]

Denken Sie bitte an Ihre Arbeitserfahrung während der letzten drei Monate. Dort haben Sie eine große Bandbreite an Beziehungen zwischen den Mitgliedern der Organisation beobachten können: in Form von Personalpolitik, Kommunikation und Interaktion. Wir sind an Ihrer Einschätzung interessiert, wie diese verschiedenen Erfahrungen und Beobachtungen zusammenpassen. Mit anderen Worten: Ziehen wir alle am selben Strang? Ihre Antworten, zusammen mit denen vieler Hundert anderer in dieser Firma, werden uns helfen, diese Frage zu beantworten. Bitte geben Sie in der unten stehenden Matrix auf einer Skala von 0 bis 100 an, wie "weit" jedes der genannten organisatorischen Konzepte jeweils von den anderen "entfernt" ist. Je unterschiedlicher bzw. je weiter sie auseinander zu sein scheinen, desto höher sollte der Punktwert sein. Zur "Eichung" Ihrer Einschätzungen nehmen Sie bitte an, dass "CEO" und "Kundenservice" 30 Punkte voneinander entfernt sind. Wenn zwei Worte bzw. Ausdrücke überhaupt nicht verschieden sind, schreiben Sie bitte Null (0). Wenn Sie keine Einschätzung in einem Feld abgeben können, dann lassen Sie es bitte frei.

	1. strateg. Ziel: Förderung der Produktentwicklung	2. strateg. Ziel: Förderung des Kundenfokus	n-tes strategisches Ziel	1. Element des HC-Systems: Rekrutierung und Auswahl	2. Element des HC-Systems: Vergütung	n-tes Element des HC-Systems	Ich	Mein Vorgesetzter
1. strategisches Ziel: Förderung der Produktentwicklung	–	50		20	80			
2. strategisches Ziel: Förderung des Kundenfokus		–			20			
n-tes strategisches Ziel			–					
1. Element des HC-Systems: Rekrutierung und Auswahl				–	10			
2. Element des HC-Systems: Vergütung					–			
n-tes Element des HC-Systems						–		
Ich							–	
Mein Vorgesetzter								–

(1) Die Matrix gibt nur einen bestimmten Ausschnitt wieder. Auslassungen durch //-Zeichen angedeutet
Quelle: Becker, B. E./Huselid, M. A./Ulrich, D. (2001), S. 148

Abbildung 45: Ähnlichkeits-Matrix zur Ermittlung des „Total Fit" des (W)HCM

zufriedenheit" und „Finanzielle Stärke" nahe zusammen. Größere Diskrepanzen sind dagegen beispielsweise zwischen „Persönlichen Fähigkeiten" und den HC-Praktiken „Training" oder „Incentivierung" zu beobachten. Eine „Lücke", die in der Praxis u.U. deutlich negative Auswirkungen auf den Leistungswillen und die Leistungskraft der Mitarbeiter haben kann.

Um auf diese Ergebnisse zu kommen, wird zumeist ein dreistufiger Prozess durchlaufen:[476]

1. Die strategischen Ziele des WHCM identifizieren. Sie sind der Maßstab, nach dem der „Fit" des HC-Systems gemessen wird. Hierbei kann es sich um allgemeine Geschäftsziele handeln, aber auch um Vorgaben zu einzelnen Werttreibern.

2. Die strategisch relevanten Werttreiber bestimmen, wie z.B. Rekrutierung, Training oder Karriereentwicklung.

3. Eine repräsentative Stichprobe von Mitarbeitern anhand von Paarvergleichen nach dem „Fit" der in Schritt 1 und 2 ermittelten Faktoren befragen. Die Art der Ähnlichkeit wird dabei durch eine Punktezahl von 0 bis 100 angegeben, wobei Null sehr große Ähnlichkeit (bzw. graphisch: „Nähe") bedeutet und 100 sehr große Unähnlichkeit (bzw. graphisch: „Entfernung"). Erhoben werden diese Daten ebenfalls mit einer Datenmatrix. Ein Beispiel dafür ist in der Abbildung 45 zu sehen. Zur „Kalibrierung"

---

[476] Vgl. *Becker, B.E./Huselid, M.A./Ulrich, D.* (2001), S. 146f.

der befragten Mitarbeiter wird ihnen zusätzlich eine Referenzdistanz vorgegeben, anhand derer sie sich orientieren können. Beispiel: „Das Paar „CEO und Kundenservice" hat eine Distanz von 30 Punkten." Hierbei sollte die Vorgabe so gewählt werden, dass es sich zum einen um eine Einschätzung handelt, die voraussichtlich von möglichst vielen Mitarbeitern geteilt wird, und zum anderen um einen Distanzwert, der möglichst in der Mitte der Skala liegt, also um die 50 Punkte. Die Einzelurteile der Mitarbeiter mögen bei dieser Vorgehensweise zwar sehr subjektiv sein, doch in der Summe ergibt sich daraus in der Regel ein sehr genaues Gesamtbild.

Den „HC-System-Fit" mit Hilfe der SAM-Technik zu messen, bietet mehrere Vorteile:[477]

- Der „System-Fit" wird visuell dargestellt. Dadurch wird er greifbarer und verständlicher – insbesondere für Manager, die weniger Erfahrung mit dieser Materie haben.

- Es wird die Perspektive des Gesamtunternehmens wiedergegeben und nicht nur die einzelner Bereiche, wodurch bereichs*übergreifende* Effekte besonders deutlich gemacht werden können.

- Der „External-" und „Internal Fit" werden sehr systematisch erhoben. Damit wird sichergestellt, dass tatsächlich alle relevanten Beziehungen des HC-Systems berücksichtigt werden. Darüber hinaus wird eventueller Handlungsbedarf sofort (optisch) erkennbar, und die Auswirkungen möglicher Korrekturmaßnahmen auf das Gesamtsystem können relativ einfach durch Sensitivitätsanalysen simuliert werden.

- Die Handhabung der Methodik ist überschaubar. Die Daten werden in ähnlicher Form wie bei den einfacheren Messverfahren erhoben, und die Befragten müssen nicht über ihren eigenen Horizont hinausdenken (wie z.B. bei der Abfrage von möglichst „objektiven" Bewertungen), sondern können ihre eigenen subjektiven Urteile abgeben.

- SAM basiert auf einer wissenschaftlich bereits vielfach erprobten Messtechnik. Dadurch sinkt nicht nur das Validitätsrisiko, sondern steigt auch die Akzeptanz bei den Befragten und denjenigen, die später mit den Ergebnissen konfrontiert werden. Ein besonders wichtiger Aspekt, wenn man später etwas in der Organisation ändern möchte.

Die Ergebnisse des „HC-System-Fit" sind zwar quantitativ – wie bei der Erhebung der anderen indirekten Werttreiber möglichst auch –, aber das alleine reicht noch nicht, um daraus ihren konkreten Einfluss auf die Zielgrößen abzulesen. Das heißt, es ist noch ein weiterer Schritt notwendig, in dem die Wirkung der indirekten auf die direkten Werttreiber bzw. das Endergebnis kalkuliert wird.

---

[477] Vgl. *Becker, B.E./Huselid, M.A./Ulrich, D.* (2001), S. 151f.

Verbindung der indirekten Werttreiber mit den Zielgrößen

In der Natur der indirekten Werttreiber liegt es, dass ihr Einfluss auf die Zielgrößen nicht direkt berechnet werden kann. Um ihren Einfluss dennoch bestimmen zu können, gibt es zwei Methoden, die sich in der Praxis bereits bewährt haben. Die eine sind Expertenschätzungen und die andere statistische Schätzverfahren.

Bei der *Expertenschätzung* wird anhand der gerade beschriebenen Erhebungsdaten (z.b. zum Stand der Mitarbeitermotivation) mit verschiedenen Fachleuten in der Organisation darüber diskutiert, welchen Einfluss die indirekten Werttreiber auf die Zielgrößen (Aktienrendite und VAP) haben könnten.[478] Vor dem Hintergrund der vielfältigen Erfahrungen und Kenntnisse dieser Experten wird dann eine Schätzung abgegeben, welchen Wertbeitrag man den einzelnen (indirekten) Werttreibern zumessen kann. Dabei handelt es sich zwar um eine „subjektive" Methode, doch muss das nicht unbedingt ein Nachteil sein. Denn bestimmte Systemzusammenhänge sind so komplex, dass sie gar nicht „objektiv" gemessen werden können. Sie bedürfen daher der Interpretation eines Menschen, der die zu Grunde liegenden Systemzusammenhänge aufgrund seiner Erfahrungen vielleicht nicht komplett verstehen, aber doch zumindest realistisch einschätzen kann. Zudem kann die Subjektivität dadurch weiter reduziert werden, dass möglichst viele kompetente Experten in die Schätzungen mit einbezogen werden.

Eine andere Alternative ist, sich *statistischer* Verfahren zu bedienen, wie z.B. der Regressionsanalyse. Auch wenn sich mit diesen Methoden die *Art* der Kausalitätsbeziehungen zwischen den Werttreibern und den Ergebnisgrößen nur sehr begrenzt analysieren lässt, so kann mit ihrer Hilfe zumindest die *Stärke* dieser Zusammenhänge bestimmt werden.[479] Das hat den großen Vorteil, die indirekten Werttreiber mathematisch – und damit weitgehend objektiv[480] – mit der Wertschaffung verknüpfen zu können.[481] Weil sich mit den statistischen Verfahren jedoch nur die Effekte von *Veränderungen* der indirekten Werttreiber messen lassen, benötigt man zusätzlich noch einen Vergleichsmaßstab. Dieser kann entweder auf zeitlicher Ebene liegen oder durch Parallelvergleich mit geeigneten Daten innerhalb oder außerhalb der Organisation hergestellt werden. Wie eine derartige Berechnung in der Praxis aussieht, kann anhand der Analysen im empirischen Teil der Arbeit nachvollzogen werden.

Mit diesem Kapitel schließen nun die Ausführungen zur theoretischen Basis des WHCM, in denen Folgendes festgestellt wurde:

---

[478] Vgl. z.B. *Becker, B.E./Huselid, M.A./Ulrich, D.* (2001), S. 84.

[479] Die Kausalitätsrichtung kann jedoch im Rahmen ergänzender Experteninterviews ermittelt werden

[480] Auch in der Statistik gibt es keine 100%ige Objektivität, da u.a. durch Wahl der Daten und Analysemethoden immer noch die Möglichkeit für den Untersuchenden besteht, subjektiv Einfluss auf die Ergebnisse zu nehmen.

[481] Siehe dazu auch die Ausführungen im Kapitel Human Resource Accounting sowie im empirischen Teil dieser Arbeit.

- Das WHCM ist ein integrierter Ansatz, der aus Elementen des Human Capital Managements, des Wertmanagements, des Human Resource Accountings und des Ansatzes der High Performance Work Systems entwickelt wurde.

- Ziel des WHCM ist es, das Human Capital Management nach einer Logik auszurichten, die seinen Beitrag zur Steigerung des Unternehmenswertes maximiert und ihm dadurch zu mehr Akzeptanz, Ressourcen und Einflussmöglichkeiten innerhalb des Unternehmens verhilft.

- Die Kernelemente des WHCM sind: Als *externe* Zielgröße die Aktienrendite, als *interne* Zielgrößen die personalorientierten Wertkennzahlen Value Added per Person (VAP), Average Cost per Person (ACP) und Anzahl der Mitarbeiter sowie als *Werttreiber* die Elemente der Human Capital-Architektur, bestehend aus HC-Funktion, HC-System und dem strategischen Verhalten der Mitarbeiter.

- Die HC-Architektur kann zur besseren Steuerung in ein Werttreibermodell überführt werden, das aus direkten und indirekten Werttreibern besteht.

- Sowohl für die direkten als auch für die indirekten Werttreiber gibt es dabei Methoden, mit denen ihr Beitrag zur Wertsteigerung gemessen werden kann. Das bedeutet: Das WHCM ist nicht nur qualitativ, sondern auch *quantitativ* interpretierbar und damit voll kompatibel mit den anderen (Controlling-)Systemen eines Unternehmens.

Welche Ansätze zu einem Wertorientierten Human Capital Management bislang in der *Praxis* beobachtet werden können, stellt das nächste Kapitel dar.

3.4 Heutiger Stand des WHCM in der Praxis

Während der generelle Gedanke des Shareholder Value bzw. des Wertmanagements langsam beginnt, sich in der Praxis durchzusetzen, kann man dieses für das WHCM noch nicht behaupten. Die Workonomics™-Kennzahlen, ein Teilelement des WHCM, stoßen zwar seit Vermarktung des Konzeptes auf immer größeres Interesse der Unternehmen und haben sich dort auch schon im Praxiseinsatz bewährt (z.B. bei *Sun Microsystems* oder *Siemens*).[482] Einen breiten Durchbruch hat die Idee des WHCM jedoch noch nicht erlebt. Zur Verbreitung WHCM-ähnlicher Ansätze gibt es zwar außer den im empirischen Teil der Arbeit erhobenen Daten (siehe Kapitel C.2.3.7) noch keine empirischen Untersuchungen. Es deuten aber mehrere Indizien auf die Richtigkeit dieser Einschätzung hin.

Eine Umfrage von *Wunderer* und *Jaritz* ergab zum Beispiel: Selbst das wesentlich unspezifischere Personalcontrolling hat sich bei deutschen und schweizerischen Unternehmen noch

---

[482] Vgl. *Enzweiler, T.* (2000), S. 9.

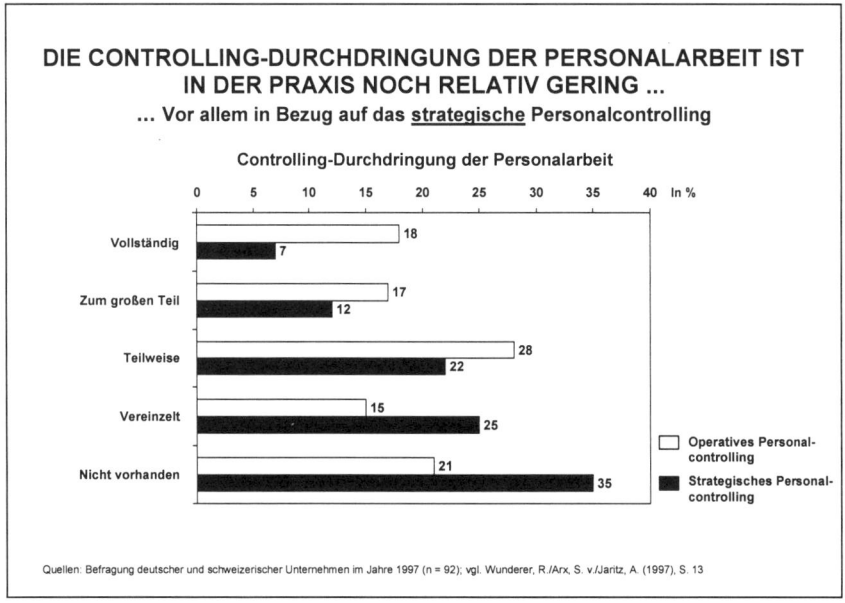

Abbildung 46: Empirische Ergebnisse zur Controlling-Durchdringung der Personalarbeit

nicht voll durchsetzen können. Operatives Personalcontrolling betreiben nur 35% der befragten Firmen „zum großen Teil" oder „vollständig". Hinsichtlich des *strategischen* Personalcontrollings, dass dem WHCM noch wesentlich näher kommt, liegt diese Zahl sogar nur bei 19% (siehe Abbildung 46).[483] Des Weiteren zeigt eine internationale Studie, in der die Merkmale abgefragt wurden, nach denen die Personalabteilung systematisch bewertet wird: Im Vergleich zu Amerika wird das deutsche Personalmanagement deutlich weniger am Erfolg der Zielerreichung (-27%) gemessen oder an der Bewertung durch seine internen Kunden (-27%); beides sind Messgrößen, die ansatzweise in Richtung eines WHCM deuten.[484]

Wie lässt sich diese Situation erklären? Eine konkrete Meinung zu dieser Frage hat sich zwar in der Literatur noch nicht gebildet, es bestehen aber verschiedene Vermutungen darüber. *Becker* und *Gerhart* nennen z.B. die drei folgenden Gründe, warum oftmals die Verbindung zwischen dem fehlt, was die Literatur empfiehlt und dem was die Praxis letztlich davon umsetzt:[485]

---

[483] Vgl. *Wunderer, R./Arx, S. v./Jaritz, A.* (1997), S. 13 oder *Wunderer, R./Jaritz, A.* (1999) S. 18f. Quelle: Befragung deutscher und schweizerischer Unternehmen im Jahre 1997. Stichprobengröße von n = 92. Frage nach der Verfügbarkeit eines a) systematischen operativen und b) strategischen Personalcontrolling im Unternehmen.

[484] Vgl. *Scholz, C.* (2000), S. 147. Quelle: GPP-Studie. Frage nach den genutzten Kriterien zur systematischen Bewertung der Personalabteilung.

[485] Vgl. *Becker, B.E./Gerhart, B.* (1996), S. 796.

1. Die Kommunikation zwischen Theorie und Praxis ist noch nicht intensiv genug. Wissenschaftler gehen vielleicht noch zu wenig auf Unternehmen zu, und Praktiker lassen sich noch zu stark vom Tagesgeschäft in Anspruch nehmen.[486] Ihnen fehlt daher häufig die Zeit, sich durch das Studium neuer wissenschaftlicher Ansätze weiterzubilden.

2. Die *Effizienz* ist nicht das einzige Kriterium, das über die Diffusion theoretischer Ansätze entscheidet. Mikropolitische Aspekte (wie die persönlichen Ziele und Intentionen einzelner Manager) sind ein Beispiel für weitere Faktoren, die darüber entscheiden, ob eine wissenschaftliche Innovation praktisch umgesetzt wird oder nicht.

3. Praktiker können bewusst oder unbewusst über Informationen verfügen, von denen die Wissenschaftler bislang noch nichts wissen bzw. die sie in ihren Theorien noch nicht berücksichtigt haben. Vielleicht schätzt ein Manager das mit verschiedenen Maßnahmen verbundene Risiko ganz anders ein als ein Wissenschaftler und kommt daher auch zu anderen Schlussfolgerungen. So mag beispielsweise eine Mitarbeiterbefragung aus theoretischer Sicht ein sehr wirkungsvolles Managementinstrument sein. Wie in Kapitel C.2.3.7 noch beschrieben wird, ist sie in der Praxis jedoch auch mit einigen Risiken verbunden, u.a. dann, wenn die Geschäftsleitung nicht auf die Ergebnisse der Befragung reagiert und dadurch die Mitarbeiter demotiviert.

Ein weiterer Aspekt mag das bislang noch verhaltene Interesse der Kapitalmärkte am WHCM sein, und dort vor allem bei den Analysten. Schaut man auf die zehn wichtigsten nichtfinanziellen Kennzahlen, die von Finanzanalysten bei der Unternehmensbewertung berücksichtigt werden (siehe Abbildung 5 in Kapitel A.1), so haben zwar viele einen Bezug zur Personalarbeit. Aber das Problem liegt häufig in der unzureichenden Qualität der Daten, die von den Unternehmen zum Human Capital publiziert werden. Dort beträgt die Lücke zwischen der von den Analysten gewünschten und der tatsächlichen bereitgestellten Qualität der personalbezogenen Daten über 50-Prozentpunkte, wie eine Studie von *Low* und *Siesfield* ergab. Das bedeutet, selbst wenn man derartige Kriterien seitens der Kapitalmärkte stärker berücksichtigen wollte, fehlt bislang die erforderliche Datengrundlage. In der Konsequenz verlassen sich die institutionellen Anleger dann doch lieber auf die „harten" Finanzzahlen und honorieren Bemühungen der Unternehmen, ein WHCM einzuführen, nur mit überdurchschnittlicher Vorsicht. Während es z.B. diverse Spezialfonds gibt, die sich auf Anlagekriterien wie Branche, Region oder Unternehmensgröße konzentrieren, gibt es bislang nur wenige Fonds[487], die ihre Investitionsentscheidung nach der Qualität des Human Capitals bzw. des

---

[486] Quelle: Experteninterviews.

[487] Eine Untersuchung der schweizerischen Sustainable Asset Management AG zeigt: Während der Dow-Jones-Stoxx-600-Index von Juni 1998 bis März 2001 um 11,4% stieg, konnte ein aus 30 Werten zusammengesetzter SAM-Employee-Ownership-Index ein Wachstum von 88,5% verzeichnen. In diesem SAM-EOI sind nur Unternehmen enthalten, die ihre Beschäftigten am Unternehmen beteiligen. Es wird allerdings angemerkt, dass dieser große Performanceunterschied wohl vor allem auch auf die besonderen Marktgegebenheiten in dieser Periode zurückzuführen ist. Unter „normalen" Marktbedingungen dürfte es für (Fortsetzung nächste Seite)

WHCM ausrichten, obwohl es aus der Theorie heraus genügend Argumente dafür gäbe.[488] Ein Grund für die schlechte Datenqualität mag darin zu suchen sein, dass es neben den bereits erwähnten Vorformen des WHCM, dem Human Resource Accounting und dem HPWS-Konzept, noch keinen in sich geschlossenen theoretischen Ansatz zum WHCM gibt, der ebenfalls mit empirischen Daten – vor allem zu den Werttreibern – unterlegt ist. Daher ist eines der wesentlichen Ziele dieser Arbeit, eine empirische Datenbasis für das WHCM aufzubauen, die nicht nur als Grundlage für die weitere wissenschaftliche Forschung dienen kann, sondern auch als Argumentationshilfe für Praktiker, die ein derartiges Konzept in ihrem Unternehmen einführen wollen.

Neben den inhaltlichen Aspekten stellen die Rahmenbedingungen in den Unternehmen eine weitere Akzeptanzhürde dar, die nicht gerade als fruchtbarer Nährboden für das WHCM bezeichnet werden können. Dazu gehören u.a. die bestehenden Steuerungskonzepte der Unternehmen, die oft noch zu hierarchie- und bürokratielastig sind, anstatt sich auf die Besonderheiten sozialer Netzwerke und die Anforderungen des Marktes einzustellen (vgl. Abbildung 47).[489] Außerdem haben die Personalverantwortlichen bislang in vielen Unternehmen noch nicht genügend Einfluss, um den Change-Prozess hin zu einem Wertorientierten Human Capital Management von sich aus vorantreiben zu können.[490]

Zusammenfassend lässt sich also sagen: In der Unternehmenspraxis führen WHCM-ähnliche Ansätze bislang noch ein Schattendasein. Die Schwierigkeiten liegen dabei vor allem in zwei Bereichen: Erstens ist das Konzept bislang aus wissenschaftlicher Sicht noch nicht so fundiert, dass es ohne weiteres von der Praxis akzeptiert wird. Und zweitens stößt das WHCM in vielen Unternehmen, insbesondere in Deutschland, auf organisatorische und soziale Strukturen, die seine Einführung nicht gerade begünstigen. Grundsätzlich scheint das Thema

---

den SAM-EOI dagegen schwerer sein, den Vergleichsindex zu übertreffen. Mit einem von der ABN-Amro Bank aufgelegten Zertifikat für den SAM-EOI kann man auch als Anleger an der Performance dieser Unternehmen partizipieren; vgl. o.N. (2001b). Ein weiterer Index ist der Dow-Jones-Sustainability-Index. Ein Index aus Unternehmen, die sich durch eine besondere Nachhaltigkeit in den drei Kategorien auszeichnen: „Economic" (z.B. Corporate Governance, Corporate Codes of Conduct oder Quality Management), „Environmental" (z.B. Responsible Person for Environmental Issues, Environmental Policy oder Environmental Profit & Loss Accounting) sowie „Social" (z.B. Stakeholder Involvement, Employee Satisfaction oder Remuneration and Employee Benefits). Die Top-Ten-Indexwerte sind: *Pfizer, GlaxoSmithKline, Intel, BP, Johnson & Johnson, Royal Dutch Petroleum, Home Depot, Bristol Myers Squibb, Nokia* und *Novartis.* Gehandelt wird dieser Index durch den SAM Sustainability Index Fonds; vgl. *Sustainable Asset Management AG* (2001).

[488] Vgl. auch *Pfeiffer, H.* (2000), S. 39.

[489] Vg. *Wunderer, R./Arx, S. v./Jaritz, A.* (1998a), S. 349 oder *Wunderer, R./Jaritz, A.* (1999) S. 89. Quelle: Befragung deutscher und schweizerischer Unternehmen im Jahre 1997. Stichprobengröße von n = 95. Frage nach den dominanten Steuerungskonzepten im Unternehmen jeweils im Ist und im Soll.

[490] Gemäß einer Studie von *Femppel* aus dem Jahre 2000, ist der Personalverantwortliche in über 60% der befragten deutschen Unternehmen nicht im Vorstand bzw. in der Geschäftsleitung. Und bei über 80% der Unternehmen hat es hinsichtlich der Personalverantwortung auch keine hierarchischen Veränderungen gegenüber den 70/80er Jahren gegeben – eine Zeit, in der die Personalarbeit vorwiegend in der Personalverwaltung bestand (vgl. *Femppel, K.* (2000), S. 202; Datenerhebung mittels Fragebogen, n = 55).

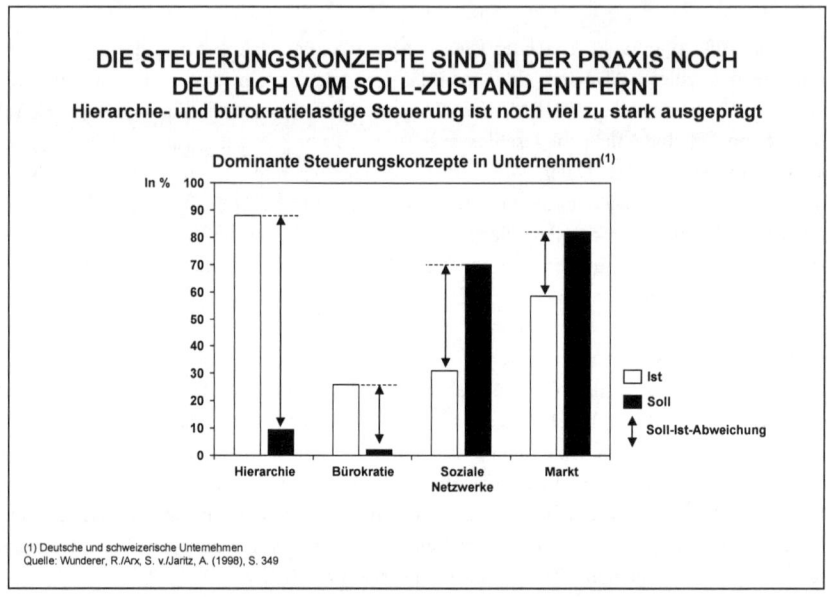

Abbildung 47: *Empirische Ergebnisse zu vorherrschenden*
Steuerungskonzepten in Unternehmen

aber mit Interesse von der Wirtschaft aufgenommen zu werden[491], was als besondere Motivation für die Wissenschaft gelten sollte, diese Theorie weiter voranzutreiben.

3.5   Anmerkungen zum Status quo des WHCM und Zwischenfazit I

Die bisherigen Ausführungen haben deutlich gemacht: Aus wissenschaftlicher und praktischer Sicht scheint es notwendig zu sein, das heutige Human Capital Management weiter zu entwickeln, und zwar in eine Richtung, die sich stärker am Erfolg des Unternehmens orientiert. Besonders gewinnbringend für das wirtschaftliche Denken und Handeln scheint hierbei zu sein, die Steigerung des Unternehmenswertes als Kriterium für den Unternehmenserfolg zu wählen und zum Oberziel der Geschäftstätigkeit zu erheben. Gleichzeitig lässt sich diese Maxime auch auf das Management des Human Capitals übertragen – vorausgesetzt, man verfügt über das entsprechende methodische Instrumentarium. Ein *Wertorientiertes Human Capital Management* verspricht dabei nicht nur Vorteile auf der Personalebene, sondern auch für das Gesamtunternehmen. Es lohnt sich daher, diesen Ansatz in Zukunft weiter zu verfolgen.

---

[491] Quelle: *The Boston Consulting Group*, Experteninterviews.

Die elementaren Bausteine des WHCM – die Theorien des HCM und des Wertmanagements – sind in der Wissenschaft bereits vorhanden. Lediglich ihre Verknüpfung ist noch nicht ausreichend vollzogen worden, da es sich um zwei Theoriegebäude handelt, die aus sehr verschiedenen Richtungen der Betriebswirtschaftslehre stammen: der Sozialwissenschaft und der Finanzwissenschaft.

Sucht man nach den Quellen des WHCM, so führen die meisten Spuren in den anglo-amerikanischen Raum. Das gilt sowohl für die wissenschaftlichen Ansätze, die als Vorformen des WHCM bezeichnet werden können, als auch für die Unternehmen, die eine Erfolgs-orientierung im Human Capital Management von praktischer Seite her forciert haben. In Deutschland wird diesem Thema dagegen erst seit kurzem eine höhere Bedeutung beige-messen. Aber gerade deshalb ist es notwendig, auch hier empirische Daten zu sammeln, zum einen, um die angloamerikanischen Studien zu verifizieren und zum anderen, um das WHCM in Deutschland – und damit später auch in Europa – populärer zu machen.

Als erstes Zwischenfazit dieser Arbeit lässt sich deshalb zum WHCM festhalten:

- Das Wertorientierte Human Capital Management scheint das Potenzial zu einem großen Werthebel im Gesamtunternehmenskontext zu besitzen. Aber: Seine beiden Bausteine, Human Capital Management und Wertmanagement, müssen zunächst noch auf theoretischer Ebene auf den gleichen Nenner gebracht werden.

- Bevor das theoretische Konzept des WHCM in der Breite der Unternehmenspraxis akzeptiert wird, ist ein stichhaltiger Beweis dafür zu erbringen, wie groß seine Hebelwirkung tatsächlich ist. Das heißt, der „Business Case" des WHCM ist noch zu erbringen.

- Zusätzlich zum Gesamtkonzept des WHCM ist es notwendig: a) die möglichen Werttreiber des WHCM zu identifizieren – Hinweise aus dem HPWS-Ansatz gibt es bereits, b) die potenzielle Wirkungs*kraft* der Werttreiber zu bestimmen und c) die Wirkungs*mechanismen* der einzelnen Werttreiber zu analysieren und wie diese gezielt beeinflusst werden können.

Theoretische Überlegungen reichen jedoch alleine nicht mehr aus, um das WHCM weiter voranzutreiben. Daher ist es notwendig, Hypothesen zu seinen verschiedenen Teilaspekten aufzustellen und diese empirisch zu überprüfen. Bevor man sich jedoch einer empirischen Untersuchung nähern kann, muss zunächst die bis hierher dargestellte Theorie des WHCM formalisiert und in ein theoretisches Modell umgeformt werden. Das letzte Kapitel des theoretischen Teils dieser Arbeit ist daher auch der Modellbildung des WHCM gewidmet, bevor in Teil C die empirische Überprüfung dieses Modells vorgenommen wird.

4   Modellansatz zur Erklärung des Zusammenhanges zwischen der Güte
des Wertorientierten Human Capital Managements und dem Unternehmenswert

Ein Modell, das die Beziehungen zwischen dem WHCM und dem Unternehmenswert erklären soll, muss vor allem zwei Voraussetzungen erfüllen: Erstens sollte es *inhaltlich* in Bezug auf diese beiden Faktoren alle wesentlichen Einflussgrößen und deren Zusammenhänge abbilden. Und zweitens sollte es *formal* in einer Art und Weise gestaltet sein, die sich relativ leicht für empirisch-quantitative Analysen operationalisieren lässt.

In Kapitel B.4.1 beginnt die Bildung des WHCM-Modells zunächst mit der Formulierung der damit verbundenen Ziele. Anschließend wird näher auf die Struktur des Modells eingegangen (B.4.2). Denn wie bei jedem Modell muss die Realität in gewissem Umfang vereinfacht werden, um sie überhaupt analytisch handhaben zu können. Für die späteren empirischen Untersuchungen ist es notwendig, die Inhalte des WHCM in Form von Variablen auszudrücken. Die Definition, Begründung und Erläuterung dieser Variablen geschieht in den darauf folgenden Kapiteln: für den Total Shareholder Return als *abhängige* Variable und den Value Added per Person als *Zwischen*variable (B.4.3), den Human Capital Valuation Index als *unabhängige* Variable(n) (B.4.4) und für die verschiedenen *Kontroll*variablen (B.4.5). Eine abschließende Bewertung der Stärken und Schwächen dieses Modells wird in Kapitel B.4.6 vorgenommen.

4.1   Zielsetzung des Modellansatzes

Im Zwischenfazit des vorherigen Kapitels wurden verschiedene Probleme im Zusammenhang mit dem WHCM angesprochen, die bislang noch nicht oder nur unzureichend gelöst sind. Dazu gehört u.a. die formale Integration von HCM und Wertmanagement sowie die Entwicklung des „Business Case" für das WHCM. Darüber hinaus fällt bei der Betrachtung des Status quo der Personalarbeit besonders eines auf: Intuitiv scheint vielen Menschen, sowohl in der Wissenschaft als auch in der Praxis, der Weg zu einer stärkeren Erfolgs- bzw. Wertorientierung durchaus verständlich zu sein. Nur scheint bislang der entscheidende Schritt zur Operationalisierung und Umsetzung dieses Managementansatzes noch zu fehlen. Vor diesem Hintergrund entstand die Zielsetzung, durch eine empirische Studie eine Argumentationsgrundlage für diejenigen zu schaffen, die willens sind, diesen neuen Weg zu gehen, aber „aus Mangel an Beweisen" bislang nicht oder nur unzureichend Unterstützung dafür in ihrem Unternehmen gefunden haben.

Mit der Modellbildung des WHCM sind daher mehrere Teilziele verbunden, die sich in inhaltliche und methodische Themen gliedern lassen. *Inhaltlich* wird besonders angestrebt:

- Den Zusammenhang zwischen der Güte des WHCM und der externen und internen Wertschaffung (TSR und VAP) für das Unternehmen nachzuweisen. Unter „Güte" wird dabei sowohl die Qualität als auch der Umfang des WHCM verstanden. Dieser

Nachweis soll in einer Form geschehen, die möglichst objektiv und nachvollziehbar ist, damit die Ergebnisse in der späteren Diskussion auch der eventuellen Kritik standhalten und als „Business Case" für das WHCM akzeptiert werden – zusammen mit den Erkenntnissen der anderen Studien, die bereits zu Teilaspekten des WHCM vorliegen.

- Das Betrachtungsfeld möglichst weit zu spannen. Das bedeutet, zum einen eine branchen*übergreifende* Beobachtung zu gewährleisten und zum anderen ein äußerst breites Set an potenziellen Werttreiber zu berücksichtigen. Dahinter steht die Überlegung: Es soll a) eine möglichst breite, branchenübergreifende Zielgruppe von den Ergebnissen profitieren können und b) durch die Breite der untersuchten Einflussfaktoren sichergestellt werden, dass tatsächlich die stärksten Werttreiber des WHCM identifiziert werden. Denn bislang wurden einige der relevanten Faktoren (insbesondere die Rahmenbedingungen des WHCM) entweder nur isoliert oder überhaupt nicht unter Wertgesichtspunkten untersucht.[492]

- Neben der Erkennung und Bewertung der Werttreiber sollen auch Rückschlüsse auf ihre Interdependenzen und Wirkungsmechanismen gezogen werden können. Einer der Aspekte, die hierbei besonders interessieren, ist die Antwort auf die Frage: Was war zuerst da, der Firmenerfolg oder ein effektives (W)HCM?

Aus methodischer Sicht geht es in erster Linie darum, die Theorien des HCM und des Wertmanagements miteinander zu verbinden. Im Wesentlichen kann dieses erreicht werden, indem die Zielsetzung des Wertmanagements und seine Systematik auf das HCM angepasst und mit dessen Inhalten (den potenziellen Werttreibern) verknüpft wird.

Zunächst einmal ist aber die Komplexität des Umfeldes, in dem das WHCM operiert, auf ein überschaubares Maß an Faktoren und Zusammenhängen zu reduzieren, um später überhaupt systematisch weiterarbeiten zu können. Wie diese Komplexitätsreduktion aussieht, erläutert das nächste Kapitel.

4.2   Modellstruktur

Dieses Kapitel ist zweigeteilt: Im ersten Teil wird versucht, ein Bild der Komplexität zu entwerfen, die mit dem WHCM in der Realität verbunden ist (B.4.2.1). Im zweiten Teil wird diese Komplexität dann auf ein für die weiteren Untersuchungen handhabbares Modell reduziert (B.4.2.2).

---

[492] Auf die damit verbundenen Gefahren wird in Kapitel C.2.3.1 näher eingegangen.

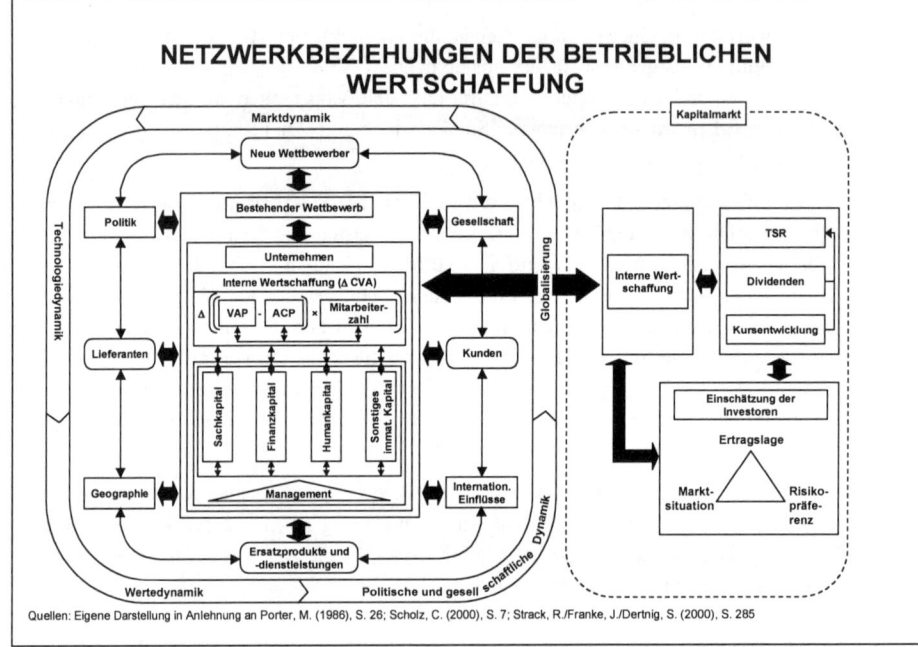

Abbildung 48: *Das „Netzwerk" der betrieblichen Wertschaffung*

4.2.1   WHCM und Wertschaffung – eine Netzwerkbetrachtung

Das „Netzwerk", das sich um die Beziehung zwischen der Personalarbeit und der Wertschaffung spinnt, ist außerordentlich vielseitig und komplex. Abbildung 48 zeigt nur einige der Faktoren, die auf den internen Unternehmenserfolg und den Shareholder Value einwirken. Zum einen existiert das *interne* Geschäftssystem, das durch das Management der verschiedenen Kapitalarten im Sinne der Konzernstrategie geprägt wird. Von *außen* wirken die verschiedenen Marktkräfte, die Einfluss auf die Wettbewerbsvorteile des Unternehmens haben, wie bestehende und zukünftige Wettbewerber, Kunden, Lieferanten oder der Fortschritt, der zur Entwicklung von Ersatzprodukten oder -dienstleistungen führt.[493] Weitere Faktoren sind die Rahmenbedingungen, wie das politische, gesellschaftliche, geographische und internationale Umfeld. Erhöht wird diese Komplexität noch durch die Dynamik, der dieses System ausgesetzt ist. Dazu gehören sowohl Markt-, Technologie- und Wertedynamik als auch die zunehmende Globalisierung und die politischen und gesellschaftlichen Veränderungen.[494]

---

[493] Vgl. *Porter, M.* (1986), S. 26.
[494] Vgl. *Scholz, C.* (2000), S. 7 sowie Kapitel B.1.1.2.

Neben den Wechselbeziehungen, die *zwischen* diesen Größen bestehen, entwickelt jeder Faktor aber zusätzlich noch eine eigene Dynamik *in sich selber*. Das bedeutet: Jedes „Subsystem" wird nicht nur von außen, sondern auch durch sich selber von innen verändert. Man spricht hierbei auch von „sich selbst organisierenden bzw. autopoietischen Systemen".[495] Was die externe Erfolgsgröße anbelangt, den TSR, wird diese nicht nur durch die interne Wertschaffung eines Unternehmens beeinflusst, sondern auch durch die Einschätzung der Investoren, deren Angebots- und Nachfrageverhalten den Aktienkurs eines Unternehmens verändern.[496] Die Einschätzungen der Investoren basieren zwar auf der Ertragslage des Unternehmens, insbesondere auf den Erwartungen bezüglich der zukünftigen Erträge des Unternehmens. Hinzu kommen aber weitere Bestimmungsfaktoren, wie die Risikopräferenz der Anleger und die allgemeine Marktsituation.

Ohne auf die einzelnen Verknüpfungen dieses Netzwerkes weiter einzugehen, wird bereits an dieser Stelle deutlich: Ein derart komplexes System ist nicht geeignet, um als Modell für das WHCM zu dienen. Es muss also vereinfacht werden, wobei Folgendes wichtig ist:[497]

- Die Vereinfachungen sind in erster Linie an den Stellen vorzunehmen, die außerhalb des Untersuchungsschwerpunktes – dem WHCM – liegen.

- Gleichzeitig ist darauf zu achten, *innerhalb* des WHCM alle wichtigen Systembeziehungen zu berücksichtigen.

- Schließlich muss das Modell um bestimmte Korrekturgrößen, so genannte „Kontrollvariablen"[498], erweitert werden, um zu vermeiden, dass die Ergebnisse durch die zuvor getätigten „Netzwerkvereinfachungen" signifikant verfälscht werden.

Wie das WHCM-Modell konkret aussieht, beschreibt das Kapitel B.4.2.2.

4.2.2   Netzwerkreduktion und Ableitung des WHCM-Modellansatzes

In der Literatur existieren bereits mehrere Modelle, die versuchen, den Zusammenhang zwischen Human Capital Management und Unternehmenserfolg zu erklären. Zumeist wurden sie im Zusammenhang mit dem HPWS-Ansatz entwickelt.[499] Auf der anderen Seite gibt es Wertmanagement-Modelle, die den Zusammenhang zwischen der Wertschaffung und den einzelnen Werttreibern darstellen, wie bereits in Kapitel B.2.2 gezeigt wurde.

---

[495] Vgl. u.a. die Ausführungen zur „Strukturellen Koppelung" von *Maturana, H.* (1982), S. 144 u. 150ff. Zur Einführung in das Thema der „Autopoiese" vgl. z.B. *Willke, H.* (1993), S. 63-75. Zur Vertiefung vgl. u.a. *Luhmann, N.* (1984a, 1984b, 1985).

[496] Zur Vereinfachung wurde hier von einer börsennotierten Aktiengesellschaft ausgegangen. Bei nicht börsennotierten Unternehmen funktionieren die Preisbildungsmechanismen zwar ähnlich, nur fehlt häufig die durch die Börse geschaffene Markttransparenz.

[497] Zur Modellbildung vgl. z.B. *Ulrich, H./Probst, G.B.* (1991), S. 120-135.

[498] Vgl. dazu Kapitel B.4.5.

[499] Vgl. hierzu u.a. die Modelle von *Ulrich, D.* (1989), S. 312; *Becker, B.E./Huselid, M.A.* (1998a), S. 59 oder aus Perspektive des Balanced-Scorecard-Ansatzes: *Kaplan, R.S./Norton, P.* (1996a), S. 31.

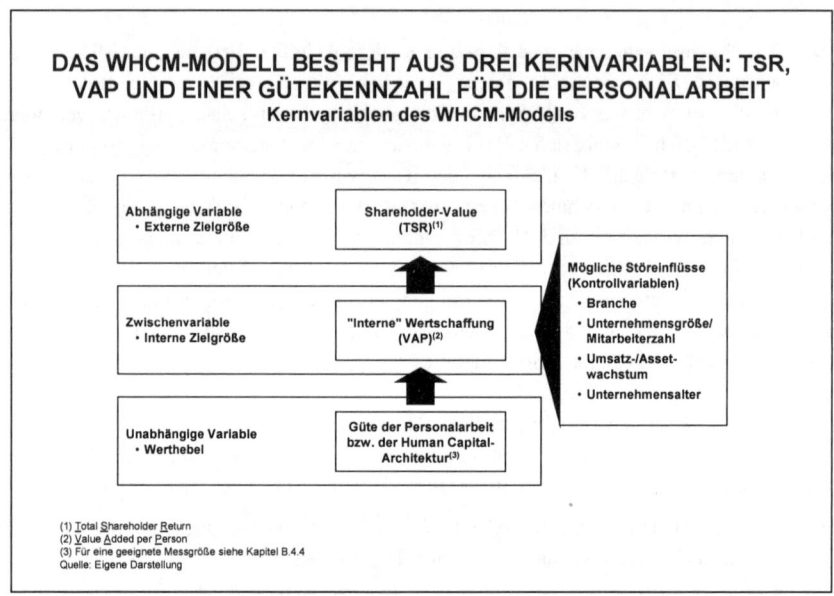

Abbildung 49: Kernvariablen des WHCM-Modells

Das WHCM, das ja letztlich eine Synthese aus HCM und Wertmanagement verkörpert, greift nun bei der Komplexitätsreduktion auf Bausteine beider Disziplinen zurück. Im Ergebnis entsteht daraus ein Modell mit drei Kernvariablen, die zugleich den Kernelementen des WHCM entsprechen und durch folgende Logik miteinander verknüpft sind: Die Güte des Human Capital Managements (unabhängige Variable) hat Einfluss auf die interne Wertschaffung des Unternehmens (Zwischenvariable), die ihrerseits auf den Shareholder Value (abhängige Variable) einwirkt (siehe Abbildung 49).[500]

Übersetzt man diese drei qualitativen Größen in quantitative Variablen, dann ergibt sich folgendes Bild: Ein wie auch immer definiertes Maß für die Güte des WHCM treibt den Value Added per Person (VAP), der wiederum maßgeblich den Total Shareholder Return (TSR)[501] beeinflusst. Während diese Größen in den nächsten beiden Kapiteln noch ausführlicher erläutert werden, soll hier bereits die Frage beantwortet werden, warum die Güte des WHCM nicht direkt mit dem TSR in Beziehung gesetzt wird, sondern eine zusätzliche Zwischenvariable, der Value Added per Person (VAP), eingeführt wird.

---

[500] Zu dieser zweistufigen Logik, bei der eine Zwischenvariable verwendet wird, siehe u.a. *Huselid, M.A.* (1995), S. 641f., 651f. sowie 662f.
[501] Zur Vereinfachung wurde hier wieder von einem börsennotierten Unternehmen ausgegangen. Zu möglichen Ersatzkennzahlen bei nicht-börsennotierten Unternehmen, wie z.B. dem internen TSR oder TBR, siehe Kapitel B.2.2.

Hinter diesem Schritt steht die folgende Überlegung: Erstens kann der TSR durch externe Markteinflüsse verzerrt werden und zumindest bei kurzfristiger Betrachtung ein unrealistisches Bild des Wertschaffungspotenzials des WHCM wiedergeben. Zweitens ist der VAP *die* zentrale interne Messgröße für den Erfolg des WHCM, die bei Bedarf auch auf einzelne Organisationseinheiten heruntergebrochen werden kann; was für den TSR nicht ohne weiteres möglich ist. Und drittens ist die Korrelation zwischen VAP und TSR hoch genug, um von einem signifikanten Zusammenhang zu sprechen, der es erlaubt, den VAP als Zwischenvariable einzuführen.[502]

Diese auf das *Gesamt*unternehmen bezogenen Variablen wurden bewusst gewählt, um eines der Ziele des Modells zu verwirklichen: einen Erklärungsansatz für den Zusammenhang zwischen WHCM und Unternehmenswert zu entwickeln, der auf einer möglichst breiten Basis steht. Die Vor- und Nachteile, die mit der Aussagekräftigkeit eines derartigen Ansatzes verbunden sind, wurden ja bereits in Kapitel B.3.2.2.3 geschildert.[503]

Bislang noch nicht erwähnt, jedoch ebenfalls wichtig für das Modell, sind die Kontrollvariablen[504], mit denen die Effekte von Faktoren herausgefiltert werden können, die zwar die Wertsteigerung des Unternehmens beeinflussen, aber nicht mit dem WHCM direkt in Verbindung stehen, z.B. die Branche und die Größe eines Unternehmens. Auf sie wird in den Kapiteln B.4.5 und C.2.5 noch ausführlicher eingegangen.

4.3   Abhängige Variable TSR und Zwischenvariable VAP

Total Shareholder Return (TSR)

Im Zusammenhang mit dem Wertmanagement wurde der Total Shareholder Return (Aktienrendite) bereits vorgestellt. Zur Erinnerung sei hier noch einmal seine Berechnungsformel genannt:

$$\textit{Aktienrendite} \; = \; \textit{(Dividende} \; + \; \textit{Kursgewinn) / Anschaffungskurs}$$

---

[502] Siehe hierzu auch das Kapitel C.2.2.3.

[503] Kurze Zusammenfassung: *Nachteile* einer Analyse auf Firmenebene: Bei der Datenerhebung sind große Verallgemeinerungen vorzunehmen, da einzelne Unternehmensteile sehr heterogen hinsichtlich des HCM und des Leistungsvermögens sein können. Zugleich arbeitet man mit einem Beobachtungsfeld, das wesentlich komplexer als z.B. nur ein Unternehmensbereich ist (ausführlicher siehe auch *Becker, B.E./Gerhart, B.* (1996), S. 792). Die *Vorteile* sind hingegen: Die Ergebnisse sind allgemeinverbindlicher, und es können die Effekte des gesamten Human Capital-Systems gemessen werden. Betrachtet man nur einen Ausschnitt, besteht die Gefahr, bei der Hochrechnung bestimmter Einzeleffekte auf das Gesamtunternehmen die Wirkung des WHCM auf Unternehmensebene zu überschätzen (ausführlicher siehe auch *Becker, B.E./Huselid, M.A.* (1998a), S. 62f.)

[504] Vgl. u.a. *Bortz, J.* (1999), S. 8.

An dieser Stelle interessiert nun, warum der TSR für das WHCM-Modell ausgewählt wurde und welche Vorteile sich daraus für die weiteren Untersuchungen ergeben.

Grundsätzlich sollten bei Modellen, bei denen der Einfluss einer Größe auf eine andere untersucht wird, Messgrößen verwendet werden, die allgemein aussagekräftig und interpretierbar sind.[505] Auf die konkrete Situation des WHCM bezogen bedeutet das: a) Es sollte eine *Finanz*kennzahl gewählt werden, weil als betriebsübergreifender Erfolgsmaßstab in der Regel der finanzielle Erfolg gewählt wird. Und b) sollte diese Finanzkennzahl kompatibel mit der Logik des Wertmanagements sein. Neben der höheren Aussagekraft und Akzeptanz einer derartigen Größe besteht ein weiterer Vorteil darin, dass die Plausibilität der Ergebnisse besser überprüft werden kann. Würde man beispielsweise errechnen, dass sich der Unternehmenswert durch effektivere Trainingsmaßnahmen durchschnittlich um 100% steigern ließe, wäre das sicherlich ein Anlass, die Validität der Ergebnisse noch einmal genau zu überprüfen.

Um die Wertschaffung auf Unternehmensebene zu messen, ziehen auch *Becker* und *Gerhart* kapitalmarktorientierte Kennzahlen den unternehmensinternen vor, weil sie zusätzlich zur derzeitigen Wertschaffung auch die zukünftigen Ertragserwartungen berücksichtigen.[506] Im Rahmen der HPWS-Forschung wurde daher z.B. öfter das *„Tobin's q"*[507] als Messgröße verwendet.[508] Aus Sicht des Wertmanagements bzw. WHCM ist der TSR jedoch noch wesentlich aussagekräftiger, denn hierbei handelt es sich um den tatsächlich *realisierbaren*[509] Gewinn der Anteilseigner.[510] Am aussagekräftigsten – für die isolierte Betrachtung der Größe – wäre sicherlich der „Relative Total Shareholder Return", also der TSR in Relation zu einem vergleichbaren Index.[511] Für das WHCM-Modell ist die relative Performance jedoch weniger entscheidend, da es sich bei ihr letztlich nur um eine lineare Transformation des TSR handelt, die aus späterer statistischer Sicht keine Bedeutung besitzt,[512] die Informationsbeschaffung jedoch zusätzlich erschwert. Zum einen würden die Daten einer weiteren Vergleichsperiode benötigt werden und zum anderen träte die zusätzliche Schwierigkeit auf, einen allgemein gültigen Vergleichsindex definieren zu müssen.

---

[505] Vgl. *Becker, B.E./Gerhart, B.* (1996), S. 791.

[506] Ebenda S. 791.

[507] *Tobin's q* = *Marktwert/Wiederbeschaffungskosten der Aktiva* (vgl. *Huselid, M.A.* (1995), S. 652 und im volkswirtschaftlichen Kontext *Tobin, J.A.* (1969), S. 15-29).

[508] Vgl. z.B. *Huselid, M.A.* (1995), S. 652 oder *Ichniowski, C.* (1990).

[509] Hier wird von „realisierbar" und nicht von „realisiert" gesprochen, weil der TSR unabhängig vom tatsächlichen Verkauf der Aktie berechnet wird. Transaktionskosten und eventuelle Steuerzahlungen auf die Gewinne werden hierbei nicht berücksichtigt.

[510] Zur Befürwortung des TSR siehe u.a. Kapitel B.2.2 oder *Becker, B.E./Gerhart, B.* (1996), S. 791. Eine aktuelle Studie, in der bereits mit dem TSR gearbeitet wurde, findet sich in *Watson Wyatt (2000a)*. Allerdings ist das Feld der in dieser Studie betrachteten Werttreiber relativ beschränkt. Zudem werden keine Synergieeffekte zwischen einzelnen HC-Praktiken berücksichtigt. Das Gleiche gilt für die etwas ältere Studie von *Buckley, O./McClain, T.* (1993), in der ebenfalls mit dem TSR als Erfolgsgröße gearbeitet wurde.

[511] Vgl. dazu auch Kapitel B.2.2.

[512] Vgl. z.B. *Bortz, J.* (1999), S. 22f.

Value Added per Person (VAP)

Die Vorteile des VAP gegenüber anderen internen Wertkennzahlen wurden bereits in Kapitel B.3.3.1.2 dargestellt: Zum einen berücksichtigt er die Grundsätze des Wertmanagements. Und zum anderen ist er von seinem Charakter her *personal-* und nicht *kapital*orientiert.

Im Vergleich zum TSR ist der VAP darüber hinaus weniger anfällig gegenüber Schwankungen am Kapitalmarkt und enthält gleichzeitig Rechengrößen, mit denen viele Entscheidungsträger bereits heute geschäftsintern arbeiten, wie Cashflow, Kapital- oder Personalkosten.

Mit der Definition, wie sie im Rahmen des Workonomics™-Konzeptes vorgeschlagen wird, ist der VAP zwar bislang noch in keiner empirischen Studie zur Personalarbeit verwendet worden. Die grundsätzliche Idee aber, die Wertschöpfung pro Mitarbeiter als Erfolgsindikator zu verwenden, ist dagegen nicht neu. In Studien von *Cooke*[513] oder *Kruse*[514] wird beispielsweise mit einem Value Added pro Mitarbeiter gearbeitet. Nur wird er dort auf die herkömmliche Weise als Umsatz abzüglich der Materialkosten bzw. Herstellkosten definiert, wodurch er nicht mehr in die Logik des Wertmanagements passt (vgl. dazu auch Kapitel B.2.2).

Wie VAP und TSR noch genauer für die praktische Arbeit definiert werden können, wird im Zusammenhang mit der empirischen Studie dieser Arbeit erläutert.

4.4 Unabhängige Variable(n): Human Capital Valuation Index (HCVI)

Der Human Capital Valuation Index (HCVI) stellt das Herzstück des WHCM-Modells dar, denn er ist die Messgröße für die Güte des WHCM, die benötigt wird, um die Beziehung zum VAP und TSR zu messen. Aufgrund seiner hohen Bedeutung für das Modell wird in Kapitel B.4.4.1 zunächst auf die Zielsetzung und Methodik der Indexbildung eingegangen. Danach werden in Kapitel B.4.4.2 die einzelnen Komponenten des HCVI erläutert, die gleichzeitig die – bislang noch hypothetischen – Werttreiber des WHCM repräsentieren. Kapitel B.4.4.3 beschäftigt sich schließlich mit der Frage, wie die einzelnen Komponenten gewichtet und zu einem Index, dem HCVI, zusammengefasst werden sollen.

4.4.1 Zielsetzung und Methodik der Indexbildung

Unter einem Index wird die Zusammenführung von mehreren Daten zu einem einzigen Maßausdruck verstanden.[515] Das Ziel und gleichzeitig der Vorteil eines Indexes ist: Man kann

---

[513] Vgl. *Cooke, W.* (1993).

[514] Vgl. *Kruse, D.* (1993).

[515] In Anlehnung an *Scharnbacher, K.* (1982), S. 95; *Schmitt, N.W./Klimowski, R.J.* (1991), S. 163.

mit ihm *gleichzeitig* mehrere Dimensionen erfassen und damit Betrachtungsobjekte, die entlang mehrerer Dimensionen unterschiedlich ausgeprägt sind, leichter miteinander vergleichen. Gleichzeitig bietet ein Index die Möglichkeit, die Komplexität, die man häufig in der Realität vorfindet, gesamthafter zu erfassen; natürlich nicht komplett, aber auf jeden Fall umfassender, als durch separate Betrachtung verschiedener Einzelgrößen. Vor allem die Synergien, die sich zwischen einzelnen Systemkomponenten ergeben können, werden durch die separate Messung nicht erfasst. Das heißt, u.U. würde ein wichtiger Bestandteil des HC-Systems überhaupt nicht berücksichtigt werden.

Im konkreten Fall soll nun ein Maßstab bzw. Index gefunden werden, der die Güte (= Qualität und Umfang) des WHCM möglichst in allen seinen wichtigen Charakteristika widerspiegelt, um damit a) die Personalarbeit als Ganzes vergleichbar zu machen und b) sie in Beziehung zum VAP und TSR setzen zu können. In mehreren Studien der HPWS-Forschung wurde bereits erfolgreich mit Indices gearbeitet[516], in denen verschiedene High Performance Work Practices zu einer Gütekennzahl für das HCM zusammengefasst wurden:

> *„The overwhelming preference in this literature has been for a unitary index that contains a set (though not always the same set) of theoretically appropriate HRM practices derived from prior Work ... ."*[517]

Wenn man einen Index bilden möchte, müssen zunächst drei grundlegende Entscheidungen getroffen werden:[518]

1. Was sind die Messdimensionen/Einzelvariablen, die in den Index einfließen sollen?

2. Welche relative Bedeutung haben diese Variablen?

3. Mit welchem Mechanismus sollen die Einzelvariablen zum (Gesamt-)Index aggregiert werden.

Genau diesen drei Fragen wenden sich die nächsten beiden Kapitel zu.

4.4.2 Darstellung der Einzelvariablen: Der Werttreiberbaum

Zur Vereinfachung wird dieses Kapitel noch einmal untergliedert: Zunächst wird die Struktur des Werttreiberbaumes erläutert. Dazu gehört die Methodik, nach der die einzelnen Variablen ausgewählt wurden und in welche Variablengruppen sich diese Größen einteilen lassen

---

[516] Vgl. u.a. *Huselid, M.A.* (1995), S. 645-648; *Watson Wyatt* (2000a), S.2; *Welbourne, T.M./Andrews, A.O.* (1996), S. 901.
[517] Vgl. *Becker, B.E./Huselid, M.A.* (1998a), S. 63.
[518] Vgl. *Schmitt, N.W./Klimowski, R.J.* (1991), S. 163.

(B.4.4.2.1). Darauf folgend werden die sieben (hypothetischen)[519] Variablengruppen in den Unterkapiteln B.4.4.2.2 bis B.4.4.2.8 etwas näher charakterisiert.

4.4.2.1 Methodik des Werttreiberbaumes und Ableitung der Variablengruppen

Angelehnt an das Wertmanagement, werden die Variablen zur Beschreibung der Güte des WHCM gemäß der Werttreibersystematik bestimmt.[520] Wie wichtig es dabei ist, eine möglichst große Bandbreite an Variablen zu berücksichtigen, wurde bereits angesprochen. Denn in diesem Punkt liegt ein bedeutender Mehrwert gegenüber renommierten Studien, die bereits mit ähnlichem Untersuchungsschwerpunkt durchgeführt wurden.[521]

Was die *inhaltliche* Seite der Werttreiber anbelangt, so wurden diese gemäß der nachstehenden Themenschwerpunkte ausgewählt:

- *Bedeutung* und *Stellenwert* der Personalarbeit und des Personalbereiches im Unternehmen.

- Konzeptionelle *Ausgestaltung* und *Umsetzung* der Personalarbeit.

- Sowie *Rahmenbedingungen* der Personalarbeit.

Abbildung 50 zeigt das WHCM-Modell in graphischer Form, allerdings mit einem etwas vereinfachten Wertreiberbaum.

Als oberste Zielgröße des WHCM erkennt man dort den TSR als abhängige Variable, der hoch mit dem CVA korreliert ist.[522] Nach der Workonomics™-Methodik gliedert sich der CVA in VAP, ACP und die Mitarbeiterzahl. Einerseits handelt es sich bei diesen Größen um direkte Werttreiber, andererseits ist speziell der VAP auch gleichzeitig die Zwischenvariable des Modells. Auf den darunter liegenden Ebenen sind die unabhängigen Variablen abgebildet, welche die indirekten Werttreiber verkörpern, weil sie in der Realität nur über multivariate, nichtlineare Zusammenhänge mit den direkten Werttreibern bzw. der Zwischenvariablen verbunden sind. Auf der obersten Ebene der indirekten Werttreiber finden sich die drei oben genannten Themenschwerpunkte wieder: Stellenwert, Ausgestaltung/Umsetzung und Rahmenbedingungen der Personalarbeit.

Die weitere Aufgliederung des Werttreiberbaumes entspricht genau der Logik, wie sie bereits im Kapitel Human Capital Management verwendet wurde, wodurch der rote Faden wieder

---

[519] An dieser Stelle wird noch von hypothetischen Variablengruppen gesprochen, weil die einzelnen Variablen/Werttreiber bis zu diesem Punkt noch nicht empirisch validiert sind.
[520] Vgl. dazu auch Kapitel B.2.2.
[521] Vgl. z.B. *Huselid, M.A.* (1995) oder *Watson Wyatt* (2000a).
[522] Die Korrelation liegt bei ca. r = 0,65 (Quelle: *Lewis, T.* (1994), S. 126; *The Boston Consulting Group*).

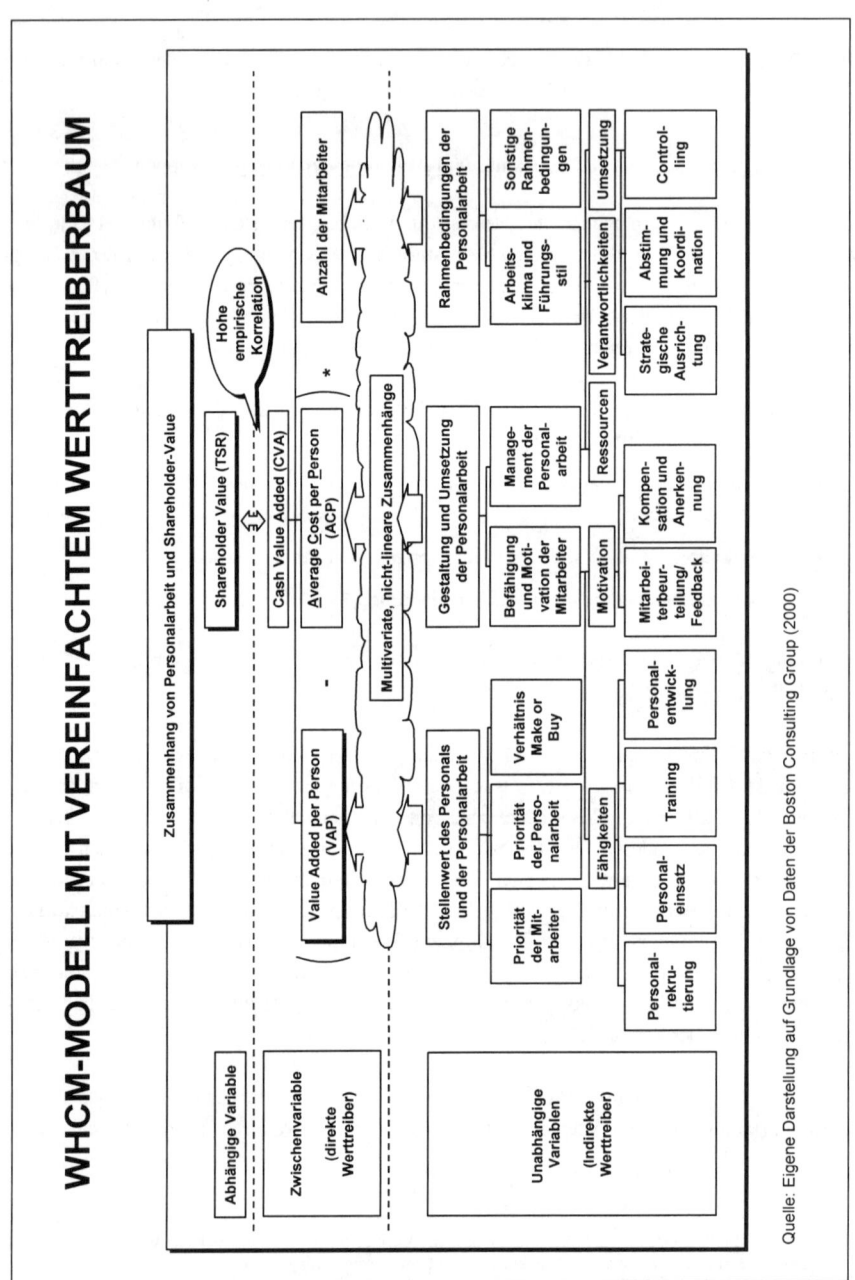

Abbildung 50: Vereinfachter Werttreiberbaum des WHCM-Modells

aufgenommen wird. Denn dort wurde bereits auf alle relevanten Themen wie Personalrekrutierung, Personaleinsatz, Training etc. eingegangen sowie auf die Aspekte der Rahmenbedingungen, wie Unternehmenskultur und Führungsstil. Die Punkte „Ressourcen", „Verantwortlichkeiten", „Strategische Ausrichtung" und „Abstimmung/Koordination" wurden dagegen etwas später in Verbindung mit den „High Performance Work Systems" vorgestellt. Lediglich die Variablen „Make or Buy" sowie „Sonstige Rahmenbedingungen" sind neu.

Bei den „Sonstigen Rahmenbedingungen" handelt es sich um eine „Korrekturgröße", mit der all diejenigen Rahmenbedingungen erfasst werden, die zwar auf die Mitarbeiter wirken, aber letztlich nicht mit dem WHCM zusammenhängen. Dazu gehört z.B. die informationstechnologische Ausstattung des Unternehmens, sein Maschinenpark oder seine geographische Lage. Unterschiede in diesen Faktoren können das Arbeitsergebnis der Mitarbeiter wesentlich beeinflussen, obwohl sie nichts mit den Fähigkeiten und der Motivation der Mitarbeiter zu tun haben. Daher sind sie zunächst im Modell zu erfassen, um zu überprüfen, ob auch sie mögliche Werttreiber sind.[523] Die Variable „Make or Buy" hebt schließlich auf den Grad des Outsourcing im WHCM ab und fällt daher in das Themengebiet „Stellenwert der Personalarbeit und des Personalbereiches".

Nicht mehr explizit aufgeführt sind in Abbildung 50 die noch tieferen Werttreiberebenen – die Einzelvariablen. Inhaltlich lassen sich die Einzelvariablen in die folgenden Variablen-*gruppen* aufteilen, die jedoch wieder in der Graphik enthalten sind:

- „Stellenwert des Personals und des Personalbereiches im Unternehmen"

- „Fähigkeiten der Mitarbeiter"

- „Motivation der Mitarbeiter"

- „Ressourcen in der Personalarbeit"

- „Verantwortlichkeiten in der Personalarbeit"

- „Umsetzung der Personalarbeit"

- „Rahmenbedingungen der Personalarbeit: Unternehmenskultur und Führungsstil".[524]

Die Auswahl der Einzelvariablen resultiert zum einen aus den „Weiterführenden Fragen", die im Zusammenhang mit dem Human Capital Management formuliert wurden und zum anderen aus Fragestellungen, die im Rahmen späterer Kapitel aufgeworfen wurden, z.B.: Wie sollten die Verantwortlichkeiten in der Personalarbeit geregelt werden? Oder: Wie wichtig ist die

---

[523] Zumindest nicht kurzfristig. Langfristig dürften sich auch diese Rahmenbedingungen auf die Motivation und Fähigkeiten der Mitarbeiter auswirken.
[524] Die Variable „Sonstige Rahmenbedingungen" wurde hier nicht mit aufgenommen, weil es sich nur um eine Korrekturgröße handelt.

strategische Ausrichtung und Koordination der Personalarbeit? Eine ausführlichere Beschreibung der Einzelwerttreiber folgt in den nächsten Kapiteln.

4.4.2.2 Variablengruppe „Stellenwert des Personals und des Personalbereiches im Unternehmen"

Stellenwert des Personals

Im Zusammenhang mit der Erfolgsorientierung des Human Capital Managements hat sich die Literatur vorwiegend auf verschiedene Praktiken konzentriert – die High Performance Work Practices. Gleichzeitig ist jedoch zu beobachten: Obwohl aus theoretischer Sicht sehr viel für die Einführung dieser Praktiken spricht, ist deren Umsetzungsgrad in der Praxis noch vergleichsweise gering. Daher wird im WHCM-Modell zunächst die Grundsatzfrage analysiert: Welchen Stellenwert genießt denn das Personal eigentlich in einem Unternehmen? Diese Frage ist deshalb so wichtig, weil ihre Antwort – das ist zumindest die Hypothese – die Ausgangsbasis für jegliche Personalarbeit ist. Hierbei wird angenommen: Personalmanager können sich noch so sehr um das WHCM bemühen. Einen tatsächlichen Quantensprung werden sie erst erreichen können, wenn auch der entsprechende Nährboden dafür im Unternehmen vorhanden ist.

Woran wird der Stellenwert des Personals nun konkret festgemacht? Erstens an der grundsätzlichen *Einsicht*: „Die Mitarbeiter sind ein entscheidender Faktor für den Erfolg unseres Unternehmen." Zweitens, Kommunikation dieser Erkenntnis sowohl intern als auch nach außen gegenüber den anderen Stakeholdern des Unternehmens, wie Kunden, Zulieferern oder Anteilseignern. Denn die Einsicht des Managements reicht alleine nicht aus. Sie muss auch *aktiv* vertreten werden.[525] Drittens, und das ist noch viel wichtiger als die Kommunikation: Umsetzung der Mitarbeiterwertschätzung im täglichen *Handeln*. Personalpolitische Grundsätze sind zwar ein erster Schritt, doch letztlich wird das Unternehmen und die Geschäftsleitung immer daran gemessen, wie diese Leitsätze auch in der Praxis *eingehalten* werden. Gleichzeitig dürfte dieses aber auch der schwierigste Punkt sein.[526] Viertens wird der Stellenwert des Personals dadurch bewertet, wie sehr das Personal unter *Investitions-* und nicht primär unter Kostengesichtspunkten betrachtet wird.

---

[525] Vgl. *Kravetz, D.J.* (1988), S. 181.

[526] Zur ausführlichen – mit empirischen Daten unterlegten – Diskussion der Sinnhaftigkeit von personalpolitischen Leitsätzen und ihrer Verbreitung siehe z.B. *Femppel, K.* (2000), S. 119-122 und S. 192. Dort lautet das Fazit: Der in der (deutschen) Praxis beobachtete Unterschied zwischen den Aussagen der personalpolitischen Leitsätze und der Realität ist hoch, wobei nicht einmal die Hälfte der befragten Unternehmen (n = 55) überhaupt derartige Leitsätze aufgestellt hat. Deshalb wird die Wirkungskraft dieser Postulate in Frage gestellt.

Die kausale Verbindung dieser vier Kriterien mit dem Unternehmenserfolg basiert auf den folgenden Annahmen:

- Wenn das Personal einen hohen Stellenwert genießt, wirkt sich dieses positiv auf die Unternehmenskultur aus. Die Unternehmenskultur beeinflusst wiederum die Motivation der Mitarbeiter und damit den Erfolg des Unternehmens (was ebenfalls noch zu beweisen ist).[527]

- Wenn das Personal auf der Prioritätenskala der Führungskräfte auf einen höheren Rang klettert, steigt damit möglicherweise auch die Bereitschaft, sich intensiver der Personalarbeit zu widmen und ihre Qualität zu verbessern. Ein Umstand, der den Unternehmenserfolg ebenfalls fördern dürfte.

- Das Personal als einen wichtigen Werthebel anzuerkennen, wirkt sich in der Regel auch positiv auf den Stellenwert des Personal*bereiches* im Unternehmen (zumindest bei größeren Firmen) aus – z.B. auf dessen Mitspracherecht, organisatorische Einbindung in die Geschäftsprozesse sowie Höhe seines finanziellen Budgets. Und das sind alles Faktoren, die den Handlungsspielraum des Personalbereiches erweitern und damit sein Wertschaffungspotenzial steigern.

Stellenwert des Personalbereiches

Der Personalbereich ist ein wichtiger Katalysator für die Personalarbeit im Unternehmen. In erster Linie kommt es zwar darauf an, grundsätzlich dem Personal einen hohen Stellenwert im Unternehmen einzuräumen. Doch daraus müsste konsequenterweise auch folgen, diese Tatsache organisatorisch und prozessual zu untermauern, indem der Personalbereich ebenfalls eine exponierte Stellung in der Organisation erhält. Erfasst wird der Stellenwert des Personalbereiches im WHCM-Modell durch den Grad, in dem

- Die Bedeutung des Personalbereiches der Bedeutung der Mitarbeiter im Unternehmen entspricht.[528]

- Der Personalbereich von den übrigen Organisationsbereichen als wichtiger Partner zur Erreichung der Geschäftsziele anerkannt wird.

- Der Personalbereich in die Geschäftsprozesse des Unternehmens eingebunden ist und dadurch ihre effektive Ausgestaltung fördert und unterstützt.

- Der Personalbereich *Veränderungs*prozesse im Unternehmen fördert. Ein Aspekt, der deshalb wichtig ist, weil die Geschwindigkeit und Qualität von Veränderungs-

---

[527] Vgl. hierzu auch *Kotter, J.P./Heskett, J.L.* (1992), S. 83.
[528] Hiermit wird nicht nur die hierarchische Stellung der Personalverantwortlichen in der Organisation angesprochen, sondern auch Aspekte wie Mittelausstattung oder Entscheidungsbefugnisse.

prozessen immer bedeutender für Unternehmen geworden ist[529] und die Mitarbeiter dabei einen Kernbestandteil aber auch Engpass dieser Veränderungen darstellen. Das heißt, potenziell könnte der Personalbereich in diesem Punkt einen großen Beitrag zum Firmenerfolg leisten.

• Der Personalbereich *Lern*prozesse fördert und unterstützt.[530]

Zusätzlich zu diesen Kriterien wird das Verhältnis von „Make or Buy" im Personalbereich untersucht – also der Grad des Outsourcing. Wie in Kapitel B.3.2.2.3 erwähnt, ist die Auslagerung von personalbezogenen Geschäftsprozessen besonders genau zu prüfen. Denn unter Berücksichtigung der Konsistenz der Personalarbeit sowie ihrer Abstimmung auf den Unternehmenskontext sind hierbei nicht nur Kostengesichtspunkte für die Outsourcing-entscheidung relevant.[531] Die Hypothese lautet daher: Je geringer die Wertschätzung des Personalbereiches im Unternehmen ist, desto höher fällt die entsprechende Outsourcingquote aus. Damit verbunden ist die Annahme: Das Outsourcing von Personalprozessen, zumindest in den Kernbereichen, hat keinen (nachhaltigen) positiven Einfluss auf die Wertschaffung des Unternehmens.[532]

4.4.2.3 Variablengruppe „Fähigkeiten der Mitarbeiter"

In die Variablengruppe „Fähigkeiten der Mitarbeiter" fließen alle Praktiken des WHCM ein, die mit dem Management des strategischen Fähigkeitsportfolios der Mitarbeiter zusammen-hängen. Dazu gehören die Bereiche: Rekrutierung und Personalauswahl, Mitarbeitereinsatz, Training und Fortbildung, Personalentwicklung sowie Outplacement.[533]

Die Fähigkeiten der Mitarbeiter stellen einen zentralen Baustein ihrer strategischen Leistung (vgl. Kapitel B.3.3.2.1) und damit des HCM dar. Mehrere Studien haben bereits nachweisen können: Fähigkeitsbezogene Personalaktivitäten haben einen positiven Einfluss auf den Unternehmenserfolg.[534] Allerdings variieren in diesen Studien die Anzahl und Art der untersuchten HC-Praktiken, ihre Definition bzw. die Definition der Variablen sowie der verwendete Erfolgsmaßstab.

---

[529] Vgl. zum Zeitwettbewerb u.a. *Stalk Jr., G.* (2000), S. 626-647 oder *Reiner, G./Ericksen, M.* (2000), S. 664-667. Zur steigenden Bedeutung von Veränderungsprozessen siehe z.B. *Doppler, K./Lauterburg, C.* (2000), S. 21-45.

[530] Ausführlicher hierzu vgl. im Zusammenhang mit dem Human Capital Management *Collin, A.* (1997), S. 296-344 und aus organisatorischer Sicht (Wissensmanagement) z.B. *Romhardt, K.* (1998), S. 208-213 oder (1995).

[531] Vgl. *Becker, B.E./Gerhart, B.* (1996), S. 797.

[532] Die Erhebung des Outsourcinggrades ist für die empirische Untersuchung auch aus dem Grund wichtig, um die Basis bzw. den Umfang der Personalarbeit *innerhalb* eines Unternehmens besser einschätzen zu können. Sind z.B. 80% der Personalprozesse ausgelagert, müssen die personalbezogenen Angaben dieses Unternehmens anders bewertet werden, als wenn es diese Leistungen komplett intern erbringt.

[533] Ausführlicher zu diesen Bereichen siehe die jeweiligen Erläuterungen in Kapitel B.1.1.4.

[534] Vgl. hierzu die Ausführungen in Kapitel B.3.2.2.2 zu den High Performance Work Practices.

Die Kausalkette: Durch ein optimales Management des Mitarbeiter-Fähigkeitsportfolios[535] hinsichtlich der Akquisition, Allokation, Aus- und Weiterbildung, Entwicklung und Trennung von Mitarbeitern wird das Leistungspotenzial der Belegschaft so weit an die strategischen Anforderungen herangeführt wie möglich. Denn es wird sichergestellt, dass die Mitarbeiter des Unternehmens das (strategisch) richtige Fähigkeitsprofil aufweisen und dieses auch an den richtigen Stellen der Prozessabläufe einsetzen können, wodurch eine wesentliche Voraussetzung für den Geschäftserfolg gegeben ist. Dies gilt übrigens nicht nur auf Individualebene, sondern auch auf Organisationsebene, wenn bestimmte Fähigkeiten konsequent im gesamten Unternehmen verankert sind und daraus Kernkompetenzen entstehen, die sich in strategische Wettbewerbsvorteile ummünzen lassen.[536]

Im Einzelnen sind die Variablen des Modells:

Rekrutierung und Personalauswahl:

- Effektivität der genutzten Rekrutierungskanäle (z.B. Zeitungsanzeigen, Hochschulveranstaltungen etc.)

- Wettbewerbsposition im relevanten Rekrutierungsmarkt

- Sorgfalt bei der Personalauswahl (d.h. Verwendung standardisierter Personalauswahlverfahren)

- Güte der Rekrutierungsergebnisse (gemessen an der Fluktuationsquote neuer Mitarbeiter im ersten Jahr).

Personaleinsatzmanagement:

- Qualität der für den Personaleinsatz genutzten Kriterien, wie z.B. die Geschäftsanforderungen, Fähigkeits- und Qualifikationsprofile der Mitarbeiter oder Wünsche der Mitarbeiter

- Güte der realisierten Übereinstimmung („Fit") zwischen Anforderungen der Arbeitsstellen und Qualifikation der Stelleninhaber (Soll-Ist-Profil)

- Qualität der zur Personalallokation genutzten Instrumente, wie z.B. Auswertung der Beurteilungen, GAP-Analysen (Lücke zwischen Soll-Anforderungen und Ist-Profil) oder eine zukunftsorientierte Personalentwicklung.

Training:

- Umfang der Trainingsmaßnahmen für neue und erfahrene Mitarbeiter

- Höhe der Trainingskosten

- Qualität der Erfolgskontrolle von Trainingsmaßnahmen.

---

[535] Vgl. z.B. *Wunderer, R./Jaritz, A.* (1999), S. 130.
[536] Vgl. hierzu auch *Stalk Jr., G./Evans, P.E./Shulman, L.E.* (1992), S. 82-99.

Karrieremanagement:

- Systematisierungsgrad der Personalentwicklung, gemessen durch den Anteil der Belegschaft, für den Karriere- und Förderpläne vorhanden sind

- Das Verhältnis von internen zu externen Besetzungen von Führungspositionen. Hier lautet die Hypothese: Ein höherer Anteil an internen Stellenbesetzungen fördert die Wertschaffung, weil dadurch einerseits „Reibungsverluste" durch die Eingliederung neuer Mitarbeiter vermieden werden und sich andererseits die Motivation der bereits vorhandenen Mitarbeiter erhöht[537]

- Grad der Konsequenz, mit der „objektive" Beförderungskriterien eingehalten werden – insbesondere das *Leistungs*prinzip (im Gegensatz z.B. zur Beförderung aufgrund der Seniorität der Mitarbeiter oder einem Mangel an Alternativen)

- Vorhandensein und Qualität eines Talentmanagements

- Vorhandensein und Umfang von Coaching-Möglichkeiten für Mitarbeiter.

Trennung von Mitarbeitern (Outplacement):

- Grad, in dem sich um den Verbleib von Mitarbeitern im Unternehmen bemüht wird, wenn diese unzureichende Leistung erbringen

- Grad der Konsequenz, mit der sich von Mitarbeitern getrennt wird, die ihre Ziele dauerhaft nicht erfüllen können oder wollen – sofern bereits alle anderen Alternativen, wie z.B. Weiterbildung oder Versetzung, ausgereizt sind.

Für den theoretischen Kontext dieser Variablen sei an dieser Stelle auf die Ausführungen in Kapitel B.1.1.4 hingewiesen.

4.4.2.4 Variablengruppe „Motivation der Mitarbeiter"

Die Fähigkeiten der Mitarbeiter sind eine Grundvoraussetzung für ihre Leistung. Eine weitere ist ihre Motivation, denn etwas zu *können*, bedeutet noch lange nicht, es auch tun zu *wollen*. Studien, u.a. aus der HPWS-Forschung, haben bereits erste empirische Belege für den Zusammenhang zwischen der Mitarbeitermotivation und dem Unternehmenserfolg erbracht.[538] Trotzdem gibt es noch mehrere ungeklärte Fragen – insbesondere in dem Punkt, *wie* die Motivation am besten zu fördern sei.

Indirekt wirken wahrscheinlich die meisten Aktivitäten des WHCM auf die Motivation der Mitarbeiter – bei dem einen stärker, bei dem anderen weniger stark. Aus Gründen der besseren Systematisierung werden im WHCM-Modell jedoch nur diejenigen Faktoren

---

[537] Quelle: Nicht veröffentlichte empirische Untersuchungen der *Boston Consulting Group* aus dem Jahre 1999.
[538] Vgl. z.B. *Huselid, M.A.* (1995), S. 654-668.

berücksichtigt, mit denen die Mitarbeitermotivation (wahrscheinlich) möglichst *direkt* beeinflusst werden kann. Zum einen ist das der Prozess der Mitarbeiterbeurteilung und des Mitarbeiterfeedback[539] und zum anderen die Vergütung und Anerkennung der Mitarbeiterleistung.[540]

Mitarbeiterbeurteilung und Feedbackmöglichkeiten

Im Rahmen der Motivationstheorien wurde in Kapitel B.1.1.4.6 bereits darauf hingewiesen, wie wichtig für einen Mitarbeiter die Beurteilung seiner eigenen Leistung ist. Für *Herzberg*[541] handelt es sich hierbei um einen der wichtigen *Motivatoren*. Neben der Funktion als *Motiv*, ist die Rückmeldung aber auch relevant für die Phase der *Volition* und der *Attribution*;[542] wenn es darum geht, die Motive bzw. Intentionen in Handlungen zu überführen bzw. später bestimmte Handlungen vor sich selber zu rechtfertigen.

Neben den motivatorischen Aspekten erfüllen die Mitarbeiterbeurteilungen aber auch eine ganz andere Funktion für das Personalmanagement: Sie sind nämlich eine wichtige Datenquelle für viele Aktivitäten des WHCM (z.B. Personalplanung und -entwicklung).[543]

Die Modellvariablen zu diesem Themenkomplex sind daher:

- Anteil der Belegschaft, mit dem formale Zielvereinbarungen getroffen werden – als Grundlage bzw. Soll-Maßstab für spätere Beurteilungen

- Anteil der Belegschaft, der regelmäßige und formale Leistungsbeurteilungen erhält

- Qualität der verwendeten Beurteilungsmethoden

- Existenz und Qualität formaler Feedbackmöglichkeiten für Mitarbeiter *neben* der Beurteilung (z.B. Mitarbeitergespräche, Diskussionsforen oder Qualitätszirkel).

Vergütung und Anerkennung der Leistung

Dass die Vergütung und/oder Anerkennung der Leistung „irgendeine" motivatorische Wirkung auf die Mitarbeiter hat, ist in der Literatur weitgehend anerkannt. Eine lange und heftige Diskussion hat sich jedoch um die Fragen entwickelt, wie *groß* diese Wirkung ist und durch

---

[539] Vgl. Kapitel B.1.1.4.7.
[540] Vgl. Kapitel B.1.1.4.8.
[541] Vgl. Kapitel B.1.1.4.6.
[542] Vgl. hierzu u.a. das aktionsorientierte Motivationsmodell von *Comelli, G./Rosenstiel, L. v.* (1995) oder Kapitel B.1.1.4.6.
[543] Vgl. Kapitel B.1.1.4.7.

welche *Arten* von Vergütung und Anerkennung die gewünschte Motivation erzielt werden kann.[544]

Die in diesem Kontext verwendeten Modellvariablen sind deshalb[545]:

- Wettbewerbsfähigkeit der Löhne und Gehälter

- Anteil der Belegschaft mit leistungsabhängiger Vergütung

- Höhe der variablen Vergütung

- Qualität der Kriterien für die variable Vergütung

- Anzahl und Qualität der neben dem Gehalt verwendeten Incentives (finanzielle und nicht-finanzielle)

- Anteil der Mitarbeiter mit Aktien- und/oder Aktienoptionsplänen[546]

- Qualität der Instrumente/Incentives, mit denen leistungsfähige Mitarbeiter an das Unternehmen gebunden werden (Retention)

4.4.2.5 Variablengruppe „Ressourcen in der Personalarbeit"

Das Thema der Ressourcen in der Personalarbeit hat zwei Teilaspekte: einen quantitativen und einen qualitativen. Unter der Voraussetzung, dass alle Mitarbeiter des Personalbereiches weitgehend effektiv und effizient arbeiten, kann aus quantitativer Sicht angenommen werden: Bis zu einem gewissen Grad sind die Anzahl der Personalmitarbeiter und die Wertschaffung des Personalbereiches positiv miteinander korreliert. Aus diesem Grund wird die Personalintensität [547]als Variable in diese Gruppe aufgenommen.

Viel wichtiger als die quantitative Komponente ist jedoch die qualitative, weil sie nicht ganz so augenscheinlich ist: Eine Personalknappheit im Personalbereich wird normalerweise viel

---

[544] Vgl. Kapitel B.1.1.4.8 sowie *Boudreau, J.W./Berman, R.* (1991), S. 393-409 – Praxisbeispiel „Kodak"; *Kohn, A.* (1993), 54-63; *McConaughy, D.L./Mishra, C.S.* (1996), S. 37-51; *Banker, R. et al.* (1996a), S. 920-948; *Nickols, F.* (1997); *Weber, J.* (1997), S.5f.; *Schwalbach, J.* (1998), S. 1-9; *Nelson, J.E.* (1998), S. 25-27 – mit Einordnung in einen Modellzusammenhang; *Hays, S.* (1999), S. 68-73; *Richter, K.* (1999); *Heneman, R.L.* (2000), S. 245-247; *Evans, J.T./Klein, A.L.* (2000); *Fandray, D.* (2001), S. 36-40; *Tanikawa, M.* (2001). In diesem Zusammenhang sei noch einmal betont: Die Motivationsstruktur eines Mitarbeiters ist individuell sehr unterschiedlich. Eine weitere Rolle spielen die situativen Faktoren. In Untersuchungen können daher nur bestimmte Trends gekennzeichnet und Aussagen getroffen werden, die auf einen „imaginären" Durchschnittsmitarbeiter zutreffen. Damit verlieren derartige Analysen jedoch nicht vollkommen an Wert. Zumindest können sie in bestimmte Richtungen weisen, auch wenn die konkreten Entscheidungen in der Praxis vom Individuum und der Situation abhängig gemacht werden müssen.

[545] Die meisten Variablen werden jeweils noch nach verschiedenen Mitarbeitergruppen differenziert, z.B. nach Fachkräften und Führungskräften – in einigen Fällen sogar noch spezifischer.

[546] Mit Aktien bzw. Aktienoptionen sind jeweils die eigenen Anteile des Unternehmens gemeint und nicht etwa Aktiensparpläne im Rahmen der „Vermögenswirksamen Leistungen".

[547] Ausgedrückt durch: Anzahl der Personalmitarbeiter/Gesamtzahl aller betreuten Mitarbeiter.

eher sichtbar, als ein *Qualifikations*defizit – insbesondere wenn man die optimalen Qualifikationsprofile für Personalmitarbeiter noch gar nicht so genau definiert hat. Letztlich trifft auch für die Mitarbeiter der Personalabteilung genau das zu, was allgemein schon für die gesamte Belegschaft gesagt wurde: Je höher die Qualifikation, desto höher ist auch (ceteris paribus) die Wahrscheinlichkeit, die gewünschte Leistung zu erbringen. Möchte sich die Personalabteilung beispielsweise zum strategischen Partner für die anderen Geschäftsbereiche entwickeln, dann benötigt sie dementsprechend auch bestimmte Fähigkeiten, wie Marktverständnis und strategisches Denken.[548] In den bekannten Studien der HPWS-Forschung ist dieser Aspekt bislang nicht explizit untersucht worden, weil es sich nicht um eine Work Practice handelt, sondern eher um eine Voraussetzung, wie eine Work Practice später umgesetzt werden kann. Spezielle Studien, die sich mit dem Qualifikationsprofil von Personalmitarbeiter beschäftigt haben, gibt es zwar, nur fehlt ihnen in der Regel die Verknüpfung mit dem Unternehmenserfolg[549] sowie die Einbettung in den Gesamtkontext des HCM bzw. WHCM.

In das WHCM-Modell geht daher der Grad ein, in dem die nachstehenden Fähigkeiten im Personalbereich vorhanden sind[550]:

„Klassische" Fähigkeiten:

- Personaladministration

- Personalbetreuung/Coaching

Fähigkeiten des „moderneren" (W)HCM:

- Projektmanagement. Viele Aufgaben werden heute in Unternehmen bereichs*übergreifend* in Form von Projekten bearbeitet. Und weil der Personalbereich aufgrund seiner besonderen Funktion fast immer bereichsübergreifend operiert, sind Kenntnisse im Projektmanagement für ihn besonders wichtig.

- Marktkenntnisse, u.a. essenziell für die Entwicklung des Personalbereiches zum strategischen Partner (s.o.)

- Strategisches Denken

- Umgang mit neuen Medien.[551]

---

[548] Vgl. z.B. *Wunderer, R./Arx, S. v.* (1998), S. 21-47.

[549] Es wird zwar eine qualitative Evaluierung der Fähigkeiten für die Effektivität des HCM vorgenommen, jedoch fehlt die quantitative Verknüpfung mit dem Unternehmenserfolg. Ausführlicher siehe hierzu Kapitel C.2.3.5.2.

[550] Vgl. auch Kapitel C.2.3.5.2.

[551] Die allgemeinen Vorteile der Informationstechnologie sind nichts Neues. Im Rahmen der New Economy sind durch die B to E-Anwendungen (Business to Employee) jedoch völlig neue Potenziale für die Nutzung der neuen Medien im Rahmen der Personalarbeit eröffnet worden. Einen interessanten Überblick zu diesem Thema bietet die Studie der Unternehmensberatung Watson Wyatt „eHR™: Best Practices in Human Resource Service Delivery; vgl. *Watson Wyatt* (2000b).

Die dazugehörige Hypothese lautet: Eine Personalabteilung muss über die genannten Fähigkeiten in ausreichendem Maße verfügen, um ihre strategisch relevanten Aufgaben zufrieden stellend erfüllen zu können und damit Wert für das Unternehmen zu schaffen.

Als Informations- aber auch Prüfvariable für dieses Fähigkeitsprofil wird schließlich der Anteil an Personalmitarbeitern in das Modell aufgenommen, die bereits Erfahrungen in anderen Unternehmensbereichen gesammelt haben. Dahinter stehen zwei Annahmen: Erstens, in anderen Bereichen, vor allem den Fachabteilungen, sind die genannten Fähigkeiten (insbesondere die markt- und geschäftsorientierten) aufgrund des höheren Marktdruckes stärker ausgeprägt, als in der Personalabteilung. Zweitens, ein Personalmitarbeiter mit Kenntnissen aus anderen Organisationsbereichen hat bestimmte Effizienzvorteile, weil er a) „marktnäher" arbeiten kann b) seine internen Kunden (aus eigener Erfahrung) besser versteht und c) von diesen leichter akzeptiert wird als jemand, „ ... *der noch nie einen „echten" Kunden zu Gesicht bekommen hat.*"[552]

4.4.2.6 Variablengruppe „Verantwortlichkeiten in der Personalarbeit"

In Kapitel B.1.1.3, Rollen und Träger des HCM, wurde festgestellt: Die Verantwortung für die Personalarbeit können sich mehrere Parteien teilen. Die Variationsbreite bewegt sich dabei zwischen den beiden Polen, diese allein dem Personalbereich oder den Führungskräften zu übertragen. Es stellt sich jedoch die Frage, wie die optimale Lösung *zwischen* diesen beiden Extremen aussehen könnte. Ergebnisse einer HCM-Benchmarkingstudie der *Boston Consulting Group*[553] haben diesbezüglich ergeben: In vielen wirtschaftlich erfolgreichen Firmen liegt die Prozessverantwortung für die Personalarbeit im Wesentlichen bei den Führungskräften, während der Personalbereich eine unterstützende Rolle spielt. Das heißt nicht, der Personalbereich habe überhaupt keine Verantwortung. Es bedeutet vielmehr: Die Verantwortung ist dort angesiedelt, wo die Ziele formuliert werden und in vielen Fällen auch die operative Umsetzung erfolgt. Laut Definition (siehe Kapitel A.4) bezieht sich die Personalarbeit ja nicht nur auf die Tätigkeiten des Personalbereiches, sondern schließt auch die personalbezogenen Aktivitäten der Führungskräfte ein.

Aus diesem Grund wird zusätzlich die Güte, mit der die Führungskräfte ihre Personalverantwortung wahrnehmen, als Variable in das WHCM-Modell aufgenommen. Der Grad, in dem das Erreichen der personalbezogenen Ziele für die Bewertung der Führungskräfte ausschlaggebend ist, fließt dabei ebenfalls in diese Variablengruppe ein. Denn Personalverantwortung und Incentivierung sind zwei Seiten der selben Medaille, die aufeinander abgestimmt werden sollten.

---

[552] Quelle: Experteninterviews.
[553] Quelle: Unveröffentlichte HR-Benchmarkingstudie der *Boston Consulting Group*.

4.4.2.7 Variablengruppe „Umsetzung der Personalarbeit"

Die Umsetzung der Personalarbeit kann wie folgt gegliedert werden: „Strategische Ausrichtung", „Abstimmung und Koordination" sowie „Controlling".

Strategische Ausrichtung

> *„Strategy is all-encompassing in its commitment. Strategy by definition involves the commitment and dedication of the whole firm."*[554]

In Verbindung mit den High Performance Work Systems (HPWS) wurde die Bedeutung der strategischen Ausrichtung auch für das (W)HCM diskutiert – allerdings ohne (aussagekräftige) empirische Beweise bezüglich ihres konkreten finanziellen Nutzens.[555] Hinsichtlich der strategischen Funktion des Personalmanagements werden in der Literatur zwei verschiedene Grundpositionen vertreten, die entweder ein *derivativ, re*aktives oder ein *autonom, pro*aktives Vorgehen befürworten.[556]

Ausgehend von einer *marktorientierten* Sichtweise (Market-based View) wird die Personalstrategie aus der übergeordneten Geschäftsstrategie (*derivativ, reaktiv*) abgeleitet, bzw. aus deren Detaillierung auf einzelne Bereiche und Funktionen, um das Erreichen der Unternehmensziele sicherzustellen. Der Personalbereich übernimmt in diesem Prozess

> *„ ... die Rolle einer abhängigen, internen Versorgungsfunktion, die den Entwicklungsbedarf des Humanpotentials ... evaluiert und geeignete Maßnahmen vorschlägt."*[557]

Mit anderen Worten: Die Personalabteilung sollte das Top-Management nur beraten und unterstützen. Aus einem *autonomen, proaktiven* Blickwinkel, dem eine *ressourcen*orientierte Sichtweise (Resource-based View)[558] zu Grunde liegt, stellt sich der Prozess dagegen deutlich anders dar: Das (W)HCM wird hierbei als potenziell wettbewerbsentscheidende Funktion angesehen, aus der heraus sich eigenständig Wettbewerbsvorteile aufbauen lassen. Für den Strategieprozess bedeutet das: Die Personalstrategie wird nicht alleine aus den Vorgaben der Geschäftsstrategie abgeleitet, sondern der Personalbereich gestaltet die Geschäftsstrategie aktiv mit, indem er versucht, durch seine Funktion Wettbewerbsvorteile auf- und/oder auszubauen. Aus Sicht des Kernkompetenzkonzeptes[559], wird das (W)HCM somit als eine strategisch wichtige Kernfähigkeit des Unternehmens aufgefasst[560], die dazu beitragen kann,

---

[554] *Henderson, B.D.* (1998), S. 2.
[555] Vgl. Kapitel B.3.2.2.3.
[556] Vgl. *Wunderer, R./Arx, S. v.* (1998), S. 34f. oder auch *Bleicher, K.* (1987), S. 22; *Krulis-Randa, J.* (1989), S. 212; *Ackermann, K.-F.* (1993), S. 21f.; *Marr, R.* (1994), S. 31; *Scholz, C.* (1995b), S. 236.
[557] *Wunderer, R./Arx, S. v.* (1998), S. 34; vgl. auch *Bleicher, K.* (1987), S. 22.
[558] Siehe auch Kapitel B.3.2.2.3.
[559] Vgl. auch *Krüger, W./Homp, C.* (1997).
[560] Vgl. *Hamel, G./Prahalad, C.K.* (1995), S. 307-353.

die Wettbewerbsposition eines Unternehmens nachhaltig zu verbessern. Dabei sollte das strategische (W)HCM nach *Ackermann:*[561]

- Zur Umsetzung der in den anderen Geschäftsbereichen formulierten Ziele beitragen.
- Proaktiv und langfristig orientiert sein.
- Potenzial- und entwicklungsorientiert arbeiten.
- Auf ganzheitlichem und konzeptionellem Denken und Handeln basieren.[562]
- Sowie sich in die Organisationsstruktur und -kultur integrieren.

Für das WHCM wird eine Kombination aus beiden Sichtweisen befürwortet. Dabei sollte der proaktive Ansatz dominieren und die strategische Ausrichtung des WHCM besonders berücksichtigt werden – wie es beispielsweise durch das 5-P-Modell des strategischen HCM von *Schuler* demonstriert wird.[563]

In das WHCM-Modell gehen schließlich die folgenden Variablen ein:

- Der Grad, in dem der Personalbereich in die Planungsprozesse der anderen Organisationseinheiten eingebunden wird.
- Das Maß, in dem strategische Aspekte in den Prozessen und Aktivitäten des WHCM berücksichtigt werden (d.h. langfristiges/potenzialorientiertes Denken und Handeln).
- Die Qualität der Instrumente, mit denen versucht wird, die Personalarbeit strategisch auszurichten.[564]

Abstimmung und Koordination

Nachdem die strategische Ausrichtung den Aspekt des „*External* Fit"[565] berührt hat, geht es bei dem Thema „Abstimmung und Koordination" um den „*Internal* Fit" des WHCM.[566] Zwei Fragen stehen hierbei im Vordergrund: Erstens, wie gut ist das WHCM auf die Geschäftsprozesse des Unternehmens abgestimmt (Abstimmung)? Und zweitens, wie konsistent sind die einzelnen HC-Praktiken untereinander (Koordination)?

---

[561] Hinweis: Die Punkte zum ganzheitlichen Denken und zur Integration in die Organisationsstruktur und -kultur werden unter dem nächsten Aspekt der Umsetzung – „Koordination" – aufgegriffen.

[562] Das bedeutet u.a., es sollten geeignete Methoden und Instrumente entwickelt und genutzt werden, mit denen der (W)HCM-Prozess systematischer gestaltet werden kann, wie z.B. mit SWOT- (Strengths, Weaknesses, Opportunities, Threats, vgl. *Kotler, P./Bliemel, F.* (1999), S. 121f.) oder Kosten-Nutzen-Analysen.

[563] Vgl. *Schuler, R.S.* (1992), S. 20.

[564] Auch hier handelt es sich sowohl um eine Informationsvariable, als auch um eine Kontrollvariable für den vorherigen Punkt „Erfolg bei der strategischen Personalarbeit".

[565] Mit der Unternehmensstrategie reagiert ein Unternehmen auf seine äußeren Rahmenbedingungen und setzt mit ihr die Eckpfeiler für das innerbetriebliche Handeln. Die Abstimmung des WHCM auf die Unternehmensstrategie stellt daher einen der wichtigsten Hebel für den „External Fit" der Personalarbeit dar.

[566] Vgl. auch Kapitel C.2.3.6.2.

Als Variablen für die *Abstimmung* werden berücksichtigt[567]:

- Der Grad, in dem die Kernkompetenzen des Unternehmens dem Personalbereich bekannt sind und das WHCM auf diese Kernkompetenzen ausgerichtet ist.

- Die Qualität, in der das WHCM mit den Geschäftsprozessen des Unternehmens in Einklang gebracht wird. Darunter fällt z.B. die Abstimmung mit den Fachbereichen und die rechtzeitige Einbindung des Personalbereiches in geplante Veränderungsprozesse.

Zur Erfassung der *Koordination* dienen die Variablen:

- Die Qualität, mit der einzelne HC-Praktiken aufeinander ausgerichtet werden, z.B. ausgedrückt durch die Konsistenz von Zielvereinbarungen, Fortbildungsaktivitäten, Beurteilungs- und Vergütungssystem.

- Das Ausmaß, in dem die Personalarbeit „ganzheitliche" konzipiert ist. Das heißt, wie sehr sich das WHCM mit seinen Aktivitäten an dem gesamten „Lebenszyklus" des Personals im Unternehmen orientiert – von der Rekrutierung bis zum Ausscheiden der Mitarbeiter.

Controlling

Wie in Kapitel B.1.1.4.13 beschrieben, ist das Controlling ein zentrales Element des (W)CHM, das in der Praxis jedoch oft noch vernachlässigt wird – sowohl was seinen Umfang anbelangt als auch die Qualität der verwendeten Methoden und Kennzahlen. Da es bislang keine empirischen Daten zum Wertschaffungspotenzial des Personalcontrollings gibt, wird diese Seite des WHCM besonders umfangreich im vorliegenden Modell abgedeckt. Zum einen wird dabei die Qualität der zur Erfolgskontrolle des WHCM genutzten Methoden berücksichtigt. Zum anderen wird aber auch erfasst, inwieweit das WHCM zur eigenen Arbeit Feedback von „außen" einholt, also von den internen und externen Kunden. Die entsprechenden Modellparameter sind daher:

- Existenz einer systematischen Kontrolle des WHCM-Erfolges.

- Wenn diese vorgenommen wird: Qualität der verwendeten Methoden und Kennzahlen.

- Existenz von Erhebungen, wie sehr die internen Kunden mit der Personalarbeit zufrieden sind (z.B. bei Führungs- oder Führungsnachwuchskräften).[568]

---

[567] Vgl. auch Kapitel C.2.3.6.2.
[568] Vgl. z.B. *Wunderer, R./Arx, S. v.* (1998), S.121-125. Die Befragung der internen Kunden ist im HCM bislang nicht sehr verbreitet (siehe dazu auch Kapitel C.2.3.7), aber dennoch wichtig. Denn bei Unzufriedenheit droht nicht nur die Gefahr der Ineffizienz, sondern auch des Outsourcings bestimmter (W)HCM-Tätigkeiten (vgl. *Fitz-enz, J.* (1995), S. 34f.).

- Regelmäßige[569] Erhebung der (allgemeinen) Mitarbeiterzufriedenheit – nicht nur auf die Personalarbeit bezogen, sondern auch auf alle anderen relevanten Bereiche der Mitarbeitertätigkeit – inklusive der entsprechenden Rahmenbedingungen[570]

- Regelmäßige Erhebung der externen Kundenzufriedenheit unter Berücksichtigung personalrelevanter Aspekte, wie z.B. Fachwissen und Servicequalität der Mitarbeiter.[571]

Schließlich fließt in das Modell noch eine gesamthafte Bewertung ein, wie konsequent sich die Personalarbeit daran ausrichtet, den Unternehmenswert zu steigern.[572]

4.4.2.8 Variablengruppe „Rahmenbedingungen: Unternehmenskultur und Führungsstil"

Eine wesentliche Zielsetzung des WHCM-Modells ist es, eine große Bandbreite an erfolgsrelevanten Faktoren abzubilden. Empirische Studien speziell zum Erfolgsbeitrag der Unternehmenskultur[573] *oder* des Führungsstils[574] gibt es zwar bereits mehrere. Eine gemeinsame Betrachtung dieser Parameter als Rahmenbedingungen der Personalarbeit, eingebettet in ein Gesamtmodell für das (W)HCM, ist dagegen bislang noch nicht vorgenommen worden.[575]

Daher sind in das WHCM-Modell auch Variablen zur Unternehmenskultur eingeflossen, wie der Grad, in dem die folgenden Charakteristika ausgeprägt sind:

- Identifikation der Mitarbeiter mit dem Unternehmen und gemeinsam geteilte Werte – „alle ziehen am selben Strang".[576]

- Offener und fairer Umgangs miteinander.[577]

---

[569] Mindestens alle 3 Jahre.

[570] Vgl. z.B. *Wunderer, R./Jaritz, A.* (1999), S. 112-124 und S. 138-146 oder *Wunderer, R./Arx, S. v.* (1998), S. 117-131.

[571] Vgl. zu den entsprechenden Mess- und Erhebungsmethoden z.B. *Kotler, P./Bliemel, F.* (1999), S. 52f.

[572] Hierbei handelt es sich um eine subjektive Einschätzung der Unternehmen. Die inhaltliche Kontrolle erfolgt jedoch über die Qualität der verwendeten Controllinginstrumente. Denn hier werden konkrete Merkmale der Erfolgsgrößen abgefragt (siehe auch Kapitel C.2.3.7).

[573] Vgl. z.B. *Kotter, J.P./Heskett, J.L.* (1992) oder *Schwarz, G.* (1989), *Hüchtermann, M./Lenske, W.* (1991).

[574] Vgl. z.B. *Waldman, D.A. et al.* (2001), S. 134-142. Zum Thema „Zusammenhang zwischen Führungsstil und Kooperationsergebnissen" vgl. u.a. die Übersicht empirischer Studien von *Seidel, E./Jung, R.H.* (1988), S. 115-146.

[575] Zwei Studien, in denen sowohl der Führungsstil als auch die Unternehmenskultur in einem größeren Kontext berücksichtigt wurden, sind *Kravetz, D.J.* (1988) und *Watson Wyatt* (2000a). Im Vergleich zu dem hier vorgeschlagenen WHCM-Modell ist in diesen Studien jedoch die Bandbreite der untersuchten Faktoren relativ gering (*Watson Wyatt, Kravets*: Es fehlen z.B. die Dimensionen External- und Internal Fit, Ressourcen, Verantwortlichkeiten sowie Controlling), und der Erfolgsmaßstab ist nicht an der Wertmanagementlogik ausgerichtet (*Kravetz*).

[576] Vgl. z.B. *Kotter, J.P./Heskett, J.L.* (1992), S. 15-27 oder *Deal, T./Kennedy, A.* (1987), S. 92.

[577] Vgl. z.B. *Wittmann, S.* (1998), S. 420f. zum Thema Ethik im Personalmanagement.

- Schnelligkeit und Umfang der Informationsweitergabe.[578]

- Beteiligung der Mitarbeiter an der Gestaltung wesentlicher Aspekte ihres Arbeitsumfeldes.[579]

- Innovationsfreude und -förderung.[580] Dies schließt z.b. auch die Frage ein, ob mit
Misserfolgen konstruktiv umgegangen wird:

  *„Wir brauchen Führungskräfte, die ihren Erfolg an dem messen, was ihre
  Mitarbeiter bewirken, »Vorgesetzte«, die nicht alles selber tun, sondern ihre
  eigenen Fähigkeiten* mit Hilfe anderer *ständig multiplizieren. Es gibt solche
  Menschen in unseren Unternehmen. Dies sind jene Führungskräfte, die ihren
  Mitarbeitern »Spielwiesen« zur Verfügung stellen. Bei ihnen ist Spinnen und
  Experimentieren erlaubt. Und sie lassen Fehler zu – als Lernchance. Zur
  Förderung von Kreativität stellen sie* angstarme Räume *zur Verfügung. Und sie
  geben ihren Mitarbeitern die Sicherheit, voll zu ihnen zu stehen, wenn einmal
  etwas schiefläuft. "[581]*

- Förderung von Teamarbeit und Kooperation.[582]

- Handlungsfreiheiten für unterstellte Mitarbeiter.[583]

Unternehmenskultur und Führungsstil sind eng miteinander verbunden, weil sie sich
gegenseitig beeinflussen. Dennoch werden im WHCM-Modell einige zusätzliche Faktoren
berücksichtigt, die besonders charakteristisch für den Führungsstil sind. Dazu gehören[584]:

- Der Grad, in dem die Top-Manager visionär denken und handeln – verbunden mit
einer wirtschaftlich angemessenen Risikobereitschaft.[585]

---

[578] Vgl. z.B. *Bisani, F.* (1997), S. 563; *Kravetz, D.J.* (1988), S. 180. Zu Kommunikation und Einbindung der
Mitarbeiter siehe u.a. *Holden, L.* (1997b), S. 611-653. Empirische Ergebnisse hierzu vgl. *Watson Wyatt*
(2000a), S. 8; *Fitz-enz, J.* (1997), S. 103.
[579] Vgl. hierzu auch die Ausführungen zur Motivation in Kapitel B.1.1.4.6 oder Holden, L. (1997b), S. 628. Im
WHCM geht es hierbei hauptsächlich um Faktoren, die nicht bereits durch gesetzliche Regelungen abgedeckt
sind (eine Übersicht hierzu siehe *Scholz, C.* (2000), S. 181). Empirische Untermauerung u.a. in *U.S.
Department of Labor* (1993), S. 1.
[580] Vgl. z.B. *Pümpin, C./Kobi, J.-M./Wüthrich, H.A.* (1985), S. 20.
[581] *Wever, U.A.* (1997), S. 168. Hinweis: Die einfach gedruckten Worte sind im Original *kursiv* geschrieben.
Vgl. auch *Wetzker, K./Strüven, P./Bilmes, L.* (1998), S. 145 oder *Brown, J.S./Oetinger, B. v.* (1998). *Hamel*
und *Prahalad* postulieren in diesem Zusammenhang, nicht alleine nach dem Neuen zu streben, sondern auch
den Mut haben, die „Vergangenheit zu verlernen" (vgl. *Hamel, G./Prahalad, C.K.* (1995), S. 104-108).
[582] Vgl. u.a. *Rosenstiel, L. v.* (1995), S. 341-358. Zur empirische Fundierung siehe u.a. *Fitz-enz, J.* (1997),
S. 138-151 und *Pfeffer, J.* (1998), S. 74-79.
[583] Vgl. *Wetzker, K./Strüven, P./Bilmes, L.* (1998), S. 90, 176 und 181. Zum Konzept teilautonomer Arbeits-
gruppen siehe u.a. *Pfeffer, J.* (1998), S. 74-79 oder *Scholz, C.* (2000), S. 617. Und ausführlicher zum Thema
„Mitunternehmertum" vgl. *Wunderer, R.* (1999).
[584] Siehe zu den folgen Punkten und den Einschränkungen, denen generelle Aussagen über den Führungsstil
unterliegen, auch Kapitel B.1.1.4.12.
[585] Der Strategieprozess beginnt idealtypisch mit der Vision. Hierbei kommt es darauf an zu *retropolieren*,
anstatt zu *extrapolieren*. Das bedeutet: Nicht den Status quo in die Zukunft fortschreiben (extrapolieren),
sondern aus der Vision rückwärts (retropolieren) die Schritte zur Realisierung ableiten (vgl. *Oetinger, B. v.*
(Fortsetzung nächste Seite)

- Die Ausprägung des im Unternehmen dominierenden Führungsstils (partizipativ vs. autoritär).[586]

- Die Ausprägung des Delegationsprinzips, d.h.: Werden Entscheidungen möglichst weit in untere Hierarchieebenen delegiert oder wird tendenziell eher auf höheren Ebenen entschieden?

- Der Grad, in dem Leistung durch eine positiv motivierende und herausfordernde Führungskultur gefördert wird.[587]

Mit diesen Ausführungen zu den personalbezogenen Rahmenbedingungen endet die *inhaltliche* Darstellung des WHCM-Modells vorerst. Wie die einzelnen Modellvariablen im Hinblick auf ihre Bedeutung für den Wertsteigerungsbeitrag interpretiert und gewichtet werden können, folgt jedoch später noch im empirischen Teil der Arbeit.

Da die einzelnen Elemente des WHCM-Modells bislang nur separat behandelt wurden, erläutert das nächste Kapitel, wie die verschiedenen Variablen zu einem gemeinsamen Index verschmolzen werden können.

4.4.3 Gewichtung und Aggregation der Variablen

Nachdem die Variablen des WHCM-Modells inhaltlich definiert wurden, ist jetzt festzulegen, wie sie gewichtet und aggregiert werden sollen.

Gewichtung der Variablen

Im ersten Schritt ist zu entscheiden, ob alle Variablen das gleiche Gewicht bekommen sollen. Im zweiten Schritt wird dann festgelegt, sofern man unterschiedliche Gewichte verwenden möchte, wie die Höhe der Gewichte ermittelt wird.[588]

(1993a), S. 103-110). Damit eine Strategie dann tatsächlich auch zum gewünschten Erfolg führt, müssen Glaube und Wirklichkeit übereinstimmen. Und dieser Glaube (Strategic Intent) muss durch das Top-Management initiiert werden (vgl. zum Strategic Intent: *Hamel, G./Prahalad, C.K.* (1995), S. 204-214). Zur Umsetzung der Strategie gehört aber auch ein vernünftiges Maß an Risikobereitschaft. Denn wer nur auf Risikominimierung aus ist, wird langfristig unternehmerisch keine Quantensprünge erzielen können (vgl. in diesem Zusammenhang auch die Ausführungen zum „Zähler- bzw. Nennermanagement" in *Hamel, G./ Prahalad, C.K.* (1995), S. 244-246).

[586] Vgl. zur empirischen Fundierung z.B. *Kravetz, D.J.* (1988), S. 175-177.

[587] Im Gegensatz zu einer Führungskultur, die nur deshalb Leistung „produziert", weil die Mitarbeiter vorwiegend negative Konsequenzen vermeiden wollen, anstatt auf positive hinzuarbeiten.

[588] Vgl. zur Gewichtung und Aggregation der Variablen vor allem *Schmitt, N./Klimowski, R.J.* (1991), S. 167-171.

Grundsätzlich sollte das Gewicht eines Kriteriums bzw. einer Variablen an der Zielgröße der Betrachtung ausgerichtet werden. Ist dieses nicht der Fall, kann die Aussage der Ergebnisse leicht verfälscht werden. Im konkreten Fall des WHCM bedeutet das: Die Variablen bzw. Werttreiber sind gemäß ihrer Bedeutung für die Wertschaffung zu gewichten, denn die Wertschaffung ist das Oberziel des WHCM. Weniger relevant ist hingegen, welchen zeitlichen oder kostenmäßigen Anteil eine HC-Praktik in den Personalprozessen darstellt. Um einen Überblick über die verschiedenen Optionen zu geben, werden nachfolgend aus der umfangreichen Literatur zur Entwicklung von Kriteriumsgewichten kurz die vier gebräuchlichsten Methoden vorgestellt.[589]

Gleichgewichtung

In den bekannten Studien der HPWS-Forschung, in denen die Güte der Personalarbeit durch Indices gemessen wird, erhalten die einzelnen Teilvariablen keine unterschiedlichen Gewichte.[590] In der Regel wird dort auch auf die Gewichtungsproblematik gar nicht explizit eingegangen.[591] Auf der anderen Seite werden in diesen Studien aber unterschiedlich starke Zusammenhänge zwischen den untersuchten HC-Praktiken und dem Firmenerfolg gemessen. Und das spricht eindeutig *gegen* eine Gleichgewichtung. Auch aus theoretischer Sicht gibt es keine Anhaltspunkte dafür, dass alle Faktoren des (W)HCM-Systems die gleiche Wirkung auf den Unternehmenserfolg haben. Sicherlich existieren zwischen den einzelnen Elementen des HC-Systems Wechselwirkungen[592], was eine genaue Bestimmung ihrer separaten Effektstärken nahezu unmöglich macht. Dennoch sollte dies keine Rechtfertigung dafür sein, alle Variablen gleich zu priorisieren, denn diese Ungenauigkeit ist wahrscheinlich noch viel größer. Schlussfolgerung: Die Einzelvariablen des WHCM-Modells sollten *unterschiedlich* gewichtet werden.

Expertenschätzung

Eine direkte und praktikable Methode[593], die unterschiedlichen Gewichte der Variablen zu bestimmen, ist die Befragung von Experten. Dabei erfragt man von qualifizierten Fachleuten,

---

[589] Vgl. z.B. *Brogden, H.E./Taylor, E.K.* (1950); *Guion, R.M.* (1965); *Blum, M.L./Naylor, J.C.* (1968); *Bernardin, H.J./Beatty, R.W.* (1984).
[590] Vgl. z.B. *Huselid, M.A.* (1995), S. 645; *Becker, B.E./Huselid, M.A.* (1998a), S. 71, 74f., 79f.; *Becker, B.E./Huselid, M.A.* (1998b); *Ichniowski, C./Shaw, K./Prennushi, G.* (1995), S. 20; *Snell, S.A./Dean Jr., J.W.* (1992), S. 480.
[591] Wenn überhaupt, dann nur im Zusammenhang mit vorgeschalteten Faktorenanalysen, bei denen Variablen mit einer Faktorladung unter einem bestimmten Grenzwert ausgeschlossen werden (z.B. 0,30 bei *Huselid, M.A.* (1995), S. 645 oder 0,33 bei *Snell, S.A./Dean Jr., J.W.* (1992), S. 480). In *Watson Wyatt* (2000a), S. 2 wird dagegen nur von *„sophisticated statistical calculus"* gesprochen, ohne den Berechnungsweg offen zu legen.
[592] Vgl. hierzu auch Kapitel C.2.3.6.2.
[593] Vgl. u.a. *Schmitt, N./Klimowski, R.J.* (1991), S. 168.

wie sie die relative Bedeutung der relevanten Faktoren (z.B. Rekrutierung, Training, Fortbildung etc.) für den Unternehmenserfolg (= Wertschaffung) einschätzen. Als Hilfsmittel kann dafür eine Gewichtungsskala von 0 (keine Bedeutung) bis 100 (höchste Bedeutung) verwendet werden. Ein Beispiel für ein Modell, in dem die Gewichte der Faktoren mittels Expertenschätzung erhoben wurden, ist das EFQM-Qualitätsmodell, auf das in Kapitel C.2.3.6.1 noch kurz eingegangen wird.[594] Der Nachteil der Expertenschätzung besteht jedoch in ihrer Subjektivität und darin, dass den Experten die Bedeutung bestimmter Faktoren vielleicht gar nicht bekannt ist, weil ihnen die entsprechenden Messmethoden und -daten fehlen.

Reliabilität

Eine andere Alternative, bei der die Genauigkeit der Daten im Vordergrund steht, zielt darauf ab, die Gewichte nach der Messbarkeit und Zuverlässigkeit der Daten zu verteilen. Der Vorteil: Die Effekte „falsch" oder ungenau gemessener Daten werden reduziert. Gegen diese Methode ist jedoch einzuwenden: Die Reliabilität der Daten ist zwar eine Grundvoraussetzung für ihre Verwendung, jedoch sagt sie nichts über die *Wirkung* der Faktoren aus. Aber genau das ist es, was durch die Gewichtung der Variablen ausgedrückt werden soll.

Monetärer Wert bzw. Beitrag zum Unternehmenserfolg

Bei dieser Variante werden die Faktoren mit dem monetären Wert gewichtet, den sie für das Unternehmen darstellen bzw. mit ihrem Beitrag zum Erfolg des Unternehmens. Da es sich hierbei genau um den Aspekt handelt, der im Rahmen des WHCM im Vordergrund stehen soll, erweist sich diese Methode für das WHCM-Modell am sinnvollsten.

Um den Wertbeitrag nun so objektiv wie möglich zu ermitteln, wird er im WHCM-Modell durch den Korrelationskoeffizienten[595] ausgedrückt zwischen den einzelnen Variablen des

---

[594] Das EFQM-Modell ist jedoch nur ein Instrument zur Qualitätsmessung, das keine direkte Relation zur Wertschaffung herstellt (vgl. EFQM (1997) oder Wunderer, R. (1998), S. 53-67).

[595] Zur inhaltlichen Aussagekraft des Korrelationskoeffizienten r: Durch ihn wird die *Stärke* eines Zusammenhanges ausgedrückt. Die Bezeichnung „r" stammt dabei von dem Ausdruck „Regression", wodurch bereits ersichtlich wird, dass die Korrelations- und die Regressionsrechnung eng miteinander verbunden sind. Mathematisch kann dieser Zusammenhang wie folgt verdeutlicht werden (vgl. *Bortz, J.* (1999), S. 174-180 und S. 196-199).

Die Ausgangsgleichung der linearen Regression lautet (mit $\hat{y}_i =$ Schätzwert für die abhängige Variable):

$$\hat{y}_i = b \cdot x_i + a \; ;$$

(Fortsetzung nächste Seite)

HC-Systems und der (internen) Wertschaffung, also dem Value Added per Person. Dieser Wert kann mathematisch relativ einfach nachvollzogen werden und ist daher in der späteren Diskussion der Ergebnisse weniger angreifbar, als z.b. eine Schätzung von Experten, die den Lesern dieser Arbeit gar nicht bekannt sind.[596]

Aggregation der Variablen

Rein rechnerisch gäbe es viele Möglichkeiten, die gewichteten Variablen zu einem Index zu verbinden. In der Praxis hat sich jedoch eine Variante herauskristallisiert, die sich als

---

Die Formeln für die Regressionskoeffizienten „b" (die Steigung) und „a" (y-Achsenabschnitt) sind dabei:

$$b = \frac{n \cdot \sum_{i=1}^{n} x_i \cdot y_i - \sum_{i=1}^{n} x_i \cdot \sum_{i=1}^{n} y_i}{n \cdot \sum_{i=1}^{n} x_i^2 - \left(\sum_{i=1}^{n} x_i\right)^2} \quad \text{oder} \quad b = \frac{\text{cov}(x,y)}{s_x^2} \quad \text{und} \quad a = \bar{y} - b \cdot \bar{x}$$

Abkürzungen: cov(x, y) = Kovarianz von x und y; s_x^2 = Varianz von x, $\bar{x}$ = Mittelwert von x, $\bar{y}$ = Mittelwert von y.

Den Korrelationskoeffizienten r erhält man, in dem die Kovarianz zweier Variablen durch das Produkt der Standardabweichungen der Variabeln ($s_x \cdot s_y$) dividiert wird. Das heißt:

$$r = \frac{\text{cov}(x,y)}{s_x \cdot s_y}.$$

Durch Umformung lässt sich die Beziehung zwischen r und b noch deutlicher darstellen:

$$r = \frac{s_x}{s_y} \cdot b$$

Aus dieser Gleichung lässt sich der Vorteil von r gegenüber b erkennen: „*Allgemein gibt der Koeffizient b an, um wie viele Einheiten sich der Wert des Merkmals Y im Durchschnitt ändert, wenn der Wert des Merkmals X um eine Einheit variiert wird.*" (*Scheiper, U.* (2000), S. 181). Dabei wird jedoch keine Auskunft darüber gegeben, wie *stark* dieser Zusammenhang ist. Es wird also nicht berücksichtigt, wie groß die Punktewolke ist, durch welche die Regressionsgerade verläuft bzw. wie stark die y-Werte um die Regressionsgerade streuen (vgl. ebenda, S. 185). Deshalb werden zur Erhöhung der Aussagekraft im Korrelationskoeffizienten r *zusätzlich* die Standardabweichungen (Streuung) der Merkmale X und Y erfasst.

Weil „z-standardisierte" Variablen (so wie die unabhängigen Variablen des WHCM-Modells, siehe Kapitel C.1.3.3.1) eine Standardabweichung von s = 1 aufweisen, ergibt sich im WHCM-Modell die Beziehung.

$$r = \frac{b}{s_y}$$

Hinweis: Bevor im WHCM-Modell mit diesem Korrelationskoeffizienten gerechnet werden kann, muss er zunächst noch „*Fisher-Z-transformiert*" werden, um ihn zu linearisieren. Siehe dazu die Ausführungen in Kapitel C.1.3.3.1.

[596] Für die Anwendung des WHCM-Modells in einem Unternehmen kann eine Expertenschätzung dagegen ebenso sinnvoll sein, wenn die Urteilskraft dieser Personen allgemein akzeptiert und im Optimalfall bereits empirisch überprüft ist.

besonders sinnvoll erwiesen hat und daher auch am meisten angewendet wird: die *additive* Verknüpfung.[597] Daher lautet die Basisformel für den Index im WHCM-Modell[598]:

$$Indexwert = (Gewicht_1 \times Variablenwert_1) + (Gewicht_2 \times Variablenwert_2) + \dots + (Gewicht_n \times Variablenwert_n)$$

Bei der Verwendung eines Indexes, mit dem die Güte des WHCM gemessen wird, müssen jedoch verschiedenen Punkte beachtet werden, z.B.:

- Bei einem Index handelt es sich um einen komplexen und aggregierten Wert, aus dem die Kausalitäten und Wirkungsmechanismen der Einzelvariablen nicht deutlich werden. Dieser Nachteil kann jedoch durch zusätzliche qualitative Untersuchungen ausgeglichen werden.

- Ein bestimmter Indexwert kann durch beliebig viele Kombinationen seiner Einzelvariablen und Gewichte dargestellt werden. Das bedeutet, es kann keine genaue Aussage darüber getroffen werden, welche Variablen*kombinationen* besonders wirkungsstark sind. Hierfür sind zusätzliche Untersuchungen der Einzelvariablen notwendig, z.B. mittels clusteranalytischer Verfahren.[599]

- Die optimale Zusammensetzung des Indexes und die Gewichtung der Einzelvariablen kann sich im Laufe der Zeit verändern. Daher ist es notwendig, die Elemente der Indexformel regelmäßig auf ihre Relevanz und Validität zu überprüfen.

In einigen empirischen Studien der HPWS-Forschung wurde die Anzahl der Einzelvariablen vor der Aggregation noch durch eine Faktorenanalyse reduziert und erst dann mit den transformierten Variablen zu einem Index zusammengefaßt.[600] Der Nachteil einer Datenreduktion mittels Faktorenanalyse ist jedoch: Die extrahierten Faktoren sind in der Regel nur sehr schwer zu interpretieren,[601] wodurch die Ergebnisse erstens an Aussagekraft und zweitens an Attraktivität für diejenigen verlieren, die sie später in der Praxis umsetzen sollen. Daher wird im WHCM-Modellauch auf eine faktoranalytische Datenmodifikation verzichtet.

---

[597] *Schmitt, N./Klimowski, R.J.* (1991), S. 168-170.
[598] Diese Formel kann auch als Durchschnittswert der gewichteten Einzelvariablen formuliert werden, wenn nicht alle Faktoren bei jeder Untersuchungseinheit erhoben werden konnten.
[599] Vgl. hierzu auch Kapitel C.2.4.
[600] Vgl. z.B. *Huselid, M.A.* (1995), S. 645 oder *Snell, S.A./Dean Jr., J.W.* (1992), S. 480.
[601] Eine Faktorenanalyse ist dort sinnvoll, wo bewusst mehrere Variablen für das selbe Konstrukt (z.B. Training) ausgewählt werden. Sollen jedoch mehrere unterschiedliche Konstrukte untersucht werden, wie z.B. im WHCM-Modell, dann verfehlt die Faktorenanalyse ihren Zweck (vgl. *Becker, B.E./Huselid* (1998a), S. 75 oder *Becker, B.E./Gerhart, B.* (1996), S. 789). Ausführlicher zur Faktorenanalyse, insbesondere im sozialwissenschaftlichen Umfeld, siehe z.B. *Bortz, J.* (1999), S. 495-546. Zur Anwendung der Faktorenanalyse mit Hilfe des Softwarepaketes *SPSS* vgl. z.B. *Bühl, A./Zöfel, P.* (2000), S. 414-433.

4.5   Kontrollvariablen

Nachdem die abhängige Variable (TSR), Zwischenvariable (VAP) und unabhängige Variable (HCVI) definiert wurden, fehlen jetzt nur noch die Kontrollvariablen, um das Gesamtmodell zu vervollständigen. Die Kontrollvariablen sind weder abhängig noch unabhängig. Mit ihrer Hilfe soll lediglich geprüft werden, ob es weitere Faktoren außerhalb des Studienmodells gibt, die ebenfalls einen Einfluss auf das Untersuchungsergebnis haben und das Messergebnis möglicherweise signifikant verfälschen.[602]

Vor dem Hintergrund bereits existierender empirischer Ergebnisse[603], werden im WHCM die folgenden Kontrollvariablen berücksichtigt:

Branche: Weil Rentabilität und Wachstum stark zwischen Branchen variieren können, erscheint es notwendig, diesen Aspekt gesondert zu betrachten. Dies gilt vor allem in Verbindung mit dem TSR.[604]

Unternehmensgröße: Die Unternehmensgröße, gemessen durch die Anzahl der Mitarbeiter[605], könnte sich sowohl auf die Wertschaffung[606] als auch auf die Güte des WHCM[607] auswirken und damit die Untersuchungsergebnisse verfälschen.

Unternehmenswachstum: Während das Unternehmenswachstum im TSR noch berücksichtigt wird, findet es im VAP nur indirekten Niederschlag. Das bedeutet: Obwohl ein Unternehmen eigentlich erfolgreich ist, indem es (langfristig) profitabel wächst, spiegelt sich dieses kurzfristig nicht in der internen Wertschaffung wider. Gleichzeitig kann sich das Wachstum aber auch auf das WHCM auswirken. So ist es beispielsweise möglich, dass in stark wachsenden Unternehmen das WHCM-System strukturell hinterherhinkt, weil die Prioritäten anders gesetzt werden oder die Ressourcen fehlen. Vor allem bei kleineren aufstrebenden Unternehmen ist dies oft zu beobachten.[608]

---

[602] Vgl. *Bortz, J.* (1999), S. 750. In der Literatur wird alternativ auch der Begriff „Moderatorvariablen" verwendet.
[603] Vgl. u.a. *Huselid, M.A.* (1995), S. 653.
[604] In Bezug auf den TSR hat es besonders während der Aufschwungphase der New Economy signifikante Marktasymmetrien zwischen den Branchen gegeben (vgl. dazu auch Kapitel C.2.5.1).
[605] Als Maßstab werden die Mitarbeiter und nicht z.B. der Umsatz gewählt, weil die Mitarbeiter der für das WHCM entscheidende Faktor sind. In der empirischen Studie wird der Logarithmus der Mitarbeiterzahl als Kontrollvariable verwendet, um Verzerrungen in den Randbereichen der Stichprobe zu vermeiden.
[606] Positiv z.B. wegen höherer Marktmacht; negativ z.B. aufgrund geringerer Flexibilität.
[607] Entweder positiv, weil aufgrund der höheren Mitarbeiterzahl mehr Ressourcen für die Personalarbeit zur Verfügung stehen (Größeneffekte) oder negativ, weil die Größe auch nachteilig auf die Unternehmenskultur und Motivation der Mitarbeiter durchschlagen kann – beides wäre aber empirisch noch zu beweisen.
[608] Quelle: Experteninterviews.

Unternehmensalter: Das Alter eines Unternehmens[609] kann sowohl Einfluss auf seine Markt-position als auch seine Bewertung an der Börse haben. Ob dieser Einfluss positiv oder negativ ausfällt, hängt von der Vergangenheit der Firma ab und den Erwartungen der Anleger. Auf jeden Fall ist es in das WHCM-Modell einzubeziehen.

Sonstige Rahmenbedingungen: Hierbei handelt es sich um Faktoren, die zwar nicht direkt mit dem WHCM zusammenhängen, aber dennoch die Leistungsfähigkeit der Mitarbeiter beein-flussen. Dazu gehören: Qualität und Umfang der IT[610]-Ausstattung, sonstige technische Ausstattung (z.b. Maschinenpark) sowie sonstige Rahmenbedingungen, wie z.b. räumliche oder geographische Faktoren.[611]

In amerikanischen Studien wird vereinzelt auch noch der *gewerkschaftliche* Organisations-grad der Unternehmen als Kontrollvariable berücksichtigt. Für den deutschen Markt erscheint dieses jedoch nicht notwendig zu sein, weil der gewerkschaftliche Einfluss hier allgemein relativ hoch ist[612] und eventuelle Unterschiede bereits durch die Faktoren Branche, Größe und Alter des Unternehmens berücksichtigt werden. In Studien, die sich auf einzelne Teilbereiche des Unternehmens konzentrieren, z.B. die Produktion, werden darüber hinaus weitere prozessspezifische Kontrollvariablen verwendet. Bei einem Modell, das auf Ebene des Gesamtunternehmens arbeitet, ist so etwas jedoch nicht sinnvoll, weil die Anzahl der zu berücksichtigenden Faktoren dann zu groß würde und dadurch die statistischen Ergebnisse nur noch relativ schwer interpretiert werden könnten. Wie das WHCM-Modell in der hier vorgestellten Form insgesamt zu bewerten ist, darauf geht das nächste Kapitel ein.

4.6   Bewertung des WHCM-Modells

Um eine realistische Erwartung an die Ergebnisse der im nächsten Teil folgenden empirischen Untersuchung zu vermitteln, werden nachstehend die wesentlichen Stärken und Schwächen des WHCM-Modells aufgezeigt sowie dessen Leistungsfähigkeit kurz kommentiert.

Stärken

- In diesem Modell wird erstmalig der neueste Stand des Wertmanagements und des Human Capital Managements miteinander verknüpft und zwar nicht nur „addiert", sondern synergetisch miteinander verwoben – wie z.B. in der Zwischenvariablen, dem Value Added per Person.

---

[609] Definiert als Betrachtungsjahr minus Gründungsjahr.
[610] IT: Informationstechnologie.
[611] Hierunter werden u.a. Vor-/Nachteile gefasst, die einem Unternehmen aus dem/den Firmenstandort(en) entstehen (wichtig z.B. für die Mitarbeiterrekrutierung) oder den räumlichen Gegebenheiten des Unternehmens (z.B. wegen des Einflusses auf die Mitarbeiterkommunikation und die Unternehmenskultur).
[612] Vgl. z.B. *Holden, L.* (1997b), S. 631.

- Der Umfang der eingeflossenen Dimensionen und Variablen deckt ein sehr breites Spektrum der Personalarbeit ab, wie es in bisherigen Studien noch nicht zu beobachten war. Dadurch wird nicht nur die absolute Bedeutung des WHCM auf eine breitere Basis gestellt, sondern auch der relative Vergleich seiner Teilelemente möglich.

- Durch die Gewichtung der Einzelvariablen – die in den bekannten Studien zu diesem Thema nicht vorgenommen wurde – wird die Aussagekraft der Ergebnisse noch weiter erhöht, weil die spezifische Stärke der Werttreiber explizit berücksichtigt wird.

- Das Modell beinhaltet sowohl quantitative als auch qualitative Variablen, wodurch seine Aussagekraft ebenfalls steigt. Während durch die qualitativen Faktoren Rücksicht auf die Komplexität des WHCM-Systems genommen wird, dienen die quantitativen Variablen zur zusätzlichen Validierung und Objektivierung.

Schwächen

- Weil das Modell mathematisch auf korrelations- und regressionsanalytischen Methoden zurückgreift, ist die Kausalitätsrichtung des Zusammenhanges zwischen der Güte des WHCM und dem TSR bzw. VAP nicht eindeutig zu bestimmen. Diese kann nur durch zusätzliche qualitative Analysen erforscht werden, die jedoch im empirischen Teil dieser Arbeit ebenfalls vorgenommen wurden.

- Die breite Betrachtungsweise – branchenübergreifend und auf Firmenebene – wird durch ein gewisses Maß an Ungenauigkeit in den Angaben zu den Einzelvariablen erkauft, weil diese im Betrachtungsfeld in der Regel nicht homogen sind. Durch die Kontrollvariablen können zwar einige Einflüsse auf Unternehmensebene statistisch „herausgefiltert" werden. Die Ungleichheit verschiedener Bereiche innerhalb des Unternehmens können dagegen nur dann erfasst werden, wenn man die Daten auch für alle wichtigen Geschäftsbereiche separat erhebt, was für einen externen Analysten – sofern er eine Vielzahl von Unternehmen untersucht – in der Regel nicht möglich ist.

- Die Inputdaten des Modells sind nur teilweise öffentlich zugänglich. Das heißt, für einen externen Analysten sind die Daten entweder selber vor Ort oder durch Befragung der Unternehmen zu erheben, was mit verschiedenen Risiken verbunden ist. Z.B. könnten eher diejenigen Unternehmen geneigt sein, Daten zu Verfügung zu stellen, die bereits über ein effektives WHCM verfügen und ökonomisch erfolgreich sind.[613]

---

[613] Dass dies in der Regel nicht der Fall ist, zeigen die Analysen in Kapitel C.2.1.2.

- Schließlich erfordert die Anwendung dieses Modells aufgrund seines Umfangs einen gewissen Aufwand hinsichtlich der Datenbeschaffung und -analyse. Stehen einem die entsprechenden Ressourcen nicht zur Verfügung, müsste das Modell dementsprechend vereinfacht werden; was grundsätzlich aber möglich wäre, wenn der damit verbundene (potenzielle) Qualitätsverlust in Kauf genommen wird.

Leistungsfähigkeit

Mit dem WHCM-Modell in der hier vorgestellten Form kann die Struktur der Human Capital-Architektur sehr genau abgebildet sowie der Zusammenhang zwischen WHCM und Wertschaffung (TSR, VAP) quantitativ ermittelt werden. Hinsichtlich seiner Messgenauigkeit gilt, wie auch bei allen anderen vergleichbaren Modellen: Die quantitativen Ergebnisse lassen sich zwar mathematisch bis auf mehrere Nachkommastellen berechnen. Dennoch bergen sie eine gewisse Unsicherheit in sich, die man stets berücksichtigen sollte. Dies gilt insbesondere für die qualitativen Inputdaten. Daher sollte bei der Interpretation der Ergebnisse weniger auf die absoluten Zahlen, sondern eher auf die Kategorien, Güteklassen und Bandbreiten geachtet werden. Eine hundertprozentige Genauigkeit ist aber auch nicht erforderlich. Zum einen bergen fast alle Modelle, mit denen in der Betriebswirtschaft gearbeitet wird, mögliche Fehlerquellen in sich.[614] Zum anderen ist die Genauigkeit eines Modells immer in Relation zu seinem Aufwand zu betrachten. Denn letztlich entscheidend ist sein *Netto*-Nutzen – also nach Abzug des Aufwandes. Ein Manager muss jedoch täglich so viele Entscheidungen unter Risiko oder Unsicherheit treffen, dass eine „naturwissenschaftliche" Genauigkeit derartiger Ergebnisse für ihn gar nicht erforderlich ist. Viel wichtiger ist dagegen: Die Ergebnisse müssen die richtigen Signale setzen und mit möglichst geringem Aufwand zu ermitteln sein.[615]

Fazit: Dieses WHCM-Modell hat das Potenzial, als Informations- und Argumentationsbasis für viele (Personal-)Manager zu dienen, die heute noch zu wenig Gehör für ihre Pläne in Richtung eines WHCM finden. Für die Wissenschaft ist diese Argumentationsbasis zwar etwas weniger wichtig, weil der Zusammenhang zwischen (W)HCM und Unternehmenserfolg dort bereits wesentlich stärker akzeptiert wird. Dafür kann aber die bisherige Forschung zu diesem Thema um einen Schritt weiterentwickelt werden, indem das Human Capital Management jetzt auch aus der von Praktikerseite viel beachteten Wertmanagement-Perspektive betrachtet wird. Und gleichzeitig wird damit auch die bestehende „Lücke" zwischen Theorie und Praxis in diesem Bereich etwas weiter geschlossen. Wie tragfähig dieses Modell jedoch tatsächlich ist, muss erst noch überprüft werden, indem es empirisch angewendet wird, wie der nächste Teil dieser Arbeit beschreibt.

---

[614] Das gilt auch für die „rein quantitativen" Methoden, wie z.B. die DCF-Berechnung. Auch bei dieser müssen Annahmen über die zukünftigen Erträge, das Risiko und den Abzinsungsfaktor getroffen werden.
[615] Quelle: Experteninterviews.

Teil C: Empirische Überprüfung des WHCM-Modells

Im folgenden Teil C geht es darum, mit dem in Kapitel B.4 entwickelten WHCM-Modell *empirisch* zu arbeiten. Dadurch sollen zum einen seine Praktikabilität und Validität überprüft und zum anderen die offen gebliebenen Fragen zur Personalarbeit aus Teil B beantwortet werden. Zum besseren Verständnis wird dabei in Kapitel C.1 zunächst auf das Design und die Vorgehensweise der im Rahmen dieser Dissertation durchgeführten empirischen Studie eingegangen. Die konkreten Ergebnisse der Untersuchung werden dann in Kapitel C.2 vorgestellt und diskutiert. Welche Bedeutung die aus der Studie gewonnenen Erkenntnisse für die Wissenschaft und betriebliche Praxis haben, behandelt schließlich das Kapitel C.3.

1 Studiendesign

Die Ausführungen zum Studiendesign gliedern sich in mehrere Unterkapitel: Den Ausgangspunkt bilden die Ziele und die Struktur der WHCM-Studie (C.1.1) sowie die Formulierung der Kernhypothesen, die es im Laufe der Untersuchung zu belegen galt (C.1.2). Kapitel C.1.3 beschäftigt sich anschließend mit der Durchführung der Studie. Dabei liegt der Schwerpunkt auf der fragebogengestützten Erhebung der personalbezogenen Unternehmensdaten, die als Input für das WHCM-Modell dienten. Kapitel C.1.4 beleuchtet darauf die Wertschaffungsmessung der befragten Unternehmen und Kapitel C.1.5, wie die statistischen Ergebnisse im Rahmen von Interviews mit Praxisexperten überprüft und erweitert wurden.

1.1 Ziele und Struktur der empirischen WHCM-Studie

Ziele

In den bisherigen Ausführungen konnte gezeigt werden: Erstens, Human Capital Management und Wertmanagement ergänzen sich aus betriebswirtschaftlicher Sicht außerordentlich gut. Und zweitens, der systematische und quantitative Ansatz des Wertmanagements vermag dem HCM eine solide Struktur zu verleihen, mit dem es sich *quantitativ* fundieren lässt. So modifiziert, kann das nunmehr *Wertorientierte* Human Capital Management seine Position im internen Wettbewerb der Geschäftsfelder um Kapital und Ressourcen weiter ausbauen – vorausgesetzt, seine Werthebel werden effektiv eingesetzt. Eine empirische Studie kann vor diesem Hintergrund insbesondere zwei Dinge leisten: Zum einen bietet sie die Möglichkeit, das theoretische Modell des WHCM an einem Praxisbeispiel zu demonstrieren und so dessen Praktikabilität und Validität zu überprüfen. Zum anderen kann aus ihr die Datenbasis generiert werden, die dafür benötigt wird, um den so wichtigen „Business Case" für das WHCM zu erbringen.

Die konkreten (Ober-)Ziele der empirischen WHCM-Studie lauten daher:

- Die in Kapitel C.1.2 noch näher zu spezifizierenden Hypothesen über die Struktur und den Inhalt des WHCM zu überprüfen. Hierbei wird besonderer Wert auf eine hohe Validität der Ergebnisse gelegt, damit diese selbst von den (bisherigen) Skeptikern des (W)HCM, die vor allem noch in den Führungsetagen vieler Unternehmen sitzen, leichter akzeptiert werden können.

- Die offenen Fragen aus Teil B zu beantworten. Dazu gehört u.a., die Werttreiber des WHCM zu identifizieren, sie zu interpretieren und anschließend zu gewichten.

- Aus *wissenschaftlicher* Sicht besonders: Die bislang im Rahmen der Personalarbeit verwendete Messmethodik zu verbessern. Dazu gehört vor allem, *personal*bezogene *Wert*kennzahlen zu verwenden, eine breite Beobachtungsbasis zu wählen sowie die Einzelvariablen des WHCM-Modells gemäß ihres Wertsteigerungspotenzials zu gewichten.

- Aus *Praxis*sicht besonders: Studienergebnisse zu erzielen, die für den Unternehmensalltag relevant und umsetzbar sind, um dadurch dem WHCM nicht nur in der Wissenschaft, sondern auch in der Praxis zum Durchbruch zu verhelfen.

- Und schließlich: Bereits vorhandene (empirische) Erkenntnisse zur erfolgsorientierten Personalarbeit zu verifizieren, sie ggf. auf deutsche Verhältnisse zu übertragen und dabei eine spezifische WHCM-Datenbasis (Werttreiberliste und Wertschaffungspotenziale) für den *deutschen* Markt aufzubauen.

Struktur

Aufgrund der hohen Anforderungen an den Inhalt und die Validität der Ergebnisse, wurde diese WHCM-Studie auf drei Säulen gestellt: die Literatur, die Statistik und das Wissen von erfahrenen Praktikern.[1] Die fundierte Auswertung der bestehenden Literatur stellt dabei, wie

bei jeder wissenschaftlichen Arbeit, die Grundlage der empirischen Forschung dar. Der statistisch-empirische Teil ist dagegen aus zwei Gründen wichtig: Zum einen lassen sich die meisten (hypothetischen) Zusammenhänge zwischen dem WHCM und der Wertschaffung nur mit Hilfe statistischer Verfahren genauer quantitativ messen. Und zum anderen soll durch die statistischen Berechnungen eine höhere Objektivität und Glaubwürdigkeit der Ergebnisse erzielt werden – z.B. im Vergleich zu einem Untersuchungsdesign, das nur auf wenigen Fallstudien basiert. Noch weiter ausgebaut wird diese Methodik durch die dritte Säule der Studie,

---

[1]   Zu den Phasen der empirischen Forschung siehe z.B. *Bortz, J.* (1999), S. 2-14. Weiterführende Literaturquellen zu diesem Thema sind u.a. *Sarris, V.* (1990, 1992); *Selg, H./Klapproth, J./Kamenz, R.* (1992); *Rogge, K.E.* (1995); *Bortz, J./Döring, N.* (1995) oder *Czienskowski, U.* (1996).

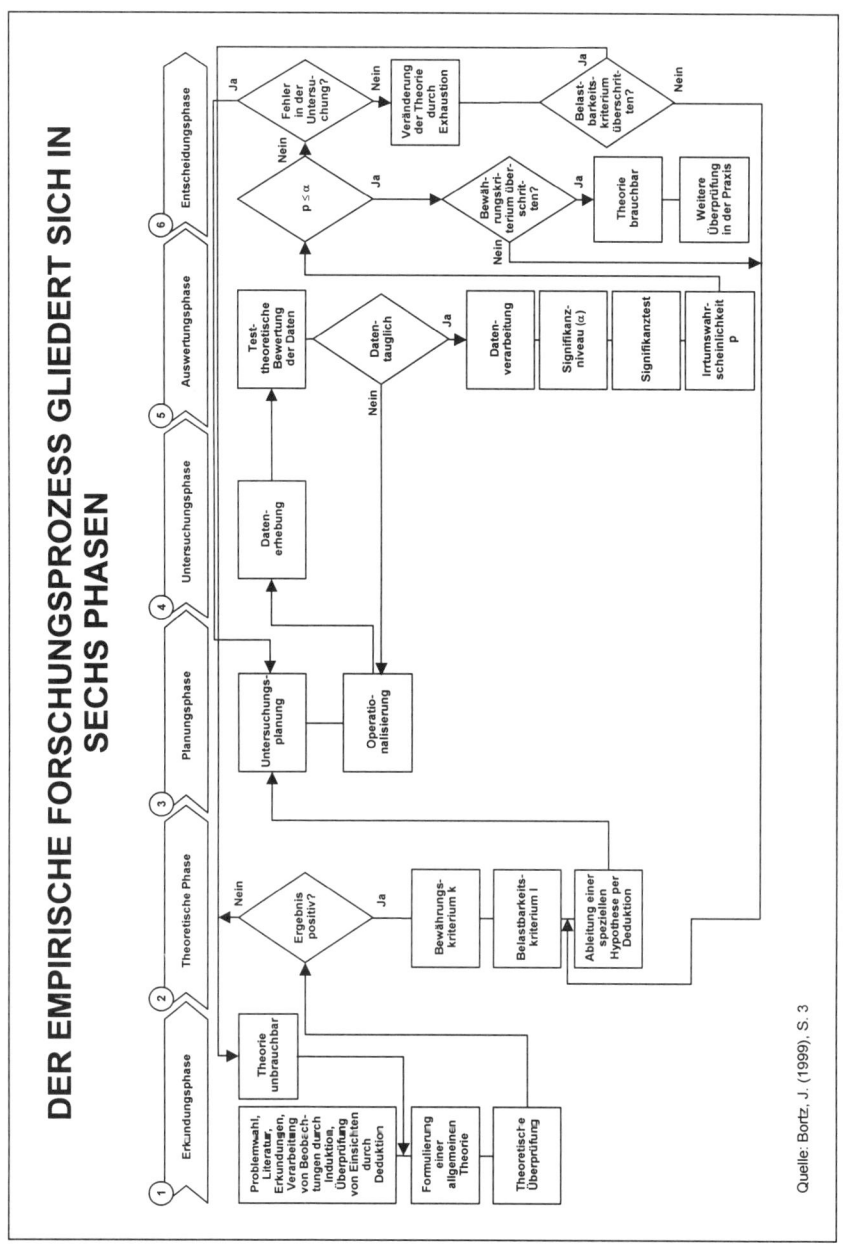

Abbildung 51: *Übersicht des empirischen Forschungsprozesses*

das Praktikerwissen: Erstens können die statistischen Ergebnisse dadurch zusätzlich von erfahrenen Praxisexperten überprüft und ggf. korrigiert werden. Zweitens lassen sich die rechnerischen Ergebnisse in den Bereichen komplettieren, in denen die Statistik keine verlässlichen Aussagen mehr treffen kann, z.b. über die Kausalrichtung der Zusammenhänge zwischen einzelnen Variablen. Drittens besteht die Gelegenheit, zusammen mit den Praktikern Ansätze zu entwickeln, wie das WHCM später am besten in die anderen betrieblichen Prozesse integriert werden kann.[2] Und viertens ist die Einbindung der Praxisexperten wichtig, um die Akzeptanz der Ergebnisse und des WHCM auf Unternehmensseite weiter zu erhöhen. Denn eine enge Zusammenarbeit im Rahmen von Forschungsprojekten scheint ein Erfolg versprechender Weg zu sein, die bislang zu beobachtende „Kommunikations- oder Verständnislücke" zwischen der Wissenschaft und Praxis auf dem Gebiet der Personalwissenschaft weiter zu verkleinern.

Die sechs idealtypischen Phasen der empirischen Forschung, an denen sich auch das Design dieser WHCM-Studie orientiert, zeigt die Abbildung 51: Die Erkundungsphase und die theoretische Phase, welche bereits in Teil B vollzogen wurden. Die Planungs-, Untersuchungs- und Auswertungsphase, die hauptsächlich in der Säule „Statistik" vereint sind. Und zum Schluss die Entscheidungsphase, die nach der Befragung der Praxisexperten erfolgte.

Im Rahmen des theoretischen Teils der Arbeit wurden bereits implizit mehrere Hypothesen zum WHCM aufgestellt. Im nächsten Kapitel werden diese nun gebündelt und zu den wesentlichen Kernhypothesen der empirischen Studie zusammengefasst.

1.2 Kernhypothesen

Betrachtet man das WHCM-Modell aus Kapitel B.4 etwas genauer, dann steht hinter jeder Variablen mindestens eine Hypothese, nämlich dass diese einen positiven Beitrag zur Wertsteigerung des Unternehmens leisten kann. Darüber hinaus ergeben sich viele weitere Einzelhypothesen aus der Struktur des Modells und den Zusammenhängen seiner Variablen. Übergreifend lassen sich jedoch die folgenden Kernhypothesen aufstellen, die als zentrale Leitlinie der WHCM-Studie dienen mögen:

Kernhypothese 1a: *Es besteht ein positiver Zusammenhang zwischen der Güte[3] des Wertorientierten Human Capital Managements, ausgedrückt durch den HCVI, und der Wertschaffung eines Unternehmens, gemessen durch den* <u>VAP</u>.

---

[2]   Vgl. auch *Becker, B.E/Huselid, M.A.* (1998a), S. 98.
[3]   Unter "Güte" wird zum einen die Qualität, ausgedrückt durch die Art der aktivierten Werttreiber, als auch die Quantität bzw. der Umfang des WHCM verstanden.

Kernhypothese 1b: *Es besteht ein positiver Zusammenhang zwischen der Güte des Wertorientierten Human Capital Managements, ausgedrückt durch den HCVI, und der Wertschaffung eines Unternehmens, gemessen durch den TSR.*

Kernhypothese 1c: *Die dominierende Kausalrichtung der in 1a und 1b postulierten Zusammenhänge verläuft vom WHCM zum Unternehmenserfolg – und nicht umgekehrt.*

Kernhypothese 2a: *Eine signifikante positive Veränderung des WHCM (HCVI) hat eine ökonomisch relevante Auswirkung auf die „interne" Wertschaffung eines Unternehmens. Das bedeutet, sie führt zu einer durchschnittlichen Steigerung des VAP von mehr als 10%[4].*

Kernhypothese 2b: *Eine signifikante positive Veränderung des WHCM (HCVI) hat eine ökonomisch relevante Auswirkung auf die „externe Wertschaffung eines Unternehmens. Das bedeutet, sie führt zu einer durchschnittlichen Steigerung des TSR von mehr als 10%.*

Kernhypothese 3: *Die Werttreiber umfassen das gesamte Spektrum des WHCM, von der Wertschätzung des Personals über die HC-Prozesse und das Controlling bis hin zu den Rahmenbedingungen.*

Kernhypothese 4a: *Die Wirkungskraft der einzelnen Werttreiber weist signifikante Unterschiede auf.*

Kernhypothese 4b: *Dennoch sind die Werttreiber des WHCM als Gesamtsystem zu betrachten. Das heißt: Die parallele und schrittweise Entwicklung aller relevanten Werttreiber hat eine größere Wirkung auf die Wertschaffung eines Unternehmens, als das isolierte Vorantreiben einzelner Faktoren.*

Der empirische Test dieser Kernhypothesen erfolgt in Kapitel C.2.

1.3   Unternehmensbefragung mittels Fragebogen

Dieses Kapitel ist in die drei Teile gegliedert: „Fragebogenentwicklung" (C.1.3.1), „Auswahl der Stichprobe und Durchführung der Befragung" (C.1.3.2) sowie „Auswertung des Fragebogens" (C.1.3.3).

---

[4]   Bei diesen 10% handelt es sich nicht um Prozentpunkte, sondern um 10% des durchschnittlichen VAP der Stichprobe. Gleiches gilt für den TSR.

1.3.1   Fragebogenentwicklung

Warum erfolgte die Datenerhebung mit Hilfe eines Fragebogens?

Die Komplexität des WHCM-Modells bringt es mit sich, dass die Angaben zu den meisten Inputgrößen (z.b. über Beurteilungs- oder Vergütungssysteme) nicht öffentlich zugänglich sind. Daher mussten die erforderlichen Daten selber *direkt* (primärstatistisch) erhoben werden. Als Methoden standen hierfür grundsätzlich mehrere Alternativen zur Verfügung, wie z.B.:[5]

- Die schriftliche Befragung

- Die mündliche bzw. telefonische Befragung

- Die kombinierte Befragung durch Fragebögen und mündliche bzw. telefonische Interviews

- Die Beobachtung

- Oder die elektronische Befragung.

Unter Berücksichtigung verschiedener Kriterien[6] erschien die kombinierte Datenerhebung durch Fragebögen und spätere Interviews am sinnvollsten für die WHCM-Studie. Auf diese Art und Weise konnte eine breite Masse an Unternehmen befragt werden und gleichzeitig eine hohe Validität und Vielfalt der Daten durch die zusätzlichen Interviews sichergestellt werden.

Auf die bei der Verwendung von Fragebögen typischen Probleme, wie die Rücklaufquote oder den „Response Bias" (d.h. unterschiedliches Antwortverhalten der angeschriebenen Unternehmen), wird später noch in Kapitel C.2.1 eingegangen.

Inhaltliche Gestaltung des Fragebogens

Inhaltlich steht man bei der Erhebung von Daten mit Hilfe von Fragebögen insbesondere vor drei Herausforderungen: Erstens, überhaupt Informationen von den zu befragenden Personen oder Unternehmen zu beziehen. Zweitens, die *gewünschten* Informationen zu bekommen. Und drittens, Daten mit hoher Validität zu erhalten[7]. Das bedeutet, Inhalt und Umfang des Fragebogens müssen so ausgelegt sein, dass man durch seine Beantwortung einerseits die gewünschten Informationen erhält, andererseits aber auch nicht die Geduld und das Vertrau-

---

[5]   Vgl. z.B. *Hauser, S.* (2000), S. 19; *Hamman, P./Erichson, B.* (1990), S.60-101, hier vor allem S. 88.

[6]   Dazu gehören: Datengenauigkeit, Erhebbare Datenmenge, Flexibilität, Validität, Kosten pro Erhebungsfall, Zeitbedarf pro Erhebungsfall sowie mögliche Schwierigkeiten bei der Durchführung (vgl. *Hamman, P./ Erichson, B.* (1990), S. 88).

[7]   Vgl. u.a. *Hamman, P./Erichson, B.* (1990), S. 89-93. Weiterführende Literatur zur Konstruktion von Tests und Fragebögen siehe u.a. *Cronbach, L.J.* (1961); *Fischer, G.* (1974); *Lienert, G.A./Raatz, U.* (1994); *Amelang, M./Zielinski, W.* (1994) sowie besonders zur Fragebogenmethode *Mummendey, H.D.* (1995).

lichkeitsbedürfnis der Befragten überstrapaziert, um deren Teilnahmebereitschaft an der Studie nicht zu gefährden. Gleichzeitig müssen die Fragen in einer Art und Weise formuliert sein, die a) keine Antworttendenz erkennen lassen, b) die Befragten nicht zu ungewollten Falschaussagen verleiten und c) bewusste „realitätsferne" Angaben erkennen lassen (z.B. durch Kreuzvalidierung mit anderen Fragen).

Vor diesem Hintergrund wurde der Fragebogen in dem nachstehend beschriebenen Prozess entwickelt:

1. Analyse bereits empirisch getesteter Fragebögen mit ähnlichem Untersuchungsziel.[8]

2. Inhaltliche Veränderung bzw. Erweiterung dieser Fragenkataloge um die noch offen bebliebenen Fragen aus Teil B dieser Arbeit.

3. Ausformulierung der Fragen vor dem Hintergrund der eigenen Untersuchungsziele (s.o.). Dabei wurden im Gegensatz zu den meisten bisherigen Studien nicht nur intervall- und/oder verhältnisskalierte Daten abgefragt, sondern auch nominalskalierte, wie z.B. die Nutzung bestimmter Instrumente des WHCM.[9] Diese Vorgehensweise hatte den Vorteil, dass zum einen die *qualitative* Dimension des WHCM genauer abgefragt werden konnte und gleichzeitig die Möglichkeit entstand, diese qualitativen Antworten mit den *quantitativen* Daten zu (kreuz-)validieren.

4. Entwicklung des endgültigen Fragebogens im Rahmen eines iterativen Prozesses. Die ersten „Pre-Tests" des Fragebogens fanden zunächst „intern" am *Institut für Personalwesen und Internationales Management* von *Prof. Dr. Michel E. Domsch* an der *Universität der Bundeswehr Hamburg* statt sowie mit Human Capital-Spezialisten der *Boston Consulting Group*. Externe „Pre-Tests" folgten später mit Personalleitern renommierter Unternehmen, deren Expertise im Human Capital Management bereits allgemein als anerkannt galt.

Insgesamt fiel der Fragebogen sehr umfangreich aus mit 48 Themenkomplexen und rund 140 Teilfragen. Die geschätzte Bearbeitungsdauer lag bei 60-90 Minuten, sofern er nur von einer Person beantwortet wurde. Im Laufe der Untersuchung stellte sich jedoch heraus, dass der Fragebogen häufig auch von mehreren Mitarbeitern unterschiedlicher Abteilungen bearbeitet wurde, wodurch sich die Bearbeitungszeit deutlich verlängerte. Weitere Auskünfte zum Inhalt des Fragebogens können auf Wunsch direkt vom Autor dieser Arbeit bezogen werden.

---

[8] Hier vor allem die Studien aus der HPWS-Forschung, vgl. Kapitel B.3.2.2.
[9] Zu den Skalierungsarten von Daten siehe ausführlicher Kapitel C.1.3.1.

1.3.2   Auswahl der Stichprobe und Durchführung der Befragung

Auswahl der Stichprobe

Als Beobachtungs*raum* wurde der deutsche Markt gewählt und damit dem Studienziel entsprochen, die Ergebnisse US-amerikanischer Untersuchungen in einem anderen Land zu validieren und gleichzeitig eine WHCM-Datenbasis für Deutschland aufzubauen. Denkbar wäre auch eine europäische Studie gewesen, die jedoch zum Zeitpunkt der Untersuchung den Rahmen des Möglichen überstiegen hätte.[10] Gleichzeitig hätten die internationalen Differenzen der Märkte und Unternehmen bei einer europäischen Studie einen weiteren Faktor dargestellt, der die Untersuchung noch komplexer gestaltet hätte und der bei der Analyse der Ergebnisse zusätzlich zu berücksichtigen bzw. „herauszufiltern" gewesen wäre.

Für die Auswahl der zu befragenden Unternehmen wurden zwei Hauptkriterien gewählt:

• Es musste sich um in Deutschland börsennotierte Aktiengesellschaften handeln,

• die mehr als 500 fest angestellte Mitarbeiter beschäftigten.

Die Börsennotierung war deshalb wichtig, weil nur so der (externe) Total Shareholder Return (TSR) mit einem vertretbaren Aufwand berechnet werden konnte.[11] Die Begrenzung der Unternehmensgröße auf mindestens 500 Mitarbeiter wurde hingegen vorgenommen, um relativ vergleichbare Grundstrukturen in der Personalarbeit und den Personalbereichen der befragten Unternehmen vorzufinden. Der Erfahrung nach entsteht in der Regel spätestens ab einer Mitarbeiterzahl von 500 ein eigener Personalbereich mit festeren Organisationsstrukturen. Bei kleineren Firmen wird diese Arbeit dagegen häufig noch von den Führungskräften und/oder anderen Stabsabteilungen übernommen.[12] Daher wären viele der im WHCM-Modell enthaltenen Aspekte bei kleineren Unternehmen noch gar nicht etabliert gewesen. Und das hätte die Vergleichbarkeit der Daten weiter erschwert. Um jedoch auch den Blickwinkel der Personalarbeit in diesen Unternehmen – zumindest ausschnittsweise – zu berücksichtigen, wurden im Rahmen der späteren Experteninterviews auch Gespräche mit Vertretern kleinerer und mittelständischer Firmen geführt (s.u.). Als Stichprobe wurden schließlich alle im CDAX notierten Unternehmen mit mehr als 500 Mitarbeitern definiert, wobei es sich um mehr als 400 Unternehmen handelte.

Prozess der Befragung

In Kooperation mit der *Boston Consulting Group* wurde der Fragebogen im 3. Quartal 2000 zusammen mit einem Anschreiben und einer Begleitpräsentation entweder an den obersten

---

[10]   Mögliche Folgestudien auf europäischer Ebene sind jedoch nicht ausgeschlossen.
[11]   Eine alternative Abschätzung des (externen) TSR oder des internen TSR bei nicht-börsennotierten Unternehmen hätte ebenfalls den Rahmen dieser Studie überstiegen.
[12]   Quelle: *The Boston Consulting Group*, Experteninterviews.

Personalleiter verschickt oder, sofern dieser nicht bekannt war, an den Vorstandsvorsitzenden bzw. den entsprechenden Personalvorstand. Durch zusätzliche Telefonate mit den Adressaten nach Versand der Unterlagen wurde die Rücklaufquote zusätzlich positiv beeinflusst (s.u.). Obwohl die Fragebögen in der Regel von Mitarbeitern des Personalbereiches ausgefüllt wurden, hat es in vielen Fällen auch Rücksprache mit Managern anderer Bereiche gegeben bzw. mit dem jeweiligen Vorstandsmitglied, an das der Fragebogen ursprünglich geschickt wurde. Dadurch wurde eine zusätzliche Kontrolle der Antworten seitens der „internen Kunden" des Personalbereiches in den Unternehmen sichergestellt. Die Auswertung der Fragebögen erfolgte schließlich ab dem 4. Quartal 2000.

1.3.3   Auswertung des Fragebogens

Im Zusammenhang mit der Auswertung des Fragebogens wird auf zwei Themen näher eingegangen: Die Skalierung der Fragen und das anschließende Scoring (C.1.1.3.1) sowie die Bildung des Human Capital Valuation Indexes (C.1.1.3.2).

1.3.3.1   Skalierung und Scoring

Im Vergleich zu den Naturwissenschaften ist die Messung von sozialwissenschaftlichen Konstrukten häufig schwieriger, weil diese oft aus qualitativen, netzwerkartig miteinander verknüpften Elementen bestehen. Und das ist – wie bereits weiter oben erwähnt – auch einer der Gründe, warum die Personalwissenschaft und das HCM bislang vergleichsweise wenig quantitativ untermauert sind. Daher soll auf die Auswertungsmethodik des Fragebogens etwas näher eingegangen werden.

Daten können aus statistischer Sicht in unterschiedlicher Form erfasst werden, wobei grundsätzlich die folgenden Skalenarten zur Verfügung stehen[13]:

- Die *Nominalskala:* Auf ihr werden Merkmalsausprägungen abgetragen, die keine Reihenfolge bilden. Werte auf dieser Skala sind entweder gleich oder verschieden, und die Messobjekte können lediglich verschiedenen Kategorien zugeordnet werden. Gemessen wird durch die Nominalskala daher nur „Gleichheit"/„Verschiedenheit".[14]

  Beispiel: Unterschiedliche Rekrutierungskanäle können skaliert werden in: Zeitungsanzeige = 1, Hochschulveranstaltung = 2, Jobbörse im Internet = 3, etc.

- Die *Ordinalskala (Rangskala):* Hier werden Objekte eines empirischen Relativs so angeordnet, dass von jeweils zwei Objekten demjenigen die größere Zahl zugeordnet

---

[13]   In der Statistik gibt es zusätzlich zu den vier genannten Skalenarten noch eine fünfte, die Absolutskala, die zusätzlich zur Verhältnisskala feststehende natürliche Intervalle besitzt. Sie spielt jedoch an dieser Stelle eine untergeordnete Rolle.
[14]   Vgl. *Hauser, S.* (2000), S. 25.

wird, das auch eine größere Merkmalsausprägung aufweist. Die Abstände der entstehenden Rangfolge sind jedoch nicht genau quantifizierbar. Die Ordinalskala kann damit „Größer-kleiner-Relationen" messen.[15]

Beispiel: Eine Rangreihung der zehn Mitarbeiter einer Abteilung von 1 bis 10 hinsichtlich ihres Wertes für das Unternehmen.[16]

- Die *Intervallskala:* Bei ihr entsprechen die Differenzen der Zahlen, die den Objekten zugeordnet werden, auch den Differenzen der Merkmalsunterschiede. Der Bezugspunkt (Nullpunkt) ist jedoch frei gewählt. Daher kann mit der Intervallskala immerhin die „Gleichheit von Differenzen" gemessen werden.

  Beispiel: Die Zeitangaben in einem Projektkalender. Die Abstände können zwar genau durch Tage, Wochen etc. bestimmt werden. Der Bezugspunkt ist jedoch beliebig und variiert mit der Art des gewählten Kalenders (gregorianisch, chinesisch oder mohammedanisch).[17]

- Die *Verhältnisskala:* Sie hat die gleichen Eigenschaften wie die Intervallskala, nur kann auf ihr zusätzlich ein Bezugspunkt (Nullpunkt) bestimmt werden, wie bei Größen, Entfernungen oder Geschwindigkeiten. Mit ihr kann daher im Vergleich zu den anderen Skalenarten am genauesten gemessen werden, nämlich die Gleichheit von Verhältnissen.[18]

  Beispiel: Der DM-Gewinn eines Unternehmens.

Vom Skalenniveau einer Datenmenge hängt ab, mit welchen statistischen Verfahren sie analysiert werden kann und damit, wie genau die späteren Ergebnisse ausfallen. Ein wesentlicher Aspekt der Fragebogengestaltung ist daher, auf welchem Skalenniveau ein Merkmal gemessen werden soll bzw. kann. Besonders schwierig ist dabei zu entscheiden, ob die häufig für Einstellungsmessungen verwendeten Schätz- oder Ratingskalen ordinal oder intervallskaliert sind.

Die übliche Forschungspraxis [in den Sozialwissenschaften] verzichtet auf eine empirische Überprüfung der jeweiligen Skalenaxiomatik. Die meisten Messungen sind „Per-fiat"-Messungen (Messungen „durch Vertrauen"), für die Erhebungsinstrumente ... konstruiert werden, von denen man annimmt, sie würden das jeweilige Merkmal auf einer Intervallskala messen, so daß der gesamte statistische „Apparat" für Intervallskalen ... eingesetzt werden kann."[19]

---

[15] Vgl. *Bortz, J.* (1999), S. 21.
[16] Vgl. z.B. die Methoden zur Wertmessung im Human Resource Accounting, Kapitel B.3.2.1.2.
[17] Vgl. *Bortz, J.* (1999), S. 21-23.
[18] Vgl. *Hauser, S.* (2000), S. 26.
[19] *Bortz, J.* (1999), S. 27f. Vgl. auch *Lantermann, E.D.* (1976), S.99-104 oder *Davison, M.L./Sharma, A.R.* (1988), S. 137-144.

Die Begründung dieser „liberalen" Auffassung lautet: Durch die Annahme eines falschen Skalenniveaus wird die Bestätigung einer Forschungshypothese eher erschwert als erleichtert. Das heißt, kann eine Hypothese angenommen werden, ist auch von der Richtigkeit des verwendeten Skalenniveaus auszugehen. Muss eine Hypothese dagegen abgelehnt werden, sollte das zu Grunde liegende Skalenniveau noch einmal kritisch geprüft werden.[20]

Diese Feststellung ist deshalb wichtig, weil im Rahmen des Fragebogens der WHCM-Studie neben verhältnisskalierten Daten auch häufig mit Likert-Skalen gearbeitet wurde. Dabei wurde davon ausgegangen, dass die auf den Likert-Skalen angeordneten Einschätzungen intervallskaliert waren. Und so konnten die qualitativen Antworten relativ einfach in Punktewerte, so genannte Scores, umgerechnet werden. Bevor diese Scores jedoch in den HCVI (den Güteindex des WHCM) eingeflossen sind, wurden sie vorher noch z-transformiert bzw. standardisiert.[21] Mit dieser Umformung konnten nicht nur die Scores verschiedener Likert-Skalen vergleichbar gemacht werden, sondern auch die *relative* Leistung eines Unternehmens im Vergleich zum Kollektiv gemessen werden, die für die Untersuchung wesentlich entscheidender war, als deren absolute Leistung.[22]

Ordinalskalierte Variablen wurden in dem Fragebogen ebenfalls verwendet, z.B. die Art der genutzten Rekrutierungskanäle oder die verwendeten Methoden zur strategischen Ausrichtung des WHCM. Auf die Bedeutung derartiger Angaben wurde bereits in früheren Kapiteln hingewiesen. Die Schwierigkeit bestand jedoch zunächst darin, auch diese Daten im HCVI berücksichtigen zu können. Zu diesem Zweck wurden die nominalskalierten Variablen zuerst als „Dummy-Variablen"[23] (0 oder 1) codiert. Im zweiten Schritt wurde dann mittels partieller Korrelation[24] der Korrelationskoeffizient r für den Zusammenhang zwischen den jeweiligen Dummy-Variablen und der Zwischenvariablen berechnet – dem VAP[25]. Im dritten Schritt wurde der Korrelationskoeffizient r mit Hilfe einer *Fisher-Z-Transformation*[26] (weitgehend) linearisiert. Dieses war notwendig, weil die Korrelationswerte ohne eine derartige Transformation nicht ohne weiteres vergleichbar gewesen wären: Ein Korrelationskoeffizient von

---

[20] Vgl. *Bortz, J.* (1999), S. 28.

[21] Bei der z-Transformation wird die Differenz zwischen dem Absolutwert und dem Mittelwert durch die Standardabweichung im jeweiligen Kollektiv dividiert (ausführlich hierzu vgl. u.a. *Bortz, J. S. 45-46* oder *Benninghaus, H.* (1998), S. 157-161).

[22] Außerdem ist die absolute Leistung im Vergleich zur relativen Leistung durch einen Außenstehenden nur schwer zu verifizieren.

[23] Vgl. u.a. *Bortz, J.* (1999), S. 469-474 oder *Schmitt, N. W./Klimowski, R.J.* (1991), S. 75-79.

[24] Zur partiellen Korrelation vgl. u.a. *Bortz, J.* (1999), S. 429-433; *Fickel, N.* (2000), S. 512f. sowie zur Berechnung mit Hilfe des Softwarepaketes SPSS: *Bühl, A./Zöfel, P.* (2000), S. 306-309. Es wurde die partielle Korrelation gewählt, um bestimmte Kontrollvariablen berücksichtigen zu können. Dazu gehörten: Branche, Unternehmensgröße, Umsatzwachstum und Unternehmensalter (vgl. dazu auch die Kapitel B.4.5, und C.2.5.1, und C.2.5.2). In den Berechnungen wurde eine einseitige Teststatistik (vgl. z.B. *Bortz, J.* (1999), S. 116-118) verwendet, da es sich jeweils um gerichtete Hypothesen handelte: x ist *positiv* korreliert mit dem VAP. Die inhaltliche Begründung findet sich in den entsprechenden Ausführungen des Teil B.

[25] Als Bezugsgröße wurde der VAP gewählt, weil in ihm die Wertschaffung des Unternehmens im Vergleich zum TSR weniger durch Markteinflüsse verzerrt wird (vgl. dazu auch das Kapitel B.2.2 und B.3.3.1.2).

[26] Vgl. *Bortz, J.* (1999), 209f. Ausführlicher vgl. auch *Fisher, R.A.* (1918); *Guilford, J.P./Fruchter, B.* (1978) oder *Silver, N.C./Dunlap, W.P.* (1987), S. 146-148.

r = 0,8 drückt zum Beispiel keine doppelt so hohe Korrelation aus, wie ein Korrelationskoeffizient von r = 0,4, sondern einen fast *dreimal* so starken Zusammenhang.

Weil der *Fisher-Z-transformierte* Korrelationskoeffizient zwischen der ursprünglich nominalskalierten Variablen und dem VAP nach der WHCM-Logik als Gütekriterium für deren
Wertschaffungspotenzial angesehen werden kann, wurde dieser Wert auch als „Score" für die
entsprechenden nominalskalierten Variablen verwendet. Nach Standardisierung durch eine
(klein) z-Transformation (s.o.) konnte der so ermittelte Zahlenwert schließlich in den HCVI
einfließen. Aufgrund der Aufnahme (ursprünglich) nominalskalierter Variablen in den Güteindex des WHCM wurden, wie später noch gezeigt wird, wichtige Zusatzinformationen
gewonnen und gleichzeitig Kreuzvalidierungen mit anderen Angaben aus dem Fragebogen
möglich.

1.3.3.2   Berechnung des Human Capital Valuation Indexes (HCVI)

In Kapitel B.4.4 wurde die grundsätzliche Struktur und Berechnungslogik des HCVI bereits
vorgestellt. Daher wird hier lediglich auf einige spezifische Punkte der Gewichtung und
Aggregation der Indexbestandteile im Zusammenhang mit dieser Studie eingegangen. Die
Gewichte der Modell-Variablen wurden ähnlich berechnet wie die „Scores" der nominalskalierten Variablen: Zunächst partielle Korrelation jeder Variablen mit dem VAP und
anschließend Fisher-Z-Transformation des jeweiligen Korrelationskoeffizienten.

Bei der *Aggregation* wurde aus Interpretationsgründen auf eine vorgeschaltete Faktorenanalyse verzichtet.[27] Allerdings wurden die Variablen in zwei Stufen aggregiert: Zunächst zu
sieben Werttreibergruppen und anschließend – nach erneuter Gewichtung der Werttreibergruppen[28] – zum HCVI. Der Zwischenschritt über die Werttreibergruppen wurde vorgenommen, um zu vermeiden, dass bestimmte Felder des WHCM nur deshalb übergewichtet
werden, weil sie durch mehr Einzelvariablen abgefragt wurden als andere. Die Gewichtung
der Werttreibergruppen erfolgte dabei methodisch analog zur Gewichtung der Einzelvariablen.

Die Einzelvariablen, die in die jeweiligen Werttreibergruppen eingeflossen sind, wurden mit
Hilfe einer Reliabilitätsanalyse[29] ausgewählt. Dadurch konnte sichergestellt werden, dass alle
enthaltenen Variablen auch das selbe Konstrukt messen, z.B. den aggregierten Werttreiber

---

[27]   Siehe auch Kapitel B.4.4.3.
[28]   Der Wert für die Werttreibergruppen berechnet sich als gewichteter Durchschnitt der enthaltenen Einzel-
       variablen.
[29]   Für jede Werttreibergruppe, die sich inhaltlich an die in Kapitel B.4.4.2 definierten Variablengruppen
       anlehnt, wurde *Cronbach's Alpha* berechnet; vgl. hierzu u.a. *Bortz, J.* (1999), S. 543; *Bühl, A./Zöfel, P.*
       (2000), S. 465-469; *Schmitt, N.W./Klimowski, R.J.* (1991), S. 92; *Huselid, M.A./Becker, B.E.* (1996), S. 414f.;
       Cronbach, L.J. (1951), S. 297-334; *Cronbach, L.J./Rajaratnam, N./Gleser, G.C.* (1963), S. 137-163. Danach
       wurden alle Variablen ausgeschlossen, durch deren Wert reduziert worden wäre.

„Motivation der Mitarbeiter". Die genaue Zusammensetzung der Werttreibergruppen wird später noch in Kapitel C.2.2.1 beschrieben.

1.4 Messung der Wertschaffung

Die Herleitung des TSR als abhängige und des VAP als Zwischenvariable wurde in Kapitel B.4.3 vorgenommen. Hier soll dagegen erläutert werden, wie diese beiden Größen im Rahmen der empirischen WHCM-Studie definiert und woher die entsprechenden Daten bezogen wurden. Außerdem wird kurz erläutert, wie diese beiden Variablen rechnerisch mit der Güte des WHCM in Beziehung gesetzt wurden.

Total Shareholder Return

Die grundsätzliche Definition des TSR aus Kapitel B.2.2 wurde nicht verändert.[30] Als „Aktienkurs" wurde der Wert der untersuchten Titel zum 31.12. und als „Anschaffungskurs" deren Notierung zum 1.1. eines Jahres gewählt. Eingeflossen in das WHCM-Modell ist schließlich der durchschnittliche TSR jedes untersuchten Unternehmens im Zeitraum von 1996 bis 1999.[31]

Theoretisch wäre eine Zeitpunktbetrachtung des TSR für das Jahr 1999 vorzuziehen gewesen, denn der korrespondierende Wert des HCVI wurde ebenfalls für einen Zeitpunkt erhoben. In der Studie wurde aber dennoch mit einem Durchschnittswert gerechnet, weil dadurch die Schwankungen an den Aktienmärkten während dieses Betrachtungszeitraumes etwas geglättet werden konnten. Dieser Zeitraum wurde jedoch andererseits bewusst nicht länger als vier Jahre gewählt, um trotzdem noch einen ausreichenden Bezug zwischen der Wertschaffung der Unternehmen und ihrer im Fragebogen beschriebenen Personalarbeit sicherzustellen.[32] Als Quelle für die Berechnungsgrößen des TSR diente die Datenbank *Datastream*.

Value Added per Person

Der VAP wurde mit Hilfe eines Rechenmodells der *Boston Consulting Group* ermittelt. Die Basisformel für den VAP lautet:

$$VAP = \frac{(CFROI - Kapitalkostensatz) \times Bruttoinvestitionsbasis + Personalkosten}{Mitarbeiterzahl}$$

---

[30] Aktienrendite = (Dividende + Kursgewinn)/Anschaffungskurs.
[31] Sofern ein Unternehmen bereits so lange börsennotiert war. Andernfalls wurde der Durchschnitt für die Jahre berechnet, die das Unternehmen bislang an der Börse notiert war.
[32] Ein weiterer Grund bestand darin, die Vergleichbarkeit zu jüngeren Unternehmen herzustellen, die nur zwei oder drei Jahre an der Börse notiert waren.

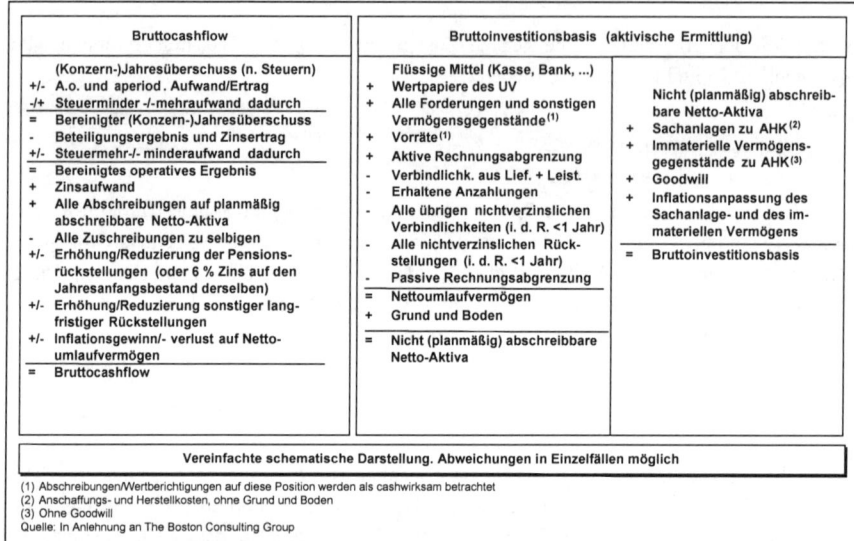

Abbildung 52: Berechnung des Bruttocashflows und der Bruttoinvestitionsbasis

Wie der CFROI – bzw. die Bruttoinvestition und die Bruttoinvestitionsbasis – dabei ermittelt wurden, zeigt die schematische Darstellung in Abbildung 52. Die Ökonomische Abschreibung wurde gemäß der Definition in Kapitel B.2.2.3 berechnet. Leicht abgewandelt wurde diese Systematik lediglich für Banken und Versicherungen, und zwar aus zwei Gründen: Erstens haben das Bank- und Versicherungsgeschäft eine etwas andere Natur als das Industriegeschäft. So gehören z.B. Kundeneinlagen einerseits zum Kerngeschäft einer typischen Universalbank. Andererseits werden ihr dadurch aber gleichzeitig auch Kapitalmittel für weitere Kerngeschäfte zugeführt, wie z.B. zur Vergabe von Krediten. In der Industrie kann dagegen in der Regel wesentlich deutlicher unterschieden werden zwischen einer Kapital*aufnahme* im Sinne einer reinen Finanzierungstransaktion und der *Bindung* des Kapitals in den eigentlichen Geschäften.[33] Zweitens sind die Geschäftsaktivitäten der Finanzdienstleister aufgrund des Anlegerschutzes tendenziell stärker durch den Gesetzgeber reglementiert, als die der Industrieunternehmen, was es ebenfalls zu berücksichtigen gilt.[34] Aus diesem Grund wurden für Banken und Versicherungen folgende Anpassungen vorgenommen:[35]

- Ersetzung des CFROI durch den Real Return on Equity (RROE).[36]

- Und Ersetzung der Bruttoinvestitionsbasis durch das Eigenkapital.

---

[33] Gleiches gilt in ähnlicher Form auch für Versicherungen.

[34] Quelle: *The Boston Consulting Group.*

[35] Vgl. z.B. *The Boston Consulting Group* (2000), S. 28.

[36] RROE = (Net Income / Total Equity) x 100 - Inflationsrate. Damit ist die Ausgangsgröße des VAP auch nicht mehr der Cash Value Added (CVA), sondern der Added Value on Equity (AVE), definiert als:
AVE = (RROE - Cost of Equity) x Total Shareholders Equity (Quelle: *The Boston Consulting Group*).

Anders als beim TSR, wurde der VAP für alle Unternehmen zeit*punkt*bezogen für das Jahr 1999 berechnet. Denn bei dieser „internen" Erfolgsgröße mussten zum einen keine Marktschwankungen berücksichtigt werden, und zum anderen konnten „bilanzkosmetische" Verzerrungen durch die Vielzahl der eingeflossenen Paramter weitgehend herausgerechnet werden.

Die VAP-Daten stammten für einen großen Teil der Firmen aus einer hierfür speziell eingerichteten Datenbank der *Boston Consulting Group (BCG)*. Für die übrigen Unternehmen wurden die erforderlichen Rechengrößen selber anhand von Geschäftsberichten erhoben und der VAP anschließend mit Hilfe des *BCG*-Rechenmodells ermittelt.

Messung des Zusammenhangs zwischen der Güte des WHCM und der Wertschaffung

Zur Analyse des Zusammenhanges zwischen dem TSR bzw. VAP und dem HCVI reichte es nicht mehr aus, nur den Korrelationskoeffizienten zwischen diesen Variablen zu berechnen. Vielmehr interessierte an dieser Stelle, wie *groß* die Wirkung zwischen diesen Parametern war, weshalb statistische Punktschätzungen vorgenommen wurden. Diese Punktschätzungen wurden mit Hilfe des Verfahrens der multiplen Regression ermittelt, bei der sowohl die Werte des TSR bzw. VAP und des HCVI eingegeben wurden als auch die der vier Kontrollvariablen: Branche, Unternehmensgröße, Umsatzwachstum und Unternehmensalter.

Das Verfahren der multiplen Regression wird an dieser Stelle unter Verweis auf die Literatur[37] als bekannt vorausgesetzt.

1.5 Überprüfung und Erweiterung der statistischen Ergebnisse durch Praktikerinterviews

Nach Abschluss aller statistischen Analysen wurden gemäß der Studienplanung (siehe Kapitel C.1.1) mehrere Gespräche mit Praxisexperten geführt, um a) die statistischen Ergebnisse zu validieren b) zusätzliche *qualitative* Informationen zur praktischen Personalarbeit zu sammeln und c) eine frühzeitige Interaktion zwischen der Wissenschaft und Praxis im Rahmen der Entwicklung des WHCM herzustellen.

Konkret fanden die folgenden Gespräche statt:

- Diverse Interviews mit Fachspezialisten der *Boston Consulting Group*.

- Sechs Interviews mit Personalleitern aus Unternehmen, die bereits vorher an der WHCM-Studie teilgenommen hatten. Die Ansprechpartner bzw. Firmen wurden

---

[37] Vgl. z.B. *Bortz, J.* (1999), S. 173-187 für die lineare Regression und speziell für die multiple Regression S. 433-456. Für die Anwendung regressionsanalytischer Verfahren im Zusammenhang mit dem HCM siehe u.a. *Schmitt, N./Klimowski, R.J.* (1991), S. 59-79. Und für die Durchführung der entsprechenden Berechnungen mit Hilfe des Softwarepaketes SPSS siehe z.B. *Bühl, A./Zöfel, P.* (2000), S. 316-369.

dabei nach der Güte ihres WHCM ausgewählt. Und zwar so, dass Rückmeldungen von sehr guten, durchschnittlichen und unterdurchschnittlichen Unternehmen entgegengenommen werden konnten.

- Drei Interviews mit Geschäftsführern sehr junger Start-up-Unternehmen aus dem Internetbereich. Deren Firmen hatten zwar aufgrund ihrer Geschäftsgröße nicht an der Untersuchung teilgenommen, doch ging es in diesen Gesprächen vor allem um die Punkte: Wie und mit welchen Erfolgsfaktoren gestaltet sich die Personalarbeit in kleinen und dynamischen Unternehmen? Und ist die Güte der Personalarbeit bereits in der Gründungszeit eines Unternehmens ein relevanter Werthebel oder kommt ihre Bedeutung erst in einer späteren Entwicklungsphase zum Tragen? Dahinter stand vor allem das Interesse, die Kausalitätsrichtung zwischen dem WHCM und der Wertschaffung näher zu analysieren und herauszufinden, was in der Regel zuerst existierte: Der Unternehmenserfolg oder eine effektive Personalarbeit.

- Ein Interview mit dem *Finanz*direktor eines großen multinationalen mittelständischen Unternehmens, das ebenfalls nicht an der Studie teilgenommen hatte, weil es in Deutschland nicht an der Börse notiert war. In diesem Gespräch ging es neben der Diskussion der Studienergebnisse auch um die Aspekte der Personalarbeit in mittelständischen Unternehmen sowie, besonders wichtig, die Einschätzung des WHCM aus Sicht eines „internen" Kunden des Personalbereiches. Denn die Güte des WHCM kann von Personalleitern und ihren internen Kunden durchaus *unterschiedlich* wahrgenommen werden.[38]

- Zwei Seminare der *Boston Consulting Group* zum Thema „Unternehmenssteuerung mit personalorientierten Kennzahlen", die von der Firma *ManagementCircle*® organisiert wurden. Im Rahmen dieser Veranstaltungen konnten die wichtigsten Ergebnisse der WHCM-Studie hochrangigen Vertretern aus über 20 Unternehmen vorgestellt und mit ihnen diskutiert werden. Die Seminarteilnehmer stammten dabei

---

[38] Vergleiche hierzu u.a. die Studienergebnisse von *Femppel, K.* (2000), S. 189-224, der sowohl Personalleiter als auch Bereichsleiter in seine Untersuchung einbezogen hat. In einer Studie von *Wright et al.* wurde die unterschiedliche Wahrnehmung von Linien- und HR-Managern hinsichtlich der Effektivität des HRM sogar direkt untersucht. Das Ergebnis: HR-Manager bewerten die Effektivität des HCM durchgehend höher als die Linienmanager. Die Differenz ist dabei umso größer, je wichtiger und/oder strategischer die abgefragten Faktoren waren (vgl. *Wright et al.* (1998), S. 2 und S. 8-16). Allerdings sind die absoluten Differenzen nicht allzu groß. Hinzu kommt, und das ist noch viel wichtiger, die relative Einschätzung der Faktoren zueinander fällt relativ gleich aus. Das lässt vermuten: Bei der Bestimmung des Handlungsbedarfes kommen beide Gruppen auf ähnliche Priorisierungen.

In der Studie dieser Arbeit wurde diesem Phänomen in dreierlei Hinsicht Rechnung getragen: Erstens wurden nicht die Absolutwerte der Antworten in den Fragebögen berücksichtigt, sondern die relative Positionierung zum Durchschnitt. Wenn man davon ausgeht, dass der Grad der eventuellen „Übertreibung" in allen Unternehmen ähnlich ist, dann kann dieser Effekt auf diese Art und Weise herausgefiltert werden. Zweitens wurden bei vielen Unternehmen die Antworten in den Fragebögen auch von Personen außerhalb des Personalbereiches geprüft (s.o.). Und drittens, wurden die Studienergebnisse im Rahmen von Interviews und Workshops (s.u.) durch Praktiker begutachtet, die nicht im Personalbereich angesiedelt waren. In diesen Gesprächen ergaben sich übrigens keine nennenswerten Differenzen zu den Schlussfolgerungen, die bereits aus den anderen Informationsquellen gezogen werden konnten.

nicht nur aus dem Personalbereich, sondern auch aus der Geschäftsleitung oder dem Controlling ihrer Unternehmen, wodurch eine weitere Gelegenheit entstand, die Einschätzung der „internen" Kunden des WHCM zu berücksichtigen.

Neben der Vorstellung und Diskussion der Studienergebnisse wurde in den Interviews, die in der Regel zwischen 90 und 180 Minuten dauerten, drei weitere Fragen erörtert:

1. Welche Kausalitätsrichtung darf zwischen dem HCVI (Güte der Personalarbeit) und dem VAP/TSR (Wertschaffung) aufgrund der Erfahrungen des Gesprächspartners in seinem Unternehmen angenommen werden?

2. Welches sind die größten Schwierigkeiten, ein Konzept wie das WHCM in der Praxis umzusetzen?

3. Welche konkreten Empfehlungen kann man einem Human Capital Manager geben, der das WHCM auf Basis der vorliegenden Studienergebnisse in seinem Unternehmen einführen oder ausbauen möchte?

Insgesamt konnten die Nachteile, die eine indirekte und auf Fragebögen gestützte Befragung beinhaltet, durch die Gespräche mit den Praxisexperten weitgehend kompensiert werden: Im Rahmen der Interviews mit den Studienteilnehmern wurden z.B. deren Angaben in den Fragebögen noch einmal kritisch hinterfragt und plausibilisiert. Darüber hinaus bestand die Gelegenheit, von ihnen wesentlich detailliertere Informationen über die Art und Weise der Personalarbeit in ihren Unternehmen zu gewinnen und dabei auf den reichen Erfahrungsschatz der Gesprächspartner zurückzugreifen. Eine absolute Sicherheit über die Aussagekraft empirischer Forschungsergebnisse erlangt man zwar in der Regel nie. Jedoch wurde im Rahmen der bestehenden Möglichkeiten versucht, durch Nutzung verschiedenster Quellen und Methoden (Theorie, Statistik und Praxis) möglichst viele Fehlerquellen zu beseitigen.

Auf die statistischen Validitätstests und die einzelnen Ergebnisse der Studie geht nun das nächste Kapitel ein.

2   Darstellung und Interpretation der Studienergebnisse

Vor der eigentlichen Darstellung der Ergebnisse wird in Kapitel C.2.1 zunächst der zu Grunde liegende Datensatz der Studie beschrieben und die Validität des WHCM-Modell überprüft. Anschließend wird erst auf den Zusammenhang zwischen der Güte des *gesamten* WHCM und der Wertschaffung eingegangen (C.2.2) und danach detaillierter auf seine einzelnen Werttreiber (C.2.3). Kapitel C.2.4 beschäftigt sich in der Folge mit der Frage, ob es bestimmte Muster gibt, nach denen sich das WHCM in Unternehmen entwickelt bzw. ob es spezielle Werttreiberkombinationen gibt, die besonders wirkungsvoll sind. Inwieweit die Studienergebnisse vom Kontext des Unternehmens abhängen, wie z.B. der Branche oder der Landeskultur, wird in Kapitel C.2.5 erörtert. Mit einer Zusammenfassung der Ergebnisse und einem weiteren Zwischenfazit schließt dieses Kapitel (C.2.6).

2.1 Überprüfung des WHCM-Modells

Zur Überprüfung des WHCM-Modells gehören drei Teilaspekte: Die Beschreibung des Datensatzes (C.2.1.1), der Test auf Repräsentativität der Stichprobe (C.2.1.2) sowie die Überprüfung der Validität und Reliabilität des Modells (C.2.1.3).

2.1.1 Beschreibung des Datensatzes

Im Rahmen der WHCM-Studie wurden Fragebögen an 411 Unternehmen verschickt. Dabei kamen acht Fragebögen unbeantwortet wieder zurück, weil die betreffenden Unternehmen in der Zwischenzeit entweder fusioniert hatten oder es sich bei ihnen lediglich um eine Finanzholding ohne eigene Personalabteilung handelte. Von den verbleibenden 403 Unternehmen haben sich 72 für die Teilnahme an der Studie entschieden und den Fragebogen beantwortet. Das entspricht einer Rücklaufquote von ca. 18%. Allgemein liegt die Rücklaufquote bei Fragebögen ohne vorherige Absprache mit den Unternehmen bei ca. 3-6%.[39] In anderen Studien aus der HPWS-Forschung, bei denen teilweise vor Versand der Fragebögen noch telefonische Anfragen durchgeführt wurden, liegt die Rücklaufquote ebenfalls um die 18%.[40] Vor diesem Hintergrund kann der erzielte Rücklauf – insbesondere unter Berücksichtigung des großen Umfanges des Fragebogens und der Vertraulichkeit der abgefragten Daten – als sehr zufrieden stellend gewertet werden. Zudem umfasste die Zielgruppe alle großen deutschen Aktiengesellschaften, die jeden Tag mit einer Vielzahl von Fragebögen überhäuft werden. Da zwei der Fragebögen erst nach Beginn der Auswertungen eintrafen, beruhen alle Kalkulationen dieser Studie auf einer Stichprobe von 70 Unternehmen.

Über die *Zusammensetzung* der Stichprobe ist aus der Darstellung in Abbildung 53 zu entnehmen: Die Studienteilnehmer stammten aus einer Vielzahl unterschiedlicher Branchen[41] mit Schwerpunkten in den Bereichen „Güter des privaten Verbrauches"[42], „Industriegüter" und „Dienstleistungen"[43]. Die ursprünglichen Branchenbezeichnungen wurden aus der Datenbank *Datastream* übernommen. Anschließend wurden diese Branchendefinitionen jedoch so

---

[39] Vgl. *Kastin, K.S.* (1999), S. 32.

[40] Für eine Übersicht mehrerer HPWS-Studien und ihrer Rücklaufquoten siehe *Becker, B.E./Huselid, M.A.* (1998a), S. 67.

[41] Die Branchenklassen wurden so definiert, dass sie einerseits inhaltlich klar voneinander trennbar waren, andererseits aber auch genügend Unternehmen enthielten, um die Branchenkategorisierung als Kontrollvariable verwenden zu können. Für spezielle Branchenanalysen war die Anzahl der Unternehmen hingegen nicht ausreichend (siehe zu diesem Thema auch Kapitel C.2.5.1).

[42] Z.B. Konsumgüter, Textilien oder Nahrungsmittel.

[43] Hier vor allem Finanzdienstleistungen (Banken und Versicherungen).

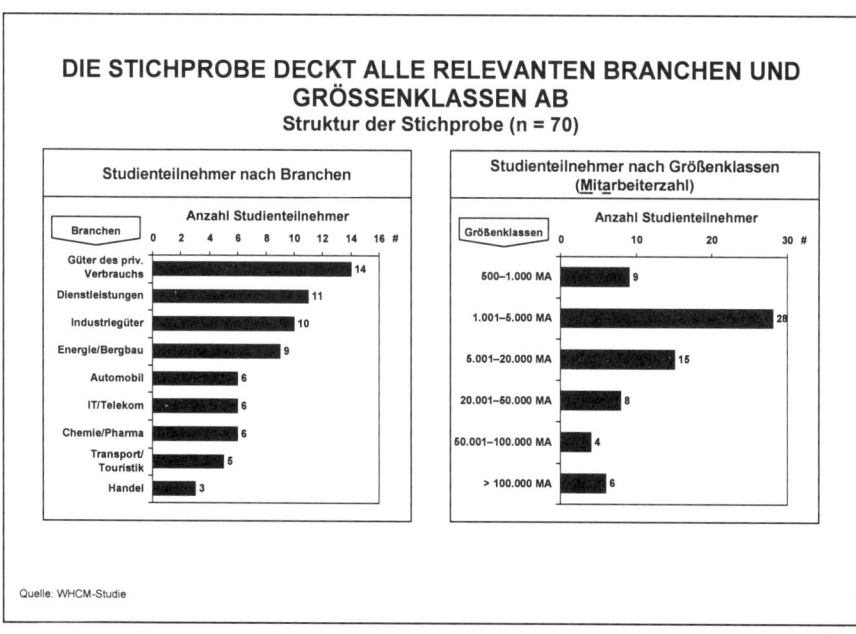

Abbildung 53: *Die Stichprobe der WHCM-Studie nach Branchen und Größenklassen*

weit aggregiert, dass die Anzahl der Unternehmen je Branchenklasse ausreichte, um das Branchenkriterium als Kontrollvariable sinnvoll einsetzen zu können. Für spezifische Branchenanalysen reichte die Anzahl der Unternehmen jedoch nicht aus.[44]

Hinsichtlich der Unternehmensgröße wurde durch die Stichprobe ebenfalls ein breites Spektrum abgedeckt. Dabei war die Größenklasse mit 1.000 bis 5.000 Mitarbeitern am stärksten vertreten. Es fanden sich aber auch kleinere Unternehmen mit weniger als 1.000 Mitarbeitern im Kreis der Studienteilnehmer wieder sowie große Konzerne mit mehr als 100.000 Beschäftigten.

Die Namen der Studienteilnehmer können an dieser Stelle zwar aus Vertraulichkeitsgründen nicht genannt werden. Der Anteil an bekannten und renommierten Unternehmen ist jedoch relativ hoch, was auf ein steigendes *Interesse* am WHCM in der deutschen Wirtschaft hindeutet.

---

[44] Siehe zum Thema branchenspezifischer Unterschiede in der Personalarbeit auch Kapitel C.2.5.1.

2.1.2   Repräsentativität der Stichprobe

Eine Stichprobe gilt als repräsentativ, wenn die in ihr enthaltenen Elemente die relevante[45] Struktur der Grundgesamtheit abdecken. Die Repräsentativität stellt somit ein wichtiges Gütekriterium im Rahmen von Teilerhebungen[46] dar.[47]

Im Zuge der WHCM-Studie bestand eines der größten Bedenken darin, ob die Repräsentativität der Stichprobe zu sehr durch den so genannten „Response Bias" verletzt werden könnte.[48] Das heißt, es bestand die konkrete Befürchtung, ob (finanziell) erfolgreichere Unternehmen eher an der Studie teilnehmen würden, als weniger erfolgreiche. Die dahinter stehende Logik: Eine erfolgreiche Firma könnte sich eher extern benchmarken[49] lassen, als eine, die weniger zuversichtlich auf ihr späteres Abschneiden in der Studie hoffen darf – auch im Hinblick auf das WHCM. Träfe diese Logik zu, dann wäre die Stichprobe nicht repräsentativ und der Zusammenhang zwischen dem WHCM und der Wertschaffung würde voraussichtlich überschätzt werden.

Huselid auch *Ichniowski*[50] sind die Einzigen, die den Einfluss des „Response Bias" in ähnlichen Studien durch *ökonometrische* Tests überprüft haben. Im Ergebnis konnte sie jedoch beide keine signifikanten Effekte in dieser Hinsicht feststellen.[51] Dennoch wurde auch in der WHCM-Studie der Einfluss eines möglicherweise untypischen Antwortverhaltens auf die Repräsentativität der Ergebnisse getestet.

Eines der gängigsten statistischen Verfahren zur Überprüfung der Repräsentativität einer Stichprobe ist der Mittelwertvergleich bzw. der Vergleich der Mediane. Dabei wird geprüft, ob es eine signifikante Differenz zwischen dem Mittelwert/Median der Grundgesamtheit und dem der Stichprobe bezüglich eines bestimmten Merkmals gibt. Ist dem nicht so, wird die Stichprobe als repräsentativ angesehen.[52] Aus den oben genannten Gründen wurde in dieser Studie der Unternehmenserfolg als Messkriterium gewählt, ausgedrückt durch den TSR. Weil die Grundgesamtheit[53] bezüglich des TSR das Normalverteilungskriterium nicht ganz erfüllte[54], wurde ein nicht-parametrisches Testverfahren gewählt, um den Vergleich der Mediane

---

[45] Die relevante Struktur beinhaltet alle Merkmalsausprägungen, die für die Studienergebnisse von signifikanter Bedeutung sind.

[46] Teilerhebung: Es werden nur Daten eines Ausschnittes der Grundgesamtheit erhoben.

[47] Vgl. *Hauser, S.* (2000), S. 23.

[48] Vgl. u.a. Becker, B.E./Huselid, M.A. (1998a), S. 66.

[49] Den Unternehmen wurde unter anderem ein Benchmarking ihres WHCM und ihrer Wertschaffung als Gegenleistung für die Studienteilnahme angeboten.

[50] Vgl. *Huselid, M.A.* (1995) und *Ichniowski, C.* (1990).

[51] Vgl. auch *Becker, B.E./Huselid, M.A.* (1998a). Als Testmethode wurde das Verfahren von *Heckman* gewählt (vgl. *Heckman, J.J.* (1979), S. 153-161).

[52] Vgl. z.B. *Bühl, A./Zöfel, P.* (2000), S. 259.

[53] Hier: Alle 411 angeschriebenen Unternehmen. Als Grundgesamtheit alle existierenden Unternehmen oder Aktiengesellschaften anzunehmen, wäre nicht praktikabel gewesen.

[54] $p < 0,05$ im *Kolmogorov-Smirnov-Verteilungstest* (d.h., es besteht eine signifikante Abweichung von der Normalverteilung); vgl. u.a. *Bühl, A./Zöfel, P.* (2000), S. 294f.

vorzunehmen. Da beide Datenmengen unabhängig voneinander waren[55], konnte der Medianvergleich mit Hilfe des U-Test nach *Mann* und *Whitney*[56] durchgeführt werden. Dieser ergab mit einem p = 0,419 keinen signifikanten Unterschied der Mediane beider Datenmengen. Das heißt: Es konnte die Repräsentativität der Stichprobe hinsichtlich des Unternehmenserfolges angenommen werden. Andere Faktoren, wie Branche, Unternehmensgröße oder Wachstum wurden ohnehin durch die Kontrollvariablen erfasst.

Um jedoch den „Response Bias" *direkt* zu untersuchen, wurde mittels regressionsanalytischer Verfahren getestet, ob es einen signifikanten Zusammenhang zwischen der Beantwortung bzw. Nichtbeantwortung des Fragebogens und dem Unternehmenserfolg (TSR) gab. Als Methode wurde hierfür die binäre logistische Regression gewählt.[57] Das Ergebnis deckte sich jedoch mit der Repräsentativitätsanalyse: Die Entscheidung der angeschriebenen Firmen, den Fragebogen zu beantworten, war nicht signifikant vom Erfolg ihres Unternehmens abhängig.[58]

Qualitative Beobachtungen unterstreichen diese Schlussfolgerungen: Erstens wurden in den Fragebögen keinesfalls nur positive Urteile abgegeben, sondern auch relativ viele *kritische* Selbsteinschätzungen. Zweitens ergaben Gespräche mit Studienteilnehmern, dass es für Unternehmen mit schlechterer Personalarbeit bzw. finanziellem Erfolg ebenfalls eine Motivation gab, an der Studie teilzunehmen – nämlich „handfeste" Hinweise dafür zu erlangen, dass die eigene Personalarbeit verbessert werden muss und auf welchem Wege dieses am besten geschehen kann. Dahinter standen häufig: a) Personalleiter, die relativ neu in diese Position gekommen waren und keine Verantwortung für die bisherige Personalarbeit in ihren Unternehmen besaßen. b) Personalleiter, die etwas in ihrem Bereich ändern wollten, aber dafür bei ihren Vorgesetzen bislang noch kein ausreichendes Gehör gefunden hatten oder c) Vorstände, die ihren Personalbereich einmal kritisch von außen bewerten lassen wollten. Fazit: Die Stichprobe kann bezüglich der studienrelevanten Kriterien als repräsentativ angesehen werden.

2.1.3 Reliabilität und Validität des WHCM-Modells

Neben der Praktikabilität, die hier nicht weiter diskutiert werden soll, wird die Güte von Messinstrumenten bzw. -modellen durch ihre Reliabilität und Validität bestimmt.[59]

---

[55] Das heißt: Nicht jedem Element der Menge A konnte auch ein Element der Menge B zugeordnet werden (vgl. z.B. *Bühl, A./Zöfel, P.* (2000), S. 98).
[56] Vgl. u.a. *Bühl, A./Zöfel, P.* (2000), S. 276-278.
[57] Vgl. u.a. *Bühl, A./Zöfel, P.* (2000), S. 337-346 und zur Anwendung in der HPWS-Forschung siehe z.B. *Delery, J.E./Doty, D.H.* (1996), S. 818; vgl. dazu auch *Osterman, P.* (1994), S. 173-188.
[58] Die Signifikanz des Regressionskoeffizienten b lag bei p = 0,5 und war damit nicht signifikant.
[59] Vgl. u.a. *Hamman, P./Erichson, B.* (1990), S. 74.

Reliabilität

Mit der Reliabilität wird die *Zuverlässigkeit* eines Messinstrumentes bezeichnet, ausgedrückt durch die Höhe seines *un*systematischen Fehlers bzw. *Zufalls*fehlers. Oder anders: Die Häufigkeit, in der man bei wiederholter Messung des selben Konstruktes immer wieder das gleiche Ergebnis erhalten würde.

Im Zusammenhang mit dieser Studie war besonders wichtig zu testen, ob alle Modellvariablen dafür geeignet waren, die Güte des WHCM auch tatsächlich zu bestimmen und damit als potenzielle Werttreiber gelten zu können. Bestimmt wurde die Reliabilität der Variablen durch die Berechnung von *Cronbach's Alpha*.[60] Die entsprechenden Ergebnisse finden sich im nächsten Kapitel, in dem genauer erläutert wird, wie sich die verschiedenen Werttreibergruppen zusammensetzen.

Validität

Im Gegensatz zur Reliabilität bezeichnet die Validität die *Gültigkeit* eines Messinstrumentes, ausgedrückt durch seinen *systematischen* bzw. *konstanten* Fehler. Oder anders: Die Höhe des Fehlers, der bei wiederholter Messung immer wieder in gleicher Weise auftreten würde. Hinsichtlich der Validität stand in dieser Untersuchung vor allem die Frage im Vordergrund: Gibt es Faktoren *außerhalb* des WHCM, die nicht durch das Modell gemessen werden, aber positiv mit ihm korrelieren?[61] In diesem Falle würde nämlich der Effekt des WHCM auf die Wertschaffung überschätzt werden.

Berücksichtigen kann man derartige Faktoren am geeignetsten, wenn man sie separat erhebt und als Kontrollvariablen einsetzt. Aus diesem Grund wurden zusätzlich zum WHCM die folgenden „Rahmenbedingungen" der Personalarbeit erfasst (siehe auch Kapitel B.4.5):

- Die Qualität[62] und der Umfang der informationstechnologischen Ausstattung eines Unternehmens.

---

[60] Vgl. hierzu Kapitel C.1.3.3.2.

[61] Die Korrelation könnte z.B. daher stammen, dass dieser Faktor (z.B. die IT-Ausstattung) vom Erfolg des Unternehmens abhängt (mit dem auch das WHCM korreliert, wie später noch gezeigt wird). Oder: Dieser Faktor ist einfach Ausdruck der Tatsache, dass erfolgreiche Unternehmen nicht nur in einer Dimension erfolgreich sind, sondern in vielen: dem WHCM, aber auch anderen. Allerdings könnte man auch umgekehrt argumentieren: Gerade Firmen, denen es finanziell schlecht geht, versuchen, das WHCM als letzten Strohhalm zu ergreifen, um ihre Lage zu verbessern (vgl. *Huselid, M.A./Becker, B.E.* (1996), S. 402-405).

[62] Als Anhaltspunkt für die Qualität wurde der jeweilige Wettbewerbsdurchschnitt angesetzt. Dabei kann die relative Einschätzung zum Wettbewerb in der Praxis häufig deshalb vorgenommen werden, weil persönliche Kontakte zwischen den Mitarbeitern der verschiedenen Unternehmen einer Branche bestehen (z.B. in Fachverbänden oder privat), selbst wenn ihre Firmen auf dem Markt konkurrieren (Quelle: Experteninterviews).

• Die Qualität und der Umfang der sonstigen technischen Ausstattung (z.b. der Maschinenpark) eines Unternehmens.

• Die Qualität der sonstigen Rahmenbedingungen in einem Unternehmen, wie z.b. die räumlichen oder geographischen Faktoren.

Durch partielle Korrelationsmessung konnte hierzu festgestellt werden: Die drei genannten Rahmenfaktoren haben keinen signifikanten Einfluss auf den Unternehmenserfolg (VAP 1999).[63] Auch konnte keine signifikante Korrelation zwischen diesen Rahmenbedingungen (insgesamt) und der Güte des WHCM (= HCVI) gemessen werden.[64] Lediglich der Teilaspekt „Technische Unterstützung" korrelierte signifikant mit dem HCVI, was jedoch aufgrund seiner nicht nachweisbaren Relevanz für den Unternehmenserfolg nicht weiter ausschlaggebend war.[65] Fazit: Auf Grundlage der durchgeführten Tests konnte auch die Validität des Modells bestätigt werden.[66]

2.2 Zusammenhang zwischen der Güte des WHCM und der Wertschaffung

Zu Beginn dieses Kapitels wird als Erstes ein kurzer Überblick darüber gegeben, wie sich die sieben Wertreibergruppen des HCVI zusammensetzen, um die Variable „Güte des WHCM" eindeutig zu definieren (C.2.2.1). Anschließend werden die Ergebnisse über die Zusammenhänge der wichtigsten Modellvariablen vorgestellt: HCVI und VAP (C.2.2.2) sowie HCVI und TSR (C.2.2.3).

2.2.1 Die sieben Werttreibergruppen des Human Capital Valuation Indexes

Bevor der Zusammenhang zwischen der Güte des WHCM und der Wertschaffung gemessen werden konnte, musste die genaue Zusammensetzung des Human Capital Valuation Indexes (HCVI) bestimmt werden. Ausgehend von den in Kapitel B.4.4.2 dargestellt Variablengruppen des WHCM-Modells, wurden die Werttreibergruppen anhand verschiedener Kriterien gebildet.

---

[63] Bei allen drei Faktoren ergab die Korrelationsmessung ein p > 0,1.
[64] Korrelation mit dem HCVI: r = 0,18 (p = 0,16); partielle Korrelation unter Berücksichtigung der Kontrollvariablen des WHCM-Modells; zweiseitige Teststatistik.
[65] r = - 0,01 (p = 0,47), bezogen auf den VAP 1999.
[66] In der Realität gibt es noch weitere Faktoren, die hier nicht getestet wurden (z.B. Auswahl der Unternehmensstrategie, Preis- oder Absatzpolitik). Diese alle zu berücksichtigen, hätte die gegebenen Möglichkeiten der Studie überstiegen. Nach Vergleich anderer empirischer Untersuchungen zu diesem Thema kann jedoch davon ausgegangen werden, dass bereits die große Mehrzahl der relevanten Faktoren im WHCM-Modell berücksichtigt worden ist.

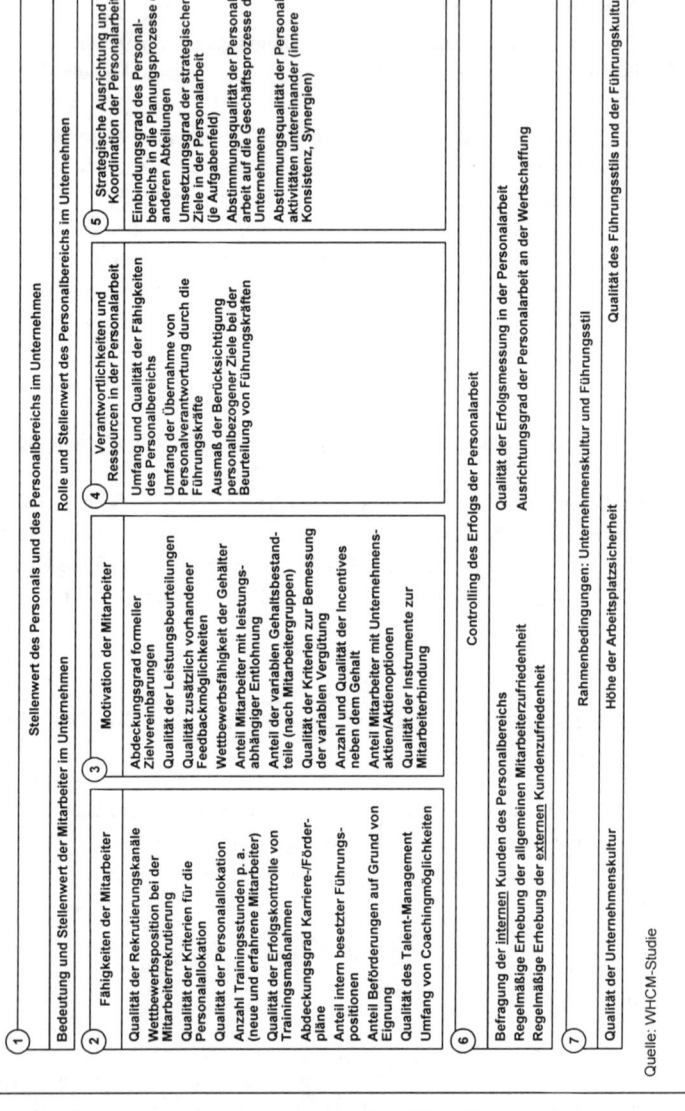

DIE SIEBEN WERTTREIBERGRUPPEN DES WHCM DECKEN ALLE RELEVANTEN BEREICHE DER PERSONALARBEIT AB

① Bedeutung und Stellenwert der Mitarbeiter im Unternehmen

Stellenwert des Personals und des Personalbereichs im Unternehmen

Rolle und Stellenwert des Personalbereichs im Unternehmen

② Fähigkeiten der Mitarbeiter

Qualität der Rekrutierungskanäle
Wettbewerbsposition bei der Mitarbeiterrekrutierung
Qualität der Kriterien für die Personalallokation
Qualität der Personalallokation
Anzahl Trainingsstunden p. a. (neue und erfahrene Mitarbeiter)
Qualität der Erfolgskontrolle von Trainingsmaßnahmen
Abdeckungsgrad Karriere-/Förderpläne
Anteil intern besetzter Führungspositionen
Anteil Beförderungen auf Grund von Eignung
Qualität des Talent-Management
Umfang von Coachingmöglichkeiten

③ Motivation der Mitarbeiter

Abdeckungsgrad formeller Zielvereinbarungen
Qualität der Leistungsbeurteilungen
Qualität zusätzlich vorhandener Feedbackmöglichkeiten
Wettbewerbsfähigkeit der Gehälter
Anteil der Mitarbeiter mit leistungsabhängiger Entlohnung
Anteil der variablen Gehaltsbestandteile (nach Mitarbeitergruppen)
Qualität der Kriterien zur Bemessung der variablen Vergütung
Anzahl und Qualität der Incentives neben dem Gehalt
Anteil Mitarbeiter mit Unternehmensaktien/Aktienoptionen
Qualität der Instrumente zur Mitarbeiterbindung

④ Verantwortlichkeiten und Ressourcen in der Personalarbeit

Umfang und Qualität der Fähigkeiten des Personalbereichs
Umfang der Übernahme von Personalverantwortung durch die Führungskräfte
Ausmaß der Berücksichtigung personalbezogener Ziele bei der Beurteilung von Führungskräften

⑤ Strategische Ausrichtung und Koordination der Personalarbeit

Einbindungsgrad des Personalbereichs in die Planungsprozesse der anderen Abteilungen
Umsetzungsgrad der strategischen Ziele in der Personalarbeit (je Aufgabenfeld)
Abstimmungsqualität der Personalarbeit auf die Geschäftsprozesse des Unternehmens
Abstimmungsqualität der Personalaktivitäten untereinander (innere Konsistenz, Synergien)

⑥ Controlling des Erfolgs der Personalarbeit

Befragung der internen Kunden des Personalbereichs
Regelmäßige Erhebung der allgemeinen Mitarbeiterzufriedenheit
Regelmäßige Erhebung der externen Kundenzufriedenheit

Qualität der Erfolgsmessung in der Personalarbeit
Ausrichtungsgrad der Personalarbeit an der Wertschaffung

⑦ Rahmenbedingungen: Unternehmenskultur und Führungsstil

Qualität der Unternehmenskultur
Höhe der Arbeitsplatzsicherheit

Qualität des Führungsstils und der Führungskultur

Abbildung 54: Übersicht zur Zusammensetzung der WCHM-Werttreibergruppen

Zu diesen Kriterien gehörten:

- Die Korrelation[67] der Variablen mit dem VAP – unter Berücksichtigung des Signifikanzniveaus.
- Die Reliabilität der Werttreibergruppen, gemessen durch *Cronbach's Alpha* (s.o.).
- Sowie die inhaltliche Zusammengehörigkeit der einzelnen Variablen.

Im Ergebnis wurden sieben Werttreibergruppen mit den folgenden Reliabilitätswerten[68] definiert:

1. Stellenwert des Personals und der Personalarbeit im Unternehmen (Alpha = 0,72)

2. Fähigkeiten der Mitarbeiter (Alpha = 0,77)

3. Motivation der Mitarbeiter (Alpha = 0,67)

4. Verantwortlichkeiten und Ressourcen der Personalarbeit (Alpha = 0,65)

5. Strategische Ausrichtung und Koordination der Personalarbeit (Alpha = 0,79)

6. Controlling des Erfolges der Personalarbeit (Alpha = 0,57)

7. Rahmenbedingungen: Unternehmenskultur und Führungsstil (Alpha = 0,71).

Eine Übersicht, wie die verschiedenen Werttreibergruppen zusammengesetzt sind, enthält die Abbildung 54. Die inhaltliche Beschreibung der einzelnen Werttreiber sowie die Ergebnisse zu den Variablen, die nicht in den HCVI[69] eingeflossen sind, folgt in Kapitel C.2.3.

2.2.2 Zusammenhang zwischen Human Capital Valuation Index und VAP

In den Kernhypothesen 1a und 2a wurde ein positiver Zusammenhang zwischen der Güte des WHCM und dem VAP postuliert, der eine ökonomisch signifikante Bedeutung aufweist.[70] Aus der Punktewolke in Abbildung 55 kann man den Zusammenhang zwischen dem HCVI und VAP bereits *optisch* erkennen. Berücksichtigt man zusätzlich die Kontrollvariablen des

---

[67] Hierbei handelte es sich um partielle Korrelationen mit den bereits genannten Kontrollvariablen (vgl. Kapitel B.4.5.) und einer einseitigen Teststatistik. Als Signifikanzniveau wurde grundsätzlich p < 0,05 gewählt. In Einzelfällen, in denen eine Variable aus inhaltlich-theoretischer Sicht wichtig für den HCVI gewesen ist und mit anderen signifikanten Variablen korrelierte, wurden auch niedrigere Signifikanzniveaus akzeptiert.

[68] Die unten aufgeführten Zahlen zur Reliabilität der Werttreibergruppen können als gut bewertet werden. Zum Vergleich: Die beiden Indices „Employee skills and organizational structures" und „Employee motivation" in der anerkannten Studie von *Huselid* (1995) weisen ein *Cronbach's Alpha* von 0,67 bzw. 0,66 auf (vgl. *Huselid, M.A.* (1995), S. 646).

[69] Der HCVI, zusammengesetzt aus den 7 Werttreibergruppen, wies selber ein *Cronbach's Alpha* von 0,87 auf.

[70] Steigerung des Unternehmenswertes um mindestens 10% bei signifikanter Verbesserung der Güte des WHCM.

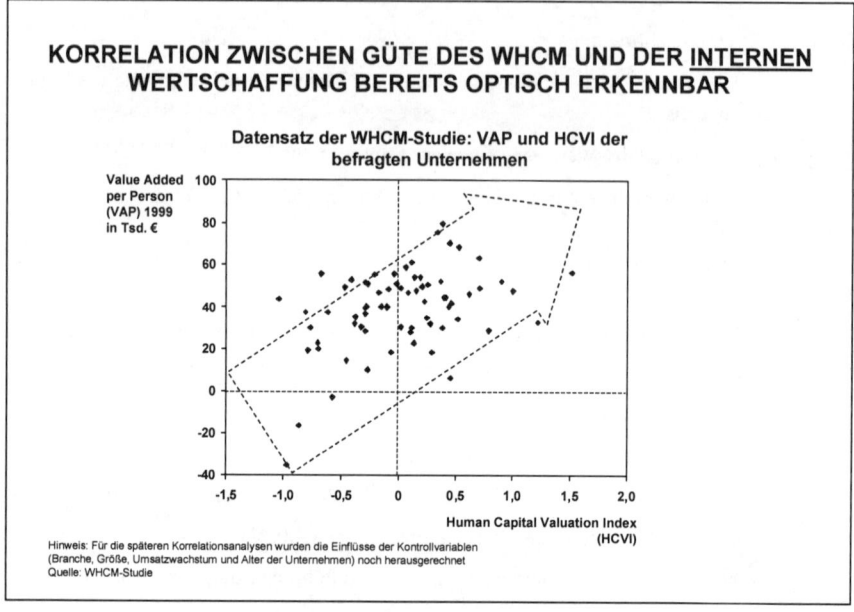

KORRELATION ZWISCHEN GÜTE DES WHCM UND DER INTERNEN WERTSCHAFFUNG BEREITS OPTISCH ERKENNBAR

Abbildung 55: Datensatz: VAP und HCVI der befragten Unternehmen

Modells[71], so ergibt sich auch statistisch eine höchst signifikante und hohe (partielle) Korrelation dieser beiden Größen mit r = 0,52.[72]

Zur Absicherung und Kontrolle wurde die gleiche Messung auch mit *un*gewichteten Variablen durchgeführt, wobei ein ähnlich signifikantes und positives Ergebnis auftrat.[73] Die Kernhypothese 1a konnte somit bestätigt werden.

Ein wirkliches Gewicht erhält diese Aussage jedoch erst, wenn gleichzeitig auch die Hypothese 1c zum *kausalen* Einfluss des WHCM auf den VAP bestätigt werden kann. In der

---

[71] Branchen, Firmengröße/Mitarbeiterzahl, Umsatzwachstum und Firmenalter.

[72] Partielle Korrelation unter Berücksichtigung der Kontrollvariablen des WHCM-Modells, einseitige Teststatistik und Irrtumswahrscheinlichkeit p < 0,001. Durch den Korrelationskoeffizienten r wird beschrieben, wie eng der lineare Zusammenhang zweier Merkmale ist. Sein Wertebereich geht von +1 bis -1. Bei r = +1 besteht ein perfekter positiver und bei r = -1 ein perfekter negativer Zusammenhang. Ist r = 0, existiert überhaupt kein linearer Zusammenhang (vgl. Bortz, J. (1999), S. 198). Mathematisch kann r wie folgt interpretiert werden: Bei zwei mediandichotomisierten symmetrisch verteilten Merkmalen wird durch die mit 100% multiplizierte Korrelation r angegeben, „ ... *um wieviel Prozent die Fehlerquote der empirischen 4-Felder-Klassifikation gegenüber einer zufälligen Klassifikation reduziert wird.*" (Ebenda, S. 202). Hinweis: In den folgenden Korrelationsanalysen wurden ebenfalls partielle Korrelationen unter Berücksichtigung der Kontrollvariablen (Branche, Firmengröße/Mitarbeiterzahl, Umsatzwachstum und Firmenalter) mit einseitiger Teststatistik durchgeführt. Jedoch wird zur Vereinfachung nachfolgend nur noch von „Korrelation" gesprochen.

[73] r = 0,44 und p < 0,001.

Literatur wird hierzu von einigen Autoren der Standpunkt vertreten, Kausalität sei empirisch-statistisch überhaupt nicht nachweisbar und wenn, dann überhaupt nur durch die Mittel der Logik.[74] Selbst mit Hilfe moderner statistischer Methoden, wie z.b. dem LISREL-Ansatz, in dem Kausalhypothesen „exploriert" werden, können keine Kausalzusammenhänge nachgewiesen oder gar bewiesen werden.[75] Unter diesem Vorbehalt müssen daher auch die Ergebnisse von *Huselid* bewertet werden, der mit ökonometrischen Methoden keine Indizien dafür finden konnte, dass profitablere Unternehmen grundsätzlich auch ein besseres (W)HCM praktizieren.[76] Ein weiteres Indiz für die Hypothese 1c lieferten jedoch Studien von *Becker* und *Huselid*, die signifikante Zeitverzögerungen (Time-Lags) zwischen der Implementierung von HCM-Praktiken und dem entsprechenden Erfolg der Unternehmen nachweisen konnten, was auf die vermutete Reihenfolge von Ursache und Wirkung hindeutete.[77] Nichtsdestotrotz waren weitere *qualitative* Beobachtungen zur Annahme der Hypothese 1c notwendig.

Als prominentes Beispiel für den Einfluss des WHCM auf den Unternehmenserfolg mag der Turnaround des bekannten amerikanischen Konzerns *Sears, Roebuck and Co.* dienen: Nachdem dieses Unternehmen in den frühen 90ern unter strategischer Orientierungslosigkeit und Verlusten in Höhe mehrerer Milliarden US-Dollar gelitten hatte, gelang ihm in der Folgezeit ein bemerkenswerter Umschwung. Ausgangspunkt dieser Erfolgsgeschichte war eine Strategie, die *Sears* mit drei Zielen charakterisierte: Für Investoren „A Compelling Place to Invest" zu sein, für Kunden „A Compelling Place to Shop" und für Mitarbeiter „A Compelling Place to Work". Damit sich diese hehren Leitsätze auch in der Praxis niederschlugen, wurde die Vision des Unternehmens durch eine Vielzahl harter Daten und Analysen untermauert:

> *"It was exciting stuff. We could see how employee attitudes drove not just customer service but also employee turnover and the likelihood that employees would recommend Sears and its merchandise to friends, family and customers. We discovered that an employee's ability to see the connection between his or her work and the company's strategic objectives was a driver of positive behavior. ... We were also able to establish fairly precise statistical relationships. We began to see exactly how a change in training or business literacy affected revenues."*[78]

Durch die verwendete „Employee-Customer-Profit-Chain" konnte *Sears* beispielsweise nachweisen: Eine positive Veränderung der Mitarbeitereinstellung um 5 Maßeinheiten bewirkt einen Anstieg des Kundeneindruckes um 1,3 Maßeinheiten, der seinerseits wieder zu einem

---

[74] Vgl. ebenda, S. 226.
[75] Vgl. ebenda S. 466.
[76] Vgl. *Huselid, M.A.* (1995), S. 665. Als Methode wurde der *Hausman-Specification-Test* verwendet; vgl. *Hausman, J.A.* (1978), S. 1251-1271 oder mit Praxisbeispielen: *Pindyck, R.S./Rubinfeld, D.L.* (1997), S. 352f.
[77] Vgl. *Becker, B.E./Huselid, M.A.* (1998a), S. 73 und (1998b), S. 5.
[78] Vgl. *Rucci, A.J./Kirn, S.P./Quinn, R.T.* (1998), S. 90.

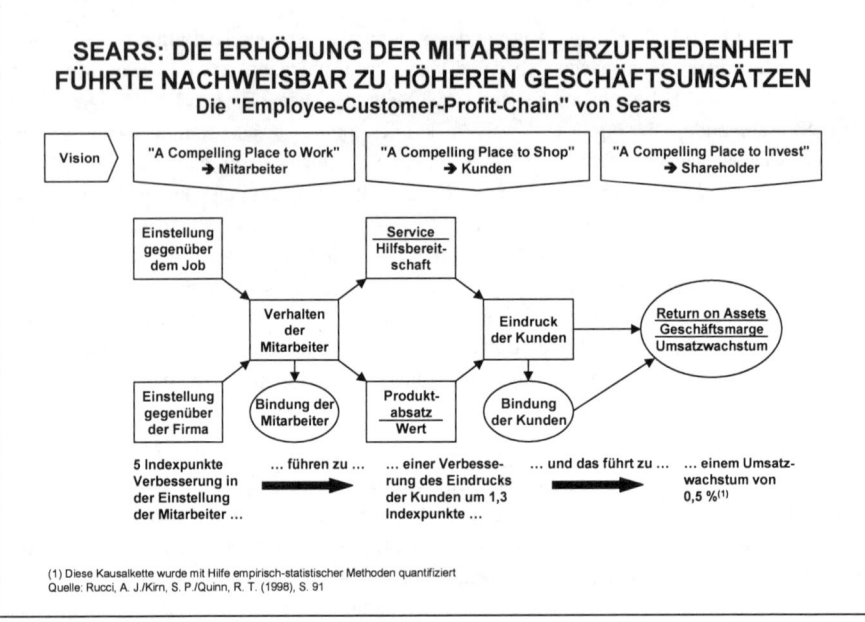

**SEARS: DIE ERHÖHUNG DER MITARBEITERZUFRIEDENHEIT
FÜHRTE NACHWEISBAR ZU HÖHEREN GESCHÄFTSUMSÄTZEN**
Die "Employee-Customer-Profit-Chain" von Sears

Abbildung 56: Die „Employee-Customer-Profit-Chain von Sears

Umsatzwachstum von 0,5% führt. In Abbildung 56 ist die zu Grunde liegende Kausalitäts-
kette auch noch einmal graphisch dargestellt.[79]

Dass *Sears* in dieser Beziehung keinen Einzelfall darstellt, zeigen die folgenden Beispiele von
Firmen, die durch den Wandel ihrer Unternehmenskultur aus einem wirtschaftlichen Tal zu
neuem Erfolg gefunden haben:[80]

British Airways (1982-1985)[81]: Nach Verlusten in den Jahren 1977-1982 in Höhe von
GBP 520 Mio. Turnaround durch Kulturwandel.
Danach GBP 1.089 Mio. Gewinne zwischen 1984 und
1988.

---

[79] Vgl. ebenda, S. 91. Als Messmethode wurde mit so genannten „Causal Pathway Models" gearbeitet. Obwohl
auch hier die oben genannten Limitationen statistischer Methoden zu berücksichtigen sind, spricht für die
Existenz der beobachteten Kausalrichtung, dass *zuerst* die Strategie und die Personalarbeit geändert wurden
und sich erst dann der finanzielle Erfolg einstellte. Hinsichtlich des genannten direkten Zusammenhanges
zwischen Mitarbeitereinstellung und Umsatzwachstum ist jedoch einzuwenden: Rechnerisch mag es diesen
Zusammenhang geben, in der Praxis ist hingegen von einem netzwerkartigen Wirkungsgeflecht auszugehen
(siehe auch Kapitel B.4.2.1). Für die Richtung des Kausalzusammenhanges, auf die es in diesem Beispiel
ankommt, ist dies jedoch weniger entscheidend.

[80] Vgl. *Kotter, J.P./Heskett, J.L.* (1992), S. 85. Ausführlicher zum Thema Unternehmenskultur siehe die Kapitel
B.1.1.4.11 und C.2.3.8.1.

[81] Die Jahreszahlen in Klammern stehen für die Periode des Kulturwandels.

Nissan (1985-1990):   Durch die Veränderung der Unternehmenskultur wurde 1988/1989 der fünfzehnjährige Fall des nationalen Marktanteils umgekehrt und der Jahresüberschuss zwischen 1987 und 1990 von USD 165 Mio. auf USD 939 Mio. mehr als verfünffacht.

Xerox (1983-1989):   Nachdem Xerox vor allem durch japanische Konkurrenten massiv an Markteinteil verloren hatte, konnte die Marktposition der Firma durch eine neue Unternehmenskultur zwischen 1983 und 1989 wieder deutlich verbessert werden: Erhöhung des ROA von 5% auf 12,4%, Umsatzanstieg von USD 8,5 Mrd. auf USD 17,5 Mrd. sowie Steigerung des Anteils im Markt für Kopierer von 8,6% auf 16% (1991). 1991 erhielt Xerox zusätzlich noch den „Malcolm Baldrige National Quality Award".

Eine weitere Bestätigung für den Einfluss des WHCM auf die Wertschaffung konnte im Rahmen der Interviews mit Praxisexperten gewonnen werden, in denen explizit nach diesem Punkt gefragt wurde. Dabei konnten einige Firmenvertreter sehr konkrete „Beweise" aus ihrem Unternehmen liefern, entweder weil dort die zu Grunde liegenden Wirkungsketten explizit analysiert worden waren oder der Erfolg des (W)HCM besonders deutliche Zeichen gesetzt hatte. So beschrieb z.B. einer der befragten Personalleiter: Bei der Expansion nach China habe das Geschäft seiner Firma zunächst sehr lange vor sich „hingedümpelt". Erst nachdem vor Ort ein neuer und hoch qualifizierter Human Capital Manager eingesetzt worden war, der neue Leitlinien für die Personalarbeit entworfen und umgesetzt hatte, konnte das Unternehmen auch dort in die Gewinnzone geführt werden. Von den Gesprächspartnern wurde zwar gleichzeitig anerkannt, dass die Personalarbeit durch ein erfolgreiches Unternehmen mit ausreichend finanziellen Ressourcen grundsätzlich erleichtert werden könne. Eine notwendige Voraussetzung für eine effektive Personalarbeit sei der Unternehmenserfolg jedoch nicht.

Zwischenfazit: Die Güte des WHCM beeinflusst maßgeblich die Wertschaffung eines Unternehmens (und weniger umgekehrt), was sowohl durch quantitative als auch qualitative Ergebnisse belegt werden konnte. Das bedeutet, auch die Hypothese 1c kann angenommen werden.

Aber ist der Einfluss des WHCM auf den VAP auch ökonomisch relevant? Diese Hypothese (2a) wurde mit Hilfe einer multiplen Regressionsanalyse überprüft. Insgesamt ergab die entsprechende Regressionsgleichung ein korrigiertes R-Quadrat[82] von 0,563, also einen

---

[82]   Vgl. hierzu u.a. Bühl, A./Zöfel, P. (2000), S. 318-320.

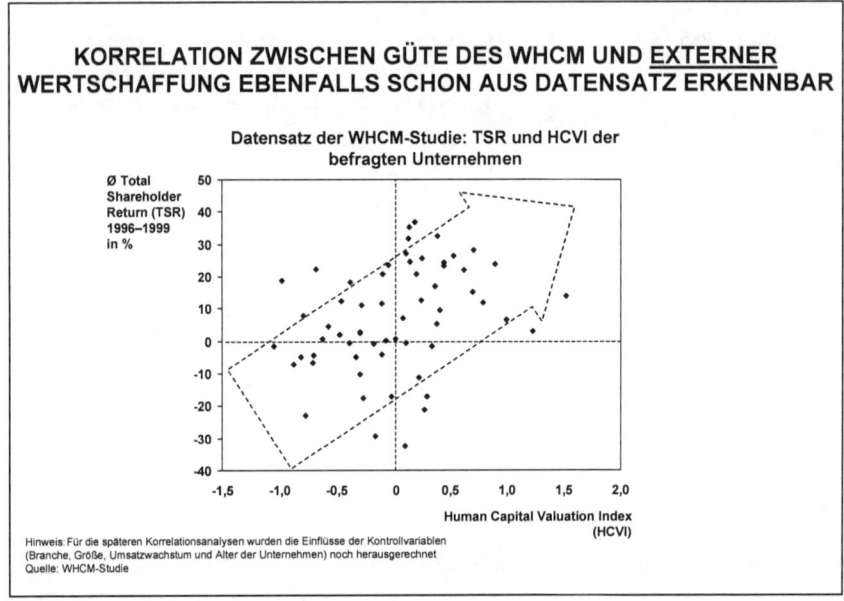

KORRELATION ZWISCHEN GÜTE DES WHCM UND EXTERNER WERTSCHAFFUNG EBENFALLS SCHON AUS DATENSATZ ERKENNBAR

Datensatz der WHCM-Studie: TSR und HCVI der befragten Unternehmen

Ø Total Shareholder Return (TSR) 1996–1999 in %

Human Capital Valuation Index (HCVI)

Hinweis: Für die späteren Korrelationsanalysen wurden die Einflüsse der Kontrollvariablen (Branche, Größe, Umsatzwachstum und Alter der Unternehmen) noch herausgerechnet
Quelle: WHCM-Studie

Abbildung 57: *Empirischer Zusammenhang zwischen Marktwert und Güte des High Performance Work Systems nach Becker und Huselid*

starken Zusammenhang zwischen den beiden Variablen HCVI und VAP. Beide Regressionskoeffizienten waren dabei signifikant: b[83] mit $p < 0{,}001$ und a mit $p = 0{,}05$. Die Ergebnisse der Kontrollvariablen ergaben einen negativen Einfluss auf den VAP durch die beiden Größen „Unternehmenswachstum" und „Firmenalter" sowie einen positiven durch die Variable „Unternehmensgröße". Anschließend wurden alle Variablen in der Regressionsgleichung konstant auf ihre Mittelwerte gesetzt und nur der HCVI um eine Standardabweichung erhöht[84] (d.h. eine signifikante Verbesserung des WHCM). Das Ergebnis: Eine signifikante Verbesserung des HCVI führt zu einer durchschnittlichen Erhöhung des VAP von circa *21%*. In Geldeinheiten ausgedrückt entspricht diese Veränderung einem durchschnittlichen Plus von *€ 8.280 pro Mitarbeiter und Jahr.*[85]

Aufgrund eigener empirischer Untersuchungen vertreten *Huselid* und *Becker* die Ansicht: Der Zusammenhang zwischen der Personalarbeit (HPWS) und dem Unternehmenserfolg ist *nicht* linear, sondern trägt insbesondere im zweiten und dritten Entwicklungsquintil (siehe Abbildung 57) des HPWS zu keiner signifikanten Wertsteigerung bei. Der Grund: In diesen Entwicklungsphasen werden zwar auch High Performance Work Practices angewendet, doch sind jene weder in sich konsistent noch auf die Unternehmensstrategie abgestimmt („Internal-

---

[83]   Für den HCVI.
[84]   Siehe zu dieser Vorgehensweise auch *Huselid, M.A.* (1995), S. 656.
[85]   Der durchschnittliche VAP lag in der Stichprobe bei € 39.339, die Standardabweichung bei € 19.363.

und External Fit").[86] Weil eine derartige Argumentation nachvollziehbar erschien, wurde in der WHCM-Studie ebenfalls geprüft, ob der Zusammenhang zwischen dem HCVI und VAP noch genauer durch eine nicht-lineare Funktion abgebildet werden könnte. Allerdings bot am Ende doch das lineare Modell die beste Annäherung an den real beobachteten Kurvenverlauf (F = 14,63, p < 0,001).[87]

Dieses abweichende Ergebnis lässt sich wahrscheinlich am ehesten durch die unterschiedliche Definition der unabhängigen Variablen erklären. Während in das Modell von *Becker* und *Huselid* 17 HPWS-Parameter eingeflossen sind, berücksichtigt das WHCM-Modell über 40 Variablen, die auch inhaltlich ein breiteres Spektrum abdecken.[88] Um den linearen Zusammenhang jedoch noch genauer zu erklären, bedarf es weiterer Analysen über den *Entwicklungsprozess* des WHCM in den Unternehmen. Daher wird dieses Thema noch einmal ausführlich in Kapitel C.2.4 aufgegriffen.

Als erstes wichtiges Ergebnis kann allerdings zusammenfassend bis hierher festgehalten werden: *Das WHCM hat einen positiven und ökonomisch relevanten Einfluss auf die interne Wertschaffung eines Unternehmens, gemessen durch den VAP.* Damit gelten die Hypothesen 1a, 1c und 2a als bestätigt.

Ob sich diese Wirkung auch auf die externe Wertschaffung (TSR) durchschlägt, wird im folgenden Kapitel erörtert.

2.2.3   Zusammenhang zwischen Human Capital Valuation Index und TSR

Ähnlich wie bei der „internen" Wertschaffung (VAP) kann man auch bei der „externen" bereits optisch anhand der Punktewolke in Abbildung 58 die Beziehung zwischen dem HCVI und dem TSR erkennen.[89] Durch partielle Korrelation wurde dieser Zusammenhang ebenfalls statistisch signifikant bestätigt, mit r = 0,31 und p = 0,014. Die entsprechende Vergleichs-messung mit *un*gewichteten Variablen ergab sogar ein noch deutlicheres Ergebnis mit r = 0,34 und p = 0,008. Die Hypothese 1b kann daher ebenfalls bestätigt werden.

---

[86] Der Berechnung liegt eine „Spline Function" zu Grunde, die zwar nicht in ihrer Gesamtheit, jedoch in ihren Einzelabschnitten linear verläuft (vgl. *Becker, B.E./Huselid, M.A.* (1998a), S. 75 sowie zum mathematischen Hintergrund u.a. *Pindyck, R.S./Rubinfeld D.L.* (1997), S. 136).

[87] Getestet wurden u.a. folgende Modelle: Quadratisch, Kubisch sowie „Zusammengesetzt" (vgl. *Bühl, A./Zöfel, P.* (2000), S. 361-364).

[88] Die 17 Variablen im Modell von *Becker* und *Huselid* decken die drei Dimensionen ab: HR-Strategy, Employee Motivation und Selection and Development (vgl. Becker, B.E./Huselid, M.A. (1998a), S. 74.

[89] Bei den Analysen dieses Kapitels musste der Datensatz um sechs Unternehmen der IT-Branche bereinigt werden. Der Grund: Es handelte sich bei diesen Unternehmen zumeist um Firmen, die erst seit kurzer Zeit an der Börse notiert waren und durch die starken Übertreibungen am Aktienmarkt besonders betroffen waren. Die zu Grunde gelegten Börsenkurse hätten somit kein realistisches Bild der tatsächlichen Wertschaffung geben können. Einige der Unternehmen wiesen beispielsweise einen TSR (1996-1999) von über 500% auf. Die schwache Aussagekraft dieses Ergebnisses unterstreicht der spätere Absturz jenes Wertes um über 90% in der Zeit von März 2000 bis Mitte 2001 (Quellen: *The Boston Consulting Group, OnVista AG*).

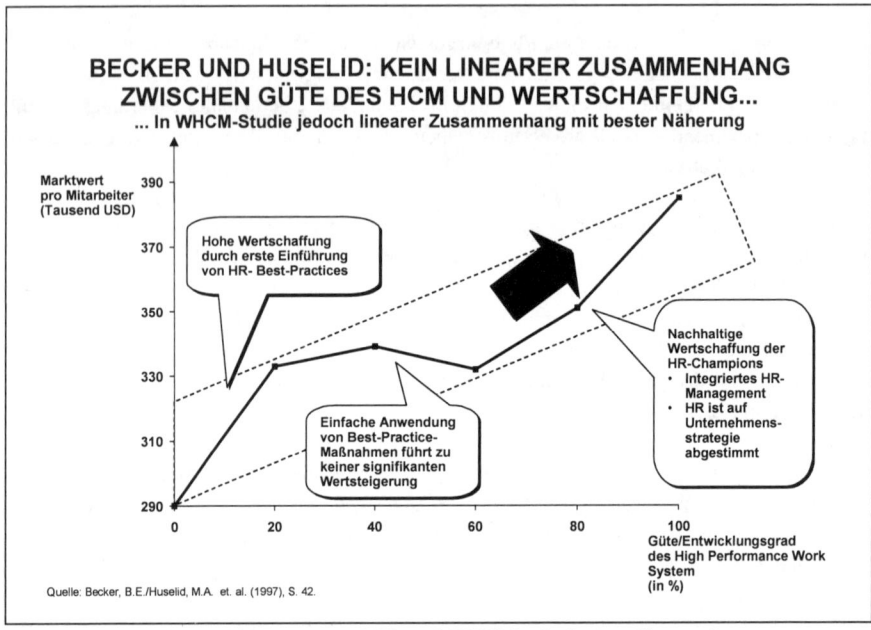

**BECKER UND HUSELID: KEIN LINEARER ZUSAMMENHANG
ZWISCHEN GÜTE DES HCM UND WERTSCHAFFUNG...**

... In WHCM-Studie jedoch linearer Zusammenhang mit bester Näherung

Quelle: Becker, B.E./Huselid, M.A. et. al. (1997), S. 42.

Abbildung 58: Datensatz: TSR und HCVI der befragten Unternehmen

Was die *Stärke* des Einflusses anbelangt, so ergab die Regressionsanalyse das zweite wichtige Ergebnis der Studie: Eine signifikante Verbesserung des WHCM führt zu einer durchschnittlichen Steigerung des TSR um *45%*.[90] Das korrigierte R-Quadrat der zu Grunde liegenden Regressionsgleichung betrug hierbei 0,625, und beide Regressionskoeffizienten waren signifikant: b[91] mit p = 0,028 und a mit p < 0,001. Weiterhin wirkten die Kontrollvariablen „Unternehmensgröße" und das „Umsatzwachstum" positiv auf den TSR, während für das „Firmenalter" kein signifikanter Einfluss nachgewiesen werden konnte. Nach der gleichen Argumentation wie oben kann auch in Hinblick auf den TSR davon ausgegangen werden, dass die Kausalität der nachgewiesenen Beziehung hauptsächlich vom HCVI ausgeht. Das heißt, die Hypothesen 1b und 2b können ebenfalls angenommen werden.

Zum „externen" Wertsteigerungspotenzial des WHCM von 45% ist allerdings noch eines anzumerken: In dem Erhebungszeitraum des TSR von 1996 bis 1999 hat sich der CDAX, also der Index, in dem alle Unternehmen der Stichprobe enthalten sind, nahezu verdoppelt. Im Zeitraum von Anfang 2000 bis Mitte 2001 ist dieser Index jedoch nur um etwa 10% gestiegen. Demnach ist die Wirkung des WHCM auf den TSR in der WHCM-Studie wahrscheinlich etwas überschätzt worden. Realistischer wäre hier sicherlich ein Wert um die

---

[90] Der durchschnittliche TSR lag in der Stichprobe bei 7,17%, die Standardabweichung bei 16,35%.
[91] Für den HCVI.

25-30% gewesen. Denn dies entspricht ungefähr auch der Höhe des internen Wertsteigerungs-potenzials (s.o.), das langfristig mit dem externen übereinstimmen müsste.[92]

Schließlich bleibt noch die Frage zu klären, ob der VAP tatsächlich eine geeignete Zwischenvariable für den Zusammenhang zwischen dem HCVI und dem TSR darstellt. Zwei Ergebnisse sprechen dafür: Erstens, es gibt eine signifikante positive Korrelation zwischen dem VAP und dem TSR mit r = 0,28 (p = 0,027). Und zweitens sinkt die partielle Korrelation zwischen dem HCVI und dem TSR deutlich unter die Signifikanzgrenze, wenn man den VAP als zusätzliche Kontrollvariable in die Berechnung einfügt.[93] Das heißt, der Einfluss des VAP als Zwischenvariable ist so hoch, dass ohne ihn kein signifikanter Zusammenhang mehr zwischen dem HCVI und dem TSR nachgewiesen werden könnte. Und damit ist seine Eignung – neben der theoretisch-logischen Argumentation – auch statistisch nachgewiesen.

Nachdem bis hierher ausschließlich die „globalen" Zusammenhänge zwischen dem WHCM und der Wertschaffung analysiert wurden, geht es nun in den folgenden Kapiteln um die Ergebnisse aus den darunter liegenden Ebenen: den Werttreibergruppen und den Einzelwert-treibern.

2.3   Beschreibung der Werttreiber

Beginnend mit einer Übersicht über alle Werttreiber des WHCM-Modells (C.2.3.1), werden anschließend die Einzelwerttreiber in den Unterkapiteln C.2.3.2 bis C.2.3.8 noch detaillierter dargestellt – gegliedert nach den sieben Werttreibergruppen. Dabei werden sowohl die Studienergebnisse zu den einzelnen Werttreibern präsentiert und diskutiert als auch mögliche Handlungsempfehlungen daraus abgeleitet.

2.3.1   Übersicht der Einzelwerttreiber

Die Stärke der Einzelwerttreiber wurde, wie in Kapitel C.1.3.3.1 bereits ausführlicher erläutert, durch deren (partielle) Korrelation mit dem VAP ermittelt.[94] Eine Ergebnisübersicht

---

[92]   Ergebnisse anderer HPWS-Studien zum Vergleich: *Watson Wyatt* (2000a), S. 2: Die signifikante Verbesserung von 30 High Performance Work Practices führte zu einem durchschnittlichen Anstieg des Marktwertes von 30%. *Delery, J.E./Doty, D.H.* (1996), S. 821 u. 825: Die signifikante Verbesserung des HCM in drei Dimensionen (Gewinnbeteiligung, ergebnisorientierte Beurteilungssysteme und Arbeitsplatz-sicherheit) führte ebenfalls zu einem durchschnittlichen Anstieg des ROA von 32% und des ROE von 27,7%. *Becker, B.E./Huselid, M.A.* (1998a), S. 69: Die signifikante Verbesserung des HPWS führte zu einem durchschnittlichen Anstieg des Marktwertes von 10%. In anderen Studien sind häufig nur die Veränderungen zwischen Performance-Quintilen oder Performance-Gruppen in Bezug auf die Güte des HCM angegeben, weshalb die Ergebnisse nicht ganz vergleichbar sind (vgl. z.B. *Ostroff, C.* (1995), S. 10 oder *Kravetz, D. J.* (1988), S. 42).

[93]   Partielle Korrelation HCVI und TSR: r = 0,314 (p = 0, 014). Bei zusätzlicher Aufnahme des VAP als Kontrollvariable: r = 0,203 (p = 0,083).

[94]   Rechnerisch hätte man mittels linearer Regression auch die Stärke des Zusammenhanges näher quantifizieren können. Doch wäre hierdurch eine Scheingenauigkeit entstanden, da ein Werttreiber niemals alleine wirkt, sondern immer im Verbund des gesamten WHCM-Systems (vgl. dazu auch die Kapitel C.2.3.6.2 und C.2.4).

der 48 getesteten Variablen[95] ist in Abbildung 59 wiedergegeben. Auf dem Signifikanzniveau von α[96] $\leq$ 0,05 konnten insgesamt 17 Werttreiber statistisch identifiziert werden. Senkt man die Signifikanzgrenze weiter auf $\alpha \leq$ 0,1, erhöht sich diese Anzahl auf 25 Werttreiber. In den Sozialwissenschaften hat es sich zwar eingebürgert, eine Nullhypothese zu verwerfen, wenn die Irrtumswahrscheinlichkeit die Grenze von 5% bzw. 1% erreicht bzw. unterschreitet.[97] Ein hohes Signifikanzniveau ($\alpha \leq$ 0,1) wird dabei besonders dann gewählt, wenn die fälschliche Annahme der Alternativhypothese zu besonders schwer wiegenden Konsequenzen führen könnte. Ist dieses jedoch nicht der Fall, wie z.B. in jungen Forschungsgebieten wie dem WHCM, kann das α-Niveau auch auf 10% gesenkt werden:

> *„Innovative Forschung in einem relativ jungen Untersuchungsgebiet, bei denen die Folgen einer fälschlichen Annahme von H_1 vorerst zu vernachlässigen sind, hätten .. bei einem α-Niveau von 1% nur wenig Chancen, der Wissenschaft neue Impulse zu verleihen. In derartigen Untersuchungen ist deshalb auch ein α-Niveau von 10% zu rechtfertigen."*[98]

Aus diesem Grund wird in Einzelfällen der WHCM-Studie, die auch durch die Literatur kausalanalytisch begründet werden können, ein Signifikanzniveau von $\alpha \leq$ 0,1 akzeptiert. Ansonsten bleibt die 5%-Grenze bestehen. Die Gründe, warum einige Variablen trotz deutlich höherer Irrtumswahrscheinlichkeit in den HCVI eingeflossen sind (siehe Spalte 4 in Abbildung 59), sind zweierlei: Erstens haben diese Variablen positiv zur Reliabilität der Werttreibergruppe beigetragen. Und zweitens lässt sich die Bedeutung mancher Variablen für die Wertschaffung erst kausalanalytisch sowie in Verbindung mit deren Korrelation zu anderen signifikanten Variablen zeigen.

Betrachtet man die Rangfolge der Werttreiber in Abbildung 59, springt – ohne bereits an dieser Stelle zu sehr ins Detail zu gehen – besonders eine Tatsache ins Auge: Im Vergleich zu den Faktoren, die sich auf den reinen WHCM-*Prozess* beziehen[99] (vgl. Abbildung 10), scheinen die Faktoren, welche die *Basis* dieses Prozesses[100] bilden, ein wesentlich höheres Gewicht für die Wertschaffung eines Unternehmens zu haben. Und damit liegen viele der wichtigsten Werttreiber (vor allem die Top 4) *nicht* in der klassischen Einflusssphäre der Personalabteilung, sondern eher im Verantwortungsbereich des *Top-Managements*.

---

[95] Bei diesen Variablen handelt es sich in vielen Fällen bereits um Aggregate mehrerer Untervariablen, auf die ausführlicher noch in den folgenden Kapiteln eingegangen wird.

[96] Mit α wird hier der „Fehler erster Art" bezeichnet, also die Wahrscheinlichkeit, eine richtige Nullhypothese aufgrund der Stichprobenergebnisse zugunsten einer (falschen) Alternativhypothese zu verwerfen (vgl. u.a. *Bortz, J.* (1999), S. 110).

[97] Vgl. u.a. *Bortz, J.* (1999), S. 114. Zum Ursprung dieser Konvention vgl. z.B. *Cowles, M./Davis, C.* (1982), S. 553-558.

[98] *Bortz, J.* (1999), S. 122.

[99] Das sind: Personalrekrutierung und -auswahl, Personaleinsatz, Training, Karrieremanagement, Personalentwicklung, Mitarbeiterbeurteilung/Feedback, Kompensation und Anerkennung, Strategische Ausrichtung und Abstimmung/Koordination der Personalarbeit sowie das Personalcontrolling.

[100] Das sind: Stellenwert des Personals und des Personalbereiches im Unternehmen, Ressourcen und Verantwortlichkeiten der Personalarbeit sowie Unternehmenskultur und Führungsstil.

IM RAHMEN DER WHCM-STUDIE KONNTEN 25 SIGNIFIKANTE WERTTREIBER DER PERSONALARBEIT IDENTIFZIERT WERDEN

Statistisch signifikante[1] Werttreiber der Personalarbeit

Rang	Beschreibung	Korrelation (r) mit VAP	Signifikanz (p)	Typ[2]
1.	Stellenwert der Mitarbeiter im Unternehmen	0,496	0,000	BF
2.	Qualität des Führungsstils/der Führungskultur	0,450	0,000	BF
3.	Übern. v. Personalverant. durch d. Führungskräfte	0,378	0,002	BF
4.	Rolle/Stellenwert d. Personalber. im Unternehmen	0,370	0,002	BF
5.	Anteil intern besetzter Führungspositionen	0,333	0,005	PF
6.	System. Kontrolle d. Erfolgs v. Trainingsmaßn.	0,323	0,007	PF
7.	Güte der Instrumente zur Mitarbeiterbindung	0,323	0,007	PF
8.	Qualität der Methoden zur Mitarbeiterbeurteilung	0,322	0,007	PF
9.	Qualität der Unternehmenskultur	0,312	0,009	KF
10.	Anteil variabler Gehaltsbestandteile	0,309	0,009	PF
11.	Umsetzungsgrad strateg. Ziele in d. Personalarbeit	0,297	0,012	PF
12.	Anzahl u. Qualität der Incentives neben dem Gehalt	0,274	0,019	PF
13.	Wettbewerbsposition bei d. Mitarbeiterrekrutierung	0,273	0,019	PF
14.	Einbindungsgrad d. Personalber. in Planungsproz.	0,262	0,023	PF
15.	Anteil Beförderungen auf Grund Eignung	0,257	0,026	PF
16.	Umfang d. Qualität d. Fähigkeiten im Personalber.	0,257	0,026	PF
17.	Qualität der Rekrutierungskanäle	0,239	0,036	PF
18.	Qualität d. Methoden u. Instr. zur strat. Pers.arbeit	0,209	0,058	PF
19.	Qualität d. Erfolgsmessung i. d. Personalarbeit	0,207	0,059	PF
20.	Qualität der Personalallokation	0,203	0,067	PF
21.	Qualität der Kriterien zur Personalallokation	0,193	0,073	PF
22.	Qualität des Talent-Management	0,192	0,074	PF
23.	Feedbackmögl. neben der Leistungsbeurteilung	0,180	0,089	PF
24.	Qual. d. Kriterien z. Bemessg. der variabl. Vergüt.	0,176	0,093	PF
25.	Befragung der internen Kunden d. Pers.bereichs	0,176	0,094	PF

Statistisch nicht-signifikante Indikatoren für den Wertbeitrag der Personalarbeit

Rang	Beschreibung	Korrelation (r) mit VAP	Signifikanz (p)	Typ[2]
26.	Abstimmg. der Pers.arbeit auf Geschäftsprozesse	0,166	0,107	PF
27.	Konsequenter Umgang mit unbefr. Leistung	0,162	0,110	PF
28.	Anteil Mitarbeiter mit Aktien/-optionen	0,160	0,115	PF
29.	Berücks. v. Pers.zielen b. Führungskräftebeurteilg.	0,158	0,119	PF
30.	Regelm. Erhebung d. externen Kundenzufriedenh.	0,117	0,192	PF
31.	Umfang Coachingmöglichkeiten	0,109	0,207	PF
32.	Personalmitarbeiter mit Erfahrungen in anderen Abteilungen/Bereichen	0,090	0,252	PF
33.	Höhe der Arbeitsplatzsicherheit	0,082	0,271	PF
34.	Abdeckungsgrad Karriere-/Förderpläne	0,082	0,271	PF
35.	Regelmäßige Erhebung d. Mitarbeiterzufriedenheit	0,059	0,329	PF
36.	Abdeckungsgrad formeller Zielvereinbarungen	0,059	0,331	PF
37.	Anteil Mitarbeiter mit leistungsabh. Vergütung	0,048	0,360	PF
38.	Ausrichtung der Personalarbeit an Wertschaffung	0,033	0,402	PF
39.	Wettbewerbsfähigkeit der Gehälter	0,022	0,435	PF
40.	Konsistenz der Personalarbeit in sich	0,011	0,468	PF
41.	Anzahl Trainingsstunden pro Mitarbeiter	0,006	0,482	BF
42.	Sonstige Rahmenbedingungen	-0,009	0,474	PF
43.	Nutzungsgrad form. Auswahlverf. bei Rekrutierung	-0,012	0,464	PF
44.	Abdeckungsgrad regelm. Leistungsbeurteilungen	-0,068	0,306	PF
45.	Abstimmung der Personalarbeit auf Kernkompetenzen des Unternehmens	-0,076	0,285	PF
46.	Höhe der Mitarbeiterfluktuation (gesamt)	-0,078	0,281	PF
47.	Höhe der Aus- und Weiterbildungskosten pro MA	-0,134	0,168	PF

(1) Bei Signifikanzniveau von $p \leq 0,10$ bzw. $p \leq 0,05$
(2) BF = Basis-Faktor bzw. -Werttreiber, PF = Prozess-Faktor bzw. -Werttreiber
Quelle: WHCM-Studie

Abbildung 59: Übersicht der Einzelwerttreiber des WCHM

Weiterhin fällt auf: Die in vielen anderen Untersuchungen als besonders wichtig erachtete finanzielle Vergütung der Mitarbeiter spielt nach den Ergebnissen der WHCM-Studie eine weitaus geringere Rolle für den Unternehmenserfolg als erwartet. Am wichtigsten erscheint in diesem Zusammenhang noch der „Anteil der variablen Vergütung" auf Rang 10 zu sein. Die Wettbewerbsfähigkeit der Gehälter folgt dagegen erst auf Platz 39.

In der bisherigen Literatur sind diese Erkenntnisse bislang noch nicht so deutlich herausgearbeitet worden, weil in früheren Studien zumeist eine viel geringere Bandbreite an Variablen untersucht und Erfolgsmaßstäbe verwendet wurden, die weder aus Sicht des Wertmanagements noch aus der des WHCM geeignet erscheinen.[101]

Welche ersten Schlussfolgerungen lassen sich nun aus diesen Erkenntnissen ziehen? Zum einen sollte zukünftig neben den *Prozess-* noch wesentlich mehr Gewicht auf die *Basis-*Werttreiber des WHCM gelegt werden. Gleichzeitig sollten Veröffentlichungen zur Gestaltung der Personalarbeit zukünftig nicht nur vorwiegend an Personalfachleute adressiert werden, sondern auch stärker an das General- bzw. Top-Management. Denn die wichtigsten Hebel, mit denen der Wertbeitrag des Human Capitals erhöht werden kann, scheinen in den Händen der Unternehmenslenker zu liegen. Und das sind in vielen Fällen nicht die Personalleiter[102]. Durch die Berücksichtigung der Wertmanagementlogik dürfte das Interesse am WHCM in den Führungsetagen zwar weiter wachsen. Doch sollten die Erkenntnisse dieser und ähnlicher Studien von der Wissenschaft trotzdem weiter aktiv aus dem „gewohnten Kreis der Interessierten" herausgetragen werden.

Bezogen auf die Kernhypothesen dieser Studie, können schließlich zwei weitere Aussagen anhand der Übersicht in Abbildung 59 bestätigt werden:

- Kernhypothese 3: Die Werttreiber umfassen das gesamte Spektrum des WHCM.
- Und Kernhypothese 4a: Die Wirkungskraft der einzelnen Werttreiber weist signifikante Unterschiede auf.

Detailliertere Ausführungen hierzu folgen in den nächsten Kapiteln.

2.3.2 Werttreibergruppe „Stellenwert des Personals und des Personalbereiches im Unternehmen"[103]

Der „Stellenwert des Personals und des Personalbereiches im Unternehmen" weist von allen Werttreibergruppen die höchste Korrelation mit dem VAP auf, mit r = 0,49 und p < 0,001.

---

[101] Vgl. hierzu auch Kapitel B.2.2 und B.3.3.1.2.
[102] Vgl. z.B. *Femppel, S.* (2000), S. 202f..
[103] Siehe Abbildung 54.

Wie die dazugehörigen Werttreiber näher charakterisiert werden können, beschreiben die beiden nachstehenden Unterkapitel.

2.3.2.1 Stellenwert des Personals

Wie aus der Abbildung 59 ersichtlich, verkörpert der Stellenwert bzw. die Wertschätzung des Personals im Unternehmen den wichtigsten Einzelwerttreiber der Personalarbeit. Damit wird auch die Vermutung aus früheren Kapiteln bestätigt: Das Top-Management spielt für den Erfolg des WHCM eine entscheidende Rolle, die bislang häufig noch unterschätzt worden zu sein scheint. Noch verständlicher wird diese Erkenntnis, wenn man das WHCM als ein „System" begreift, das in sich möglichst harmonisch funktionieren sollte, um seine volle Leistungskraft entfalten zu können.[104] Fehlt aber die Wertschätzung der Mitarbeiter im Unternehmen, kann der Personalbereich aus seiner Sicht wahrscheinlich noch so gut arbeiten, die gewünschte Effektivität wird er nie oder nur sehr schwer erreichen können. Denn in dieser Situation gleicht er jemandem, der versucht, ein Autorennen mit angezogener Handbremse zu gewinnen.

Zu den Unterkriterien:

Die Erkenntnis bzw. Einsicht, dass die Mitarbeiter eine wichtige Quelle für den Unternehmenserfolg darstellen:

Dies ist die Grundvoraussetzung für den Erfolg jeder Personalarbeit. Im Vergleich zu den folgenden drei Kriterien war dieser Faktor bei den Studienteilnehmern am stärksten ausgeprägt. Allerdings dreht es sich hierbei lediglich um eine Einstellung, die aber keinen Handlungsbezug aufweist. Wie weit jedoch die Lücke zwischen „Erkenntnis" und „Umsetzung" in der Personalarbeit auseinander klafft, zeigten dagegen die weiteren Ergebnisse (siehe Abbildung 60).

Die Kommunikation nach innen und außen, wie wichtig die Mitarbeiter für das Unternehmen sind:

Dieser Punkt erzielte die höchste Korrelation der vier Untervariablen (r = 0,51) mit dem Unternehmenserfolg. In den Experteninterviews wurde dieser Eindruck ebenfalls bestätigt: Das Top-Management muss die Wertschätzung für seine Mitarbeiter unbedingt aktiv weitertragen. Intern werden dadurch die Mitarbeiter stärker motiviert und extern wird das deutliche Signal gesetzt: „Wir sind (bzw. werden) ein erfolgreiches Unternehmen, weil uns die Shareholder, Kunden und Mitarbeiter alle im gleichen Maße wichtig sind."[105] Zusätzlich kann ein Unternehmen seine Attraktivität als Arbeitgeber auf diesem Wege erhöhen – ein sehr wichtiger Aspekt, der weiter unten noch eingehender erläutert wird.

---

[104] Vgl. hierzu die Kapitel C.2.3.6.2 und C.2.4.
[105] Vgl. hierzu auch das Beispiel von *Sears*: A Compelling Place to Invest. A Compelling Place to Shop. And a Compelling Place to Work (siehe *Rucci, A.J./Kirn, S.P./Quinn, R.T.* (1998), S. 88).

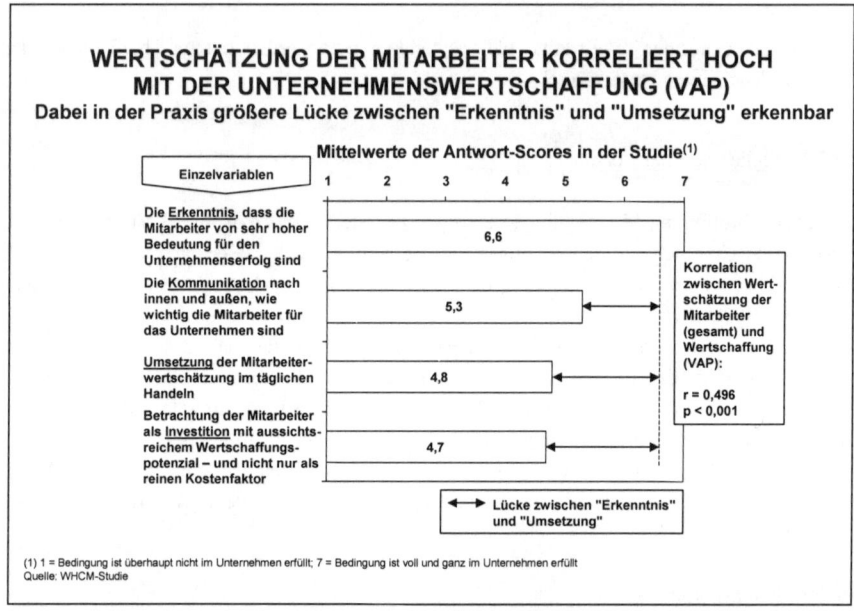

Abbildung 60: *Empirische Ergebnisse zur Wertschätzung der Mitarbeiter*

Auf die Kommunikation folgt die *Umsetzung der Mitarbeiterwertschätzung im täglichen Handeln*[106]:

Bei den meisten befragten Unternehmen waren in dieser Hinsicht besonders deutliche Defizite erkennbar. Das galt auch für Firmen, die in den ersten beiden Kriterien gut abgeschnitten hatten, wodurch bei ihnen das folgende gravierende Problem drohte: Wenn in einem Unternehmen die Lücke zwischen „Wort und Tat" zu sehr aufreißt, verliert das Management mit der Zeit seine Glaubwürdigkeit – ein Verlust, der durch fast nichts mehr zu kompensieren ist und die bereits in Kapitel B.1.1.4.8 zitierten Worte eines amerikanischen Senior Executives unterstreicht: *„ You can't simply 'get results' too often while leaving a pile of dead bodies behind you. "*[107] Hinzu kommt, unzufriedene Menschen kommunizieren ihr schlechtes Befinden in der Regel viel häufiger als zufriedene. Im Marketing hat man dieses Phänomen

---

[106] Häufig gehen Defiziten in diesem Bereich auf die Grundwerte der Führungskräfte zurück. Die Symptome sind dann nicht nur in größeren Personalentscheidungen sichtbar, z.B. ob Mitarbeiter entlassen werden sollen oder nicht, sondern auch im „unauffälligeren" Rahmen, wie bei der ungerechtfertigten Bevorzugung/ Benachteiligung von Mitarbeitern, dem Aufbau von persönlichen Seilschaften oder der unangemessenen Gewährung von Sonderprivilegien für das Top-Management. Ausführlich zur Ethik im Personalmanagement siehe u.a. *Wittmann, S.* (1998), vor allem S. 60-63 (moralisch besonders relevante Handlungssituationen im Personalmanagement).

[107] *Becker, B.E./Huselid, M.A./Ulrich, D.* (2001), S. 32.

schon seit längerer Zeit erkannt[108] und geht deshalb sehr behutsam mit Beschwerden externer Kunden um.[109] In erster Linie wird im Marketing jedoch versucht, dieses Unbehagen gar nicht erst aufkommen zu lassen. Für die Personalarbeit gilt genau das Gleiche: Wenn Mitarbeiter ihre Enttäuschung vom Management zu häufig weiterkommunizieren (was ihr gutes Recht ist), besteht die Gefahr, das gesamte Betriebsklima zu verschlechtern und damit auch das Wertschöpfungspotenzial des Human Capitals signifikant zu verringern.[110]

Gerade in schwierigen Zeiten ist es daher wichtig, seine „Mitarbeiterorientierung" nicht auf dem Altar anderer Stakeholder und Analysten zu opfern, sondern standhaft an seinen Managementprinzipien festzuhalten. Wie man in einer derartigen Situation *„glaubwürdig"* agieren kann, zeigt zum Beispiel der Fall des für seine außergewöhnlich positive Unternehmenskultur bekannten amerikanischen Computerherstellers *Hewlett-Packard*. Als sich im Juni 2001 abzeichnete, dass man in Deutschland das geplante Umsatzwachstum von 15% im laufenden Geschäftsjahr nicht erreichen würde, wurden nicht etwa Mitarbeiter entlassen. Stattdessen erhielten rund 5500 Mitarbeiter einen Brief, in dem sie von der Geschäftsleitung gebeten wurden, für vier Monate freiwillig auf 10% ihres Lohnes zu verzichten bzw. alternativ auf acht Tage Urlaub oder eine Kombination aus beidem. In dem Brief hieß es jedoch weiter, es sei auch möglich, auf die Sparaktion zu verzichten, wobei die Anonymität jedes Mitarbeiters gesichert sei. Um ein positives Zeichen zu setzen, ging das Management mit gutem Beispiel voran und erklärte sich bereit, selber auf 15% des Gehaltes zu verzichten – also auf 5% mehr als ihre Mitarbeiter.[111]

Schließlich sollte aus den drei vorangegangenen Kriterien folgen: *Mitarbeiter werden nicht nur als Kostenfaktor betrachtet, sondern als Investition mit aussichtsreichem Wertschaffungspotenzial:*

In diesem Punkt wurden jedoch durchschnittlich die größten Defizite in der Stichprobe erkennbar, wie die „Treppe" von der Theorie hinunter zur praktischen Umsetzung in Abbildung 60 noch einmal graphisch verdeutlicht. Über einige der dahinter stehenden Gründe wurde bereits in vorigen Kapiteln diskutiert und weitere Erklärungsansätze werden im Laufe der späteren Ausführungen noch folgen.

Was aber kann ein Unternehmen konkret tun, wenn es vermutet, seinen Mitarbeitern zu wenig Wertschätzung entgegenzubringen? Zuerst gilt es, die tatsächliche *Wahrnehmung* der Mitarbeiter in dieser Hinsicht zu erheben. Leider erhält das Top-Management oftmals nur ein „gefiltertes" oder geschöntes Bild darüber, wie sich das eigene Unternehmen *tatsächlich* präsentiert und entwickelt. Daher ist auf vielen Führungsetagen oft noch gar kein Bewusstsein

---

[108] Nach Meinung von *Cannie* werden *negative* Erfahrungen durchschnittlich 10 Personen mitgeteilt und positive im Schnitt nur 2 bis 3. D.h., der Effekt negativer Mund-zu-Mund-Propaganda ist zwischen 3- bis 5-mal höher als bei positiver (vgl. *Cannie, J.K.* (1991), S. 16f.

[109] Vgl. *Kotler, P./Bliemel, F.* (1999), S. 346-348. Siehe ausführlicher auch *Hirschman, A.O.* (1970).

[110] Zur Wirkung des Betriebsklimas auf den Unternehmenserfolg siehe Kapitel C.2.3.8.1.

[111] Siehe o.N. (2001c), S. 1.

gegenüber Problemen vorhanden, die auf unteren Ebenen bereits ganz offensichtlich zu Tage getreten sind.[112]

Als Instrumente zur Ist-Analyse der Mitarbeiterwertschätzung eignen sich besonders Beliefs-Audits[113] und/oder Mitarbeiterbefragungen.[114] Die daraus resultierenden Ergebnisse können anschließend gegen ein Soll-Profil gehalten werden, das intern unter Beteiligung der verschiedenen Interessengruppen im Unternehmen und ggf. unter Mithilfe externer Fachleuten entworfen wird. Der potenzielle Handlungsbedarf ergibt sich dann aus der Differenz zwischen dem „Soll" und „Ist".

Sind die Defizite erst einmal bestimmt, bieten sich vor allem drei Hebel zur Veränderung des Status quo an:

1. Bereits bei der Auswahl der Top-Führungskräfte darauf zu achten, dass die Persönlichkeit der Kandidaten dem Führungsleitbild entspricht, das man sich im Unternehmen wünscht. Denn es ist immer einfacher, wenn jemand diese Charaktereigenschaften und Fähigkeiten schon mitbringt, als wenn er sie später erst noch erlernen muss – sofern sie überhaupt erlernbar sind.

2. Firmenwerte und Führungsgrundsätze zu definieren[115], in denen sich die Mitarbeiterorientierung ganz deutlich widerspiegelt. Vom Prozess her ist dabei wichtig, dass diese Grundsätze nicht als „Diktat" aufgestellt, sondern gemeinsam mit den Mitarbeitern entworfen werden.[116]

3. Um der Gefahr zu begegnen, in den unter Punkt 2 genannten Leitlinien nur Lippenbekenntnisse abzugeben – wie es die vorliegenden Untersuchungsergebnisse befürchten lassen – muss deren Einhaltung durch eine regelmäßige Wiederholung der Beliefs-Audits und Mitarbeiterbefragungen überprüft werden. Die Ergebnisse sollten gleichzeitig in die Bewertung und damit verbunden in die Vergütung der

---

[112] Quelle: Experteninterviews.

[113] Hierbei kann z.B. abgefragt werden, welche Grundwerte für ein personalorientiertes Unternehmen wichtig sind und wie diese Werte in der Organisation gelebt werden. Darüber kann erhoben werden, mit welchen Attributen das Unternehmen und seine Personalarbeit am besten charakterisiert werden kann. Ebenso kann man die Größe des Unterschieds zwischen Anspruch und Wirklichkeit in den personalrelevanten Aspekten des Unternehmens bewerten lassen. Durch Befragungen auf verschiedenen Hierarchieebenen des Unternehmens kommen oft sehr unterschiedliche Einschätzungen und Glaubensgrundsätze zu Tage, aus denen sich anschließend Rückschlüsse auf einen eventuellen Veränderungsbedarf ziehen lassen. Die Befragungen können entweder schriftlich und/oder im Rahmen von Interviews vorgenommen werden (Quelle: Experteninterviews).

[114] Vgl. auch Kapitel C.2.3.7.

[115] Mögliche inhaltliche Gliederung: Präambel, Befugnisse und Verpflichtungen der Führungskräfte, Befugnisse und Verpflichtungen der Mitarbeiter, Führungsinstrumente und -organisation (vgl. u.a. *Scholz, C.* (2000), S. 827-867. Für empirische Ergebnisse hinsichtlich der Inhalte siehe u.a. *Gabele, E./Kretschmer, H.* (1986), S. 58-61).

[116] Zur Verdeutlichung an einem Praxisbeispiel (bei *BMW*) siehe *Bihl, G.* (1995), S. 87f.

Führungskräfte einfließen, um den Leitlinien dadurch einen höheren Nachdruck zu verleihen.[117]

2.3.2.2 Stellenwert des Personalbereiches

Insgesamt liegt der Werttreiber „Stellenwert des Personalbereiches" auf Rang 4 der Werttreiberliste, also an vorderster Stelle. Aus den Ergebnissen zur Wertschätzung und zur Bedeutung des Personals für das Unternehmen müsste sich eigentlich ergeben, dass dem Personalbereich ebenfalls eine exponierte Rolle in der Organisation zukommt. Die Studienergebnisse zeigten jedoch das Gegenteil: In der Frage, ob die Rolle des Personalbereiches dem Stellenwert der Mitarbeiter im Unternehmen entspricht, wurde ein deutlicher Nachholbedarf erkennbar. Die Einschätzung der Personalleiter mag in diesem Punkt vielleicht besonders kritisch sein, doch drückt sich diese Wahrnehmung auch in anderen, ganz objektiven Kriterien aus: Beispielsweise ist in mehr als der Hälfte[118] der deutschen Unternehmen der Personalleiter nicht in der Geschäftsführung vertreten. Und eine Verbesserung dieses Zustandes scheint sich nicht abzuzeichnen. Dahinter steht in vielen Unternehmen u.a. die schon mehrfach angesprochene Verkennung des potenziellen Wertbeitrages, den das WHCM zu leisten fähig ist: So sehen in Deutschland gemäß einer anderen empirischen Studie nur 22%[119] der Unternehmen den Erfolg der Personalarbeit (hier nur als Arbeit der Personalabteilung verstanden) in deren Beitrag zum Unternehmenserfolg. Als wichtigster Erfolgsmaßstab der Personalarbeit wird hingegen eine erfolgreiche Arbeitsmarktstrategie angesehen (28%), also nur ein ganz kleiner Ausschnitt des WHCM.[120]

Die weiteren Ergebnisse der WHCM-Studie deuten jedoch auf Lösungsansätze hin, wie diese Situation verbessert werden kann. Dem Personalbereich durch organisatorische Maßnahmen – wie z.B. durch die Aufnahme des Personalleiters in die Geschäftsleitung – mehr Einfluss zu verschaffen, ist dabei nur eine Voraussetzung, nicht die Lösung, wie die Experteninterviews ergeben haben. Seinen *tatsächlichen* Stellenwert innerhalb der Organisation muss sich der Personalbereich in der Regel erst „erarbeiten". Und dafür muss er sich zwangsläufig immer weiter von seiner traditionellen Funktion als „Administrator" entfernen und in die Haut des strategischen Partners[121] schlüpfen. Dabei kann der Personalbereich sogar noch einen Schritt

---

[117] Bei *Sears* wird die Bonushöhe der Manager zu 33% durch die Einstellung der Mitarbeiter bestimmt, die in Form von regelmäßigen Commitment-Surveys erhoben wird (vgl. *Becker, B.E./Huselid, M.A./Ulrich, D.* (2001), S. 195.

[118] 64% nach der Studie von *Femppel, K.* (2000), S. 202 bzw. 53% in West- und 61% in Ost-Deutschland gemäß der Cranfield-Studie (vgl. *Weber, W./Kabst, R.* (1995), S. 8).

[119] Internationaler Durchschnitt: 30%.

[120] Vgl. *Scholz, C.* (2000), S. 66. Quelle: GPP-Studie, (offene) Frage nach der Definition des Erfolges von Personalarbeit.

[121] Akzeptanz des Personalbereiches als strategischer Partner: r = 0,37 (p = 0,002) – in Bezug auf den VAP.

weiter gehen, wie es *Garrett Walker*, Director HR Strategic Performance Management der amerikanischen Firma *GTE* (jetzt Teil von *Verizon*), in seiner Vision ausdrückt:

> *„We see talent as the emerging single sustainable competitive advantage in the future. To capitalize on this opportunity, HR must evolve from a Business Partner to a critical 'Asset Manager' for human capital within the business. ... We communicate strategic intent while motivating and tracking performance against HR and business goals. This allows each HR employee to be aligned with business strategy and link everyday actions with business outcomes."[122]*

Um diese Vision des Human Asset Managers zu verwirklichen, sollte der Personalbereich zusätzlich zu seinen „klassischen" Aufgabenfeldern (wie Rekrutierung, Training etc.) auch aktiv am sonstigen Geschäftsgeschehen teilhaben. Die Ergebnisse der WHCM-Studie deuten darauf hin, dass der Personalbereich in dieser Beziehung insbesondere dann einen hohen Wertbeitrag leisten kann, wenn er a) Veränderungsprozesse im Unternehmen mit gestaltet und begleitet und b) dabei mitwirkt, die bestehenden Geschäftsprozesse aus Sicht des WHCM weiter zu optimieren.[123] Die Logik: Geschäftsprozesse basieren neben der Technik vor allem auf den Handlungen von Menschen (Resource-based View). Und um den Faktor Mensch angemessen auf seine Arbeit vorzubereiten und ihn effektiv einzusetzen, sollte vor allem derjenige Bereich im Unternehmen in die Planung und Gestaltung der Prozesse eingebunden werden, der über das größte Fachwissen in dieser Hinsicht verfügt, also die Personalabteilung.

Welche Rolle dabei das Qualifikationsprofil der Personalmitarbeiter und die strategische Ausrichtung der Personalarbeit spielt, wird weiter unten in den Kapiteln C.2.3.5.2 und C.2.3.6.1 behandelt.

2.3.3   Werttreibergruppe „Fähigkeiten der Mitarbeiter"[124]

Mit einem Korrelationskoeffizienten von r = 0,45 (p < 0,001) weist die Werttreibergruppe „Fähigkeiten der Mitarbeiter" in der WHCM-Studie den zweitstärksten Zusammenhang mit dem VAP auf. Ihre Untergruppen sind dabei: Personalrekrutierung und -auswahl (C.2.3.3.1), Personaleinsatzmanagement (C.2.3.3.2), Training (C.2.3.3.3), Karrieremanagement (C.2.3.3.4) und Outplacement (C.2.3.3.5). Sofern zu diesen Themen bereits weiterführende Fragen im Teil B formuliert wurden, sollen sie nachfolgend in den entsprechenden Unterkapiteln beantwortet werden.

---

[122] Ausschnitt aus einem Telefon-Interview mit *Mark Huselid*, August 2000 (vgl. *Becker, B.E./Huselid, M.A./Ulrich, D.* (2001), S. 194. Hinweis: Die einfachen Anführungsstriche sind in der schriftlichen Quelle doppelt.

[123] Für die im WHCM-Modell enthaltene Variable „Unterstützung und Förderung von *Lernprozessen*", ergab die Korrelation mit dem VAP nur ein r = 0,03. Daher wurde dieser Punkt nicht besonders erwähnt.

[124] Vgl. Abbildung 54.

2.3.3.1 Personalrekrutierung und -auswahl

Offene Fragen aus Kapitel B.1.1.4.3

1. Wie effektiv sind die zur Auswahl stehenden Rekrutierungskanäle?

2. Wie wichtig ist eine gute Positionierung auf dem Rekrutierungsmarkt (Cost/Benefit) – differenziert nach den verschiedenen Bewerbergruppen (Führungskräfte, Fachkräfte etc.)?

3. Welche Kriterien sind für qualifizierte Job-Bewerber am ausschlaggebendsten, um sich für ein Unternehmen zu entscheiden?

4. Welchen Einfluss hat die Verwendung von strukturierten Personalauswahlverfahren auf den Unternehmenserfolg?

Frage 1: Rekrutierungs-Kanäle

Das Ziel von Rekrutierungsmaßnahmen ist es, die geeignetsten Jobbewerber am Arbeitsmarkt (bzw. in anderen Unternehmen) zu finden und diese für das eigene Unternehmen zu gewinnen. Trotz hoher Arbeitslosigkeit scheint dieser Wettbewerb – insbesondere um die so genannten „High Potentials" – einem Wüstenkampf um den letzten Tropfen Wasser zu gleichen. Auch die Ergebnisse der WHCM-Studie belegen diesen Trend: Unternehmen, die keine aktive Personalrekrutierung betreiben und nicht selber auf qualifizierte Jobbewerber zugehen, sondern abwarten, wer sich bei ihnen bewirbt, verlieren in dem Wettbewerb um die besten Arbeitskräfte. Drei Rekrutierungskanäle haben sich in diesem Zusammenhang als besonders wirkungsvoll[125] gezeigt:

1. Die Teilnahme an größeren *Hochschul*veranstaltungen, wie Firmenmessen oder Fachvorträgen.

2. Die Förderung der Wissenschaft und Forschung, z.B. in Form von Stipendien oder Sponsoring. Bei dieser Rekrutierungsform liegt der Vorteil vor allem darin, dass in ihrem Verlauf eine engere Beziehung zu den potenziellen Bewerbern aufgebaut werden kann, man sich gegenseitig besser kennen lernt und das Unternehmen zusätzlich häufig noch einen Nutzen aus den wissenschaftlichen Ergebnisse der Forschungsarbeiten ziehen kann. Der finanzielle Aufwand hält sich dabei in der Regel im Vergleich zu anderen Rekrutierungsmaßnahmen in Grenzen, wodurch häufig ein besonders hohes Kosten-Nutzen-Verhältnis erreicht wird.

3. Die Ausrichtung *firmeneigener* Rekrutierungsveranstaltungen im *Inland*. Dabei kann es sich um offizielle Informationsveranstaltungen zur eigenen Firma und deren

---

[125] Gemessen an der Korrelation mit dem VAP.

Berufsmöglichkeiten handeln. In vielen Fällen wird jedoch der „Rekrutierungs-charakter" der Veranstaltungen weiter in den Hintergrund gestellt, z.B. bei Seminaren oder Workshops, in denen Fachthemen behandelt werden, die für die Zielgruppen des Unternehmens von besonderem Interesse sind. Für die am stärksten umworbenen Kandidaten bieten einige Firmen auch spezielle „Events" an, wie Segeltouren oder Skireisen, in denen es vorwiegend darum geht, sich einfach nur besser gegenseitig kennen zu lernen. Der Kreativität sind bei diesen Veranstaltungen keine Grenzen gesetzt.

Eine deutlich geringere Korrelation mit der Wertschaffung verzeichneten dagegen Rekrutierungsveranstaltungen im *Ausland* (z.B. an ausländischen Hochschulen) sowie die Rekrutierung in fachfremden Bereichen. Dadurch wurde die Sinnhaftigkeit dieser Kanäle nicht grundsätzlich in Frage gestellt. Man kann aber daraus schließen, dass es sich hierbei wahrscheinlich um Rekrutierungskanäle handelt, die eher ergänzend zu den drei oben genannten genutzt werden sollten. Dies gilt vor allem dann, wenn sich deren Nutzen aus dem besonderen Anforderungsprofil der gesuchten Mitarbeiter ergibt, zum Beispiel, wenn Mitarbeiter mit besonderen Landes-, Sprach- oder Fachkenntnissen gesucht werden.

Für die Rekrutierungskanäle „Stellenanzeigen in Printmedien" und „Nutzung von Personal-beratern/Personalvermittlern" wurde sogar eine negative Korrelation mit der Wertschaffung gemessen, die allerdings die Signifikanzgrenze nicht ganz erreichte.[126] Beide Rekrutie-rungskanäle wurden von sehr vielen Unternehmen genutzt (siehe Abbildung 61), was deren statistische Differenzierung erschwerte. Bezüglich der Stellenanzeigen entstand jedoch die Vermutung: Ein derartiges Medium, durch das man sich als Unternehmen kaum vom Wettbewerb unterscheiden kann, ist nur beschränkt tauglich, langfristig eine starke Position auf dem Rekrutierungsmarkt einzunehmen. Als Ergänzung mag es in der Regel dienen, aber nicht als ausschließliche Quelle zur Personalrekrutierung. Was den Nutzen von Personal-beratern anbelangt, so ergaben die Experteninterviews: Diese werden vor allem dann erfolg-reich eingesetzt, wenn es darum geht, *Führungs*kräfte zu rekrutieren oder ganz bestimmte Fachspezialisten, von denen am Markt nur sehr wenige zu Verfügung stehen und daher von anderen Unternehmen abgeworben werden müssen.

Interessant waren auch die Resultate zur Rekrutierung mit Hilfe elektronischer Medien (eigene Homepage, Präsenz an Jobbörsen im Internet etc.). Statistisch ergab sich für diesen Rekrutierungskanal eine positive Korrelation mit dem VAP von r = 0,16 (jedoch einem p = 0,11, also knapp über der Signifikanzgrenze von 10%). Die Überprüfung dieses Zusam-menhanges im Rahmen der Interviews ergab dabei ein zweigeteiltes Bild: Viele erfolg-reiche[127] Unternehmen sind in den letzten Jahren zunächst dem Trend der „New Economy"

---

[126] Stellenanzeigen in Printmedien: r = -0,11 (p = 0,20) und Personalberater/Personalvermittler: r = -0,10 (p = 0,22).
[127] Sowohl bezüglich der Wertschaffung als auch hinsichtlich des WHCM.

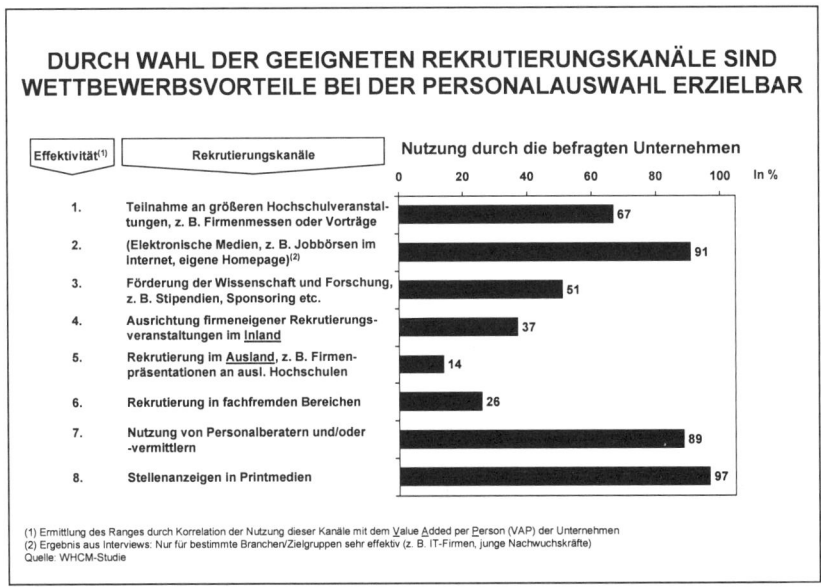

DURCH WAHL DER GEEIGNETEN REKRUTIERUNGSKANÄLE SIND WETTBEWERBSVORTEILE BEI DER PERSONALAUSWAHL ERZIELBAR

Abbildung 61: Empirische Ergebnisse zur Effektivität von Rekrutierungskanälen

gefolgt und haben ihre Rekrutierung über elektronische Kanäle vorangetrieben. Aber: Nicht alle Unternehmen waren auch mit den erzielten Bewerbungsergebnissen zufrieden. Jüngere und/oder IT-nahe Unternehmen gaben zwar an, den Großteil ihrer Bewerbungen mittlerweile über das Internet zu erhalten, wobei die Qualität der Bewerber durchaus den Anforderungen entspreche. Andere Firmen, die ebenfalls über sehr attraktive Homepages verfügten, äußerten jedoch, bislang sehr unzufrieden mit der Qualität der Bewerbungen aus den elektronischen Medien zu sein. Dennoch wollten sie diesen Rekrutierungskanal weiterhin nutzen, denn „man müsse heutzutage einfach in diesen Medien vertreten sein". Schlussfolgerung: Der Rekrutierungserfolg in elektronischen Medien hängt sehr von der eigenen Zielgruppe ab. Das Alter der gesuchten Bewerber sowie der IT-Bezug der angebotenen Stelle sind dabei zwei besonders relevante Kriterien.

In den Experteninterviews wurde aber auch noch ein ganz anderer Vorteil elektronischer Bewerbungen genannt: Die Bewerbungsunterlagen liegen sofort in elektronischer Form vor und können deshalb sehr schnell zwischen den im Bewerbungsprozess eingebundenen Personen im Unternehmen zirkulieren.[128] Dadurch kann die Dauer des Bewerbungsprozesses u.U. signifikant verkürzt werden, was heutzutage ebenfalls zu den wichtigen Erfolgsfaktoren in der Personalrekrutierung gehört. So schicken viele erfolgreiche Unternehmen noch am Tag des Bewerbungseinganges ein Bestätigungsschreiben heraus und können dem Bewerber,

---

[128] Für Bewerbungen in Papierform wurde die Alternative genannt, die Unterlagen zu scannen, damit sie ebenfalls elektronisch verteilbar wären.

sofern er in die engere Wahl gekommen ist, einen Vorstellungstermin anbieten, der nicht später als zwei bis vier Wochen nach dem Bewerbungseingang liegt. Dadurch kommen sie ggf. anderen Firmen zuvor und können ihre Offerte häufig als Erste präsentieren, ohne dass dem Bewerber bereits andere attraktive Angebote vorliegen.

Fragen 2 und 3: Positionierung auf dem Rekrutierungsmarkt und Entscheidungskriterien von Jobbewerbern

Eine überdurchschnittlich gute Position im Wettbewerb um qualifizierte Mitarbeiter trägt signifikant zur Wertschaffung eines Unternehmens bei (siehe Abbildung 59). Diese Aussage wurde nicht nur statistisch belegt, sondern auch in den geführten Experteninterviews. Dabei wurde sehr deutlich: Die Position im Wettbewerb um gute *Mitarbeiter* ist genauso wichtig, wie die im Wettbewerb um gute *Kunden* – auch wenn diese „Philosophie" in vielen Unternehmen bislang noch nicht ausreichend gelebt wird. Der kausale Zusammenhang ist hierbei relativ einfach: Ein Unternehmen, das über erstklassige Mitarbeiter verfügt – und dies beginnt bereits bei der Rekrutierung der richtigen Leute – besitzt auch eine höhere Wahrscheinlichkeit, mit diesen erstklassige Kunden zu akquirieren und zufrieden zu stellen.[129]

In der Unternehmensbefragung wurde auch die Wettbewerbsfähigkeit auf dem Rekrutierungsmarkt differenziert nach verschiedenen Mitarbeitergruppen erhoben, wobei sich herausstellte: Die erfolgreichen Unternehmen hielten insbesondere im Segment der *Führungsnachwuchskräfte* eine überdurchschnittliche gute Wettbewerbsposition inne. Dieses erscheint auch analytisch nachvollziehbar. Denn häufig sind es gerade die Führungsnachwuchskräfte, auf deren Schultern eine besondere Last für die Zukunft eines Unternehmens liegt. Mit deutlich geringerem Wertschaffungspotenzial folgte in der Prioritätenskala die Profilierung auf dem Arbeitsmarkt in den Segmenten der Führungskräfte, der Fachspezialisten und schließlich der sonstigen Fachkräfte. Insbesondere die letzten beiden Gruppen sind zwar ebenfalls für den Unternehmenserfolg wichtig, doch besteht bei ihnen noch eher die Möglichkeit, die notwendigen Qualifikationen durch Aus- und Weiterbildungsmaßnahmen *nachträglich* innerhalb des Unternehmens zu vermitteln. Bei Führungs- oder Führungsnachwuchskräften kommt es dagegen neben der fachlichen Qualifikation vor allem auf die persönlichen Charaktereigenschaften an, wie z.B. die Führungsfähigkeit. Und diese lassen sich wesentlich schwerer im Nachhinein entwickeln.

---

[129] Vgl. hierzu die Employee-Customer-Value-Chain von *Sears* in Kapitel C.2.2.2 oder die empirischen Ergebnisse von *Schmit, M.J./Allscheid, S.P.* (1995), S. 521-536; in diesen Studien wird zwar nur der Zusammenhang zwischen den Einstellungen der Mitarbeiter und der Kundenzufriedenheit analysiert. Jedoch sind die Einstellungen der Mitarbeiter eine Facette in der durch den Kunden wahrgenommenen Qualität des Personals. D.h., die Kausalität entspricht der oben genannten: Bessere Qualität (Potenzial und Realisierung dieses Potenzials) der Mitarbeiter führt zu höherer Kundenzufriedenheit und damit zu höherem finanziellem Erfolg.

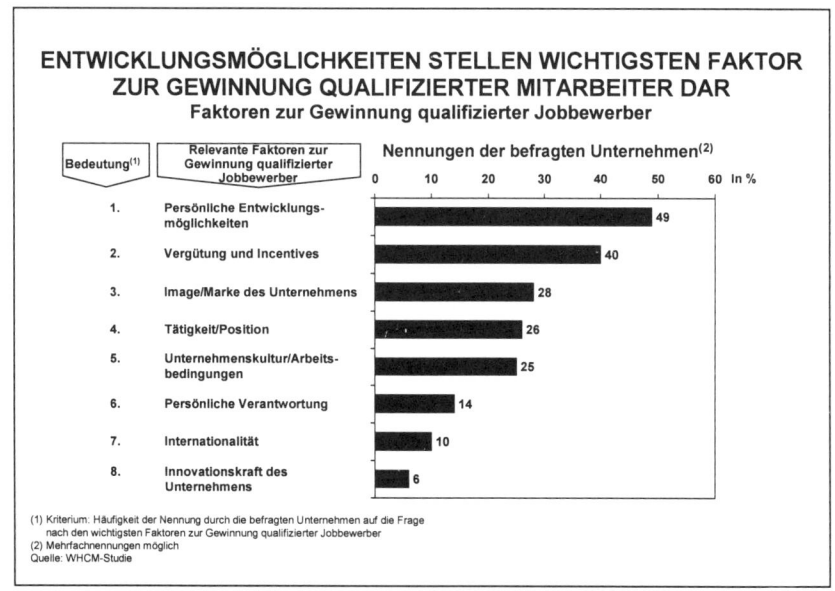

Abbildung 62: Empirische Ergebnisse zu den Kriterien, nach denen qualifizierte Jobbewerber ihren Arbeitgeber auswählen

Gefragt nach den Faktoren, durch die sich qualifizierte Jobbewerber am ehesten für das eigene Unternehmen gewinnen ließen[130], nannten die Studienteilnehmer an erster Stelle die zukünftigen Entwicklungsmöglichkeiten der Jobbewerber (49%). Danach folgte ein wettbewerbsfähiges Vergütungspaket[131] mit 40% und dahinter, nahezu gleichauf, das Firmenimage (28%), die konkreten Aufgaben (26%) sowie die Unternehmenskultur /Rahmenbedingungen (25%). Der Verantwortungsbereich (14%), die Internationalität (10%) und die Innovationsfreude des Unternehmens (6%) wurde dagegen deutlich seltener erwähnt (siehe Abbildung 62).

Darüber hinaus konnte die Unternehmensberatung *Towers Perrin* in einer speziellen Studie zur Vergütung zeigen: Je weniger finanziell erfolgreich Unternehmen waren, desto häufiger nannten sie die Vergütung als wichtigstes Kriterium, aufgrund dessen sich Jobbewerber für ihre Firmen entschieden – und umgekehrt.[132] Wird die Vergütung jedoch bei Jobeinsteigern zu sehr in den Vordergrund gestellt, verbaut sich ein Unternehmen die Möglichkeit, die Gehälter später spürbar gemäß der erbrachten Leistung zu differenzieren, was einen großen

---

[130] Es handelte sich hier um eine offene Frage nach den drei Faktoren, die am wichtigsten seien, um qualifizierte Stellenbewerber für das eigenen Unternehmen zu gewinnen.

[131] Dazu zählen Gehalt, Boni/Sonderzahlung sowie andere indirekte finanzielle Incentives (Versicherungen, Firmenwagen etc.).

[132] In der eigenen Studie konnte dieser Trend zwar ebenfalls erkannt werden, jedoch wurde nicht explizit nach *dem* wichtigsten Kriterium gefragt, sondern nach den wichtigsten drei.

Nachteil darstellen kann.[133] Natürlich lässt sich auch argumentieren: Ein Unternehmen mit schlechten Finanzergebnissen hat ohnehin keine andere Wahl. Es muss potenziellen Bewerbern einfach höhere Gehälter anbieten, um sie zu gewinnen, weil es in den anderen Entscheidungskriterien nicht mit den erfolgreicheren Unternehmen konkurrieren kann.[134] Ein Grund mehr, die Attraktivität der Personalarbeit auf eine breitere Basis zu stellen, wie es im WHCM praktiziert wird.

Weitere Ergebnisse zum Thema Vergütung werden später noch in Verbindung mit der Wirkungskraft von Incentives vorgestellt (vgl. Kapitel C.2.3.4.2).

Frage 4: Auswahlverfahren

Der Anteil an Mitarbeitern, die bei ihrer Einstellung ein formales Auswahlverfahren (strukturiertes Interview, Assessment Center etc.) durchlaufen haben, lag in den befragten Unternehmen bei durchschnittlich 40-50%. Vor dem Hintergrund der potenziellen Bedeutung, die eine Einstellungsentscheidung haben kann, erscheint dieser Anteil relativ gering. Denn zählt man die „Rekrutierungs-, Trainings-, Gehalts- und ggf. Opportunitätskosten für einen „falsch" ausgewählten Kandidaten über den Zeitraum seiner durchschnittlichen Verweildauer im Unternehmen zusammen, kommt man sehr schnell auf eine Investitionssumme von über 500.000 Euro. Einer der befragten Personalleiter äußerte hierzu: *„ Man überlege nur, wie viele Unterschriften für einen Antrag über eine gleich hohe Sachinvestition notwendig wären!"*

Die Hypothese, ein hoher Anteil an Mitarbeitern, die mittels systematischer Verfahren ausgewählt werden, korreliere positiv mit der Wertschaffung, konnte allerdings statistisch nicht bestätigt werden.[135] Das Gleiche galt für die Annahme, eine geringe Fluktuationsquote bei neu eingestellten Mitarbeitern (Firmenzugehörigkeit < 1 Jahr) sei ein Indikator für ein erfolgreiches WHCM. Im Gegenteil, die (nicht-signifikante) Korrelation mit dem VAP wies in dieser Hinsicht sogar ein negatives Vorzeichen auf.[136] Auch konnte kein signifikanter Zusammenhang zwischen dem Nutzungsgrad systematischer Auswahlverfahren und der Fluktuationsquote neuer Mitarbeiter festgestellt werden.

Eine mögliche Interpretation: Im Rekrutierungsprozess kann die Eignung eines Mitarbeiters nur eingeschränkt festgestellt werden.[137] Daher scheint es vorteilhafter zu sein, sich bei größerer Unzufriedenheit mit einem neuen Mitarbeiter möglichst *früh* wieder von ihm zu trennen, anstatt diesen „Rekrutierungsfehler" nicht oder erst viel später zu korrigieren. Denn je länger ein Unternehmen mit diesem Schritt wartet, desto höher steigt sein potenzieller

---

[133] Vgl. *Gherson, D.J.* (2000). Die Studie konzentrierte sich auf das Design, die Umsetzung und die Effektivität von Vergütungspraktiken US-amerikanischer Unternehmen. Durchführungsjahr 1999. Stichprobe n > 750.

[134] Annahme: Schlechte finanzielle Ergebnisse bedeuten auch ein unterdurchschnittliches WHCM.

[135] Die Korrelation mit dem VAP lag bei r = - 0,01 (p = 0,46).

[136] r = - 0,08 (p = 0,28).

[137] Empirische Ergebnisse zur Validität von Personalauswahlmethoden siehe u.a. Scholz, C. (2000), S. 497.

Schaden (der auch im *entgangenen* Gewinn liegen kann). Gestützt wird diese Argumentation durch die Analyse der Gründe, weshalb neue Mitarbeiter ihr Unternehmen innerhalb des ersten Jahres wieder verlassen: Eine falsche Erwartungshaltung steht hier mit 56% an erster Stelle. Leistungsbezogene Aspekte, wie z.b. frühzeitiger Erfolgsdruck (6%), sind dagegen deutlich seltener der Auslöser.[138] Da Erwartungshaltungen aber nur relativ schwer im Rahmen von Auswahlprozessen abgeprüft werden können – sofern sie sich nur über eine kurze Zeit erstrecken[139] –, werden sie erst im Laufe der ersten Arbeitsmonate sichtbar. Realistischerweise kann ein Unternehmen daher erst nach einer gewissen Einarbeitungszeit des Mitarbeiters feststellen, ob sein Profil tatsächlich den Anforderungen der Firma entspricht oder nicht. Das heißt, Methoden zur Personalauswahl können nur die erste Stufe in einem Entscheidungsprozess bilden, der sich letztlich bis zum Ende der Probezeit eines neuen Mitarbeiters erstreckt (und ggf. sogar noch darüber hinaus).

Weiterhin wurde getestet, ob eine niedrige *Gesamt*fluktuationsquote eines Unternehmens positiv mit seiner Wertschaffung korreliert. Hierbei konnte zwar ein positiver Zusammenhang zwischen den genannten Parametern festgestellt werden, jedoch war dieser nicht besonders hoch und zudem auch nicht signifikant.[140] Vermutlich hätte die Zusammensetzung der Fluktuationsquote noch genauer[141] analysiert werden müssen, um aus dieser Zahl aussagekräftigere Schlüsse über den Erfolg des WHCM ziehen zu können.

Zusammenfassend lautet die Empfehlung, zuerst den Nutzen verschiedener Rekrutierungsverfahren unter Berücksichtigung der jeweiligen Zielgruppe und des Unternehmenskontextes zu ermitteln und sich erst danach für eine bestimmte Methode zu entscheiden. Zur Evaluation der Rekrutierungsverfahren kann dabei vor allem auf die in Kapitel B.3.2.1.2.3 beschriebenen utility-analytischen Methoden zurückgegriffen werden.

2.3.3.2   Personaleinsatzmanagement

Offene Fragen aus Kapitel B.1.1.4.4

1. Welche Bedeutung hat eine bedarfsgerechte Personalallokation für den Unternehmenserfolg?

---

[138] Vgl. *Scholz, C.* (2000), S. 498. Quelle: GPP-Studie, Frage nach dem Hauptgrund für neue Mitarbeiter, innerhalb des ersten Jahres das Unternehmen zu verlassen.

[139] Ein längerer Prozess wäre z.B. gegeben, wenn der Bewerber zunächst ein Praktikum in dem Unternehmen absolviert.

[140] $r = 0{,}12$ und $p = 0{,}19$.

[141] Z.B. wie hoch der Anteil der gewollten (aus Sicht des Unternehmens) und der ungewollten Fluktuation ausfällt. Darüber hinaus wären die Gründe der ungewollten Fluktuation näher zu untersuchen, um eventuelle Ansatzpunkte für eine Verbesserung des WHCM zu finden. So genannte „Austrittsinterviews", in denen derartige Informationen erhoben werden können, sind jedoch in vielen deutschen Unternehmen noch kein Standard (Quelle: Experteninterviews).

2. Nach welchen Kriterien sollte der Personaleinsatz vorgenommen werden und welche Bedeutung spielen in diesem Zusammenhang die Wünsche der Mitarbeiter (vgl. auch Frage 2 aus Kapitel B.1.1.4.2)?

3. Wie wichtig ist es, das Personaleinsatzmanagement zukunftsorientiert auszurichten (vgl. auch Frage 3 aus Kapitel B.1.1.4.2)?

4. Welche Verfahren/Hilfsmittel eignen sich besonders für ein effektives Personaleinsatzmanagement?

Frage 1: Bedeutung der Personalallokation für den Unternehmenserfolg

Die Qualität des Personaleinsatzmanagements liegt in Bezug auf ihren Wertbeitrag im Mittelfeld der untersuchten Faktoren (Platz 20). Sie stellt aber dennoch einen signifikanten Werttreiber des WHCM dar.[142] Auf den ersten Blick mag es vielleicht selbstverständlich erscheinen, dass die „richtigen" Mitarbeiter auch immer an der „richtigen" Stelle im Unternehmen eingesetzt werden. Doch vergegenwärtigt man sich die Kriterien, die alle bei der Allokation von Mitarbeitern berücksichtigt werden sollten, wird die Komplexität und Schwierigkeit dieser Aufgabe etwas deutlicher.

Fragen 2 und 3: Kriterien und Zukunftsorientierung der Personalallokation

Aus Wertschaffungssicht[143] spielen für einen optimalen Personaleinsatz vor allem die drei folgenden Kriterien eine Rolle:

1. Das *Entwicklungspotenzial* der Mitarbeiter aus Sicht des Unternehmens.

2. Die bestehenden *Geschäftsanforderungen.*

3. Die *Wünsche* der Mitarbeiter.

Die Herausforderung des Personaleinsatzmanagements besteht somit darin, a) das Entwicklungspotenzial der Mitarbeiter richtig zu erkennen und b) die zukünftigen Jobanforderungen möglichst genau abzuschätzen.[144] Denn ein Job sollte in erster Linie aufgrund seines *zukünftigen* Anforderungsprofils besetzt werden. Seine aktuellen Gegebenheiten fließen dabei erst an zweiter Stelle in die Entscheidung ein.[145]

---

[142] $r = 0,20$ und $p = 0,07$. Die Irrtumswahrscheinlichkeit von 7% kann hier aufgrund der theoretischen Fundierung (siehe unten bzw. Kapitel B.1.1.4.4) akzeptiert werden.

[143] Gemessen durch die Korrelation mit dem VAP.

[144] Dieser Punkt ist ein gutes Beispiel dafür, wie wichtig es für den Personalbereich ist, das Geschäft und die Geschäftsprozesse des Unternehmens zu kennen. Auch wenn die Anforderungsprofile häufig von den Führungskräften der Abteilungen aufgestellt werden (Quelle: Experteninterviews).

[145] Begründung: Ist ein Mitarbeiter erst einmal in einer Position, wird er diese zumindest für eine bestimmte Zeit ausfüllen. Daher muss für diese Periode „vorausgeplant" werden. Hinzu kommt, dass eines der wesentlichen (Fortsetzung nächste Seite)

Nachdem „auf dem Papier" der optimale Fit zwischen dem Potenzial der Mitarbeiter und den Anforderungsprofilen der Jobs gefunden ist, müssen dann auch noch die Wünsche der in Frage kommenden Kandidaten berücksichtigt werden. Und diese decken sich bei weitem nicht immer mit den Präferenzen des Unternehmens. Nimmt ein Unternehmen jedoch zu wenig Rücksicht auf die Bedürfnisse seiner Mitarbeiter, läuft es Gefahr, sie zu demotivieren. Im „besten" Fall wird dadurch „nur" das Leistungspotenzial der Betreffenden unzureichend ausgeschöpft. Im schlimmsten Fall kann jedoch die Arbeitsunzufriedenheit zur Kündigung der Mitarbeiter führen und dann geht ihr gesamtes Leistungspotenzial verloren. Das heißt, nur der harmonische Dreiklang der genannten Kriterien führt wirklich zum Ziel einer optimalen Personalallokation. Aber mit welchen Instrumenten und Methoden sollte der Personalbereich diese komplexe Aufgabe bewältigen?

Frage 4: Instrumente des Personaleinsatzmanagements

Ebenso wie bei den Kriterien, sind auch bei den Instrumenten des Personaleinsatzmanagements diejenigen besonders zu empfehlen, die *zukunftsorientiert* ausgerichtet sind (siehe Abbildung 63). Dementsprechend setzen die befragten Unternehmen zu diesem Zweck auch am häufigsten die folgenden Hilfsmittel ein: Erstens, eine zukunftsorientierte Personal-*entwicklung*[146], die sowohl die Geschäftsanforderungen als auch die Mitarbeiterbedürfnisse in Einklang bringt (50%). Zweitens, eine ausgefeilte Personal*planung*, bei der sich vor allem GAP-Analysen[147] als besonders effektiv erwiesen haben (43%). Und drittens, intensive Gespräche mit den Mitarbeitern, in denen die momentane Zufriedenheit mit der Arbeit und die zukünftigen Erwartungen erörtert werden – sowohl aus Sicht der Mitarbeiter als auch aus der des Unternehmens (28%).

Primär *gegenwarts*bezogene Instrumente des Personaleinsatzmanagements wurden dagegen von den befragten Unternehmen weitaus seltener genutzt: Klare Aufgabenbeschreibungen und Zielvereinbarungen (14%), Auswertungen von Beurteilungen (10%), Job-Rotation (8%) sowie gute Einarbeitung (6%).

Konkretere Hinweise zum Thema „Training", das hier bei den Instrumenten mit an erster Stelle genannt wurde, enthält das nächste Kapitel.

Geschäftsziele die Umsetzung der langfristigen Strategie ist. D.h., auch aus diesem Grund sollten derartige Entscheidungen mit längerfristigen Konsequenzen vorwiegend zukunftsorientiert getroffen werden. Zur strategischen Ausrichtung der Personalarbeit vgl. auch Kapitel C.2.3.6.1.
[146] Hier definiert als Training und Karrieremanagement.
[147] Siehe hierzu auch Kapitel C.2.3.6.1.

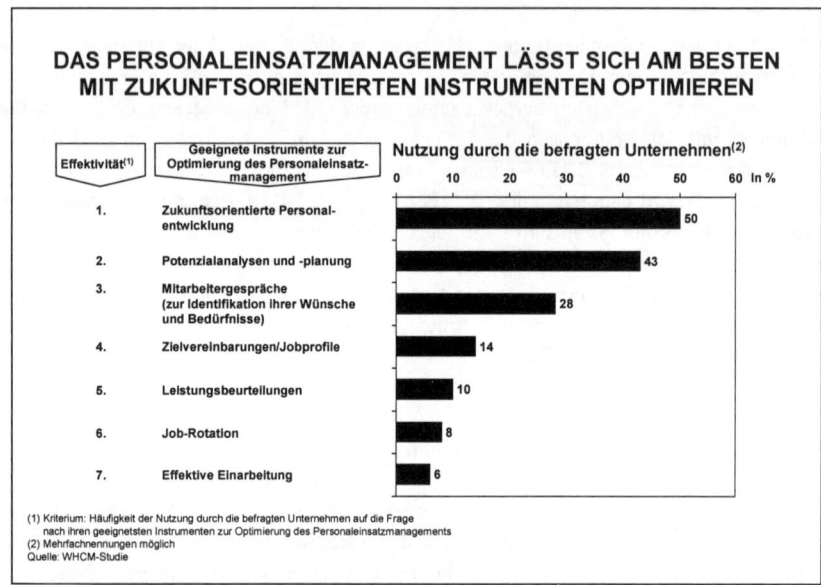

Abbildung 63: Empirische Ergebnisse zur Effizienz der Instrumente des Personaleinsatzmanagements

2.3.3.3 Training

Offene Fragen aus Kapitel B.1.1.4.5

1. Wie wichtig ist eine gute Aus- und Weiterbildung der Mitarbeiter für den Unternehmenserfolg?

2. Wie wichtig ist es, den Erfolg von Trainingsmaßnahmen systematisch zu messen?

3. Was sind geeignete Indikatoren und Methoden, um den Erfolg von Trainingsmaßnahmen zu bewerten?

Fragen 1 und 2: Bedeutung des Trainings und Notwendigkeit der Erfolgskontrolle

Bevor auf die Bedeutung bzw. den Nutzen von Trainingsmaßnahmen[148] näher eingegangen wird, sollen vorab noch einige grundsätzliche Informationen zur spezifischen „Trainings-

---

[148] Unter Training wird Aus- *und* Weiterbildung verstanden. Zur genaueren Definition siehe Kapitel B.1.1.4.5.

IN DAS TRAINING VON FÜHRUNGSKRÄFTEN WIRD FAST DOPPELT SO VIEL INVESTIERT WIE IN DAS VON FACHKRÄFTEN

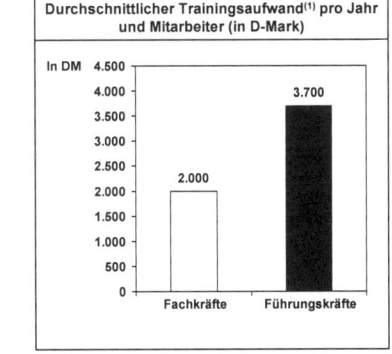

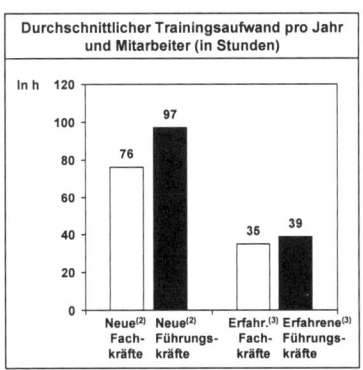

(1) Ohne Kosten für entfallene Arbeitszeit, An-/Abreise und Unterbringung
(2) Neue Fach-/Führungskräfte: Betriebszugehörigkeit < 1 Jahr
(3) Erfahrene Fach- und Führungskräfte: Betriebszugehörigkeit ≥ 1 Jahr
Quelle: WHCM-Studie

Abbildung 64: Empirische Ergebnisse zum zeitlichen und finanziellen Trainingsaufwand der befragten Unternehmen

landschaft" in Deutschland gegeben werden, die sich durch einen besonders hohen Aufwand in diesem Bereich auszeichnet:

• Ca. 88% der deutschen Unternehmen erheben ihren Trainings*bedarf* systematisch.[149]

• Ca. 68% der (west-)deutschen Unternehmen *beteiligen* jährlich zwischen 10 und 50% ihrer Mitarbeiter an Trainingsmaßnahmen.[150]

Zudem ergab die WHCM-Studie:

• Neue Mitarbeiter (Betriebszugehörigkeit < 1 Jahr) erhielten ungefähr doppelt so viel Training wie erfahrene. Die durchschnittliche Anzahl an Trainingsstunden pro Mitarbeiter und Jahr lag dabei je nach Mitarbeitergruppe zwischen 35 und 97 (siehe Abbildung 64).[151]

---

[149] Der internationale Durchschnitt liegt nach der GPP-Studie bei 86%; vgl. *Scholz, C.* (2000), S. 510; gefragt wurde nach der systematischen Analyse des Weiterbildungsbedarfes sowie nach den dafür genutzten Methoden (hier Mehrfachnennungen möglich).

[150] Vgl. *Weber, W./Kabst, R.* (1995), S. 24. Quelle: Cranfield-Studie. Gefragt wurde nach dem Anteil der an Weiterbildungsmaßnahmen beteiligten Mitarbeiter pro Jahr. Die Ergebnisse im Detail: Beteiligung < 10%: 19% der Unternehmen; Beteiligung 10 bis 20%: 37% der Unternehmen; Beteiligung 25 bis 50%: 31% der Unternehmen; Beteiligung mehr als 50%: 13% der Unternehmen.

[151] Empirische Ergebnisse zur Priorität der Trainingsinhalte vgl. u.a. Scholz, C. (2000), S. 512.

- Die durchschnittlichen Trainingskosten[152] betrugen in der Stichprobe für Fachkräfte ca. DM 2.000 und bei Führungskräften DM 3.700 pro Jahr und Mitarbeiter.

Vor diesem Hintergrund gewinnt die Frage nach dem grundsätzlichen Nutzen von Trainingsmaßnahmen noch mehr an Bedeutung. Gemessen wurde dieser Nutzen in der WHCM-Studie durch die Korrelation der beiden oben genannten Indikatoren mit dem VAP: „Anzahl der Trainingsstunden" und „Höhe der Trainingskosten" – mit ihren jeweiligen Differenzierungen nach Mitarbeitergruppen. Entgegen den Erwartungen konnte jedoch der vermutete positive Zusammenhang zwischen diesen Größen statistisch nicht im Geringsten bestätigt werden: Für die Trainingsstunden und den VAP wurde ein Korrelationskoeffizient von $r = 0{,}006$ ($p = 0{,}48$) gemessen und für die Trainingskosten und den VAP sogar ein leicht negativer (nichtsignifikanter) Zusammenhang mit der Stärke $r = -0{,}13$ ($p = 0{,}17$).

Weil Trainingsmaßnahmen aber aus theoretisch-logischer Sicht durchaus einen großen Nutzen versprechen können,[153] war die erste Vermutung: Wahrscheinlich ist nicht die *Quantität* der Trainings entscheidend, sondern (zusätzlich) deren *Qualität*; wobei diese beiden Parameter nicht automatisch miteinander übereinstimmen müssen. Die ersten Schlussfolgerungen lauteten deshalb: a) Quantitative Messgrößen reichen alleine nicht aus, um den Nutzen von Trainingsmaßnahmen exakt zu erfassen. Und b) Trainingsmaßnahmen stiften nicht schon per se einen signifikanten Nutzen für ein Unternehmen, sondern bedürfen einer genaueren Überprüfung ihres Erfolges. Ihre systematische Bewertung erscheint daher unbedingt notwendig zu sein. Vor allem gilt dies wohl für deutsche Unternehmen, die in diesem Bereich einen besonders großen Aufwand betreiben, aber anscheinend nicht die gewünschten Ergebnisse damit erzielen (s.o.).

Frage 3: Evaluationsmethoden für Trainingsmaßnahmen

Um die Vermutungen zur Qualität und Quantität von Trainingsmaßnahmen näher zu überprüfen, wurde in der WHCM-Studie zum einen getestet, mit welchen Methoden der Trainingserfolg am genauesten bewertet werden kann und zum anderen, ob die Qualität der verwendeten Trainingsevaluationsmethoden positiv mit der Wertschaffung der Unternehmen korreliert. Die entsprechenden Analysen ergaben die folgenden Ergebnisse:

43% der befragten Firmen haben den Erfolg ihrer Trainingsmaßnahmen überhaupt nicht systematisch gemessen[154] und wenn doch, dann häufig mit Hilfe von Methoden, die als wenig

---

[152] Trainingskosten *ohne* Kosten für entfallene Arbeitszeit, An- und Abreise sowie Unterbringung.
[153] Vgl. dazu Kapitel B.1.1.4.5.
[154] Bestätigt wurde diese Zahl auch durch Ergebnisse der Cranfield-Studie. Diese hatte ergeben: In Abhängigkeit von der Branche liegt die Zahl der Unternehmen, die ihren Trainingserfolg *nicht* bewerten, zwischen 39 und 66%. Nach Branchen: Produzierendes Gewerbe (49%), Dienstleistungen (39%), Öffentlicher Sektor (66%), Andere (44%). Vgl. hierzu *Weber, W./Kabst, R.* (1995), S.29.

zuverlässig gelten können. Wie wirksam die verschiedenen Evaluationsmethoden sind und wie verbreitet sie unter den Studienteilnehmern waren, zeigt die Abbildung 65. In Bezug auf die Aussagekraft der Verfahren steht dort an erster Stelle die systematische Auswertung der Mitarbeiter*leistung* nach Absolvierung eines Trainings[155]. Die Vorteile dieser Messmethode besteht vor allem darin, dass sie das (Ober-)Ziel der Trainings *direkt* bewertet, nämlich die Leistungsverbesserung der Mitarbeiter. Wichtig ist bei der Anwendung dieser Methode, einen ausreichend langen Zeitraum zu wählen, weil die Umsetzung der im Training erlernten Inhalte in der Regel nicht von einem Tag auf den anderen erfolgen kann. Als Erfolgsmaßstab kann das Erreichen bestimmter Leistungsziele herangezogen werden, die ein Mitarbeiter *nach* dem Training zusammen mit seinem Vorgesetzten festlegt. Für eine präzise Messung sollten die jeweiligen Leistungsziele dabei einen möglichst direkten kausalen Zusammenhang zum Training aufweisen (z.B. Verkaufstraining und Absatzzahlen des Mitarbeiters).[156] Trotz ihrer vielen Vorzüge wurde diese Methoden jedoch nur von 7% der befragten Unternehmen genutzt.

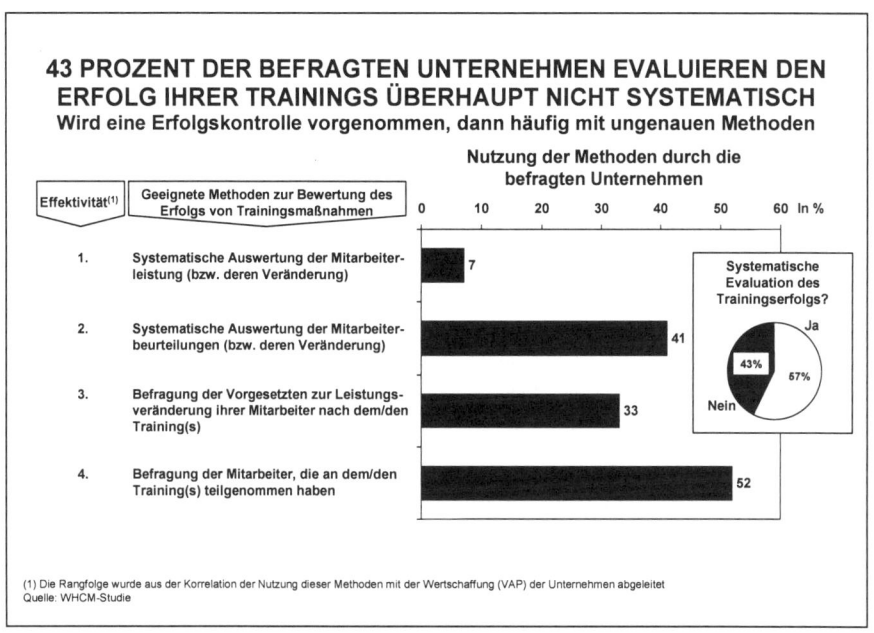

43 PROZENT DER BEFRAGTEN UNTERNEHMEN EVALUIEREN DEN ERFOLG IHRER TRAININGS ÜBERHAUPT NICHT SYSTEMATISCH
Wird eine Erfolgskontrolle vorgenommen, dann häufig mit ungenauen Methoden

Abbildung 65: Empirische Ergebnisse zur Erfolgskontrolle von Trainingsmaßnahmen

---

[155] Korrelation der Nutzung mit dem VAP: r = 0, 35 (p = 0,003).
[156] Beim Training des Führungsverhaltens z.B. die Zufriedenheit der Mitarbeiter mit dem Führungsstil des Vorgesetzten. Bei Verkaufstrainings z.B. die Erhöhung der Abschlussquote etc. (Quelle: Experteninterviews).

Auf dem zweiten Platz der Effektivitätsskala findet sich die systematische Auswertung der Mitarbeiter*beurteilungen* wieder.[157] Ähnlich wie bei der zuvor beschriebenen Methode, wird auch hier die Leistung der Mitarbeiter als Bewertungsmaßstab gewählt. Nur wird die Leistungsveränderung bei diesem Verfahren nicht direkt gemessen, sondern anhand von Mitarbeiterbeurteilungen. Sein Vorteil liegt in der einfacheren Handhabbarkeit, der Nachteil jedoch darin, dass man immer auf die jeweiligen Kriterien der Beurteilung angewiesen ist und diese häufig nicht an quantitativen Zielvorgaben ausgerichtet sind.

Als dritte Alternative zur Messung des Trainingserfolges können die Vorgesetzten der Teilnehmer danach befragt werden, wie sie den Erfolg bestimmter Trainingsmaßnahmen bei ihren Mitarbeitern einschätzen.[158] Im Vergleich z.B. zur Auswertung der Mitarbeiterbeurteilungen spricht für diese Methoden zum einen die Möglichkeit, vom Kriterienkatalog des Beurteilungsschemas abweichen zu können. Zum anderen hat sie den Vorteil, direkt mit demjenigen zu sprechen, der letztlich dafür verantwortlich ist, dass ein Trainingsteilnehmer seine Ziele auch erreicht. Außerdem kann diese zusätzliche Kommunikation mit den Führungskräften dazu beitragen, die Zusammenarbeit zwischen dem Personalbereich und seinen „internen Kunden" weiter zu festigen. Gegen dieses Verfahren spricht sicherlich sein höherer Aufwand durch die Koordination der Interviews und – was wahrscheinlich noch schwerer wiegt – die potenzielle Ungenauigkeit der Rückmeldungen. Denn in der Regel liegt diesen Gesprächen kein standardisierter Kriterienkatalog zu Grunde, anhand dessen der Trainingserfolg systematisch erfasst werden kann.

Am häufigsten wurde der Trainingserfolg von den Unternehmen in der Stichprobe, wenn überhaupt, durch die Befragung der Trainingsteilnehmer gemessen (51%). In den meisten Fällen erfolgte diese Befragung in Form einer schriftlichen Bewertung des Trainings direkt im Anschluss an die jeweiligen Veranstaltung(en). Wie jedoch die Ergebnisse der WHCM-Studie zeigen, ist die Aussagekraft dieser Evaluationsmethode in Bezug auf den potenziellen Wertbeitrag von Trainingsmaßnahmen außerordentlich gering.[159] Inhaltlich begründen lässt sich diese Aussage durch mehrere Argumente:

- Im direkten Anschluss an ein Training ist für einen Mitarbeiter oft noch gar nicht genau absehbar, wie viele der Inhalte er später in der Praxis benötigen wird und diese dann auch tatsächlich umsetzen kann.

- Die Bewertung des Trainings durch die Teilnehmer kann durch viele subjektive Faktoren verzerrt werden, wie z.B. die Atmosphäre des Trainings, die Freundlichkeit des Trainers oder bestimmte „Erfolgserlebnisse" während des Trainings, die sich jedoch in der späteren Praxis nicht zwangsläufig wiederholen lassen müssen.

---

[157] Korrelation der Nutzung mit dem VAP: $r = 0,21$ ($p = 0,57$). Zur Durchführung: Es wird analysiert, wie stark sich ein Mitarbeiter im Rahmen seiner Beurteilung in den Dimensionen verbessert hat, die durch das Training adressiert werden sollten.

[158] Korrelation der Nutzung mit dem VAP: $r = 0,18$ ($p = 0,09$).

[159] Korrelation der Nutzung mit dem VAP: $r = 0,05$ ($p = 0,37$).

- Die Bewertung kann aber auch *bewusst* seitens der Teilnehmer etwas positiver dargestellt werden, um a) die eigene Trainingsleistung nicht in Frage zu stellen und b) die „Wahrscheinlichkeit" zu erhöhen, in der Zukunft wieder an Trainings teilnehmen zu können, „ ... *weil sie ja so wirkungsvoll sind.* "[160] Dabei darf man nicht vergessen: Oft werden Trainings auch als eine Art Incentive genutzt, obwohl dies gar nicht ihrem ursprünglichen Charakter entspricht. Es sei denn, ein Training ist bewusst auf diese Zielsetzung ausgelegt. In diesem Falle wäre der Trainingserfolg aber durch die konkret erzielte Motivationssteigerung bei den Teilnehmern zu messen und nicht durch ihre Zufriedenheit mit dem Training.

In den Experteninterviews wurde darüber hinaus noch die Möglichkeit genannt, die Trainingsteilnehmer nicht direkt nach der Veranstaltung zu befragen, sondern erst nach einer gewissen Zeit, wenn der (eventuelle) Erfolg des Trainings bereits spürbar ist. Wird diese Befragung zudem anonym durchgeführt, haben die Mitarbeiter die Möglichkeit, sich völlig frei darüber zu äußern, welche Bestandteile des Trainings ihnen besonders geholfen haben und welche nicht. Letztlich wird jedoch bei dieser Vorgehensweise auch nur eine qualitative Bewertung abgegeben, die sich nicht direkt auf die eigentliche Zielgröße des Trainings bezieht – die Leistungssteigerung der Trainingsteilnehmer. Folglich sollte die Mitarbeiterbefragung nur zur *Ergänzung* der anderen drei genannten Evaluationsmethoden dienen, um zusätzlich die qualitativen bzw. die vom Mitarbeiter wahrgenommenen Stärken und Schwächen des Trainingsangebotes zu berücksichtigen.

Insgesamt korrelierte die Qualität, in der Unternehmen die Werthaltigkeit ihrer Trainingsmaßnahmen bewerten, hoch signifikant mit dem VAP.[161] Wie wichtig dieser Werttreiber ist, zeigt auch sein sechster Rang in der Gesamtbewertung des WHCM-Modells (vgl. die Abbildung 59).

Zusammenfassend kann festgestellt werden: Der allgemeine Trainingsaufwand ist in Deutschland zwar relativ hoch, aber die entsprechenden Erfolgskontrollen könnten hier noch deutlich verbessert werden. In der Konsequenz scheinen daher viele Trainingsmaßnahmen hierzulande noch nicht das Ziel zu erreichen, den Unternehmenswert langfristig zu steigern. Damit geht aber die Gefahr einher, zunehmend die Glaubwürdigkeit des WHCM zu verlieren. Denn Zweifler am Wert des Human Capitals können behaupten: „Wir haben unsere Mitarbeiter doch immer regelmäßig zu teuren Trainings geschickt. Und trotzdem hat es nichts genutzt." Dadurch wird erneut unterstrichen, wie wichtig die Wertorientierung in der Personalarbeit ist und dass auch im WHCM ein kontinuierliches und zielgerichtetes Controlling der eigenen Arbeit vorgenommen sollte – genau so wie in anderen Geschäftsbereichen auch.

---

[160] Dies gilt allerdings nur in den Fällen, in denen die Bewertung nicht anonym durchgeführt wird.
[161] $r = 0,32$ ($p = 0,007$).

2.3.3.4 Karrieremanagement

Offene Fragen aus Kapitel B.1.1.4.9

1. Wie wichtig sind Karriere- und Förderpläne für den Unternehmenserfolg?

2. Wie wichtig ist Karrieremanagement im Vergleich zur externen Rekrutierung – also „Internal-" vs. „External Sourcing"?

3. Wie streng werden Karriereleitlinien in der Praxis eingehalten und zu welchen Konsequenzen kann das führen?

4. Wie wichtig ist ein spezielles Talentmanagement für den Unternehmenserfolg und welche Formen sind dabei besonders effektiv?

5. Auf welche Kriterien legen „High Potentials" besonderen Wert bzw. welche Perspektiven muss man ihnen geben, damit sie im Unternehmen bleiben und nicht kündigen? (Antwort in Kapitel C.2.3.4.2 unter dem Thema „Vergütung und Anerkennung")

6. Wie wichtig sind Coachingangebote für Mitarbeiter zur Begleitung ihrer Karriere?

Frage 1: Bedeutung von Karriere- und Förderpläne

Die Ausgangshypothese zu diesem Bereich des WHCM lautete: Der Anteil an Mitarbeitern, für die ein Unternehmen Karriere- und Förderpläne ausgearbeitet hat, korreliert positiv mit seinem VAP. Dieser Annahme lag die Überlegung zu Grunde, mit einem derartigen Instrument könne die Karriereentwicklung in einer Firma transparenter und verbindlicher gestaltet werden, was einen positiven Einfluss auf die Motivation und damit die Leistung der Mitarbeiter hätte.

Obwohl die entsprechende Korrelation leicht positiv ausfiel, überschritt sie die geforderte Signifikanzgrenze deutlich.[162] Eine zweifelsfreie Erklärung für dieses Ergebnis konnte im Rahmen der Untersuchungen nicht gefunden werden. Die Vermutung, es würden nur große Unternehmen aufgrund des relativ hohen administrativen Aufwandes formale Karriere- und Förderpläne erstellen, konnte statistisch ebenfalls nicht belegt werden. Eine andere Erklärungsmöglichkeit könnte hingegen darin bestehen, dass dieses Personalentwicklungsinstrument bislang allgemein nur sehr begrenzt eingesetzt wird. Durchschnittlich hatten die befragten Unternehmen nur für jede *fünfte* Führungskraft und für jede *zehnte* Fachkraft einen formalen Karriere- oder Förderplan ausgearbeitet. Vielleicht haben daher auch (finanziell) erfolgreiche Unternehmen bislang den potenziellen Nutzen dieses Instrumentes noch nicht ausreichend erkannt. Gegen diese Vermutung könnte jedoch eine andere Argumentationslinie sprechen: Eine formalisierte Karriereplanung stiftet deshalb keinen signifikanten Nutzen für

---

[162] r = 0,08 (p = 0,27).

ein Unternehmen, weil Karrieren heutzutage durch die hohe Veränderungsgeschwindigkeit der Rahmenbedingungen[163] überhaupt nicht mehr langfristig vorauszuplanen sind. Vielleicht sind die Erfolgsfaktoren der Karriereplanung demnach nicht mehr deren „Vorhersehbarkeit" und die „Planungssicherheit" der Mitarbeiter, sondern eher die „Individualität" und „Flexibilität" der Karrierechancen.

In einigen (erfolgreichen) Unternehmen scheint sich zudem der Trend abzuzeichnen, die Initiative zur Karriereplanung in erster Linie den Mitarbeitern zu überlassen. Der Personalbereich beschränkt sich dabei im Wesentlichen darauf, die entsprechenden Wünsche der Mitarbeiter so weit wie möglich zu realisieren – natürlich unter Berücksichtigung der betrieblichen Anforderungen und Gegebenheiten. Diese Vorgehensweise stellt zwar höhere Anforderungen an die Selbständigkeit der Mitarbeiter, bietet ihnen aber auch größere Gestaltungsspielräume und fördert ihre Eigenverantwortung.[164]

Eine weitere Begründung, warum das gemessene Wertschöpfungspotenzial der Karriere- und Förderpläne so gering ausgefallen ist, könnte sein, dass es hierbei ebenfalls nicht nur auf die Quantität ankommt, sondern auf die *Qualität*. In den Experteninterviews fanden sich nämlich Indizien dafür, dass dieses Instrument bisweilen nur als „Alibi" für eine „gute" Personalentwicklung missbraucht wird. Anspruch und Wirklichkeit klafften in diesen Fällen weit auseinander, sowohl in Bezug auf den Inhalt der Pläne als auch auf deren spätere Verwirklichung.

Schließlich wäre noch denkbar, dass in vielen Unternehmen zwar konkrete Entwicklungsvorstellungen für die Mitarbeiter bestanden haben, diese aber nicht formal erfasst wurden. Eine endgültige Aussage, welcher Erklärungsansatz von den genannten am ehesten zutrifft, kann an dieser Stelle jedoch nicht getroffen werden, weil dafür noch detailliertere Analysen zur Qualität dieser Instrumente notwendig gewesen wären.

Frage 2: Interne vs. externe Stellenbesetzung

In der Praxis wird häufig die Frage diskutiert, ob es aus Sicht des Karrieremanagements vorteilhafter wäre, freie Positionen im Unternehmen eher intern oder extern neu zu besetzen.[165] Ein Aspekt, der auch aus Sicht des Personaleinsatzmanagements eine wichtige Rolle spielt. Dass beide Philosophien stichhaltige Vor- und Nachteile aufweisen, zeigt die Übersicht von *Bühner* in Abbildung 66. Daher praktizieren die meisten Unternehmen auch keinen der beiden Ansätze in Reinform. Im Rahmen der WHCM-Studie wurde nun untersucht, ob es vielleicht aus Sicht der Wertschaffung eine Präferenz für das „Internal-"

---

[163] Vgl. hierzu u.a. Kapitel B.1.1.2.
[164] Quelle: Interne HR-Benchmarkingstudie der *Boston Consulting Group*, Experteninterviews.
[165] Quelle: Experteninterviews.

SOWOHL INTERNE ALS AUCH EXTERNE STELLENBESETZUNG HABEN BEACHTENSWERTE VOR- UND NACHTEILE

Vor- und Nachteile der internen bzw. externen Personalbeschaffung		
	Innerbetrieblich	**Außerbetrieblich**
Vorteile	(+) Motivationswirkung • Aufstiegschancen ➜ Bindung an Unternehmen (+) Geringe Beschaffungskosten (+) Kenntnis des Managements ➜ Geringes Risiko (+) Betriebliches Budgetniveau wird eingehalten (+) Geschwindigkeit (+) Transparenz für Management (+) Stellen für Nachwuchs werden frei	(-) Keine internen Aufstiegschancen ➜ Demotivation, Fluktuation (-) Hohe Beschaffungskosten (-) "Katze im Sack" ➜ Risiko (Probezeit) (-) Höhere Gehaltsvorstellungen des Wechselnden (-) Zeitaufwändig (-) Spannung im alten Management (-) Blockierung für Nachwuchs	**Nachteile**
Nachteile	(-) Geringe Auswahl (-) Betriebsblindheit (-) Personalbedarf wird nur verlagert (quantitativ nicht gelöst) (-) Fortbildungsnotwendigkeit zur Lösung des qualitativen Bedarfs ➜ Fortbildungskosten	(+) Breite Auswahl (+) Neue Personal bringt neue Impulse (+) Personalbedarf wird quantitativ direkt gelöst (+) Qualitativer Bedarf wird direkt gelöst	**Vorteile**

Quelle: Bühner, R. (1994), S. 101

Abbildung 66: Vor- und Nachteile der internen bzw. externen Personalbeschaffung

oder das „External Sourcing" gäbe. Das Hauptaugenmerk wurde dabei auf die Besetzung von *Führungs*positionen gelegt, weil diese in der Praxis besonders erfolgskritisch sind.

Das Ergebnis: Aus Sicht des WHCM ist es eindeutig vorteilhafter, den überwiegenden Teil der offenen Führungspositionen *intern* zu besetzen als extern. Das Wertschöpfungspotenzial des „Internal Sourcing" ist dabei ziemlich hoch (Platz 5).[166] Die befragten Praxisexperten erklärten dieses Ergebnis vor allem durch die motivatorische Wirkung dieses Ansatzes auf die Belegschaft sowie die größere Vertrautheit der eigenen Mitarbeiter mit der Kultur und den Rahmenbedingungen des Unternehmens. Aus dieser Analyse kann jedoch nicht abgeleitet werden, im Optimalfall *alle* Führungspositionen intern zu besetzen. Denn sonst bestünde für eine Firma sehr leicht die Gefahr, „betriebsblind" zu werden oder bei fehlenden internen Alternativen nicht schnell genug auf neue Anforderungen reagieren zu können. Vor dem Hintergrund, dass sich die internen und externen Besetzungen von Führungspositionen in der Stichprobe die Waage hielten (50 : 50%), sollte das „Internal Sourcing" eher auf einen Anteil von 80 - 90%[167] ausgebaut werden – sofern möglich und in der unternehmensspezifischen Situation sinnvoll (bei einem „Turnaround" zum Beispiel nicht).

---

[166] Korrelation mit dem VAP: r = 0,33 (p = 0,005)

[167] Diese Quoten wurden bei mehreren Top-Performern in der Studie gemessen. Allerdings können sie nur als Anhaltspunkt verstanden werden, denn letztlich sind derartige Entscheidungen immer auf die spezifische Situation des Unternehmens abzustimmen.

Frage 3: Einhaltung von Karriereleitlinien

In der Literatur wird zumeist von der Annahme ausgegangen:[168] Die Leitlinien, nach denen Beförderungen und Stellenbesetzungen (theoretisch) vorzunehmen sind, werden in der Praxis weitgehend eingehalten; eine der wichtigsten Voraussetzungen für ein erfolgreiches Karrieremanagement und die Glaubwürdigkeit des WHCM. Wie weit diese Annahme in der Praxis auch zutrifft und welche Konsequenzen sich daraus für ein Unternehmen ergeben können, wurde in der WHCM-Studie ebenfalls untersucht, und zwar mit folgendem Ergebnis:

Bedauerlicherweise – aber nicht ganz unerwartet – eröffnete sich in diesem Punkt eine weitere Kluft zwischen Theorie und Praxis in der Personalarbeit: Durchschnittlich wurde in den befragten Unternehmen fast jede *dritte* (!) Führungspositionen *nicht* aufgrund der Mitarbeitereignung besetzt – dem zentralen Prinzip des Karrieremanagements. Stattdessen dominierten in diesen Fällen Faktoren, wie die Seniorität der Betreffenden, ein Mangel an Alternativen oder mikropolitische Gründe.

Wie wichtig es jedoch ist, das Eignungsprinzip in der Beförderungspraxis streng einzuhalten, zeigt seine signifikante Korrelation mit der Wertschaffung der Unternehmen.[169] Dieses Ergebnis verwundert nicht. Denn bereits an früherer Stelle wurde gezeigt, welchen Einfluss die richtige Qualifikation der Mitarbeiter (insbesondere der Führungskräfte) auf den Unternehmenserfolg besitzt. Im Hinblick auf die Glaubwürdigkeit des WHCM und des Top-Managements deckt sich dieses Ergebnis zugleich mit den Ausführungen in Kapitel C.2.3.2.1 zur Wertschätzung der Mitarbeiter und wurde darüber hinaus in den Experteninterviews bestätigt: Das Vertrauen der Mitarbeiter in ihr Unternehmen und seine Organe ist ein sehr hohes aber auch zerbrechliches Gut. Es stellt eine der elementaren Grundlagen sowohl für den Erfolg der Personalarbeit als auch der Organisation als Ganzes dar. Es sollte daher behutsam gepflegt werden und nicht durch Praktiken zerstört werden, die gegen die bestehenden Firmengrundsätze verstoßen und damit die *Glaubwürdigkeit* der Entscheider in Frage stellen. Im Zusammenhang mit anderen Bereichen des WHCM wird dieser Aspekt noch mehrmals angesprochen werden.

Frage 4: Talentmanagement

Dass qualifizierte Mitarbeiter für ein Unternehmen erfolgsentscheidend sein können und talentierte Mitarbeiter daher gefördert werden sollten, wurde theoretisch bereits erörtert. Im Rahmen der WHCM-Studie konnten diese Aussagen jedoch zusätzlich quantitativ-empirisch

---

[168] Ausführlicher zu den Theorien des Karrieremanagements vgl. u.a. *Watts, A.G. et al* (1996).
[169] r = 0,26 (p = 0,026).

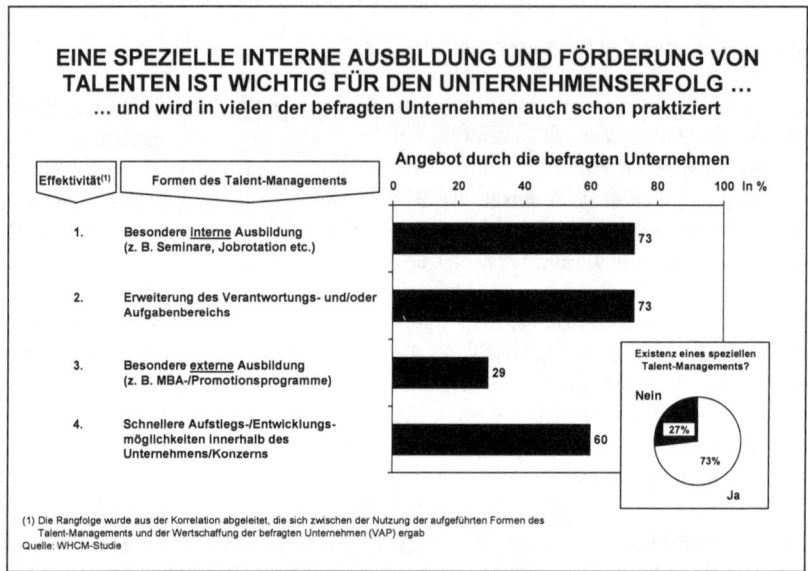

EINE SPEZIELLE INTERNE AUSBILDUNG UND FÖRDERUNG VON TALENTEN IST WICHTIG FÜR DEN UNTERNEHMENSERFOLG ...

... und wird in vielen der befragten Unternehmen auch schon praktiziert

Abbildung 67: Empirische Ergebnisse zum Talentmanagement in den befragten Unternehmen

untermauert werden, und zwar auch im Kontext mit den anderen Werttreibern der Personalarbeit.[170]

Was die Effektivität verschiedener Formen des Talentmanagements anbelangt, so konnte aufgrund ihrer Korrelation mit dem VAP die nachstehende Reihenfolge ermittelt werden:

1. Spezielle Ausbildung *innerhalb* des Unternehmens (Seminare, Job-Rotation, Projektarbeit).

2. Erweiterung des Verantwortungs- und/oder Aufgabenbereiches.

3. Besondere Ausbildungsmöglichkeiten *außerhalb* des Unternehmens (z.B. MBA- oder Promotionsprogramme).

4. Schnellere Aufstiegs- und Entwicklungsmöglichkeiten.[171]

Wie weit diese Arten des Talentmanagements in der Praxis verbreitet sind, fasst die Abbildung 67 zusammen. Besonders auffällig ist in dieser Übersicht: 40% der befragten

---

[170] Die Existenz bzw. Qualität eines Talentmanagements korrelierte signifikant mit dem VAP: r = 0,19 und p = 0,07 (die Irrtumswahrscheinlichkeit von 7% wird hier aufgrund der theoretischen Untermauerung des Talentmanagements akzeptiert).

[171] Aufgrund der höheren Irrtumswahrscheinlichkeit der Punkte 3 und 4 von 29% bzw. 32%, könnte die Reihenfolge auch umgekehrt sein.

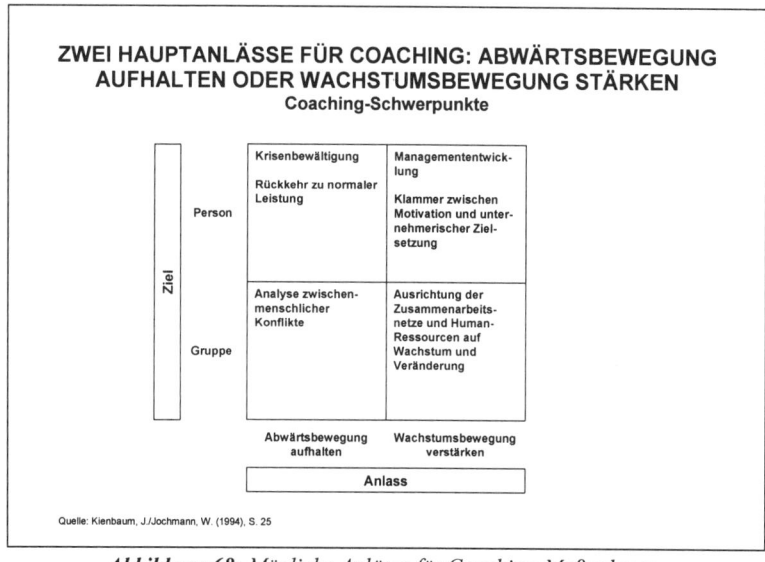

Abbildung 68: *Mögliche Anlässe für Coaching-Maßnahmen*

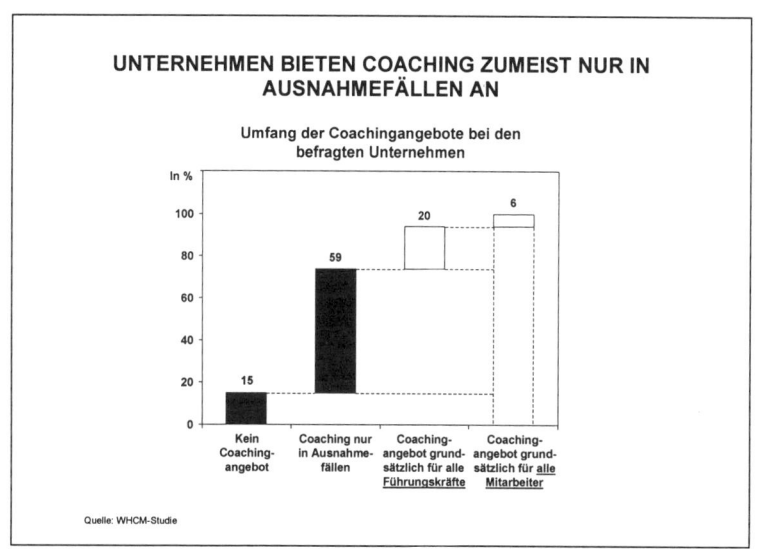

Abbildung 69: *Empirische Ergebnisse zum Coaching-Angebot in den befragten Unternehmen*

Unternehmen boten ihren talentierten Mitarbeitern *keine* schnelleren Aufstiegs- und Entwicklungsmöglichkeiten an. Und in der obigen Rangliste rangiert diese Option ebenfalls „nur" an vierter Stelle. Aus theoretisch-logischer Sicht erscheint es dagegen durchaus sinnvoll, den talentierten Mitarbeitern auch durchgängig bessere Karrierechancen anzubieten. In Kapitel C.2.3.4.2 wird daher versucht, dieses Thema noch einmal genauer zu beleuchten. Dazu werden die Kriterien näher untersucht, die entscheidend sind, um wertvolle Leistungsträger möglichst lange an das eigene Unternehmen zu binden.

Frage 6: Coachingangebote für Mitarbeiter

Vergegenwärtigt man sich noch einmal die enormen Anforderungen, die heutzutage an Mitarbeiter gestellt werden – und hier besonders an die Führungskräfte – dann erhebt sich die Frage: Sollte ein Unternehmen nicht zusätzlich zu den Trainingsveranstaltungen Möglichkeiten für seine Mitarbeiter anbieten, sich an kritischen Punkten der Karriere individuell von Spezialisten „beraten" und/oder unterstützen (coaching) zu lassen, die für diese Funktion besonders ausgebildet sind?

Dabei geht es nicht nur um fachliche Aspekte, sondern vor allem auch um die *persönliche* Weiterentwicklung der Betreffenden. Welches die wichtigsten Ziele und Anlässe eines derartigen Coachings sein können, zeigt die Abbildung 68 im Überblick.

Die Ergebnisse aus der WHCM-Studie, wie weit das Coachingangebot bei den befragten Unternehmen reichte, sind in Abbildung 69 zusammengefasst. Aus ihr wird ersichtlich: Zwar hatten 85% der Studienteilnehmer Coaching in irgendeiner Form in ihrem „Dienstleistungsangebot". Bei den meisten Firmen bezog sich diese Offerte jedoch nur auf bestimmte Ausnahmefälle und nicht auf die breite Masse der Belegschaft.

Entgegen der Erwartung konnte der Umfang des Coachingangebotes statistisch nicht als signifikanter Werttreiber identifiziert werden.[172] Wahrscheinlich ist dieses Ergebnis aber auch maßgeblich darauf zurückzuführen, dass die entsprechende *Qualität* des angebotenen Coachings in der WHCM-Studie nicht explizit erfasst wurde. Weiteren Aufschluss mag daher die Umfrage von *Böning* geben, in der zumindest qualitativ die Sinnhaftigkeit verschiedener Coachingmaßnahmen untersucht wurde (vgl. Abbildung 70): Insgesamt wurde in dieser Studie vor allem ein externes Coaching für sinnvoll erachtet und das insbesondere bei der Beratung und Entwicklung von Führungskräften.[173]

---

[172] Korrelation mit dem VAP: r = 0,11 (p = 0,21).
[173] Ausführlicher zum Thema Coaching vgl. u.a. *Rückle, H.* (1992); *Kienbaum, J./Jochmann, W.* (1992); *Böning, U.* (1990, 1994). Zum Coaching basierend auf dem besonders interessanten Ansatz der „Subjektiven Theorien" vgl. u.a. *Groeben, N. et al.* (1988). Durch ihn wird versucht, Verhaltensänderungen auf möglichst tiefen Ebenen des Bewusstseins zu bewirken. Annahme: Das Handeln jedes Menschen basiert auf
(Fortsetzung nächste Seite)

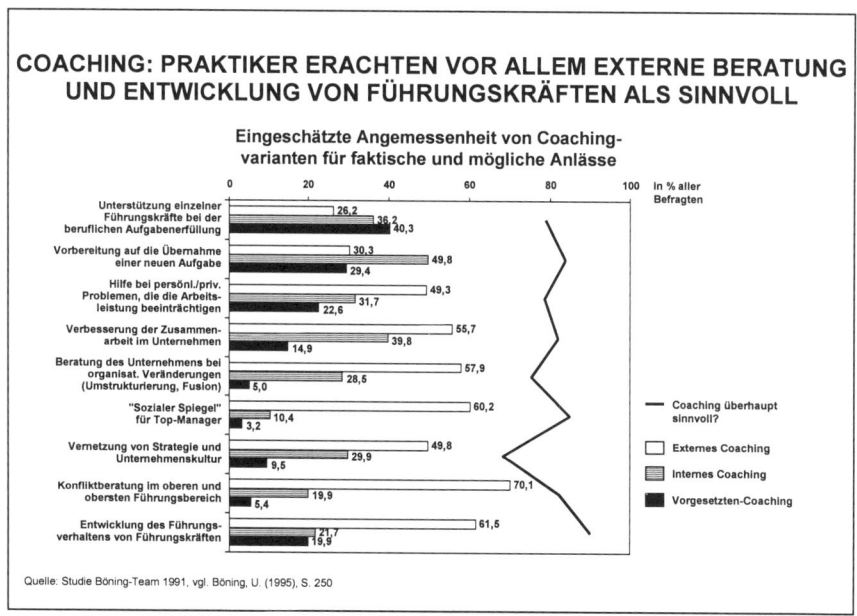

Abbildung 70: Empirische Ergebnisse zum Nutzen verschiedener Coachingmaßnahmen

2.3.3.5 Outplacement[174]

Offene Fragen aus Kapitel B.1.1.4.10

1. Wie konsequent gehen Unternehmen mit solchen Mitarbeitern um, die dauerhaft ihre Leistungsanforderungen nicht erfüllen. Und welche Maßnahmen werden dabei vor einer drohenden Personalfreisetzung ergriffen.

2. Welche Auswirkungen hat ein *konsequentes* Handeln in diesem Zusammenhang auf den Erfolg eines Unternehmens?

Frage 1: Konsequenter Umgang mit leistungsschwachen Mitarbeitern

Eine pauschale Aussage ist nicht möglich, wie Unternehmen am besten auf Mitarbeiter reagieren sollten, die dauerhaft unbefriedigende Leistungen erbringen. In der Praxis scheint

---

„subjektiven Theorien", die er im Laufe seines Lebens bewusst oder unbewusst entwickelt hat. Ein vereinfachtes Beispiel: „Wenn ich immer nett zu meinen Mitarbeiter bin, dann werden sie auch meinen Anweisungen folgen." Will man nun vor diesem Hintergrund das Verhalten eines Menschen von außen beeinflussen, dann sollte man dieses am besten durch Veränderung seiner entsprechenden subjektiven Theorien versuchen.

[174] Der Begriff Outplacement wird hier synonym für die Trennung von Mitarbeitern verwendet. Zu den Besonderheiten der Outplacementberatung vgl. u.a. Kapitel B.1.1.4.10.

die optimale Vorgehensweise eher vom Einzelfall abzuhängen: Zum einen gaben ca. 30% der befragten Unternehmen an, in bestimmten Fällen überhaupt nicht aktiv auf anhaltende Leistungsdefizite zu reagieren, sondern maximal passiv, indem der betreffende Mitarbeiter einfach nicht weiter ge- oder befördert wird. Andererseits äußerten 92% der Studienteilnehmer, sich bei unzureichender Leistung auch von Mitarbeitern zu trennen.

Unterschiede waren jedoch in dem Aufwand zu verzeichnen, den die Firmen betrieben, *bevor* sie sich von einem Mitarbeiter leistungsbedingt trennten. Während 81% der Studienteilnehmer angaben, leistungsschwache Mitarbeiter vor der Kündigung zunächst auf eine weniger anspruchsvolle Position zu versetzen, ordneten nur 24% zusätzliche Trainings vor einer leistungsbedingten Versetzung oder Entlassung an.

Frage 2: Wirkung des Umgangs mit Leistungsschwäche auf den Unternehmenserfolg

Statistisch konnte keine signifikante Korrelation zwischen der Konsequenz im Umgang mit leistungsschwachen Mitarbeitern und der Wertschaffung der Unternehmen gemessen werden, wobei das Signifikanzniveau allerdings nur knapp verfehlt wurde.[175] In den Experteninterviews wurde zwar des Öfteren darauf verwiesen, wie wichtig es sei, *aktiv* zu reagieren, wenn ein Mitarbeiter seine Leistungsziele dauerhaft nicht erfülle. Auf der anderen Seite sind aber auch Situationen denkbar, in denen eine passive Reaktion sinnvoller erscheint. Zum Beispiel bei älteren Mitarbeitern, die sich ihre Verdienste bereits in früheren Jahren erworben haben und die in anderen Positionen nicht mehr eingesetzt werden können. Sich von solchen Personen zu trennen, sollte aus zwei Gründen besonders gründlich überlegt werden: Zum einen ist immer der Nutzen zu betrachten, den ein Mitarbeiter während seiner *gesamten* Beschäftigungszeit für ein Unternehmen erbringt bzw. erbringen kann. Hat eine Firma in *Summe* bereits ausreichend von einem Mitarbeiter profitiert, kann das Festhalten an ihm in „schwierigeren" Zeiten auch als Gegenleistung bzw. soziale Verantwortung verstanden werden. Zum anderen sollte berücksichtigt werden, wie sich eine derartige Entlassung auf die Motivation der verbleibenden Mitarbeiter auswirkt. Bei Verzicht auf die Entlassung wäre dagegen denkbar, dass sich ein „loyales" Verhalten gegenüber (ehemals) verdienten Kräften sogar stimulierend auf die übrige Belegschaft auswirkt. Ein abschließendes Urteil zu diesem Thema kann hier sicherlich nicht gefällt werden. Es spricht aber sehr viel für eine Entscheidung im Einzelfall unter Berücksichtigung der obigen Aussagen.

Welche Bedeutung die *allgemeine* „Arbeitsplatzsicherheit" in einem Unternehmen für seinen Erfolg hat, wird noch weiter unten in Kapitel C.2.3.8.1 erörtert.

---

[175] $r = 0,16$ ($p = 0,11$). Die Irrtumswahrscheinlichkeit von 11% wurde hier nicht akzeptiert, da aus theoretischer Sicht unklar erschien, wie schwer die Gründe wiegen, auf unbefriedigende Leistung doch nicht mit letzter Konsequenz, also durch Entlassung, zu reagieren.

2.3.4 Werttreibergruppe „Motivation der Mitarbeiter"[176]

Die Gruppe der Werttreiber, die besonders auf die *Motivation* der Mitarbeiter abzielen, gliedert sich – angelehnt an frühere Kapitel – in zwei Unterthemen: „Beurteilungs- und Feedbackmethoden" (C.2.3.4.1) sowie „Vergütung und Anerkennung" (C.2.3.4.2). Mit dem VAP korrelierte diese Werttreibergruppe insgesamt sehr deutlich und mit höchster Signifikanz: $r = 0,42$ und $p < 0,001$.

2.3.4.1 Beurteilungs- und Feedbackmethoden

Offene Fragen aus Kapitel B.1.1.4.7

1. Wie wichtig sind regelmäßige und formale *Ziel*vereinbarungen zu Beginn einer Beurteilungsperiode für den Unternehmenserfolg?

2. Wie wichtig sind regelmäßige und formale *Mitarbeiter*beurteilungen für den Unternehmenserfolg?

3. Welche Beurteilungsformen (bezogen auf die Prozessbeteiligten) sind besonders effektiv?

4. Sind weitere Feedbackmöglichkeiten neben der Mitarbeiterbeurteilung erforderlich und wenn ja, welche?

Fragen 1 und 2: Bedeutung von Zielvereinbarungen und Beurteilungen

In der WHCM-Studie wurde zunächst von den folgenden Annahmen ausgegangen:

- Formale Zielvereinbarungen sind ein geeignetes Hilfsmittel, um die Leistung eines Mitarbeiters am Ende einer Periode möglichst objektiv beurteilen zu können. Zusätzlich vermögen Zielvereinbarungen die Mitarbeiter zu motivieren: a) durch den Prozess, in dem die Vorgesetzten die Ziele gemeinsam mit ihnen festlegen und b) durch die Transparenz der Ziele und der damit verbundenen Erwartungshaltung, die das Unternehmen an sie stellt.

- Regelmäßige und formale Beurteilungen verfügen ebenfalls über ein hohes Wertschaffungspotenzial. Denn sie können wie die Zielvereinbarungen motivierend auf die Mitarbeiter wirken und gleichzeitig als wertvolle Datenquelle für andere Prozesse des WHCM dienen (siehe auch Kapitel B.1.1.4.7).

---

[176] Vgl. auch Abbildung 54.

Um diese Hypothesen zu testen, wurde untersucht, ob der Anteil an Mitarbeitern, mit denen formale Zielvereinbarungen am Anfang einer Periode getroffen und deren Leistung regelmäßig beurteilt wurde, positiv mit dem VAP der Unternehmen korrelierte.

Hierbei fiel als erstes Ergebnis ins Auge: Zielvereinbarungen und Beurteilungen waren keine „Selbstverständlichkeit" in den befragten Unternehmen, wie man aufgrund der theoretischen Vorteile dieser Instrumente hätte vermuten können:

- In der Stichprobe wurde im Durchschnitt nur mit etwa 55% der Führungskräfte und 25% der Fachkräfte eine formelle Zielvereinbarung getroffen.

- Eine regelmäßige[177] und formelle Leistungsbeurteilung erhielten durchschnittlich auch nur ca. 40% der Mitarbeiter.

Noch bemerkenswerter war hingegen, dass zwischen dem Umfang, in dem die Studienteilnehmer diese Methoden bei sich einsetzten und ihrem VAP *keine* signifikanten Korrelationen gemessen werden konnten. Das galt sowohl für die Zielvereinbarungen als auch die Beurteilungen.[178] Aufgrund der theoretischen Gründe, die für diese beiden Instrumente sprechen, war die erste Vermutung, es käme ebenso wie bei anderen Verfahren des WHCM nicht nur auf die Quantität, sondern auch auf die Qualität ihres Einsatzes an, was zum nächsten Unterpunkt überleitet.

Frage 3: Effektivität verschiedener Beurteilungsmethoden

Nachdem die quantitativ orientierten Analysen keinen Nachweis für die Werthaltigkeit von Leistungsbeurteilungen[179] erbracht hatten, wurde zusätzlich deren qualitative Seite näher untersucht. Dazu wurde getestet, ob die Wahl der Beurteilungs*methode* eine Auswirkung auf die Wertschaffung eines Unternehmens hat und welche Verfahren in diesem Zusammenhang am besten abschneiden. Differenziert wurde dabei nach Beurteilungen für Fach- und Führungskräfte. Eine Übersicht der wichtigsten Ergebnisse zeigt die Abbildung 71.

Die einfache Vorgesetztenbeurteilung wurde sowohl bei Fach- als auch bei Führungskräften am häufigsten angewendet (87% bzw. 86%). Deutlich weniger wurden in beiden Gruppen hingegen die mehrdimensionalen[180] Beurteilungen (15% bzw. 39%) und die Teambeurteilungen (10% bzw. 9%) eingesetzt.

---

[177] Das heißt: Mindestens einmal pro Jahr.
[178] Korrelation „Abdeckungsgrad Zielvereinbarungen" und VAP: r = 0,06 (p = 0,33). Korrelation „Abdeckungsgrad Beurteilungen" und VAP: r = - 0,07 (p = 0,31).
[179] Ausführlicher zu verschiedenen Beurteilungstypen vgl. u.a. *Bisani, F.* (1995), S. 368f. für die Beurteilung durch den Vorgesetzten. Für die Aufwärtsbeurteilung vgl. u.a. *Domsch, M.E.* (1995), S. 463-473 und für die 360°-Beurteilung u.a. *Wunderer, R./Jaritz, A.* (1999), S. 126f.
[180] Das heißt: Beurteilung durch den Vorgesetzten, unterstellte Mitarbeiter und ggf. andere Gruppen (gleichgestellte Mitarbeiter, Kunden etc.).

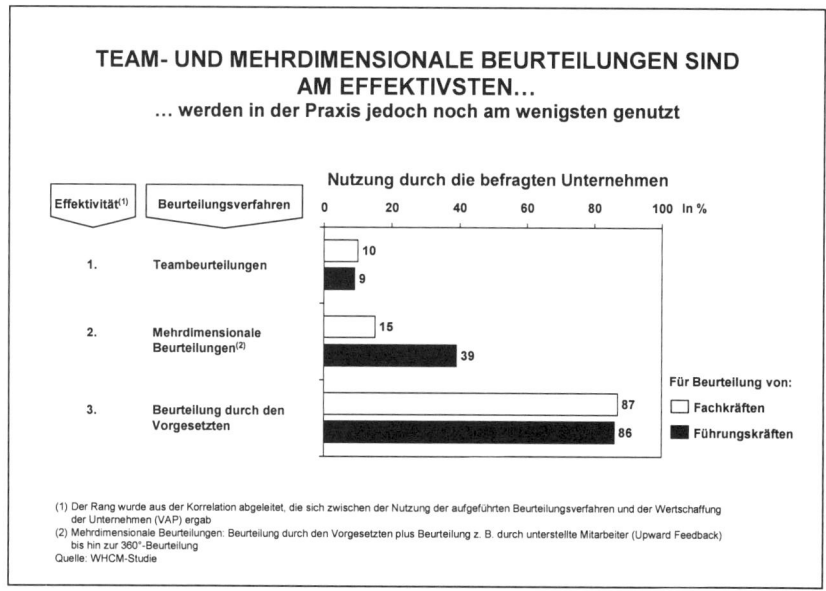

TEAM- UND MEHRDIMENSIONALE BEURTEILUNGEN SIND AM EFFEKTIVSTEN...
... werden in der Praxis jedoch noch am wenigsten genutzt

Abbildung 71: Empirische Ergebnisse zur Effektivität und Verbreitung von Mitarbeiterbeurteilungsmethoden

Hinsichtlich der Effektivität der untersuchten Beurteilungsmethoden drehte sich diese Reihenfolge jedoch genau um: Mit Teambeurteilungen wurde in beiden Mitarbeitergruppen der meiste Wert geschaffen. In Zeiten zunehmender Teamarbeit[181] überrascht dieses Ergebnis auch nicht weiter. Denn eine entscheidende Voraussetzung für den Erfolg der Teamarbeit ist, dass die Leistung des Teams als *Ganzes* bewertet wird. Ansonsten bestünde nämlich die Gefahr, dass einzelne Teammitglieder versuchen könnten, sich auf Kosten ihrer Kollegen besonders zu profilieren.[182]

Bei den Individualbeurteilungen schnitten die *mehr*dimensionalen Verfahren am besten ab. Ihre besonderen Vorteile: Erstens, der *Beurteilte* bekommt eine Rückmeldung, wie er von seinen unterstellten Mitarbeitern (bei Führungskräften) bzw. von Mitarbeitern unterer Hierarchieebenen (bei Fachkräften) wahrgenommen wird und kann zukünftig angemessen auf dieses Feedback reagieren. Zweitens, die Wahrnehmung der *Beurteilenden* wird nach außen kommuniziert, wodurch Defizite des Beurteilten seitens der Personalabteilung häufig noch früher erkannt werden können. Und drittens, die *Beurteilenden* erhalten eine formale Möglichkeit, ihre Meinung über den Vorgesetzten oder Kollegen zu äußern und müssen ihren Ärger bei Unzufriedenheit nicht weiter in sich „hineinfressen". Gleichzeitig besteht für sie

---

[181] Quelle: Experteninterviews.
[182] Quelle: Experteninterviews. Zum Thema „Team-based Pay" (Gestaltung und Voraussetzungen) vgl. u.a. *Balkin, D.B./Montemayor, E.F.* (2000), S. 249-269.

aber auch die Gelegenheit, sich einmal positiv zu äußern. Ein Aspekt, der insbesondere in Deutschland häufig noch etwas zu kurz kommt.[183]

Was den Zusatznutzen von 360°-Beurteilungen gegenüber der Kombination aus einer Beurteilung durch den Vorgesetzten und einer Aufwärtsbeurteilung anbelangt, so konnten hierfür in der WHCM-Studie keine eindeutigen Anhaltspunkte gefunden werden. In den Experteninterviews wurden ebenfalls Zweifel darüber laut, ob der deutlich höhere Administrationsaufwand der 360°-Beurteilung ihren zusätzlichen Aussagewert tatsächlich rechtfertige. Denn die wesentlichen Vorteile der mehrdimensionalen Beurteilung wurden von den Interviewpartnern vor allem im „Upward Feedback" gesehen. Die grundsätzliche Idee der 360°-Beurteilung wurde von ihnen dagegen weniger in Frage gestellt.

Die geringste Effektivität wiesen – trotz der größten Verbreitung – die „einfachen" Beurteilungen durch den Vorgesetzten auf. Sicherlich hängt der Nutzen bei dieser Methode auch entscheidend davon ab, welche Qualität die Rückmeldung der Vorgesetzten aufweist. Aber das gilt für die anderen Verfahren genauso. Die eindimensionale Beurteilung ist zwar immer noch besser als keine Beurteilung, doch sollte sie nach Möglichkeit durch das „Upward Feedback" ergänzt werden – insbesondere bei den Führungskräften.

Aus den Experteninterviews kamen aber noch weitere Hinweise zur Effektivität von Leistungsbeurteilungen. Vor allem wurde darauf hingewiesen, dass nicht nur auf die Beurteilungs*methode* geachtet werden sollte, sondern mindestens ebenso sehr darauf, dass aus den Beurteilungs*ergebnissen* später auch konkrete Maßnahmen abgeleitet werden; ansonsten verfehlten die Beurteilungen nämlich ihr wichtigstes Ziel, die Leistung der Mitarbeiter zu *verbessern*.[184] Ein anderer Punkt betraf die Qualität der *Beurteiler*. Ist diese nicht sichergestellt und wird sie nicht regelmäßig überprüft,[185] kann auch keine zufrieden stellende Aussagekraft der Bewertungen gewährleistet werden.[186]

---

[183] Quelle: Interviews

[184] Es gibt sogar Beispiele von Firmen, die auf die klassischen Methoden der Beurteilung völlig verzichten und stattdessen z.B. ein Bündel aus Zielvereinbarungen, Training und Coaching anbieten. Dadurch soll die reaktive Kontrolle der „klassischen Beurteilung" in einen interaktiven Qualitätsmanagementprozess zwischen Vorgesetzten und Mitarbeitern überführt werden, bei dem die Mitarbeiter ein höheres Maß ein Selbstverantwortung übernehmen (vgl. z.B. *Coens, T./Jenkins, M.* (2000). Allerdings können derartige Maßnahmen auch zusätzlich zur Beurteilung eingesetzt werden. Dadurch verliert die formale Bewertung an möglicher „Schreckenswirkung", weil die Ergebnisse durch den intensiven Kommunikationsprozess in der Beurtelungsperiode ohnehin keine große Überraschung mehr darstellen. Gleichzeitig wäre die Bewertung aber schriftlich niedergelegt und könnte so später besser als Argumentationsbasis für weitere Zielvereinbarungen und Personalentwicklungsmaßnahmen verwendet werden.

[185] Z.B. durch unternehmensweiten Vergleich der Häufigkeit, der Ausführlichkeit oder des durchschnittlichen „Notenspiegels" (damit eine „Noteninflation" vermieden wird) der vergebenen Beurteilungen (Quelle: Experteninterviews.)

[186] In der Literatur wird vereinzelt auch die Meinung vertreten, die Aussagekraft von Beurteilungen sei aufgrund der unvermeidlichen Subjektivität der Beurteiler so niedrig, dass sie den enormen Kostenaufwand nicht lohnten und nur daher komplett eingestellt werden sollten (vgl. *Nickols, F.* (2000): Don't Redesign Your Company's Performance Appraisal System, Scrap It!) Aufgrund der Ergebnisse aus der WHCM-Studie und der Aussagen vieler Interviewpartner, wird diese Meinung hier jedoch nicht geteilt – allerdings unter dem (Fortsetzung nächste Seite)

Gemäß einer Studie von *Fandrey* scheint in der Praxis ein großes Problem darin zu bestehen, dass viele Personalverantwortliche nicht mit den in ihren Unternehmen verwendeten Leistungsbeurteilungen zufrieden sind (32%), aber auf enorme Schwierigkeiten stoßen, diese zu ändern und zu verbessern. 22% der befragten amerikanischen HR-Manager nannten dafür die fehlende Unterstützung seitens des Top-Managements als Hauptgrund. Und 42% gaben an, ihr Top-Management würde sich gar nicht erst Gedanken über die Qualität des Beurteilungssystems machen.[187] Die Ergebnisse der WHCM-Studie mögen für diese Personalleute eine weitere Überzeugungshilfe darstellen, wenn es darum geht, eine innerbetriebliche Mehrheit für die Reform des bisherigen Beurteilungssystems zu gewinnen. Denn insgesamt stellte sich die Qualität der verwendeten Beurteilungsmethoden als starker Werttreiber des WHCM heraus (Platz 8).[188]

Frage 4: Feedbackmöglichkeiten neben der Beurteilung

Zusätzliche Feedbackmöglichkeiten für Mitarbeiter erwiesen sich ebenfalls als signifikanter Werttreiber des WHCM, wenn auch mit geringerer Wirkung als die formellen Beurteilungen.[189] Diskussionsforen und Qualitätszirkel wiesen dabei das höchste Wertschaffungspotenzial aus. Das einfache Mitarbeitergespräch schnitt hingegen deutlich schlechter ab. Die Vorteile der Diskussionsforen und Qualitätszirkel liegen auf zwei Ebenen: Zum einen ist ihre Frequenz in der Regel höher als die von formalen Beurteilungen, so dass ein Feedback zeitnaher gegeben werden kann, eventueller Ärger sich nicht länger aufstauen muss und Missstände früher beseitigt werden können. Zum anderen handelt es sich bei den genannten Instrumenten um *Gruppen*veranstaltungen. Diese haben den Vorzug, dass eventuelle Kritik von mehreren Personen vorgetragen werden kann, anstatt diese Last nur von einem Mitarbeiter tragen zu lassen. Zudem ergibt sich hierbei die Möglichkeit, Schwierigkeiten in einem größeren Kreis zu diskutieren. Ein Punkt, der bei den bislang vorgestellten Beurteilungsverfahren in der Regel nicht möglich ist. Ein Nachteil mag dagegen die Vertraulichkeit sein. Denn bei Schwierigkeiten, die weniger mit dem Arbeitsprozess, sondern mit einzelnen Personen zusammenhängen, kann es vorkommen, dass sich einzelne Mitarbeiter nicht trauen, ihre Probleme auch in einer Gruppe anzusprechen. In diesem Falle kann jedoch entweder ein zusätzliches Einzelgespräch geführt oder ggf. bis zum nächsten Beurteilungsgespräch gewartet werden.

Vorbehalt, dass die Qualität der Beurteiler geprüft und durch geeignete Trainingsmaßnahmen sichergestellt wird..

[187] Vgl. *Fandray, D.* (2001), S. 36-40.

[188] Korrelation mit dem VAP: r = 0,32 (p = 0,007).

[189] Korrelation mit dem VAP: r = 0,18 (p = 0,089). Weil die Irrtumswahrscheinlichkeit bei 8,9% liegt und die theoretische Untermauerung zwar vorhanden, aber weniger zwingend ist, als z.B. bei den Mitarbeiterbeurteilungen, sollten die obigen Aussagen mit einer gewissen Vorsicht interpretiert werden.

2.3.4.2 Vergütung und Anerkennung

Offene Fragen aus Kapitel B.1.1.4.8

1. Wie wichtig ist die Wettbewerbsfähigkeit der Gehälter eines Unternehmens?

2. Wie relevant sind *variable* Gehaltsbestandteile für den Unternehmenserfolg?

3. Welche Mitarbeitergruppen sollten variable Gehaltsbestandteile bekommen und in welcher Höhe?

4. Worauf sollte bei den Bemessungskriterien der variablen Vergütung geachtet werden?

5. Welche Arten von Incentives sind *neben* dem Gehalt besonders wirkungsvoll?

6. Durch welche Incentives lassen sich wichtige Leistungsträger, so genannte „High Potentials" und „Stars", am besten an das eigene Unternehmen binden?

Frage 1: Wettbewerbsfähigkeit der Gehälter

Die Ausgangshypothese zur Wettbewerbsfähigkeit der Gehälter, die vor allem auch von vielen Praktikern vertreten wird, lautete: Je deutlicher die gezahlten Gehälter über dem Wettbewerbsdurchschnitt liegen, desto höher steigt die Motivation der Mitarbeiter und damit ihr Wertbeitrag für das Unternehmen. Statistisch konnte diese Hypothese jedoch *nicht* bestätigt werden.[190] Bei Führungskräften fiel die Korrelation der Gehaltshöhe mit dem VAP sogar leicht negativ aus.[191] Weiter untermauert wird dieses Ergebnis durch eine andere Studie, in der die Unternehmensberatung *Towers Perrin* herausfand: Nur 14% der finanziell sehr erfolgreichen Unternehmen bezahlten in den USA überdurchschnittliche Gehälter an ihre Fachkräfte und das mittlere Management. In Bezug auf die Top-Führungskräfte lag dieser Anteil ebenfalls nur bei 28%.[192] Damit scheint zunächst diejenige Fraktion in der Literatur bestätigt zu werden, die dem Gehalt nur eine relativ geringe Motivationswirkung zuspricht.[193] Gelten diese Schlussfolgerungen aber auch für die *variablen* Gehaltsbestandteile?

---

[190] Korrelation der Gehaltshöhe (gemessen am Wettbewerbsdurchschnitt) mit dem VAP: r = 0,02 (p = 0,43).
[191] r = - 0,07 (p = 0,29).
[192] Vgl. *Gherson, D.J.* (2000). Quelle: Studie der Unternehmensberatung *Towers Perrin*. Befragung von über 750 US-amerikanischen Unternehmen im Jahre 1999. Ziel: Untersuchung des Design, der Umsetzung und der Effektivität von HCM-Praktiken.
[193] Vgl. u.a. *Kohn, A.* (1993), S. 54-63 oder *Dessler, G.* (1997), S. 490. Hierbei wird das Gehalt weniger als Hygienefaktor (vgl. Kapitel B.1.1.4.6) in Frage gestellt, sondern als Motivator. D.h., das Gehalt ist sicherlich für sehr viele ein Anreiz, um *überhaupt* zu arbeiten. Doch ist fraglich, ob eine überdurchschnittliche Grundvergütung in der Regel auch zu einer *über*durchschnittlichen Arbeitsleistung motiviert.

Fragen 2, 3 und 4: Variable Gehaltsbestandteile

Ebenso wie bei der (durchschnittlichen) Gehaltshöhe, konnte in der WHCM-Studie kein signifikanter Zusammenhang[194] nachgewiesen werden zwischen dem Anteil der Mitarbeiter, deren Gehalt variabel gestaltet ist, und der Wertschaffung der Unternehmen (VAP). Durchschnittlich erhielten in den befragten Unternehmen ca. 66% der Führungskräfte und 25% der Fachkräfte variable Gehaltsformen. Aufgrund dieser Ergebnisse wurde vermutet: Variable Gehälter sind nicht schon per se ein Werttreiber, sondern es kommt a) auf die *Höhe* bzw. Differenzierung der variablen Gehaltsbestandteile an und b) nach welchen *Kriterien* diese festgelegt werden.

Die Annahme, die *Höhe* der variablen Vergütung sei ein Werttreiber, konnte später auch statistisch eindeutig bestätigt werden.[195] Besonders stark schien dieser Anreiz im Segment des *unteren* Managements zu wirken, gefolgt vom Segment des *Top*-Managements. Eine mögliche Erklärung hierfür: In vielen Fällen trägt gerade das untere Management die Hauptlast der operativen Strategieumsetzung. Die Anerkennung für diese Leistung erhalten hingegen oft die jeweiligen Bereichsleiter oder das Top-Management, und das untere Management geht dabei weitgehend „leer" aus, sofern es nicht auch erfolgsorientierte Gehälter bezieht.[196] Einen Überblick, wie hoch die variablen Gehaltsbestandteile im Durchschnitt der Stichprobe ausfielen – differenziert nach den verschiedenen Mitarbeitergruppen – gibt die Abbildung 72. Dort ist auch zu sehen, wie sehr das untere Management und die Fachkräfte in Bezug auf eine leistungsabhängige Bezahlung häufig noch vernachlässigt werden.[197]

Hinsichtlich der *Art* der Kriterien, nach denen die variable Vergütung bemessen wurde, ergaben die statistischen Analysen kein eindeutiges Bild: Bei *Fachkräften* schien es am effektivsten zu sein, die variable Vergütung daran auszurichten, wie stark die *persönlichen* Ziele erreicht wurden. Team-Ziele als Bemessungsgrundlage zu wählen, schien dagegen weniger erfolgswirksam zu sein. Und das Erreichen der Unternehmensziele zu berücksichtigen, ergab überhaupt keine signifikante Korrelation mit dem VAP. Bei *Führungskräften* konnte für keines der drei Kriterien (persönliche Ziele, Team- und Unternehmensziele) ein signifikanter Zusammenhang mit der Wertschaffung gemessen werden. Der Grund hierfür ist wahrscheinlich darin zu suchen, dass fast alle Firmen angaben, bei Führungskräften sehr stark

---

[194] r = 0,05 (p = 0,36).
[195] Korrelation der Höhe der variablen Gehaltsbestandteile mit dem VAP: r = 0,31 (p = 0,009). Zur Validierung siehe auch die Ergebnisse der Studie von *Schwalbach, J.* (1998), S. 6: 36% der befragten Führungskräfte waren unzufrieden mit dem derzeitigen Vergütungssystem in ihrem Unternehmen. Dabei machte sich der Unmut weniger an der absoluten Höhe der Vergütung fest, sondern an der unzureichenden Auswirkung von Leistungsunterschieden auf die Differenzierung der Anreizsysteme. Gleichzeitig hielten ca. 40% der befragten Führungskräfte die Kriterien, nach denen in ihrem Unternehmen Leistung bewertet wird, für ungeeignet, ihren persönlichen Beitrag zum Unternehmenserfolg ausreichend zu erfassen.
[196] Quelle: Experteninterviews.
[197] Diese Zahlen können nur als Anhaltspunkte dienen. Denn jedes Vergütungssystem muss individuell auf die speziellen Belange eines Unternehmens und seiner Mitarbeiter zugeschnitten sein. Ausführlicher zu diesem Punkt siehe u.a. *Miceli, M.P./Heneman, R.L.* (2000), S. 289-311.

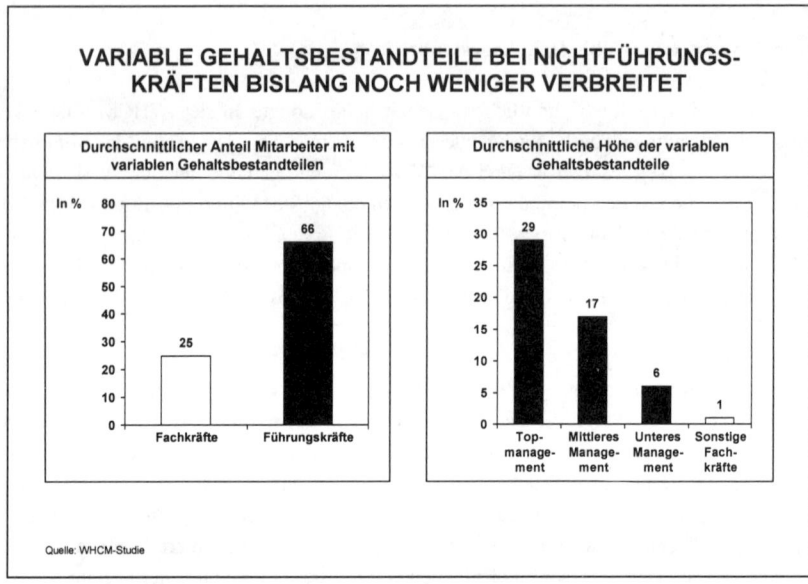

Abbildung 72: *Empirische Ergebnisse zu den variablen Gehaltsbestandteilen in den befragten Unternehmen*

persönliche und unternehmensbezogene Ziele in die Bemessung der variablen Vergütung einfließen zu lassen. Die entsprechenden Antwortprofile der Unternehmen sahen daher alle relativ ähnlich aus, wodurch sich der Zusammenhang mit dem VAP statistisch nicht mehr eindeutig ermitteln ließ.

Weiteren Aufschluss ergaben allerdings die Experteninterviews. Dort lautete die Kernaussage: Entscheidend ist, die Höhe der variablen Vergütung möglichst *direkt* an die erbrachte Leistung der Mitarbeiter zu koppeln. Denn dadurch bekommt der Einzelne das Gefühl, seine Vergütung *selber* beeinflussen zu können. Und das kann ihn motivieren. Wenn Fachkräfte hingegen eine 2%ige Sonderzahlung erhalten, weil das *Unternehmen* seine Ziele erreicht hat, dann wird diese zwar gerne angenommen. Der einzelne Mitarbeiter wird sich dadurch in der Regel aber nur wenig motiviert fühlen, weil die Zuteilung dieser Sonderzahlung so gut wie gar nicht selber beeinflussen kann. Je kleiner ein Unternehmen bzw. je höher die Position des Mitarbeiters (z.B. Top-Management) ist, desto mehr mag eine derartige Gratifikation jedoch Wirkung zeigen.

Zugleich wurde in den Interviews darauf hingewiesen, nicht nur „harte" Faktoren und „Zielerreichungsgrade" bei der Bemessung der variablen Gehälter zu berücksichtigen, sondern auch *allgemeine* Kriterien, wie z.b. die Motivation oder Flexibilität eines Mitarbeiters.[198] Der Grund: Wird z.B. nur das Erreichen von Produktions- oder Renditezahlen finanziell honoriert, läuft ein Unternehmen leicht Gefahr, seine Mitarbeiter fehlzusteuern, wenn sich die Geschäftsziele und -prioritäten im Laufe der Betrachtungsperiode verändern. Viele Mitarbeiter könnten nämlich in diesem Falle aus einer Individualperspektive heraus versucht sein, an den „alten" Zielvereinbarungen festzuhalten, um ein möglichst hohes Gehalt zu beziehen – auch wenn sie damit nicht optimal im Sinne des Unternehmens handeln würden. Theoretisch könnte diesem Problem zwar auch begegnet werden, indem die Leistungsziele im Laufe der Zeit angepasst werden. Doch scheint das Missbrauchsrisiko bei dieser Vorgehensweise relativ hoch zu sein: Scheinbar unerreichbare Vorgaben könnten zu schnell und zu einfach geändert werden, um dennoch eine Erfolgsprämie zu erhalten. Und der eigentliche Sinn der Zielvergaben ginge damit sehr leicht verloren, nämlich eine *verbindlich* Richtschnur für die Geschäftsaktivitäten eines Unternehmens vorzugeben.[199]

Frage 5: Incentives neben dem Gehalt

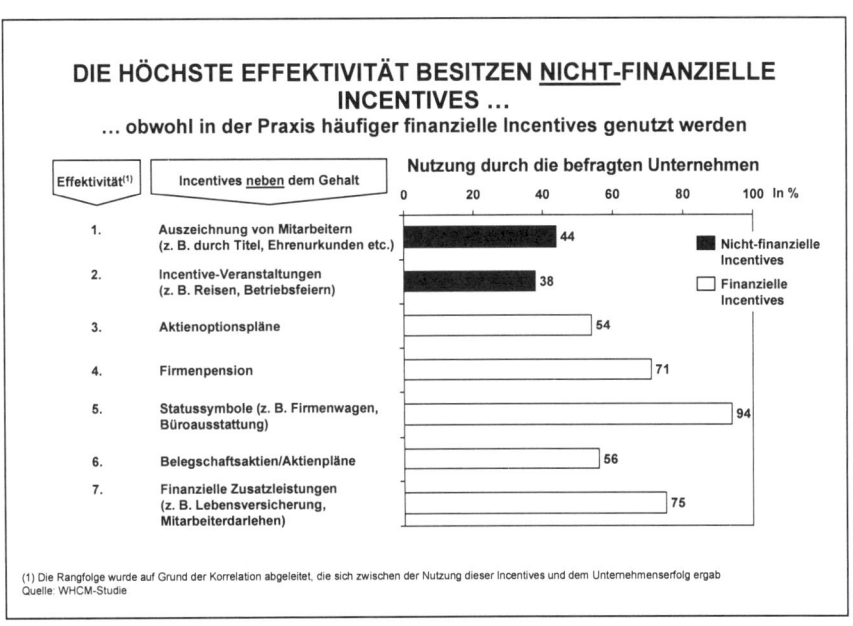

Abbildung 73: Empirische Ergebnisse zur Effektivität und Verbreitung verschiedener Incentivearten neben dem Gehalt

---

[198] Erhebung z.B. durch die Mitarbeiterbeurteilung (vgl. auch Kapitel 1.1.4.7).
[199] Siehe hierzu auch das Beispiel des japanischen Unternehmens *Fujitsu*, das als eines der (weltweit) ersten ein leistungsorientiertes Vergütungssystem einführte; vgl. *Tanikawa, M.* (2001).

Nach den Ergebnissen der WHCM-Studie *können* auch Incentives neben dem Gehalt einen Werttreiber darstellen.[200] Allerdings variiert deren Hebelwirkung sehr deutlich zwischen ihren verschiedenen Gestaltungsformen. Abbildung 73 zeigt eine Liste verschiedener Incentives in der Reihenfolge ihrer Effektivität. Zu dieser Rangliste ist jedoch anzumerken: Nur für die ersten beiden Anreizformen – Auszeichnung von Mitarbeitern und Incentive-Veranstaltungen – konnte eine positive Korrelation zum VAP mit akzeptabler Signifikanz nachgewiesen werden. Ein weiteres Argument dafür, nicht zu sehr auf finanzielle Anreize zu setzen, sondern auch auf die *nicht*-finanziellen. Denn die genannten Incentivearten sind beide nicht-monetäre Motivationsinstrumente.

Weil sich Aktien- und Aktienoptionspläne – vor allem in den USA – besonderer Beliebtheit erfreuen und ihnen von vielen Firmen, aber auch einigen Wissenschaftlern, schon seit längerer Zeit eine hohe motivatorische Wirkung zugesprochen wird, wurde deren Wert-schaffungspotenzial in der WHCM-Studie noch einmal genauer untersucht. Die Ergebnisse:

- Durchschnittlich lag der Anteil der Mitarbeiter, die mit (von der Firma bezogenen) Aktien am eigenen Unternehmen beteiligt waren, in der Stichprobe zwischen 15-20%. Zwischen der Höhe dieses Anteils in den einzelnen Unternehmen und deren Wertschaffung konnte jedoch kein signifikanter Zusammenhang nachgewiesen werden.

- Für Aktienoptionspläne[201] lag der entsprechende Beteiligungsgrad der Mitarbeiter durchschnittlich bei weniger als einem Prozent. Seine Korrelation mit dem VAP der Unternehmen fiel zwar positiv aus (r = 0,16), aber das Signifikanzniveau von p = 0,108 ließ noch einige Zweifel an der Aussagefähigkeit dieses Ergebnisses offen.[202]

---

[200] Korrelation der gesamten Anzahl und Qualität der genutzten Incentives mit dem VAP: r = 0,27 (p = 0,019).

[201] Bei diesem Ergebnis gilt es zu berücksichtigen, dass hier nicht nach der Qualität des jeweiligen Aktienoptionsplans differenziert wurde. Diese kann jedoch stark schwanken, je nach dem, wie der Aktienoptionsplan im Detail ausgestaltet und für welche Zielgruppe er gedacht ist (Quelle: *The Boston Consulting Group*). Dieses zu erheben hätte jedoch den Rahmen des Fragebogens überschritten. *Bernhard* und *Witt* schlagen z.B. die folgenden acht Regeln vor, um Aktienoptionspläne effektiv einzusetzen: 1) Der Bezugskurs der Aktienoptionen muss an die Entwicklung eines Kapitalmarktindexes (z.B. DAX) gekoppelt sein. 2) Der Bezugskurs muss *oberhalb* des Marktindexes liegen, damit nur überdurchschnittliche Leistung belohnt wird. 3) Aktienoptionen sollten nicht ergänzend zu anderen Formen der variablen Leistungs-vergütung angeboten werden, sondern an deren Stelle (fraglich; Anmerkung des Autors). 4) Die Aktienoptionen dürfen frühestens erst nach einigen Jahren nach der Ausgabe ausgeübt werden, um eine langfristige Wertsteigerung zu incentivieren. 5) Durch Optionen erworbene Aktien sollten erst nach mindestens zwei Jahren wieder verkauft werden dürfen, um keine kurzfristigen Kursschwankungen zu belohnen. 6) Die fixen und variablen Vergütungsbestandteile der einzelnen Vorstände sollten explizit nach außen ausgewiesen werden, um die Transparenz für die Anteilseigner zu erhöhen und damit wiederum die Motivationskraft für die Führungskräfte. 7) Die Kapitalmarkteffizienz sollte gesteigert werden (durch ein einzelnes Unternehmen allerdings nicht möglich), z.B. indem privater Aktienbesitz, Marktausweitung, Internationalisierung und die Transparenz der Rechnungslegung gefördert sowie institutionelle Anleger gestärkt werden. 8) Der Aktienoptionsplan sollte in allen wesentlichen Bestandteilen von der Hauptversammlung verabschiedet werden, um eine zusätzliche Qualitätskontrolle zu erzielen (vgl. *Bernhard, W./Witt, P.* (1998), S. 13-15).

[202] Außer in sehr jungen Unternehmen erhielt in der Regel nur das Top-Management Aktien-Optionen.

Eine Interpretation dieser Resultate könnte lauten: Die finanzielle Hebelwirkung von Aktien ist in der Regel zu schwach, um Mitarbeiter signifikant zu einer besseren Leistung zu motivieren. Hinzu kommt, dass die Leistung eines Einzelnen oft nur sehr indirekt oder gar nicht mit der Veränderung des Aktienkurses verbunden ist und daher auch keine besondere Motivationskraft ausübt (s.o.). Für Aktienoptionen verhält sich dieses schon etwas anders: Zum einen ist deren finanzielle Hebelwirkung um ein Vielfaches höher, als bei den zu Grunde liegenden Aktien. Zum anderen kommen (in Deutschland) hauptsächlich Top-Manager in den Genuss von Aktienoptionen, die wiederum einen direkteren Einfluss als eine normale Fachkraft auf die Aktienkurse und damit den Wert der Optionen besitzen.

Aus den Experteninterviews war jedoch zu entnehmen, dass die Beliebtheit von Aktienoptionen derzeit schon wieder etwas nachlässt. Die negative Entwicklung an den Aktienmärkten zwischen März 2000 und Mitte 2001 dürfte dazu ebenfalls beigetragen haben. Gerade Führungskräfte aus der „New Economy", die aufgrund ihrer Aktienoptionen auf dem Papier bereits als mehrfache Dollarmillionäre – zum Teil sogar Milliardäre – galten, haben diesen Reichtum nach den massiven Kursverfällen ihrer Unternehmen in den letzten Monaten häufig komplett wieder einbüßen müssen.[203]

Entscheidend für die Effektivität von Aktienoptionen ist auch das Ziel, mit dem sie eingesetzt werden. In einer Studie der Unternehmensberatung *Towers Perrin* wurde z.B. festgestellt: Finanziell besonders erfolgreiche Unternehmen setzten Aktienoptionen hauptsächlich dazu ein, ihre Mitarbeiter enger an die eigene Firma zu *binden*[204] und weniger, um sie zu motivieren, die vorgegebenen Ziele zu erreichen.[205] Diese Tendenz klang auch in den selber geführten Experteninterviews an und leitet direkt zum nächsten Fragenkomplex über.

Frage 6: Bindung besonderer Leistungsträger

Die Wahl der richtigen Anreize, mit denen besondere Leistungsträger an das eigene Unternehmen gebunden werden (Retention), gehört zu den wichtigsten Werttreibern (Platz 7) des WHCM, wie empirisch nachgewiesen wurde.[206] Eine hohe *Entscheidungskompetenz* der Mitarbeiter und eine angenehme *Unternehmenskultur* kristallisierten sich dabei als die wirkungsvollsten Bindungsfaktoren heraus. Auf einen renommierten Markennamen schienen die Leistungsträger zwar ebenfalls viel Wert zu legen, doch handelt es sich hierbei nicht um ein *aktiv* einsetzbares Instrument des WHCM, das jedem Unternehmen (kurz- oder

---

[203] Vgl. *Deckstein, D. et al.* (2000), S. 86-88; Experteninterviews.

[204] Die Mitarbeiterbindung kann z.B. dadurch erfolgen, dass die Optionen eine längere Laufzeit aufweisen und die Ansprüche verfallen, wenn ein Angestellter das Unternehmen vor einer bestimmten „Sperrfrist" verlässt.

[205] Vgl. *Gherson, D.J.* (2000), S. 4. Die Ergebnisse zu den Nutzungsgründe von Aktienoptionen im Detail (die erste Zahl bezieht sich auf die Prozentsätze bei finanziell besonders erfolgreichen Unternehmen. Die Zahl in Klammern dahinter auf die übrigen Firmen): Als Incentive: 39% (50%); als Mitarbeiterbindungsinstrument: 47% (29%) und als „Membership Benefit": 13% (21%).

[206] Korrelation mit dem VAP: r = 0,32 (p = 0,007).

mittelfristig) zur Verfügung steht. Ein großer Verantwortungsbereich, attraktive Aufstiegs-möglichkeiten und *nicht*-finanzielle Incentives, wie Berufstitel oder die Büroausstattung, wirkten sich ebenfalls positiv auf die Mitarbeiterbindung aus. Sie waren aber deutlich schwächer als die zuvor genannten Faktoren mit der Wertschaffung korreliert. Für die allgemeine Arbeitsplatzsicherheit in einem Unternehmen und die finanziellen Incentives (Gehalt, Bonifikation etc.) wurde dagegen ein leicht negativer (allerdings nicht signifikanter) Einfluss auf den Firmenerfolg gemessen.[207] Besonders interessant war bei dieser Auswertung die erneute Feststellung: *Nicht*-finanzielle Instrumente treiben den Unternehmenswert stärker als finanzielle. Diese Schlussfolgerung mag zwar der Einschätzung vieler Manager widersprechen, aber sie deckt sich zumindest mit den Erkenntnissen, die im Rahmen der Motivationstheorie gewonnen wurden.[208]

Ein anderes Ergebnis war ebenso aufschlussreich: In Kapitel C.2.3.3.4 wurde zum Thema Talentmanagement die Frage erhoben, ob bessere Entwicklungs- und Karrierechancen nicht doch sehr wichtig seien, um talentierte Mitarbeiter zu motivieren, obwohl diese Hypothese nicht zweifelsfrei durch die entsprechenden empirischen Ergebnisse belegt werden konnte. Allerdings scheint die Tatsache, dass attraktive *Aufstiegs*möglichkeiten auch als Bindungs-instrument für besondere Leistungsträger nur sehr gering mit der Wertschaffung der Unter-nehmen korrelierten, zumindest bezüglich der *hierarchischen* Karrierechancen in die selbe Richtung zu weisen wie die vorherigen Untersuchungsergebnisse. Eine mögliche Schluss-folgerung: Aus Motivations- und Wertschaffungssicht kommt es eher (nicht ausschließlich) auf die Arbeits*inhalte* und die damit verbundene Verantwortung der Mitarbeiter an (attraktive *Entwicklungs*schancen), als auf die in Aussicht gestellten *organisatorischen „Hierarchie-sprünge“*. In der Praxis wird diese Annahme auch durch den Erfolg von Unternehmen bestätigt, die aufgrund ihrer flachen Hierarchien grundsätzlich nur wenige Aufstiegs-möglichkeiten in ihrem „Organigramm" anbieten können und dennoch über motivierte Leistungsträger verfügen, die ihnen auch längerfristig treu bleiben.[209]

Zum Thema „Vergütung und Anerkennung" lässt sich also bis hierher zusammenfassen: Grundsätzlich können Incentives einen interessanten Werthebel für das WHCM eines Unternehmens darstellen. Allerdings hängt deren finanzieller Erfolg sehr davon ab, welche Art von Anreizen gewählt wird, wie die Incentives ausgestaltet sind und nach welchem Modus sie vergeben werden. Dabei ist zu beachten:

- Die absolute Gehaltshöhe ist *kein* Werttreiber, weil ein wettbewerbsfähiges Gehalt zwar für viele Mitarbeiter wichtig ist, für sie aber nur einen Hygienefaktor darstellt.

---

[207] Empirische Untersuchungen in den USA ergeben ein ähnliches Bild (Top-Kriterien, warum Mitarbeiter ihren Job verlassen: 1) Arbeitsinhalt 2) Größe des Verantwortungsbereiches 3) Unternehmenskultur 4) Art und Qualifikation der Kollegen 5) Das Gehalt (vgl. *Sullivan, J.* (2001), S. 1).
[208] Vgl. auch die Ausführungen zum Motivationsmodell von *Herzberg* in Kapitel B.1.1.4.6.
[209] Quelle: Experteninterviews.

- Variable Gehaltsbestandteile können positiv motivieren, vorausgesetzt, ihre Höhe ist ausreichend und die Bemessungskriterien stehen in möglichst direkter Verbindung zur Leistung der jeweiligen Mitarbeiter.

- Bei den Incentives neben dem Gehalt zeigen die *nicht*-finanziellen Anreize die höchste Wirkung. Das Gleiche gilt auch für die Mitarbeiterbindungsinstrumente.

Zusätzlich können diese Ergebnisse noch durch eine Meta-Analyse von *Cameron* und *Pierce*[210] untermauert werden. In ihr wurde untersucht, welche Incentives die intrinsische[211] Motivation der Mitarbeiter in welcher Weise beeinflussen.

Die wichtigsten Aussagen (vgl. Abbildung 74) dieser Studie sind:

- Verbale (d.h. *nicht-materielle*) Incentives wirken sich positiv auf die Leistung der Mitarbeiter aus.

- Tangible (d.h. *materielle*) Incentives fördern die Mitarbeiterleistung nur dann, wenn sie prinzipiell zu erwarten sind und der zu Grunde liegende Erfolgsmaßstab die eigene Leistung beinhaltet.

- Keinen Einfluss auf die Mitarbeiterleistung haben dagegen *tangible* Incentives, die a) nicht erwartet werden oder b) erwartet werden, aber allein mit dem Abschluss einer Tätigkeit verknüpft sind, ohne dabei deren Art und Qualität zu berücksichtigen.

- Negative Leistungseffekte verzeichnen schließlich erwartete *tangible* Incentives, bei denen nur die Tätigkeit an sich, völlig losgelöst von deren Abschluss oder Qualität, vergütet wird (z.B. Nachtarbeitszuschläge).

Welche Handlungsempfehlungen lassen sich nun aus diesen Erkenntnissen für die Praxis ableiten? *Erstens* sollten Unternehmen die Wettbewerbsfähigkeit ihres Gehaltssystems regelmäßig überprüfen, um unangemessene Über- bzw. Unterbezahlungen zu vermeiden. Externe Dienstleister (wie z.B. Benchmarking-Agenturen) können hierbei häufig wertvolle Unterstützung leisten.

Zweitens sollten Firmen ausreichende Klarheit über die Motivationsstruktur ihrer Mitarbeiter gewinnen, um das Incentiveangebot möglichst genau deren Bedürfnisse anpassen zu können. Auf *Unternehmens*ebene eignet sich hierfür am besten eine standardisierte Mitarbeiterbefragung.[212] Geht es jedoch um die Feinabstimmung auf *Abteilungs*ebene, sind individuelle Gespräche zwischen den Führungskräften und ihren Mitarbeiter noch wesentlich effektiver, weil so auf jeden Mitarbeiter persönlich eingegangen werden kann. Gleichzeitig sollte das Incentivesystem möglichst flexibel gestaltet werden, damit die spezifischen Wünsche der

---

[210] Vgl. *Cameron, J./Pierce, D.* (1997).
[211] Vgl. hierzu auch Kapitel B.1.1.4.6.
[212] Vgl. auch Kapitel C.2.3.7.

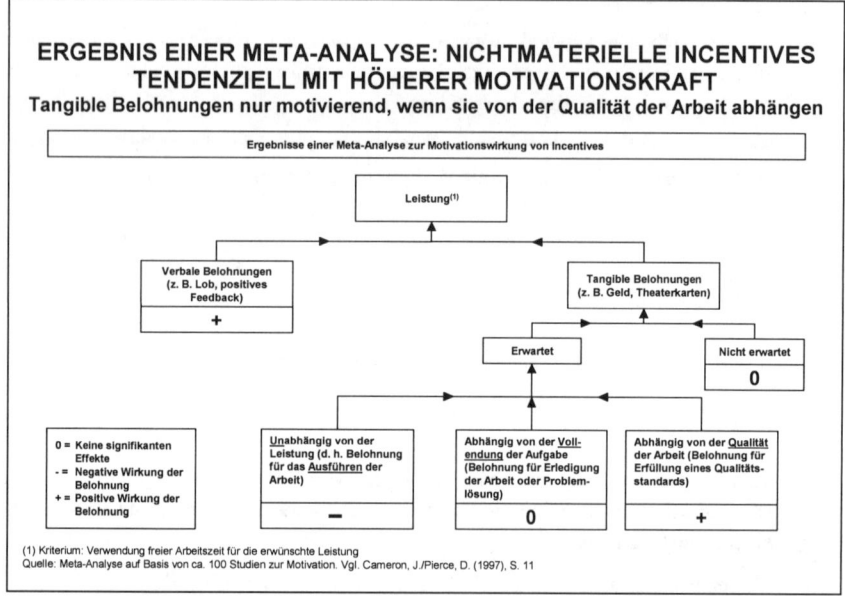

Abbildung 74: Ergebnisse einer Meta-Studie zur Effektivität von Incentives

Mitarbeiter auch weitgehend berücksichtigt werden können. Bereits erfolgreich bewährt hat sich in diesem Zusammenhang der „Cafeteria-Ansatz.[213] Eine weitere interessante Alternative praktizierte eines der im Rahmen der WHCM-Studie untersuchten Unternehmen: Jährlich wurde jeder Führungskraft ein bestimmtes Budget zur Verfügung gestellt, das *individuell* dazu eingesetzt werden konnte, um die unterstellten Mitarbeiter zu incentivieren. Die Manager konnten dabei frei entscheiden, wie weit sie mit diesem Geld entweder gezielt die Leistung einzelner Mitarbeiter anerkennen oder aber in die Gruppe investierten wollten, z.B. in Form von Abteilungsfeiern oder Incentive-Reisen. Wenn die Führungskräfte die Bedürfnisstruktur ihrer Mitarbeiter gut kennen, kann so ein Incentive-Budget durchaus ein wirkungsvolles Personalinstrument darstellen.

Drittens sollte schließlich ein besonderes Augenmerk auf die richtige Kommunikation von Incentiveangeboten gelegt werden, insbesondere, wenn diese *verändert* werden. Denn in der Praxis kommt es nicht so sehr darauf an, wie viel Geld für die Mitarbeiter effektiv mehr oder weniger ausgegeben wird, sondern wie diese „Anreize" von der Belegschaft *wahrgenommen* werden. Daher ist gerade in den Fällen große Vorsicht geboten, in denen eine bereits vorhandene und „gewohnte" Leistung verändert oder komplett gestrichen wird, auch wenn es dafür eventuell eine Ersatzleistung gibt. Einer der Interviewpartner schilderte hierzu ein sehr

---

[213] Vgl. u.a. *Woodley, C.* (1990), S. 42ff. oder *Scholz, C.* (2000), S. 753f. Zur empirischen Validierung siehe u.a. *Barber, A.E./Dunham, R.B./Formisano, R.A.* (1992), S. 55-75.

plastisches Beispiel aus seinem Unternehmen. Dort hätte jeder Mitarbeiter zu Weihnachten immer ein Geschenkpaket im Gegenwert von ungefähr 25 bis 50 Euro bekommen. Im Rahmen einer Fusion mit einem anderen Unternehmen habe man sich dann jedoch dafür entschieden, auf dieses Paket einheitlich zu verzichten, den Mitarbeitern dafür aber ein zusätzliches Weihnachtsgeld von 250 Euro auszuzahlen – also wertmäßig deutlich mehr als vorher. In der Breite der Belegschaft wurde diese Maßnahme jedoch ganz anders aufgenommen: „Schlimm genug, dass unser Unternehmen nicht mehr so ist wie früher, aber warum müssen sie uns jetzt auch noch das Weihnachtspaket wegnehmen?" Die persönliche Geste dieses Weihnachtsgeschenkes, das man auch mal zuhause und im Freundeskreis vorzeigen konnte, war in dieser Situation viel wirkungsvoller, als die „anonymen" 250 Euro mehr auf dem Gehaltszettel. Im Endeffekt hat das Unternehmen mit dieser Maßnahme nur seine Kosten um das Fünf- bis Zehnfache erhöht und gleichzeitig auch noch seine Mitarbeiter demotiviert. Daraus lässt sich die Lehre ziehen: Kürzungen – und mögen sie noch so gering sein – sollten immer genau überlegt und dann sehr gut kommuniziert werden. Entweder, indem ganz explizit auf die Vorteile eventueller Ersatzleistungen hingewiesen wird oder sehr deutlich gemacht wird, wie notwendig es in der aktuellen Situation ist, diese Kosten unbedingt zu sparen. Im letzteren Falle sollte aber auch ausführlich kommuniziert werden, wie man zu dieser Entscheidung gekommen ist und welche Einschnitte sich daraus nicht nur für die einfachen Angestellten, sondern auch für das Top-Management ergeben.

Wenn neue Incentives eingeführt oder bestehende verbessert werden, sollte ebenfalls ein internes „Marketing" erfolgen, welche Vorteile damit für die Empfänger verbunden sind. Ansonsten besteht nämlich die Gefahr, dass diese Zusatzleistungen in der Wahrnehmung vieler Mitarbeiter untergehen oder schlimmstenfalls ganz anders als gewünscht aufgenommen werden, z.B. als „Stillhalteprämie" für noch tief greifendere Kürzungen in anderen Bereichen. Auch hierbei kann es nützlich sein, sich von externen Fachleute unterstützen zu lassen, wie z.B. von Werbeagenturen.

Zusammenfassen kann man die Empfehlungen zu den Incentives vielleicht am besten mit drei ihrer wichtigsten Erfolgsfaktoren: Angemessenheit, Glaubwürdigkeit und Individualität.

2.3.5 Werttreibergruppe „Verantwortlichkeiten und Ressourcen der Personalarbeit"[214]

Auf aggregierter Ebene wurde für die Werttreibergruppe „Verantwortlichkeiten und Ressourcen in der Personalarbeit" eine höchst signifikante[215] Korrelation mit dem VAP von r = 0,39 gemessen. Die weiteren Teilergebnisse folgen in den nächsten beiden Unterkapiteln.

---

[214] Vgl. auch Abbildung 54.
[215] p = 0,001

2.3.5.1 Verantwortlichkeiten in der Personalarbeit

Eine Kernfrage aus dem Kapitel „Rollen und Träger des HCM" (B.1.1.3) lautete: Wie wichtig ist es, den Führungskräften eines Unternehmens Verantwortung für den Erfolg der Personalarbeit zu übertragen?

Die Untersuchungen der WHCM-Studie führten hier zu einem klaren Ergebnis: Der Grad, in dem die Führungskräfte Verantwortung für ihre Mitarbeiter sowie deren Fähigkeiten und Motivation übernehmen, ist einer der stärksten Einzelwerttreiber des WHCM überhaupt (Platz 3).[216] Der Grund: Als direkte Vorbilder, Förderer und Bezugspersonen haben die Vorgesetzten – gewollt oder ungewollt – einen so starken Einfluss auf ihre Mitarbeiter, deren Leistungsvermögen und deren Leistungswillen, dass sich Unterschiede in der Führungsverantwortung häufig sehr unmittelbar in der Wertschaffung der Geführten niederschlagen.

Auch mehrere der befragten Personalleiter bestätigten: Wertorientierte Personalarbeit wird in erster Linie von den Führungskräften „vor Ort" in den einzelnen Abteilungen betrieben und erst an zweiter Stelle vom Personalbereich. Daher sei es auch sinnvoll, die Verantwortlichkeiten für die Personalarbeit dementsprechend zu verteilen. Das heißt nicht, der Personalbereich sei nicht für das WHCM erfolgsrelevant. Im Gegenteil, er kann sogar einen sehr großen Beitrag dazu leisten. Nur ist seine Aufgabe eine andere, als die der Führungskräfte. Zusammen mit den Praxisexperten wurden im Rahmen der Interviews hierzu drei wesentliche Rollen des Personalbereiches herausgearbeitet:[217]

1. *Strategischer Partner bzw. Human Asset Manager:* In dieser Rolle nimmt der Personalbereich die Funktion eines „Kompetenz-Zentrums" für das Human Capital des Unternehmens wahr und steht als solches den anderen Abteilungen in allen strategischen Belangen der Personalarbeit zur Verfügung. Gleichzeitig gestaltet er die Personalpolitik des Unternehmens *aktiv* unter der Maßgabe mit, den Wertbeitrag des Human Capitals zu maximieren.[218]

2. *Interner Dienstleister:* Mit dieser Rolle ist verbunden, a) alle auf den Kern-Prozess des WHCM bezogenen Aktivitäten zu koordinieren und ggf. auch selber durchzuführen (z.B. Rekrutierung, Training, Karrieremanagement). b) Instrumente zum effektiveren Management des Human Capitals zu entwickeln und bereitzustellen. Und c) die Führungskräfte in der Personalarbeit so weit wie möglich zu entlasten und zu unterstützen, indem die Personaladministration vereinfacht, reduziert oder weitgehend durch den Personalbereich übernommen wird. Das Beispiel des amerikanischen Software-Unternehmens *Cisco Systems* in Abbildung 75 verdeutlicht, welchen Wertbeitrag das WHCM in dieser Beziehung leisten kann und mit welchen Mitteln.

---

[216] Korrelation mit dem VAP: r = 0,38 (p = 0,002).
[217] Vgl. hierzu auch Kapitel B.1.1.3.
[218] Vgl. hierzu auch Kapitel B.2.

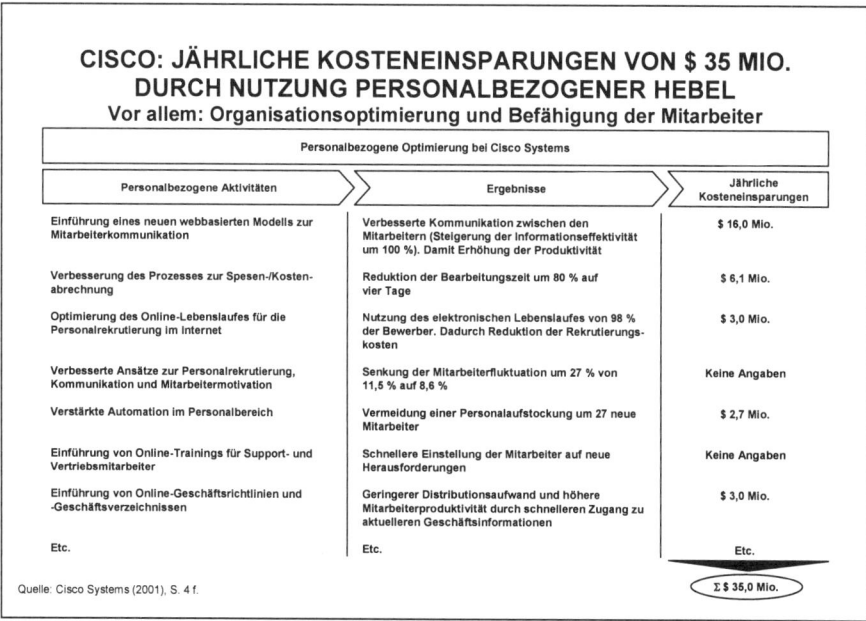

CISCO: JÄHRLICHE KOSTENEINSPARUNGEN VON $ 35 MIO. DURCH NUTZUNG PERSONALBEZOGENER HEBEL
Vor allem: Organisationsoptimierung und Befähigung der Mitarbeiter

Personalbezogene Optimierung bei Cisco Systems

Personalbezogene Aktivitäten	Ergebnisse	Jährliche Kosteneinsparungen
Einführung eines neuen webbasierten Modells zur Mitarbeiterkommunikation	Verbesserte Kommunikation zwischen den Mitarbeitern (Steigerung der Informationseffektivität um 100 %). Damit Erhöhung der Produktivität	$ 16,0 Mio.
Verbesserung des Prozesses zur Spesen-/Kostenabrechnung	Reduktion der Bearbeitungszeit um 80 % auf vier Tage	$ 6,1 Mio.
Optimierung des Online-Lebenslaufes für die Personalrekrutierung im Internet	Nutzung des elektronischen Lebenslaufes von 98 % der Bewerber. Dadurch Reduktion der Rekrutierungskosten	$ 3,0 Mio.
Verbesserte Ansätze zur Personalrekrutierung, Kommunikation und Mitarbeitermotivation	Senkung der Mitarbeiterfluktuation um 27 % von 11,5 % auf 8,6 %	Keine Angaben
Verstärkte Automation im Personalbereich	Vermeidung einer Personalaufstockung um 27 neue Mitarbeiter	$ 2,7 Mio.
Einführung von Online-Trainings für Support- und Vertriebsmitarbeiter	Schnellere Einstellung der Mitarbeiter auf neue Herausforderungen	Keine Angaben
Einführung von Online-Geschäftsrichtlinien und -Geschäftsverzeichnissen	Geringerer Distributionsaufwand und höhere Mitarbeiterproduktivität durch schnelleren Zugang zu aktuelleren Geschäftsinformationen	$ 3,0 Mio.
Etc.	Etc.	Etc.

Quelle: Cisco Systems (2001), S. 4 f.

Σ $ 35,0 Mio.

Abbildung 75: Kosteneinsparungen durch personalbezogene Hebel bei Cisco Systems

3. *Human Capital-Qualitätsmanager:* Zur dieser Rolle gehören vor allem drei Aufgabenbereiche. Erstens, die Qualität der WHCM-Prozesse sowohl inhaltlich als auch – und das ist besonders wichtig – in der praktischen Umsetzung sicherzustellen. Zweitens, die Qualität der Mitarbeiter (= Fähigkeiten und Motivation) auf Basis der strategischen Geschäftsanforderungen zu bewerten und eventuelle Lücken zu schließen. Und drittens, den Wertbeitrag des Human Capitals zu kontrollieren und ggf. Veränderungsmaßnahmen einzuleiten, um diesen zu erhöhen (Verbindung zur Rolle des „Human Asset Manager").

Nachdem belegt wurde, wie wichtig es für den Erfolg eines Unternehmens ist, dass die Führungskräfte einen großen Teil der Verantwortung für die Personalarbeit übernehmen, stellt sich als Nächstes die Frage: Was muss in der Praxis geschehen, damit die Führungskräfte dieser Verantwortung auch tatsächlich ausreichend nachkommen? Sicherlich gibt es in jedem Unternehmen Manager, die bereits von sich aus ein hohes Maß an Personalverantwortung übernehmen, weil sie den Nutzen der Personalarbeit nicht nur für die Mitarbeiter, sondern auch für sich selbst und den eigenen Bereich bereits erkannt haben. Auf der anderen Seite sitzen in den Reihen der Führungskräfte aber auch viele, die ihre Personalverantwortung nur ungenügend wahrnehmen – entweder weil sie es nicht besser können oder nicht anders wollen. Gerade in diesem Personenkreis muss das WHCM aktiv versuchen, eine Verhaltensänderung herbeizuführen.

Besonderen Erfolg verspricht hierbei, die wichtigsten Personalziele und deren Erreichen an prominenter Stelle in die Bewertung der Führungskräfte einfließen zu lassen, wie sich statistisch höchst signifikant in der WHCM-Studie gezeigt hat.[219] Operativ lässt sich das Erreichen der Personalziele auf zwei Ebenen messen: Erstens, analytisch durch den Soll-Ist-Abgleich zwischen vorher vereinbarten Zielen (z.B. Qualifikationsstand der Mitarbeiter, Durchführung von Trainingsmaßnahmen, Motivationsgrad der Mitarbeiter) und dem tatsächlich erreichten Status quo und zweitens, anhand der Einschätzungen der Vorgesetzten und unterstellten Mitarbeiter der jeweiligen Führungskräfte, die im Zuge eines (mindestens) zweidimensionalen Beurteilungsprozesses[220] regelmäßig erhoben werden.

Um die Wirkung dieser Maßnahme noch zu erhöhen, sollte das Erreichen der Personalziele nicht nur bewertet, sondern auch incentiviert werden. Dies kann direkt geschehen, z.B. durch die Bemessung der variablen Vergütung, und/oder indirekt in Form besserer bzw. schlechterer Entwicklungschancen im Rahmen der Karriereentwicklung.

Indem der Personalbereich die Führungskräfte zusätzlich durch seine Dienstleistungen so weit wie möglich von der Personaladministration entlastet und ihnen einfache aber wirkungsvolle Unterstützungsinstrumente an die Hand gibt (z.B. Online-Bewertungen, Skill-Datenbanken, oder Mitarbeiterportfolios), kann er diesen Prozess noch katalysieren. Denn viele Manager klagen darüber, sich im Rahmen der Personalarbeit mehr mit „irgendwelchen bürokratischen Angelegenheiten" beschäftigen zu müssen, als direkt mit ihren Mitarbeitern. Außerdem seien die Konzepte und Instrumente aus dem Personalbereich häufig zu kompliziert und praxisfern.[221]

Die Führungskräfte stärker in den Entwicklungsprozess neuer Personalkonzepte und -instrumente einzubeziehen und sie durch Trainings im Bereich der Personalführung noch weiter auszubilden, sind schließlich noch zwei weitere wirkungsvolle Hebel, mit denen der Personalbereich beeinflussen kann, wie weit Manager ihrer Personalverantwortung tatsächlich nachkommen.

2.3.5.2   Ressourcen im Personalbereich

Im vorigen Kapitel wurde u.a. herausgearbeitet, welches die drei wichtigsten Rollen des Personalbereiches im Unternehmen sein sollten: „Human Asset Manager", „Interner Dienst-

---

[219] Das Ausmaß, in dem das Erreichen personalbezogener Ziele in der Führungskräftebewertung berücksichtigt wurde, korrelierte sehr stark (r = 0,5 und p < 0,001) mit der Güte, in der die Führungskräfte ihre Personalverantwortung wahrgenommen haben (die wiederum sehr stark mit dem VAP korrelierte, s.o.). Die direkt gemessene Korrelation mit dem VAP lag zwar mit p = 0,119 (r = 0,16) knapp unter der Signifikanzgrenze. Aber durch den Zusammenhang mit der besseren Wahrnehmung der Personalverantwortung dürfte die Kausalität zur Wertschaffung dennoch als sehr wahrscheinlich gelten.
[220] Vgl. u.a. Domsch, M.E. (1995), S. 463-473.
[221] Quelle: Experteninterviews.

leister" und „Human Capital-Qualitätsmanager". Was sind aber die Voraussetzungen, die ein Personalbereich erfüllen muss, um diese Rollen erfolgreich wahrnehmen zu können? Im Rahmen der WHCM-Studie wurden diesbezüglich zwei Aspekte unter dem Stichwort „Ressourcen" untersucht: zum einen die *Quantität* der Personalmitarbeiter und zum anderen deren *Qualität* – gemessen an ihren Fähigkeiten.

Quantitative Ressourcen

Die statistischen Aussagen über die *quantitativen* Ressourcen der Personalarbeit konnten zwar nicht alle auf dem Signifikanzniveau von $\alpha \leq 5\%$ belegt werden, ergaben aber zusammengenommen ein klares Bild: Bezüglich der quantitativen (Personal-)Intensität der Personalarbeit konnte weder ein positiver Zusammenhang mit ihrer Qualität (HCVI) noch mit ihrer Wertschaffung (VAP) nachgewiesen werden. Im Gegenteil, die gemessenen Korrelationen deuteten eher auf eine *negative* Beziehung zwischen diesen Größen hin.[222]

Als signifikanter Einflussfaktor für die quantitative Intensität der Personalarbeit wurde dagegen das *Firmenalter* identifiziert: Je länger Unternehmen existierten, desto höher war auch der Anteil an Mitarbeitern, die sie im Personalbereich beschäftigten (= Betreuungsquote).[223] Auf Basis der Untersuchungsergebnisse einen Richtwert für die Betreuungsquote anzugeben, ist nicht ganz einfach, denn häufig definieren Unternehmen die Aufgaben und Tätigkeitsfelder ihrer Personalabteilung unterschiedlich. Besonders relevant wird dieses, wenn Bereiche, wie die Kantine oder ein internes Reisebüro, ebenfalls organisatorisch zur Personalabteilung gezählt werden. Hinzu kommt: Bei größeren Konzernen und international tätigen Unternehmen lässt sich nur schwer abgrenzen, wie viele Mitarbeiter vom Personalbereich des Stammhauses tatsächlich betreut werden, da dieser oft Teilaufgaben für Auslandsstandorte oder Tochtergesellschaften übernimmt, ohne dass die Leistungsempfänger formell in die Betreuungsquote einfließen. Vor diesem Hintergrund ist auch die in der Stichprobe gemessene durchschnittliche Betreuungsquote von 1,15% und deren Standardabweichung von 0,6% zu interpretieren. Allerdings wurde für die Teilmenge der 20 Unternehmen mit dem besten WHCM ein ähnliches Betreuungsverhältnis gemessen, was der Aussagekraft dieser Werte zumindest ein wenig mehr Gewicht verleihen dürfte.

Aus diesen Ergebnissen und der Aussage des vorherigen Kapitels, die Führungskräfte sollten einen wesentlichen Teil der Verantwortung für die Personalarbeit übernehmen, darf jedoch nicht gefolgt werden: Der Personalbereich sollte entweder grundsätzlich verkleinert, in

---

[222] Korrelation zwischen der Personalintensität (= Mitarbeiter im Personalbereich/Gesamtzahl aller Mitarbeiter im Unternehmen) und dem HCVI: $r = - 0,15$ ($p = 0,14$). Korrelation zwischen der Personalintensität und dem VAP: $r = - 0,21$ ($p = 0,071$).
[223] Korrelation von $r = 0,23$ ($p = 0,03$).

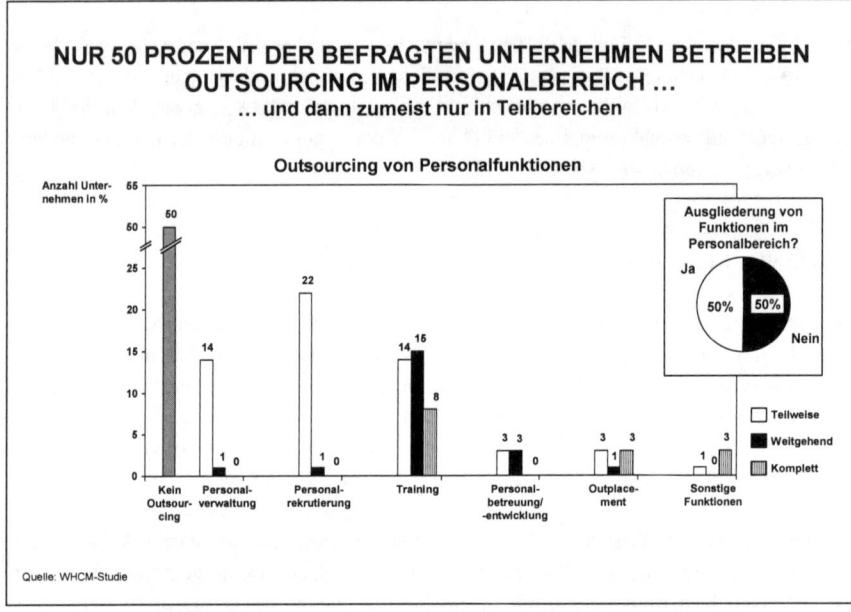

Abbildung 76: *Empirische Ergebnisse zum Outsourcing von Personalfunktionen*

andere Stabsabteilungen verlegt oder komplett ausgelagert werden (Outsourcing).[224] Insbesondere was den Nutzen des häufig diskutierten Outsourcings von Personalfunktionen anbelangt, ergaben die empirischen Analysen der WHCM-Studie: Je erfolgreicher Unternehmen in ihrer Personalarbeit (HCVI)[225] und ihrer Wertschaffung (VAP)[226] waren, desto weniger Personalfunktionen hatten sie teilweise oder ganz ausgelagert. Aus den Daten in Abbildung 76 ist ersichtlich: 50% der befragten Unternehmen haben im Personalbereich überhaupt kein Outsourcing vorgenommen. Und wenn Funktionen ausgelagert wurden, dann meistens nur in Teilbereichen der Personalrekrutierung, des Trainings oder des Karrieremanagements. Ein zunehmender Trend zur „Auflösung" der Personalabteilung in den Unternehmen konnte daraus auf jeden Fall nicht abgeleitet werden.

Dazu passen auch die bereits in Kapitel B.3.2.2.3 angeführten Aussagen von *Becker* und *Gerhart*, die darauf hinweisen, Outsourcing nicht nur unter *Kosten*gesichtspunkten zu

---

[224] Zur Diskussion über das so genannte „Abschaffungsmodell" des Personalbereiches, nach dem Personalfunktionen nahezu ausschließlich in wertschöpfende Primärbereiche verlagert werden sollten, siehe u.a. *Scholz, C.* (2000), S. 191-196.

[225] Korrelation von r = 0,17 (p = 0,09). Die Irrtumswahrscheinlichkeit ist hier zwar über 5%. Aufgrund der Ergebnisse in Kapitel C.2.3.6.2 und C.2.4 zur Konsistenz von Personalmaßnahmen und der damit verbundenen Implikationen für Outsourcing-Maßnahmen, wird dieses Niveau jedoch akzeptiert. Das Gleiche gilt für die Korrelation mit dem VAP.

[226] Korrelation von r = 0,19 (p = 0,07).

betrachten, sondern auch eventuelle Effizienzverluste in die Kalkulation mit einzubeziehen. Diese könnten sich vor allem dann ergeben, wenn die Auslagerung von Personalfunktionen nachhaltig die *Konsistenz* des WHCM verschlechtere und dadurch zusätzliche „Reibungsverluste" an neuen Schnittstellen mit externen Anbietern verursachte.[227]

Qualitative Ressourcen

Nach der quantitativen Ausstattung des Personalbereiches war zu klären, welche Bedeutung seine *qualitativen* Ressourcen für den Erfolg eines Unternehmens haben. Zu diesem Zweck wurde analysiert, welche *Fähigkeiten* für Mitarbeiter der Personalabteilung (aus Wertschaffungssicht) besonders wichtig sind und welche Auswirkung die Qualität der im Personalbereich vorhandenen Fähigkeiten auf den Unternehmenserfolg hat.

Das Ergebnis: Die Qualität des Fähigkeitsprofils der Personalmitarbeiter ist ein signifikanter Werttreiber des WHCM (Platz 16).[228] Bezüglich des Wertschaffungspotenzials ergab sich dabei die folgende Prioritätenliste für die Fähigkeiten der Personalmitarbeiter:

1. **Personalbetreuung/Coaching (Kommunikation, Motivation)**

2. **Umgang mit neuen Medien (z.B. Umgang Intranet und Internet für Schulungen und Befragungen**

3. **Administration und Organisation im Personalbereich**

4. **Projektmanagement**

5. **Marktkenntnisse**

6. **Strategisches Denken**

7. **Controlling**

Aus statistischer Sicht kam hierbei insbesondere der Fähigkeit zur Personal*betreuung* und dem sicheren Umgang mit neuen Medien höheres Gewicht zu. In den Interviews mit Praxisexperten wurden darüber hinaus noch die Fähigkeiten „Marktkenntnisse", „Controlling" und „Strategisches Denken" als erfolgsrelevant empfunden. Für die beiden letzten Kompetenzen konnte zwar im Rahmen dieses Teils der WHCM-Studie wider Erwarten keine positive Korrelation mit dem VAP nachgewiesen werden. Dafür lieferten aber andere Analysen, in denen sowohl das Controlling als auch die strategische Ausrichtung der Perso-

---

[227] Vgl. *Becker, B.E./Gerhart, B.* (1996), S. 797, sowie die Kapitel C.2.3.6.1 und C.2.3.6.2 zum „External und Internal Fit" des WHCM.
[228] Korrelation mit dem VAP: r = 0,26 (p = 0,03).

nalarbeit noch einmal explizit betrachtet wurden, deutliche Hinweise für die Annahme, dass diese Qualifikationen doch sehr relevant für die Arbeit eines Personalbereiches sind.

Bestätigt werden diese Aussagen auch durch die wahrscheinlich größte empirische Untersuchung, die speziell zum Thema „Qualifikation von Personalmitarbeitern" durchgeführt wurde, und zwar vom *Michigan Research Team* unter der Leitung von *Brockbank, Lake, Ulrich* und *Yeung*. Dieses Studienprojekt erstreckte sich über mehrere Jahre und basierte auf sehr großen Stichproben von n = 5.000 bis 10.000. Insbesondere die Ergebnisse aus der jüngsten Befragungsrunde der Jahre 1997 und 1998 unterstreichen, wie wichtig es für Personalmitarbeiter ist, über ausgeprägte Geschäftskenntnisse und Managementfähigkeiten zu verfügen. Die wesentlichsten Resultate dieser Studie sind in Abbildung 77 zusammengefasst.[229]

Zusätzlich zu den bereits in der WHCM-Studie nachgewiesenen Qualifikationen wurden in dem Projekt des *Michigan Research Team* auch das „Management der Unternehmenskultur" und die „Persönliche Glaubwürdigkeit" als wichtige Kernfähigkeiten der Personalmitarbeiter identifiziert. Auf die Bedeutung der persönlichen Glaubwürdigkeit wurde allerdings auch in dieser Arbeit schon an mehreren Stellen hingewiesen, jedoch nicht nur auf die Personalmitarbeiter bezogen, sondern vor allem auf die Führungskräfte. Die Bedeutung der Unternehmenskultur wurde im Rahmen der WHCM-Studie ebenfalls untersucht. Nähere Ausführungen dazu folgen in Kapitel C.2.3.8.1.

Becker, Huselid und *Ulrich* weisen in Ergänzung der Michigan-Studie noch auf eine sechste Kernfähigkeit des Personalbereiches hin, die besonders erfolgsentscheidend und eng mit den anderen fünf Qualifikationen verbunden sei: Das „Strategic HR Performance Management". Darunter verstehen sie unter anderem die drei Teilfähigkeiten[230]: „Critical Causal Thinking", „Understanding Principles of Good Measurement" und „Estimating Causal Relationships". In den Ausführungen dieser Arbeit wurde dieser Aspekt bereits unter den Stichworten „Human Asset Manager" und „Human Capital-Qualitätsmanager" in Verbindung mit den „Rollen des Personalbereiches" erwähnt. Weitere Analysen dazu enthalten die Kapitel C.2.3.6.1 und C.2.3.7.

Auf der Suche nach Ansätzen, wie das oben dargestellte „Soll-Qualifikationsprofil" der Personalmitarbeiter am besten praktisch umgesetzt werden könnte, wurde im Rahmen der WHCM-Studie weiter getestet, ob die Effektivität des WHCM höher ist, wenn ein möglichst hoher Anteil der Personalmitarbeiter auch über Berufserfahrungen in anderen Fachbereichen

---

[229] Vgl. *Becker, B.E./Huselid, M.A./Ulrich, D.* (2001), S. 157-181.
[230] *Becker, Huselid* und *Ulrich* nennen noch einen vierten Aspekt, „Communicating HR Strategic Performance Results to Senior Line Managers". Hierbei scheint es sich aber eher um einen Prozessschritt zu handeln, als um eine Fähigkeit – obwohl beides sicherlich miteinander zusammenhängt (vgl. *Becker, B.E./Huselid, M.A./Ulrich, D.* (2001), S. 167-170).

PERSÖNLICHE GLAUBWÜRDIGKEIT IST DIE WICHTIGSTE KERNFÄHIGKEIT FÜR MITARBEITER IM PERSONALBEREICH

Kernfähigkeiten für Mitarbeiter des Personalbereiches

Rang[1] (Wichtigkeit)	Kernfähigkeit	Spezifische Fähigkeiten (in der Reihenfolge ihrer Bedeutung[1])
1.	Persönliche Glaubwürdigkeit	a) Hat einen erfolgreichen "Track-Record" b) Hat Vertrauen gewonnen c) Flößt anderen Vertrauen ein d) Ist auf der gleichen "Wellenlänge" mit den entscheidenden Köpfen in der Organisation e) Demonstriert hohe Integrität f) Stellt die richtigen/wichtigen Fragen g) Stellt komplexe Ideen leicht verständlich dar h) Geht angemessene Risiken ein i) Deckt versteckte Wahrheiten auf j) Vermittelt neue Blickweisen auf d. Geschäft
2.	Fähigkeit zum Management von Changeprozessen	a) Schafft im Umgang mit anderen Vertrauen und Glaubwürdigkeit b) Ist visionär c) Geht proaktiv an Veränderungen heran d) Baut Beziehungen zur gegenseitigen Unterstützung auf e) Ermutigt andere, kreativ zu sein f) Kann spezifische Probleme in einen größeren Systemzusammenhang rücken g) Identifiziert die zentralen Probleme hinsichtlich des Unternehmenserfolgs
3.	Fähigkeit zum Management der Unternehmenskultur	a) Teilt sein Wissen über Organisationsgrenzen hinweg b) Tritt für Prozesse zur Transformation der Unternehmenskultur ein c) Überführt die gewünschten Kulturvorstellungen in konkrete Handlungsweisen d) Hinterfragt den Status quo e) Identifiziert die strategischen Anforderungen an die Unternehmenskultur und gestaltet diese attraktiv für die Mitarbeiter f) Ermutigt die Führungskräfte, sich konform mit der Unternehmenskultur zu verhalten g) Fokussiert die interne Firmenkultur auf die Erfüllung der Bedürfnisse der externen Kunden
4.	Ausübung der Human-Resource-Praktiken	a) Kann effektiv verbal kommunizieren b) Arbeitet mit Führungskräften, um klare und konsistente Botschaften zu senden c) Kann effektiv schriftlich kommunizieren d) Kann Umstrukturierungen erleichtern e) Entwickelt Changeprogramme f) Hilft bei der Entwicklung interner Kommunikationsprozesse g) Gewinnt die richtigen Mitarbeiter (für seinen Bereich) h) Entwickelt Vergütungssysteme i) Erleichtert die Verbreitung von Kundeninformationen
5.	Verständnis der Geschäfte des Unternehmens	Versteht das Folgende: a) Human-Resource-Praktiken b) Die Organisationsstruktur c) Wettbewerbsanalysen d) Finanzen e) Marketing und Vertrieb f) Computerinformationssysteme
Übergreifend	Strategisches HR-Performance-Management	a) Kann Kausalbeziehungen erkennen und verstehen b) Versteht die Prinzipien eines guten Managements c) Kann Effekte von Kausalbeziehungen (möglichst quantitativ) abschätzen

(1) Rangfolge auf Basis der Einschätzung von Praktikern
Quellen: Studien des Michigan Research Team (Fähigkeiten 1–5); Strat. HR-Performance-Management: Becker/Huselid/Ulrich; vgl. Becker, B. E./Huselid, M. A./ Ulrich, D. (2001), S. 162 f. und S. 168 f.

Abbildung 77: Übersicht der Kernfähigkeiten im Personalbereich

verfügt. Statistisch ließ sich hierfür jedoch kein Nachweis erbringen.[231] Es ergaben sich aber signifikante positive Korrelationen zwischen dem Anteil bereichsübergreifend qualifizierter Personalmitarbeiter und dem Ausmaß, in dem bestimmte Fähigkeiten, wie z.B. „Strategisches Denken", „Personalbetreuung" oder „Umgang mit neuen Medien" im Personalbereich ausgeprägt waren.[232] Auch die befragten Praxisexperten unterstrichen die Aussage: Ein Personalmitarbeiter, der bereits Erfahrungen in „marktnäheren" Abteilungen gesammelt hat, versteht nicht nur das eigentliche Geschäft seines Unternehmens besser, sondern kann in der Regel auch die Wünsche der dortigen Mitarbeiter leichter nachvollziehen und genauer adressieren.

Der durchschnittliche Anteil an Personalmitarbeitern mit Erfahrungen in anderen Fachbereichen lag in der Stichproben zwischen 15-20%. Diese Zahl dürfte allerdings relativ hoch gegriffen sein. Denn durch die kleineren Personalabteilungen der Stichprobe wurde dieser Durchschnitt wahrscheinlich etwas nach oben verzerrt.[233] Aus Sicht des WHCM ist jedoch in jedem Fall ein noch höherer Prozentsatz anzustreben.

Eine andere Möglichkeit, die Mitarbeiter der Personalabteilung noch „marktnäher" zu qualifizieren, besteht darin, sie öfters zu externen Kundenterminen (z.B. des Vertriebs) mitzunehmen oder sie für einige Zeit direkt in den marktnahen Bereichen zu beschäftigen – z.B. in Form kurzer „Praktika". Es gibt sogar Unternehmen, die ihre Personal-Manager ganz bewusst zu schwierigen Kundenterminen mitnehmen. Damit verbinden sie zum einen das Ziel, die Human Capital Manager noch unmittelbarer für die personalbezogenen Probleme ihres Kundengeschäftes zu sensibilisieren. Zum anderen wollen sie aber auch dem Klienten gegenüber demonstrieren, dass mit dem eigenen „Qualitätsmanagement" bereits sehr früh in der Prozesskette begonnen wird, wie z.B. bei der Personalarbeit, und dort potenzielle Probleme bereits im Keim erstickt bzw. aufgetretene Schwierigkeiten jeweils an deren Wurzeln bekämpft werden.[234]

Zusammenfassend lässt sich zu den qualitativen Ressourcen des Personalbereiches festhalten: Personalmitarbeiter sollten nicht nur über administrative Fähigkeiten verfügen – wie es in der Vergangenheit oft zu beobachten war –, sondern auch fundierte Markt-, Management- und organisatorische Kenntnisse besitzen, um die komplexen Anforderungen des WHCM erfüllen zu können. Die Anforderungen an Personalmitarbeiter sind also im Laufe der Zeit deutlich gestiegen. Deshalb ist ein weiteres Ziel des WHCM: Nicht nur für die internen Kunden des Personalbereiches eine optimale Personalarbeit zu erbringen, sondern auch für die eigenen

---

[231] Korrelation zwischen „Anteil Personalmitarbeiter mit Berufserfahrung in anderen Fachbereichen" und VAP: $r = 0,09$ ($p = 0,25$).

[232] Die Korrelationen mit dem VAP im Einzelnen: Strategisches Denken: $r = 0,30$ ($p = 0,008$), Personalbetreuung: $r = 0,25$ ($p = 0,02$) und Umgang mit neuen Medien: $r = 0,19$ ($p = 0,06$).

[233] In kleineren Unternehmen wächst der Personalbereich erst langsam heran und die Quote „fachfremder" Mitarbeiter ist relativ hoch: zum einen aufgrund der Entwicklungsgeschichte des Bereiches und zum anderen, weil eine geringe absolute Mitarbeiterzahl bereits einen hohen prozentualen Anteil ausmachen kann.

[234] Quelle: Experteninterviews.

Mitarbeiter *innerhalb* dieser Abteilung – und das in allen Belangen, von der Rekrutierung über die Ausbildung bis zur Karriereplanung.

Wie konsequent dieser Weg beschritten werden kann, ist jedoch eng damit verbunden, welchen Stellenwert der Personalbereich in einem Unternehmen besitzt (vgl. Kapitel C.2.3.2.2). Daher gilt es unbedingt den folgenden Teufelskreis zu vermeiden: Mangelnder Erfolg in der Personalarbeit ➪ Stellenwert des Personalbereiches sinkt ➪ Personalmittel werden gekürzt ➪ Qualifikation und Ressourcen im Personalbereich verschlechtern sich ➪ noch weniger Erfolg ➪ usw. Wie man dieser „Abwärtsspirale" entgehen kann und trotz unbefriedigender Ergebnisse in der Vergangenheit umfangreichere und bessere Ressourcen für den Personalbereich gewinnen kann, wird ausführlicher in Teil D im Zusammenhang mit der Implementierung des WHCM behandelt.

2.3.6 Werttreibergruppe „Strategische Ausrichtung und Koordination der Personalarbeit"[235]

In dieser Werttreibergruppe sind jene Faktoren enthalten, die zum „Internal-" und „External Fit" (vgl. auch Kapitel B.3.2.2.3) des WHCM beitragen. Ihre hoch signifikante Korrelation[236] mit dem VAP lieferte bereits den ersten Hinweis dafür, dass die in Kapitel C.1.2 aufgestellten Hypothesen a) zur Bedeutung der inneren Konsistenz des WHCM und b) zu seiner Ausrichtung an den Rahmenbedingungen des Unternehmens Bestand haben könnten. Weitere Belege zur Relevanz der beiden Teilthemen „Strategische Ausrichtung" und „Koordination" des WHCM finden sich in den folgenden zwei Unterkapiteln.

2.3.6.1 Strategische Ausrichtung

In Kapitel B.3.2.2.3 wurde das Thema der strategischen Ausrichtung bereits erörtert. Es blieb jedoch die Frage offen, ob der „External Fit" tatsächlich Einfluss auf die Wertschaffung eines Unternehmens haben könnte (siehe auch Frage 7 in Kapitel B.1.1.4.13), da hierfür in den bisher durchgeführten Studien noch keine ausreichenden empirischen Belege erbracht werden konnten – obwohl bereits einige Ergebnisse in diese Richtung wiesen. In der WHCM-Studie wurde die Bedeutung der strategischen Ausrichtung anhand von drei Faktoren gemessen, die nachstehend kurz beleuchtet werden:

1. Der Einbindungsgrad des Personalbereiches in die Planungsprozesse eines Unternehmens (vgl. Frage 1 in Kapitel B.1.1.4.1).

2. Der Umsetzungsgrad der strategischen Anforderungen in den verschiedenen Teilprozessen des WHCM.

3. Die Qualität der Instrumente, die in einem Unternehmen für das strategische (W)HCM eingesetzt werden (vgl. Frage 2 in Kapitel B.1.1.4.1).

---

[235] Vgl. auch Abbildung 54.
[236] Korrelation der Werttreibergruppe mit dem VAP: r = 0,32 (p = 0,007).

Einbindung des Personalbereiches in die Planungsprozesse

Eine Grundvoraussetzung für den Erfolg einer strategischen Personalarbeit ist, den Personalbreich ausreichend in die Planungsprozesse des (gesamten) Unternehmens einzubeziehen. Denn nur so kann auch eine wirkungsvolle Personalstrategie entworfen werden, die mit der Strategie der Gesamtorganisation harmoniert. Gemäß einer anderen empirischen Studie formulieren in Deutschland überhaupt nur 44% der Unternehmen eine detaillierte Personalstrategie,[237] was zeigt, welcher Nachholbedarf in dieser Beziehung noch besteht.

In der WHCM-Studie konnte zudem statistisch nachgewiesen werden: Die Einbindung der Personalabteilung in die Planungsprozesse[238] der anderen Geschäftsbereiche ist ein signifikanter Werttreiber (Platz 14).[239] Interessanterweise schien es hierbei (aus statistischer Sicht) für die Personal-Manager am wichtigsten zu sein, in die *unterjährige* Planung der anderen Abteilungen einbezogen zu werden (z.B. bei der Umsetzung von Projekten). Inhaltlich könnte dieses Ergebnis mit dem Argument begründet werden, dass die unterjährige Planung am unmittelbarsten auf die Geschäftsprozesse Einfluss hat und damit die größte Hebelwirkung in Bezug auf die Geschäfts*ergebnisse* besitzt. Andererseits werden aber auch durch die mittel- und langfristige Planung wichtige Weichenstellungen vorgenommen, die ebenfalls auf die Geschäftsentwicklung durchschlagen können. Entgegen der Erwartung konnte hierfür jedoch *direkt* mit dem VAP keine statistisch signifikante Korrelation gemessen werden. Erst in Verbindung mit dem Umsetzungsgrad der strategischen Ziele in den Personalprozessen, der seinerseits einen signifikanten Werttreiber darstellte (wie weiter unten noch gezeigt wird), konnte diese Kausalität auch statistisch belegt werden.[240]

Umsetzung der strategischen Ziele in der Personalarbeit

Einen noch stärkeren Werttreiber, als die Einbindung des Personalbereiches in die Planungsprozesse, verkörperte das konkrete Ausmaß, in dem die strategischen Ziele eines Unternehmens auch tatsächlich in der laufenden Personalarbeit umgesetzt wurden.[241] Ein Blick auf die einzelnen Felder des Personalprozesses zeigt dabei, dass es besonders in vier Gebieten des WHCM wichtig ist, die strategischen Geschäftsziele zu berücksichtigen: Erstens bei der Vergütung und Anerkennung (z.B. durch besondere Incentivierung *strategisch* ausgerichteter

---

[237] Vgl. *Scholz, C.* (2000), S. 90. Quelle: GPP-Studie. Frage nach der Existenz einer detailliert formulierten Personalstrategie.

[238] Zu Planungsprozessen vgl. u.a. *Bühner, R.* (1994), S. 163-167. Anders siehe auch *Scholz, C.* (2000), S. 256.

[239] Korrelation mit dem VAP: r = 0,26 (p = 0,02).

[240] Der Einbindungsgrad des Personalbereiches in die verschiedenen Planungsprozesse korrelierte höchst signifikant mit dem Ausmaß, in dem die strategischen Ziele später in der praktischen Personalarbeit umgesetzt wurden (dieses korrelierte wiederum signifikant mit dem VAP: r = 0,30 (p = 0,012)). Die Korrelationen (Strat. Einbindung in bestimmte Planungsformen/Umsetzung der strat. Ziele) im Einzelnen: Strategische (längerfristige) Planung: r = 0,49 (p < 0,001); Jahresplanung: r = 0,42 (p < 0,001); unterjährige Planung: r = 0,35 (p = 0,003).

[241] Korrelation mit dem VAP: r = 0,30 (p = 0,012).

Arbeit oder durch langfristige Mitarbeiterbindungsprogramme). Zweitens bei der Personalarbeit der Führungskräfte „vor Ort" in den einzelnen Abteilungen (z.b. durch Motivation und frühzeitige Förderung ihrer Mitarbeiter). Drittens im Karrieremanagement (u.a. durch frühzeitige Berücksichtigung von Anforderungen, die sich z.b. aus Expansions- oder Diversifizierungsplänen ergeben). Und viertens bei der Mitarbeiterrekrutierung und -einstellung (z.b. durch Berücksichtigung strategisch relevanter Faktoren im Kriterienkatalog für die Personalauswahl).

Obwohl die strategische Ausrichtung von Geschäftsprozessen keine neue Idee ist und sie auch in Verbindung mit dem WHCM signifikant zur Wertsteigerung beiträgt, zeigten relativ viele der untersuchten Unternehmen in dieser Hinsicht größere Schwachstellen. Nach den Ursachen dafür befragt, nannten die befragten Personalleiter in erster Linie drei Gründe: Erstens, die übermäßigen Anforderungen aus dem *Tages*geschäft, die kaum zu bewältigen seien und nur wenig Raum für eine strategische Personalarbeit ließen.[242] Zweitens, eine zu geringe Abstimmung ihrer Arbeit mit den anderen Geschäftsbereichen *außerhalb* des formalen Planungsprozesses, so dass viele Geschäftsinformationen, die für ein strategisches WHCM wichtig wären, nicht ausgetauscht werden. Und drittens, das fehlende Bewusstsein bei vielen Personalmitarbeitern – aber auch im Top-Management –, dass es im Personalbereich ebenfalls unumgänglich ist, strategisch zu entscheiden und zu handeln.

Instrumente zur Unterstützung der strategischen Personalarbeit

In der Praxis existiert bereits eine Vielzahl an Instrumenten, mit der ein strategisches WHCM unterstützt werden könnte. Sie alle auf ihre Tauglichkeit hin zu untersuchen, war im Rahmen der WHCM-Studie nicht möglich. Daher beschränkten sich die Analysen auf die in der Praxis am häufigsten verwendeten Methoden, die in Abbildung 78 in der Reihenfolge ihrer statistisch nachgewiesenen Effektivität aufgeführt sind.

Im Hinblick auf den Nutzen für das WHCM standen hier die „Gap-Analysen" mit Abstand an erster Stelle. Mit ihrer Hilfe kann die Lücke („Gap") zwischen den strategischen Soll-Anforderungen und dem Status quo der Personalarbeit gemessen werden. Der große Vorteil dieser Methode liegt darin, zunächst systematisch anhand verschiedener Einzelkriterien messbare Soll-Ziele zu definieren und durch den späteren Vergleich mit dem Ist-Zustand sehr plastisch den notwendigen Handlungsbedarf (die Lücke/Gap) aufzuzeigen.

Personalbezogene Strategie-Workshops folgten an zweiter Stelle. Diese können zwar ebenfalls ein äußerst wirkungsvolles Instrument des strategischen WHCM darstellen. Jedoch hängt die Qualität ihrer Ergebnisse sehr stark von der *inhaltlichen* Ausgestaltung (möglichst

---

[242] Auf diesen Punkt wird in Kapitel D.2 noch ausführlicher eingegangen mit Ansätzen, wie man diese Situation verbessern kann.

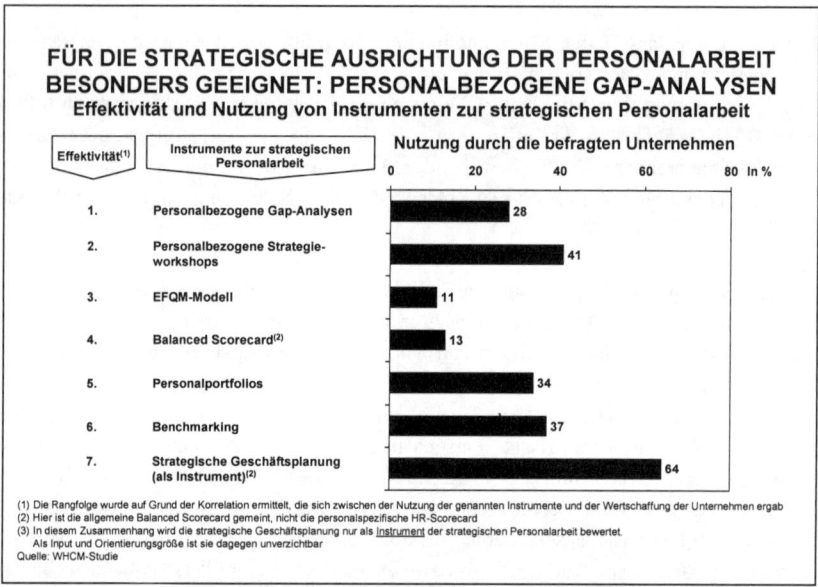

FÜR DIE STRATEGISCHE AUSRICHTUNG DER PERSONALARBEIT BESONDERS GEEIGNET: PERSONALBEZOGENE GAP-ANALYSEN
Effektivität und Nutzung von Instrumenten zur strategischen Personalarbeit

Abbildung 78: Empirische Ergebnisse zur Effektivität und Verbreitung verschiedener Instrumente der strategischen Personalarbeit

messbare Ziele vereinbaren) und dem Teilnehmerkreis ab (z.B. Einbeziehung der internen Kunden). Denn in der Praxis besteht die Gefahr, dass derartigen Workshops sehr schnell zu reinen „Alibi-Veranstaltungen" ohne größeren strategischen Nutzen verkommen. Darüber hinaus ist die strategische Arbeit nicht mit dem Ende des Strategie-Workshops abgeschlossen, wie öfters zu beobachten ist, sondern eigentlich beginnt sie dann erst. Das heißt, die im Rahmen dieser Veranstaltung erarbeiteten Ziele und Pläne müssen im Anschluss weiter konkretisiert und im Rahmen eines Umsetzungs-Controllings zeitnah überwacht werden.

An dritter und vierter Stelle standen das Europäische Qualitätsmodell (EFQM)[243] und die Balanced Scorecard. Aus theoretischer Sicht ist deren Erfolgspotenzial sicherlich noch deutlich höher einzuschätzen, weil es sich bei beiden Methoden um Instrumente handelt, mit denen nicht nur einzelne Teilbereiche, sondern das WHCM als *Ganzes* in den strategischen Management-Prozess des Unternehmens integriert werden kann. Allerdings hängt ihre Wirkung ebenfalls sehr maßgeblich davon ab, in welcher Form und mit welcher Konsequenz sie eingesetzt werden.[244] Das scheinen auch die statistisch relativ niedrigen Korrelationen des

---

[243] Das EFQM-Modell wurde von der *European Foundation for Quality Management (EFQM)* entwickelt, um Unternehmen eine Methodik für ein umfassendes Qualitätsmanagement an die Hand zu geben. Es basiert auf einer Art Scoring-Modell, in dem die wichtigsten Wirkungszusammenhänge eines Unternehmens systematisch erhoben und anhand verschiedener Kriterien bewertet werden. Vgl. u.a. *EFQM* (1999), S. 7 oder *Wunderer, R./Jaritz, A.* (1999), S. 372-374.

[244] Quelle: Experteninterviews.

VAP mit ihrer Anwendung nahe zu legen. Daher wird im Kapitel „Umsetzung des WHCM"
noch einmal ausführlich auf eine spezielle Art der Balanced Scorecard eingegangen, die *HR*-
Scorecard, da diese momentan das geeignetste Instrument zur Implementierung des WHCM
in der Praxis zu sein scheint.

Weniger geeignet für die strategische Personalarbeit schienen aus statistischer Sicht die
Instrumente „Personalportfolios", „Benchmarking" und „Strategische Geschäftsplanung"[245]
zu sein. Vom Grundsatz her können diese Verfahren zwar auch eingesetzt werden, sollten
aber nur die oben genannten Instrumente *ergänzen*. Begründung: Die einfachen *Personal-
portfolios* haben z.B. die Schwäche, in der Regel nicht den strategischen Soll-Zustand zu
definieren; es sei denn, man stellt neben dem „Ist-Portfolio" ein weiteres strategisches „Soll-
Portfolio" auf. Aber dies käme schon wieder einer Gap-Analyse im oben beschriebenen Sinne
gleich. Ein *Benchmarking* des Personalbereiches kann ebenfalls als sinnvolle *Ausgangsbasis*
für weitere strategische Überlegungen dienen. Aber um daraus bereits strategische Ziele für
das eigene Unternehmen abzuleiten, dafür eignet sich diese Datenbasis in den meisten Fällen
nicht. Denn die Spezifika der anderen Benchmark-Unternehmen sind häufig so unterschiedlich und wenig von außen nachzuvollziehen, dass ein direkter Datenvergleich oft unmöglich
ist.[246] Zur *strategischen Geschäftsplanung* wurden die ersten Aussagen ja bereits weiter oben
getroffen. Auch sie kann und sollte einen festen Baustein des strategischen WHCM bilden.
Nur ist ihr Detaillierungsgrad in der Regel so gering, dass sie weitere Einzelanalysen erfordert, um die Umsetzung ihrer Planvorgaben sicherzustellen.[247]

Wie diese Ausführungen gezeigt haben, ist die Qualität der strategischen Personalinstrumente
durchaus unterschiedlich. Vor dem Hintergrund der Bedeutung der strategischen Personalarbeit konnte sie daher auch statistisch als signifikanter Werttreiber des WHCM identifiziert
werden.[248]

Nimmt man die Ergebnisse dieses Kapitels alle zusammen, dürfte sowohl statistisch als auch
qualitativ-empirisch nachgewiesen sein: Die strategische Ausrichtung des WHCM – und
damit sein „External Fit" – sind ein signifikanter und wichtiger Werttreiber der Personalarbeit. Damit können die gleich lautenden Vermutungen anderer Studien, vor allem aus der
HPWS-Forschung, nun auch empirisch belegt werden.[249]

---

[245] Die Strategische Geschäftsplanung ist hier nicht als Inputgröße zu verstehen (als die sie außerordentlich
wichtig ist), sondern als *Instrument* zur konkreten Festlegung der WHCM-Aktivitäten.
[246] Quelle: Experteninterviews.
[247] Quelle: Experteninterviews.
[248] Korrelation mit dem VAP: $r = 0,21$ ($p = 0,058$). Die minimale Überschreitung des 5%igen α-Niveaus wurde
aufgrund der anderen Ergebnisse zur strategischen Personalarbeit akzeptiert.
[249] Vgl. hierzu auch Kapitel B.3.2.2.3.

2.3.6.2 Koordination

Die Koordination der Personalarbeit beinhaltet zwei Dimensionen. Erstens, die bereichs-*übergreifende* Abstimmung des WHCM auf die Kernkompetenzen und Geschäftsprozesse des Unternehmens und zweitens, die bereichs*interne* Koordination der verschiedenen WHCM-Aktivitäten.

Bereichsübergreifende Koordination

Zunächst wurde untersucht, ob der Grad, in dem das WHCM auf die *Kernkompetenzen* eines Unternehmens abgestimmt ist, einen Werthebel darstellt (vgl. Frage 8a in Kapitel B.1.1.4.13). Statistisch konnte hierfür allerdings anhand des vorliegenden Datenmaterials kein Nachweis erbracht werden. In den Expertengesprächen wurde dagegen durchaus bestätigt, dass es wichtig sei, die Personalarbeit auf die existierenden bzw. geplanten Kernkompetenzen einer Firma auszurichten. Denn die Kernkompetenzen bildeten schließlich das Fundament der strategischen Wettbewerbsvorteile, deren Besitz wiederum maßgeblich die Wertschaffung des Unternehmens beeinflusse. Der Grund für den fehlenden statistischen Nachweis dieser Kausalkette mag vielleicht darin liegen, dass sich einige Studienteilnehmer in dieser Beziehung einfach zu positiv eingeschätzt haben. Jedoch bleibt dieses nur eine Vermutung. Daher kann in diesem Punkt nur auf die Literatur[250] und auf die obigen Aussagen der Praxis-experten verwiesen werden.

Statistisch belegt werden konnte dagegen die Hypothese: Eine enge Zusammenarbeit des Personalbereiches mit den anderen Geschäftsbereich, um das WHCM auf deren Bedürfnisse und die vorherrschenden Geschäftsprozesse abzustimmen, trägt signifikant zur Wertschaffung eines Unternehmens bei.[251] In den Experteninterviews wurde zudem darauf hingewiesen, dass die Personalabteilung sich bei anstehenden Veränderungen der Geschäftsmodelle und/oder -prozesse bereits selber *proaktiv* einbringen sollte. Denn oft würde sie viel zu spät in derartige Veränderungsprojekte einbezogen und dadurch in ihren Handlungsoptionen beschnitten werden. Statistisch konnte der Wertbeitrag dieses proaktiven Verhaltens jedoch nicht signifikant bestätigt werden.

Bereichsinterne Koordination

Unter dem Stichpunkt „Koordination" – bzw. „Internal Fit" – des WHCM wurden zwei Fragen untersucht (vgl. auch Frage 8b in Kapitel B.1.1.4.13):

---

[250] Vgl. u.a. *Hamel, G./Prahalad, C.K.* (1995), S. 307-353.
[251] Korrelation zwischen „Intensität der Abstimmung des Personalbereiches mit anderen Abteilungen" und dem VAP: r = 0,19 (p = 0,078). Die Grenze für die Irrtumswahrscheinlichkeit wurde hier auf 10% gesetzt, da es für diesen Punkt auch Belege aus anderen empirischen Studien gab (vgl. Kapitel B.3.2.2.3).

1. Ist das Ausnutzen von *Synergieeffekten* in der Personalarbeit positiv mit der Wertschaffung korreliert?

2. Stellt die *„Ganzheitlichkeit"* der Personalarbeit – also deren Ausrichtung am gesamten „Lebenszyklus" eines Mitarbeiters im Unternehmen (von der Einstellung bis zum Verlassen) – einen Werttreiber des WHCM dar?

Theoretische und empirische Hinweise darauf, dass diese beiden Fragen bejaht werden könnten, waren in der Literatur bereits vorhanden.[252] Auf Basis der direkten Antworten[253] der Unternehmen in den Fragebögen konnten jedoch zunächst keine statistisch signifikanten Korrelationen der genannten Parameter mit der Wertschaffung (VAP) gemessen werden.

Weil die Angaben der Unternehmen jedoch ausschließlich auf einer qualitativen Selbstein-schätzung beruhten und die Berücksichtigung dieser Faktoren auch nur schwer zu bewerten war, wurden weitere Analysen zum „Internal Fit" des WHCM durchgeführt. Dazu wurde ein „objektiverer" Indikator für die interne Koordination der Personalaktivitäten gewählt, nämlich ihr „Homogenitätsgrad".[254] Dieser wurde gemessen durch die Standardabweichung der standardisierten und ungewichteten „Scores" (siehe Kapitel C.1.3.3.1) aller Elemente des Human Capital Valuation Indexes (HCVI). Die dahinter stehende Annahme: Je besser die Personalaktivitäten innerbetrieblich koordiniert und aufeinander abgestimmt werden, desto stärker ähnelt sich der „Entwicklungsgrad"[255] der verschiedenen Werttreiber in einem Unter-nehmen und desto geringer müsste dort auch die Standardabweichung[256] ihrer „Scores" ausfallen.

Statistisch ergab sich tatsächlich ein signifikanter negativer Zusammenhang zwischen der unternehmensinternen Standardabweichung der Werttreiber-Scores und dem VAP mit r = -0,25 und p = 0,017[257]. Das heißt: Homogenere Human Capital-Systeme tragen im Durchschnitt mehr zur Unternehmenswertschaffung bei als heterogenere. Untermauert wurde dieses wichtige Ergebnis noch durch weitere Analysen zur *zeitlichen* Entwicklung des WHCM in Unternehmen (siehe ausführlicher in Kapitel C.2.4), in denen unter Zuhilfenahme clusteranalytischer Verfahren nachgewiesen wurde: Unternehmen, die ihr WHCM *homogen* entwickeln, sind im Durchschnitt erfolgreicher als jene, die sich bei der Entwicklung ihrer

---

[252] Vgl. auch Kapitel B.3.2.2.3.

[253] Gefragt wurde a) nach dem Grad, in dem Synergieeffekte zwischen verschiedenen Personalaktivitäten im Unternehmen realisiert würden und b) wie sehr sich die Personalarbeit am gesamten Lebenszyklus der Mitarbeiter im Unternehmen ausrichte.

[254] Vgl. zu dieser Logik *Huselid, M.* (1995), S. 650.

[255] Beispiel: Wenn zwischen dem Beurteilungs- und dem Incentivesystem größere Synergiepotenziale bestehen, dann ist anzunehmen, dass erfolgreiche Unternehmen in der Regel auch beide Bereiche ähnlich weit entwickelt haben. Denn ansonsten könnten sie diese Synergien nicht nutzen und wären damit weniger erfolgreich.

[256] Je höher die Standardabweichung der WHCM-Scores ausfällt, desto geringer ist der Homogenitätsgrad der Personalarbeit.

[257] Hier: Einfache (also nicht-partielle) Korrelationsmessung, weil die Kontrollvariablen des WCHM-Modells keinen signifikanten Zusammenhang zur Güte der Personalarbeit aufwiesen sowie einseitige Teststatistik.

Personalarbeit verstärkt auf Einzelfaktoren (z.B. das Incentivesystem) stützen. Und das ist ein weiterer Hinweis darauf, dass die Synergieeffekte zwischen einzelnen Bereichen der Personalarbeit einen signifikanten Einfluss auf den Unternehmenserfolg haben müssen. Denn die Synergieeffekte stellen den größten Vorteil homogener Personalaktivitäten dar.

Schlussfolgerung: Die Ergebnisse bisheriger Studien zum „Internal Fit" in High Performance Work Systems (vgl. Kapitel B.3.2.2.3) können auch im Zusammenhang mit dem WHCM bestätigt werden: Die interne Koordination („Internal Fit") bildet einen signifikanten Werttreiber der Personalarbeit. Hiermit ist zugleich der erste Teilbeleg für die Kernhypothese 4a erbracht, das WHCM sei als Gesamtsystem zu betrachten und als solches schrittweise und parallel über die Werttreibergruppen zu entwickeln.

Welche Handlungsempfehlungen ergeben sich nun aus diesem Ergebnis für die Praxis? Weil die interne Koordination erfahrungsgemäß[258] nicht ganz einfach zu gewährleisten ist – besonders in großen Unternehmen[259] –, sollten die Wirkungsketten zwischen den einzelnen Disziplinen der Personalarbeit erst einmal systematisch erfasst und visualisiert werden, damit man später – z.B. in Form von Checklisten – überprüfen kann, ob die jeweiligen Personalmaßnahmen (z.B. Veränderung des Beurteilungssystems) auch mit allen anderen direkt oder indirekt betroffenen Teilbereichen der Personalabteilung abgestimmt sind.[260] Ggf. ist auch darüber nachzudenken, den Personalbereich organisatorisch neu zu strukturieren, so dass die Bereiche eng miteinander verbunden sind, deren Aktivitäten auch inhaltlich einer stärkeren Abstimmung bedürfen. Neben der organisatorischen Umstrukturierung besteht zudem die Möglichkeit, verstärkt in Form von Projekten zu arbeiten. Denn in diesen kann relativ leicht fachgebietsübergreifend zusammengearbeitet werden, und es besteht die Möglichkeit, auch die internen Kunden (wie Führungskräfte oder sonstige Fachspezialisten) in die Entwicklungsphase neuer Konzepte mit einzubinden.[261]

Die Personalarbeit am gesamten „Lebenszyklus" eines Mitarbeiters im Unternehmen auszurichten, ist ein weiterer Beitrag zum „Internal Fit" des WHCM. Denn damit kann einerseits den Mitarbeitern eine umfangreiche und in sich konsistente Betreuung während ihrer gesamten Verweildauer im Unternehmen angeboten werden. Und andererseits erhält das Unternehmen die Chance, auf das Wertschaffungspotenzial eines Mitarbeiters in jedem seiner Entwicklungsstadien (Einstellung, Fortbildung, Beförderung etc.) positiven Einfluss nehmen zu können und damit den Erfolgsbeitrag der Personalarbeit zu erhöhen.

---

[258] Quelle: Experteninterviews.
[259] Ein Beispiel: Das Training wird von einer eigenen Trainingsabteilung koordiniert. Die variable Vergütung legt die Geschäftsleitung fest. Und die Erfolgskontrolle wird von der Controlling-Abteilung des Unternehmens durchgeführt.
[260] Ausführlicher hierzu siehe Kapitel D.1.2.3.
[261] Quelle: Experteninterviews.

Wie der „Internal-" bzw. der „External Fit" konkret gemessen werden kann, wurde ja bereits in Kapitel B.3.3.2.3 erläutert.

2.3.7 Werttreibergruppe „Controlling der Personalarbeit"[262]

Fragen aus Kapitel B.1.1.4.13:

1. Welcher Bedarf besteht für ein Personalcontrolling?
2. Welche Kennzahlen sind geeignet, um den Erfolg der Personalarbeit zu messen?
3. Wie wichtig ist die Befragung der internen Kunden?
4. Wie wichtig ist die allgemeine Befragung der Mitarbeiter?
5. Wie wichtig ist die Befragung der externen Kunden?
6. Welchen Erfolgsbeitrag leistet das Personalcontrolling insgesamt?

Frage 1: Bedarf

In Bezug auf das Controlling wurde zunächst versucht, den *Bedarf* von Kontroll- und Bewertungsmaßnahmen in der Personalarbeit zu identifizieren. Dazu wurden die untersuchten Unternehmen nach ihrer subjektiven Meinung gefragt, in welchem Maß sie ihre Personalarbeit am Ziel der Unternehmenswertsteigerung ausrichten. Diese Frage war mit der Hypothese verbunden, dass sich viele Unternehmen überschätzen würden; und dies umso mehr, je uneffektiver sie ihr Personalcontrolling praktizierten. Bestätigt wurde diese Vermutung dadurch, dass zwischen der subjektiv wahrgenommenen Wertorientierung in der Personalarbeit und der tatsächlichen Wertschaffung der Unternehmen überhaupt keine Korrelation bestand.[263] Besonders symptomatisch waren hierbei diejenigen Unternehmen, die zwar angaben, eine äußerst wertorientierte Personalarbeit zu betreiben, aber den entsprechenden Erfolg bzw. die Wertschaffung in keiner Weise systematisch erfassten und kontrollierten.

Frage 2: Geeignete Erfolgskennzahlen

Noch aussagekräftigere Ergebnisse lieferte die Korrelation der Güte des Personalcontrollings mit der Wertschaffung der Unternehmen. Diese lag nämlich bei $r = 0,21$ ($p = 0,06$) und entpuppte sich damit als signifikanter Werttreiber des WHCM. Darüber hinaus stellte sich

---

[262] Vgl. u.a. Abbildung 54.
[263] $r = 0,03$ ($p = 0,4$).

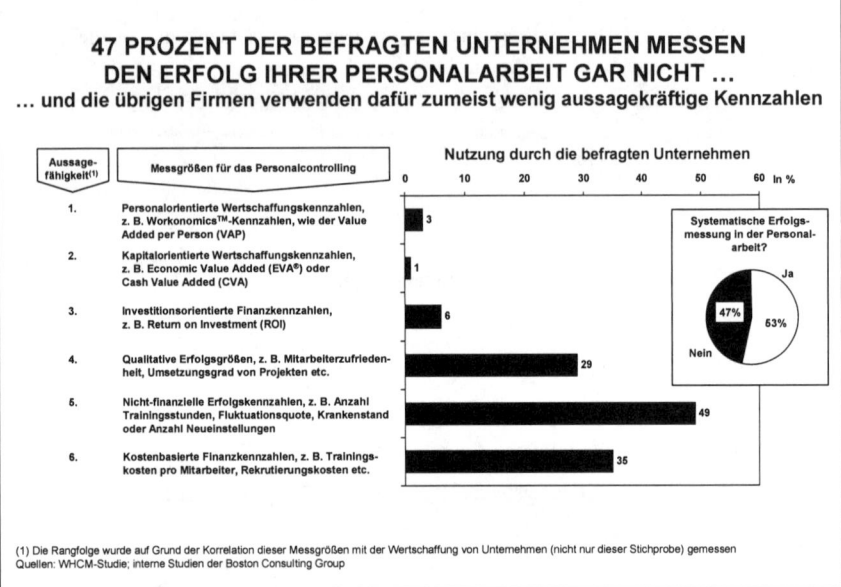

Abbildung 79: *Empirische Ergebnisse zur Effektivität und Verbreitung verschiedener Kennzahlenarten des Personalcontrollings*

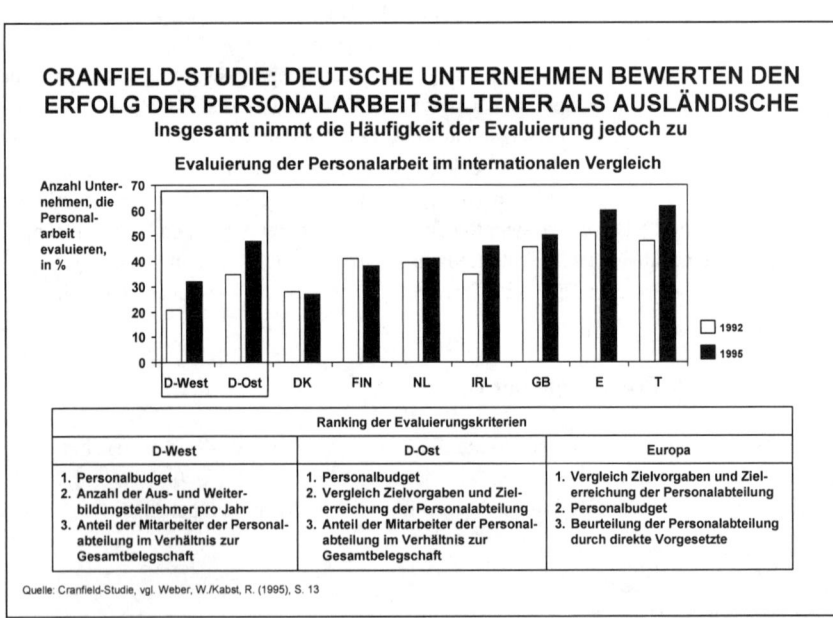

Abbildung 80: *Ergebnisse der Cranfield-Studie zur internationalen Verbreitung von Kennzahlen des Personalcontrollings*

heraus, dass fast die Hälfte aller befragten Unternehmen (47%) den Erfolg ihrer Personalarbeit überhaupt nicht systematisch kontrollierten und wenn doch, dann zumeist mit relativ
ungeeigneten Kennzahlen. Abbildung 79 zeigt sehr deutlich die Schere zwischen der
Effektivität von Controlling-Messgrößen und deren Nutzungsgrad: Die personalorientierten
Wertkennzahlen weisen z.b. die höchste Effektivität auf, haben aber den geringsten
Nutzungsgrad. Umgekehrt sind kostenbasierte Kennzahlen am uneffektivsten, werden aber
am zweithäufigsten verwendet.

Hierzu passen auch die Ergebnisse der *Cranfield-Studie*, in der auf internationaler Ebene je
Land untersucht wurde, nach welchen Kriterien der Erfolg der Personalarbeit am häufigsten
evaluiert wird (Abbildung 80). Auch in dieser Untersuchung bewerteten nicht einmal die
Hälfte der befragten deutschen Unternehmen den Erfolg ihrer Personalarbeit systematisch.
Und dort wo eine Erfolgsbewertung vorgenommen wurde, geschah dieses zumeist anhand
wenig aussagekräftiger Indikatoren, wie der Einhaltung des Personalbudgets (reine Kostenbetrachtung ohne Qualitäts- oder Wertmaßstab!), der Anzahl der Aus- und Weiterbil-
dungsteilnehmer (siehe hierzu die kritischen Ergebnisse in Kapitel C.2.3.3.3) oder der
Betreuungsquote (die allein betrachtet ebenfalls geringen Aussagewert besitzt, vgl. Kapitel
C.2.3.5.2). Obwohl die Aussagen der *Cranfield-Studie* auf internationaler Ebene ebenfalls
zutrafen, wiesen gerade die west-deutschen Unternehmen einen besonders großen Nachholbedarf in dieser Beziehung auf.

Nun zur Effektivitätstabelle der Messgrößen (Abbildung 79) im Detail: Am effektivsten kann
die Wertschaffung durch Controllingverfahren bzw. Kennzahlen erfasst werden, die sowohl
die Kosten- als auch die Nutzenseite des WHCM berücksichtigen[264]. Dies wird sowohl von
den personal- und kapitalorientierten Wertkennzahlen als auch den investitionsorientierten
Finanzkennzahlen sichergestellt – allerdings in unterschiedlicher Qualität, wie bereits
ausführlich in den Kapiteln B.2.2 und B.3.3.1.2 erläutert wurde. Sind derartige Analysen in
Teilbereichen nicht möglich, sollten als Alternative qualitative Kennzahlen verwendet
werden.[265] Nicht-finanzielle quantitative Kennzahlen (wie z.B. die Anzahl der Trainingsstunden) sind dagegen mit größerer Vorsicht einzusetzen, weil ihre Aussagekraft häufig sehr
beschränkt ist. Denn in der Regel geben sie nur wenig Auskunft über die *Qualität* des
WHCM, was die Ergebnisse leicht verfälschen kann – wie z.B. in Kapitel C.2.3.3.3 in
Zusammenhang mit der Aussagekraft der Trainingskosten pro Mitarbeiter demonstriert
wurde.

---

[264] Hinweis: Im Gegensatz zu anderen Variablen dieser Studie, wurde die Güte der Messgrößen nicht dadurch
bestimmt, wie stark deren *Nutzung* (ja/nein) mit der Wertschaffung korrelierte, sondern wie hoch die
Korrelation zwischen ihren *Ergebnissen* (d.h. ihren konkreten Werten für ein Unternehmen) und der externen
Wertschaffung (TSR) ausfiel (siehe dazu auch die Ausführungen in Kapitel B.2.2.). Dabei wurde sowohl auf
Daten der WHCM-Studie zurückgegriffen als auch auf interne Analysen der *Boston Consulting Group*.
Insgesamt ergab sich zwischen der Qualität der genutzten Controlling-Kennzahlen und dem VAP eine
signifikante Korrelation mit dem VAP von $r = 0,21$ und $p = 0,06$.
[265] Zu den Vorteilen qualitativer Kennzahlen siehe auch Kapitel B.3.2.1.2.2.

Am uneffektivsten und gleichzeitig „gefährlichsten" sind die rein kostenbasierten Finanz-kennzahlen: uneffektiv, weil sie nur die eine Seite der Personalarbeit abdecken, und zwar die „negative", ohne den entsprechenden Nutzen dagegenzustellen. Und „gefährlich" können sie sein, weil sie aufgrund ihrer quantitativen Kostendaten zunächst eine „Schein-Genauigkeit" der Ergebnisse suggerieren, die aufgrund der einseitigen Betrachtungsweise nicht gerecht-fertigt ist, und damit das Risiko einer Fehlinterpretation erhöhen. Bei qualitativen Messgrößen ist diese Gefahr etwas geringer, weil aus ihrer Ergebnisdarstellung relativ schnell deutlich wird, welche Ungenauigkeiten sie potenziell in sich bergen. Sind diese „Ergebniskorridore" aber erst einmal erkannt, können sie auch leichter akzeptiert werden, wenn zum einen die „Richtung" der Schlussfolgerung stimmt (z.B. Annahme oder Ablehnung eines Projektes) und zum anderen keine bessere Alternative zur Verfügung steht.

Neben der Tatsache, die Personalarbeit durch ein engmaschigeres und genaueres Controlling wertorientierter steuern zu können, bringt die Erfolgkontrolle noch einen ganz anderen Vorteil mit sich: Allein aufgrund der Bereitschaft, sich – wie viele andere Bereiche auch – an harten Daten messen zu lassen, gewinnt die Personalabteilung häufig schon an Akzeptanz im Unternehmen und kann sich weiter vom Image der reinen Kostenstelle befreien. Oder wie *Fitz-enz* es ausdrückt: *„Management will accept progress over perfection."*[266] Diese Akzeptanz ist wiederum eine wichtige Voraussetzung für den Erfolg vieler anderer Personalaktivitäten. Und damit kann sich ein positiver und selbstverstärkender Prozess in Gang setzen, an dessen Ende das WHCM vielleicht den Stellenwert in der Praxis erreicht, der ihm aus wissenschaftlicher Sicht schon länger zustehen sollte – nämlich ein hoher.

Frage 3: Befragung der internen Kunden

Vorbemerkung: Das Thema „Kundenzufriedenheit" wurde in drei Stufen untersucht:

1. Zufriedenheit der „internen" Kunden mit der *Personalarbeit* (unmittelbarer Wert-treiber)

2. *Allgemeine* Zufriedenheit aller Mitarbeiter (Zwischengröße)

3. Zufriedenheit der *externen* Kunden mit den Mitarbeitern des Unternehmens (Zielgröße).

Zur Zufriedenheit der *internen* Kunden: Grundsätzlich sind alle Mitarbeiter eines Unter-nehmens auch interne Kunden des Personalbereiches. Es gibt aber einige „Kundengruppen", die für den Personalbereich *besonders* wichtig sind. Das sind zum Beispiel die Führungskräfte, als wichtige Multiplikatoren und Träger der Personalarbeit, sowie andere Mitarbeiter mit hohem Leistungspotenzial, die so genannten „High Potentials". Deren spezifische Zufriedenheit mit den Leistungen des Personalbereiches abzufragen, kann zu

---

[266] *Fitz-enz, J.* (1995), S.21.

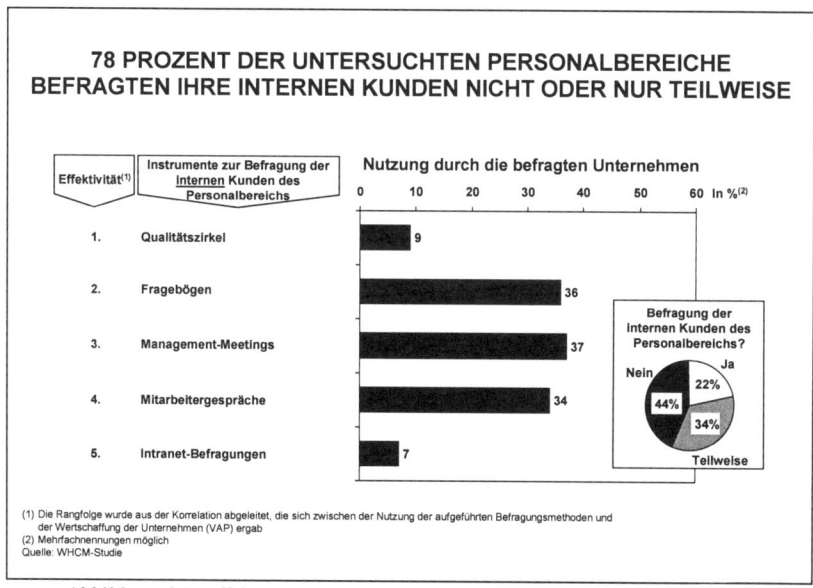

Abbildung 81: *Effektivität und Verbreitung von Instrumenten zur Befragung der internen Kunden des Personalbereiches*

einem weiteren Erfolgsfaktor des WHCM werden.[267] Allerdings kommt es dabei sehr darauf an, *wie* diese Befragungen durchgeführt werden. Abbildung 81 zeigt den Nutzungsgrad verschiedener Befragungsarten in der Stichprobe und deren ermittelte Effektivität.

44% der untersuchten Personalbereiche befragten ihre internen Kunden *überhaupt nicht* nach der Zufriedenheit mit dem (W)HCM, 34% zumindest *teilweise* und 22% *in größerem Umfang*. Am häufigsten wurden für die Befragungen Management-Meetings (37%), Fragebögen (36%) und Mitarbeitergespräche genutzt (34%). In Bezug auf die Effektivität der Befragungsmethoden schnitten vor allem Qualitätszirkel und Fragebögen gut ab. Wie in Kapitel C.2.3.4.1 bereits erwähnt, besitzen Qualitätszirkel zum einen den Vorteil, dass „Kritik" dort von mehreren Personen *gemeinsam* vorgetragen werden kann und der Einzelne dadurch etwas entlastet wird. Zum anderen bieten sie aber auch die Gelegenheit, Probleme interaktiv zu *diskutieren* – im Gegensatz z.B. zu einem Fragebogen. Für eine schriftliche Befragung spricht jedoch, sie leichter strukturieren zu können, einen größeren Adressatenkreis zu erreichen sowie die Möglichkeit, die Anonymität der Befragten zu gewährleisten.

Management-Meetings und Mitarbeitergespräche haben sich dagegen als weniger effektiv erwiesen. Einerseits fehlt ihnen oft die notwendige Struktur, um das erhaltene Feedback

[267] Korrelation mit dem VAP: r = 0,18 (p = 0,09). Aufgrund der Bestätigung in den Experteninterviews wird die statistische Irrtumswahrscheinlichkeit von 9% akzeptiert.

systematisch auszuwerten. Und andererseits bergen sie die Gefahr, leicht zu einer „Alibi-Veranstaltung" zu mutieren, wenn die Kundenzufriedenheit nur oberflächlich und unkritisch diskutiert wird.[268] Für das relativ schlechte Abschneiden von Intranet-Befragungen konnte keine eindeutige Erklärung gefunden werden. Möglich wäre vielleicht eine bislang noch geringe Akzeptanz dieses Mediums (z.b. aufgrund von Vertraulichkeitsproblemen) in vielen Unternehmen und damit verbunden eine niedrige Rücklauf- und Erfolgsquote. Aber dies ist lediglich eine vage Hypothese.

Frage 4: Erhebung der allgemeinen Mitarbeiterzufriedenheit

Im Vergleich zur internen Kundenbefragung soll durch die *allgemeine* Mitarbeiterbefragung festgestellt werden, wie die Belegschaft ihre *Gesamt*situation im Unternehmen einschätzt. Dazu gehört beispielsweise die Zufriedenheit mit der Zusammenarbeit zwischen den Arbeitskollegen, dem Verhältnis zu den Vorgesetzten, der Arbeitsbelastung oder mit der Unternehmenskultur.[269]

In der Stichprobe führten 53% der Unternehmen eine derartige Mitarbeiterbefragung regelmäßig (mindestens alle drei Jahre) durch und bezogen dabei im Durchschnitt ca. 80% ihrer Belegschaft in die Befragung mit ein. Welche Instrumente zur Befragung der Mitarbeiter eingesetzt wurden, zeigt die Abbildung 82. Mit einem Nutzungsgrad von 42%[270] standen Fragebögen dort an erster Stelle. Alle anderen Methoden, wie Interviews, Intranet-Befragungen, Workshops und Qualitätszirkel lagen dagegen deutlich dahinter.

Die Hypothese, der Anteil regelmäßig nach ihrer Zufriedenheit befragter Mitarbeiter korreliere positiv mit der Wertschaffung eines Unternehmens, konnte statistisch nicht bestätigt werden.[271] In den Experteninterviews wurde auch eine wesentliche Ursache für dieses Ergebnis deutlich: In jedem zweiten Unternehmen werden zwar Mitarbeiterbefragungen durchgeführt. Erfolgsentscheidend ist jedoch, wie *konsequent* die hierbei identifizierten Problembereiche adressiert und *beseitigt* werden. Und gerade in diesem Punkt bestehen in der Praxis häufig noch Defizite. Erstens vergeht oft zu viel Zeit, bis die Befragungsergebnisse publiziert werden. Ressourcenengpässe in der Auswertung und eine Vielzahl interner Meetings, in denen die Resultate vor ihrer Veröffentlichung noch abgestimmt werden müssen, sind die Hauptgründe hierfür. Und zweitens entsprechen die ergriffenen Maßnahmen zumeist weder in Umfang noch Qualität dem Handlungsbedarf, der sich tatsächlich aus den Befragungsergebnissen ableiten ließe. Das führt dazu, dass viele Mitarbeiter nach einer derartigen Befragung noch unzufriedener sind als vorher, weil die geweckten Erwartungen nicht erfüllt

---

[268] Quelle: Experteninterviews.
[269] Vgl. auch die Kapitel B.1.1.4.11 und C.2.3.8.1.
[270] Die Prozentzahlen sind auf die *gesamte* Stichprobe bezogen.
[271] Korrelation mit dem VAP: r = 0,06 und p = 0,33).

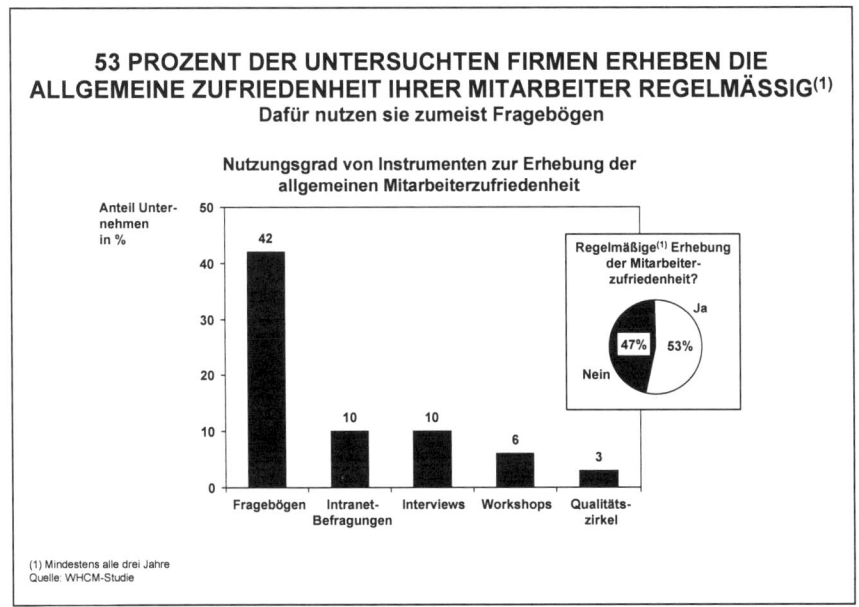

Abbildung 82: *Empirische Ergebnisse zur Durchführung allgemeiner Mitarbeiterbefragungen in den befragten Unternehmen*

wurden. Konsequenz: Es beteiligen sich immer weniger Mitarbeiter an den Befragungen, womit die Aussagekraft und Wirkung dieses Instrumentes immer weiter verloren geht.

Aus diesen Gründen lassen sich folgende Empfehlungen geben:[272] Der Personalbereich sollte möglichst schon im Vorfeld einer Mitarbeiterbefragung abschätzen, in welche *Richtung* deren Ergebnisse gehen könnten und welche Konsequenzen daraus gezogen werden müssten[273]. Diese „Hypothesen" können dann schon vorab mit ausgewählten Entscheidungsträgern besprochen werden, um festzustellen, ob das Management überhaupt bereit ist, den Befragungsergebnissen auch die notwendigen Maßnahmen folgen zu lassen. Tauchen hierbei größere Zweifel auf, sollte mit der Befragung aus den oben genannten Gründen gar nicht erst begonnen werden; es sei denn, es besteht die Wahrscheinlichkeit, die Entscheidungsträger mit den konkreten Untersuchungsbefunden doch noch umstimmen zu können.

Entscheidet man sich letztlich für eine Befragung, sollten bereits frühzeitig die erforderlichen Auswertungskapazitäten sichergestellt und die Abstimmungsprozesse geklärt werden, damit

---

[272] Quelle: Experteninterviews, *The Boston Consulting Group*.
[273] Dies kann z.B. durch Gespräche mit Personalbetreuern geschehen oder mit einzelnen Führungskräften anderer Bereiche, zu denen man eine gute Beziehung hat.

die entsprechenden Ergebnisse möglichst zeitnah (d.h. nicht später als 6 Monate[274]) präsentiert werden können. Der anschließende Prozess, in dem Veränderungsmaßnahmen
beschlossen und durchgeführt werden, sollte ebenfalls möglichst kurz gehalten und mit
Nachdruck verfolgt werden. Denn dadurch kann der Belegschaft glaubwürdiger vermittelt
werden, dass man seitens des Managements tatsächlich daran interessiert ist, die Wünsche
und Bedürfnisse der Mitarbeiter zu berücksichtigen. Gerade bei umfassenderen Maßnahmen
kann es vorteilhaft sein, den entsprechenden Veränderungsprozess transparent zu gestalten
und bereits Zwischenergebnisse zu veröffentlichen. Beispielsweise können die dazugehörigen
Arbeitspläne (zumindest mit den Meilensteinen) mit ihrem regelmäßig aktualisierten Ar-
beitsstand im Intranet oder einem anderen Kommunikationsmedium des Unternehmens
veröffentlicht werden. Zum einen wird hierdurch die Bereitschaft der Prozessbeteiligten
gefördert, die geplanten Maßnahmen zeitgerecht umzusetzen. Zum anderen sind die übrigen
Mitarbeiter jederzeit darüber informiert, wie das Unternehmen auf ihre Anliegen reagiert.
Sofern der Arbeitsfortschritt akzeptabel ist, kann durch so eine Maßnahme Vertrauen geschaffen und die Zufriedenheit der Belegschaft weiter erhöht werden.

Möchte das Management seine Mitarbeiter hingegen nur zu bestimmten Einzelthemen befra-
gen, wie z.B. zur Belastung durch Überstunden, besteht darüber hinaus die Möglichkeit, so
genannte „Puls Checks" durchzuführen. Hierbei handelt es sich um sehr kurze und spezifische
Befragungen, die in relativ hoher Frequenz durchgeführt werden, bis sich das jeweilige
Problem auf ein akzeptables Maß reduziert hat. Elektronische Medien, wie Intranet oder E-
Mail, sind für derartige Befragungen als Kommunikationsweg besonders geeignet, weil die
Erstellung, Verteilung, Rückgabe und Auswertung der Fragenkataloge dort sehr einfach und
schnell erfolgen kann. Beispiel: Wird vermutet, dass die Arbeitsbelastung im Unternehmen zu
hoch ist, können die Mitarbeiter jeden Monat (nur unter Nennung des Abteilungsnamens) zu
ihrem persönlichen Arbeitsaufkommen befragt werden. Durch den unternehmensweiten
Vergleich der Antworten lässt sich dann feststellen, in welchen Bereichen und aus welchen
Gründen besonders viele Überstunden geleistet werden und wie sich dieses auf die
Zufriedenheit der dortigen Mitarbeiter auswirkt. Auf dieser Basis werden anschließend
gezielte Korrekturmaßnahmen eingeleitet und deren Erfolg zeitnah im Rahmen der weiteren
„Puls Checks" überwacht. Die Kurzbefragungen enden, wenn die Zufriedenheit der
Mitarbeiter mit ihrer Arbeitsbelastung wieder auf ein akzeptables Niveau zurückgekehrt ist.
Insgesamt ist dieses Instrument sehr hilfreich, um größere Mitarbeiterbefragungen zu
ergänzen und weist gleichzeitig ein attraktives Kosten-Nutzen-Verhältnis auf.

---

[274] Die Zeit ist natürlich von der Größe des Unternehmens abhängig. Aber wenn der Zeitraum noch viel länger
wird, geht das Interesse der Mitarbeiter schnell verloren. Um dieses zu vermeiden, besteht die Möglichkeit,
zumindest Vorabinformationen über den Auswertungsprozess zu geben, um die Mitarbeiter auf dem
Laufenden zu halten.

Frage 5: Befragung der externen Kunden

In der Stichprobe erhoben 57% der Unternehmen regelmäßig (mindestens alle drei Jahre) die Zufriedenheit ihrer *externen* Kunden, wobei zumeist auch Aspekte abgefragt wurden, die sich direkt auf die eigenen Mitarbeiter bezogen, wie z.B. deren Qualität, Einsatzbereitschaft oder Servicementalität. Als Befragungsinstrumente wurden hierfür am häufigsten Fragebögen (39%[275]), Marktforschungsinstitute (31%) sowie Kundengespräche (28%) verwendet.

Obwohl sich die externe Kundenbefragung nicht als statistisch *signifikanter* Werttreiber des WHCM herausstellte, korrelierte sie doch zumindest positiv mit dem Unternehmenserfolg, was auch durch die Experteninterviews bestätigt wurde.[276] Ein wesentliches Ziel der Personalarbeit ist es ja, die Mitarbeiter so zu qualifizieren und zu motivieren, dass sie die externen Kunden später zufrieden stellen können und damit eine Voraussetzung schaffen, den Unternehmenswert weiter zu steigern. Gleichzeitig erhält das WHCM mit einer externen Kundenbefragung die Möglichkeit, über seinen Mikrokosmos *innerhalb* des Unternehmens hinauszuschauen und direkt mit dem Marktumfeld der Firma in Berührung zu kommen. Dadurch lassen sich erstens wertvolle Informationen darüber sammeln, welche Durchschlagskraft das WHCM auf das externe Geschäftsumfeld hat. Zweitens erhält der Personalbereich unmittelbaren Aufschluss darüber, was die *Markt*teilnehmer von den Mitarbeitern seines Unternehmens verlangen und damit auch vom WHCM. Und drittens werden die Mitarbeiter des Personalbereiches durch den Kontakt zur „Außenwelt" zusätzlich motiviert, weil sie dadurch zu spüren bekommen, dass ihre Arbeit nicht nur betriebsintern Wirkung zeigt, sondern auch „draußen beim Kunden".

Zusammengenommen spricht also Vieles dafür, im Rahmen des WHCM auch externe Kundenbefragungen durchzuführen, auch wenn der entsprechende Wertbeitrag hier statistisch nicht eindeutig nachgewiesen werden konnte.

Frage 6: Erfolgsbeitrag des Personalcontrollings

Bis hierher wurden bereits mehrere Einzelwerttreiber des WHCM aus dem Bereich des Personalcontrollings identifiziert. Bezogen auf die gesamte Werttreibergruppe „Controlling der Personalarbeit" konnte darüber hinaus ebenfalls eine signifikante Korrelation mit dem VAP gemessen werden, mit $r = 0,23$ ($p = 0,04$). Im Vergleich zu den anderen Werttreibergruppen fiel diese Korrelation zwar etwas niedriger aus. Doch mag das damit zusammenhängen, dass andere Praktiken, wie Training oder Vergütung, direkter auf die Fähigkeiten und Motivation der Mitarbeiter Einfluss nehmen als das Controlling. Auf der anderen Seite wurde jedoch in den Experteninterviews sehr oft der Satz zitiert: „Nur was gemessen wird, wird auch umgesetzt." Dass diese Aussage zumindest vom Grundsatz her zutrifft, bestätigen auch

---

[275] Prozentzahl auf die *gesamte* Stichprobe bezogen.
[276] Korrelation mit dem VAP: $r = 0,12$ ($p = 0,19$).

andere Ergebnisse der WHCM-Studie, wie z.B. die Erkenntnisse zur Evaluation von
Trainingsmaßnahmen oder zur Einschätzung der Wertorientierung in der eigenen Personalarbeit. Daher sollte auf das Personalcontrolling ebenso viel Wert gelegt werden wie auf die
anderen Werttreibergruppen auch.

2.3.8   Werttreibergruppe „Rahmenbedingungen: Unternehmenskultur und Führungsstil"[277]

Die Rahmenbedingungen „Unternehmenskultur und Führungsstil" stellen zusammen eine sehr
bedeutende Werttreibergruppe dar, was sich auch in ihrer höchst signifikanten Korrelation mit
dem VAP widerspiegelte: r = 0,44 und p < 0,001. Indem auch diese Rahmenbedingungen im
WHCM-Modell berücksichtigt wurden, konnte erstmalig gezeigt werden, welches *relative*
Gewicht diesen Werttreibern im Vergleich zu den anderen Praktiken des originären WHCM-
Prozesses zukommt, wie Rekrutierung, Training oder Karrieremanagement. Die entsprechenden Einzelergebnisse werden in den beiden folgenden Unterkapiteln noch detaillierter
dargestellt.

2.3.8.1   Unternehmenskultur

Fragen aus Kapitel B.1.1.4.11:

1.   Welchen Einfluss hat die Kultur eines Unternehmens auf seinen finanziellen Erfolg?

2.   Wodurch zeichnen sich die Kulturen erfolgreicher Unternehmen aus?

3.   Wie groß sind in den Kulturen erfolgreicher Unternehmen die Konflikte zwischen den
      Interessen der Geschäftsleitung und denen der Mitarbeiter?

Frage 1: Einfluss der Unternehmenskultur auf den finanziellen Erfolg

Eine erste Indikation, wie wichtig die Unternehmenskultur für den Unternehmenserfolg sein
könnte, stellte das Ergebnis aus Kapitel C.2.3.3.4 dar: Für bedeutende Leistungsträger ist die
Unternehmenskultur nach dem eigenen Verantwortungsspielraum das zweitwichtigste Kriterium, um in ihrer Firma zu verbleiben.

Um die Richtigkeit dieser Hypothese noch genauer zu überprüfen, wurde untersucht, welche
Charakteristika einer Unternehmenskultur besonders hoch mit der Wertschaffung korrelierten
und ob sich daraus insgesamt ein signifikanter Zusammenhang mit dem VAP ableiten ließe.
Das Ergebnis: Die Kultur eines Unternehmens ist ein hoch signifikanter Werttreiber des
WHCM mit einer Korrelation zum VAP von r = 0,31 (p = 0,009).

---

[277] Vgl. auch Abbildung 54.

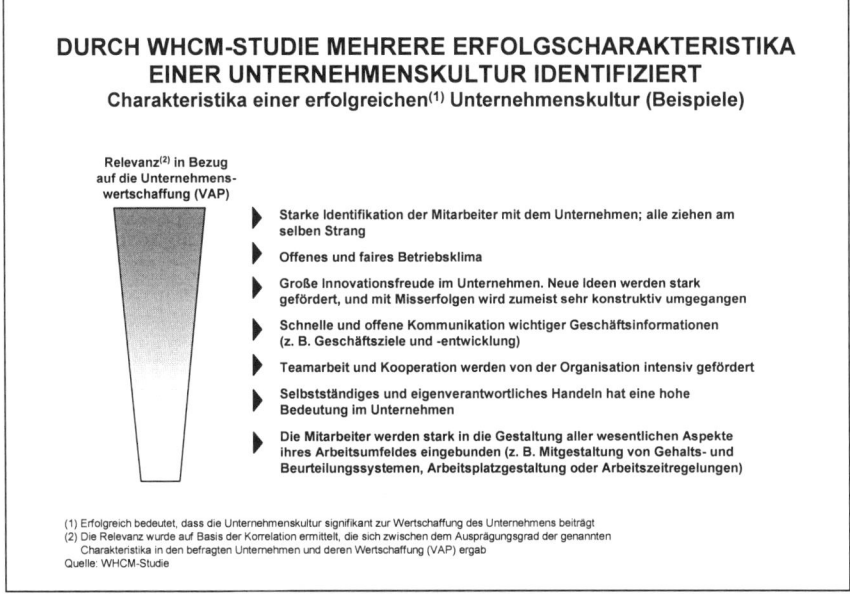

DURCH WHCM-STUDIE MEHRERE ERFOLGSCHARAKTERISTIKA EINER UNTERNEHMENSKULTUR IDENTIFIZIERT
Charakteristika einer erfolgreichen[1] Unternehmenskultur (Beispiele)

Relevanz[2] in Bezug auf die Unternehmenswertschaffung (VAP)

▸ Starke Identifikation der Mitarbeiter mit dem Unternehmen; alle ziehen am selben Strang

▸ Offenes und faires Betriebsklima

▸ Große Innovationsfreude im Unternehmen. Neue Ideen werden stark gefördert, und mit Misserfolgen wird zumeist sehr konstruktiv umgegangen

▸ Schnelle und offene Kommunikation wichtiger Geschäftsinformationen (z. B. Geschäftsziele und -entwicklung)

▸ Teamarbeit und Kooperation werden von der Organisation intensiv gefördert

▸ Selbstständiges und eigenverantwortliches Handeln hat eine hohe Bedeutung im Unternehmen

▸ Die Mitarbeiter werden stark in die Gestaltung aller wesentlichen Aspekte ihres Arbeitsumfeldes eingebunden (z. B. Mitgestaltung von Gehalts- und Beurteilungssystemen, Arbeitsplatzgestaltung oder Arbeitszeitregelungen)

(1) Erfolgreich bedeutet, dass die Unternehmenskultur signifikant zur Wertschaffung des Unternehmens beiträgt
(2) Die Relevanz wurde auf Basis der Korrelation ermittelt, die sich zwischen dem Ausprägungsgrad der genannten Charakteristika in den befragten Unternehmen und deren Wertschaffung (VAP) ergab
Quelle: WHCM-Studie

Abbildung 83: Empirische Ergebnisse zu den Charakteristika einer erfolgreichen Unternehmenskultur im Sinne des WHCM

Frage 2: Charakteristika einer erfolgreichen Unternehmenskultur

Im Rahmen der WHCM-Studie konnten bestimmte Eigenschaften bzw. Merkmale der Unternehmenskultur herausgefiltert werden, die sehr nachhaltig zur Wertschaffung ihres Unternehmens beitrugen. Aufgrund der Komplexität und Vielschichtigkeit einer Firmenkultur kann es sich hierbei natürlich nur um einen Ausschnitt aus dem Gesamtspektrum aller Einflussfaktoren handeln. Aber zumindest bieten diese Stellgrößen bereits wertvolle Ansatzpunkte, wie eine Unternehmenskultur wertorientierter ausgerichtet werden kann. Darüber hinaus zeigt die Hebelwirkung der identifizierten Einzelwerttreiber, was für ein großes Wertschaffungspotenzial mit der Optimierung der Unternehmenskultur verbunden ist.

In Abbildung 83 sind die wichtigsten (in der WHCM-Studie untersuchten) Charakteristika einer erfolgreichen Unternehmenskultur in der Reihenfolge ihres potenziellen Wertbeitrages dargestellt. Für die ersten vier Merkmale fielen die statistischen Ergebnisse besonders deutlich aus: Identifikation mit dem Unternehmen („Wir-Gefühl"), offener und fairer Umgang miteinander, Innovationsfreude und Kommunikation.

Unter Verweis auf die Kapitel B.1.1.4.11 und B.4.4.2.8 wird hier auf die genannten Faktoren und die Art und Weise, wie eine Unternehmenskultur erfasst und verändert werden kann, nicht noch einmal ausführlich eingegangen. Jedoch mag das folgende Beispiel zum Thema

„Innovationsfreudigkeit" verdeutlichen, wie einfach sich die Unternehmenskultur in einigen Fällen beeinflussen lässt und was für enorme Ertragspotenziale damit verbunden sein können.

So schilderte einer der befragten Praxisexperten: Als seine Firma erkannte, in ihrem angestammten Markt, der eng und obendrein heiß umkämpft war, keine größeren Anteile mehr gewinnen zu können, stellte es seinen Verkaufsleitern – wie eigenständigen Unternehmern – so genanntes „Risiko-Kapital" zur Verfügung. Diese Gelder waren vorwiegend dafür bestimmt, neue ertragreiche Markt*nischen* zu finden und diese zu erschließen. Im Gegensatz zu anderen Investitionsmitteln waren mit diesem „Risiko-Kapital" drei entscheidende Vorteile verbunden: Erstens konnten die Verkaufsleiter relativ eigenverantwortlich darüber entscheiden, *wie* sie diese Mittel einsetzen wollten. Zweitens wurde den Verkaufsleitern eine längere Periode zugestanden, in der sich dieses Kapital zu rentieren hätte. Und drittens ging die Geschäftsleitung von vornherein davon aus, dass sich überhaupt nur ein kleiner Teil der „Risiko-Investments" bezahlt machen würde – dafür aber in einem Umfang, der die übrigen Verluste überstiege. Resultat: Das Unternehmen konnte mehrere neue und äußerst profitable Marktnischen für sich erschließen und damit seine gesamte Wettbewerbsposition signifikant verbessern. Denn viele Wettbewerber hatten das Risiko gescheut, überhaupt in diese Geschäftsbereiche vorzudringen und später nachzuziehen, wäre für sie nur mit einem ungerechtfertigt hohen Aufwand möglich gewesen.[278]

So wie dieses, gab es im Rahmen der Experteninterviews noch viele weitere Beispiele, in denen die Unternehmenskultur mit relativ einfachen Mitteln verändert wurde. Ganz entscheidend ist in diesen Fällen jedoch immer gewesen: Das Top-Management besaß eine *Vision*, wie die Kultur im eigenen Unternehmen aussehen sollte und bewies den Mut und den Willen, diese auch umzusetzen und selber vorzuleben. Die dahinter stehende Kausalkette zum Unternehmenserfolg beschreiben *Kotter* und *Heskett* wie in Abbildung 84 dargestellt: Mit seiner Vision beeinflusst das Top-Management das *Verhalten* der Organisation. Daraus gehen bestimmte Ergebnisse hervor, die schließlich die Unternehmenskultur verändern. Zugleich weisen *Kotter* und *Heskett* aber auch auf die Gefahren hin, die auftreten können, wenn sich eine Unternehmenskultur nicht mehr schnell genug an die Veränderungen des externen Marktumfeldes anzupassen vermag. In diesem Falle kann sich die Unternehmenskultur leicht zu einem Wert*vernichter* entwickeln, weil sie beginnt, die Geschäftsprozesse zu lähmen und damit die Erfolgschancen des Unternehmens reduziert (vgl. ebenfalls Abbildung 84).

Schließlich wurde im Zusammenhang mit der Unternehmenskultur noch die Frage aus Kapitel C.2.3.3.5 untersucht, wie wichtig die *allgemeine* Arbeitsplatzsicherheit für den Unternehmenserfolg sei? Übereinstimmend mit der Motivationstheorie von *Herzberg*[279] konnte nur eine sehr geringe positive Korrelation[280] zwischen der (allgemeinen) Arbeitsplatzsicherheit in

---

[278] Quelle: Experteninterview.
[279] Vgl. Kapitel B.1.1.4.6.
[280] $r = 0,08$ ($p = 0,27$)

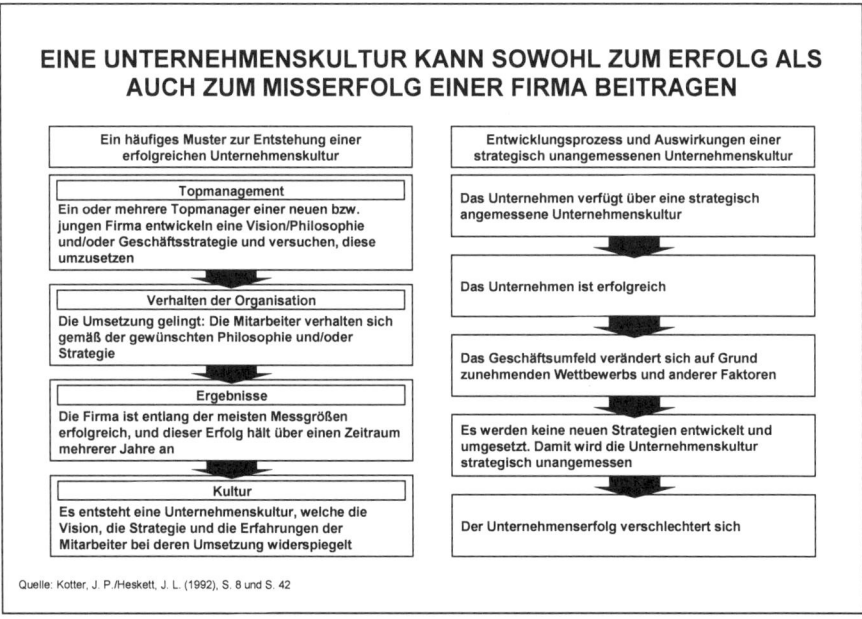

Abbildung 84: Wirkungsweisen einer Unternehmenskultur auf den Firmenerfolg

den befragten Unternehmen und deren Wertschaffung gemessen werden. Denn es scheint sich hierbei für die Mitarbeiter nur um einen Hygienefaktor zu handeln. In den Experteninterviews konnte diese Aussage auch qualitativ bestätigt werden. Allerdings zeichneten sich die erfolgreicheren Firmen dadurch aus, dass sie eine Freisetzung von Mitarbeitern zumeist als „Ultima Ratio" – also den letzten Ausweg – begriffen und damit zumindest ein positives Signal an die verbliebenen Mitarbeiter sendeten. Wenn eine Trennung aber unter Berücksichtigung aller Umstände notwendig erschien, dann wurde sie auch in diesen Unternehmen vorgenommen – jedoch in einer Art und Weise, die für *beide* Seiten annehmbar erschien (z.B. durch eine relativ hohe Abfindung sowie eine Outplacement-Betreuung[281]).

Frage 3: Verhältnis zwischen Geschäftsleitung und Mitarbeitern

Diese Frage wurde im Rahmen der WHCM-Studie nicht statistisch analysiert, sondern auf Basis von Informationen aus den Experteninterviews untersucht. Dabei konnte beobachtet werden[282]: In finanziell und personalpolitisch erfolgreichen Unternehmen wurde *aktiv*

---

[281] Vgl. auch Kapitel B.1.1.4.10.

[282] Diese Aussage wird auch durch Ergebnisse der Cranfield-Studie zur Veränderung der Zusammenarbeit mit dem Betriebsrat bestätigt (bezogen auf den Zeitraum von 1992-1995): Besseres Verhältnis: 32%, (Fortsetzung nächste Seite)

versucht, die historisch bestehenden Barrieren zwischen der Geschäftsleitung und den Mitarbeitern bzw. ihren Vertretern (Betriebsrat) immer weiter abzubauen. Denn man war dort vermehrt zu der Einsicht gelangt, die ehrgeizigen Geschäftsziele – wie in einer Sportmannschaft – nur *gemeinsam* erreichen zu können; und nur wenn man die Geschäftsziele erreiche, könne man auch langfristig (gemeinsam) fortbestehen. Vor diesem Hintergrund wurde der Betriebsrat in diesen Unternehmen häufig sehr eng in die Entscheidungsprozesse der Geschäftsleitung eingebunden. Während man früher vielleicht noch versucht hatte, die Arbeitnehmervertreter möglichst „dumm" zu halten und so wenig wie möglich zu informieren, wurde in den letzten Jahren eher das Gegenteil praktiziert, indem man auf die Fortbildung, Information und letztlich auch Meinung der Betriebsräte viel mehr Wert legte. Dadurch entstand ein vertrauensvolleres Verhältnis zwischen beiden Parteien und sinnlose Auseinandersetzungen wurden zunehmend vermieden. Im Endeffekt sparten die Führungskräfte hierdurch sehr viel kostbare Zeit und Energie, die sie anderweitig gewinnbringender im *externen* Wettbewerb einsetzen konnten und damit zum Wohle *aller* Interessengruppen beitrugen.

Das „5.000 mal 5.000"-Pilotprojekt des *Volkswagen*-Konzerns zum Bau eines neuen Golf-Minivans ist ein positives Beispiel für diese Philosophie aus der jüngeren Geschichte. Die Grundidee dieses Projektes: Es werden 5.000 neue Mitarbeiter zum Monatslohn von 5.000 D-Mark eingestellt. Das Neue an diesem Modell bestand u.a. darin, dass der Verdienst *unter* dem bestehenden Tarifniveau lag und die Arbeitszeit wesentlich flexibler geregelt werden sollte, als ursprünglich zwischen den Tarifparteien vereinbart. Für diese „Zugeständnisse" der Arbeitnehmerseite bot die Konzernführung jedoch an, a) den Minivan in Deutschland zu fertigen, b) vorwiegend Mitarbeiter einzustellen, die vorher *arbeitslos* waren und c) den Mitarbeitern mehr Autonomie im Produktionsprozess zu gewähren. Unter dem Strich gewannen dadurch beide Seiten („win-win") und darüber hinaus der Standort Deutschland. Ein Beispiel, das Schule machen sollte.[283]

2.3.8.2 Führungsstil

Fragen aus Kapitel B.1.1.4.12:

1. Welchen Einfluss hat die Art der Personalführung auf den Unternehmenserfolg?

2. Durch welche Eigenschaften zeichnet sich ein erfolgreicher Führungsstil aus?

---

unverändertes Verhältnis: 56% und schlechteres Verhältnis: nur 8% (die fehlenden 4% der Unternehmen hatten keinen Betriebsrat); vgl. *Weber, W./Kabst, J.* (1995), S. 37.
[283] Vgl. *Müller, P.* (2001), S. 19; *Lamparter, D.H.* (2001), S. 15.

Fragen 1 und 2: Einfluss der Führungscharakteristika auf den Unternehmenserfolg

Wie in Kapitel C.2.3.1 bereits kurz erwähnt, verkörperte die Qualität des Führungsstils innerhalb des WHCM-Modells statistisch den zweitstärksten Einzelwerttreiber. Ihre Korrelation mit dem VAP betrug dabei: r = 0,45 (p < 0,001). Unter dem Vorbehalt, dass die Effektivität von Führungsstilen in der Praxis eher personen- und situationsspezifisch zu bewerten ist,[284] wurde untersucht, ob es nicht dennoch bestimmte Faktoren gäbe, durch die sich die Personalführung in (finanziell) erfolgreichen Unternehmen besonders auszeichnet. Damit war die Annahme verbunden: Die Führungscharakteristika erfolgreicher Unternehmen müssen zwar nicht in jedem Personenkreis und in jeder Situation gleich effektiv sein. Wenn sie aber vom Prinzip her berücksichtigt werden, ist die zumindest Gesamt*wahrscheinlichkeit* am höchsten, das Wertschaffungspotenzial der Personalführung in einer Organisation optimal ausschöpfen zu können. Vor diesem Hintergrund ist auch die Rangfolge der „Erfolgsfaktoren" in der Personalführung zu interpretieren, die in Abbildung 85 wiedergegeben ist.[285]

An erster Stelle steht eine Führungskultur, in der die Mitarbeiter durch *positive* Herausforderungen motiviert werden. Dies kann beispielsweise geschehen, indem man ihnen

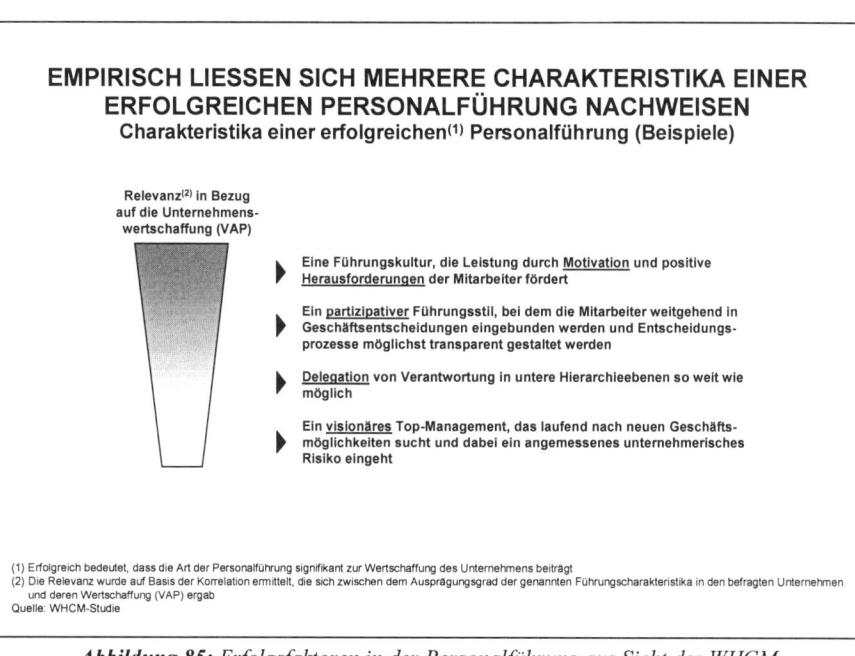

Abbildung 85: Erfolgsfaktoren in der Personalführung aus Sicht des WHCM

---

[284] Vgl. Kapitel B.1.1.4.12.
[285] Vgl. hierzu auch die Ausführungen und Literaturhinweise in den Kapiteln B.1.1.4.12 und B.4.4.2.8.

anspruchsvollere, aber dafür auch interessantere Aufgaben überträgt, in denen sie sowohl vorhandene als auch neu zu erwerbende (attraktive) Fähigkeiten einsetzen müssen. Durch eine derartige Führung können nicht nur die Ziele des Unternehmens schneller erreicht werden, sondern die Mitarbeiter erhalten auch die Möglichkeit, sich selber weiterzuentwickeln und dadurch auch ihre eigenen Bedürfnisse zu befriedigen („win-win"). Das Gegenstück dazu wäre eine Führung, die nur deshalb Leistung „produziert", weil die Mitarbeiter negative Konsequenzen *vermeiden* wollen (z.B. eine Kündigung).

Ein *partizipativer* Führungsstil, der die Mitarbeiter (den Umständen entsprechend) möglichst eng in wichtige Geschäftsentscheidungen mit einbezieht – insbesondere, wenn sie selber von den Ergebnissen betroffen sind, liegt auf Position zwei (siehe hierzu auch Kapitel C.2.3.1). An dritter Stelle folgt die Philosophie, ein hohes Maß an Verantwortung in untere Hierarchieebene zu *delegieren*. Hierzu passen auch die Ergebnisse aus Kapitel C.2.3.3.4 zu den Faktoren, die für große Leistungsträger ausschlaggebend sind, nicht in ein anderes Unternehmen zu wechseln: Hohe Entscheidungskompetenz stand dort nämlich an erster Stelle. Die Frage, ob damit auch Implikationen für die Organisationsstruktur eines Unternehmens verbunden sind, kann hier nicht abschließend beantwortet werden. Es ist jedoch auf Basis der hier vorliegenden Ergebnisse zu *vermuten*, dass „dezentral" geführte Unternehmen, die unteren Hierarchieebenen möglichst viel Handlungsfreiheit einräumen, tendenziell erfolgreicher operieren dürften, als solche, in denen alle wichtigeren Entscheidungen grundsätzlich von der Geschäftsleitung bzw. der Unternehmenszentrale getroffen werden. Zur Untermauerung dieser These wären allerdings noch weitere organisationsspezifische Analysen notwendig gewesen, die jedoch den Rahmen dieser Arbeit überstiegen hätten.

Die Mitarbeiter möglichst „*visionär*" zu führen, steht in der Tabelle schließlich an Platz vier (vgl. hierzu auch die Ausführungen in Kapitel B.4.4.2.8). Hierzu gehört einerseits, als Führungskraft eine klare Vorstellung davon zu besitzen, wie der eigene Verantwortungsbereich bzw. das Unternehmen in der Zukunft strategisch positioniert und aufgestellt sein sollte. Andererseits ist damit aber auch der Mut und die Fähigkeit verbunden, *langfristige* Entscheidungen zur Realisierung dieser Vision zu treffen, diese betriebsintern und ggf. -extern nachhaltig zu vertreten und gleichzeitig das damit möglicherweise einhergehende Geschäftsrisiko auf sich zu nehmen – alles „klassische" Unternehmertugenden, die heutzutage (gerade in großen Unternehmen) etwas in den Hintergrund getreten zu sein scheinen.[286]

Viel wichtiger als die Reihenfolge dieser Führungscharakteristika ist jedoch, *dass* jedes von ihnen einen signifikanten Einfluss auf den Unternehmenswert ausübt. Deshalb sollten in der Praxis nicht nur einzelne Faktoren herausgegriffen, sondern alle vier als „Gesamtpaket" betrachtet werden. Denn nur so können die Synergien optimal genutzt werden, die nicht nur zwischen einzelnen Praktiken des WHCM bestehen (vgl. Kapitel C.2.3.6.2), sondern auch zwischen verschiedenen Führungsmerkmalen.

---

[286] Quelle: Experteninterviews.

Welche konkreten Empfehlungen lassen sich nun auf Basis dieser Ergebnisse zur Gestaltung des Führungsstils und damit indirekt auch zur Unternehmenskultur geben? In den Experteninterviews wurden hierzu folgende Anregungen gegeben:

- Das Führungspotenzial und die Führungsqualifikation bereits stärker bei der Einstellung und Beförderung von Mitarbeitern zu berücksichtigen (vgl. auch Frage 1 aus Kapitel B.1.1.5.2).

- Aufwärtsbeurteilungen einzuführen (sofern noch nicht vorhanden) und die Belegschaft regelmäßig nach der Zufriedenheit mit der Führungskultur zu befragen, um eventuelle Defizite frühzeitig zu erkennen und gezielt beseitigen zu können.

- Verstärkt Führungstrainings und Coachingmöglichkeiten anzubieten, um die Führungsqualität der entsprechenden Mitarbeiter noch zu verbessern.

- Vor allem den Führungskräften, aber auch anderen qualifizierten Fachkräften, noch mehr Entscheidungs- und Handlungsfreiräume zu geben (Management by Objectives) – diese allerdings mit geeigneten Erfolgskontrollen und Incentivesystemen zu verbinden.

- Hierarchie- und Kommunikationsstrukturen voneinander trennen, so dass jeder mit jedem im Unternehmen sprechen kann, ohne dabei durch seine eigene Position in der Organisation bzw. die seines Gegenübers limitiert zu sein.

- Wichtige Geschäftsinformationen und -entscheidungen noch umfangreicher und nachvollziehbarer zu kommunizieren, z.B. durch regelmäßige Informationsveranstaltungen, Business-TV oder die Nutzung einer Intranet-Plattform.[287]

- Das Teambuilding noch aktiver zu stärken, z.B. durch spezielle Team-Trainings, Teambuilding-Events (z.B. in „Survival-Camps") oder gemeinsame Feiern.

- Unangemessene Statussymbole der Führungskräfte (sofern vorhanden) abzubauen, wie z.B. eine „Vorstandskantine" oder Richtlinien, nach denen die Bürogröße und -ausstattung je nach Organisationsrang zugeteilt wird.

- Und schließlich die räumliche Gestaltung der Büroflächen an die Kommunikationsbedürfnisse des Unternehmens anzupassen, insbesondere was den Kontakt zu den Führungskräften anbelangt.

Neben diesen Empfehlungen sollte jedoch vor allem Wert auf die *Authentizität* des Führungsverhaltens gelegt werden. Denn eine effektive Führung besteht nicht nur aus bestimmten Grundsätzen und organisatorischen Maßnahmen, sondern in erster Linie aus einem guten Vorbild der Vorgesetzten, wie von den befragten Praxisexperten einhellig bestätigt wurde.

---

[287] In einem der befragten Unternehmen stellten z.B. alle Mitarbeiter, auch die Führungskräfte, ihre Ziele und den dazugehörigen Zielerreichungsgrad in das firmenweite Intranet ein. So verfügte jeder über die Möglichkeit, die Maßgaben seiner Arbeitskollegen nachzulesen und sich darauf gezielt einzustellen.

Mit diesem Kapitel zu den Rahmenbedingungen des WHCM schließen nun die Ausführungen zu den Einzelwerttreibern. Und im nächsten Kapitel wird der Frage nachgegangen, ob in der Praxis bestimmte Werttreiber*kombinationen* bzw. Entwicklungs*muster* der Personalarbeit existieren, mit denen ein Unternehmen besonders hohen Wert schaffen kann.

2.4 Unternehmensinterne Entwicklungsmuster des WHCM

Bis zu diesem Punkt der Arbeit wurden die Zusammenhänge zwischen dem WHCM und der internen bzw. externen Wertschaffung eines Unternehmens nachgewiesen sowie einzelne Werttreiber und Werttreibergruppen identifiziert. Dabei wurde jedoch vorwiegend eine *statische* Betrachtungsweise eingenommen. In diesem Kapitel werden dagegen zwei Fragen untersucht, die eher auf die *Dynamik* des WHCM abzielen:

1. Welche Rolle spielt das WHCM in der Anfangsphase eines Unternehmens?

2. Gibt es *einen* optimalen Werttreibermix und *einen* optimalen Entwicklungsprozess für das WHCM, oder kann die Wertschaffung der Personalarbeit durch unterschiedliche Werttreiberkombinationen/-gewichtungen und auf unterschiedlichen Entwicklungspfaden maximiert werden?

Mit diesen Fragen waren mehrere Zielsetzungen verbunden:

*   Zusätzliche Belege für die Kausalhypothese zu finden, dass die Wertschaffung primär durch das WHCM beeinflusst wird – und nicht umgekehrt (Frage 1).

*   Noch einmal zu hinterfragen, ob ein formaler Personalbereich in der Praxis tatsächlich für den Unternehmenserfolg relevant ist (Frage 1).

*   Und die Aussagekraft des Human Capital Valuation Indexes noch detaillierter zu überprüfen. Denn ein bestimmter Indexwert könnte ja *theoretisch* durch unendlich viele Werttreiberkombinationen und -ausprägungen dargestellt werden. Daher galt es herauszufinden, ob dies auch in der *Praxis* so ist, oder ob sich bestimmte Entwicklungs*muster* erkennen lassen, die besonders erfolgreich sind (Frage 2).

Frage 1: Zur Rolle des WHCM in der Anfangsphase eines Unternehmens

Spielt das WHCM bereits in der Anfangsphase eines Unternehmens eine entscheidende Rolle für den finanziellen Erfolg, oder entwickelt es sich erst später, wenn ein Unternehmen ausreichende Renditen erzielt? Das war die wesentliche Frage, die es hier zu klären galt.

Weil die personalbezogenen Daten in der WHCM-Studie zeit*punkt*bezogen erhoben worden waren, bestand keine Möglichkeit, einen statistischen Perioden*vergleich* vorzunehmen, der etwas über die Entwicklung des WHCM hätte aussagen können. Zudem war die Stichprobe auf Unternehmen beschränkt, die mehr als 500 Mitarbeiter beschäftigten, und enthielt daher keine Unternehmen, die sich in der Gründungs- bzw. Anfangsphase befanden. Die entsprechenden Informationen wurden daher zum einen aus Interviews mit erfolgreichen jungen und etwas älteren Start-up-Unternehmen gewonnen und zum anderen durch Gespräche mit etablierteren Unternehmen, in denen die Unternehmensentwicklung bzw. die Entwicklung des WHCM *rückblickend* analysiert werden konnte.

Im Ergebnis ergab sich eine zweigeteilte Antwort auf die obige Ausgangsfragestellung: Auf der einen Seite hat die Personal*arbeit* bei den befragten Unternehmen schon von Anfang an eine sehr wichtige Rolle gespielt. In der Boomphase der „New Economy" bis zum Frühjahr 2000 bestand einer der entscheidensten Engpässe und zugleich Erfolgsfaktoren der Start-ups nicht in der Höhe des *Finanz*kapitals, sondern in der verfügbaren Menge und Qualität an *Human*kapital. Auch heute ist dies oft noch der Fall, allerdings in abgeschwächterer Form. Auf der anderen Seite deckten diese jungen Firmen im Rahmen ihrer Personal*arbeit* nur einen ganz bestimmten Teil des WHCM ab, nämlichen vor allem die wichtigen *Basis*-Werttreiber (siehe Abbildung 59): „Wertschätzung der Mitarbeiter", „Führungsstil" und „Übernahme von Personalverantwortung durch die Führungskräfte" – mit den entsprechenden Auswirkungen auf die Unternehmenskultur. Die *Prozess*-Werttreiber der Personalarbeit, wie Personalplanung, Training oder Karrieremanagement, waren dagegen weitaus weniger entwickelt – Tätigkeiten, die in größeren Unternehmen vom Personal*bereich* wahrgenommen werden. In der Anfangsphase bestand für diese Start-ups daher auch gar keine Notwendigkeit, einen eigenen Personal*bereich* aufzubauen, weil die stärksten Werthebel des WHCM ohnehin bereits von den Führungskräften „praktiziert" und gesteuert wurden. Schlussfolgerung: In erfolgreichen Unternehmen scheinen die elementaren und entscheidenden Grundpfeiler der Personal*arbeit* schon in der Anfangszeit vorhanden zu sein. Der systematische Auf- und Ausbau des WHCM in Form eines eigenen Personal*bereiches* erfolgt dagegen erst später – in der Regel ab einer Größe von 100 bis 500 Mitarbeitern.

Kann daraus geschlossen werden, auch in größeren Unternehmen müsse ein Personalbereich nicht unbedingt aufgebaut werden? Nein. Denn zum einen kann von den Führungskräften bzw. Fachkräften anderer Bereiche nicht das gesamte Spektrum des WHCM in der Form abgedeckt werden, wie sie in den vorherigen Kapitel beschrieben wurde. Und zum anderen schafft ein gesonderter Personalbereich ab einer bestimmten Unternehmensgröße auch einen eigenen *Mehr*wert für das Unternehmen, indem die Führungskräfte entlastet, eigenes Knowhow aufgebaut und die vorher nicht vorhandenen Werthebel der Personalarbeit aktiviert werden.

Zusammenfassung: Die wichtigen *Basis*-Werttreiber der Personalarbeit, „Wertschätzung der Mitarbeiter", „Führungsstil", „Personalverantwortung der Führungskräfte" und „Unternehmenskultur" gehören bereits in der Anfangsphase zu den wichtigsten Erfolgsfaktoren eines Unternehmens. Die *Prozess*-Werttreiber, wie formales Training, Karrieremanagement oder Personalcontrolling, etablieren sich dagegen in der Regel erst in einer späteren Phase der Unternehmensentwicklung und damit auch der Personalbereich. Zur langfristigen Sicherung und zum Ausbau des Unternehmenserfolges sind die *Prozess*-Werttreiber und ein eigener Personalbereich aber ebenfalls unerlässlich. Mit diesem Ergebnis wird zugleich ein weiterer Beleg dafür erbracht, dass der primäre Ursprung des Zusammenhangs zwischen dem WHCM und der Wertschaffung in der Personalarbeit liegt und nicht im Unternehmenserfolg.

Frage 2: Kombination der Werttreiber

Aufgrund des gewählten Designs der WHCM-Studie war die Frage nach der oder den optimalen Werttreiberkombination(en) nur schwer eindeutig zu beantworten. Es bestand aber die Möglichkeit, sich dieser Frage zumindest *explorativ* zu nähern. Dazu wurde mit Hilfe clusteranalytischer Verfahren[288] untersucht, ob und ggf. welche Gruppen von Unternehmen identifiziert werden könnten, deren Personalarbeit sich bezogen auf die sieben Werttreibergruppen des WHCM ähneln. Diese Vorgehensweise stützte sich auf Empfehlungen von *Ketchen* und *Shook*[289] sowie Studien von *Becker* und *Huselid*[290] im Rahmen der HPWS-Forschung.

Nachdem verschiedene Cluster-Methoden getestet worden waren, ergab die Analyse mit Hilfe des *Ward-Linkage-Verfahrens*[291] das aussagekräftigste und genaueste Ergebnis. Hierbei wurden drei signifikant unterschiedliche Unternehmens-Cluster identifiziert. Wie in der Abbildung 86 zu sehen, bestätigten diese Ergebnisse zwei Schlussfolgerungen aus Kapitel C.2.3.6.2: Erstens, der „Internal Fit" der Personalarbeit stellt einen wichtigen Werttreiber des WHCM dar. Und zweitens, es ist effektiver, die verschiedenen Werttreibergruppen der Personalarbeit parallel zu entwickeln – sofern bereits ein Personalbereich besteht[292] –, als sich nur auf einzelne Werttreiber (wie z.B. das Incentivesystem) zu konzentrieren und diese isoliert auszubauen. Hierauf deutete zum einen die *lineare* Anordnung der Cluster hin[293], zum anderen aber auch das *homogene* Ranking der Cluster entlang der sieben Werttreibergruppen.

---

[288] Die Clusteranalyse ist ein heuristisches Verfahren, mit dem Objekte einer Objektmenge systematisch klassifiziert werden können. Ziel ist dabei, bestimmte Objektgruppen (Cluster) zu bilden, die innerhalb möglichst *homogen* und zwischen den Gruppen möglichst *heterogen* sind (vgl. Bortz, J. (1999), S. 547). Unter Verweis auf die folgende Literatur, soll die Methode hier ansonsten als bekannt vorausgesetzt werden. Vgl. zur Übersicht z.B. *Bortz, J.* (1999), S. 547-566, *Milligan, G.W.* (1981), S. 379-407 oder *Blashfield, R.K./Aldenderfer, M.S.* (1978), S. 271-295. Zur Vertiefung siehe u.a. *Tryon, R.C.* (1939), *Ward, J.H.* (1963), S. 236-244 und *Johnson, S.C.* (1967), S. 241-254. Für die Anwendung mit dem Softwarepaket SPSS vgl. u.a. *Bühl, A./Zöfel, P.* (2000), S. 434-462.

[289] Vgl. *Ketchen Jr., D.J./Shook, C.L.* (1996), S. 441-458.

[290] Vgl. *Becker, B.E./Huselid, M.A.* (1998b), S. 8-15.

[291] Vgl. *Bortz, J.* (1999), S. 557-560. Hinweis: Das *Ward-Linkage-Verfahren* ist in der Betriebswirtschaft die gebräuchlichste Methode der Clusteranalyse.

[292] Diese Schlussfolgerung kann aus Abbildung 86 nicht direkt abgelesen werden, zeigt sich aber, wenn man mit größeren Clusterzahlen arbeitet (die hier nicht abgebildet sind).

[293] Mit Hilfe einer Regressionsanalyse wurde der Zusammenhang zwischen der Clusterzugehörigkeit und der Wertschaffung auch statistisch bestätigt. Das korrigierte R-Quadrat der multiplen (die Kontrollvariablen wurden ebenfalls berücksichtigt) linearen Regression betrug r = 0,52 mit einem Signifikanzniveau aller Cluster von p < 0,02).

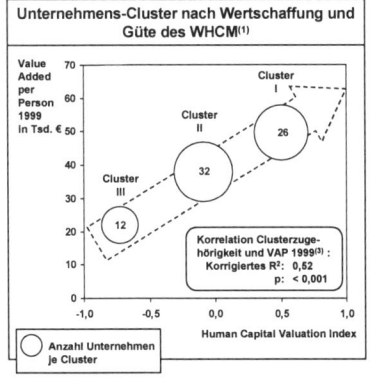

CLUSTERANALYSE: VORTEILHAFT IST, WERTTREIBERGRUPPEN SCHRITTWEISE UND PARALLEL ZU ENTWICKELN
Fokussierte Optimierungen in Teilbereiche dagegen weniger sinnvoll

Unternehmens-Cluster nach Wertschaffung und Güte des WHCM[1]

Ranking[2] der Cluster entlang den sieben Werttreibergruppen des WHCM

Werttreibergruppen	Cluster I	Cluster II	Cluster III
1. Stellenwert Personalarbeit und Personalbereich	1	3	2
2. Fähigkeiten der Mitarbeiter	1	2	3
3. Motivation der Mitarbeiter	1	2	3
4. Verantwortlichkeiten und Koordination der Personalarbeit	1	2	3
5. Strategische Ausrichtung und Koordination der Personalarbeit	1	2	3
6. Controlling des Erfolgs der Personalarbeit	1	2	3
7. Rahmenbedingungen: Unternehmenskultur und Führungsstil	1	2	3

Korrelation Clusterzugehörigkeit und VAP 1999[3] :
Korrigiertes R²: 0,62
p: < 0,001

(1) Kriterien für die Clusterung: Die Güte der Personalarbeit in den sieben Werttreibergruppen des WHCM
(2) Rankingkriterium: durchschnittlicher Score (Güte) des Clusters in der jeweiligen Werttreibergruppe
(3) Ergebnis einer Regressionsanalyse mit der Clusterzugehörigkeit als unabhängige und dem VAP der Unternehmen als abhängige Variable
Quelle: WHCM-Studie

Abbildung 86: Ergebnisse einer Clusteranalyse zur Ausgestaltung der Personalarbeit

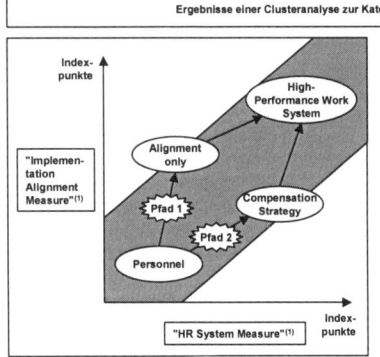
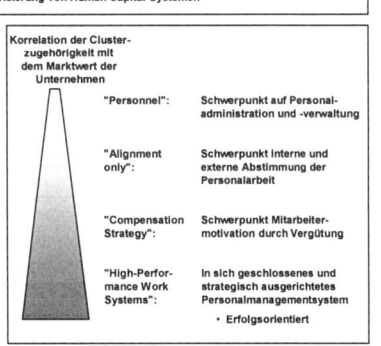

BECKER UND HUSELID: EMPIRISCH UNTERSCHIEDLICHE HUMAN CAPITAL-SYSTEME IDENTIFIZIERT
Dabei positive Korrelation zwischen Entwicklungsgrad und Marktwert gemessen

Ergebnisse einer Clusteranalyse zur Kategorisierung von Human Capital-Systemen

Korrelation der Clusterzugehörigkeit mit dem Marktwert der Unternehmen

"Personnel":   Schwerpunkt auf Personaladministration und -verwaltung

"Alignment only":   Schwerpunkt interne und externe Abstimmung der Personalarbeit

"Compensation Strategy":   Schwerpunkt Mitarbeitermotivation durch Vergütung

"High-Performance Work Systems":   In sich geschlossenes und strategisch ausgerichtetes Personalmanagementsystem
• Erfolgsorientiert

(1) Die beiden "Measures" stellen Indices dar, die Gruppen von High Performance Work Practices mit den genannten inhaltlichen Schwerpunkten repräsentieren.
Implementation/Alignment: Effektivität des Trainings oder des Performance Managements, External und Internal Fit der Personalaktivitäten etc.
HRM System: Systematische Personalauswahl, Trainingsangebot (Quantität), variable Vergütung etc.
Quelle: In Anlehnung an Becker, B. E./Huselid, M. A. (1998b), S. 6 und S. 10

Abbildung 87: Ergebnisse einer Clusteranalyse von Becker und Huselid
zur Ausgestaltung der Personalarbeit

Eine weitere (jedoch etwas ungenauere) Analyse mit vier Clustern ergab, dass der „Score" für die Incentivesysteme im zweitplatzierten Cluster (bezogen auf HCVI und VAP) höher als im erstplatzierten lag. Das heißt, die Firmen im zweiten Cluster haben dort zu stark auf die Vergütung gesetzt und dabei die Entwicklung der anderen Werttreiber vernachlässigt. Auch in Gesprächen mit Praktikern trat häufiger zu Tage, dass unter einer erfolgsorientierten Personalarbeit in erster Linie ein leistungsabhängiges Gehalts- und Incentivesystem verstanden wurde. Werden die korrespondierenden Werttreiber innerhalb des HCM-Systems (wie z.B. Beurteilungssystem, Training oder Karrieremanagement) jedoch nicht parallel dazu angepasst, kann ein leistungsabhängiges Vergütungssystem seine Wirkung auch nicht voll entfalten (vgl. Kapitel C.2.3.4.2). Und es droht der Einwand der Kritiker: „Wir haben ja eh gewusst, dass sich der Wertbeitrag des Human Capitals nur marginal steigern lässt". Diese Kritik ist zwar vom Grundsatz her nicht berechtigt, wie in den vorherigen Kapiteln mehrfach bewiesen wurde. Doch kann sie die Weiterentwicklung des WHCM in einem Unternehmen zunächst massiv erschweren, zumindest so lange, bis andere stichhaltige Beweise für das Wertschaffunspotential der Personalarbeit erbracht werden können. Studien von *Becker* und *Huselid*[294] untermauern diese Aussagen zu den Gestaltungsformen des WHCM: Anhand empirischer Befunde konnten die beiden das HCM amerikanischer Unternehmen in vier Cluster unterteilen, und zwar entlang der Dimensionen „Implementation/ Alignment-Measure" und „HR-System-Measure"[295] (vgl. Abbildung 87). Dabei ergab sich – ebenso wie in der WHCM-Studie – ein signifikanter positiver Zusammenhang zwischen dem „Ausbaugrad" des Personalmanagements und dem Unternehmenserfolg (s.o.).

In Bezug auf den Reifeprozess der Personalarbeit lassen sich aus den Befunden von *Becker* und *Huselid* weiterhin zwei *qualitative* Entwicklungspfade der High Performance Work Systems (HPWS) ableiten, die sich auch weitgehend mit den Schlussfolgerungen der WHCM-Studie decken:

Pfad 1:   „Traditionelle" Personaladministration ⇨ primär interne und externe Abstimmung der Personalarbeit ⇨ High Performance Work System (bzw. WHCM).

Pfad 2:   „Traditionelle" Personaladministration ⇨ primär Verbesserung der Mitarbeitervergütung ⇨ High Performance Work System (bzw. WHCM).

Berücksichtigt man zudem die Ergebnisse zur Entwicklung der Personalarbeit in jungen Unternehmen (s.o.) sowie die Erkenntnisse zum „Internal Fit" der Human Capital-Architektur

---

[294] Vgl. *Becker, B.E./Huselid, M.A.* (1998b), S. 8-15. Befragt wurden mittels Fragebogen 702 US-amerikanische Aktiengesellschaften, die mehr als 100 Mitarbeiter beschäftigten und einen Jahresumsatz von über USD 5 Mio. aufwiesen.

[295] Die beiden „Measures" stellen Indices dar, die Gruppen von High Performance Work Practices mit den genannten inhaltlichen Schwerpunkten repräsentieren. HRM System: Systematische Personalauswahl, Trainingsangebot (Quantität), variable Vergütung etc. Implementation/Alignment: Effektivität des Trainings oder des Performance Managements, External und Internal Fit der Personalaktivitäten etc. (vgl. *Becker, B.E./Huselid, M.A.* (1998b), S. 9).

(siehe Kapitel C.2.3.6.2), dann lässt sich vielleicht der folgende „*i*-dealtypische" Entwicklungsprozess für die Werttreiberkombinationen und -gewichtungen des WHCM postulieren:

Pfad „i": Fokussierung auf die wichtigsten *Basis*-Werttreiber; Prozess-Werttreiber dabei zunächst mit zweiter Priorität (in der Anfangsphase eines Unternehmens) ⇨ Aufbau eines eigenen Personalbereiches (ab einer Unternehmensgröße von 100-500 Mitarbeitern) und danach schrittweise und parallele Entwicklung *aller* Werttreiber des WHCM (dabei Priorisierung anhand des jeweiligen Wertschöpfungspotenzials) ⇨ voll ausgebautes WHCM.

Aufgrund dieser Ergebnisse kann nun auch die Kernhypothese 4a bestätigt werden: Die Werttreiber des WHCM sind als *Gesamt*system zu betrachten. Das bedeutet: Die parallele und schrittweise Entwicklung aller relevanten Werttreiber hat eine größere Wirkung auf den Unternehmenserfolg, als der fokussierte Ausbau einzelner Faktoren.[296]

2.5   Kontextbezogenheit der Studienergebnisse

Damit die Ergebnisse der WHCM-Studie besser in den gesamtbetriebswirtschaftlichen Kontext eingeordnet werden können, wird in diesem Kapitel untersucht, wie weit bestimmte Kontextfaktoren auf die Resultate und Schlussfolgerungen der vorangegangenen Analysen Einfluss haben könnten. Untersucht wurden dazu die Parameter: Branche (C.2.5.1), Unternehmensgröße, -wachstum und -alter (C.2.5.2) sowie der geographische Kulturraum (C.2.5.3).

2.5.1   Kontextfaktor „Branche"

Direkt aus der WHCM-Studie konnten keine validen branchenspezifischen Aussagen abgeleitet werden, weil die zu Grunde liegende Stichprobe mit n = 70 hierfür zu klein war. Andere (allgemeine) Personalstudien mit deutlich größerer Stichprobe, wie z.B. die Cranfield-Studie[297], differenzieren in einigen Teilanalysen zwar auch nach Branchen, doch fehlt in diesen Untersuchungen die entscheidende Verbindung zum Unternehmenserfolg. Es gibt aber eine sehr aussagekräftige Studie von *Becker* und *Huselid*[298] aus der HPWS-Forschung, in der u.a. auch Brancheneinflüsse der Personalarbeit analysiert wurden – zumindest auf aggre-

---

[296] Voraussetzung, es besteht bereits ein Personalbereich. Befindet sich ein Unternehmen hingegen erst in seiner Anfangsphase, ist eine Konzentration auf die wichtigsten Basis-Werttreiber sinnvoll (s.o.).
[297] Vgl. *Weber, W./Kabst, R.* (1995).
[298] Vgl. *Becker, B.E./Huselid, M.A.* (1998a), S. 81-85. Messung der Güte der Personalarbeit mittels Index aus 24 High Performance Work Practices. Datenerhebung mittels Fragebogen. Branchendifferenzierung: „Mining and Extraction", „Nondurable Manufacturing", „Manufacturing", „Transportation and Communication", „Wholesale/Retail Trade", „Financial Services", „Services" und „Health Care". Für die Analysen im Zusammenhang mit dem Unternehmenserfolg jedoch Aggregation der Branchen in „Manufacturing" und „Non-Manufacturing". Stichprobengröße: n = 448 (bezogen auf die Analysen mit dem Market Value als Erfolgsgröße).

gierterer Ebene. Die entsprechenden Ergebnisse hierzu können wie folgt zusammengefasst werden:

Anhand der durchschnittlichen Branchen-Scores des HPWS-Indexes, mit dem die Güte der Personalarbeit gemessen wurde, konnten zwar signifikante Unterschiede in der Personalarbeit der verschiedenen Sektoren festgestellt werden. Insgesamt lagen diese Branchendurchschnitte jedoch alle relativ nahe beieinander.[299]

Für die besonders interessante Frage, wie sehr der Einfluss des High Performance Work Systems (HPWS) auf den Unternehmenserfolg (hier: Marktwert) von der Branche abhängt, wurde die entsprechende Wirkung der Personalarbeit mathematisch in „Brancheneffekte" und „Sonstige Effekte" zerlegt. Das Resultat: Industriespezifische Praktiken, institutionell oder technologisch bedingt, hatten einen ökonomisch relevanten Einfluss auf den Marktwert der Unternehmen. Eine signifikante Verbesserung des HPWS führte dabei zu einer durchschnittlichen Steigerung des Marktwertes der Unternehmen von 9-12%. Aber: Die auf Firmenebene beobachteten „sonstigen Effekte" (also branchenbereinigt) fielen noch viel höher aus, nämlich doppelt so hoch mit 24%.

In den Experteninterviews der WHCM-Studie bestätigte sich dieses Ergebnis. Die meisten Gesprächspartner vertraten hierbei die Meinung, der spezifische Wettbewerbsdruck und die Absatzsituation ihrer Branche beeinflussten zwar auch die Personalarbeit (z.B. bei der Personal-Rekrutierung oder in der Innovationsfreudigkeit des Unternehmens), aber insgesamt hielte sich diese Effektivitätsbeeinträchtigung noch in Grenzen. Eine weitere Beobachtung unterstrich diese These: In der Stichprobe der WHCM-Studie stammten die zehn Firmen mit dem höchsten HCVI (= Güte der Personalarbeit) aus sehr unterschiedlichen Branchen, wie Dienstleistung, Produktion oder Handel. Wäre der Einfluss einer bestimmten Branche auf die Güte des WHCM jedoch besonders positiv gewesen, hätte diese wahrscheinlich auch an der Spitze des WHCM-Rankings überdurchschnittlich stark repräsentiert sein müssen, und das war nicht der Fall.

Zusammenfassend lässt sich daher festhalten: Unabhängig davon, in welcher Branche ein Unternehmen aktiv ist, kann es seine Wertschaffung grundsätzlich (ökonomisch relevant) steigern, indem es die Erkenntnisse der HPWS-Forschung und der WHCM-Studie in seiner Personalarbeit konsequent berücksichtigt. In manchen Branchen mag die Umsetzung zwar aufgrund der Rahmenbedingungen (z.B. Rezession, Tarifverträge etc.) etwas schwerer fallen, doch ist sie auch dort prinzipiell möglich und mit einem relativ hohen Wertschaffungspotenzial verbunden.

---

[299] Ein positiver „Ausreißer" ist die Branche „Financial Services" und ein negativer Ausreißer die Branche „Mining and Extraction".

2.5.2 Kontextfaktoren „Unternehmensgröße, -wachstum und -alter"

Alle drei Faktoren, Unternehmensgröße (Mitarbeiterzahl), Unternehmenswachstum (Umsatz-wachstum) und Unternehmensalter zeigten keine signifikante Korrelation mit der Güte der Personalarbeit (HCVI).[300] In den Experteninterviews entstand jedoch der folgende (subjek-tive) *Eindruck*: Während kleinere Unternehmen (bis ca. 2.000 Mitarbeiter) leichte Vorteile in den weichen Faktoren des WHCM zu besitzen schienen, wie Unternehmenskultur und Führungsstil, zeichneten sich die größeren Unternehmen durch „professionellere" Prozesse und Instrumente der Personalarbeit aus.[301] Allerdings konnte in den größeren Unternehmen auch häufiger beobacht werden, dass einzelne Personalmaßnahmen nicht aufeinander abge-stimmt waren und/oder im „luftleeren" Raum ohne intensivere Rücksprache mit den internen Kunden entwickelt wurden. Hierbei handelt es sich jedoch lediglich um persönliche Beobachtungen ohne jegliche statistische Untermauerung.

Auch die Ergebnisse der „Prisma-Studie" (siehe Abbildung 18 in Kapitel B.1.2), in der die Qualität der Personalarbeit in Deutschland nach Branchen und Größenklassen untersucht wurde, ließen keinen linearen Zusammenhang zwischen der Größe und Qualität des Personal-managements erkennen: Kleine Unternehmen schnitten dort insgesamt am besten ab, gefolgt von den großen und dann den mittelgroßen Firmen.

2.5.3 Kontextfaktor „Geographischer Kulturraum"

Der chinesische Gelehrte *Konfuzius* soll einmal gesagt haben: „Alle Menschen sind gleich, es sind nur ihre Gewohnheiten, die so verschieden sind."[302] Bislang wurde in dieser Arbeit immer von *den* Mitarbeitern gesprochen, ohne zu berücksichtigen, aus welchem kulturellen Raum die Menschen eigentlich stammen. Vor dem Hintergrund der Aussage des *Konfuzius* stellt sich aber für das WHCM eine wichtige Frage: Besitzen die bislang identifizierten Werttreiber in allen Ländern/Kulturen die gleiche Gültigkeit oder existieren gravierende Kulturunterschiede, die unbedingt im WHCM berücksichtigt werden sollten? Hierbei handelt es sich zwar um eine sehr umfassende Fragestellung, die für sich genommen schon Gegenstand einer oder mehrerer Forschungsarbeiten sein könnte. Dennoch soll dieses Thema hier zumindest kurz erörtert werden, weil auch das WHCM heutzutage immer internationaler ausgerichtet werden muss.[303]

---

[300] (Einfache) Korrelation mit dem HCVI (zweiseitiger Test): Mitarbeiterzahl: r = - 0,013 (p = 0,91); Umsatz-wachstum: r = 0,146 (p = 0,222); Firmenalter: r = 0,132 (p = 0,269).
[301] Vgl. hierzu auch die Ausführungen zum Entwicklungsprozess der Personalarbeit in Unternehmen.
[302] Zitiert nach *Hilb, M.* (2000), S. 30.
[303] Vgl. hierzu auch Kapitel B.1.1.2.

Obwohl die betriebswirtschaftlichen Einflüsse einer Landeskultur auch schon vor *Porter*[304] diskutiert wurden, hat er als einer der Ersten die Bedeutung des Human Capitals explizit als internationalen *Wettbewerbsfaktor* identifiziert. Dabei folgte *Porter* der Leitfrage, wie ein Land in einer bestimmten Branche internationalen Erfolg erzielen könnte. Zum Beispiel die Schweiz: Sie verfügt über keinen Meerzugang, hat hohe Personalkosten, strenge ökologische Vorschriften und verfügt außerdem nur über sehr begrenzte natürliche Ressourcen – am wenigsten über Kakao. Dennoch führt die Schweiz weltweit im Markt für Schokolade; ganz abgesehen von den Erfolgen in der Pharmaindustrie, dem Bankensektor und verschiedenen Spezialindustrien (wie z.b. Uhren). Ähnlich verhält es sich mit Japan, das ebenfalls nur über sehr wenige Bodenschätze verfügt und dennoch zu einer wirtschaftlichen Weltmacht aufsteigen konnte.[305] Wenn folglich nationale Unterschiede in der Effizienz und Effektivität des Human Capitals bestehen sollten, wie ja auch durch das *World Competitiveness Yearbook* bestätigt wurde (vgl. Kapitel A.1), ist dieses dann auf die jeweilige Landeskultur zurückzuführen und weitergehend auch auf eine andere Form des WHCM?

Zunächst zur Frage der *Kulturunterschiede*. Ähnlich wie in Kapitel B.1.1.4.11, soll die „Kultur" eines Landes hier sehr weit definiert werden als: implizites Bewusstsein eines Landes (geographischen Raumes), das sich einerseits aus dem Verhalten seiner Bewohner ergibt, gleichzeitig aber auch deren Verhalten beeinflusst.[306] Mit den Unterscheidungsdimensionen, -kriterien und konkreten Unterschieden zwischen (Landes-)Kulturen haben sich in der Literatur bereits viele Wissenschaftler beschäftigt.[307] Am meisten zitiert wurden in diesem Zusammenhang jedoch wahrscheinlich die Studien von *Hofstede*[308]. Anhand seiner Befunde lassen sich die verschiedenen (Landes-)Kulturen in vier Segmente gruppieren, die anhand der beiden Dimensionen „Formalisierung" und „Machtdistanz" unterschieden werden können (siehe Abbildung 88).

Welche *Auswirkungen* ergeben sich nun aus diesen Kulturunterschieden für die *Personalarbeit*? Zunächst muss die Personalarbeit mit einer unterschiedlichen Gesamtpositionierung im Unternehmen umgehen. Denn die Funktion und Bedeutung der Personalarbeit wird nicht in allen Ländern gleich eingeschätzt. Während die Personalarbeit im angloamerikanischen Raum beispielsweise eher strategisch als bedeutender Wettbewerbsfaktor betrachtet wird, kommt ihr im deutschsprachigen Raum tendenziell noch stärker die administrativ-

---

[304] Vgl. *Porter, M.* (1990).
[305] Vgl. auch *Holden L.* (1997c), S. 685.
[306] In Anlehnung an *Scholz, C.* (2000), S. 779. Anders siehe auch *Holden, L.* (1997c), S. 688.
[307] Vgl. u.a. *Laurent, A.* (1983); *Schein, E.H.* (1985); *Hall, E.T/Hall, M.R.* (1990), *Trompenaars, F.* (1993); *Adler, N.J.* (1997) oder *House, R.J. et al.* (1998).
[308] Vgl. *Hofstede, G.* (1991). Zur Kritik an *Hofstede* oder *Trompenaars* (gutes Studiendesign, aber nur Beleuchtung von Teilaspekten) vgl. z.B. *Hollinshead, G./Lead, M.* (1995), S. 3 oder *Altman, Y.* (1992), S.36.

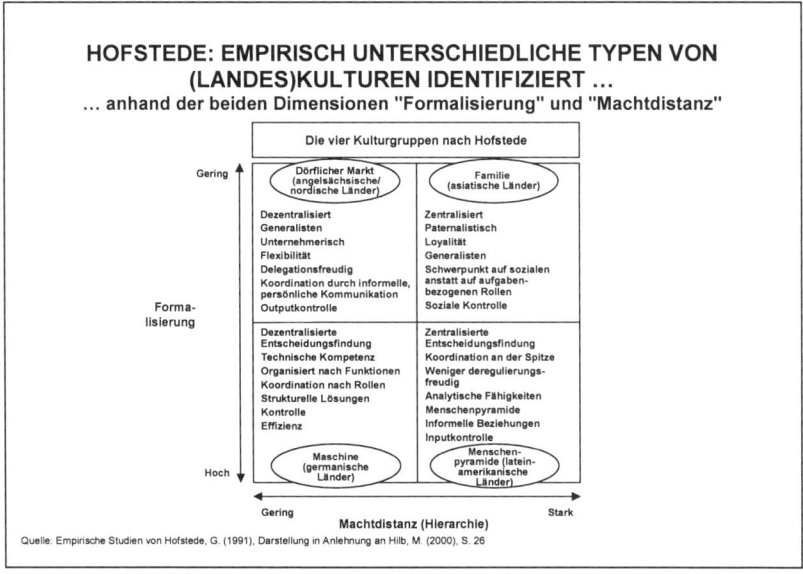

Abbildung 88: Die vier (geographischen) Kulturgruppen nach Hofstede

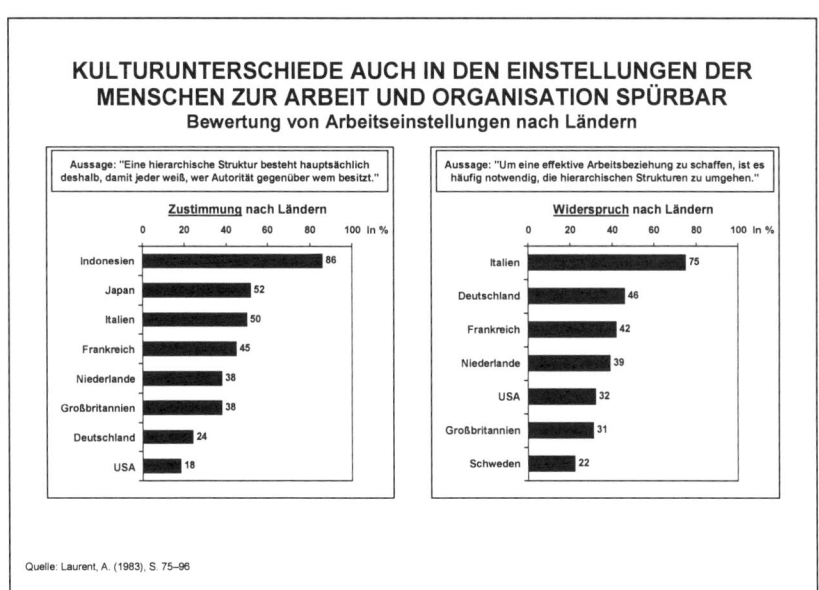

Abbildung 89: Empirische Ergebnisse zu internationalen Unterschieden in den Arbeitseinstellungen

organisatorische Rolle zu.[309] Dies ist aber ein Aspekt, der weniger in der Natur der Mitarbeiter liegt, sondern vor allem historisch bedingt[310] ist und daher leichter überwunden werden kann – wenn die entsprechenden inhaltlichen Argumente gefunden werden.

Schwieriger ist dagegen, mit den unterschiedlichen landesspezifischen *Einstellungen* der Mitarbeiter umzugehen, weil diese einen festen Bestandteil ihres Charakters ausmachen (vgl. Abbildung 89). Aus den kulturbedingten Charakterunterschieden leiten sich vor allem zwei Konsequenzen für die Personalarbeit ab. Erstens können sich die Prioritäten innerhalb des WHCM landesspezifisch verschieben, weil der Handlungsbedarf – je nach Aufgabengebiet – unterschiedlich hoch ist. Während deutsche Firmen z.B. besonders die Flexibilität ihrer Mitarbeiter fördern, investieren amerikanische dagegen stärker in die Fachausbildung und Incentivierung ihrer Angestellten. Hierfür mag ein Grund sein, dass die Grundausbildung der deutschen Mitarbeiter häufig fundierter ist als in Amerika, dort wiederum die Flexibilität stärker zur Natur der Menschen gehört als hierzulande.[311]

Zweitens kann sich die Form ändern, in der bestimmte Prozesse und Instrumente des WHCM ausgestaltet und umgesetzt werden – und das in fast allen Bereichen. Bei der Personalauswahl ist beispielsweise auf unterschiedliche Fähigkeitsprofile der Bewerber zu achten sowie die landestypischen Rekrutierungskanäle und -prozesse. In Trainingsveranstaltungen muss auf unterschiedliche Präferenzen in der Lernmethodik Rücksicht genommen werden.[312] Und im Bereich der Leistungsbeurteilung ist u.a. zu bedenken, welche Bewertungskriterien verwendet werden sollen und ob Mitarbeiter auch problemlos ihre Vorgesetzten bewerten können. Gerade der Beurteilungsprozess birgt viele Schwierigkeiten in sich, weil dort die kulturellen Faktoren besonders zum Tragen kommen. Während eine Leistungs-Beurteilung beispielsweise für einen „Amerikaner" im Wesentlichen eine Bewertung seiner *Arbeit* darstellt, verkörpert sie für einen „Franzosen" eher eine Rückmeldung zur eigenen *Person*.

Unterscheiden sich die Werttreiber in den verschiedenen Kulturräumen aber auch auf *grundsätzlicher* Ebene, oder ist der Werttreibermix international relativ ähnlich – lediglich mit unterschiedlichen Ausgestaltungsformen und Schwerpunkten in Teilbereichen? Zwar sind explizit zu dieser Frage noch keine empirischen Studien veröffentlicht worden, aber es gibt mehrere Indizien für die folgende These: Auf grundsätzlicher Ebene unterscheiden sich die

---

[309] Vgl. hierzu auch die Ausführungen zum Human Capital Management in Kapitel B.1.2. Und siehe auch *Schneider, S.C./Barsoux, J.-L.* (1997), S. 129.

[310] Z.B. durch die nationalen Forschungsschwerpunkte in der Betriebswirtschaftslehre.

[311] Vgl. die empirischen Befunde aus der GPP-Studie in *Scholz, C.* (2000), S. 68. Frage nach der Relevanz von Personalmanagement-Maßnahmen zur Erzielung von Wettbewerbsvorteilen.

[312] Ein Beispiel: Deutsche und schweizerische Manager ziehen tendenziell eine strukturierte Lernsituation vor, mit klaren pädagogischen Zielen, einem verbindlichen Trainingsplan und *den* richtigen Antworten und *den* überlegenen Lösungsansätzen. Im Gegensatz hierzu steht die angelsächsische Lernkultur, die sich an einer zu klaren Struktur eher stört und offene Lernsituationen mit vagen Zielen bevorzugt (vgl. *Schneider, S.C./Barsoux, J.-L.* (1997), S. 139).

Werttreiber des WHCM kulturübergreifend relativ wenig. Lediglich deren Umsetzung ist an die kulturellen Gegebenheiten anzupassen. *Harzing* und *Van Ruysseveldt* schreiben hierzu:

„*The basic functions for the international HRM are the same as for domestic HRM; it is how they are performed that makes the difference.*"[313]

Empirische Belege für diese These fanden sich auch in den Interviews mit Human Capital Managern multinationaler Unternehmen, die nach ihren Erfahrungen mit der internationalen Personalarbeit befragt wurden. Ihr Tenor: Es bestehen zwar deutliche Kulturunterschiede und -barrieren in einer multinationalen Belegschaft, aber die grundsätzlichen Werttreiber sind dennoch überall ähnlich – lediglich deren Gewichtung mag in Einzelpositionen etwas anders ausfallen.

Weitere Plausibilität erhielten diese Aussagen durch den Vergleich der Ergebnisse aus der WHCM-Studie (Untersuchungsraum Deutschland) mit den Erkenntnissen der HPWS-Forschung (Untersuchungsraum vorwiegend USA). Auch dort ließen sich in den Bereichen, in denen sich die Untersuchungsfelder überschnitten, deutliche Übereinstimmungen in der Tendenz der Aussagen erkennen.

Schließlich konnte *Müffelmann* in einem empirischen Vergleich zwischen den Auswirkungen des Change Management (einem Teilaspekt des WHCM) in Deutschland und den USA nachweisen[314]: Die Intensität der Veränderungsprozesse war in den USA höher als in Deutschland, was sich auch in ihrem Ergebnis niederschlug, das anhand der Veränderung verschiedener Erfolgsfaktoren (z.B. Unternehmenskultur, Betriebsklima oder Mitarbeiterzufriedenheit ⇨ Werttreiber) gemessen wurde. Aber: Der *relative* Einfluss der Veränderungsprozesse auf die einzelnen Erfolgsfaktoren schien in den beiden Ländern sehr ähnlich zu sein. Dies könnte als Indiz dafür gelten, dass der Grad, in dem sich die untersuchten Erfolgsfaktoren beeinflussen lassen, in beiden Kulturen ebenfalls relativ gleich ist und daher auch eine (auf die Werttreiber bezogen) *strukturell* ähnliche Personalarbeit betrieben werden sollte.[315]

Wissenschaftlich reichen die obigen Erkenntnisse zwar noch nicht aus, um valide zu beweisen, dass die Werttreiber des WHCM auf grundsätzlicher Ebene international relativ ähnlich

---

[313] Vgl. *Harzing, A-W./Van Ruysseveldt, J.* (1995), S.98.
[314] Vgl. *Müffelmann, J.* (1998), S. 206-216. Zur empirischen Studie: Forschungsfragen: 1) Besteht ein Zusammenhang zwischen der organisatorischen Transformationsintensität und dem Erfolg einer Unternehmung? 2) Hat das Wirkungsland (Land, in dem die Veränderungsmaßnahmen zur Geltung kommen) einen Effekt auf die Transformationsintensität? 3) Hat das Wirkungsland einen Effekt auf den Erfolg einer Unternehmung? Datenerhebung mittels Fragebogen (vgl. ebenda S. 149). Stichprobenumfang n = 81 (45 mit Herkunft Deutschland und 36 mit Herkunft USA; beide Firmengruppen jedoch auch jeweils im anderen Land tätig).
[315] Annahme: Die *Stärke* der Werttreiber ist international ähnlich, denn über sie wird in der beschriebenen Analyse nichts ausgesagt. Weiterhin ist zu berücksichtigen, dass kulturelle Unterschiede zwischen den USA und Deutschland zwar vorhanden sind, jedoch nicht so sehr ins Gewicht fallen dürften, wie z.B. zwischen den Kulturen in Deutschland und China.

sind. Aber zumindest scheint eine größere Anzahl an Fakten für die Richtigkeit dieser These zu sprechen.

Mit der Analyse zum Kontextfaktor „(Landes-)Kultur" wurde nunmehr der letzte Baustein der empirischen WHCM-Studie dieser Arbeit betrachtet. Im nächsten Kapitel werden daher noch einmal die wichtigsten Untersuchungsergebnisse zusammengefasst sowie ein weiteres Zwischenfazit zum Wertorientierten Human Capital Management gezogen.

2.6   Zusammenfassung und Zwischenfazit II

In den Untersuchungen der empirischen Studie wurden die Struktur und Inhalte des WHCM-Modells in der Praxis zunächst überprüft und dann auf Basis der Ergebnisse weiter optimiert. Die wichtigsten Aussagen hierzu lassen sich wie folgt zusammenfassen:

Alle Kernhypothesen der WHCM-Studie konnten sowohl statistisch als auch qualitativ im Rahmen von Interviews mit Praxisexperten bestätigt werden:

- Es besteht ein signifikanter positiver Zusammenhang zwischen der Güte des WHCM und der internen (VAP) und externen (TSR) Wertschaffung von Unternehmen.

- Die dominante Kausalrichtung verläuft hierbei vom WHCM zum TSR, also von der Personalarbeit zur Wertschaffung, wobei der VAP als Zwischenvariable fungiert.

- Eine signifikante Verbesserung des WHCM hat ökonomisch relevante Auswirkungen sowohl auf den VAP (+ 21%) als auch den TSR (+ 45%) von Unternehmen.

- Die Werttreiber umfassen das gesamte Spektrum des WHCM und lassen sich in sieben Werttreibergruppen einteilen:

    1. Stellenwert des Personals und des Personalbereiches im Unternehmen

    2. Fähigkeiten der Mitarbeiter

    3. Motivation der Mitarbeiter

    4. Verantwortlichkeiten und Ressourcen der Personalarbeit

    5. Strategische Ausrichtung und Koordination der Personalarbeit

    6. Controlling der Personalarbeit

    7. Rahmenbedingungen: Unternehmenskultur und Führungsstil

- In der Wirkungskraft der einzelnen Werttreiber bestehen signifikante Unterschiede, aber dennoch sind sie eng miteinander verwoben und bilden gemeinsam das Human Capital-System. Alle signifikanten Werttreiber sollten daher eher schrittweise und *parallel* entwickelt werden, anstatt größere Optimierungen in Teilbereichen vorzunehmen. Die „systemische" Verflechtung der Werttreiber ist auch einer der wesentlichen Gründe dafür, warum das Outsourcing von Personalfunktionen häufig keinen signifikanten Mehrwert schafft.

- Das größte Wertschaffungspotenzial bieten die *Basis*-Werttreiber des WHCM, und diese liegen oftmals *außerhalb* des direkten Verantwortungsbereiches der Personalabteilung, wie die „Wertschätzung der Mitarbeiter", die „Qualität des Führungsstils" oder die „Übernahme von Personalverantwortung durch die Führungskräfte".

- Die Branchenzugehörigkeit eines Unternehmens hat signifikante Auswirkungen auf das Wertschaffungspotenzial des WHCM. Jedoch wiegt der *firmen*spezifischer Einfluss der Personalarbeit auf den Unternehmenserfolg noch deutlich schwerer (ungefähr doppelt so stark).

- Unternehmensgröße, -wachstum und -alter haben vom Grundsatz her *keinen* signifikanten Einfluss auf die Güte des WHCM.

- Bereits in der Anfangsphase eines Unternehmens ist die Güte der Personal*arbeit* wichtig für seinen finanziellen Erfolg. Allerdings konzentrieren sich erfolgreiche Unternehmen in diesem Stadium vor allem auf die *Basis*-Werttreiber (Wertschätzung, Führungsstil, Personalverantwortung der Führungskräfte und Unternehmenskultur) und benötigen hierfür noch keinen eigenen Personalbereich. Dieser wird in der Regel erst später ab einer Größe von 100-500 Mitarbeiter aufgebaut, um den bisherigen Erfolg des WHCM zu sichern und ihn noch weiter auszubauen.

- Obwohl die Ergebnisse der WHCM-Studie auf den deutschen Markt bezogen sind, dürften die oben genannten Grundaussagen auch international gültig sein. Lediglich die Art und Weise, wie die Werttreiber ausgestaltet und umgesetzt werden, ist kulturspezifisch anzupassen.

Zwischenfazit: Das Wertorientierte Human Capital Management kann den Unternehmenswert ökonomisch relevant beeinflussen, wie theoretisch, statistisch und empirisch-qualitativ im Rahmen der WHCM-Studie nachgewiesen wurde. Damit ist eines der Hauptziele dieser Arbeit erreicht: den „Business Case" für das WHCM zu erbringen und das auf einer möglichst soliden theoretischen und empirischen Basis.

Welche Bedeutung diese Studienergebnisse für die Wissenschaft und Praxis haben, wird im nächsten Kapitel erörtert.

3   Bedeutung der Studienergebnisse für Wissenschaft und Praxis

3.1   Bedeutung für die Wissenschaft

Aus wissenschaftlicher Sicht haben die Ergebnisse der WHCM-Studie vor allem in den folgenden Bereichen neue Erkenntnisse hervorgebracht:

Weiterentwicklung der Methodik

- Zum ersten Mal in der Literatur wurden die Theorien des Wert- und des Human Capital Managements systematisch bis auf die einzelnen Werttreiber herunter miteinander verbunden.

- Gleichzeitig ist dabei eine Bandbreite an Werttreibern untersucht worden, die zusammenhängend bisher nur in Teilbereichen und ohne die Systematik des Wertmanagements betrachtet wurde. Dadurch konnte im Vergleich zu bisherigen Studien u.a. aufgezeigt werden, wie die verschiedenen Werttreiber *relativ* zueinander gewichtet sind.

- Auf analytischer Ebene wurde mit einem Index für die Güte des WHCM gearbeitet, der sich aus verschiedenen Werttreibern zusammensetzte, die gemäß ihrer Wirkungskraft *gewichtet* waren. Durch diese Gewichtung, die in den bekannten Studien zum Thema „Personalarbeit und Unternehmenserfolg" nicht vorgenommen wurde, konnte die Aussagekraft des Human Capital Valuation Indexes im Vergleich zu bereits bestehenden Gütemesszahlen für die Personalarbeit noch weiter erhöht werden.[316]

- Indem von den Unternehmen nicht nur verhältnis- sondern auch *nominal*skalierte Daten erhoben wurden, konnten zum einen die quantitativen Angaben validiert und zum anderen zusätzliche Informationen gewonnen werden, die quantitativ nicht zu erfassen gewesen wären (z.B. Angaben über die Qualität und Nutzungsweise der verwendeten WHCM-Methoden). In früheren Studien wurden nominalskalierte Daten dagegen nicht systematisch berücksichtigt.

Validierung bisheriger Studien

- Frühere Studien – insbesondere aus der HPWS-Forschung[317] –, in denen die *Personalarbeit* auf ihre Effektivität hin untersucht wurde, konnten in vielen ihrer Grundaussagen bestätigt werden. Dazu gehört u.a. ihre positive Wirkung auf den Unternehmenserfolg und die Bedeutung des „Internal-" und „External Fit" (hier besonders die strategische Ausrichtung) für die Human Capital-Architektur.

- Zugleich konnten die Ergebnisse anderer Studien, in denen nur bestimmte *Teil*aspekte bzw. einzelne Faktoren (wie z.B. Incentives) des (W)HCM isoliert betrachtet wurden, in einen größeren Gesamtzusammenhang gestellt werden.[318]

---

[316] Allerdings konnte die Grundaussagen der Studie auch durch einen Index mit *un*gewichteten Werttreibern nachgewiesen werden.
[317] Vgl. Kapitel B.3.2.2.
[318] Vgl. z.B. Kapitel C.2.3.8.

Neue Erkenntnisse zu den Werttreibern

- Durch die verwendete Methodik konnten neue Erkenntnisse über die Art und Ausgestaltung der Werttreiber des WHCM gewonnen werden.

- An erster Stelle ist hier sicherlich die Liste der signifikanten Werttreiber zu nennen, die Auskunft über das breite Spektrum der Personalarbeit gibt und deren Einzelfaktoren priorisiert.

- Die Einflussgrößen in Basis- und Prozess-Werttreiber zu unterscheiden, ist ebenfalls eine Neuerung, ebenso wie die damit verbundene Erkenntnis: Die wichtigsten Werttreiber des WHCM liegen *außerhalb* des direkten Einflussbereiches der Personalabteilung (nämlich in den Basis-Faktoren). Das heißt auf der einen Seite: Das Top-Management vieler Unternehmen wird dem WHCM in Zukunft noch wesentlich mehr Aufmerksamkeit schenken wollen und müssen als bisher. Auf der anderen Seite sollte aber auch die Wissenschaft ihrerseits vermehrt Personalliteratur hervorbringen, die speziell auf die Zielgruppe des General-Managements zugeschnitten ist. Themen, wie die Integration der Personalarbeit in das Gesamtmanagement und -controlling oder die Berücksichtigung des Human Capitals bei Unternehmenszusammenschlüssen, dürften hierbei von besonderem Interesse sein.

- Zur Messung der Werttreiber wurde festgestellt, dass quantitative Messgrößen – wie z.B. Trainingsstunden, Trainingskosten, der Nutzungsgrad von Zielvereinbarungen und Mitarbeiterbeurteilungen – isoliert betrachtet nur einen begrenzten Aussagewert besitzen. Deshalb ist darauf zu achten, parallel auch die *qualitative* Seite dieser Werttreiber zu erheben und zu bewerten.

- Schließlich konnten – entgegen der vielerorts herrschenden Meinung – schlagkräftige Argumente dafür gesammelt werden, nicht grundsätzlich zu versuchen, die Funktionen des Personalbereiches immer weiter auszugliedern. Denn die erwarteten Kostenvorteile des Outsourcings rechtfertigen ökonomisch in der Regel nicht die potenziellen Synergieverluste innerhalb der WHCM-Architektur. Dies ist keine *generelle* Absage an das Outsourcing im Personalbereich. Nur sollte jede Auslagerungsmaßnahme sehr kritisch und unter Berücksichtigung der Auswirkungen auf die Effizienz des Human Capital-System*s* geprüft werden. Im Ergebnis wird sich das Outsourcing dann wahrscheinlich entweder nur auf kleinere Teilbereiche erstrecken (z.B. die Administration) oder: Die externen Anbieter werden so eng mit dem eigenen Unternehmen verzahnt sein, dass die „Auslagerung" *prozessual* in der Organisation kaum noch zu spüren ist (z.B. Arbeit mit externen Trainern oder Trainer-Teams, die aber innerhalb der eigenen Organisation angesiedelt sind).

Einblicke in die Muster, nach denen sich das WHCM in Unternehmen entwickelt

- Durch die qualitativen und quantitativen Untersuchungen konnten neue Aussagen über die Entwicklungsmuster des WHCM getroffen werden. Ein Aspekt, der in der bestehenden Literatur bislang noch wenig untersucht wurde.

- Zur Bedeutung des WHCM im Laufe der *zeitlichen/größenmäßigen* Entwicklung einer Firma wurde herausgefunden: Die Personalarbeit gehört bereits in der *Anfangs*phase eines Unternehmens zu den wichtigen Werthebeln, und zwar vor allem durch ihre *Basis*-Werttreiber, wie „Wertschätzung der Mitarbeiter", „Führungsstil", „Personalverantwortung der Führungskräfte" und „Unternehmenskultur". Und damit wird unterstrichen, dass eine gute Personalarbeit in der Regel nicht der „Luxus" eines erfolgreichen Unternehmens ist, sondern umgekehrt die Personalarbeit maßgeblich zum „Luxus" (= Erfolg) eines Unternehmens beiträgt.

- Zur *qualitativen* Entwicklung des WHCM wurde die Erkenntnis gewonnen, die Verbesserung der Vergütungs- und Incentivesysteme nicht zu sehr in den Vordergrund zu rücken, weil deren motivatorische Wirkung häufig überschätzt wird. Es handelt sich hierbei zwar auch um Werttreiber des WHCM, doch bedarf ihre volle Wirkung bestimmter Voraussetzungen im gesamten Human Capital-System (z.B. effektive Leistungsbeurteilungen und Controlling-Systeme). Eine parallele Weiterentwicklung der anderen Werttreiber ist daher ebenfalls notwendig, um den „Internal Fit" der Personalarbeit sicherzustellen (s.o.).

Daten für den deutschen Markt

- Weil die bekannten Studien zum Thema Personalarbeit und Unternehmenserfolg nahezu ausschließlich aus dem angloamerikanischen Raum stammen, wurde mit der WHCM-Studie erstmalig eine breite Datenbasis zu diesem Thema auch für den deutschen Markt geschaffen.

- Dadurch konnten viele Indizien für die Vermutung gefunden werden: Auf grundsätzlicher Ebene hängen die Werttreiber des WHCM relativ wenig von der Kultur eines Landes ab. In der konkreten Ausgestaltung dieser Faktoren spielen kulturspezifische Aspekte jedoch eine wesentliche Rolle und sollten daher auch in der Personalarbeit berücksichtigt werden.

- Darüber hinaus wurde auf wissenschaftlicher Ebene eine fundierte Argumentationsbasis für deutsche Human Capital Manager geschaffen, die ihre Personalarbeit in Richtung eines WHCM ausbauen wollen. Denn im Vergleich zu internationalen Daten sind landesspezifische direkter mit den eigenen Unternehmensparametern vergleichbar und besitzen daher eine höhere Aussage- und Überzeugungskraft. Mit diesem Fortschritt ist gleichzeitig die Hoffnung verbunden, die (noch zu große) „Lücke" zwischen personalwissenschaftlichen Erkenntnissen einerseits und der praktischen Personalarbeit in deutschen Unternehmen andererseits zum beiderseitigen Nutzen weiter schließen zu können.

3.2 Bedeutung für die Unternehmenspraxis

Welche Bedeutung und welchen Nutzen die Erkenntnisse der WHCM-Studie für die Unternehmenspraxis besitzen, wurde aus den vielen im Rahmen der Untersuchung geführten Gespräche mit Personalleitern, Controllern und Linien-Managern deutlich. Für einige, insbesondere die erfahreneren Human Capital Manager, stellten viele Resultate zwar keine große „Überraschung" dar. Denn in den Ergebnissen spiegelte sich genau das wieder, was diese Menschen schon seit langem „intuitiv" vermutet hatten – vor allem bezüglich des hohen Wertsteigerungspotenzial des WHCM. Dennoch bietet die WHCM-Studie auch für die Praxis einen nachhaltigen Nutzen, der vor allem in fünf Bereichen liegt:

Erstens wurde das Wertsteigerungspotenzial des WHCM *empirisch* und *quantitativ* nachgewiesen – und das unter Verwendung von Kennzahlen (z.B. CVA/VAP, TSR) und einer Systematik (Wertmanagement), die vielen Managern bereits geläufig sind und die auch für andere Unternehmensbereiche in ähnlicher Form genutzt werden. Damit steigt zum einen die „Überzeugungskraft" des Human Capitals bzw. des WHCM als Werthebel. Zum anderen lässt es sich aber auch leichter in die übrigen Geschäftsprozesse integrieren, weil seine innerbetriebliche „Kompatibilität" aufgrund der vorgeschlagenen Systematik und Ergebnisabbildung deutlich erhöht wird.

Zweitens gibt die WHCM-Studie einen systematischen Überblick über die Werttreiber der Personalarbeit und nimmt dabei gleichzeitig deren Priorisierung vor. Gerade in dieser Hinsicht konnten den Gesprächspartnern aus den Unternehmen noch einige neue und entscheidende Erkenntnisse vermittelt werden. Besondere Aufmerksamkeit fand hierbei die Systemperspektive („Internal-"und „External Fit") des WHCM, genauso wie die Feststellung, dass die wichtigsten Werttreiber zu den Basis-Faktoren zählen und damit *außerhalb* des direkten Einflussbereiches der Personalabteilung liegen. Auch die in der WHCM-Studie aufgezeigte Notwendigkeit, das WHCM stärker strategisch und an den *externen* Marktanforderungen auszurichten, war vielen Firmenvertretern in diesem Maße noch nicht so bewusst.[319] Darüber hinaus stießen die Ergebnisse zur Systematik, Wirkungskraft, aber auch zur Realisierbarkeit des Personalcontrollings auf großes Interesse. Denn hier erkannten viele Praktiker ein weiteres großes und bislang weitgehend ungenutztes Wertschaffungspotenzial in ihren Unternehmen.

Drittens stehen die wissenschaftlichen Ergebnisse nicht im „luftleeren" Raum, sondern werden von vielen praktischen Handlungsempfehlungen begleitet, die sich aus der Diskussion mit Praxisexperten ergeben haben. Hiermit wird die Theorie des WHCM wesentlich „greifbarer" und kann leichter umgesetzt werden, was in Deutschland – aber auch in anderen Ländern – ein besonders gravierendes Problem zu sein scheint.

---

[319] Teilweise wurde den Personalmanagern aber auch seitens der Geschäftsleitung noch nicht die Gelegenheit gegeben, ihre Personalarbeit strategisch und marktorientierter auszurichten.

Viertens brechen die Studienergebnisse eine Lanze für diejenigen, die in der heutigen Zeit des hohen Markt- und Wettbewerbsdruckes sehr stark in die Schusslinie geraten sind, nämlich die Mitarbeiter der Unternehmen. Sicherlich kann aus der WHCM-Studie nicht abgeleitet werden, eine Firma solle zukünftig überhaupt keine Leute mehr freisetzen. Aber es wurden viele stichhaltige Argumente dafür geliefert, die Mitarbeiter nicht aus kurzfristigen Kostenüberlegungen zu opfern, sondern sie im Gegenteil noch *intelligenter* einzusetzen und zu fördern. Denn die Belegschaft stellt ein gewaltiges Potenzial für ein Unternehmen dar, alte Wettbewerbsvorteile zu verteidigen und neue aufzubauen. Kein anderer Produktionsfaktor ist so entwicklungsfähig und so schwer kopierbar wie das Human Capital. Es kommt lediglich darauf an, wie fachkundig und zielorientiert es genutzt und entwickelt wird. Vor diesem Hintergrund verblassen auch die Konflikte zwischen Führungskräften und Mitarbeitern, Arbeitnehmern und Arbeitgebern, Shareholdern und sonstigen Stakeholdern, weil letztlich alle am gleich Strang ziehen. Und durch die Ergebnisse der WHCM-Studie wird dieses noch wesentlich deutlicher ans Licht gebracht.

Fünftens, und vielleicht mit am wichtigsten, mögen die beschriebenen Erkenntnisse für viele Praktiker Herausforderung und Motivation zugleich sein, die Personalarbeit in ihren Unternehmen weiterzuentwickeln, und zwar im Sinne des *Wertorientierten* Human Capital Managements. Eine Herausforderung stellen sie vielleicht dar, weil die beschriebenen „Soll"-Vorstellungen bei vielen Unternehmen noch weit vom eigenen Status quo entfernt sind. Aber dafür motivieren sie auch, denn durch ein WHCM können die Personalverantwortlichen gleich drei Ziele verwirklichen: a) Wert für ihr Unternehmen schaffen. b) Etwas Gutes für ihre Mitarbeiter tun, indem sie diese fördern und motivieren. Und c) ihren eigenen Aufgabenbereich betriebsintern aufwerten und ihn interessanter und verantwortungsvoller gestalten. Das heißt, wenn die am WHCM interessierten Personal-Manager dieses Konzept umsetzen, können sie das „Angenehme" gleichzeitig mit dem „Nützlichen" verbinden, was letztlich zu einer „Win-win-Situation" für alle Beteiligten und Stakeholder führt. Mit anderen Worten: Das WHCM bietet eine lohnende Perspektive – und zwar für *alle* Interessengruppen eines Unternehmens.

Um die mit dem WHCM verbundenen „Herausforderungen" etwas zu entschärfen, wird im nächsten Teil der Arbeit ausführlicher darauf eingegangen, wie das WHCM praktisch umgesetzt und in die bestehenden Geschäftsprozesse eines Unternehmens integriert werden kann.

Teil D: Integration und Umsetzung des WHCM in der betrieblichen Praxis

Im Einführungsteil der Arbeit sowie in den Kapiteln zum Status quo des HCM und WHCM wurde festgestellt: In der Praxis leidet die Personalarbeit nicht primär unter einem „Erkenntnis-", sondern unter einem „Umsetzungs-Problem".[1] Die Gründe dafür sind vielschichtig und je nach Unternehmenssituation unterschiedlich. In diesem Teil werden jedoch zumindest einige prinzipielle Wege aufgezeigt, wie das WHCM in der betrieblichen Praxis etwas leichter ins Rollen gebracht werden kann. Die Empfehlungen sind dabei auf einem Detaillierungsniveau gehalten, mit dem einerseits eine breite Zielgruppe an Unternehmen erreicht werden kann, das andererseits aber auch eine konkrete Ableitung firmenspezifischer Lösungen erlaubt.

Nachfolgend werden zwei Ansätze vorgestellt, die sich zur Integration und Umsetzung des WHCM im betrieblichen Alltag eignen und bereits praxiserprobt sind. Zum einen handelt es sich hierbei um den Ansatz der HR-Scorecard[2] (D.1) und zum anderen um einen vereinfachten Implementierungsprozess für die ersten Schritte in Richtung eines WHCM, der in Zusammenarbeit mit den in der WHCM-Studie befragten Praxisexperten entworfen wurde (D.2).

1   Methodik und Instrumentarium der HR-Scorecard

Die Ausführungen zur HR-Scorecard sind in drei Kapitel unterteilt. Zu Beginn wird kurz das Wesen der HR-Scorecard vorgestellt (D.1.1). Anschließend folgen Erläuterungen zu den sieben Prozessschritten der HR-Scorecard und des dazu notwendigen Instrumentariums (D.1.2). Die Vor- und Nachteile dieses Ansatzes werden schließlich in Kapitel D.1.3 gegenübergestellt.

1.1   Wesen der HR-Scorecard

Nach einem einjährigen Forschungsprojekt mit 12 amerikanischen Firmen, die als führend auf dem Gebiet der Leistungsmessung galten, entwickelten *Kaplan* und *Norton* die „Balanced Scorecard".[3] Mit diesem Management-Instrument sollte ein *ausgewogener* (balanced)

---

[1]   Vgl. dazu auch die Kapitel A.1, B.1.2 oder B.3.4.
[2]   Vgl. *Becker, B.E./Huselid, M.A./Ulrich, D.* (2001). Hinweis: Der Konsistenz dieser Arbeit folgend, müsste der Ansatz eigentlich „HC-Scorecard" heißen. Um jedoch die Urheberschaft dieses Ansatzes von *Becker, Huselid* und *Ulrich* deutlich zu machen, wurde die Originalbezeichnung verwendet. Bewusst wird hier auch vom „Ansatz" der HR-Scorecard gesprochen. Denn es handelt sich hierbei nicht nur um ein einzelnes Instrument (wie der Begriff es vielleicht vermuten lässt), sondern um einen gesamten Prozess mit eigener Methodik und vielen verschiedenen Einzelinstrumenten.
[3]   Vgl. u.a. *Kaplan, R.S./Norton, D.P.* (1992), S. 71-79, (1993), S. 134-147 oder (1996), S. 75-85.

Überblick über die wichtigsten finanziellen und operativen Messgrößen eines Unternehmens gegeben werden können:

"'[B]alanced scorecard' – a set of measures that gives top management a fast but comprehensive view of the business. The balanced scorecard includes financial measures that tell the results of actions already taken. And it complements the financial measures with operational measures on customer satisfaction, internal processes, and the organization's innovation and improvement activities – operational measures that are the drivers of future financial performance."[4]

In Abbildung 90 wird die Methodik gezeigt, mit der eine Balanced Scorecard erstellt werden kann. Der Entwicklungsprozess folgt dabei einem Top-down-Ansatz und beginnt im ersten Schritt mit der Formulierung der Vision des Unternehmens als oberster Leitlinie, an der sich alle Folgeaktivitäten auszurichten haben. Im zweiten Schritt werden aus der Vision Unterziele entwickelt. Diese sind in vier Kategorien unterteilt und repräsentieren die vier Ebenen, auf denen das Unternehmen Wettbewerbsvorteile generieren kann:

• *Finanz*perspektive: Differenzierung aus Sicht der Anteilseigner.

• *Kunden*perspektive: Differenzierung aus Sicht der Kunden.

• *Interne* Perspektive: Differenzierung gegenüber Wettbewerbern hinsichtlich der internen Managementprozesse.

• *Innovation* und *Lernen*: Differenzierung gegenüber Wettbewerbern im Hinblick auf die eigene Fähigkeit zur Innovation und zum Wachstum.

Im dritten Schritt werden die wichtigsten Erfolgsfaktoren bestimmt, die zur Realisierung der zuvor aufgestellten Ziele notwendig sind. Schließlich werden im vierten Schritt die Messgrößen definiert, mit denen später der Stand und die Veränderung der ausgewählten Erfolgsfaktoren erfasst werden.

Ein wesentliches Motiv, die Balanced Scorecard zu entwickeln, war die Beobachtung: In der Praxis wird ein sehr hohes Gewicht auf Finanzkennzahlen gelegt, die von ihrem Charakter her *rückwärts*gerichtet sind (Lagging Indicators). Oder anders: Den *vorwärts*gerichteten Indikatoren (Leading Indicators)[5] wird zu wenig Aufmerksamkeit geschenkt. Ein weiterer Beweggrund war, durch den Prozess der Scorecarderstellung die gesamte Organisation daran zu beteiligen, die Strategie des Unternehmens zu *implementieren*.[6]

Nicht nur in der Wissenschaft, sondern auch in der Praxis hat die Balanced Scorecard große Aufmerksamkeit gefunden – vor allem im angloamerikanischen Raum, aber auch in

---

[4]   *Kaplan, R.S./Norton, D.P.* (1992), S. 71. Hinweis: Einfache Anführungsstriche im Original doppelt.
[5]   Vgl. auch Kapitel B.3.3.2.1.
[6]   Vgl. *Becker, B.E./Huselid, M.A./Ulrich, D.* (2001), S. 21.

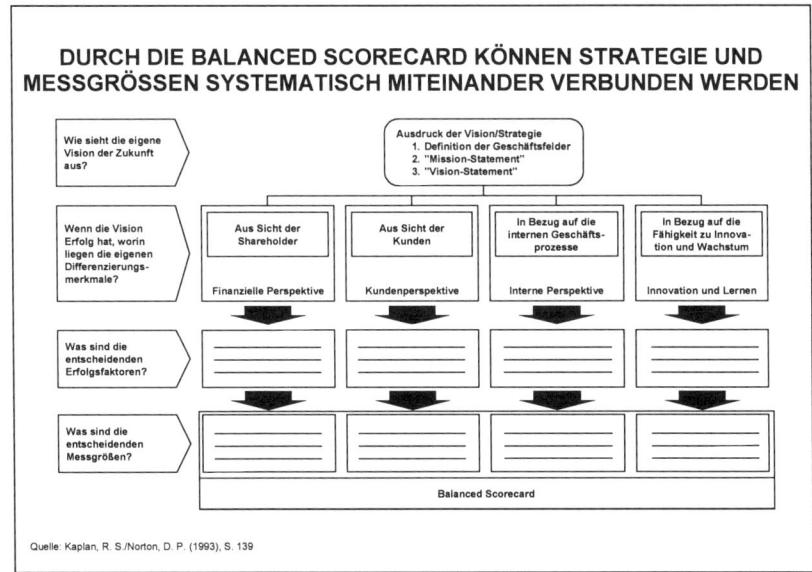

Abbildung 90: *Die Methodik der Balanced Scorecard*

Deutschland. Allein *Kaplan* und *Norton* führten die Balanced Scorecard bis dato in über 200 Unternehmen ein.[7] Und dabei dürfte es sich nur um einen kleinen Teil der Firmen handeln, die heute weltweit mit diesem Instrument arbeiten. Das schwächste „Feature" der Balanced Scorecard ist jedoch die Integration des (W)HCM, wie *Kaplan* und *Norton* selber bestätigen:

> *„[W]hen it comes to specific measures concerning [HR and people-related issues] companies have devoted virtually no effort for measuring either outcomes or the drivers of these capabilities. This gap is disappointing, since one oft the most important goals for adopting the scorecard measurement and management framework is to promote the growth of individual and organizational capabilities ...[This] reflects the limited progress that most organizations have made linking employees ... and organizational alignment with their strategic objectives."*[8]

Daraus ergibt sich nach der Meinung von *Norton* folgendes Dilemma:

> *„The asset that is most important is the least understood, least prone to measurement, and, hence, least susceptible to management."*[9]

---

[7] Vgl. ebenda S. ix und S. 23.
[8] *Kaplan, R.S./Norton, D.P.* (1996a), S.144f., zitiert nach *Becker, B.E./Huselid, M.A./Ulrich, D.* (2001), S. 23.
[9] *Norton, D.P.* (2001) S. ix. Bezogen ist dieses Zitat vor allem auf die Unternehmen der New Economy. Für viele Unternehmen der „Old Economy" dürfte dieses jedoch auch zutreffen, wie u.a. die Analysen im empirischen Teil der Arbeit gezeigt haben.

In der Literatur hat es bereits mehrere Ansätze[10] gegeben, das Konzept der Balanced Scorecard auf die Personalarbeit zu übertragen. Der umfassendste und mit dem WHCM am weitesten kompatible ist die „HR-Scorecard" von *Becker, Huselid* und *Ulrich*. Dieser Ansatz beinhaltet nicht nur das Instrument der Scorecard selber, sondern umfasst auch einen mehrstufigen Implementierungsprozess, der auf Basis langjähriger theoretischer und empirischer Forschung im Bereich der High Performance Work Systems entwickelt wurde – daher auch der enge Bezug zum WHCM. Die wesentlichen Schritte und Instrumente dieses Ansatzes beschreibt das nächste Kapitel.

1.2   Die sieben Schritte der Umsetzung

Becker, Huselid und *Ulrich* gliedern die Entwicklung und Umsetzung der HR-Scorecard in einen Prozess mit sieben Stufen (vgl. Abbildung 91), auf die in den nächsten Unterkapiteln detaillierter eingegangen wird:

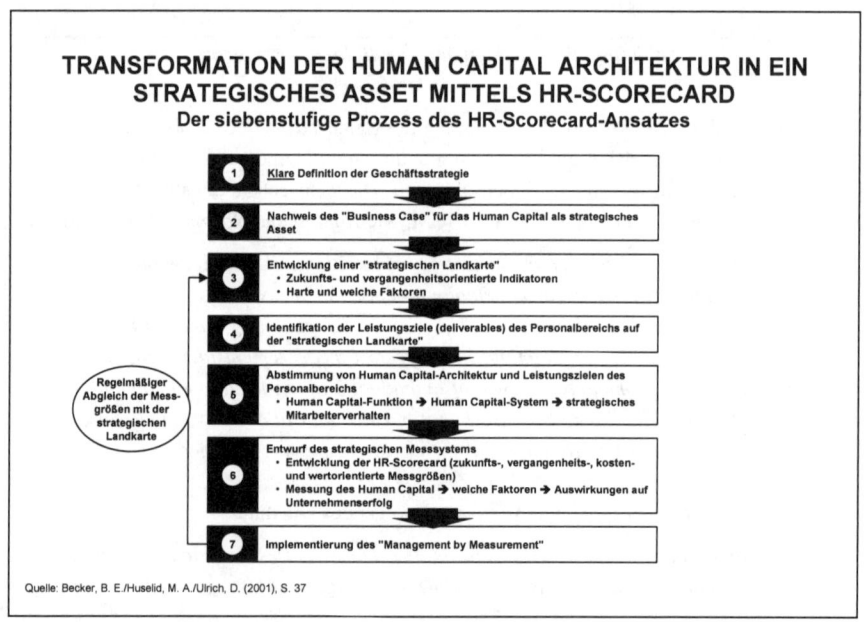

Abbildung 91: Der Prozess des HR-Scorecard-Ansatzes

---

[10] Vgl. z.B. *Ulrich, D.* (1996), S. 57-59; *Fitz-enz, J.* (1994), S. 84-91; *Bühner, R./Breitkopf, D./Stahl, P.C.* (1996), S. 139-170; *Edvinsson, L./Malone, M.S.* (1997), S. 52.; *Skandia* (1998); *Ulrich, D./Zenger, J./Smallwood, N.* (1999).

- Klare Definition der Geschäftsstrategie (D.1.2.1).
- Legitimation des Human Capitals[11] als „Strategisches Asset" (D.1.2.2).
- Entwicklung einer „Strategischen Landkarte" (D.1.2.3).
- Ableitung der „Deliverables" aus der Strategischen Landkarte (D.1.2.4).
- Abstimmung der Human Capital-Architektur[12] auf die „Deliverables" (D.1.2.5).
- Entwicklung eines strategischen Messsystems (D.1.2.6).
- Einführung und Umsetzung des „Management by Measurement" (D.1.2.7).

1.2.1   Schritt 1: Klare Definition der Geschäftsstrategie[13]

Die Ergebnisse der WHCM-Studie haben bereits deutlich werden lassen, wie wichtig es ist, die Personalarbeit an der Geschäftsstrategie auszurichten und die daraus resultierenden Ziele später tatsächlich in der Praxis umzusetzen.[14]

Für den Umsetzungsprozess ist jedoch eine Voraussetzung ganz entscheidend: Die im Rahmen der Strategieentwicklung aufgestellten Ziele müssen sehr konkret und unmiss-verständlich formuliert sein. Ansonsten ist nur schwer verständlich, was *konkret* von den Mitarbeitern verlangt wird und welche Rolle jeder auf dem Weg zu Erreichung dieser Ziele spielen soll. Zugleich fehlt dem Management die Basis, das Erreichen der Vorgaben effektiv zu messen und zu kontrollieren, weil der gewünschte Soll-Zustand nur verschwommen definiert ist und damit nicht genau festgestellt werden kann, ob eine Maßgabe erreicht wurde oder nicht. In der Praxis ist jedoch häufig das Gegenteil zu beobachten. Dort werden Visionen und strategische Maßgaben so vage artikuliert, dass einige Manager sogar ihr eigenes „Mission Statement" nicht mehr wieder erkennen, wenn es ihnen anonymisiert und zusammen mit den strategischen Aussagen anderer Unternehmen präsentiert wird.[15]

1.2.2   Schritt 2: Legitimation des Human Capitals als „Strategisches Asset"[16]

Die Prioritätenliste der WHCM-Werttreiber in Kapitel C.2.3.1 hat gezeigt, wie elementar die Wertschätzung der Mitarbeiter für den Unternehmenserfolg ist. Daher sollte der Personalbereich, bevor er weitere Aktivitäten aufnimmt, zunächst dafür sorgen, dass diese Wertschätzung auch hinreichend in seiner Firma gegeben ist. Gelingt ihm dies nicht, wird er

---

[11] Im Originaltext wird statt „Human Capital" die Bezeichnung „HR" verwendet.
[12] Im Originaltext wird statt HCM-Architektur die Bezeichnung „HR-Architecture" verwendet.
[13] Vgl. *Becker, B.E./Huselid, M.A./Ulrich, D.* (2001), S. 36.
[14] Vgl. auch Kapitel C.2.3.6.1.
[15] Ein Test, den *Becker, Huselid* und *Ulrich* selber mit Top-Managern durchgeführt haben.
[16] Vgl. *Becker, B.E./Huselid, M.A./Ulrich, D.* (2001), S. 37 oder *Pfeffer, J.* (1998), S. 31-63.

später nur mit halber Kraft arbeiten können, weil ihm die nötige Rückendeckung der Entscheidungsträger fehlt.

Wie aber kann man in einem Unternehmen die Wertschätzung und Bedeutung des Human Capitals stärker in den Vordergrund rücken? Neben den verschiedenen Instrumenten der Personalarbeit, die bereits in Kapitel B.1.1.4 beschrieben wurden, spielt hier die ökonomische Legitimation des Human Capitals und des WHCM als „Strategisches Asset"[17] eine wichtige Rolle. Denn die primär zu überzeugende Personengruppe, die Geschäftsleitung, ist in der Regel am ehesten auf der „Sachebene" zugänglich, auf der sie sich am häufigsten bewegt. Und das ist die Ebene der Bewertung von Kosten-Nutzen-Relationen. Erst wenn das Top-Management davon überzeugt ist: „Das Human Capital ist ein wirtschaftlich besonders relevanter Werthebel", wird es auch bereit sein, wirklich strategische Personalentscheidungen (mit investivem Charakter) zu treffen und das damit verbundene Risiko (wie bei jeder Investition) in Kauf zu nehmen.

Die ökonomische Legitimation erfolgt durch den so genannten „Business Case" des Human Capitals. In ihm wird der Aktionsrahmen, die möglichen Chancen und Risiken sowie der potenzielle Netto-Nutzen dieser Ressource aufgezeigt und bewertet. Hinsichtlich des Netto-Nutzens sollte dabei möglichst auf finanzielle Messgrößen zurückgegriffen werden, die dem Management geläufig sind. Die Ergebnisse aus dem empirischen Teil dieser Arbeit sowie die in Kapitel B.3.2.2.2 vorgestellten Erkenntnisse aus der HPWS-Forschung mögen hierbei als hilfreiche Datenbasis dienen. In ihrer Summe sollten diese Daten überzeugend genug sein, um von einer Geschäftsführung zumindest „Rückendeckung" für eine erste Test-Periode des WHCM zu erhalten. Denn oft ist die Informationsbasis, auf der andere Investitions-entscheidungen getroffen werden, auch nicht viel stichhaltiger. Und schließlich ist der potenzielle Wertbeitrag des WHCM ökonomisch so relevant, dass er von keinem Management ignoriert werden sollte, wie empirisch nachgewiesen wurde (s.o.).

1.2.3   Schritt 3: Entwurf einer „Strategischen Landkarte"[18]

Ist die allgemeine Geschäftsstrategie „greifbar" formuliert und die Geschäftsleitung prinzipiell vom Wertsteigerungspotenzial des WHCM überzeugt, wird im nächsten Schritt die Brücke von der Strategie zum WHCM geschlagen, um zu gewährleisten, dass mit der Personalarbeit auch die gewünschten Unternehmensziele erreicht werden.

In der Praxis vollzieht sich die Wertschöpfung entlang mehr oder weniger komplexer Prozesse, die *Porter* auch als „Wertketten" bezeichnet.[19] Diese Wertketten sind zwar nicht in

---

[17]   Vgl. hierzu die Definition in Kapitel B.3.2.2.3.
[18]   Vgl. *Becker, B.E./Huselid, M.A./Ulrich, D.* (2001), S. 40.
[19]   Vgl. *Porter, M. E.* (1986), S.59-81.

jedem Unternehmen transparent, aber dennoch existieren sie. Damit das WHCM in die Geschäftsprozesse der Organisation integriert werden kann, ist es notwendig, seine Aktivitäten auf diese Wertketten abzustimmen und später ein Controlling aufzubauen, dass an allen entscheidenden Schnittstellen der Wertschöpfung „Messinstrumente" installiert hat.

Um den Abstimmungsprozess zu erleichtern, empfehlen *Kaplan* und *Norton*, zunächst die Wertkette(n) des Unternehmens zu visualisieren, und zwar mit Hilfe einer „Strategischen Landkarte".[20] In Abbildung 92 ist am Beispiel des amerikanischen Unternehmens *Sears, Roebuck and Co.* zu sehen, welche Form eine solche „Strategische Landkarte" annehmen kann. Auf der unteren Ebene dieser Graphik ist die eigentliche Wertkette des Unternehmens abgebildet und auf der darüber liegenden finden sich die dazugehörigen Erfolgsfaktoren (Stärken des Unternehmens, Verhalten der Geschäftspartner, Mitarbeiter etc.).

Entwickelt wird die „Strategische Landkarte" in der Regel unter Leitung des Top- oder mittleren Managements, das auch die Geschäftsstrategie mit entworfen hat. Darüber hinaus sollte jedoch ein breiterer Kreis an weiteren Managern bzw. Fachleuten daran beteiligt werden, der sich aus Vertretern aller relevanten Bereiche und Funktionen des Unternehmens zusammensetzt. Denn dadurch kann nicht nur die Komplexität der Wertkette besser erfasst und die Qualität seiner Visualisierung erhöht werden, sondern auch die spätere Akzeptanz der Ergebnisse im Unternehmen begünstigt werden.

Mit den folgenden Fragen kann die Erstellung einer „Strategischen Landkarte" noch etwas erleichtert werden:

- Welche strategischen Ziele und Ergebnisse sind *besonders* erfolgskritisch?
- Was sind die Erfolgsfaktoren zur Erreichung dieser Ziele?
- Wie kann der Fortschritt auf dem Weg zur Zielerreichung gemessen werden?
- Welche Hindernisse und Schwierigkeiten können auf dem Weg zu den Zielen auftreten?
- Wie müssten sich die Mitarbeiter verhalten, um das Erreichen der Ziele sicherzustellen?
- Gewährleistet das WHCM, dass ausreichend Mitarbeiter mit den erforderlichen Qualifikationen und der nötigen Motivation an der richtigen Stelle des Unternehmens verfügbar sind?
- Wenn nicht, was muss wann, wie und von wem geändert werden?

---

[20] Vgl. *Kaplan, R.S./Norton, D.P.* (2000), S. 167-176.

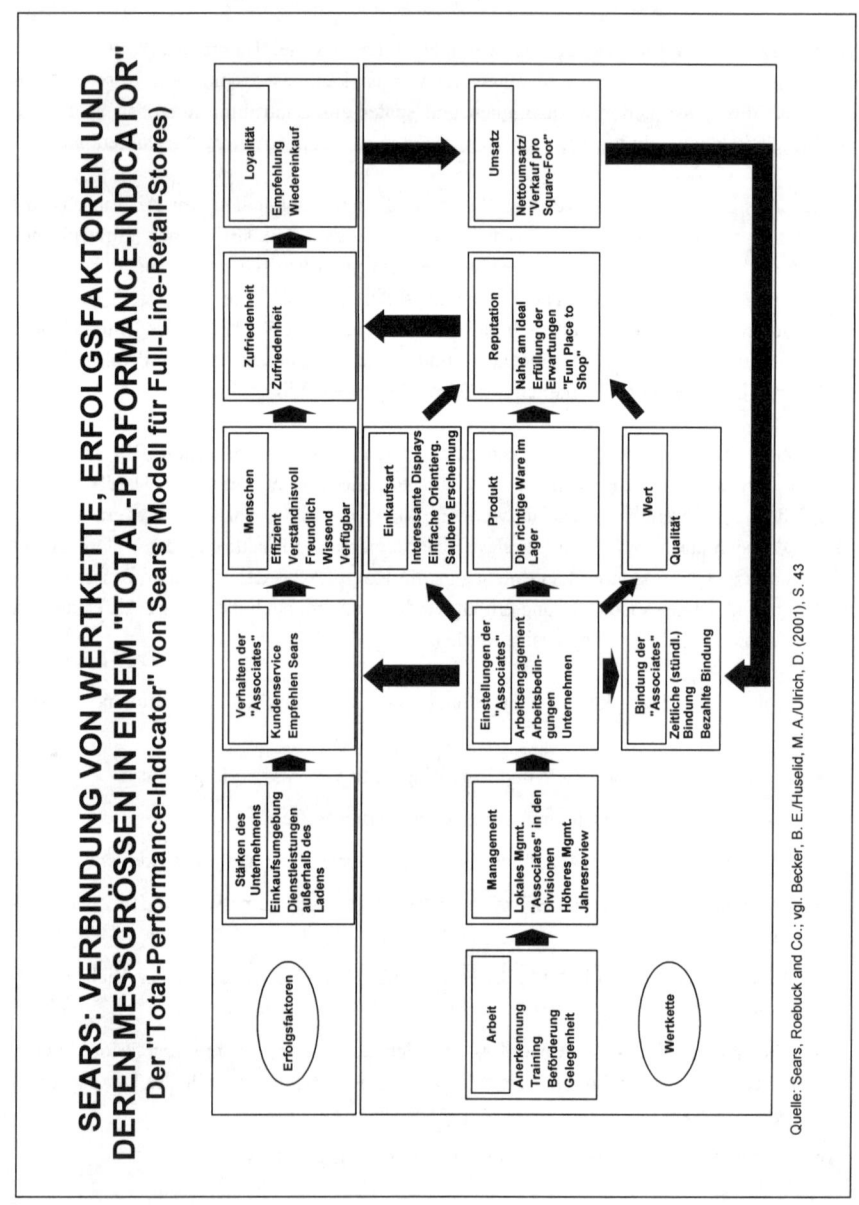

SEARS: VERBINDUNG VON WERTKETTE, ERFOLGSFAKTOREN UND DEREN MESSGRÖSSEN IN EINEM "TOTAL-PERFORMANCE-INDICATOR"

Der "Total-Performance-Indicator" von Sears (Modell für Full-Line-Retail-Stores)

Quelle: Sears, Roebuck and Co.; vgl. Becker, B. E./Huselid, M. A./Ulrich, D. (2001). S. 43

Abbildung 92: Der Total-Performance-Indicator von Sears

Begleitend können Fragebögen eingesetzt werden, mit denen erhoben wird, wie weit die Mitarbeiter bereits die relevanten Werthebel und Werttreiber ihres Unternehmens kennen und diese auch richtig und ausreichend aktivieren.

Zum Schluss werden alle Informationen graphisch umgesetzt, wie z.B. in Abbildung 92. Während man hierfür beim ersten Mal in der Regel noch auf viele Hypothesen und Schätzungen angewiesen ist, nimmt die Genauigkeit der „Strategischen Landkarte" aufgrund der Erfahrungen mit der Zeit immer mehr zu. Allein der Entwicklungsprozess und die Visualisierung der Werttreiber schaffen jedoch bereits so viel Transparenz über die Wertschöpfungsprozesse, dass sich der Aufwand in der Regel auch beim ersten Einsatz schon voll bezahlt macht.

1.2.4 Schritt 4: Ableitung der Leistungsziele aus der „Strategischen Landkarte"[21]

Nachdem die Wertketten des Unternehmens in Schritt 3 mit Hilfe der „Strategischen Landkarte" visualisiert wurden, kann nun das WHCM in die Geschäftsprozesse integriert werden. Dies geschieht, indem genau festgelegt wird, welche Leistungsziele (Deliverables) das WHCM in welchen Bereichen der Wertkette(n) zu erbringen hat. Einen besonders hohe Zusatznutzen kann das WHCM dabei an den Stellen generieren, an denen sich die Personal- und sonstige Arbeit berühren bzw. überschneiden. Denn das sind die Felder, für die einerseits oft keine klaren Zuständigkeitsregelungen vorhanden sind und andererseits die erforderlichen Mitarbeiter mit bereichsübergreifenden Qualifikationsprofilen fehlen. Beispiele sind u.a. das Vergütungssystem (Geschäftsleitung/Controlling/Personalbereich), das Personalcontrolling (Controlling/Personalbereich) oder das Management strategischer Personal-Portfolios[22] (Fachabteilungen/Personalbereich).

Dokumentiert werden die Leistungsziele am besten so, dass für jeden Teilabschnitt der Wertkette ersichtlich ist, welche spezifischen WHCM-Werttreiber dort zum Tragen kommen (z.B. Rekrutierung und Training) sowie welche konkreten Aktivitäten und Resultate in der Betrachtungsperiode je Werttreiber erwartet werden (z.B. Einstellung von 20 neuen Verkäufern mit Qualifikationsprofil „Q4" sowie Trainingsmaßnahmen für das bereits vorhandene Verkaufspersonal, die zu einer durchschnittlichen Gewinnsteigerung von 10% pro Mitarbeiter führen). Wichtig ist hierbei, nicht nur die direkten Werttreiber in der „Strategischen Landkarte" zu berücksichtigen, sondern auch die indirekten.[23]

In der Praxis ist es häufig ein zäher Prozess, die Leistungsziele des WHCM präzise zu definieren. Denn hierzu müssen sich die Linien- und Human Capital Manager enger miteinander abstimmen als bisher, um sich vor allem an den Schnittstellen ihrer Bereiche über die

---

[21]   Vgl. *Becker, B.E./Huselid, M.A./Ulrich, D.* (2001), S. 42-44.
[22]   Vgl. hierzu auch die entsprechenden Ausführungen im Kapitel B.1.1.4.
[23]   Vgl. Kapitel B.3.3.2.3.

jeweiligen Verantwortlichkeiten und Ziele zu einigen. Ein Verhalten, das zwar in jüngerer Zeit häufiger zu beobachten ist, jedoch in vielen Bereichen immer noch zu wenig praktiziert wird. Im Zweifelsfall sollte daher der Human Capital Manager die Initiative ergreifen und auf seine Linien-Kollegen zugehen. Denn ihm ist die Bedeutung dieser Abstimmung wahrscheinlich etwas bewusster, als denjenigen, die sich mit der Methodik des WHCM noch gar nicht intensiver befasst haben.

Darüber hinaus besteht aber auch noch eine ganz operative Schwierigkeit, nämlich die WHCM-Werttreiber an den „richtigen" Stellen in der Wertkette einzuordnen. Vor allem gilt dieses für die *in*direkten Werttreiber, wie Motivation oder Unternehmenskultur. Als Denkhilfe mag die Frage dienen: Welches strategische *Verhalten* der Mitarbeiter ist an welcher Stelle der Wertkette besonders relevant? Weil das Verhalten der Mitarbeiter wiederum primär von ihren Fähigkeiten und ihrer Motivation abhängt, ergeben sich aus der Beantwortung dieser Frage weitere Ansatzpunkte, wie das WHCM diese beiden Faktoren beeinflussen kann.[24] Ein Beispiel: Angenommen, aus der „Strategischen Landkarte" sei ersichtlich, die Effizienz bestimmter Fertigungsteams müsse verbessert werden, um den Wertbeitrag der Produktion noch weiter steigern. Was heißt das nun für das WHCM? Auf der *Fähigkeits*ebene wären mögliche Ansatzpunkte:

- Personelle Zusammensetzung der Teams

- Fachliche Schulungen hinsichtlich der Prozessabläufe

- Training bezüglich der Selbst- und Teamorganisation

- Training des Kommunikations- und Feedbackverhaltens.

Auf der *Motivations*ebene könnten sich u.a. anbieten:

- Teambuilding-Maßnahmen

- Vorgabe/Veränderung von Team-Zielen

- Einführung/Veränderung von Teambeurteilungen

- Einführung/Veränderung von Team-Incentives.

Darüber hinaus können die Rahmenbedingungen der Teams verbessert werden, z.B. durch:

- Einen höheren Autonomiegrad der Teams

- Einen kooperativeren Führungsstil der Vorgesetzten

- Oder durch größere räumliche Nähe der Teammitglieder.

---

[24] Siehe bezüglich der Einflussmöglichkeiten die Ausführungen zu den Werttreibergruppen „Fähigkeiten der Mitarbeiter" (Kapitel C.2.3.3) und „Motivation der Mitarbeiter" (Kapitel C.2.3.4).

Sehr vereinfacht wird die Definition der WHCM-Deliverables, wenn die Organisation bereits mit einer unternehmensweiten Balanced Scorecard arbeitet. In diesem Falle sind nämlich viele Geschäftsziele schon so weit heruntergebrochen, dass aus ihnen die Anknüpfungspunkte für die Personalarbeit relativ leicht ersichtlich werden. Existiert jedoch keine allgemeine Scorecard, müssen die erforderlichen Informationen aus der verabschiedeten Geschäftsstrategie (bzw. Planung, sofern keine „Strategie" aufgestellt wurde) näherungsweise herausgefiltert werden.[25]

1.2.5   Schritt 5: Abstimmung der Human Capital-Architektur auf die Leistungsziele

In den Schritten 3 und 4 ging es darum, das WHCM mit den Geschäftsprozessen des Unternehmens zu verbinden und aus der Top-down-Sicht Leistungsziele für die Personalarbeit zu definieren. In Schritt 5 wird diese Sichtweise nun umgekehrt und festgelegt, welche Maßnahmen im Rahmen des WHCM notwendig sind, um die vorgegebenen Ziele zu erreichen. Dabei geht es nicht mehr darum, Einzelprobleme an bestimmten Stellen der Wertkette zu lösen, sondern die Strukturen und Werttreiber des WHCM-Systems an die strategischen Vorgaben anzupassen.[26]

Hierfür eignet sich besonders die folgende Vorgehensweise:

1.   Gruppierung aller Leistungsziele nach Werttreibergruppen und Einzelwerttreibern.

2.   Identifikation der Abhängigkeiten zwischen den Einzelwerttreibern a) *innerhalb* einer Werttreibergruppe und b) *zwischen* den Werttreibergruppen.

3.   Entwicklung von Maßnahmen*paketen*, mit denen die Strukturen und Voraussetzungen geschaffen werden können, um alle Leistungsziele für jeden Einzelwerttreiber und jede Werttreibergruppe – unter Berücksichtigung ihrer gegenseitigen Abhängigkeiten – zu erfüllen. Dabei kann es sich sowohl um organisatorische (z.B. personelle Veränderungen oder Gründung eines Fortbildungszentrums) als auch inhaltliche Maßnahmen (z.B. Entwicklung neuer Trainings oder Beurteilungssysteme) handeln. Methodisch kann es hilfreich sein, die Maßnahmenpakete schwerpunktmäßig nach den sieben Werttreibergruppen des WHCM zu gliedern. Beginnen sollte man mit den Werttreibergruppen, die am direktesten auf das Verhalten der Mitarbeiter wirken: Fähigkeiten, Motivation, Unternehmenskultur/Führungsstil und Wertschätzung sowie parallel die strategische Ausrichtung und Koordination. Die strukturell-funktionale Werttreibergruppe der Verantwortlichkeiten und Ressourcen sollte hingegen erst danach betrachtet werden, getreu dem Grundsatz aus der Strategieliteratur: Strukturen und Prozesse folgen der Strategie[27] – und nicht

---

[25]   Vgl. hierzu auch *Walker, G.* (2000).
[26]   Vgl. *Becker, B.E./Huselid, M.A./Ulrich, D.* (2001), S. 45-48.
[27]   Vgl. u.a. *Zakon, A.J.* (1983), S. 170 und *Oetinger, B. v.* (1993b), S.471-478.

umgekehrt. Das Controlling braucht an dieser Stelle noch nicht berücksichtigt zu werden, da es im nächsten Prozessschritt noch separat adressiert wird.

Zum Schluss des Schrittes 5 sollten zu jedem Maßnahmenpaket Umsetzungspläne erarbeitet werden, um die weitere Vorgehensweise und die Verteilung der Verantwortlichkeiten klar zu definieren. Seine wesentlichen Elemente sind:

- Maßnahmen

- Erwartete Ergebnisse

- Meilensteine auf dem Weg zu den Ergebnissen

- Einzelaktivitäten/Teilmaßnahmen zur Realisierung der Meilensteine

- Zeitrahmen

- Verantwortlichkeiten

- Schnittstellen zu anderen Werttreibergruppen/Maßnahmenpaketen

- Benötigte Ressourcen

- Abschätzung des Kosten-Nutzen-Verhältnisses.

Das Kontrollinstrumentarium für die Umsetzungspläne wird in Schritt 6 entwickelt.

1.2.6   Schritt 6: Entwurf des strategischen Messsystems

Bis zu diesem Schritt sind alle wesentlichen *inhaltlichen* Aspekte geklärt, die zur Integration der Personalarbeit in die Geschäftsprozesse notwendig sind. Was aber noch fehlt – und das macht den besonderen Charakter des *Wertorientierten* Human Capital Managements aus – ist ein Controllingsystem, mit dem gemessen und kontrolliert werden kann, ob durch das Human Capital auch der geplante Wertbeitrag erzielt wird.[28] Mit der Güte dieses Controllingsystems bestimmt das WHCM seinen Platz und seine Glaubwürdigkeit im Unternehmen und hilft der Organisation gleichzeitig den maximalen Nutzen aus dem Human Capital zu ziehen.[29] Denn der Personalbereich muss sich dadurch nicht mehr im Blindflug bewegen und warten, bis das Jahresergebnis vorliegt, sondern er bekommt schon frühzeitig Indikationen, wie genau die Planung des WHCM eingehalten wird und an welchen Stellen Korrekturbedarf entsteht. Damit kann bei auftretenden Schwierigkeiten frühzeitig reagiert und gegengelenkt werden, so dass die Wahrscheinlichkeit steigt, die geplanten Ziele auch tatsächlich zu erreichen.

---

[28] Vgl. *Becker, B.E./Huselid, M.A./Ulrich, D.* (2001), S. 48-50.
[29] Vgl. ebenda, S. 107.

Für den Aufbau eines strategischen Messsystems sind zwei Grundvoraussetzungen wichtig: Erstens, das Verständnis der Wertketten, Prozesse und Kausalketten zwischen den Werttreibern und ihren Zielgrößen und zweitens, die Auswahl der richtigen Messmethoden und Messgrößen.

In den Teilen B und C wurde dieses Thema ja bereits ausführlich erörtert. Deshalb wird nachstehend nur noch auf die folgenden praxisorientierten Aspekte eingegangen:

- Die häufigsten Probleme bereits existierender Messsysteme

- Die Prinzipien effektiver Messung in der Praxis

- Probleme bei der Umsetzung dieser Prinzipien

- Die HR-Scorecard als Messinstrument

- Ergänzung der HR-Scorecard durch den Werttreiberbaum

Die häufigsten Probleme bereits existierender Messsysteme[30]

Bei der Analyse bestehender Messsysteme lassen sich am häufigsten die folgenden vier Problemfelder identifizieren:

- Nutzung vorhandener Daten, anstatt relevanter Daten.

- Unzureichende Kommunikation der Zielswetzung und fehlendes Verständnis der Kausalzusammenhänge.

- Fehlende Vorabkommunikation des Nutzens und dadurch die Schwierigkeit, Leistungsträger für die Implementierung zu gewinnen.

- Schlechte Datenqualität (Menge, Genauigkeit, Aggregationsgrad).

Aus diesen Gründen muss im Unternehmen zunächst ein Bewusstsein dafür geschaffen werden, wie wichtig es ist, auch für die Personalarbeit eine Datenbasis zu generieren, deren Qualität zumindest an den kritischen Stellen so ausreichend ist, dass ein *wert*orientiertes Management des Human Capitals überhaupt möglich ist – und nicht nur ein *kosten*orientiertes. Aber nach welchen Prinzipien sollte nun ein effektives Human Capital-Messsystem aufgebaut werden?

Die Prinzipien effektiver Messung in der Praxis[31]

Im Rahmen der Messung des WHCM ist es notwendig, sowohl Niveaus als auch Kausalbeziehungen zu erfassen und zu bewerten. Um das *Niveau* von Werttreibern effektiv messen

---

[30] Vgl. *Becker, B.E./Huselid, M.A./Ulrich, D.* (2001), S. 108-110.
[31] Vgl. *Becker, B.E./Huselid, M.A./Ulrich, D.* (2001), S. 113-126.

zu können, müssen vor allem *sinnvolle* Kennzahlen verwendet werden. Hinter dem Begriff „sinnvoll" verbergen sich hierbei zwei Kriterien: Erstens die Aussagekraft und zweitens die Relevanz der Kennzahlen. Zur *Aussagekraft* ist anzumerken, dass die ausgewählten Messgrößen für deren Zielgruppe möglichst einfach interpretierbar sein sollten. Was sagt einem Manager zum Beispiel eine Mitarbeiterzufriedenheit von durchschnittlich 3,24 Punkten auf einer Likert-Skala oder eine Personalfluktuation von 10%? Damit er diese Zahlen beurteilen kann, braucht er einen zusätzlichen Vergleichsmaßstab, z.B. eine interne oder externe[32] Benchmarkinggröße, einen Zeitvergleich oder eine Break-even-Menge.[33] Am besten wäre es natürlich, wenn gleich die finanziellen Auswirkungen der Messergebnisse angegeben werden könnten.

Mit der *Relevanz* der Kennzahlen ist gemeint, inwieweit diese Antworten auf strategisch wichtige Fragestellungen geben können. So kann aus einer Fluktuationsquote, die um 10% höher als bei anderen Wettbewerbern liegt, noch keine strategische Schlussfolgerung gezogen werden. Weiß man aber, ob im eigenen Unternehmen mehr oder weniger Mitarbeiter als im Wettbewerbsdurchschnitt von sich aus und gegen den Wunsch der Firma kündigen, dann ist dies durchaus eine strategisch relevante Information.

Darüber hinaus sollten die Messgrößen „greifbar" sein – anstatt nur Konzepte und Visionen wiederzugeben – und die wesentlichen Mechanismen der Wertkette abbilden. Im Rahmen der Strategieentwicklung werden z.B. oft nur Schlagworte und einfach zu verstehende Ziele formuliert, wie bei *Sears, Roebuck and Co.*: „A Compelling Place to Invest. A Compelling Place to Shop. And a Compelling Place to Work."[34] Selbst einzelne strategische Aussagen auf ein Niveau herunterzubrechen wie „Superior Cross-Selling Performance", reicht hierbei noch nicht aus. Sinnlos ist auch, die Beziehung zwischen zwei Größen x und y zu messen, wenn deren Zusammenhang überhaupt nicht den Wertschöpfungsmechanismus widerspiegelt. Indem man statt Einzelkennzahlen multiple Messgrößen in Form von *Indices* verwendet, können diese Probleme jedoch in vielen Fällen beseitigt werden. Denn mit ihnen können komplexe Strukturen wesentlich genauer erfasst werden, als mit Detail-Kennzahlen, wie z.B. den durchschnittlichen Trainingskosten pro Mitarbeiter.[35] *Sears* hat daher Indices für alle wichtigen qualitativen Erfolgstreiber gebildet, anhand derer es die Umsetzung seiner zunächst sehr abstrakt formulierten Leitsätze überprüft (vgl. Abbildung 93).

Optimalerweise ist eine Messzahl so gestaltet, dass sich mit ihr die Frage beantworten lässt: Wenn ich x um so viel ändere, um wie viel ändert sich dann y? Dabei ist jedoch immer der

---

[32] Zu den potenzielle Gefahren des externen Benchmarking siehe u.a. Kapitel C.2.3.6.1.

[33] Durch eine Break-even-Analyse können diejenigen Erlöse bzw. die dazugehörige (Absatz)-Menge bestimmt werden, bei denen die gesamten fixen und variablen Kosten einer Investition voll gedeckt werden (vgl. *Reichmann, T.* (1993), S. 135-140; hier insbesondere S. 135).

[34] Vgl. auch die Ausführungen in Kapitel C.2.2.2.

[35] Vgl. Kapitel C.2.3.3.3 sowie die Ausführungen zum Human Capital Valuation Index in Kapitel B.4.4.1.

KOMPLEXE KONSTRUKTE LASSEN SICH HÄUFIG AM BESTEN DURCH MULTIPLE MESSGRÖSSEN ERFASSEN

Konstrukt: "A Compelling Place to Work" (Strategisches Ziel von Sears, Roebuck and Co)

1. Ich mag meine Arbeit gerne
2. Meine Arbeit gibt mir das Gefühl, etwas zu erreichen
3. Ich bin stolz zu sagen: "Ich arbeite bei Sears"
4. Wie beeinflusst der von Ihnen erwartete Arbeitsumfang Ihre Gesamteinstellung zu Ihrer Arbeit?
5. Wie beeinflussen Ihre physischen Arbeitsbedingungen Ihre Gesamteinstellung zu Ihrer Arbeit?
6. Wie beeinflusst die Art und Weise, wie Sie von Ihrem Vorgesetzten behandelt werden, Ihre Gesamteinstellung zu Ihrer Arbeit?

→ Einstellung gegenüber dem Job

7. Ich habe ein gutes Gefühl bezüglich der Zukunft des Unternehmens
8. Sears nimmt die Veränderungen vor, die notwendig sind, um wettbewerbsfähig zu sein
9. Ich verstehe unsere Geschäftsstrategie
10. Sehen sie eine Verbindung zwischen Ihrer Arbeit und den strategischen Zielen des Unternehmens?

→ Einstellung gegenüber der Firma

→ Verhalten der Mitarbeiter

Anmerkung: Antworten auf diese zehn Fragen (Auszug aus einem Katalog mit 20 Fragen) spiegelten das Mitarbeiterverhalten (und damit den Einfluss auf die Kundenzufriedenheit) deutlich besser wider als die zwei ursprünglich verwendeten Messgrößen "Wachstum und Entwicklung der Person" sowie "Befähigte (empowered) Teams"
Quelle: Sears, Roebuck and Co.; vgl. Rucci, A. J./Kirn, S. P./Quinn, R. T. (1998), S. 90

Abbildung 93: Beispiel für die Erfassung eines komplexen Konstruktes durch eine Multiple Messgröße

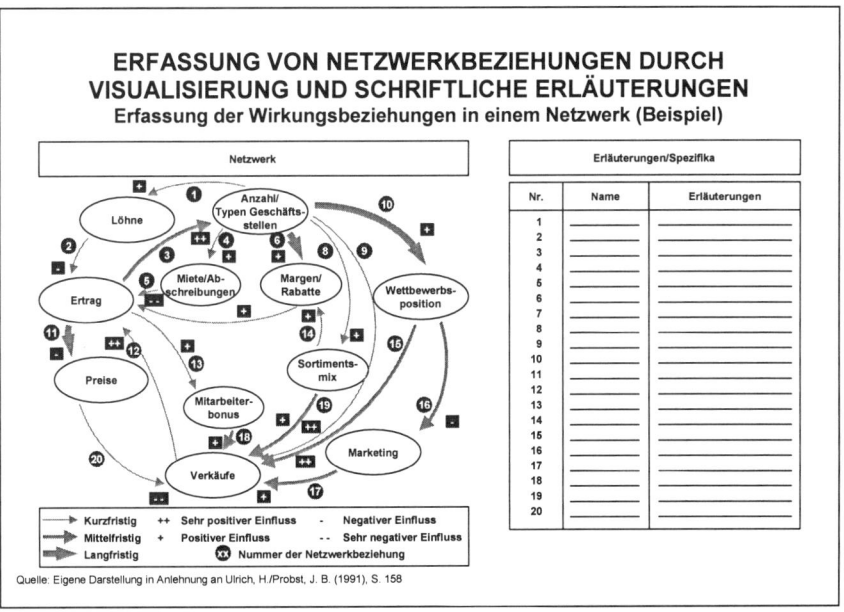

Abbildung 94: Beispiel für die Visualisierung von Systemzusammenhängen

Systemcharakter des WHCM zu berücksichtigen. Das heißt, selbst wenn man Messgrößen findet, mit denen diese Frage (rechnerisch) beantwortet werden könnte, hat man die Realität in der Regel trotzdem nur in Ausschnitten abgebildet. Denn die tatsächlichen Wirkungsbeziehungen sind viel komplexer, als es mathematisch nachvollzogen werden kann, und verlaufen zumeist nicht nur in eine Richtung, sondern bestehen aus einer Summe diverser Wechselbeziehungen. Daher ist noch wichtiger, als Niveaus zu messen, die dahinter stehenden *Kausalbeziehungen* zu verstehen.

Aber wie versteht man Kausalbeziehungen? Eine Möglichkeit ist, zunächst alle Einflussfaktoren (hier: Werttreiber) aufzulisten, die für das gewünschte Ergebnis (hier: Wertsteigerung) in einer bestimmten Situation relevant sein könnten. Anschließend versucht man dann, möglichst visuell, schrittweise die Beziehungen zwischen diesen Faktoren zu analysieren.

Dabei sollten mehrere Punkte berücksichtigt werden:

- Welcher Faktor beeinflusst welche(n) andere(n) Faktor(en)?
- Ist dieser Einfluss positiv oder negativ bzw. verstärkend oder abschwächend?
- Mit welcher zeitlichen Verzögerung (Time-Lag) tritt der Einfluss auf?
- Gibt es gegenseitige Wechselbeziehungen und welche Kausalrichtung ist dominant?
- Unter welchen Umständen findet der Einfluss statt?
- Und wie kann der Einfluss (von außen) verändert werden?

Abbildung 94 zeigt, auf welche Art und Weise Kausalbeziehungen visualisiert werden können. Die Antworten auf die gerade genannten Fragen lassen sich zum einen kausal-logisch ableiten. Dazu sollte möglichst in einem Team gearbeitet werden, das sich aus Spezialisten aller betrachteten Bereiche zusammensetzt. Zum anderen kann mit Hilfe statistischer Verfahren (z.B. Regressionsanalyse[36]) versucht werden, die Kausal-Logik zu untermauern. Das Ziel sollte hierbei sein, am Ende ein Gesamtbild zu entwerfen, das sowohl inhaltlich stimmig, als auch mathematisch weitgehend nachvollziehbar ist, damit es später in das gewünschte Messsystem übertragen werden kann.

Probleme bei der Umsetzung dieser Prinzipien

Die Ausführungen, vor allem zur Analyse der Wirkungszusammenhänge, mögen etwas theoretisch klingen. Daher sei hier kurz auf einige potenzielle Fallstricke eingegangen, die bei der Implementierung eines neuen Human Capital-Messsystems berücksichtigt werden sollten.[37]

---

[36] Vgl. Kapitel C.1.4.
[37] Vgl. *Becker, B.E./Huselid, M.A./Ulrich, D.* (2001), S. 126-129.

Ersatz des Alten durch das Neue

Wie bereits erwähnt, sind die vorhandenen Daten oft nicht die benötigten. Daher ist es in vielen Fällen notwendig, die bisherigen Mess- und Controllingsysteme umzustellen oder sie zu erneuern. *Toni Rucci*, früherer Vice President of Administration bei *Sears*, hat in diesem Zusammenhang erkannt: Human Capital Manager müssen sich für solche Vorhaben Unterstützung suchen – wo immer möglich. Denn nach seiner Erfahrung lehnen in einer Organisation ungefähr zwei drittel aller Mitarbeiter derartige Veränderungen erst einmal grundsätzlich ab bzw. die Neuerungen sind ihnen egal. Daher ist es nach *Rucci's* Meinung effektiver, sich bei der erforderlichen Überzeugungsarbeit vorwiegend (nicht ausschließlich) auf das verbleibende Drittel der Mitarbeiter zu konzentrieren, als zu versuchen, die anderen zwei Drittel auch noch „ins Boot zu holen" – sofern damit größere Schwierigkeiten verbunden sind.

Die Versuchung, alles messen zu wollen

Ist die „Strategische Landkarte" erst einmal entworfen, kann leicht die Versuchung aufkommen, alle berücksichtigten Faktoren auch messen zu wollen. Hierbei besteht jedoch die Gefahr: a) sich in der Komplexität des Gesamtsystems zu verlieren, b) die zeitlichen und finanziellen Ressourcen überzustrapazieren und c) gerade bei den ersten Messversuchen ein riesiges „Kontroll-Monstrum" zu entwickeln, das keiner mehr zu beherrschen vermag und vor dem jeder innerlich zurückschreckt. Daher sollte man zunächst mit den Werttreibern und Beziehungen in der Wertkette beginnen, die am wichtigsten sind und sich vergleichsweise einfach messen lassen. Denn dadurch lassen sich schnell die ersten Erfolgserlebnisse erzielen, die Motivation und Rückendeckung für einen weiteren Ausbau des Messsystems in der Zukunft geben. Als Anhaltspunkt für die Wichtigkeit der Werttreiber mag deren Rangreihung in Kapitel C.2.3.1 auf Basis ihrer Korrelation mit der Wertschaffung (VAP) dienen.

Die Wahl der angemessenen Analysetiefe

Wenn Ursache-Wirkungs-Zusammenhänge analysiert werden sollen, müssen alle betrachteten Faktoren auf der *selben* Ebene gemessen werden. Die durchschnittlichen Trainingsstunden pro Mitarbeiter in der Marketingabteilung können beispielsweise nicht mit der Wertschaffung des gesamten Unternehmens in Beziehung gesetzt werden, sondern wären mit der Wertschaffung dieses Geschäftsbereiches zu vergleichen. Häufig sind die entsprechenden Daten aber nur auf unterschiedlichen Niveaus verfügbar. Daher muss entschieden werden, auf welcher Messebene die Ergebnisse am Ende vorliegen sollen. Als Richtschnur mag die Kosten-Nutzen-Relation der jeweiligen Untersuchungen dienen, wobei häufig eine Abschätzung ausreicht. In Zweifelsfällen sollte gerade in der Anfangsphase der Human Capital-Messung eher das höhere Analyseniveau gewählt werden, um zunächst einen breiteren

Überblick zu gewinnen. An kritischen Stellen kann dann später immer noch intensiver geforscht werden.[38]

Richtiger Einsatz von vorwärtsgerichteten (leading) und rückwärtsgerichteten (lagging) Indikatoren

Auf die Unterschiede zwischen diesen beiden Arten von Indikatoren wurde bereits in Kapitel B.2.2 eingegangen. In der Praxis ist es jedoch nicht nur wichtig, diese Indikatorarten voneinander zu unterscheiden, sondern vor allem auch zu wissen, mit welcher Zeitverzögerung sie reagieren. Am genauesten kann man dies feststellen, indem man Messungen in Zeitreihen vornimmt – sowohl jährlich als auch, wenn nötig, unterjährig. Denn dadurch lassen sich die Kausalzusammenhänge erst richtig verstehen und über die Zeit nachvollziehen. Natürlich gilt auch hier, Augenmaß zu behalten und solche Zeitreihenanalysen nur für die Bereiche durchzuführen, in denen die zeitverzögerte Reaktion der Indikatoren auch tatsächlich ausschlaggebend ist.

Die HR-Scorecard als Messinstrument

Bislang wurde nur von dem Prozess und der Methodik gesprochen, die der HR-Scorecard zu Grunde liegen. Wie sieht jedoch das *Instrument* der HR-Scorecard in der Praxis aus? Eine Standardantwort kann hierauf nicht gegeben werden, weil die Ausgestaltung und das Format der HR-Scorecard wesentlich von den Bedürfnissen und Spezifika eines Unternehmens abhängen. Grundsätzlich sollten jedoch neben der „Strategischen Landkarte" noch zwei weitere Instrumente angefertigt werden. Zum einen ein vereinfachtes Kausalitätsmodell, in dem die wichtigsten Leistungsziele und Kausalzusammenhänge des *WHCM* noch einmal graphisch dargestellt werden sowie eine Scorecard, in der die Ziele und Messgrößen – unterteilt nach verschiedenen inhaltlichen Dimensionen – verbal erfasst werden. Die Abbildung 95 zeigt, wie das amerikanische Unternehmen *GTE* sein Kausalitätsmodell graphisch umgesetzt hat und Abbildung 96 wie die dazugehörige HR-Scorecard aussieht.

In dem Kausalitätsmodell sind fünf Kerntreiber enthalten: Talent, Fähigkeiten, Schaffung einer leistungsorientierten Kultur, organisationale Integration sowie Führung. Die vier Gliederungsebenen, angelehnt an das Scorecard-Konzept von *Kaplan* und *Norton*, sind: Strategie, Aktivitäten/Prozesse (Operations), Kunden und Finanzen. Nach diesen Gliederungsebenen ist auch die HR-Scorecard aufgebaut. Diese enthält für jede Ebene detaillierte Ziele sowie die dazugehörigen firmenweiten (vergangenheitsorientierten) und geschäftseinheitsbezogenen (zukunftsorientierten) Messgrößen.[39]

---

[38] Quelle: Experteninterviews
[39] Unter „vergangenheitsorientierten" Messgrößen werden die „Lagging Indicators" und unter den „zukunftsorientierten" die „Leading Indicators" verstanden. Vgl. hierzu auch die Ausführungen in Kapitel B.3.3.2.1.

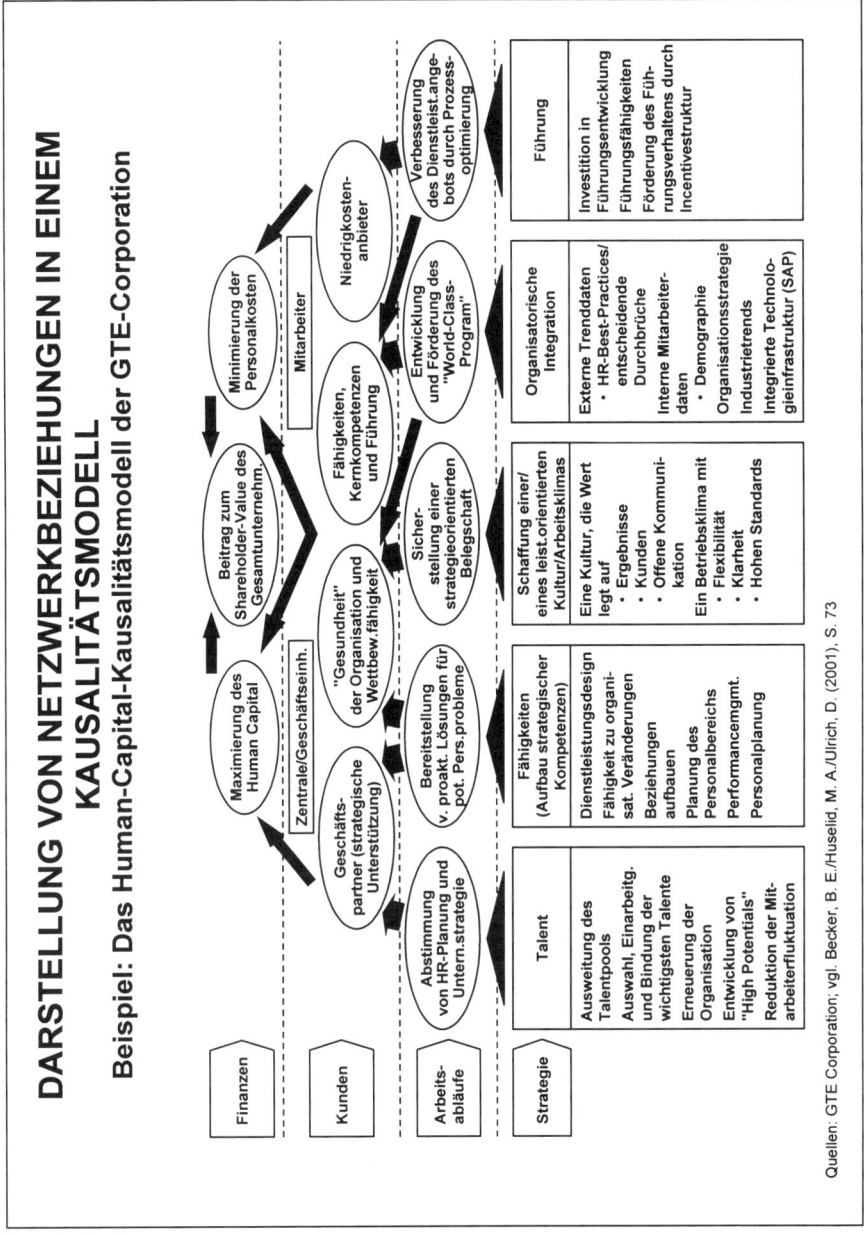

Abbildung 95: *Beispiel eines Human Capital-Kausalitätsmodells*

ÜBERFÜHRUNG DES KAUSALITÄTSMODELLS IN EINE HR-SCORECARD

Beispiel: Messgrößen für die HR-Scorecard der GTE Corporation nach Geschäftszielen

	Ziele	Messgrößen auf Firmenebene (vergangenheitsorientiert)	Messgrößen auf Ebene der Geschäftsfelder (zukunftsorientiert)
Finanzen	F1: Maximierung des Shareholder-Value	• Total Shareholder Return • Umsatz pro Mitarbeiter	• Human Capital Value Added
	F2: Maximierung der Human-Capital-Performance	• HR ROI (Index) • Gesamte HR-Kosten/Mitarbeiter	• Anteil der gesamten Personalkosten an den Gesamtkosten • Wettbewerbsfähigkeitsindex
	F3: Minimierung der HR-Kosten	• Budgetabweichungen	
Kunden	K1: Geschäftspartner (strat. Unterstützg.)	• Rating bei firmeninternen "Service-Agreements"	• Employee Engagement Index
	K2: World-Class-Standards	• Ranking der Entwicklung von HR-Praktiken/Audit (vs. Benchmark)	• Ergebnisse aus Vergleichsanalyen (z. B. High Tech, IT-Wettbewerber)
	K3: Engagierter Qualitätsservice	• Ergebnisse der Mitarbeiterzufriedenheitsbefragung • Zufriedenheit der internen Kunden (in %)	• Durchschnittliche Problemlösungszeit • Problemlösungen beim ersten Anruf (in %)
	K4: Niedrigkostenanbieter	• HR-Kostenfaktor-Indices	• Servicekosten vs. Benchmark
Arbeitsabläufe	A1: Abstimmg. HR-Plang. m. Gesch.prior.	• Prozent der umgesetzten HR-Pläne	• Verbrachte Zeit mit Top-Management
	A2: Angebot einer Qualitätsberatung	• Prozent umgesetzter kundenspezifischer Ratschläge des Personalbereichs	• Prozent-Dienstleistungsabdeckung pro Klient
	A3: Sicherstellung einer strategisch orientierten Belegschaft	• Prozent etablierter Produktivitätsverbesserungsziele • Proz. Abstimmung d. Vergütungssystems m. Geschäftsstr.	• Prozent Beteiligung an strategieorientierten Zielvereinbarungsprozessen
	A4: Entwicklung und Förderung des "World-Class-Program"	• Benchmarking Ranking • Prozent umgesetzter Programme	• Zeit der Programmentwicklung • Umsetzungsgrad der Kerninitiativen vs. Meilensteine
	A5: Optimierung der HR-Dienstleistungen durch neue "Angebotskanäle"	• Kosten pro Angebotskanal – HR-Interaktion, Automation, Outsourcing • Ausführungszeit • Kosten pro Transaktion	• ROI und Break-even-Dauer der HR-Technologie • Prozent computerbasierter Trainings (CBT)
Strategie	S1: Fähigkeit (strat. Kompetenz aufzub.)	• Teilnahme an Führungskräfteentwicklung	• Aneignung der relevanten Fähigkeiten
	S2: Talent (Auswahl, Einarbeitung, Training)	• Anteil freiwilliger Kündigungen/Trennungskosten	• Prozent gehaltener neueingestellter Mitarbeiter, 6-Monats- und 1-Jahr-Ratio
	S3: Leistungsorientierte(s) Kultur/Klima	• Rating in "Viewpoints"-Fragebogen • "Gesundheitsindex" des Unternehmens	• Anteil interner Beförderungen
	S4: Organisatorische Integration (Information f. Entscheidungsfindung)	• Prozent akkurater Ergebnisberichte bei erster Anfrage • Reaktionszeit auf Ad-hoc-Anfragen	• Datenverfügbarkeit
	S5: Führung	• Stärke des Führungsentw.programms vs. Benchmark • Vielfalt (Diversity) • Führungskräftecoaching	• Bindung der "High Potentials" • Quote der akzeptierten Jobangebote (von Stellenbewerb.) • Bindung der Führungskräfte

Quellen: GTE Corporation; vgl. Becker, B. E./Huselid, M. A./Ulrich, D. (2001), S. 74

Abbildung 96: Die HR-Scorecard der GTE-Corporation

Ergänzung der HR-Scorecard durch den Werttreiberbaum

Die Hauptaufgabe der HR-Scorecard ist es, dem Management einen Überblick über die wichtigsten Ziele und Indikatoren des WHCM zu geben. Aus Wertmanagementsicht ist darüber hinaus jedoch eine weitere Perspektive wichtig, nämlich der Wertschaffungsprozess.

Durch ihn wird ausgedrückt, welche Stellgrößen am Ende dafür verantwortlich sind, dass mit der Personalarbeit ein bestimmter VAP oder TSR erreicht wurde bzw. wird. Als Instrument eignet sich hierfür ein WHCM-Werttreiberbaum, wie er beispielhaft auch schon in Kapitel B.4.4.2.1 beschrieben wurde.

Aus dem Werttreiberbaum ist auf einen Blick erkennbar, welches die wichtigsten Stellgrößen des WHCM sind, wie diese miteinander zusammenhängen und in welchen Bereichen der Personalarbeit die größten Schwachstellen und Potenziale liegen.

HR-Scorecard und WHCM-Werttreiberbaum sind zwei Seiten der selben Medaille, und einige Messgrößen werden daher auch gleich oder ähnlich sein. Der Unterschied ist nur: Die HR-Scorecard legt ihren Schwerpunkt auf die *inhaltlichen* Aspekte der Strategieumsetzung, während sich der WHCM-Werttreiberbaum die *finanziellen* konzentriert.

Welche Maßnahmen notwendig sind, um diese Instrumente in der Praxis zu implementieren, beschreibt der Schritt 7.

1.2.7   Schritt 7: Einführung und Umsetzung des „Management by Measurement"[40]

Durch das in Schritt 6 entwickelte Messsystem erhält man nicht nur ein wirkungsvolles Controlling-Instrument, sondern gewinnt auch Einblicke in die Logik, Methodik und Wirkungszusammenhänge des WHCM. Kurz: Man lernt das Netzwerk der Human Capital-Architektur besser kennen. Dieses Messsystem einzuführen ist jedoch nur der Anfang. In der Folge muss auch ein Management*ansatz* etabliert werden, der sowohl auf den Ergebnissen des Messsystems aufbaut als auch die Validität und Weiterentwicklung des Messsystems selber sicherstellt. Das heißt, ggf. sind die Prozesse der Personalarbeit noch konsequenter an dem Controllingprinzip „Planung-Durchführung-*Kontrolle*" auszurichten,[41] wobei gleichzeitig ein kontinuierlicher Verbesserungsprozess in Gang gesetzt werden sollte, der sich auf die Genauigkeit und Aussagekraft des Messinstrumentariums konzentriert. In der Management-literatur ist so ein Prozess auch unter dem japanischen Begriff „Kaizen" bekannt.[42]

---

[40] Vgl. *Becker, B.E./Huselid, M.A./Ulrich, D.* (2001), S. 50f.
[41] Vgl. hierzu auch die Kapitel B.1.1.4.13 und C.2.3.7.
[42] Vgl. *Imai, M.* (1993), S. 15.

Unterstützt werden sollte das „Management by Measurement" weiterhin durch ein geeignetes Ausbildungs- und Incentivesystem. Durch die Ausbildung werden die Mitarbeiter dabei in die Lage versetzt, mit diesem Instrumentarium arbeiten zu *können*, und mit den Incentives werden die entsprechenden Anreize geboten, nach der Messung auch die gewünschten Verhaltens- bzw. Leistungsänderungen vornehmen zu *wollen*.

Worin die Vor- und Nachteile der HR-Scorecard liegen und welchen potenziellen Nutzen man aus diesem Ansatz ziehen kann, wird im nächsten Kapitel dargestellt.

1.3 Vor- und Nachteile des HR-Scorecard-Ansatzes

Die Vorteile des HR-Scorecard-Ansatzes und der mit ihm verbundenen Methodik liegen vor allem in sechs Bereichen:[43]

1. Er verstärkt die Unterscheidung zwischen machbaren (Doables) und notwendigen Aufgaben (Deliverables).

2. Er unterstützt die Kostenkontrolle und fördert die Wertschaffung.

3. Er berücksichtigt nicht nur vergangenheitsorientierte, sondern auch zukunftsorientierte Indikatoren.

4. Er macht den Beitrag des WHCM zur Strategieumsetzung deutlich und letztlich auch zur „Bottom-Line" – der Wertschaffung.

5. Er lässt Human Capital Manager ihre Aufgaben effektiv bewältigen.

6. Und durch die strenge Ausrichtung an der Unternehmensstrategie ermutigt er zu Flexibilität und Wandel.

Als Nachteil kann empfunden werden, dass es auch mit Hilfe des HR-Scorecard-Instrumentariums nicht gelingen wird, die Realität *hundert*prozentig abzubilden. Die Durchdachtheit der Methodik und seine finanztechnische Untermauerung mögen aber einige Menschen dazu verleiten, seine Ergebnisse unkritisch aufzunehmen und nicht weiter zu hinterfragen. Und daraus können potenzielle Fehlentscheidungen geboren werden. Das heißt, egal wie fein eine Methodik ausgearbeitet und wie gut sie umgesetzt wird: Der Entscheidungsträger muss am Ende jedes Ergebnis noch einmal für sich plausibilisieren und prüfen, ob es auch seinem Geschäftssinn (Business Judgement) entspricht. Denn Instrumente können nur Hilfsmittel sein und nicht selber Entscheidungen treffen – obwohl sich das so mancher Manager gerne wünschen würde.[44]

Ein weiterer Nachteil kann in der Komplexität des HR-Scorecard-Ansatzes liegen, die im Vergleich zu anderen Controllingmethoden etwas höher ist und Kenntnisse sowohl im Human

---

[43] In Anlehnung an *Becker, B.E./Huselid, M.A./Ulrich, D.* (2001), S. 75-77.
[44] Quelle: Experteninterviews.

Capital Management als auch im Wertmanagement und Controlling erfordert. Auf der anderen Seite ist die Realität aber ebenfalls komplex. Und weil Komplexität nicht beliebig ohne signifikanten Informationsverlust reduzierbar ist, sollte versucht werden, das tatsächliche Netzwerk der Unternehmensbeziehungen zumindest in seinen wichtigsten Faktoren und Charaktereigenschaften abzubilden – auch wenn dies ein anspruchsvollerer Ansatz ist. Um jedoch den Schritt von der bisher üblichen Personalarbeit zu einem WHCM und einer HR-Scorecard noch etwas zu erleichtern, wird in Kapitel D.2 ein vereinfachter Veränderungs- bzw. Implementierungsprozess skizziert, den prinzipiell jeder Human Capital Manager umsetzen können sollte, auch wenn er zunächst nur die Idee mit sich herumträgt, ein WHCM in seinem Unternehmen aufbauen zu wollen.

2   Ein vereinfachter Implementierungsprozess für den Beginn[45]

Die obigen Ausführungen zum HR-Scorecard-Ansatz haben als Adressaten in erster Linie den gesamten Personalbereich sowie das Top-Management gehabt. Aber gerade wenn sich *neue* Ideen in einem Unternehmen etablieren, sind es zu Beginn häufig nur *einzelne* Personen, die sich für bestimmte Konzepte begeistern und sie dann später in die Organisation hineintragen. Für diese Leute – auf das WHCM bezogen wohl einzelne Human Capital Manager – mag der HR-Scorecard-Prozess jedoch in der zuvor beschriebenen Form für den Anfang sehr komplex und aufwendig erscheinen. Daher wurden die im Rahmen der empirischen WHCM-Studie interviewten Praxisexperten auch danach gefragt, worin sie persönlich die größten Hemmnisse sähen, das WHCM-Konzept praktisch umzusetzen. Als Antwort wurden vor allem zwei Barrieren genannt: Erstens, mangelnde Akzeptanz und Rückendeckung seitens des Top-Managements. Und zweitens, Überlastung durch das Tagesgeschäft und daher fehlende Zeit im Personalbereich für tiefergreifende Innovationen. Die dahinter stehenden Ursachen sind jedoch oft noch wesentlich vielschichtiger.:

Mögliche Ursachen mangelnder Akzeptanz:

⇨   Geringe Effektivität der Personalarbeit in der Vergangenheit.

⇨   Fehlende Kenntnisse über Werttreiber und Wertsteigerungspotenzial der Personalarbeit.

⇨   Unzureichende Markt- und Geschäftskenntnis seitens der Personalabteilung.

⇨   Schwierigkeiten, den Nutzen der Personalarbeit zu quantifizieren.

⇨   Fehlende oder ungenaue Erfolgskontrollen.

⇨   Zu geringer „Leidensdruck" im Unternehmen, um bestehende Paradigmen zu verändern.

---

[45]   Quelle: Experteninterviews.

Mögliche Ursachen „fehlender" Zeit:

⇨ Unzureichende Differenzierung zwischen der Wichtigkeit und Dringlichkeit der Personalaktivitäten.[46]

⇨ Unzureichende Planung und/oder zu späte Einbeziehung der Personalabteilung in die Planungsprozesse des Gesamtunternehmens.

⇨ Optimierung von Einzelaspekten, anstatt die gesamte Human Capital-Architektur zu reformieren.

⇨ Fehlende Ressourcen, sowohl quantitativ als auch qualitativ (z.B. Personal und technische Unterstützung).

⇨ Abstimmungsschwierigkeiten durch verbesserungsbedürftige Personalprozesse.

Vor diesem Hintergrund[47] wurde aus den Anregungen und Empfehlungen der Gesprächs-partner der folgende 10-stufige Innovationsprozess entwickelt, der es einem Personalleiter (unterhalb der Geschäftsführungsebene) bzw. einer kleinen Gruppe von Human Capital Managern erlaubt, die ersten Schritte in Richtung eines WHCM zunächst von sich aus zu gehen, ohne bereits das Top-Management von dieser Intention überzeugt zu haben:

1. Priorität klären

2. Zeit schaffen

3. „Eigenes" Konzept entwerfen

4. Konzeptentwurf mit internen Kunden abstimmen

5. Messgrößen definieren

6. Entwurf mit Top-Management abstimmen

7. Maßnahmen konkretisieren

8. Pilot-Tests durchführen und internes „Marketing" betreiben

9. Umsetzung des Konzeptes in der Breite

10. Erfolg des Konzeptes anhand der definierten Messgrößen kontrollieren

Eine Übersicht zur Ausgestaltung der zehn Schritte gibt die Abbildung 97.

Mit diesen Ausführungen schließt nun der inhaltliche Teil der Arbeit, der sich von der Konzeption über die empirische Validierung bis zur Umsetzung des WHCM erstreckt hat. Im Schlussteil werden die wichtigsten Ergebnisse dieser Dissertation noch einmal zusammen-gefasst und bewertet sowie ein Ausblick gegeben, wie sich das WHCM zukünftig in Wissenschaft und Praxis noch weiter entwickeln lässt.

---

[46] Vgl. hierzu auch *Covey, S.R.* (1998), S. 133-163.
[47] Annahmen: a) Es besteht bislang noch zu wenig Interesse an der Personalarbeit seitens des Top-Management. Und b), der entsprechende (Human Capital) Manager wird von seinem Tagesgeschäft zu sehr in Anspruch genommen, um an größeren Verbesserungsprojekten in seinem Bereich zu arbeiten.

VORSCHLAG FÜR INNOVATIONSPROZESS AUS EMPFEHLUNGEN ERFOLGREICHER HR-MANAGER ABGELEITET

10 Schritte zur Optimierung der Personalarbeit aus Sicht eines HR-Managers

① Priorität klären

Priorität des Handlungsbedarfs durch Abschätzung des potenziellen Nutzens klären
· Quantitativ:
  Überschlagsrechnungen (z. B. Kosteneinsparungen durch geringere Fluktuation etc.)
· Qualitativ: Kausalzusammenhänge zum Firmenerfolg aufstellen

② Zeit schaffen

Anhand Nutzeneinschätzung Prioritäten neu setzen und sich vom Tagesgeschäft entlasten
· Dabei zu beachten:
  Zeitbudget nach Wichtigkeit der Dinge verteilen und nicht nach der Dringlichkeit
· Ggf. Entlastung durch kleines Projektteam suchen

③ Eigenes Konzept entwerfen

Entlang der 7 Werttreibergruppen Status quo bewerten, Ziele definieren und Konzept entwerfen. Dabei berücksichtigen:
· Auf große Werthebel konzentrieren
· Keine Einzelmaßnahmen, sondern aufeinander abgestimmte Maßnahmenpakete
· Praxisrelevanz und Realisierbarkeit

④ Mit internen Kunden abstimmen

Konzept mit verschiedenen internen Kunden (Führungskräften, ausgewählten Fachkräften, u. U. Betriebsrat) diskutieren und ggf. anpassen
· Diskussionspartner suchen, die innovativ und an Personalangelegenheiten interessiert sind

⑤ Messgrößen definieren

Messgrößen für Erfolg der geplanten Maßnahmen definieren
· Quantitativ
· Qualitativ
· Schätzungen; eine gewisse Ungenauigkeit ist besser, als gar keine Messung
Messgrößen mit Meilensteinen der Umsetzung verbinden

⑥ Mit Top-Management abstimmen

Konzeptentwurf mit Top-Management diskutieren und abstimmen
Dabei folgende Punkte besonders hervorheben:
· Kosten/Nutzen
· Bereitschaft zur Erfolgsmessung
· Akzeptanz des Konzeptes durch interne Kunden

⑦ Maßnahmen konkretisieren

Projektteam aufsetzen bzw. erweitern
Detailkonzept ausarbeiten und abstimmen
· Wichtig: Praktiker/interne Kunden intensiv mit einbinden
Umsetzungsplan festlegen und Verantwortliche benennen

⑧ Pilot-Tests und internes "Marketing"

Pilottests des Konzepts
· Z. B. in Abteilungen von Führungskräften, die an Konzeptphase beteiligt waren
Pilottests auswerten und Konzept anpassen
Erfolg aus den Pilottests intern "vermarkten" (ggf. mit externer Unterstützung)

⑨ In der Breite umsetzen

Umsetzung der Maßnahmen im Rest des Unternehmens
Merkpunkte:
· Ziel und Nutzen der Neuerungen intensiv kommunizieren
· Ggf. begleitende Trainings durchführen
· Feedbackmöglichkeiten für Mitarbeiter anbieten

⑩ Erfolg kontrollieren

Regelmäßige Erfolgskontrolle anhand der zuvor definierten Kenngrößen
Erstellung eines kurzen HR-Reports. Kommunikation an Top-Management und übrige Mitarbeiter
Aus Ergebnissen neue Maßnahmen ableiten

Quelle: Experteninterviews

Abbildung 97: Zehn Schritte zur Optimierung der Personalarbeit aus Sicht eines einzelnen Human Capital Managers

Teil E: Schlussfragen

Zum Abschluss dieser Arbeit sollen noch die folgenden Fragen beantwortet werden:

* Was konnte diese Dissertation leisten? (E.1)
* Wo und wie sollte die Wissenschaft weiter zum WHCM forschen? (E.2)
* Wie können Praktiker das WHCM weiterentwickeln? (E.3)
* Und: Wie lautet das Fazit der Dissertation? (E.4)

1 Was konnte diese Dissertation leisten?

In dieser Dissertation konnten vor allem drei Dinge geleistet werden:

1. *Die Verschmelzung von Wert- und Human Capital Management zu einem neuen integrierten Ansatz: dem Wertorientierten Human Capital Management.*

   Im ersten Schritt wurden dazu a) die theoretischen Grundlagen des HCM und des Wertmanagements dargestellt, b) beschrieben, inwieweit sich diese Konzepte heutzutage in der Praxis durchgesetzt haben und c) der Status quo dieser beiden Disziplinen bewertet. Vor dem Hintergrund des sich daraus ergebenden Handlungsbedarfes wurde im zweiten Schritt ein integriertes theoretisches WHCM-Modell entwickelt. Dessen Hypothesen wurden schließlich im dritten Schritt empirisch-quantitativ und -qualitativ verifiziert, wonach das Modell entsprechend optimiert und ausgebaut werden konnte.

2. *Die Schaffung des „Business Case" für das Human Capital und das WHCM nach der Logik des Shareholder Value-Konzeptes bzw. des Wertmanagements.*

   Mit Hilfe des WHCM-Modells wurde sowohl kausal-analytisch als auch empirisch nachgewiesen: Das Human Capital und das WHCM haben eine ökonomisch relevante Bedeutung für die Wertschaffung eines Unternehmens. Ein Gedanke, der zwar nicht neu ist, der jedoch in der Praxis noch nicht ausreichend zu Konsequenzen geführt hat. Der Grund: Fehlender Glaube bzw. unzureichender Nachweis, welches Wertsteigerungspotenzial im Human Capital enthalten ist. Ein Zustand, der hoffentlich durch diese Arbeit verbessert wird.

3. *Die Beschreibung der Methodik, der Instrumente und des Weges, wie das WHCM in der Praxis umgesetzt werden kann.*

   Hiermit wurde ein weiterer Missstand auf dem Gebiet der Personalarbeit adressiert: das Umsetzungsproblem. Dazu wurden a) im *theoretischen Teil* die wesentlichen Hebel und Instrumente der Personalarbeit beschrieben, b) im *empirischen Teil* weitere Hinweise und Ergänzungen aus praktischer Sicht gegeben und c) im

Umsetzungsteil Methoden und Wege dargestellt, wie das WHCM in einem Unternehmen auf den richtigen Weg gebracht werden kann. Dabei wurde ein besonderes Augenmerk darauf gelegt, die Mess- und Controllingmethoden des WHCM näher zu beschreiben sowie Umsetzungshinweise für das WHCM zu geben, die möglichst konkret und realisierbar sind – soweit es der Rahmen dieser Arbeit zuließ.

Darüber hinaus wurden viele weitere Einzelergebnisse erzielt, wie z.b. die Weiterentwicklung der Mess- und Analysemethodik in der Personalarbeit, neue Erkenntnisse über die Bedeutung und Gewichtung der WHCM-Werttreiber oder der Nachweis, dass bestimmte quantitative Personalkennzahlen nur begrenzt aussagekräftig sind (z.b. die durchschnittliche Zahl an Trainingsstunden oder Trainingskosten pro Mitarbreiter).

Zusammengenommen wurden damit alle wesentlichen Elemente eines Managementansatzes – wie dem WHCM – erarbeitet, beschrieben und überprüft. Dazu gehören: Ziele, Nutzen, theoretische Grundlagen, Methodik, Instrumente, Umsetzung und Integrationsmöglichkeiten.

Dennoch existieren noch viele weitere Felder und Themen im Rahmen des WHCM, die in Zukunft sowohl wissenschaftlich als auch in der Praxis weiter untersucht werden können und sollten. Einige dieser Punkte beschreiben die nächsten beiden Kapitel.

2 Wo und wie sollte die Wissenschaft weiter zum WHCM forschen?

In die lange Zeit als „Black Box" geltende Beziehung zwischen der Personalarbeit und dem Unternehmenserfolg konnte durch diese Arbeit etwas mehr Licht geworfen werden. Dabei wurde bereits versucht, eine Vielzahl unterschiedlicher Fragestellungen abzudecken. Aufgrund der Komplexität des Themas und des Untersuchungsgegenstandes konnten jedoch bei weitem nicht alle Aspekte ausreichend behandelt werden. Für die Wissenschaft ergeben sich daher noch viele weitere Ansatzpunkte, um sich mit dem WHCM weiter auseinander zu setzen.

Besonders interessant könnte dabei sein:

- Die Kausalzusammenhänge zwischen WHCM und Wertschaffung detaillierter zu analysieren, z.B. in Form von Fallstudien.

- Die Zeitverzögerungen (Time-Lags) zwischen der Veränderung der wichtigsten Werttreiber und ihrer Ergebniswirkung näher zu erforschen.

- Den Einfluss von „Irrationalitäten" und persönlichen Interessen auf das WHCM (z.B. Mikropolitik) zu untersuchen.

- Das WHCM einmal primär aus dem Blickwinkel seiner internen Kunden (hier vor allem das Top-Management und die Linienverantwortlichen) zu betrachten.

- Eingehender der Frage nachzugehen, in welchem Maße sich Menschen und Organisationen überhaupt zielgerichtet beeinflussen lassen.

- Zu untersuchen, wie ein Kriterienkatalog aussehen könnte, der prüft, ob zwei oder mehrere Human Capital-Architekturen grundsätzlich miteinander vereinbar sind und ob sich aus deren Zusammenführung positive oder negative Effekte für die Wertschaffung erzielen lassen. Diese Fragestellung ist insbesondere vor dem Hintergrund von Unternehmenszusammenschlüssen interessant (Stichworte: „Human Capital Due Diligence" oder „Human Capital Post Merger Integration").

- Die Werttreiber und deren Gewichtung genauer in anderen Kontexten zu analysieren. Zwei Forschungsfragen scheinen hierbei besonders interessant zu sein: Erstens, wie unterschiedlich sind die Werttreiber in anderen Kulturen ausgestaltet, sowohl geographisch (z.b. Asien) als auch bezogen auf den Entwicklungsstand der Marktwirtschaften (z.b. in Schwellenländern). Und zweitens, wie kann ein WHCM in staatlichen und halbstaatlichen Organisationen betrieben werden, die einerseits betriebswirtschaftlichen Grundsätzen folgen müssen, gleichzeitig aber auch das Gemeinwohl zu berücksichtigen haben (der Wertbegriff wird hier sicherlich anders definiert werden müssen).

- Schließlich bietet das Feld der WHCM-Methodik noch viele Betätigungsfelder für die weitere Forschung. Das beginnt mit der Messmethodik und den Kennzahlen und endet mit der Frage, wie das WHCM über den Ansatz der HR-Scorecard hinaus noch enger in ein umfassendes Managementkonzept für das gesamte Unternehmen eingebunden werden kann.

Bei all diesen Themen sollte stets eng mit der Unternehmenspraxis zusammengearbeitet werden. Denn es handelt sich hierbei um Fragestellungen, die weder allein aus der Wissenschaft noch allein aus der Praxis zufrieden stellend beantwortet werden können.

3   Wie können Praktiker das WHCM weiter entwickeln?

Neben den bereits für die Wissenschaft genannten Themen, die eng zusammen mit den Praktikern erforscht werden sollten, besteht vor allem ein Handlungsbedarf in den Firmen: Die bereits existierenden und geprüften Erkenntnisse zur Personalarbeit und zum WHCM auch in der Praxis umzusetzen. Denn eine wesentliche Voraussetzung für die Weiterentwicklung einer Managementtheorie oder eines Konzeptes ist, dass die bereits vorhandenen Bausteine erst einmal verwendet und im Geschäftsalltag getestet werden. Ansonsten besteht die Gefahr, auf dem Reißbrett weitere Stockwerke für ein Haus zu entwerfen, bei dessen Bau bereits das Fundament zusammenbrechen würde.

Aus Unternehmenssicht sollte daher im Hinblick auf das WHCM vor allem die Frage eingehender untersucht werden, wie das in dieser Arbeit beschriebene WHCM-Konzept noch weiter konkretisiert und ggf. vereinfacht werden kann, damit es später leichter zu implementieren ist. Die entsprechende Motivation dafür sollte durch die vorgelegten Zahlen zum Wertsteigerungspotenzial des WHCM bereits geweckt worden sein.

4   Wie lautet das Fazit dieser Dissertation?

Der Faktor Mensch und das Human Capital haben bereits heute einen wichtigen Stellenwert in der betriebswirtschaftlichen Wissenschaft und Praxis eingenommen. Dieser Trend wird sich auch in Zukunft weiter fortsetzen und dieses Thema, und damit vielleicht auch das WHCM, in der nächsten Dekade zu einem der wichtigsten Merkpunkte auf der Agenda vieler Manager und Personalforscher werden lassen.

Die Ausgangsbasis dafür wurde bereits durch die personalwissenschaftliche Literatur, erweitert durch diese Arbeit, geschaffen: Die Theorie, der „Business Case" und die Vorschläge zur Umsetzung. Wenn einzelne Bücher, wie „Auf der Suche nach Spitzenleistungen" von *Peters* und *Waterman*[1] oder „Creating Shareholder Value" von *Rappaport*[2], bereits zu kleinen „Revolutionen" in der Betriebswirtschaft geführt haben, dann sollte das bereits zur Personalarbeit und zum WHCM vorhandene Wissen auf jeden Fall ausreichen, um auch eine neue „Human Capital-Welle" auslösen zu können. Die ersten Steine scheinen hierzu bereits ins Rollen gekommen zu sein – auch in Deutschland. Die Resonanz der im Rahmen der WHCM-Studie befragten Unternehmen war sehr positiv, und es wurde großes Interesse gezeigt, sich in der Zukunft mit dem WHCM noch intensiver auseinander zu setzen. Die Erfahrungen der *Boston Consulting Group* aus der Arbeit mit ihrem Workonomics™-Konzept[3] bestätigen diese Beobachtung ebenfalls.

Das Ziel, ein voll integriertes Wertorientiertes Human Capital Management in der Praxis zu realisieren, mag sicherlich für viele noch in weiter Ferne liegen, doch wird bereits der Weg dorthin reichlich belohnt. Man muss nur mit dem ersten Schritt beginnen, egal wie lang der Weg ist, und fest von seiner Idee überzeugt sein.

> *„Wir müssen das, was wir denken,*
> *auch sagen.*
>
> *Wir müssen das, was wir sagen,*
> *auch tun.*
>
> *Und wir müssen das, was wir tun,*
> *dann auch sein"*

> Alfred Herrhausen[4]

---

[1]   Vgl. *Peters, T. J./Waterman Jr., R.H.* (1982).
[2]   Vgl. *Rappaport, A.* (1986)
[3]   Vgl. Kapitel B.3.3.1.2.
[4]   Zitiert nach *Balkhausen, D.* (1991), Außenumschlag.

Executive Summary

In dieser Dissertation wurden das Wert- und das Human Capital Management auf theoretischer und empirischer Basis synergetisch zu einem neuen integrierten Managementansatz verbunden: dem Wertorientierten Human Capital Management. Gleichzeitig wurde qualitativ und quantitativ die ökonomische Bedeutung des Human Capitals für Wirtschaftsunternehmen und deren Stakeholder nachgewiesen und damit sein „Business Case" erbracht. Vor diesem Hintergrund erscheinen Kapitalgeber, Arbeitgeber und Arbeitnehmer als gleichwertige Partner, denen daran gelegen sein sollte, besser für- als gegeneinander zu arbeiten.

Im Rahmen dieser Arbeit wurden darüber hinaus die wichtigsten Werttreiber des WHCM identifiziert und quantifiziert. Dabei fiel auf: Die stärksten Werttreiber lagen *außerhalb* des direkten Einflussbereiches der Personalabteilung, nämlich in den so genannten „Basis-Faktoren" der Personalarbeit. Dazu gehören u.a. die Wertschätzung der Mitarbeiter, der Führungsstil, die Personalverantwortung der Führungskräfte oder die Unternehmenskultur.

Schließlich wurde eines der wesentlichen Probleme der Personalarbeit und des WHCM adressiert: die Umsetzung. Vor allem mit dem HR-Scorecard-Ansatz wurde dazu jedoch eine Methodik vorgeschlagen, die es erlaubt, die Umsetzungshürden zu überwinden und das WHCM erfolgreich einzuführen.

Insgesamt mehren sich damit die Anzeichen für die Aussage: Der Mensch bzw. das Human Capital entwickelt sich langsam zum wichtigsten Produktionsfaktor der nächsten Dekade – eine erfreuliche Perspektive!

Literaturverzeichnis

A

Ach, N. (1935):
Über den Willensakt und die Willenshandlung, in: **Abderhalden, E.** (Hrsg.): Handbuch der biologischen Arbeitsmethoden, Abt. 6, Teil E, Berlin/Wien 1935.

Ackermann, K.F. (1992):
Auf der Suche nach kundenorientierten Organisationsformen des Personalmanagements, in: **Kienbaum, J.** (Hrsg.): Visionäres Personalmanagement, Stuttgart 1992, S. 241-254.

Ackermann, K.-F. (1993):
Personalstrategien und Unternehmensstrategien, in: **Schwuchow, K.-H./Gutmann, J./Scherer, H.-P.** (Hrsg.): Jahrbuch Weiterbildung, 3. Jg., Düsseldorf 1993, S. 19-22.

Adler, N.J. (1997):
International Dimensions of Organizational Behavior, Cincinnati 1997.

Althauser, U. (1989):
Strategische Personalarbeit und Organisation der Personalabteilung, in: **Weber, W./Weinmann, J.** (Hrsg.): Strategisches Personalmanagement, Stuttgart 1989, S. 268-284.

Altman, Y. (1992):
Towards a Cultural Typology of European Work Values and Work Organisation, in: Innovation in Social Science Research, Vol. 5, No. 1, S. 35-44.

Amelang, M./Zielinski, W. (1994):
Psychologische Diagnostik und Intervention, Heidelberg 1994.

Amit, R./Shoemaker, J.H. (1993):
Strategic Assets and Organizational Rents, in: Strategic Management Journal, Vol. 14, 1993, S. 33-46.

Ansoff, H.I. (1979):
Strategic Management, London/Basingstoke 1979.

Anthony, R.N./Dearden, J./Bedford, N. (1984):
Management Control Systems, Homewood 1984.

Applebaum, E./Batt, R. (1994):
The New American Workplace: Transforming Work Systems in the United States, Ithaca, 1994.

Arthur, J.B. (1994):
Effects of Human Resource Systems on Manufacturing Performance and Turnover, in: Academy of Management Journal, Vol. 37, No. 3, 1994, S. 670-687.

ASPA (1976):
ASPA Handbook of PAIR, The Bureau of National Affairs, 1976.

Axelrod, E.L./Handfield-Jones, H./Welsh, T.A. (2001):
War for Talent, Part Two, in: The McKinsey Quarterly, 2001, No. 2, http://mckinseyquarterly.com./article, 6. February 2001, S. 1-3.

B

Bacidore, J.M. et al. (1997):
The Search for the Best Financial Performance Measure, in: Financial Analysts Journal, May-June, 1997, S. 11-20.

Baden, K. (1992):
Vergleichende Unternehmensbeurteilungen und Aktienkurse, Kiel 1992.

Balkhausen, D. (1991):
Alfred Herrhausen: Macht, Politik und Moral, 5. Aufl., Düsseldorf/Wien/New York 1991.

Balkin, D.B./Montemayor, E.F. (2000):
Explaining Team-Based Pay: A Contingency Perspective Based on the Organizational Life Cycle, Team Design, and Organizational Learning Literatures, in: Human Resource Management Review, Vol. 10, No. 3, 2000, S. 249-269.

Ballwieser, W. (1995):
Aktuelle Aspekte der Unternehmensbewertung, in: Wirtschaftsprüfung, Nr. 4-5, 1995, S. 119-129.

Banker, R.D. et al. (1996a):
Contextual Analysis of Performance Impacts of Outcome-Based Incentive Compensation, in: Academy of Management Journal, Vol. 39, No. 4., 1996, S. 920-948.

Banker, R.D. et al. (1996b):
Impact of Work Teams on Manufacturing Performance: A Longitudinal Field Study, in: Academy of Management Journal, Vol. 39, No. 4, 1996, S. 867-890.

Barber, E.E./Dunham, R.B./Formisano, R.A. (1992):
The Impact of Flexible Benefits on Employee Satisfaction: A Field Study, in: Personnel Psychology, Vol. 45, S. 55-75.

Barney, J.B. (1986):
Organizational Culture: Can It Be a Source of Sustained Competitive Advantage?
In: Academy of Management Review, Vol. 11, 1986, S. 656-665.

Barney, J.B. (1991):
Firm Resources and Sustained Competitive Advantage, in: Academy of Management
Review, Vol. 17, 1991, S. 99-120.

Barney, J.B. (1995):
Looking Inside for Competitive Advantage, in: Academy of Management Executive,
Vol. 9, No. 4, 1995, S. 49-61.

Bartel, A. (1994):
Productivity Gains from the Implementation of Employee Training Programs,
in: Industrial Relations, Vol. 33, 1994, S. 411-425.

Beardwell, I./Holden, L. (1997):
Human Resource Management: A Contemporary Perspective, 2. ed., London u.a.
1997.

Becker, B.E./Gerhart, B. (1996):
The Impact of Human Resource Management on Organizational Performance:
Progress and Prospects, in: Academy of Management Journal, Vol. 39, No. 4, 1996,
S. 779-801.

Becker, B.E./Huselid, M.A. (1998a):
High Performance Work Systems and Firm Performance: A Synthesis of Research
and Managerial Implications, in: Research in Personnel and Human Resource
Management, Vol. 16, S. 53-101.

Becker, B.E./Huselid, M.A. (1998b):
Human Resource Strategies, Complementaries, and Firm Performance, Unpublished
Paper, School of Management, State University of New York at Buffalo, Buffalo
1998.

Becker, B.E./Huselid, M.A./Ulrich, D. (2001):
The HR Scorecard: Linking People, Strategy, and Performance, Boston 2001.

Becker, F.G. (1990):
Anreizsysteme für Führungskräfte: Möglichkeiten zur strategisch-orientierten
Steuerung des Management, Stuttgart 1990.

Becker, H. (1989):
Ganzheitliche Management-Methodik, Ehningen 1989.

Beer, M. et al. (1984):
Managing Human Assets, New York 1984.

Beer, S. (1970):
Kybernetik und Management, 4. Aufl., Frankfurt a.M. 1970.

Beer, S. (1973):
Kybernetische Führungslehre, Frankfurt a.M. u.a. 1973.

Benninghaus, H. (1998):
Einführung in die sozialwissenschaftliche Datenanalyse, 5. Aufl., München/Wien 1998.

Bernardin, H.J./Beatty, R.W. (1984):
Performance Appraisal: Assessing Human Behavior at Work, Boston 1984.

Bernhardt, W./Witt, P. (1998):
Aktienoptionen für Manager: Mehr Effizienz und Anreizverträglichkeit nötig, in: WZB-Mitteilungen, Nr. 79, 1998, S. 13-15.

Bertalanffy, L. v. (1951):
General Systems Theory: A New Approach to Unity of Science, in: **Winsor, C. et al.** (Hrsg.), Human Biology, Vol. 23, Maryland 1951.

Biermann, P. (2000):
Profit Center Management. Profit Center einrichten und mit Profit betreiben, 2. Aufl., Renningen 2000.

Bihl, G. (1995):
Werteorientierte Personalarbeit: Strategie und Umsetzung in einem neuen Automobilwerk, München 1985.

Bisani, F. (1976):
Das Personalwesen in der BRD – 1. Ergebnisse einer empirischen Untersuchung, Köln 1976.

Bisani, F. (1995):
Personalwesen und Personalführung: Der State of the Art der betrieblichen Personalführung, 4. Aufl., Wiesbaden 1995.

Bischoff, J. (1994):
Das Shareholder Value-Konzept: Darstellung – Probleme – Handhabungsmöglichkeiten, Wiesbaden, 1994.

Black, A./Wright, P./Bachman, J.E. (1998):
In Search of Shareholder Value: Managing the Drivers of Performance, London 1998.

Blalock Jr., H.M. (1964):
Causal Inferences in Nonexperimental Research, New York 1964.

Blashfield, R.K./Aldenderfer, M.S. (1978):
The Literature on Cluster Analysis, in: Multivariate Behavioral Research, Vol. 13, 1978, S. 271-295.

Bleicher, K. (1987):
Strategisches Personalmanagement: Gedanken zum Füllen einer kritischen Lücke im Konzept strategischer Unternehmensführung, in: **Glaubrecht, H./Wagner, D.** (Hrsg.): Humanität und Rationalität in Personalpolitik und Personalführung, Freiburg 1987, S. 17-39.

Blum, M.L./Naylor, J.C. (1968):
Industrial Psychology: Its Theoretical and Social Foundations, New York 1968.

Bögel, R. (1995):
Organisationsklima und Unternehmenskultur, in: **Rosenstiel, L. v./Regnet, E./ Domsch, M.E.** (Hrsg.): Führung von Mitarbeitern. Handbuch für erfolgreiches Personalmanagement, 3. Aufl., Stuttgart 1995, S. 661-674.

Bombach, G. (1964):
Bildungsökonomie, Bildungspolitik und wirtschaftliche Entwicklung, in: **Bombach, G.** (Hrsg.): Bildungswesen und wirtschaftliche Entwicklung, Heidelberg 1964, S. 10-40.

Bone-Winkel, M. (1997):
Politische Prozesse in der strategischen Unternehmensplanung, Wiesbaden 1997.

Böning, U. (1990):
Hilfe zur Selbsthilfe, in: Gablers Magazin, Nr. 4, 1990, S. 22-25.

Böning, U. (1994):
Ist Coaching eine Modeerscheinung? In: **Hofmann, L.M./Regnet, E.** (Hrsg.): Innovative Weiterbildungskonzepte, Stuttgart 1994, S. 171-185.

Borg, I. (1981):
Anwendungsorientierte Multidimensionale Skalierung, Berlin u.a. 1981.

Bortz, J. (1999):
Statistik für Sozialwissenschaftler, 5. Aufl., Berlin/Heidelberg/New York 1999.

Bortz, J./Döring, N. (1995):
Forschungsmethoden und Evaluation, Heidelberg 1995.

Bötzel, S./Schwilling, A. (1998):
Erfolgsfaktor Wertmanagement: Unternehmen wert- und wachstumsorientiert steuern, München 1998.

Boudreau, J.W. (1988):
Utility Analysis for Decisions in Human Resource Management, Working Paper 88-21, Center for Advanced Human Resource Studies, New York State School of Industrial and Labor Relations, Cornell University, New York 1988.

Boudreau, J.W./Berger, C. (1985):
Toward a Model of Employee Movement Utility, in: **Rowland, K./Ferris, G.** (Hrsg.): Research in Personnel and Human Resources Management, Vol. 3, New York 1985.

Boudreau, J.W./Berman R. (1991):
Using Performance Measurement to Evaluate Strategic Human Resource Management Decisions: Kodak's Experience with Profit-Sharing, in: Human Resource Management, Vol. 30, No. 3, S. 393-410.

Bowers, D.G./Seashore, S.E. (1966):
Predicting Organizational Effectiveness with a Four Factor Theory of Leadership, in: Administrative Science Quarterly, Vol. 11, No. 2, 1966, S. 238-263.

Bowman, A. (1938):
Reporting on the Corporate Investment, in: The Journal of Accountancy, May 1938, S. 399.

Breid, V. (1994):
Erfolgspotentialrechnung: Konzeption im System einer finanztheoretisch fundierten, strategischen Erfolgsrechnung, Stuttgart, 1994.

Brockhoff, K. (1977):
Prognoseverfahren für die Unternehmensplanung, Wiesbaden 1977.

Brogden, D.E./Taylor, E. (1950):
The Dollar Criterion: Applying the Cost Accounting Concept to Criterion Construction, in: Personnel Psychology, Vol. 3, 1950, S. 133-154.

Brogden, H.E. (1949):
When Testing Pays off, in: Personnel Psychology, Vol. 2, 1949, S. 171-183.

Brummet, R.L./Flamholtz, E./Pyle, W.C. (1968):
Accounting for Human Resources, Michigan Business Review, Vol. 20, March, 1968, S. 20-25.

Brummet, R.L. (1982):
Die Erfassung des Humankapital im Unternehmen – Ziele, Aufgaben, Bedeutung, in: **Schmidt, H.** (Hrsg.): Humanvermögensrechnung: Instrumentarium zur Ergänzung der unternehmerischen Rechnungslegung – Konzepte und Erfahrungen, Berlin/New York 1982, S. 61-72.

Bruns, W.J./DeCoster, D.T. (1969):
Accounting and Its Behavioral Implications, New York u.a. 1969.

Buckley, O./McClain, T. (1993):
Financial Performance of the 100 Best Companies, zitiert in: **U.S. Department of Labor** (Hrsg): High Performance Work Practices and Firm Performance, Background Material for the Conference on the Future on the American Workplace Held in Chicago on July 26, 1993, Washington 1993, S. 20.

Bühl, A./Zöfel, P. (2000):
SPSS Version 9: Einführung in die moderne Datenanalyse unter Windows, 6. Aufl., München u.a. 2000.

Bühner, R. (1990):
Das Management-Wert-Konzept: Strategien zur Schaffung von mehr Wert im Unternehmen, Stuttgart 1990.

Bühner, R. (1994):
Personalmanagement, Landsberg/Lech 1994.

Bühner, R. (1995):
Mitarbeiter mit Kennzahlen führen, in: Harvard Business Manager, Nr. 3, 1995, S. 55-63.

Bühner, R. (1996):
Mitarbeiter mit Kennzahlen führen: Der Quantensprung zu mehr Leistung, Landsberg/Lech, 1996.

Bühner, R. (1997):
Increasing Shareholder Value Through Human Asset Management, in: Long Range Planning, Vol. 30, No. 5, S. 710-717.

Bühner, R./Breitkopf, D./Stahl, P.C. (1996):
Qualitätsorientiertes Personalcontrolling mit Kennzahlen, in: **Wildemann, H.** (Hrsg.): Controlling im TQM, Berlin 1996, S. 139-170.

Bunning, R.L. (1992):
Modells for Skill-Based Pay, in: Human Resource Magazine, Vol. 37, No. 2, 1992, S. 62-64.

C

Cameron, J./Pierce, D. (1997):
Rewards, Interest and Performance: An Evaluation of Experimental Findings, in: ACA Journal, Vol. 6, No. 5, 1997 und http://www.zigonperf.com/resources/pmnews/rewar_and_perf_research.html, 04.05.2001, S. 1-10.

Cannie, J.K. (1991):
Keeping Customers for Life, New York 1991.

Canning, J.B. (1929):
The Economics of Accountancy, New York 1929.

Cascio, W.F. (1991):
Costing Human Resources: The Financial Impact of Behavior in Organizations, 3. ed., Boston 1991.

Cascio, W.F. (1995):
Managing Human Resources: Productivity, Quality of Work Life, Profits, 4. ed., New York u.a. 1995.

Cascio, W.F./Ramos, R.A. (1986):
Development and Application of a New Method for Assessing Job Performance in Behavioral/Economic Terms, in: Journal of Applied Psychology, Vol. 71, S. 20-28.

Cascio, W.F./Silbey, V. (1986):
Utility of the Assessment Center as a Selection Device, in: Journal of Applied Psychology, Vol. 64, 1979, S. 107-118.

Chambers, E.G. et al. (1998):
The War for Talent, in: The McKinsey Quarterly, 1998, No. 3, S. 44-57.

Chambers, R.J. (1963):
Towards a General Theory of Accounting, Melbourne 1963.

Cisco Systems (2001):
Optimizing Organization and Employee Capabilities, in: http://www.cisco.com/warp/ public/779/ibs/solutions/optimization/whitepapers/opec_st.pdf, 16.09.2001, S. 1-18.

Coenenberg, A.G. (1993):
Kostenrechnung und Kostenanalyse, 2. Aufl., Landsberg/Lech 1993.

Coens, T./Jenkins, M. (2000):
Abolishing Performance Appraisals: Why They Backfire, and What to Do Instead, San Francisco 2000.

Cofsky, K.M. (1993):
Critical Keys to Competency-Based Pay, in: Compensation and Benefits Review, Vol. 25, No. 6, 1993, S. 46-52.

Collin, A. (1997):
Learning and Development, in: **Beardwell, I./Holden, L.** (Hrsg.): Human Resource Management: A Contemporary Perspective, 2. ed., London u.a. 1997, S. 282-344.

Comelli, G./Rosenstiel, L. v. (1995):
Führung durch Motivation. Mitarbeiter für Organisationsziele gewinnen, München 1995.

Conolly, T.E./Conlon, J./Deuitsch, S.J. (1980):
A Multiple-Constituency Approach of Organizational Effectiveness, in: Academy of Management Journal, Vol. 5, 1980, S. 211-218.

Conrads, M./Kloock, J. (1982):
Humankapitalerhaltungsrechnung und deren Bedeutung für die Jahresabschluß-rechnung als extern orientierte Rechnungslegung, in: **Schmidt, H.** (Hrsg.): Human-vermögensrechnung: Instrumentarium zur Ergänzung der unternehmerischen Rech-nungslegung – Konzepte und Erfahrungen, Berlin/New York 1982, S. 657-673.

Cooke, W. (1993):
Employee Participation, Group-Based Pay Incentives, and Company Performance: A Union-Nonunion Comparison, Mimeograph, Wayne State University, July, 1993.

Coopers & Lybrand (1997):
Wertorientierte Unternehmensführung – Die Ergebnisse einer internationalen Studie von C & L bei 300 Unternehmen in 13 Ländern zum Thema Shareholder Value, Landsberg/Lech 1997.

Copeland, T./Koller, T./Murrin, J. (1995):
Valuation: Measuring and Managing the Value of Campanies, 2. Aufl., New York 1995.

Correa, H. (1963):
The Economics of Human Resources, Amsterdam 1963.

Correa, H./Tinbergen, J. (1962):
Quantitative Adaption of Education to Accelerated Growth, in: Kyklos, Vol. 15, 1962, S. 776-786.

Covey, S.R. (1998):
Die sieben Wege zur Effektivität: Ein Konzept zur Meisterung Ihres beruflichen und privaten Lebens, 7. Aufl., Frankfurt a.M. 1998.

Cowels, M./Davis, C. (1982):
On the Origin of the 0.05 Level of Significance, in: American Psychologist, Vol. 37, 1982, S. 553-558.

Cronbach, L.J. (1951):
Coefficient Alpha and the Internal Structure of Tests, in: Psychometrika, Vol. 16, 1951, S. 297-334.

Cronbach, L.J. (1961):
Essentials of Psychological Testing, New York 1961.

Cronbach, L.J./Gleser, G.C. (1965):
Psychological Tests and Personnel Decisions, 2. ed., Urbana 1965.

Cronbach, L.J./Rajaratnam, N./Gleser, G.C. (1963):
Theory of Generalizability: A Liberalization of Reliability Theory, in: Brit. Journal of Psychology, Vol. 16, 1963, S. 137-163.

Cutcher-Gershenfeld, J. (1991):
The Impact on Economic Performance of a Transformation in Workplace Relations, in: Industrial and Labor Relations Review, Vol. 44, No. 2, January, 1991, S. 241-260.

Czienskowski, U. (1996):
Wissenschaftliche Experimente: Planung, Auswertung, Interpretation, Weinheim 1996.

D

Davis, E./Flanders, S./Star, J. (1991):
Who Are the World's Most Successful Companies? In: Business Strategy Review, Summer 1991, S. 1-33.

Davis, E./Kay, J. (1990):
Assessing Corporate Performance, in: Business Strategy Review, Summer 1990, S. 1-16.

Davison, M.L./Sharma, A.R. (1988):
Parametric Statistics and Levels of Measurement, in: Psychological Bulletin, Vol. 104, 1988, S. 137-144.

De Bejar, G./Milkovich, G.T. (1986):
Human Resources and the Business Level Study 1: Theoretical Model and Empirical Investigation, Paper Presented at the Academy of Management, 1986.

Deal, T./Kennedy, A.A. (1982):
Corporate Cultures: The Rites and Rituals of Corporate Life, Reading u.a. 1982.

Deal, T./Kennedy, A.A. (1987):
Unternehmenserfolg durch Unternehmenskultur, Bonn 1987.

Deal, T./Kennedy, A.A. (1999):
The New Corporate Cultures: Revitalizing the Workplace After Downsizing, Mergers, and Reengineering, Reading 1999.

Deckstein, D. et al. (2000):
Sehnsucht nach dem Festgehalt, in: Der Spiegel, Nr. 51, 2000, S. 86-88.

Delaney, J.T./Huselid, M.A. (1996):
The Impact of Human Resource Management Practices on Perception of Organizational Performance, in: Academy of Management Journal, Vol. 39, No. 4, 1996, S. 949-969.

Delaney, J.T./Lewin, D./Ichniowski, C. (1989):
Human Resource Policies and Practices in American Firms, Washington 1989.

Delery, J.E./Doty, D.H. (1996):
Modes of Theorizing in Strategic Human Resource Management: Tests of Universalistic, Contingency, and Configurational Performance Predictions, in: Academy of Management Journal, Vol. 39, No. 4, 1996, S. 802-835.

Denison, D. (1990):
Corporate Culture and Organizational Effectiveness, New York 1990.

Denison, E.F. (1964):
Measuring the Contribution of Education (and the Residual) to Economic Growth, in: OECD (Hrsg.): The Residual Factor and Economic Growth, Paris 1964, S. 13-55.

Dessler, G. (1997):
Human Resource Management, 7. ed., London u.a. 1997.

Dierkes, M./Hoff, A. (1982):
Das Humanvermögen in der Sozialbilanz des Unternehmens, in: **Schmidt, H.** (Hrsg.): Humanvermögensrechnung: Instrumentarium zur Ergänzung der unternehmerischen Rechnungslegung – Konzepte und Erfahrungen, Berlin/New York 1982, S. 677-720.

Dodge, R. (2001):
Job Cuts May Hit Muscle, Not Fat: New Challenge in the Downturn: What if a Company Gets too Lean, in: The Dallas Morning News, 13. August 2001, http://www.bain.com/new_currrent_art, 23.08.2001.

Domsch, M.E. (1995):
Vorgesetztenbeurteilung, in: **Rosenstiel, L. v./Regnet, E./Domsch, M.E.** (Hrsg.): Führung von Mitarbeitern. Handbuch für erfolgreiches Personalmanagement, 3. Aufl., Stuttgart 1995, S. 463-473.

Domsch, M.E./Krüger-Basener, M. (1995):
Personalplanung und -entwicklung für Dual Career Couples (DCCs), in: **Rosenstiel, L. v./Regnet, E./Domsch, M.E.** (Hrsg.): Führung von Mitarbeitern. Handbuch für erfolgreiches Personalmanagement, 3. Aufl., Stuttgart 1995, S. 527-538.

Donaldson, T./Preston, L.E. (1995):
The Stakeholder Theory of the Corporation: Concepts, Evidence, and Implication, in: Academy of Management Review, Vol. 20, No. 1, 1995, S. 65-91.

Donlon, J.D./Weber, A. (1999):
Wertorientierte Unternehmensführung im DaimlerChrysler-Konzern, in: Controlling, Nr. 8-9 (August-September), 1999, S. 381-388.

Doppler, K./Lauterburg, C. (2000):
Change Management: Den Unternehmenswandel gestalten, 9. Aufl., Frankfurt a.M./ New York 2000.

Doty, D.H./Glick, W.H./Huber, G.P. (1993):
Fit, Equifinality, and Organizational Effectiveness: A Test of Two Configurational Theories, in: Academy of Management Journal, Vol. 36, 1993, S. 1196-1250.

Drukarczyk, J. (1995):
DCF-Methoden und Ertragswertmethode – einige erklärende Anmerkungen, in: Die Wirtschaftsprüfung, Jg. 48, Heft 10, 1995, S.329-334.

Dunlop, J.T./Weil, D. (1996):
Diffusion and Performance of Modular Production in the U.S. Apparel Industry, in: Industrial Relations, Vol. 35, No. 3, 1996, S. 334-355.

Dyer, L. (1984):
Studying Strategy in Human Resource Management: An Approach and an Agenda, in: Industrial Relations, Vol. 23, 1984, S. 156-169.

Dyer, L. (1985):
Strategic Human Resource Management and Planning, in: **Rowland, K./Ferris, G.R.** (Hrsg.): Research in Personnel and Human Resources Management, New York 1985.

Dyer, L. (1992):
Linking Human Resource and Business Strategies, in: **Schweiger, D.M./ Papenfuß, K.** (Hrsg.): Human Resource Planning: Solutions to Key Business Issues – Selected Articles, Wiesbaden 1992, S. 49-54.

Dyer, L./Reeves, T. (1995):
HR Strategies and Firm Performance: What Do We Know and Where Do We Need to Go? In: International Journal of Human Resource Management, Vol. 6, 1995, S. 656-670.

E

Edvonsson, L./Malone, M.S. (1997):
Intellectual Capital: The Proven Way to Establish Your Company's Real Value by Measuring Its Hidden Brainpower, London 1997.

Edwards, J.E./Frederick, J.T./Burke, M.J. (1988):
Efficacy of Modified CREPID SD_y's, on the Basis of Archival Organizational Data, in: Journal of Applied Psychology, Vol. 73, S. 529-535.

Edwards, W. (1962):
Utility, Subjective Probability, Their Interaction, and Variance Preference, in: Journal of Conflict Resolution, 1962.

EFQM (Hrsg.) (1997):
Selbstbewertung 1998, Brüssel 1997.

Ehrlicher, W. (1964):
Probleme langfristiger Strukturwandlungen des Kapitalstocks, in: Strukturwandlungen einer Wirtschaft, Schriften des Vereins für Socialpolitik, Bd. 30 I, Berlin 1964, S. 871-897.

Elschen, R. (1991):
Shareholder Value und Agency-Theorie – Anreiz- und Kontrollsysteme für Zielsetzungen der Anteilseigner, in: Betriebswirtschaftliche Forschung und Praxis, Nr. 3, 1991, S. 209-220.

Enzweiler, T. (2000):
Rauchende Köpfe sind wichtiger als qualmende Schlote, in: Financial Times Deutschland, 11. April 2000, S. 9.

Evans, J.T./Klein, A.L. (2000):
The Impact of Incentive Pay on Performance, in: ACA News, Vol. 43, No. 2, 2000 und http:// www.zigonperf.com/ resources/ pmnews/ impact_incentive_pfp.html, 4.5.2001.

F

Fama, E.F. (1980):
Agency-Problems and the Theory of the Firm, in: Journal of Political Economy, Vol. 88, No. 2, 1980, S. 288-307.

Fandray, D. (2000):
The New Thinking in Performance Appraisals, in: Workforce, May, 2001, S. 36-40.

Femppel, K. (2000):
Das Personalwesen in der deutschen Wirtschaft: Eine empirische Untersuchung, Diss., Hohenheim, München/Mering 2000.

Fickel, N. (2000):
Multiple Regression und Korrelation, in: **Voß, W.** (Hrsg.): Taschenbuch der Statistik, Leipzig 2000, S. 511-529.

Fiedler, F.E. (1967):
A Theory of Leader Effectiveness, New York u.a. 1967.

Fischer, G. (1974):
Einführung in die Theorie psychologischer Tests, Bern 1974.

Fisher, R.A. (1918):
The Correlation Between Relatives on the Supposition of Mendelian Inheritance, in: Trans. Roy. Soc. Edinburgh, Vol. 52, S. 399-433.

Fittkau-Garthe, H. (1971):
Fragebogen zur Vorgesetzten-Verhaltens-Beschreibung (FVVB), Göttingen 1971.

Fitz-enz, J. (1994):
HR's New Score Card, in: Personnel Journal, Vol. 73, No. 2, 1994, S. 84-91.

Fitz-enz, J. (1995):
How to Measure Human Resource Management, 2. ed., New York/Sydney/Tokyo 1995.

Fitz-enz, J. (1997):
The 8 Practices of Exceptional Companies: How Great Organizations Make the Most of Their Human Assets, New York u.a. 1997.

Flamholtz, E. (1971):
A Model for Human Resource Valuation: A Stochastic Process with Service Rewards, in: The Accounting Review, April, 1971.

Flamholtz, E. (1972a):
Toward a Theory of Human Resource Value in Formal Organizations, in: The Accounting Review, 1972, S. 666-678.

Flamholtz, E. (1972b):
Assessing the Validity of a Theory of Human Resource Value: A Field Study, in: Empirical Research in Accounting: Selected Studies, A Supplement to the Journal of Accounting Research, 1972.

Flamholtz, E. (1974):
Human Resource Accounting, Encino/Belmont 1974.

Fleishman, E.A. (1973):
Twenty Years of Consideration and Structure, in: **Fleishman, E.A./Hunt, J.G.** (Hrsg.): Current Developments in the Study of Leadership, Carbondeale 1973, S. 1-37.

Foerster, H. v. (1981):
On Cybernetics of Cybernetics and Social Theory, in: **Roth, G./Schwegler, H.** (Hrsg.): Self-Organizing Systems, New York 1981, S. 102-105.

Freeman, R. E. (1983):
Strategic Management: A Stakeholder Approach, in: Advances in Strategic Management, Vol. 1, 1983, S. 31-60.

Freeman, R.E./Reed, D.L. (1983):
Stockholders and Stakeholders: A New Perspective on Corporate Governance, in: California Management Review, Vol. 25, No. 3, Spring 1983, S. 88-106.

Freeman, R.B./Kleiner, M.M./Ostroff, C. (1997):
The Anatomy and Effects of Employee Involvement, Paper Presented at the 1997 American Economic Association Meetings, New Orleans 1997.

Freygang, W. (1993):
Kapitalallokation in diversifizierten Unternehmen: Ermittlung divisionaler Eigenkapitalkosten, Wiesbaden 1993.

Fruhan, W.E. (1979):
Financial Strategy: Studies in the Creation, Transfer and Destruction of Shareholder Value, Homewood/Georgetown 1979.

G

Gabele, E./Kretschmer, H. (1996):
Unternehmensgrundsätze, Zürich 1996.

Gagliardi, P. (1986):
The Creation and Change of Organizational Culture: A Conceptual Framework, in: Organizational Studies, Vol. 7, 1986, S. 117-134.

Galanter, E. (1962):
The Direct Measurement of Utility and Subjective Probability, in: American Journal of Psychology, Vol. 75, Nr. 210, 1962, S. 208-220.

Gale, B.T. (1980):
Can More Capital Buy Higher Productivity? In: Harvard Business Review, Vol. 58, No. 5, S. 78-86.

Gedenk, K. (1998):
Agency-Theorie und die Steuerung von Geschäftsführern, in: Die Betriebswirtschaft, Jg. 58, Nr. 1, 1998, S. 22-37.

General Accounting Office (1991):
Management Practices: U.S. Companies Improve Performance Through Quality Efforts, GAO/NSIAD-91-190, 1991.

Gerhart, B./Trevor, C./Graham, M. (1996):
New Directions in Employee Compensation Research, in: **Ferris, G.R.** (Hrsg.): Research in Personnel and Human Resource Management, Vol. 14, Greenwich 1996, S. 143-203.

Gerpott, T.J. (1989):
Ökonomische Spurenelemente in der Personalwirtschaftslehre: Ansätze zur Bestimmung ökonomischer Erfolgswirkungen von Personalauswahlverfahren, in: Zeitschrift für Betriebswirtschaft, Jg. 59, 1989, S. 888-912.

Gerpott, T.J. (1990):
Erfolgswirkungen von Personalauswahlverfahren, in: Zeitschrift Führung und Organisation, 59. Jg., 1990, S. 37-44.

Gherson, D.J. (2000):
Getting the Pay Thing Right, in: Workspan, Vol. 43, No. 6, June 2000 und http://www.zigonperf.com/resources/pmnews/getting_pay_thing_right.html, 04.05.2001.

Gomez, P. (1981):
Modelle und Methoden des systemorientierten Managements, Bern u.a. 1981.

Gomez, P./Probst, G.J. (o.J.):
Die Orientierung Nr. 89, Vernetztes Denken im Management, Schweizerische Volksbank.

Gordon, M.E. (1972):
Three Ways to Effectively Evaluate Personnel Programs, in: Personnel Journal, July, 1972, S. 498-504.

Groeben, N. et al. (1988):
Das Forschungsprogramm Subjektive Theorien: Eine Einführung in die Psychologie des reflexiven Subjekts. Tübingen 1988.

Grünefeld, H.-G. (1981):
Personal-Kennzahlensystem: Planung, Kontrolle, Analyse von Personalaufwand und -daten, Wiesbaden 1981.

Guest, D. (1987):
Human Resource Management and Industrial Relations, in: Journal of Management Studies, Vol. 27, No. 5, S. 503-521.

Guest, D. (1989a):
Personnel and Human Resource Management: Can You Tell the Difference? In: Personnel Management, January 1989.

Guest, D. (1989b):
Human Resource Management: Its Implications for Industrial Relations and Trade Unions, in: **Stoney, J.** (Hrsg.): New Perspectives on Human Resource Management, London 1989.

Guest, D. (1990):
Human Resource Management and the American Dream, in: Journal of Management Studies, Vol. 27, No. 4, S. 377-397.

Guilford, J.P./Fruchter, B. (1978):
Fundamental Statistics in Psychology and Education, New York 1978.

Guion, R.M. (1965):
Personnel Testing, New York 1965.

Günther, T. (1994):
Zur Notwendigkeit des Wertsteigerungs-Management, in: **Höfner, K./Pohl, A.** (Hrsg.): Wertsteigerungs-Management – Das Shareholder Value-Konzept: Methoden und erfolgreiche Beispiele, Frankfurt a.M. 1994, S. 13-58.

Günther, T. (1996):
Ansatzpunkte einer unternehmenswertorientierten Unternehmenssteuerung, in: Wissenschaftliche Zeitschrift der Technischen Universität Dresden, Jg. 45, Nr. 4, 1996, S. 32-36.

Günther, T. (1997):
Unternehmenswertorientiertes Controlling, München 1997.

H

Hachmeister, D. (1995):
Der Discounted Cash Flow als Maß der Unternehmenswertsteigerung, Frankfurt 1995.

Hackman, J.R./Lawler, E.E. (1971):
Employee Reactions to Job Characteristics, in: Journal of Applied Psychology, Vol. 55, 1971, S. 259-286.

Hackman, J.R./Oldhan, G.R. (1976):
Motivation Through the Design of Work: Test of a Theory, in: Organizational Behavior and Human Performance, Vol. 16, 1976, S. 250-279.

Hahn, D. (1998):
Konzepte strategischer Führung, in: Zeitschrift für Betriebswirtschaft, Jg. 68, Nr. 6, 1998, S. 563-579.

Haidekker, A. (1971):
Kybernetik-Fibel für Manager, München 1971.

Hall, E.T./Hall, M.R. (1990):
Understanding Cultural Differences, Yarmouth 1990.

Hamel, G./Prahalad, C.K. (1995):
Wettlauf um die Zukunft: Wie Sie mit bahnbrechenden Strategien die Kontrolle über Ihre Branche gewinnen und die Märkte von morgen schaffen, Wien 1995.

Hammann, P./Erichson, P. (1990):
Marktforschung, 2. Aufl., Stuttgart 1990.

Hansen, G.S./Wernerfelt, B. (1989):
Determinants of Firm Performance: Relative Importance of Economic and Organizational Factors, in: Strategic Journal of Management, Vol. 10, 1989, S. 399-411.

Hardtmann, G. (1996):
Die Wertsteigerungsanalyse im Managementprozeß, Wiesbaden 1996.

Harzing, A.-W./Van Ruysseveldt, J. (Hrsg.) (1995):
International Human Resource Management, London 1995.

Hatch, M.J. (1993):
The Dynamics of Organizational Culture, in: Academy of Management Review, Vol. 18, 1993, S. 657-663.

Hatch, M.J. (1997):
Organization Theory: Modern Symbolic and Postmodern Perspectives, New York 1997.

Haunschild, A. (1998):
Koordination und Steuerung der Personalarbeit: Ein Beitrag zur organisationstheoretischen Fundierung des Personalcontrolling, Diss., Universität Hamburg, Hamburg 1998.

Hauser, S. (2000):
Grundlagen, in: **Voß, W.** (Hrsg.): Taschenbuch der Statistik, Leipzig 2000, S. 17-46.

Hausman, J.A. (1978):
Specification Tests in Econometrics, in: Econometrica, Vol. 46, 1978, S. 1251-1271.

Hays, S. (1999):
Pros & Cons of Pay for Performance, in: Workforce, Vol. 78, No. 2, 1999, S. 68-73.

Heckhausen, H. (1989):
Motivation und Handeln, 2. Aufl., Berlin/Heidelberg/New York 1989.

Heckman, J.A. (1979):
Sample Selection Bias as a Specification Error, in: Econometrica, Vol. 47, 1979, S. 153-161.

Heinz, A./Koch, C. (1997):
Wege zum effizienten Wertmanagement, in: Blick durch die Wirtschaft, Mai, 1997.

Heiser, R.T. (1968):
Auditing the Personnel Function in a Decentralized, Multi-Unit Organization, in: Personnel Journal, Vol. 47, No. 3, 1968, S. 180-183.

Hekimian, J.C./Jones, C.H. (1967):
Put People on Your Balance Sheet, in: Harvard Busines Review, January-February, 1967, S. 105-113.

Henderson, B.D. (1998):
Strategic and Natural Competition, in: **Stern, C.W./Stalk Jr., G.** (Hrsg.): Perspectives on Strategy from the Boston Consulting Group, New York u.a. 1998, S. 2-7.

Hendry, C./Pettigrew, A. (1986):
The Practice of Strategic Human Resource Management, in: Personnel Review, Vol. 15, No. 5, S. 3-8.

Hendry, C./Pettigrew, A. (1990):
Human Resource Management: An Agenda for the 1990s, in: International Journal of Human Resource Management, Vol. 1, No. 1, 1990.

Heneman, R.L. (2000):
The Changing Nature of Pay Systems and the Need for New Midrange Theories of Pay, in: Human Resource Management Review, Vol. 10, No. 3, 2000, S. 245-247.

Hentze, J. (1981):
Personalwirtschaftslehre, 2. Aufl., Bern/Stuttgart 1981.

Hermanson, R.H. (1964):
Accounting for Human Assets, East Lansing 1964.

Hersey, P./Blanchard, K.H. (1977):
Management of Organizational Behavior: Utilizing Human Resources, Englewood Cliffs 1977.

Herter, R.N. (1994):
Unternehmenswertorientiertes Management (UwM): Strategische Erfolgsbeurteilung von dezentralen Organisationseinheiten auf der Basis der Wertsteigerungsanalyse, München 1994.

Herzberg, F. (1966):
Work and Nature of Man, London 1966.

Herzberg, F. (1968):
One More Time: How Do You Motivate Employees? In: Harvard Business Review, Vol. 46, No. 1, 1968, S. 53-62.

Hesse, T. (1996):
Periodischer Unternehmenserfolg zwischen Realisations- und Antizipationsprinzip: Vergleich von Aktienrenditen, Cash-Flow und Economic Value Added, Bern 1996.

Hilb, M. (2000):
Transnationales Management der Human-Ressourcen: Das 4P-Modell des Glocalpreneuring, Neuwied/Kriftel 2000.

Hirschman, A.O. (1970):
Exit, Voice, and Loyalty, Cambridge, Mass. 1970.

Höfner, M. (1994):
Deutsche Unternehmen: Die drei großen Schritte ins Jahr 2000 – Untersuchung über Tendenzen in der strategischen Unternehmensführung und im strategischen Handlungsbedarf bundesdeutscher Unternehmen, München 1994.

Hofstede, G. (1980):
Kultur und Organisation, in: **Grochla, E.** (Hrsg.): Handwörterbuch der Organisation, 2. Aufl., Stuttgart 1980, S. 1168-1182.

Hofstede, G. (1991):
Cultures and Organisations: Software of Mind, London 1991.

Holden, L. (1997a):
Training, in: **Beardwell, I./Holden, L.** (Hrsg.): Human Resource Management: A Contemporary Perspective, 2. ed., London u.a. 1997, S. 378-398.

Holden, L. (1997b):
Employee Involvement, in: **Beardwell, I./Holden, L.** (Hrsg.): Human Resource Management: A Contemporary Perspective, 2. ed., London u.a. 1997, S. 611-653.

Holden, L. (1997c):
International Human Resource Management, in: **Beardwell, I./Holden, L.** (Hrsg.): Human Resource Management: A Contemporary Perspective, 2. ed., London u.a. 1997, S. 684-719.

Hollinshead, G./Leat, M. (1995):
Human Resource Management: An International and Comparative Perspective, London 1995.

Holzer, H. et al.:
Are Training Subsidies for Firms Effective? The Michigan Experience, in: Industrial and Labor Relations Review, 1993.

Hostettler, S. (1997):
Economic Value Added (EVA): Darstellung und Anwendung auf Schweizer Aktiengesellschaften, Bern 1997.

House, R.J. (1970):
A Path Goal Theory of Leader Effectiveness, in: Administrative Science Quarterly, Vol. 16, 1971, S. 321-339.

House, R.J. et al. (1998):
The Global Leadership and Organizational Behavior Effectiveness Research Program, Philadelphia 1998.

Hüchtermann, M./Lenske, W. (1991):
Wettbewerbsfaktor Unternehmenskultur, in: **Institut der deutschen Wirtschaft** (Hrsg.): Beiträge zur Gesellschafts- und Bildungspolitik, Bd. 168, Nr. 7, Köln 1991.

Hughes, E.C. (1937):
Institutional Office and the Person, in: American Journal of Sociology, Vol. 43, 1937, S. 404-413.

Huselid, M.A. (1993):
Essays on Human Resource Management Practices, Turnover, Productivity, and Firm Performance, Unpublished Doctoral Dissertation, State University of New York at Buffalo 1993.

Huselid, M.A. (1995):
The Impact of Human Resource Management Practices on Turnover, Productivity, and Corporate Financial Performance, in: Academy of Management Journal, Vol. 38, No. 3, 1995, S. 635-672.

Huselid, M.A./Becker, B.E. (1995):
The Strategic Impact of High Performance Work Systems, Paper Presented at the 1995 Academy of Management Annual Meeting, Vancouver 1995.

Huselid, M.A./Becker, B.E. (1996):
Methodological Issues in Cross-Sectional and Panel Estimates of the Human Resource-Firm Performance Link, in: Industrial Relations, Vol. 35, No. 3., 1996, S. 400-422.

Huselid, M.A./Becker, B.E. (1997):
The Impact of High Performance Work Systems, Implementation Effectiveness, and Alignment with Strategy on Shareholder Wealth, Paper Presented at the 1997 Academy of Management Annual Conference, Boston 1997.

Huselid, M.A./Jackson, S.E./Schuler, R.S. (1997):
Technical and Strategic Human Resource Management Effectiveness as Determinants of Firm Performance, in: Academy of Management Journal, Vol. 40, No. 1, 1997, S. 171-188.

Huselid, M.A./Rau, B.L. (1997):
The Determinants of High Performance Work Systems: Cross-Sectional and Longitudinal Analysis, Paper Presented at the 1997 Academy of Management Annual Conference, Boston 1997.

I

Ichniowski, C. (1990):
Human Resource Management Systems and the Performance of U.S. Manufacturing Businesses, National Bureau of Economic Research, Working Paper No. 3449, Cambridge, MA, September 1990.

Ichniowski, C./Shaw, K./Prennushi, G. (1995):
The Effects of Human Resource Management Practices on Productivity, National Bureau of Economic Research, Working Paper No. 5333, Cambridge, MA, November, 1995.

Ichniowski, C./Shaw, K./Prennushi, G. (1997):
The Effects of Human Resource Management Practices on Productivity, in: American Economic Review, Vol. 87, 1997, S. 291-313.

Imai, M. (1993):
Kaizen: Der Schlüssel zum Erfolg der Japaner im Wettbewerb, 2. Aufl., Berlin/ Frankfurt a.M. 1993.

Institut der deutschen Wirtschaft (1981):
Zahlen zur Entwicklung der wirtschaftlichen Entwicklung der Bundesrepublik Deutschland, Nr. 17, Köln 1981.

International Institute for Management Development, IMD (1999):
The World Competitiveness Yearbook 1999, Lausanne 1999.

Isele, S. (1991):
Managerleistung: messen – beurteilen – honorieren, Zürich 1991.

Ivancevich, J.M. (1998):
Human Resource Management, 7. ed., Boston u.a. 1998.

J

Janisch, M. (1993):
Das strategische Anspruchsgruppenmanagement: Vom Shareholder Value zum Stakeholder Value, Stuttgart 1993.

Jensen, M.C./Meckling, W.H. (1976):
Theory of the Firm: Managerial Behavior, Agency Costs and Ownership Structure, in: Journal of Financial Economics, Vol. 3, 1976, S. 305-360.

Jensen, M.C./Ruback, R.S. (1983):
The Market for Corporate Control, in: Journal of Financial Economics, Vol. 11, 1983, S. 5-50.

Johnson, R.H./Ryan, A.M./Schmit, M.J. (1994):
Employee Attitudes and Branch Performance at Ford Motor Credit, Paper Presented at the Ninth Annual Conference of the Society of Industrial and Organizational Psychology, Nashville, April 1994.

Johnson, S.C. (1967):
Hierarchical Clustering Schemes, in: Psychometrika, Vol. 32, 1967, S. 241-254.

Jonas, M. (1995):
Unternehmensbewertung: Zur Anwendung der Discounted-Cash-flow-Methode in Deutschland, in: Betriebswirtschaftlichc Forschung und Praxis, Jg. 47, Heft 1, 1995, S. 83-98.

K

Kah, A. (1994):
Profitcenter-Steuerung: Ein Beitrag zur theoretischen Fundierung des Controlling anhand des Principal-agent-Ansatzes, Stuttgart 1994.

Kaplan, R.S./Norton, D.P. (1992):
The Balanced Scorecard – Measures that Drive Performance, in: Harvard Business Review, January-February, 1992, S. 71-79.

Kaplan, R.S./Norton, D.P. (1993):
Putting the Balanced Scorecard to Work, in: Harvard Business Review, September-October, 1993, S. 134-147.

Kaplan, R.S./Norton, D.P. (1996a):
The Balanced Scorecard: Translating Strategy into Action, Boston 1996.

Kaplan, R.S./Norton, D.P. (1996b):
Using the Balanced Scorecard as a Strategic Management System, in: Harvard Business Review, January-February, 1996, S. 75-85.

Kaplan, R.S./Norton, D.P. (2000):
Having Trouble with Your Strategy? Then Map It, in: Harvard Business Review, September-October, 2000, S. 167-176.

Kastin, K.S. (1999):
Marktforschung mit einfachen Mitteln: Daten und Informationen beschaffen, auswerten und interpretieren, 2. Aufl., München 1999.

Kaufman, R. (1992):
The Effects of IMPROSHARE on Productivity, in: Industrial and Labor Relations Review, Vol. 45, No. 2, January, 1992, S. 311-322.

Keeley, M. (1978):
A Social Justice Approach to Evaluation, in: Administrative Science Quarterly, Vol. 23, 1978, S. 272-292.

Kelley, M. (1992):
Productivity and Information Technology, Working Paper 92-2, School of Urban and Public Affairs, Carnegie-Mellon University, January, 1992.

Ketchen, D.J./Shook, C.L. (1996):
The Application of Cluster Analysis in Strategic Management Research: An Analysis an Critique, in: Strategic Management Journal, Vol. 17, 1996, S. 441-458.

Knebel, H. (1993):
Mitarbeiterorientierte Führung – nur für gute Zeiten gut? In: Personal, Nr. 8, 1993, S. 368-371.

Knorren, N. (1997):
Unterstützung der Wertsteigerung durch Wert-Orientiertes Controlling (WOC), in: Kostenrechnungspraxis, Jg. 41, Nr. 4, 1997, S. 203-210.

Knorren, N. (1998):
Wertorientierte Gestaltung der Unternehmensführung, Diss., Wissenschaftliche Hochschule für Unternehmensführung (WHU), Wiesbaden 1998.

Knorren, N./Weber, J. (1997a):
Shareholder-Value: Eine Controlling-Perspektive, Bd. 2 der Reihe „Advanced Controlling", Vallendar 1997.

Knorren, N./Weber, J. (1997b):
Implementierung Shareholder-Value, Bd. 3 der Reihe „Advanced Controlling", Vallendar 1997.

Knyphausen, D. zu (1988):
Unternehmen als evolutionsfähige Systeme, München 1988.

Kochan, T.A./Osterman, P. (1994):
The Mutual Gains Enterprise: Forging a Winning Partnership Among Labor, Management, and Government, Boston 1994.

Kohn, A. (1993):
Why Incentive Plans Cannot Work, in: Harvard Business Review, September-October 1993, S. 54-63.

Kotler, P./Bliemel, F. (1999):
Marketing-Management: Analyse, Planung, Umsetzung und Steuerung, 9. Aufl., Stuttgart 1999.

Kotter, J.P./Heskett, J.L. (1992):
Corporate Culture and Performance, New York 1992.

KPMG (1995):
Value Based Management – A Survey of European Industry, Brüssel 1995.

Krause, W. (1973):
Investitionsrechung und unternehmerische Entscheidungen, Berlin 1973.

Kravetz, D. J. (1988):
The Human Resource Revolution: Implementing Progressive Management Practices for Bottom-Line Success, San Francisco/Oxford 1988.

Kreikebaum, H. (1998):
Organisationsmanagement internationaler Unternehmen: Grundlagen und neue Strukturen, Wiesbaden 1998.

Kromrey, H. (1995):
Empirische Sozialforschung: Modell und Methoden der Datenerhebung und Datenauswertung, 7. Aufl., Opladen 1995.

Krüger, W./Homp, C. (1997):
Kernkompetenz-Management: Steigerung von Flexibilität und Schlagkraft im Wettbewerb, Wiesbaden 1997.

Krulis-Randa, J.S. (1989):
Strategisches Personalmanagement, in: **Lattmann, C./Krulis-Randa, J.S.** (Hrsg.): Die Aufgaben der Personalabteilung in einer sich wandelnden Umwelt, Festgabe für P. Benz zum 60. Geburtstag, Heidelberg, 1989, S. 209-225.

Kruse, D. (1993):
Profit Sharing: Does It Make a Difference? Kalamazoo: Upjohn Institute, 1993.

Kruskal, J.B. (1984):
Multidimensional Scaling by Optimizing Goodness of Fit to a Nonmetric Hypothesis, in: Psychometrika, Vol. 29, 1964, S. 1-27.

Kruskal, J.B./Wish, M. (1981):
Multidimensional Scaling, Beverly Hills/London 1981.

Küller, H.-D. (1982):
Grundsätze ordnungsgemäßer Bilanzierung von gesellschaftsbezogenen Sachverhalten aus der Unternehmenspolitik, in: **Schmidt, H.** (Hrsg.): Humanvermögensrechnung: Instrumentarium zur Ergänzung der unternehmerischen Rechnungslegung – Konzepte und Erfahrungen, Berlin/New York 1982, S. 638-656.

Küpper, H.-U. (1990):
Personal-Controlling: Einbindung in das Unternehmens-Controlling, in: Personalführung, Nr. 23, 1990, S. 522-526.

Küpper, H.-U. (1997):
Controlling: Konzeption, Aufgaben und Instrumente, 2. Aufl., Stuttgart 1997.

Küpper, W./Ortmann, G. (Hrsg.) (1992):
Mikropolitik, Rationalität, Macht und Spiele in Organisationen, 2. Aufl., Opladen 1992.

Kuraitis, V.P. (1981):
The Personnel Audit, in: Personnel Administrator, November, 1981, S. 29-34.

L

Lammerskitten, M./Langenbach, W./Wertz, B. (1997):
Operationalisierungsprobleme des Shareholder Value-Ansatzes, in: Zeitschrift für Planung, Jg. 8, 1997, S. 221-242.

Lamparter, D.H. (2001):
5000 sind nur ein Anfang: Einigung bei VW: Und die Deutschland AG bewegt sich doch, in: Die Zeit, Nr. 36, 30. August 2001, S. 15.

Lange, A. (1989):
Personalentwicklung bei Beiersdorf, in: **Riekhof, H.C.** (Hrsg.): Strategien der Personalentwicklung, 2. Aufl., Wiesbaden 1989, S. 169-200.

Lantermann, E.D. (1976):
Zum Problem der Angemessenheit eines inferenzstatistischen Verfahrens, in: Psychologische Beiträge, Nr. 18, 1976, S. 99-104.

Lauk, K.J. (1996):
Steuerung des Unternehmens nach Kapitalrentabilität und Cash Flows, in: **Schmalenbach-Gesellschaft** (Hrsg.): Globale Finanzmärkte, Stuttgart 1996, S. 163-179.

Laurent, A. (1983):
The Cultural Diversity of Western Conceptions of Management, in: International Studies of Management and Organisations, Vol. 13, No. 1-2, Spring-Summer, 1983, S. 75-96.

Lawler, E.E. (1973):
Motivation in Work Organizations, Monterey 1973.

Lawler, E.E. (1982):
Entwicklung und Anwendung von Bewertungsmaßstäben für das Humankapital in Organisationen, in: **Schmidt, H.** (Hrsg.): Humanvermögensrechnung: Instrumentarium zur Ergänzung der unternehmerischen Rechnungslegung – Konzepte und Erfahrungen, Berlin/New York 1982, S. 191-222.

Ledford Jr., G.L. (1995):
Paying for Skills, Knowledge, and Competencies of Knowledge Workers, in: Compensation and Benefits Review, 1995, S. 55-62.

Lengnick-Hall, C.A./Lengnick-Hall, M.L. (1988):
Strategic Human Resource Management: A Review of the Literature and a Proposed Typology, in: Academy of Management Review, Vol. 13, 1988, S. 454-470.

Lev, B./Schwartz, A. (1971):
On the Use of the Economic Concept of Human Capital in Financial Statements, in: Accounting Review, Vol. 46, S. 103-112.

Levine, D./Tyson, L. (1990):
Participation, Productivity, and the Firm's Environment, in: **Blinder, A.** (Hrsg.): Paying for Productivity, Washington 1990.

Lewis, T.G. (1994):
Steigerung des Unternehmenswertes: Total Value Management, Landsberg/Lech 1994.

Lewis, T.G. (1995):
Steigerung des Unternehmenswertes: Total Value Management, 2. Aufl., Landsberg/Lech 1995.

Lewis, T.G./Lehmann, S. (1992):
Überlegene Investitionsentscheidungen durch CFROI, in: Betriebswirtschaftliche Forschung und Praxis, Nr. 1, 1992, S. 1-13.

Lienert, G.A./Raats, U. (1994):
Testaufbau und Testanalyse, Weinheim 1994.

Likert, R. (1961):
New Patterns of Management, New York 1961.

Likert, R. (1967):
The Human Organization: Its Management and Value, New York 1967.

Likert, R. (1973):
Human Resource Accounting: Building and Assessing Productive Organizations, in: Personnel, Vol. 3, 1973, S. 8-24.

Likert, R./Bowers, D.G. (1973):
Improving the Accuracy of P/L Reports by Estimating the Change in Dollar Value of the Human Organization, in: Michigan Business Review, March, 1973, S. 15-24.

Likert, R./Pyle, W.C. (1971):
A Human Organizational Measurement Approach, in: Financial Analysts Journal, January-February, 1971, S. 75-84.

Likert, R./Seashore, S.E. (1967):
Making Cost Control Work, in: Harvard Business Review, November-December, 1967, S. 96-108.

Losse, B./Wettach, S. (2001):
Übel des Jahrzehnts: Der eskalierende Fachkräftemangel wird zur Wachstumsbremse für die Wirtschaft, in: Wirtschaftswoche, Nr. 9, 2001, S. 18-25.

Low, J./Siesfield, T. (1998):
Measures That Matter, Boston, 1998.

Luhmann, N. (1984a):
Soziale Systeme. Grundriß einer allgemeinen Theorie. Frankfurt a.M. 1984.

Luhmann, N. (1984b):
Die Wirtschaft der Gesellschaft als autopoietisches System, in: Zeitschrift für Soziologie, Bd. 13, 1984, S. 308-327.

Luhmann, N. (1985):
Die Autopoiese des Bewusstseins, in: Soziale Welt, Bd. 36, 1985, S. 402-446.

Luhmann, N. (1989):
Sozialsysteme als selbstreferenzielle Systeme, in: **Morel, J. et al.** (Hrsg.): Soziologische Theorie, München u.a. 1989, S. 173-194.

Luhmann, N. (1993):
Soziale Systeme, 4. Aufl. Frankfurt a.M. 1993

M

MacDuffie, J.P. (1993):
Human Resource Bundles and Manufacturing Performance, Mimeograph, Wharton School, University of Pennsylvania, June, 1993.

MacDuffie, J.P. (1995):
Human Resource Bundles and Manufacturing Performance: Organizational Logic and Flexible Production Systems in the World Auto Industry, in: Industrial and Labor Relations Review, Vol. 48, 1995, S. 197-221.

MacDuffie, J.P./Krafcik, J. (1992):
Integrating Technology and Human Resources for High-Performance Manufacturing, in: **Kochan, T./Useem, M.** (Hrsg.): Transforming Organizations, New York, S. 210-226.

Macy, B./Izumi, H. (1993):
Organizational Change, Design, and Work Innovation: A Meta-Analysis of 131 North American Field Studies – 1961-1991, in: **Woodman, R./Pasmore, W.** (Hrsg): Research in Organizational Change and Development, Vol. 7, 1993.

Marr, R. (1994):
Anforderungen an das strategische Personalmanagement, in: **Schwuchow, K.-H./ Gutmann, J./Scherer, H.-P.** (Hrsg.): Jahrbuch Weiterbildung, 4. Jg., Düsseldorf 1994, S. 30-33.

Marr, R./Göhre, O. (1997):
Die Entwicklung eines Qualitätskonzeptes für das Personalmanagement. Ein erster empirischer Ansatz, in: **Klimecki, R./Remer, A.** (Hrsg.): Personal als Strategie: mit flexiblen und lernbereiten Human-Ressourcen Kompetenzen aufbauen, Neuwied 1997, S. 367-395.

Marré, R. (1997):
Die Bedeutung der Unternehmenskultur für die Personalentwicklung, Diss., Universität Bochum, Frankfurt a.M. u.a. 1997.

Matsui, T./Kakuyama, T./Onglatco, M.L.U. (1987):
Effects of Goals and Feedback on Performance in Groups, in: Journal of Applied Psychology, Vol. 72, 1987, S. 407-415.

Maturana, H. (1982):
Erkennen: Die Organisation und Verkörperung von Wirklichkeit, Braunschweig/ Wiesbaden 1982.

Maturana, R./Varela, F. (1982):
Autopoietische Systeme: Eine Bestimmung der lebendigen Organisation, in: **Maturana, F.** (Hrsg.): Erkennen: Die Organisation und Verkörperung von Wirklichkeit, Braunschweig 1982, S. 170-235.

Maturana, R./Varela, F. (1987):
Der Baum der Erkenntnis, 3. Aufl., Bern u.a. 1987.

McCaffee, R.B. (1980):
Evaluating the Personnel Departments Internal Functioning, in: Personnel, May-June, 1980, S. 56-62.

McConaughy, D.L./Mishra, C.S. (1996):
Debt, Performance-Based Incentives, and Firm Performance, in: Financial Management, Vol. 25, No. 2, Summer 1996, S. 37-51.

McTaggart, J.M./Kontes, P.W./Mankins, M.C. (1994):
The Value Imperative – Managing for Superior Shareholder Returns, New York 1994.

Metz, T. (1995):
Status, Funktion, und Organisation der Personalabteilung: Ansätze zu einer institutionellen Theorie des Personalwesens, München/Mering 1995.

Meyer, A.D./Tsui, A.S./Hinings, C.R. (1993):
Guest Co-Editors' Introduction: Configurational Approaches to Organizational Analysis, in: Academy of Management Journal, Vol. 36, 1993, S. 1175-1195.

Miceli, M. P./Heneman, R.L. (2000):
Contextual Determinants of Variable Pay Plan Design: A Proposed Research Framework, in: Human Resource Management Review, Vol. 10, No. 3, 2000, S. 289-305.

Miles, M.B. (1979):
Qualitative Data as an Attractive Nuisance: The Problem of Analysis, in: Administration Science Quarterly, Vol. 24, S. 590-601.

Milgrom, P./Roberts, J. (1995):
Complementarities and Fit: Strategy, Structure, and Organizational Change in Manufacturing, in: Journal of Accounting and Economics, Vol. 19, No. 2, 1995, S. 179-208.

Milligan, G.W. (1981):
A Review of Monte Carlo Tests of Cluster Analysis, in: Multivariate Behavioral Research, Vol. 16, 1981, S. 379-407.

Mills, R.W./Robertson, J./Ward, T. (1992):
Strategic Value Analysis: Trying to Run Before You Can Walk, in: Management Accounting, Vol. 70, No. 11, 1992, S. 48-49.

Moeller, A./Schneider, B. (1986):
Climate for Service and the Bottom Line, in: **Venkatesan, M./Schmalensee, D.M./ Marshall, C.** (Hrsg.): Creativity and the Bottom Line, Chicago 1986.

Müffelmann, J. (1998):
Change Management im internationalen Vergleich: Komparative Intensitäts- und Erfolgsevaluierung der auf die Prozeßoptimierung ausgerichteten organisatorischen Transformationsprozesse in deutschen und US-amerikanischen Unternehmen, Diss., Universität der Bundeswehr in Hamburg, Lohmar/Köln 1998.

Müller, C. (1995):
Agency-Theorie und Informationsgehalt, in: Die Betriebswirtschaft, Jg. 55, Nr. 1, 1995, S. 61-76.

Müller, P. (2001):
Versteckter Sprengsatz: Beim Streit über das Pilotprojekt bei VW geht es um mehr als 5000 Arbeitsplätze. Auf dem Spiel steht die zukünftige Tarifpolitik der IG Metall, in: Die Zeit, Nr. 28, 5. Juli 2001, S. 19.

Mummendey, H.D. (1995):
Die Fragebogenmethode, Göttingen 1995.

Murray, B./Gerhart, B. (2000):
Skill-Based Pay and Skill Seeking, in: Human Resource Management Review, Vol. 10, No. 3, 2000, S. 271-287.

N

Nelson, J.E. (1998):
Linking Compensation to Business Strategy: If Companies Don't Link Compensation to Long-Term Goals, They May End Up Rewarding the Wrong Results, in: Journal of Business Strategy, March-April, 1998, S. 25-27.

Neuberger, O. (1976):
Führungsverhalten und Führungserfolg, Berlin 1976.

Neuberger, O. (1995):
Mikropolitik: Der alltägliche Aufbau und Einsatz von Macht in Organisationen, Stuttgart 1995.

Nichols, F. (2000):
Don't Redesign Your Company's Performance Appraisal System, Scrap It! In: Corporate University Review, May-June, 1997 und http.:/home.att.net./%7Enickols/ scrap_it.htm, 04.05.2001.

Nicklas, M. (1998):
Unternehmungswertorientiertes Controlling im internationalen Industriekonzern, Gießen 1998.

Nölting, A. (2000):
Werttreiber Mensch, in: Manager Magazin, 30. Jg., 2000, H. 4, S. 154-165.

Norton, D. (2001):
„Foreword", in: **Becker, B.E./Huselid, M.A./Ulrich, D.** (Hrsg.): The HR Scorecard: Linking People, Strategy, and Performance, Boston 2001, S. ix-x.

O

o.N. (2001a):
Job-Abbau: Kursverluste, in: Die Zeit, Nr. 34, 16. August 2001, S. 22.

o.N. (2001b):
Nur wenige deutsche Firmen beteiligen ihre Angestellten am Unternehmen – Neues Zertifikat Mitarbeiterbeteiligung treibt die Aktienkurse, in: Handelsblatt Nr. 93, Nr. 15. Mai 2001, S. 40.

o.N. (2001c):
Hewlett-Packard Deutschland: Weniger Gehalt und Urlaub zum Wohl der Firma, in: Financial Times Deutschland, 5. Juli 2001, http://www.ftd.de/tm, 05.07.2001, S. 1-2.

O'Doherty, D. (1997):
Job Design: Signs, Symbols and Re-sign-ations, in: **Beardwell, I./Holden, L.** (Hrsg.): Human Resource Management: A Contemporary Perspective, 2. ed., London u.a. 1997, S. 164-209.

Odiorne, G.S. (1972):
Evaluating the Personnel Function, in: **Famularo, A.J.** (Hrsg.): Handbook of Modern Personnel Administration, New York 1972.

Oetinger, B. v. (1993a):
Von der Strategie zur Vision, in: **Oetinger, B. v.** (Hrsg.): Das Boston Consulting Group Strategie Buch: Die wichtigsten Managementkonzepte für den Praktiker, Düsseldorf u.a. 1993, S. 81-110.

Oetinger, B. v. (1993b):
Von Strukturen zu Prozessen, in: **Oetinger, B. v.** (Hrsg.): Das Boston Consulting Group Strategie Buch: Die wichtigsten Managementkonzepte für den Praktiker, Düsseldorf u.a. 1993, S. 471-478.

Oetinger, B. v. (1997):
East Is West and West Is East, in: **Pierer, H. v./Oetinger, B. v.** (Hrsg.): Wie kommt das Neue in die Welt? München/Wien 1997, S. 75-97.

Orton, J.D./Weick, K.E. (1990):
Loosely Coupled Systems: A Reconceptualization, in: Academy of Management Review, Vol. 15, 1990, S. 203-223.

Osterman, P. (1994):
How Common is Workplace Transformation and Who Adopts It? In: Industrial and Labor Relations Review, Vol. 47, 1994, S. 173-188.

Ostroff, C. (1995):
Findings of the Tenth Annual Society for Human Resources Management/CCH Incorporated Survey, in: Human Resources Management, No. 356, Part 2, 21. June 1995.

P

Pape, U. (1997):
Wertorientierte Unternehmensführung und Controlling, Sternenfels 1997.

Paschek, P. (1988):
Der Leiter des Personalbereiches – Ein vollwertiges Mitglied der Unternehmensleitung? In: **Beckerath, P.G. v.** (Hrsg.): Verhaltensethik im Personalwesen, Stuttgart
1988.

Perridon, L./Steiner, M. (1991):
Finanzwirtschaft der Unternehmung, 6. Aufl., München 1991.

Perrow, C. (1984):
Normal Accidents: Living with High-Risk Technologies, New York, 1984.

Peters, T.J./Waterman Jr., R.H. (1982):
In Search of Excellence: Lessons from America's Best-Run Companies,
New York u.a. 1982

Pettigrew, A.M. (1979):
On Studying Organizational Cultures, in: Administrative Science Quarterly, Vol. 24,
1979, S. 570-581.

Pfeffer, J. (1994):
Competitive Advantage Through People: Unleashing the Power of the Work Force,
Boston 1994.

Pfeffer, J. (1998):
The Human Equation: Building Profits by Putting People First, Boston 1998.

Pfeiffer, H. (2000):
Vom Mitarbeiter zum Kapitalisten: Wer gut zu seinen Angestellten ist, ist auch gut
für Kursgewinne an der Börse, in: Die Zeit, Nr. 14, 30. März 2000, S. 38.

Picot, A. (1991):
Ökonomische Theorien der Organisation, in: **Ordelheide, D./Rudolph, B./Büssel-
mann, E.** (Hrsg.): Betriebswirtschaftslehre und ökonomische Theorie, Stuttgart
1991.

Pindyck, R.S./Rubinfeld, D.L. (1997):
Econometric Models and Econometric Forecasts, 4. ed., Boston u.a. 1997.

Popper, K.R. (1984):
Logik der Forschung, 8. Aufl., Tübingen 1984.

Porter, L.W./Lawler, E.E. (1968):
Managerial Attitude and Performance, Hanenwood 1968.

Porter, M.E. (1986):
Wettbewerbsvorteile: Spitzenleistungen erreichen und behaupten, Frankfurt a.M./
New York 1986.

Porter, M.E. (1990):
The Competitive Advantage of Nations, London 1990.

Price Waterhouse (1998):
Shareholder Value und Corporate Governance – Bedeutung im Wettbewerb um institutionelles Kapital, Price Waterhouse Studienprojekt zum deutschen Kapitalmarkt, Frankfurt 1998.

Pümpin, C./Kobi, J.-M./Wüthrich, H.A. (1985):
Unternehmenskultur: Basis strategischer Profilierung erfolgreicher Unternehmen, Bern 1985.

R

Rappaport, A. (1981):
Selecting Strategies that Create Shareholder Value, in: Harvard Business Review, May-June, 1981, S. 139-149.

Rappaport, A. (1986):
Creating Shareholder Value: The New Standard for Business Performance, New York 1986.

Rappaport, A. (1998):
Creating Shareholder Value: The New Standard for Business Performance, 2. Aufl., New York 1998.

Rappaport, A. (1999):
Shareholder Value: Ein Handbuch für Manager und Investoren, 2. Aufl., Stuttgart 1999.

Raster, M. (1995):
Shareholder-Value-Management: Ermittlung und Steigerung des Unternehmenswertes, Wiesbaden 1995.

Reddin, W.J. (1967):
The 3-D Management Style Theory, in: Training and Development Journal, Vol. 21, No. 4, 1967, S. 8-17.

Redding, W.J. (1981):
Das 3-D-Programm zur Leistungssteigerung des Managements, München 1981.

Reichmann, T. (1993):
Controlling mit Kennzahlen und Managementberichten, 3. Aufl., München 1993.

Reiner, G./Ericksen, M. (2000):
Zeit und Qualität, in: **Oetinger, B. v.** (Hrsg.): Das Boston Consulting Group Strategie-Buch: Die wichtigsten Konzepte für den Praktiker, 7. Aufl., München 2000, S. 664-667.

Richter, F. (1996):
Konzeption eines marktwertorientierten Steuerungs- und Monitoringsystems, Frankfurt a.M. 1996.

Richter, K. (1999):
Performance-Based Bonuses Rise at European Companies, in: Wall Street Journal, 29. June 1999 und http://www.zigonperf.com/resources/pmnnews/europe_bonus. html, 4.5.2001.

Riedl, J.B. (2000):
Unternehmenswertorientiertes Performance Measurement: Konzeption eines Performance-Measure-Systems zur Implementierung einer wertorientierten Unternehmensführung, Diss., Oestrich-Winkel, European Business School, Wiesbaden 2000.

Roberts, I. (1997):
Remuneration and Reward, in: **Beardwell, I./Holden, L.** (Hrsg.): Human Resource Management: A Contemporary Perspective, 2. ed., London u.a. 1997, S. 549-610.

Rodger, A. (1952):
The Seven Point Plan, London 1952.

Rogge, K.E. (Hrsg.) (1995):
Methodenatlas für Sozialwissenschaftler, Heidelberg 1995.

Romhardt, K. (1995):
Das Lernarenakonzept: Ein Ansatz zum Management organisatorischer Lernprozesse in der Unternehmenspraxis, Cahier de recherche, HEC, Université de Genève, Genf 1995.

Romhardt, K. (1998):
Die Organisation aus der Wissensperspektive – Möglichkeiten und Grenzen der Intervention, Diss., Université de Genève, Wiesbaden 1998.

Roos, A./Stelter, D. (1999):
Die Komponenten eines integrierten Wertmanagementsystems, in: Controlling, Nr. 7, 1999, S. 301-307.

Rosenstiel, L. v. (1995):
Grundlagen der Führung, in: **Rosenstiel, L. v./Regnet, E./Domsch, M.E.** (Hrsg.): Führung von Mitarbeitern. Handbuch für erfolgreiches Personalmanagement, 3. Aufl., Stuttgart 1995, S. 3-24.

Rosenstiel, L. v./Molt, W./Rüttinger, B. (1988):
Organisationspsychologie, Stuttgart 1988.

Röttger, B. (1994):
Das Konzept des Added Value als Maßstab für finanzielle Performance, Kiel 1994.

Rucci, A.J./Kern, S.P./Quinn, R.T. (1998):
The Employee-Customer-Profit Chain at Sears, in: Harvard Business Review, January-February, 1998, S. 83-97.

Rückle, H. (1992):
Coaching, Düsseldorf 1992.

Rudolph, B. (1979):
Zur Theorie des Kapitalmarktes, in: Zeitschrift für Betriebswirtschaft, Jg. 49, Nr. 11, 1979, S. 1034-1067.

Rumpf, B.-M. (1994):
Die Mehrung des Shareholder Value als Aufgabe des betrieblichen Finanzwesens unter besonderer Berücksichtigung des Wandels auf den Produkt-, Finanz- und Unternehmungskontrollmärkten, Hallstadt 1994.

Rust, H. (2000):
Kampf um die Besten, in: Manager Magazin, 30. Jg., 2000, H. 4., S. 241-258.

S

Sahl, R.J. (1993):
Key Issues for Implementing Skill-based Pay, in: Journal of Compensation and Benefits, Vol. 8, No. 6, 1993, S. 31-34.

Saratoga Institute (1993):
Best in America Guidebooks, Saratoga 1993.

Saratoga Institute (1994):
1993 Human Resource Effectiveness Report, Saratoga 1994.

Sarris, V. (1990):
Methodologische Grundlagen der Experimentalpsychologie 1: Erkenntnisgewinnung und Methodik, München 1990.

Sarris, V. (1992):
Methodische Grundlagen der Experimentalpsychologie 2: Versuchsplanung und Stadien, München 1992.

Scharnbacher, K. (1982):
Statistik im Betrieb: Lehrbuch mit praktischen Beispielen, 4. Aufl., Wiesbaden 1982.

Schein, E.H. (1992):
Organizational Culture and Leadership: A Dynamic View, 2. ed., San Francisco 1992.

Scheiper, U. (2000):
Bivariate Statistik, in: **Voß, W.** (Hrsg.): Taschenbuch der Statistik, Leipzig 2000, S. 169-208.

Schmale, H. (1995):
Psychologie der Arbeit, 2. Aufl., Stuttgart 1995.

Schmalenbach, E. (1963):
Kostenrechnung und Preispolitik, 8. Aufl., Köln/Opladen 1963.

Schmidt, F.L./Hunter, J.E./Pearlman, K. (1981):
Task Differences as Moderators of Aptitude Test Validity in Selection: A Red Herring, in: Journal of Applied Psychology, Vol. 66, 1981, S. 166-185.

Schmidt, H. (Hrsg) (1982a):
Humanvermögensrechnung: Instrumentarium zur Ergänzung der unternehmerischen Rechnungslegung – Konzepte und Erfahrungen, Berlin/New York 1994.

Schmidt, H. (1982b):
Humanvermögensrechnung der Unternehmen – Einzel- und gesamtwirtschaftliche Argumente zur Ergänzung der betrieblichen Rechnungslegung, in: **Schmidt, H.** (Hrsg.): Humanvermögensrechnung: Instrumentarium zur Ergänzung der unternehmerischen Rechnungslegung – Konzepte und Erfahrungen, Berlin/New York 1982, S. 3-44.

Schmit, M.J./Allscheid, S.P. (1995):
Employee Attitudes and Customer Satisfaction: Making Theoretical and Empirical Connections, in: Personnel Psychology, Vol. 48, 1995, S. 521-536.

Schmitt, N.W./Klimowski, R.J. (1991):
Research Methods in Human Resource Management, Ohio 1991.

Schneider, B. (1987):
The People Make the Place, in: Personnel Psychology, Vol. 4, 1987, S. 437-453.

Schneider, B. (1991):
Service Quality and Profits: Can You Have Your Cake and Eat It, Too? In: Human Resource Planning, Vol. 14, No. 2, 1991, S. 151-157.

Schneider, B./Bowen, D.E. (1985):
Employee and Customer Perceptions of Service in Banks: Replication and Extension, in: Journal of Applied Psychology, Vol. 70, No. 3, 1985, S. 423-433.

Schneider, B./Goldstein, H.W./Smith, D.B. (1995):
The ASA Framework: An Update, in: Personnel Review, Vol. 48, 1995, S. 747-773.

Schneider, B./Parkington, J.J./Buxton, V.M. (1980):
Employee and Customer Perceptions of Service in Banks, in: Administrative Science Quarterly, Vol. 25., 1980, S. 252-267.

Schneider, D. (1991):
Investition, Finanzierung und Besteuerung, 6. Aufl., Wiesbaden 1991.

Schneider, S.C./Barsoux, J.L. (1997):
Managing Across Cultures, London 1997.

Schoeffler, S. (1977):
Cross-Sectional Study of Strategy, Structure, and Performance Aspects of the PIMS Program, in: **Thorelli, H.** (Hrsg.): Strategy + Structure = Performance, Bloomington 1977.

Scholz, C. (1995a):
Strategisches Personalmanagement als Konzept zwischen Fata Morgana und aufkommender Morgenröte (Überblick), in: **Scholz, C./Djarrahzadeh, M.** (Hrsg.): Strategisches Personalmanagement: Konzeptionen und Realisationen, Stuttgart 1995, S. 3-18.

Scholz, C. (1995b):
Strategische Personalentwicklung (Überblick), in: **Scholz, C./Djarrahzadeh, M.** (Hrsg.): Strategisches Personalmanagement: Konzeptionen und Realisationen, Stuttgart 1995, S. 231-247.

Scholz, C. (2000):
Personalmanagement: informationsorientierte und verhaltenstheoretische Grundlagen, 5. Aufl., München 2000.

Schrader, S. (1995):
Spitzenführungskräfte, Unternehmensstrategie und Unternehmenserfolg, Tübingen 1995.

Schubert, U. (1972):
Der Management-Kreis, in: Management für alle Führungskräfte in Wirtschaft und Verwaltung, Bd. 1, Stuttgart 1972, S. 42-44.

Schuler, R.S. (1992):
Strategic Human Resource Management: Linking the People with the Strategic Needs of the Business, in: Organizational Dynamics, Vol. 21, Summer 1992, S. 18-32.

Schuler, R.S. (1998):
Human Resource Management, 6. ed., Ohio 1998.

Schuler, R.S./MacMillan, I. (1984):
Gaining Competitive Advantage Through Human Resource Management Practices, in: Human Resource Management, Vol. 23, 1984, S. 241-255.

Schulte, C. (1989):
Personal-Controlling mit Kennzahlen, München 1989.

Schuster, F.E. (1986):
The Schuster Report: The Proven Connection Between People and Profits, New York u.a. 1986.

Schwalbach, J. (1998):
Motivation, Kompensation und Performance, Vortrag gehalten im Rahmen des Eröffnungsprogramms des 52. Deutschen Betriebswirtschafter-Tages, 28. September 1998 in Berlin, in: http://www.wiwi.hu-berlin.de/im/vortraeg.htm, 26.11.1999, Berlin 1998.

Schwarz, G. (1989):
Unternehmenskultur als Element des Strategischen Managements, Diss., Universität Gießen, Berlin 1989.

Schwarz, G. (1999):
Talente als Zukunftsinvestition, Vortrag auf der 57. Kronberger Konferenz, April 1999, S. 1-18.

Seidel, E./Jung, R.H./Redel, W. (1988):
Führungsstil und Führungsorganisation, Darmstadt 1988.

Selg, H./Klapprott, J./Kamenz, R. (1992):
Forschungsmethoden der Psychologie, Stuttgart 1992.

Senge, P. (1990):
The Fifth Discipline, New York 1990.

SGZ-Bank (1998):
Shareholder-Value in Europa: Bewertung ausgewählter Aktiengesellschaften mittels EVA und MVA, Frankfurt 1998.

Sheibar, P. (1974):
Personnel Practices Review: A Personnel Audit Activity, in: Personnel Journal, Vol. 53, Mach, 1974, S. 211-217.

Shephard, R.N. (1972):
Introduction, in: **Shepard, R.N./Romney, A./Nerlove, S.** (Hrsg.): Multidimensional Scaling: Theory and Applications in the Behavioral Sciences, Vol. 1, New York 1972.

Sierke, B.R. (1998):
Shareholder Value: Wertorientierte Unternehmenssteuerung mit Zukunft? In: **Bogaschewski, R./Götze, U.** (Hrsg.): Unternehmensplanung und Controlling, Festschrift zum 60. Geburtstag von Jürgen Bloech, Heidelberg 1998, S. 67-84.

Silver, N.C./Dunlap, W.P. (1987):
Averaging Correlation Coefficients: Should Fisher's Z-Transformation Be Used? In: Applied Psychology, Vol. 72, 1987, S. 146-148.

Sjurts, I. (1995):
Kontrolle, Controlling und Unternehmensführung: Theoretische Grundlagen und Problemlösungen für das operative und strategische Management, Wiesbaden 1995.

Skandia (1998):
Human Capital in Transformation: Intellectual Capital Prototype Report, Skandia 1998.

Snell, S.A./Dean Jr., J.W. (1992):
Integrated Manufacturing and Human Resource Management: A Human Capital Perspective, in: Academy of Management Journal, Vol. 35, No. 3, 1992, S. 467-504.

Sohoni, V. (1994):
Workforce Involvement and Water Fabrication Efficiency, in: **Brown, C.** (Hrsg.): The Competitive Semiconductor Manufacturing Human Resources Project: First Interim Report, ESRC Report CSM-09, Institute of Industrial Relations, University of California, September 1994.

Solomon, E. (1982):
Return on Investment: The Relation of Book Yield to True Yield, abgedruckt in: **Rappaport, A.** (Hrsg.): Information for Decision Making: Readings in Cost and Managerial Accounting, 3. ed., Englewood Cliffs, S. 278-290.

Spremann, K. (1991):
Investition und Finanzierung, 4. Aufl., München 1991.

Spremann, K. (1993):
Projekt-Denken und Stakeholder-Value (Teil I), in: Schweizerische Zeitschrift für kaufmännisches Bildungswesen, 87. Jg., Nr. 4, 1993, S. 208-213.

Spremann, K. (1994):
Wertsteigerung als Managementprinzip in Europa? In: **Höfner, K./Pohl, A.** (Hrsg.): Wertsteigerungs-Management – Das Shareholder Value-Konzept: Methoden und erfolgreiche Beispiele, Frankfurt a.M. 1994, S. 303-319.

Spremann, K. (1996):
Wirtschaft, Investition, und Finanzierung, 5. Aufl., München 1996.

Sprenger, R.K. (1994):
Neues wagen? In: Personal, Nr. 8, 1994, S. 400-401.

Stalk Jr., G. (2000):
Zeit – Die entscheidende Waffe im Wettbewerb, in: **Oetinger, B. v.** (Hrsg.): Das Boston Consulting Group Strategie-Buch: Die wichtigsten Konzepte für den Praktiker, 7. Aufl., München 2000, S. 626-647.

Stalk Jr./Evans, P.B./Shulman, L.E. (1998):
Competing on Capabilities: The New Rules of Corporate Strategy, in: **Stern, C.W./ Stalk Jr., G.** (Hrsg.): Perspectives on Strategy from the Boston Consulting Group, New York u.a. 1998, S.82-99.

Statistisches Bundesamt (Hrsg.) (1997):
Datenreport 1997: Zahlen und Fakten über die Bundesrepublik Deutschland, Bonn 1997.

Stelter, D. (1997a):
Ziele und Grundzüge wertorientierter Unternehmensführung, in: **Achleitner, A.-K./ Thoma, G.F.** (Hrsg.): Handbuch Corporate Finance, Köln 1997, Abschnitt 2.2.1.1.

Stelter, D. (1997b):
Wertorientiertes Management, in: **Bühner, R.** (Hrsg.): Organisation – schlank, schnell und flexibel, 4. Nachlieferung, Landsberg/Lech 1997, Abschnitt 6.5.

Stelter, D. et al. (2001a):
Grundzüge und Ziele wertorientierter Unternehmensführung, in: **Achleitner, A.-K./ Thoma, G.F.** (Hrsg.): Handbuch Corporate Finance, Loseblattausgabe, 2. Aufl., Köln 2001, Abschnitt 1.4.1, S. 3-34.

Stelter, D. et al. (2001b):
Implementierung von Wertmanagement, in: **Achleitner, A.-K./Thoma, G.F.** (Hrsg.): Handbuch Corporate Finance, Loseblattausgabe, 2. Aufl., Köln 2001, Abschnitt 1.4.5, S. 1-39.

Stelter, D./Plaschke, F.J. (2001):
Rentabilität und Wachstum als Werthebel, in: **Achleitner, A.-K./Thoma, G.F.** (Hrsg.): Handbuch Corporate Finance, Loseblattausgabe, 2. Aufl., Köln 2001, Abschnitt 1.4.2, S. 1-32.

Stelter, D./Riedl, J.B./Plaschke, F.J. (2001):
Wertschaffungskennzahlen und Bewertungsverfahren, in: **Achleitner, A.-K./Thoma, G.F.** (Hrsg.): Handbuch Corporate Finance, Loseblattausgabe, 2. Aufl., Köln 2001, Abschnitt 1.4.3, S. 1-40.

Stelter, D./Strack, R./Roos, A. (2001):
Wertmanagement in nicht kapitalintensiven Geschäften, in: **Achleitner, A.-K./ Thoma, G.F.** (Hrsg.): Handbuch Corporate Finance, Loseblattausgabe, 2. Aufl., Köln 2001, Abschnitt 1.4.4, S. 1-18.

Stewart, G.B. (1990):
The Quest for Value – The EVA Management Guide, New York 1990.

Strack, R./Franke, J./Dertnig, S. (2000):
Workonomics™: Der Faktor Mensch im Wertmanagement, in: Zeitschrift für Führung und Organisation, 69. Jg., 2000, H. 5, S. 283-288.

Strack, R./Villis, U. (2001):
RAVE™: Die nächste Generation im Shareholder Value Managment, in: Zeitschrift für Betriebswirtschaft, 71. Jg., H. 1, 2001, S. 67-84.

Süchting, J. (1989):
Finanzmanagement: Theorie und Politik der Unternehmensfinanzierung, 5. Aufl., Wiesbaden 1989.

Süchting, J. (1995):
Finanzmanagement: Theorie und Politik der Unternehmensfinanzierung, 6. Aufl., Wiesbaden 1995.

Sullivan, J. (2001):
Retention – Why Employees Leave: Why Do People Leave a Job for a Better Job? In: http://ourworld.compuserve.com/homepages/gately/pp15js09.htm, 20.03.2001, S. 1-4.

Sustainable Asset Management AG (2001):
SAM Sustainability Index Fonds, in: http://www.sam-group.com/d/products/indexfund, 27.09.2001 und http://www.sustainability-index.com/assessment/ criteria. html, 27.09.2001.

T

Tanikawa, M. (2001):
Fujitsu Decides to Backtrack on Performance-Based Pay, in: New York Times, 21. March 2001 und http://www.zigonperf.com/resources/pmnnews/fujitsu_perf_ pay.html, 4.5.2001.

The Boston Consulting Group (2000):
New Perspectives on Value Creation: A Study of the World's Top Performers, o.O. 2000.

The Society of Management Accountants of Canada (1997):
Measuring and Managing Shareholder Value Creation, Management Accounting Guideline No. 44, Hamilton 1997.

Thünen, J.H. v. (1875):
Der isolierte Staat in Beziehung auf Landwirtschaft und Nationalökonomie, Hrsg.: **Schumacher-Zarchlin, H.,** 3. Aufl., 2. Teil, 2. Abteilung, Berlin 1875.

Tichy, N./Fombrun, C./Devanna, M.A. (1982):
Strategic Human Resource Management, in : Sloan Management Review, Winter, 1982, S. 47-61.

Tinbergen, J./Bos, H.C. (1964):
A Planning Model for the Educational Requirements of Economic Development, in: **OECD** (Hrsg.): The Residual Factor and Economic Growth, Paris 1964.

Tobin, J. (1958):
Liquidity Preference as Behaviour Towards Risk, in: Review of Economic Studies, Vol. 25, 1958, S. 65-86.

Tobin, J. (1965):
The Theory of Portfolio Selection, in: **Hahn, F.H./Brechling, F.P.** (Hrsg.): Theory of Interest Rates, London 1965, S. 3-51.

Tobin, J. (1969):
A General Equilibrium Approach to Monetary Theory, in: Journal of Money, Credit, and Banking, Vol. 1, 1969, S. 15-29.

Töpfer, A./Poersch, M. (1989):
Aufgabenfelder des betrieblichen Personalwesens für die 90er Jahre. Bedeutung und Inhalte in der Unternehmenspraxis, Neuwied/Frankfurt a.M. 1989.

Treynor, J.L. (1981):
The Financial Objective in the Widely Held Corporation, in: Financial Analysts Journal, March-April, 1981.

Trompenaars, F. (1993):
Riding the Waves of Culture, London 1993.

Tryon, R.C. (1939):
Cluster Analysis, Ann Arbor 1939.

Tsui, A. (1984):
Personnel Department Effectiveness: A Tripartite Approach, in: Industrial Relations, Vol. 23, 1984, S. 184-197.

U

U.S. Department of Labor (1993):
High Performance Work Practices and Firm Performance, Background Material for the Conference on the Future on the American Workplace Held in Chicago on July 26, 1993, Washington 1993.

Ulrich, D. (1986):
Human Resources as a Competitive Edge, in: Human Resource Planning, Vol. 9, 1986, S. 1-15.

Ulrich, D. (1989):
Assessing Human Resource Effectiveness: Stakeholder, Utility, and Relationship Approaches, in: Human Resource Planning, Vol. 12, No. 4, 1989, S. 301-315.

Ulrich, D. (1992):
Strategic Human Resource Planning: Why and How? In: **Schweiger, D.M./ Papenfuß, K.** (Hrsg.): Human Resource Planning: Solutions to Key Business Issues – Selected Articles, Wiesbaden 1992, S. 75-94.

Ulrich, D. (1996a):
Human Resource Champions: The Next Agenda for Adding Value and Delivering Results, Boston 1996.

Ulrich, D./Zenger, J./Smallwood, N. (1999):
Results Based Leadership: How Leaders Build the Business and Improve the Bottom Line, Boston 1999.

Ulrich, H. (1970):
Die Unternehmung als produktives soziales System, 2. Aufl., Bern u.a. 1970.

Ulrich, H./Probst, G.J. (1991):
Anleitung zum ganzheitlichen Denken und Handeln: ein Brevier für Führungskräfte, 3. Aufl., Bern/Stuttgart 1991.

Ulrich, P. (1984):
Systemsteuerung und Kulturentwicklung, in: Die Unternehmung, Nr. 38, 1984, S. 303-325.

V

Voigt, F. (1982):
Das volkswirtschaftliche Humankapital – Möglichkeiten zur quantitativen Erfassung und Bewertung des Humankapitals einer Volkswirtschaft, dargestellt am Beispiel makroökonomischer Unfallfolgekostenrechnungen, in: **Schmidt, H.** (Hrsg.): Human-vermögensrechnung: Instrumentarium zur Ergänzung der unternehmerischen Rechnungslegung – Konzepte und Erfahrungen, Berlin/New York 1982, S. 399-417.

Volkart, R. (1997a):
Umsetzungsaspekte von Discounted Cash Flow-Analysen: Probleme im Zusammenhang mit der Methodenanwendung, in: Zeitschrift für Betriebswirtschaft, Ergänzungsheft, Nr. 2, 1997, S. 105-124.

Volkart, R. (1997b):
Finanzielle Führungsinstrumente im Konvergenzprozeß, in: Die Unternehmung, Nr. 6, 1997, S. 443-458.

Vroom, V.H./Yetton, P.W. (1973):
Leadership and Decision-Making, Pittsburgh 1973.

W

Waldman, D.A. et al. (2001):
Does Leadership Matter? CEO Leadership Attributes and Profitability Under Conditions of Perceived Environmental Uncertainty, in: Academy of Management Journal, Vol. 44, No. 1, 2001, S. 134-143.

Walker, G. (2000):
Interview with Mark Huselid, in: **Becker, B.E./Huselid, M.A./Ulrich, D.** (Hrsg.): The HR Scorecard: Linking People, Strategy, and Performance, Boston 2001, S. 44.

Walker, J.P. (1976):
Human Resource Accounting for Managerial Planning and Control: A General and Social Systems Approach, Diss., University of Cincinnati, Cincinnati 1976.

Ward, J.H. (1963):
Hierarchical Grouping to Optimize an Objective Function, in: Journal of the American Statistical Association, Vol. 58, 1963, S. 236-244.

Watson Wyatt (2000a):
The Human Capital Index™: Linking Human Capital and Shareholder Value, Survey Report, o.O. 2000.

Watson Wyatt (2000b):
eHR™: Best Practices in Human Resource Service Delivery, Oregon 2000.

Watts, A.G. et al. (1996):
Rethinking Careers Education and Guidance: Theory, Policy and Practice, London 1996.

Weber, J. (1997):
Die Verankerung des Shareholder value im Entgeltsystem ist die Gretchenfrage dieses Ansatzes, in: Blick durch die Wirtschaft, Nr. 210, 31. Oktober 1997, S. 5-6.

Weber, W./Kabst, R. (1995):
Personalwesen im europäischen Vergleich: The Cranfield Project on International Strategic Human Resource Management, Ergebnisbericht 1995, Paderborn 1995.

Weider, P.C. (1995):
Das 360° Feedback in einem europäischen Versicherungsunternehmen, in: **Hoffmann, K./Köhler, F./Steinhoff, V.** (Hrsg.): Vorgesetztenbeurteilung in der Praxis, Göttingen 1995, S. 159-166.

Weilenmann, P. (1993):
Controlling in dezentral geführten Unternehmen, in: **Seicht, G.** (Hrsg.): Jahrbuch für Controlling und Rechnungswesen '93, Wien 1993, S. 343-362.

Welbourne, T.M./Andrews, A.O. (1996):
Predicting the Performance of Initial Public Offerings: Should Human Resource Management Be in the Equation, in: Academy of Management Journal, Vol. 39, No. 4, 1996, S. 891-919.

Wetzker, K./Strüven, P./Bilmes, L.J. (1998):
Gebt uns das Risiko zurück: Strategien für mehr Arbeit, München/Wien 1998.

Wever, U.A. (1997):
Revolution der Unternehmenskultur, in: **Pierer, H. v./Oetinger, B. v.** (Hrsg.): Wie kommt das Neue in die Welt? München/Wien 1997, S. 167-169.

Wilensky, H. (1960):
Work, Careers and Social Integration, in: International Social Science Journal, Vol. 12, No. 4, 1960, S. 543-574.

Wilhelm, J. (1991):
Spurensuche: Neoklassische Elemente in der „neuen" Finanzierungstheorie, in: **Ordelheide, D./Rudolph, B./Büsselmann, E.** (Hrsg.): Betriebswirtschaftslehre und ökonomische Theorie, Stuttgart, 1991, S. 173-196.

Willke, H. (1993):
Systemtheorie, 4. Aufl., Stuttgart/Jena 1993.

Wittmann, S. (1998):
Ethik im Personalmanagement: Grundlagen und Perspektiven einer verantwortungsbewussten Führung von Mitarbeitern, Bern/Stuttgart/Wien 1998.

Woelfel, J./Danes, J.E. (1980):
Multidimensional Scaling Models for Communications Research, in: **Monge, P.R./Capella, J.N.** (Hrsg.): Multivariate Techniques in Human Communications Research, New York 1980, S. 333-364.

Woelfel, J./Fink, E. (1980):
The Measurement of Communication Processes: Galileo Theory and Method, New York 1980.

Woelfel, J.K. (1990):
Galileo CATPAC: User Manual and Tutorial, Amherst 1990.

Woelfel, J.K. (1995):
What's Wrong with This Picture? How to Spot a Bad Perceptual Map, Amherst 1995.

Wöhe, G. (1990):
Einführung in die allgemeine Betriebswirtschaftslehre, 17. Aufl., München 1990.

Woo, C.Y./Cooper, A.C. (1981):
Strategies of Effective Low Share Business, in: Strategic Management Journal, Vol. 2, 1981, S. 301-318.

Woodley, C. (1990):
The Cafeteria Route to Compensation, in: Personnel Management, May, 1990, S. 42-45.

Wright, P.M. et al. (1998):
Comparing Line and HR-Executives' Perceptions of HR Effectiveness: Services, Roles, and Contributions, Working Paper, No. 98-28, School of Industrial and Labor Relations, Cornell University, Ithaca 1998.

Wunderer, R. (1989):
Personal-Controlling, in: **Seidel, E./Wagner, D.** (Hrsg.): Organisation: Evolutionäre Interdependenzen von Kultur und Struktur in der Unternehmung, Wiesbaden 1989, S. 243-257.

Wunderer, R. (1992):
Von der Personaladministration zum Wertschöpfungs-Center, in: Die Betriebswirtschaft, 1992, Bd. 52, Nr. 2, S. 201-215.

Wunderer, R. (1998):
Beurteilung des Modells der Europäischen Gesellschaft für Qualitätsmanagement (EFQM) und dessen Weiterentwicklung zu einem umfassenden Business Excellence Modell, in: **Boutellier, R./Masing, W.** (Hrsg.): Qualitätsmanagement an der Schwelle zum 21. Jahrhundert, München/Wien 1998, S. 53-67.

Wunderer, R. (Hrsg.) (1999):
Mitarbeiter als Mitunternehmer, Neuwied/Kriftel 1999.

Wunderer, R./Arx, S. v. (1998):
Personalmanagement als Wertschöpfungs-Center: Integriertes Organisations- und Personalentwicklungskonzept, Wiesbaden 1998.

Wunderer, R./Arx, S. v./Jaritz, A. (1997):
Zur unternehmerischen Ausrichtung der Personalfunktion: Ergebnisse einer Umfrage, unveröffentlichte Umfrage des Instituts für Führung und Personalmanagement, Universität St. Gallen, 1997.

Wunderer, R./Arx, S. v./Jaritz, A. (1998a):
Beitrag des Personalmanagements zur Wertschöpfung im Unternehmen, in: Personal – Zeitschrift für Human Resource Management, Bd. 50, Nr. 7, S. 346-350.

Wunderer, R./Arx, S. v./Jaritz, A. (1998b):
Unternehmerische Ausrichtung der Personalarbeit, in: Personal – Zeitschrift für Human Resource Management, Bd. 50, Nr. 6, 1998, S. 278-283.

Wunderer, R./Grunwald, W. (1980):
Führungslehre, Berlin 1980.

Wunderer, R./Jaritz, A. (1999):
Unternehmerisches Personalcontrolling: Evaluation der Wertschöpfung im Personalmanagement, Neuwied/Kriftel 1999.

Wunderer, R./Sailer, M. (1987):
Die Controlling-Funktion im Personalwesen (I), in: Personalführung, Nr. 20, 1987, S. 505-509.

Wunderer, R./Schlagenhaufer, P. (1992):
Die Personalabteilung als Wertschöpfungs-Center: Ergebnisse einer Umfrage, in: Zeitschrift für Personalforschung, Nr. 6 (2), 1992, S. 180-187.

Y

Youndt, M.A. et al. (1996):
Human Resource Management, Manufacturing Strategy, and Firm Performance, in: Academy of Management Journal, Vol. 39, No. 4, 1996, S. 836-866.

Young, D. (1997):
Economic Value Added – INSEAD Teaching Note, 06/97-4467, Fontainebleau 1997.

Z

Zakon, A.J. (2000):
Strategie und Führungsstil, in: **Oetinger, B. v.** (Hrsg.): Das Boston Consulting Group Strategie-Buch: Die wichtigsten Konzepte für den Praktiker, 7. Aufl., München 2000, S. 170-183.

Zanobetti, D./Longo, M./Hinterhuber, H.H. (1990):
Zur Bewertung der Rentabilität von Aktien, in: Versicherungswirtschaft, Jg. 45, Nr. 10, Mai, 1990, S. 565-568.